Technische Physik in Einzeldarstellungen
Herausgegeben von W. Meissner und M. Näbauer

Band 14

Einkristalle

Wachstum, Herstellung und Anwendung

Von

Dr. phil. Alexander Smakula
Associate Professor of Crystal Physics
Massachusetts Institute of Technology Cambridge, Mass.

Mit 240 Abbildungen

Springer-Verlag Berlin Heidelberg GmbH
1962

ISBN 978-3-642-86530-5 ISBN 978-3-642-86529-9 (eBook)
DOI 10.1007/978-3-642-86529-9

Ursprünglich erschienen bei Springer-Verlag OHG., Berlin/Göttingen/Heidelberg 1961
Softcover reprint of the hardcover 1st edition 1961

Vorwort

Einkristalle sind zur Zeit von großer Wichtigkeit, sowohl in der Grundlagenforschung, als auch für technische Anwendungen. Der große Fortschritt in der Festkörperphysik, z. B. auf dem Gebiet der Wärmeleitung bei tiefen Temperaturen, der Halbleitung, Photoleitung, der ferroelektrischen und ferromagnetischen und optischen Erscheinungen, konnte in vielen Fällen nur durch Untersuchungen an Einkristallen erzielt werden. Anderseits haben Einkristalle wichtige Anwendungen auf dem Gebiet der Elektrotechnik (Transistoren), Schalltechnik (Schallgeber und Empfänger), der Optik (Prismen, Fenster), der Kernphysik (Energiezähler) sowie als Edelsteine für Schmuck und Achsenlager gefunden.

Die Nachfrage nach Einkristallen wächst dauernd. Nur eine kleine Anzahl von Einkristallen wird zur Zeit kommerziell hergestellt. In vi elenFällen werden Kristalle mit speziellen Eigenschaften gewünscht, die noch nicht käuflich zu haben sind. In zahlreichen Laboratorien werden deshalb besondersartige Kristalle gezüchtet, aber nur selten mit gutem Erfolg. Dies liegt zum großen Teil daran, daß dic für das Kristallwachstum maßgebenden Faktoren sehr kompliziert sind und vorläufig noch nicht vollkommen beherrscht werden. Anderseits wurden in den letzten Jahrzehnten zahlreiche Methoden zur Kristallherstellung entwickelt aber nur zum Teil in der Literatur beschrieben, so daß sie nicht immer genügend bekannt sind. Erfolgreiche Herstellung der Einkristalle erfordert sowohl eine genügende Kenntnis der Grundlagen des Kristallwachstums als auch die Beherrschung der experimentellen Züchtungsmethoden.

Das Ziel dieses Buches ist, den derzeitigen Stand unserer Kenntnisse über die Vorgänge beim Kristallwachstum und über die experimentellen Züchtungsmethoden zusammenfassend darzustellen. Das Buch zerfällt in drei Teile. Im ersten Teil werden die Eigenschaften der Kristallbausteine, die eine wesentliche Rolle beim Kristallaufbau und Abbau spielen und die Grundlagen des Kristallwachstums besprochen. Die experimentellen Züchtungsmethoden werden im zweiten Teil behandelt. Dabei wird die Herstellung von zahlreichen wichtigen Kristallen genau beschrieben. Der dritte Teil enthält Angaben über die wichtigsten Anwendungen der Einkristalle.

Der Verfasser hofft, daß das Buch nicht nur für Physiker, sondern auch für Chemiker und Ingenieure, die mit Einkristallen zu tun haben, eine willkommene Hilfe sein wird.

Frl. A. Sils hat mit großer Sorgfalt die Reinschrift des Manuskripts fertiggestellt, wofür ihr besonders gedankt wird.

Cambridge, im Juni 1961

A. Smakula

Inhaltsverzeichnis

Erster Teil

Aufbau und Abbau der Kristalle

Zweiter Teil

Methoden der Kristallherstellung

Dritter Teil

Anwendungen der Einkristalle

Erster Teil

Aufbau und Abbau der Kristalle

I. Einleitung

1.1 Amorpher und kristalliner Zustand der Festkörper

Von den drei Aggregatzuständen (gasförmig, flüssig und fest) ist der feste Zustand der natürlichste: es ist der Zustand der Stabilität und der Ordnung. Im Gaszustand können sich die Moleküle (eingeschlossen Atome und Ionen) über Entfernungen frei bewegen, die unter den Normalbedingungen etwa das Tausendfache ihrer Dimensionen betragen. In Flüssigkeiten ist die Beweglichkeit und der Platzwechsel stark eingeschränkt aber nicht vollkommen aufgehoben. Im festen Zustand dagegen sind die Atome an feste Plätze gebunden und können nur um einen Bruchteil ihrer Größe sich aus ihrer Lage entfernen und das auch nur zeitweilig. Diese Freiheit behalten sie, wenn auch in einem sehr beschränkten Maße, auch beim absoluten Nullpunkt (Nullpunktsenergie).

Ein Festkörper kann aus dem Dampf, aus der Lösung oder aus der Schmelze gebildet werden. Der Übergang vollzieht sich entweder kontinuierlich oder diskontinuierlich. Im ersten Fall entsteht ein amorpher, im zweiten ein kristalliner Körper. Der Unterschied zwischen den beiden Zuständen besteht darin, daß im amorphen Zustand nur die nächsten Nachbarn der Atome im geordneten Zustande sind (Nahordnung), während im kristallinen Zustand die Ordnung über große Entfernungen sich erstreckt (Fernordnung). Die *„flüssigen Kristalle“* [1, 2] können als ein Zwischenzustand zwischen dem amorphen und kristallinen Zustand betrachtet werden.

Die meisten Elemente bzw. Verbindungen treten in kristallinem Zustand auf. Folgende Elemente können amorph oder kristallin sein: As, C, P, S, Sb, Se, und Te. Die Verbindungen SiO [3] und GeO [4] sind nur im amorphen Zustand bekannt. Eine Neigung zur Bildung des amorphen

---

[1] LEHMANN, O.: Die Lehre von den flüssigen Kristallen. Wiesbaden: J. F. Lehmann 1918.

[2] CHATELAIN, P.: Bull. soc. franc. mineral. et crist. 77, 323 (1954).

[3] GELD, P. V. und M. I. KOCHNEV: Doklady Akad. Nauk S.S.S.R. **61**, 649 (1948).

[4] SCHWARZ, R. und F. HEINRICH: Z. anorg. allgem. Chem. **209**, 273 (1932).

Zustandes zeigen zahlreiche Oxyde (Al_2O_3, As_2O_3, As_2O_5, B_2O_3, Bi_2O_3, GeO_2, P_2O_3, P_2O_5, Sb_2O_3, SiO_2, TiO_2, V_2O_5, ZrO_2), manche Sulfide (As_2S_3, GeS_2, Sb_2S_3), einige Jodide (AsJ_3, SbJ_3, PbJ_2), Chloride, Karbonate, Nitrate und Sulfate.[1] Alle andern anorganischen Verbindungen kommen in der Regel nur in kristalliner Form vor.

Zahlreiche organische Verbindungen treten im amorphen oder krystallinen Zustand auf. Welcher der beiden Zustände bevorzugt wird, hängt von der Größe, Struktur und Symmetrie der Moleküle und der Temperatur ab. In manchen Fällen läßt sich der amorphe Zustand in den kristallinen durch entsprechende Temperaturbehandlung überführen, aber nicht umgekehrt. Beiden Zuständen ist gemeinsam, daß das Festwerden aus der Schmelze bei einer Viskosität von etwa 10^{13} Poise vor sich geht. Die meisten Verbindungen neigen zur Kristallbildung, aber damit ist nicht gesagt, daß man aus ihnen Einkristalle herstellen kann.

1.2 Baufehler in Kristallen

Bei der Herstellung der Einkristalle spielen zwei Faktoren eine wichtige Rolle: die Größe und die Güte der Kristalle. In manchen Fällen ist man mit Kriställchen von einigen Zehntel Millimeter Kantenlänge zufrieden (z. B. für Strukturanalyse mit Röntgenstrahlen). Solche Kristalle können im allgemeinen ohne Schwierigkeiten hergestellt werden. Für viele wissenschaftliche Untersuchungen oder technische Anwendungen werden aber oft Einkristalle bis zu 20 cm Kantenlänge gebraucht und manchmal sogar noch größere gewünscht. Sicherlich kann man nicht erwarten, daß ein Einkristall von dieser Größe von derselben Güte wie ein kleiner ist. Die Anforderung an die Güte hängt von dem Verwendungszweck ab. Ein Einkristall von einigen Zentimetern Größe wird von einem Röntgenspektroskopiker gewöhnlich nicht als ein echter Einkristall angesehen werden, da ein solcher Kristall meist aus Mosaikblöcken besteht. Dagegen für optische Zwecke (z. B. für Prismen) ist ein solcher Kristall durchaus brauchbar.

Alle Einkristalle (natürliche und synthetische) weichen vom idealen Kristallbau mehr oder weniger ab. Das kristallographische Gitter stellt nur einen Idealkristall dar, der als Modell zur Aufstellung physikalischer Gesetzmäßigkeiten unbedingt notwendig ist, aber von Realkristallen nie erreicht werden kann. Alle Kristalle enthalten Baufehler (Gitterstörungen), die entweder durch chemische Verunreinigungen oder durch thermische Energie während der Herstellung verursacht werden. Alle physikalischen Eigenschaften werden praktisch durch die Baufehler beeinflußt, nur der Grad der Beeinflussung kann sehr verschieden sein. Es ist deshalb nicht besonders zweckmäßig von „*strukturempfindlichen*“

[1] Siehe STUART, H.: Physik der Polymeren 3, 111, Berlin/Göttingen/Heidelberg: Springer 1955.

und „*strukturunempfindlichen*" Eigenschaften zu sprechen [1] wie es seit einiger Zeit üblich geworden ist, um so mehr als die Struktur gar nicht geändert wird. Es wäre richtiger die Eigenschaften als schwach bzw. stark „*störungsempfindlich*" [2] zu bezeichnen.

Es gibt eine Anzahl von verschiedenen Gitterstörungen und eine ausgiebige Literatur darüber.[3–6] Hier sollen nur solche Gitterstörungen erwähnt werden, die bei der Kristallherstellung entstehen. Als solche sind folgende von Wichtigkeit.

Frenkel-[7] *and Schottky*[8]*-Defekte* entstehen bei höheren Temperaturen, indem eine Anzahl der Gitterplätze unbesetzt bleiben und die fehlenden Bausteine auf Zwischengitterplätze kommen oder aus dem Kristallgitter auswandern. Die Konzentration dieser Störstellen hängt exponentiell von der Temperatur ab und läßt sich sehr schwer kontrollieren, da sie unter Umständen auch noch durch Verunreinigungen beeinflußt wird. FRENKEL- und SCHOTTKY-Defekte werden als Punktdefekte bezeichnet. Sie sind besonders für Diffusion und Ionenleitfähigkeit wichtig.

Versetzungen stellen eindimensionale Gitterstörungen dar. Ihre allgemeine Form läßt sich auf Stufen-[9], [10] und Schraubversetzungen[11] zurückführen. Ihre Konzentration, definiert durch die Gesamtlänge aller Versetzungen dividiert durch das Volumen des Kristalls liegt zwischen $10^2/cm^2$ bei den besten Kristallen und bis zu $10^8/cm^2$ bei schlechten. Versetzungen spielen eine wichtige Rolle beim Kristallwachstum (darüber mehr später) und bei der plastischen Verformung der Kristalle.

Eine zweidimensionale Gitterstörung stellt die *Zwillingsbildung*[12] dar, wobei makroskopische Teile eines Kristalls verschiedene Orientierung aufweisen. Die Berührungsflächen zwischen den einzelnen Teilen verlaufen entlang bestimmter kristallographischen Ebenen. Eine besondere Art der Zwillingsbildung tritt beim Bariumtitanat auf, auf die wir später zu sprechen kommen.

---

1 SMEKAL, A.: Strukturempfindliche Eigenschaften der Kristalle, Handbuch der Physik **24**, 795, 2. Aufl. (1933).

2 NIGGLI, P.: Lehrbuch der Mineralogie, S. 393, 2. Aufl. Berlin: Gebr. Bornträger 1933.

3 REES, A. L. G.: Chemistry of the Defect Solid State. London: Methuen and Co. 1952.

4 SHOCKLEY, W., J. H. HOLLOMON, R. MAURER und F. SEITZ: Imperfections in Nearly Perfect Crystals. New York: John Wiley and Sons 1952.

5 Reports of the Conference on Defects in Crystalline Solids, The Physical Society, London 1955.

6 SELZER, A.: Theorie der Gitterfehlstellen, Handbuch der Physik **7**, 383 (1955).

7 FRENKEL, J.: Z. Physik **35**, 652 (1926).

8 SCHOTTKY, W. und C. WAGNER: Z. physik. Chem. **B11**, 163 (1930).

9 TAYLOR, G. I.: Proc. Roy. Soc. (London) **A145**, 362 (1934).

10 OROWAN, E.: Z. Physik **89**, 605, 614, 634 (1934).

11 BURGERS, J. M.: Proc. Sci. Akad. Amsterdam **42**, 293 (1939); Proc. Phys. Soc. **52**, 23 (1940).

12 Siehe z. B. BUERGER, M. J.: Am. Mineralogist **30**, 469 (1945).

Kristallverwerfungen können als dreidimensionale Störungen betrachtet werden. Die Berührungsflächen zwischen den Mosaikblöcken sind nicht eben und die Neigungswinkel können bis zu mehreren Graden betragen. In Kristallen von großen Dimensionen sind sie praktisch unvermeidbar. Verwerfungen können leicht durch Ätzen (thermisches oder chemisches) nachgewiesen werden (Abb. 1).[1]

Die bisher genannten Störungen sind rein geometrischer Natur. Sie würden auch dann auftreten, wenn das Material, aus dem der Kristall

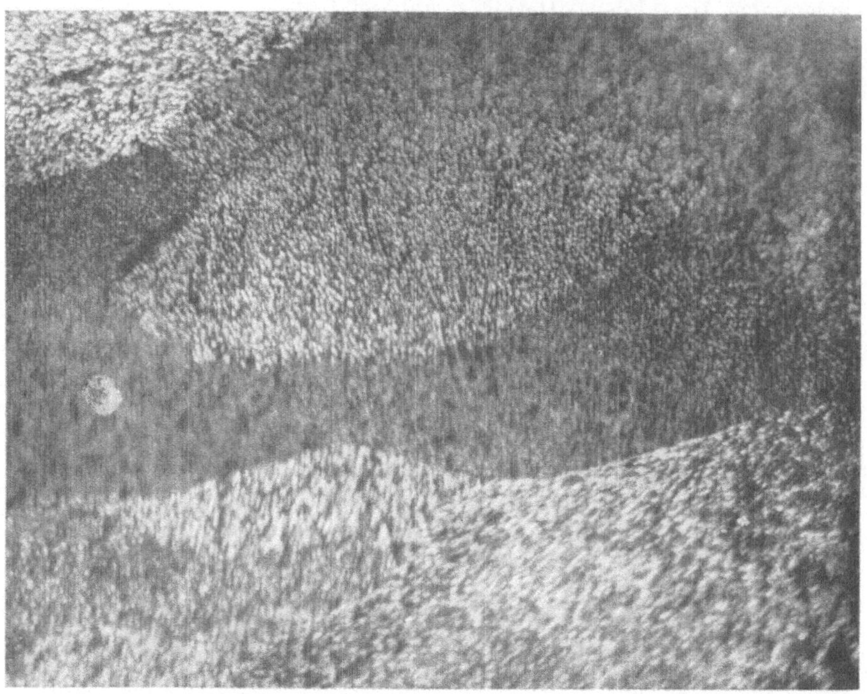

Abb. 1. Netzebenenverwerfungen eines Thalliumbromo-jodidkristalls, die durch thermisches Ätzen sichtbar gemacht wurden. Vergrößerung 20× (nach SMAKULA u. KLEIN[1])

aufgebaut ist, ideal rein wäre. Nun wissen wir, daß alle Kristalle verunreinigt sind, wodurch zusätzliche Gitterstörungen entstehen.

Chemische Verunreinigungen können die Normalplätze als Gastatome einnehmen. Diese Art des Einbaus wird Substitution genannt. Sie tritt meist auf, wenn die Gastatome ihrer Größe, Wertigkeit und Polarisation nach einigermaßen mit den Gitteratomen übereinstimmen. Wir haben in diesem Fall eine Mischkristallbildung, deren Entstehen aber noch von der Konzentration und der Temperatur abhängen kann. Wenn die Wertigkeit der Gitteratome von der Wertigkeit der Gastatome ver-

[1] SMAKULA, A. und M. W. KLEIN: J. Opt. Soc. Am. 40, 148 (1950).

schieden ist, dann entstehen in Ionenkristallen Leerstellen und in kovalenten Kristallen zusätzliche positive oder negative Ladungsträger. Meist werden die Fremdatome statistisch verteilt, wenn der Kristall perfekt ist. Die Erklärung der Begriffe Ionenkristalle bzw. kovalente Kristalle erfolgt später S. 22 bis 31, wo auf die verschiedenen Bindungsarten eingegangen ist.

Bei Anwesenheit von Versetzungen, Verwerfungen oder Zwillingsbildung können die Verunreinigungen inhomogen verteilt werden.

Wenn die Fremdatome klein sind, kann der Einbau auf Zwischengitterplätzen erfolgen. Man spricht in diesem Fall von Einlagerungsmischkristallen.

Bei Verbindungen können Störungen durch die Abweichung von dem stöchiometrischen Verhältnis auftreten.

Eine Kontrolle oder gar Beseitigung der Verunreinigungen ist eine der Hauptschwierigkeiten bei der Herstellung der Einkristalle. Mit dem Problem der chemischen Verunreinigungen werden wir uns noch ausgiebig später beschäftigen.

Wenn wir die Synthese der Kristalle beherrschen wollen, so müssen wir die Eigenschaften der Bauelemente kennen, die bei dem Kristallisationsprozeß die entscheidende Rolle spielen; als solche sind Größe und Polarisation der Atome und Bindungskräfte, durch die die Atome im Kristall zusammengehalten werden, zu nennen. Diese werden im folgenden Kapitel behandelt.

II. Eigenschaften der Kristallbauelemente

2.1 Größe der Atome und Ionen

Unter der Annahme der kugelförmigen Gestalt werden die Größen der Atome bzw. Ionen durch ihre Radien charakterisiert. Wenn wir zunächst roh die Radien aller bekannten Atome vergleichen, so sehen wir, daß sie zwischen etwa 1 Å (1 Å $= 10^{-8}$ cm) und 3 Å variieren, also nur im Verhältnis 1:3. Da die Atome nicht starr sind, so können die Radien je nach dem Zustand der Atome bzw. je nach der Bindungsart sehr verschieden sein. Wir unterscheiden demnach die Radien der VAN DER WAALSschen Bindung, der Metallbindung, der kovalenten Bindung und der Ionenbindung. Bezüglich der Definition der verschiedenen Bindungsarten sei nochmals auf S. 22 hingewiesen. Nur wenige Elemente können in verschiedenen Bindungsarten auftreten. Wie weit sich der Radius ändern kann sehen wir am folgenden Beispiel. So beträgt der Radius des Kohlenstoffatoms in der VAN DER WAALSschen Bindung 1,70—1,85 Å,[1]

[1] Siehe LAVES, F.: Naturwissenschaften **25**, 721 (1935).

in der metallischen Bindung 0,86 Å [1] und in der kovalenten Bindung 0,77 Å [2]. Ähnlich verhalten sich die Radien anderer Elemente, die in verschiedenen Bindungsarten bekannt sind. Wir sehen, daß je stärker die Bindung ist, um so kleiner der Radius. Auffallend ist, daß der Unterschied zwischen der (S. 25 näher behandelten) metallischen und der kovalenten Bindung verhältnismäßig klein ist. Außerdem ändert sich der Atomradius mit der Zahl der nächsten Nachbarn in gleichem Abstand (Koordinationszahl K. Z.) und zwar nimmt er annähernd ab beim Übergang von[3]

K. Z. 12 zu K. Z. 8 um 3%
K. Z. 12 zu K. Z. 6 um 4%
K. Z. 12 zu K. Z. 4 um 12%

2.11 Atomradien der van der Waalsschen Bindung

Da die VAN DER WAALSschen Kräfte sehr schwach sind (rund 1 bis 10% der elektrostatischen Kräfte), sind die Radien verhältnismäßig groß und außerdem stark von den Bindungspartnern abhängig. Die VAN DER WAALSschen Radien treten in den Gittern der Edelgase und in Molekülkristallen (bei denen Moleküle als Kristallbausteine betrachtet werden

Tabelle 1. *Atomradien für van der Waalssche Bindung in Ångström.* (Nach LAVES)

Atom-No.	Symbol	Radius	Temperatur °K
1	H	1,2[4]	
6	C	1,70—1,85	
7	N	1,62—1,79	
8	O	1,40—1,8	
9	F	1,49	
10	Ne	1,60	bei 5
15	P	1,84—1,94	
16	S	1,81—2,14	
17	Cl	1,26—1,91	
18	A	1,91	bei 40
33	As	1,58	
34	Se	1,73—1,90	
35	Br	1,94—2,03	
36	Kr	2.10	bei 80
51	Sb	1,69	
52	Te	1,87—1,95	
53	J	1,77—2,23	
54	Xe	2,20	bei 88

[1] GOLDSCHMIDT, V. M.: Geochemische Verteilungsgesetze der Elemente, Skrifter Norske Videnskaps-Akad. Oslo, Math.-Naturw. Kl., I—VIII, 1923—1926.

[2] PAULING, L. und M. L. HUGGINS: Z. Krist. 87, 205 (1934).

[3] GOLDSCHMIDT, V. M.: Z. physik. Chem. 133, 397 (1928).

[4] PAULING, L.: The Nature of the Chemical Bond, 2nd. ed., Cornell University Press, Ithaca, N. Y., 1940.

können) auf. In der Tab. 1 sind die VAN DER WAALSschen Atomradien nach der Zusammenstellung von LAVES[1] wiedergegeben. Dort findet sich weitere Literatur darüber unter welchen Bedingungen diese Radien ermittelt wurden.

2.12 Atomradien der metallischen Bindung

In der Tab. 2 sind die Atomradien der Elemente zusammengestellt, die in festem Zustand (meist metallisch) für verschiedene Strukturen ermittelt und wenn nötig auf die Koordinationszahl 12 umgerechnet wurden.

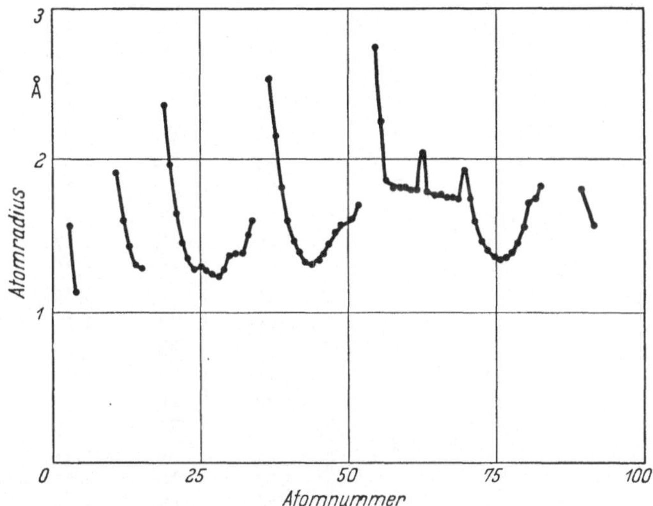

Abb. 2. Atomradien der Elemente, geordnet nach der Atomnummer

In der Abb. 2 ist der Verlauf der Atomradien nach der Ordnungszahl der Elemente dargestellt. Man sieht aus den Tab. 1 und 2, daß einige Elemente sowohl in VAN DER WAALSschen wie in metallischer Bindung auftreten.

Die meisten Atomradien wurden von GOLDSCHMIDT und seinen Mitarbeitern ermittelt. Für Elemente, die in kubisch flächenzentrierter oder hexagonaler Struktur mit dichtester Kugelpackung kristallisieren, also Koordinationszahl 12 haben, wurden die Atomradien gleich dem halben Abstand zwischen den nächsten Nachbarn also gleich $a\sqrt{2}/2$ gesetzt, wobei a die Gitterkonstante ist. Für Elemente anderer Strukturen wurden die Atomradien aus Legierungen ermittelt, die in der Struktur mit K. Z. 12 auftreten oder aus Mischkristallen durch Extrapolation unter Benutzung des VEGARDschen Gesetzes,[2] welches besagt, daß in Mischkristallen die Gitterkonstante sich additiv aus den Komponenten

[1] Siehe LAVES, F.: Naturwissenschaften 25, 721 (1935).
[2] VEGARD, L.: Z. Physik 5, 17 (1925).

Tabelle 2.

Atomradien der metallischen Bindung für Koordinationszahl (K. Z.) 12 in Ångström

Atom-No.	Symbol	Radius	Literatur	Atom-No.	Symbol	Radius	Literatur
1	H	0,78	1	48	Cd	1,52	2
3	Li	1,57	2	49	In	1,57	2
4	Be	1,13	2	50	Sn	1,58	2
11	Na	1,92	2	51	Sb	1,61	2
12	Mg	1,60	2	52	Te	1,7	3
13	Al	1,43	2	55	Cs	2,74	2
14	Si	1,31	2	56	Ba	2,25	2
15	P	1,30	3	57	La	1,86	2
19	K	2,36	2	58	Ce	1,82	3
20	Ca	1,97	2	59	Pr	1,82	3
21	Sc	1,65	3	60	Nd	1,82	3
22	Ti	1,45	2	61	Pm	1,8	3
23	V	1,36	2	62	Sm	1,8	3
24	Cr	1,28	2	63	Eu	2,04	3
25	Mn	1,30	2	64	Gd	1,79	3
26	Fe	1,27	2	65	Tb	1,77	3
27	Co	1,26	2	66	Dy	1,77	3
28	Ni	1,24	2	67	Ho	1,75	3
29	Cu	1,28	2	68	Er	1,75	3
30	Zn	1,37	2	69	Tm	1,74	3
31	Ga	1,39	3	70	Yb	1,93	3
32	Ge	1,39	2	71	Lu	1,74	3
33	As	{1,40	2	72	Hf	1,59	2
		1,48	3	73	Ta	1,46	2
34	Se	1,60	3	74	W	1,41	2
37	Rb	2,53	2	75	Re	1,37	2
38	Sr	2,16	2	76	Os	1,34	2
39	Y	1,81	2	77	Ir	1,35	2
40	Zr	1,60	2	78	Pt	1,38	2
41	Nb	1,47	2	79	Au	1,44	2
42	Mo	1,40	2	80	Hg	1,55	2
43	Tc	1,34	3	81	Tl	1,71	2
44	Ru	1,32	2	82	Pb	1,74	2
45	Rh	1,34	2	83	Bi	1,82	2
46	Pd	1,37	2	90	Th	1,80	2
47	Ag	1,44	2	92	U	1,57	3

zusammensetzt. Es wurde aber später gezeigt, daß gerade bei Metallmischkristallen das VEGARDsche Gesetz meistens nicht gilt.[4, 5] Die angegebenen Atomradien dürfen deshalb nur zum Vergleich und nicht als Absolutgrößen benutzt werden.

[1] WIGNER, E.: J. Phys. Chem. 3, 164 (1935).

[2] GOLDSCHMIDT, V. M.: Geochemische Verteilungsgesetzte der Elemente, Skrif Norsk. Vid.-Akad. Oslo I—VII, (1923—1926).

[3] siehe LAVES, F.: Naturw., 25, 72 (1935).

[4] AXON, H. J. and W. HUME-ROTHERY: Proc. Roy. Soc. (London) **A193**, 1 (1948).

[5] RAYNOR, G. V.: Trans. Faraday Soc. 45, 698 (1949).

In der Tab. 3 sind zum Vergleich die Radien der maximalen Dichte der äußeren Elektronenschalen angegeben die auf rein theoretischem Weg berechnet wurden[1]. Wie man sieht, sind die Elektronenschalradien meist kleiner als die Atomradien, d. h. die „Berührung“ der Atome

Tabelle 3. *Theoretische Radien der äußeren Elektronenschalen.* (Nach SLATER[1])

Atom-No.	Symbol	Elektronen-schale	Radius in Å	Atom-No.	Symbol	Elektronen-schale	Radius in Å
3	Li	2 *s*	1,50	20	Ca	4 *s*	2,03
4	Be	2 *s*	1,19	21	Sc	4 *s*	1,80
5	B	2 *p*	0,85	22	Ti	4 *s*	1,66
6	C	2 *p*	0,66	23	V	4 *s*	1,52
7	N	2 *p*	0,53	24	Cr	4 *s*	1,41
8	O	2 *p*	0,45	25	Mn	4 *s*	1,31
9	F	2 *p*	0,38	26	Fe	4 *s*	1,22
10	Ne	2 *p*	0,32	27	Co	4 *s*	1,14
11	Na	3 *s*	1,55	28	Ni	4 *s*	1,07
12	Mg	3 *s*	1,32	29	Cu	4 *s*	1,03
13	Al	3 *p*	1,21	30	Zn	4 *s*	0,97
14	Si	3 *p*	1,06	31	Ga	4 *p*	1,13
15	P	3 *p*	0,92	32	Ge	4 *p*	1,06
16	S	3 *p*	0,82	33	As	4 *p*	1,01
17	Cl	3 *p*	0,75	34	Se	4 *p*	0,95
18	A	3 *p*	0,67	35	Br	4 *p*	0,90
19	K	4 *s*	2,20	36	Kr	4 *p*	0,86

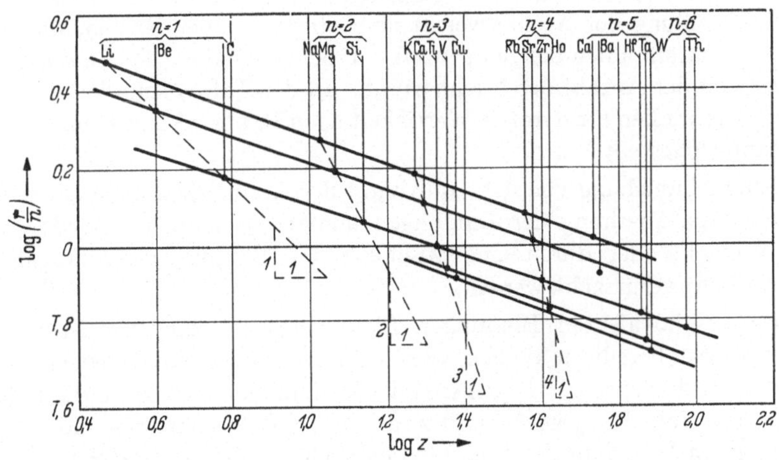

Abb. 3. Zusammenhang zwischen den Atomradien *r*, der Hauptquantenzahlen *n* und den Atomnummern *Z* (nach HUME-ROTHERY[2])

[1] SLATER, J. C.: Introduction to Chemical Physics, S. 319. New York: McGraw-Hill Book Co. 1939.

[2] HUME-ROTHERY, W. H. and G. V. RAYNOR: The Structure of Metals and Alloys, 3. Aufl., The Institute of Metals, London 1954.

erfolgt schon in den Ausläufern der Elektronendichteverteilung. Allerdings sind die Werte in der Tab. 3 viel ungenauer als in der Tab. 2, so daß man nur einen rohen Vergleich machen kann.

Einen interessanten Zusammenhang zwischen dem Atomradius r der Hauptquantenzahl n und der Atomnummer Z gibt HUME-ROTHERY[1] an. Es gilt für Untergruppen A des periodischen Systems folgende empirische Beziehung:

$$r = \mathrm{const}\,\frac{n}{Z^x}\,, \tag{1}$$

wobei $x = 1/3$ für $n = 1$ bis 5. Innerhalb einer Untergruppe ist $x = 1$ für die erste Untergruppe des periodischen Systems, 2 für die zweite, 3 für die dritte und 5 für die vierte. Wie man aus der Abb. 3 sieht, liegen die Werte der entsprechenden Elemente auf Geraden, wenn $\log\frac{r}{n}$ gegen $\log Z$ aufgetragen ist. Dieser Zusammenhang ist zwar verständlich, aber eine theoretische Begründung fehlt noch.

2.13 Atomradien der kovalenten Bindung

Während bei der metallischen Bindung eine Kugelsymmetrie der Atome noch annehmbar ist, wenn auch nicht streng, so ist bei der kovalenten Bindung diese Annahme sicherlich nicht richtig. Wenn man aber trotzdem von kovalenten Atomradien spricht, so ist darunter der halbe Abstand zwischen den nächsten Nachbarn zu verstehen. Die Raumerfüllung der Atome weicht aber stark von der Kugelsymmetrie ab. Die Atomradien hängen sowohl von der Wertigkeit der Bindung als auch von der Anzahl der Nachbarn ab. In der Tab. 4 sind die wichtigsten Atomradien für normale Wertigkeit nach PAULING[2] und ROBERTSON[3] zusammengestellt.

Eine Abweichung von der Additivität der Atomradien kann entweder durch eine Mischung der Bindungen (einfach + doppelt oder doppelt + dreifach) oder durch eine Mischung der Bindungsarten (kovalent + ionisch) verursacht werden.

Da bei kovalenten Bindungen Elektronen verschiedener Zustände (s, p, d) sich beteiligen können, so können die Atomabstände verschieden sein. Für drei spezielle Typen sind die Atomradien nach PAULING in den nächsten Tabellen gegeben und zwar in der Tab. 5 für sp^3- und tetraedrische in Tab. 6 für d^2sp^3- und oktaedrische in Tab. 7 für dsp^2-Bindung und quadratische Koordination.

---

[1] Siehe Anm. 2 auf S. 9.

[2] PAULING, L.: The Nature of Chemical Bond, 2. Aufl. Cornell Univ. Press, Ithaca, N. Y. 1940.

[3] ROBERTSON, J. M.: Organic Crystals and Molecules, Cornell University Press, Ithaca, N. Y. 1953.

Tabelle 4. *Kovalente Atomradien für normale Wertigkeit der Elemente in Ångström* (nach PAULING[1])

Element	Bindung		
	1fach	2fach	3fach
H	0,37	—	—
Li	1,34	—	—
B	0,88	0,76	0,68
C	0,771	0,665	0,602
N	0,74	0,60	0,547
O	0,74	0,55	0,50
F	0,72	0,54	—
Na	1,54	—	—
Si	1,17	1,07	1,00
P	1,10	1,00	0,93
S	1,04	0,94	0,87
Cl	0,99	0,89	—
K	1,96	—	—
Ge	1,22	1.12	—
As	1,21	1,10	—
Se	1,17	1,07	—
Br	1,14	1,04	—
Rb	2.11	—	—
Sn	1,40	1,30	—
Sb	1,41	1,31	—
Te	1,41	1,31	—
J	1,33	1,23	—
Cs	2,25	—	—

Tabelle 5. *Tetraedrische Atomradien in Ångström* (nach PAULING[1])

—	—	Be	1,07	B	0,89	C	0,77	N	0,70	O	0,66	F	0,64
—	—	Mg	1,40	Al	1,26	Si	1,17	P	1,10	S	1,04	Cl	0,99
Cu	1,35	Zn	1,31	Ga	1,26	Ge	1,22	As	1,18	Se	1,14	Br	1,11
Ag	1,53	Cd	1,48	In	1,44	Sn	1,40	Sb	1,36	Te	1,32	J	1,28
Au	1,50	Hg	1,48	Tl	1,47	Pb	1,46	Bi	1,46	—	—		

Tabelle 6. *Oktaedrische Atomradien in Ångström* (nach PAULING[1])

	2wertig	3wertig	4wertig		2wertig	3wertig	4wertig
Fe	1,23	—	—	Pt	1,50	1,42	1,31
Co	1,32	1,22	—	Ag	1,54	1,49	1,41
Ni	1,39	1,31	1,21	Au	1,54	1,49	1,41
Ru	1,33	—	—	Ti	—	—	1,36
Os	1,33	—	—	Zr	—	—	1,51
Rh	1,43	1,32	—	Sn	—	—	1,49
Ir	1,43	1,32	—	Pb	—	—	1,54
Pd	1,50	1,42	1,31	Se	—	—	1, 0

[1] PAULING, L.: The Nature of Chemical Bond, 2. Aufl. Cornell Univ. Press, Ithaca, N. Y. 1940.

Tabelle 7. *Quadratische Radien in Ångström* (nach PAULING[1])

	1wertig	2wertig	3wertig
Co	1,23	—	—
Ni	—	1,22	—
Cu	—	—	1,21
Rh	1,33	—	—
Ir	1,33	—	—
Pd	—	1,32	—
Pt	—	1,32	—
Ag	—	—	1,31
Au	—	—	1,31

2.14 Atomradien der Ionenbindung

Wenn Atome mit hoher Elektronenaffinität mit solchen von kleiner Ionisierungsarbeit in Berührung kommen, dann findet ein Elektronenübergang von einer Atomart zur anderen statt. Dadurch wird der Radius der negativen Ionen größer und der positiven Ionen kleiner als der Radius der neutralen Atome. Die Abnahme bzw. die Zunahme des Radius hängt von der Anzahl der am Übergang beteiligten Elektronen (Valenz) und ihrer Anordnung vor bzw. nach dem Übergang ab. Die Größe der Ionenradien variiert von etwa 0,1 Å bis 3 Å, also im Verhältnis 1:30, während sie sich bei den neutralen Atomen nur wie etwa 1:3 ändert.

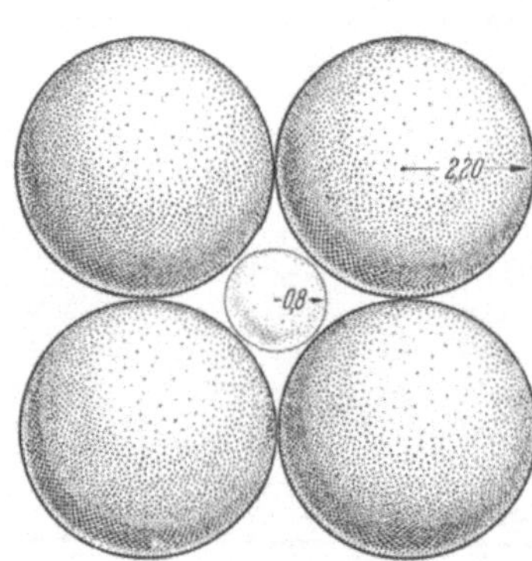

Abb. 4. Raumbeanspruchung der Li^+- und J^--Ionen im LiJ-Gitter

Eine Abschätzung der Ionenradien der Alkalimetalle (ausgenommen Li) und der Halogene wurde zuerst von LANDE[2] durchgeführt unter der Benutzung der experimentellen Gitterkonstanten und der Annahme, daß im LiJ sich die Jodionen berühren und der Jodionradius

$$r = \frac{\sqrt{2}}{2} a, \qquad (2)$$

wobei a = Gitterkonstante. Diese Annahme ist gerechtfertigt, wie man aus der Abb. 4 ersieht.

WASASTJERNA[3] benutzte zur Bestimmung der Ionenradien die empirischen Gitterkonstanten, die entsprechend der Ionenrefraktionen auf-

[1] PAULING, L.: The Nature of Chemical Bond, 2. Aufl., Cornell Univ. Press, Ithaca, N. Y. 1940.

[2] LANDÉ, A.: Z. Physik 1, 191 (1920).

[3] WASATJERNA, J. A.: Soc. Sci. Fenn. Comm. Phys. Math. 1, No. 38 (1923).

geteilt werden. Er gibt Radien für: O^{2-}, S^{2-}, F^-, Cl^-, Br^-, J^-, Na^+, K^+, Rb^+, Cs^+, Mg^{2+}, Ca^{2+}, Sr^{2+} und Ba^{2+} an.

Unter Benutzung von WASASTJERNAS Ionenradien von F^- $r = 1{,}33$ Å und von O^{2-} $r = 1{,}32$ Å als Standardwerte und den experimentellen Gitterkonstanten von kommensurablen Gitterstrukturen bestimmte GOLDSCHMIDT[1] 97 Ionenradien, die in der Literatur als experimentelle Ionenradien bezeichnet und meist von Kristallographen benutzt werden.

Außerdem haben wir die semitheoretischen Ionenradien von PAULING[2]. In seiner Berechnung führt PAULING zuerst die sogenannten „*univalenten*" Radien r_u ein. Diese Radien werden aus folgender Beziehung berechnet:

$$r_u = \frac{\text{const}}{z - S}, \tag{3}$$

wobei z die elektrische Ladung und S den Abschirmungsfaktor bedeutet. Die Konstante ist für jede isoelektronische Reihe verschieden; sie wird aus den experimentellen Ionenradien der Anfangsglieder, und zwar Li^+, Na^+, K^+, Rb^+, F^-, Br^- und J^-, der isoelektronischen Reihen ermittelt. Die berechneten Radien geben nur die Relativwerte und deren Summe entspricht nicht dem kürzesten Ionenabstand im Kristall. Die wahren Ionenradien r ergeben sich aus der Beziehung

$$r = r_u \, z^{-\frac{2}{n-1}} \tag{4}$$

wobei n der BORNsche Abstoßungsexponent ist, der die Werte 5, 7, 9, 10 und 12 für die He-, Ne-, A-, Kr- und Xe-Reihe annimmt.

Die PAULINGschen Radien weichen von denen von GOLDSCHMIDT in vielen Fällen ab. Die Abweichungen können dadurch erklärt werden, daß in Kristallen, die GOLDSCHMIDT für seine Radienbestimmung benutzt hatte, ein Anteil der Bindung kovalent ist, wodurch die Kugelsymmetrie der Ionen gestört ist.

Neuerdings hat AHRENS[3] die Ionenradien einer kritischen Durchsicht unterworfen. AHRENS zeigte, daß gewisse Regelmäßigkeiten zwischen den Ionenradien, der Ionisierungsspannung und der Ladung bestehen. Auf Grund dieses Zusammenhanges hatte er eine Reihe von bisher unbekannten Ionenradien berechnet und einige der bereits bekannten geändert. Insbesondere bevorzugt AHRENS den Ionenradius von Li^+ $r = 0{,}68$ Å (GOLDSCHMIDT 0,78, PAULING 0,60), der sich aus LiF ergibt und von GOLDSCHMIDT aus unbekannten Gründen verworfen wurde, wodurch die Ionenradien von PAULING von Be^{2+}, B^{3+}, C^{4+}, N^{5+}, O^{6+} und F^{7+} um 14% erhöht werden. Außerdem nimmt AHRENS den Ionenradius

[1] GOLDSCHMIDT, V. M.: Geochemische Verteilungsgesetze der Elemente, Skrif Nork. Vid.-Akad., Oslo, I—VIII, 1923—1926.

[2] PAULING, L.: J. Am. Chem. Soc. **49**, 763 (1927).

[3] AHRENS, L. H.: Geochim. et Cosmochim. Acta **2**, 155 (1952).

Tabelle 8. *Ionenradien nach Ahrens und Pauling für K. Z. 6 in Ångström*

Z	Ion	r	Z	Ion	r	Z	Ion	r
1	H^-	2,08	30	Zn^{2+}	0,74	60	Nd^{3+}	1,04
2	He	—	31	Ga^{3+}	0,62	61	—	—
3	Li^+	0,68	32	Ge^{2+}	0,73	62	Sm^{3+}	1,00
4	Be^{2+}	0,35		Ge^{4+}	0,53	63	Eu^{3+}	0,98
5	B^{3+}	0,23		Ge^{4-}	2,72	64	Gd^{3+}	0,97
6	C^{4+}	0,16	33	As^{3+}	0,58	65	Tb^{3+}	0,93
	C^{4-}	2,60		As^{5+}	0,46		Tb^{4+}	0,81
7	N^{3+}	1,60		As^{3-}	2,22	66	Dy^{3+}	0,92
	N^{5+}	1,30	34	Se^{4+}	0,50	67	Ho^{3+}	0,91
	N^{3-}	1,71		Se^{6+}	0,42	68	Er^{3+}	0,89
8	O^{6+}	0,10		Se^{2-}	1,98	69	Tm^{3+}	0,87
	O^{2-}	1,40	35	Br^{5+}	0,47	70	Yb^{3+}	0,86
9	F^{7+}	0,08		Br^{7+}	0,39	71	Lu^{3+}	0,85
	F^-	1,36		Br^-	1,95	72	Hf^{4+}	0,78
10	Ne	—	36	Kr	—	73	Ta^{5+}	0,68
11	Na^+	0,97	37	Rb^+	1,47	74	W^{4+}	0,70
12	Mg^{2+}	0,66	38	Sr^{2+}	1,12		W^{6+}	0,62
13	Al^{3+}	0,51	39	Y^{3+}	0,92	75	Re^{4+}	0,72
14	Si^{4+}	0,42	40	Zr^{4+}	0,79		Re^{7+}	0,56
	Si^{4-}	2,71	41	Nb^{4+}	0,74	76	Os^{6+}	0,69
15	P^{3+}	0,44		Nb^{5+}	0,69	77	Ir^{4+}	0,68
	P^{5+}	0,35	42	Mo^{4+}	0,70	78	Pt^{2+}	0,80
	P^{3-}	2,12		Mo^{6+}	0,62		Pt^{4+}	0,65
16	S^{4+}	0,37	43	Tc^{7+}	0,60	79	Au^+	1,37
	S^{6+}	0,30	44	Ru^{4+}	0,67		Au^{3+}	0,85
17	Cl^{5+}	0,34	45	Rh^{3+}	0,68	80	Hg^{2+}	1,10
	Cl^{7+}	0,27	46	Pd^{2+}	0,80	81	Tl^+	1,47
	Cl^-	1,81		Pd^{4+}	0,65		Tl^{3+}	0,95
18	A	—	47	Ag^+	1,26	82	Pb^{2+}	1,20
19	K^+	1,33		Ag^{2+}	0,89		Pb^{4+}	0,84
20	Ca^{2+}	0,99	48	Cd^{2+}	0,97	83	Bi^{3+}	0,96
21	Sc^{3+}	0,81	49	In^{3+}	0,81		Bi^{5+}	0,74
22	Ti^{3+}	0,76	50	Sn^{2+}	0,93	84	Po^{6+}	0,67
	Ti^{4+}	0,68		Sn^{4+}	0,71	85	At^{7+}	0,62
23	V^{2+}	0,88		Sn^{4-}	2,94	86	Rn	—
	V^{3+}	0,74	51	Sb^{3+}	0,76	87	Fr^+	1,80
	V^{4+}	0,63		Sb^{5+}	0,62	89	Ac^{3+}	1,18
	V^{5+}	0,59		Sb^{3-}	2,45	90	Th^{4+}	1,02
24	Cr^{3+}	0,63	52	Te^{4+}	0,70	91	Pa^{3+}	1,13
	Cr^{6+}	0,52		Te^{6+}	0,56		Pa^{4+}	0,97
25	Mn^{2+}	0,80	53	J^{5+}	0,62	92	U^{4+}	0,97
	Mn^{3+}	0,66		J^{7+}	0,50		U^{6+}	0,80
	Mn^{4+}	0,60		J^-	2,16	93	Np^{3+}	1,10
	Mn^{7+}	0,46	54	Xe	—		Np^{4+}	0,95
26	Fe^{2+}	0,74	55	Cs^+	1,67		Np^{7+}	0,71
	Fe^{3+}	0,64	56	Ba^{2+}	1,34	94	Pu^{3+}	1,08
27	Co^{2+}	0,72	57	La^{3+}	1,14		Pu^{4+}	0,93
	Co^{3+}	0,63	58	Ce^{3+}	1,07	95	Am^{3+}	1,07
28	Ni^{2+}	0,69		Ce^{4+}	0,94		Am^{4+}	0,92
29	Cu^+	0,96	59	Pr^{3+}	1,06	96	Cm	—
	Cu^{2+}	0,72		Pr^{4+}	0,92			

Tabelle 9.
Atomabstände im dampfförmigen und festen Zustande in Ångström

		Dampf	Kristall	Literatur
1	NaCl	2,51 ± 0,03	2,82	[1]
2	NaBr	2,64 ± 0,01	2,98	
3	NaJ	2,90 ± 0,02	3,23	
4	KCl	2,79 ± 0,02	3,14	
5	KBr	2,94 ± 0,03	3,30	
6	KJ	3,23 ± 0,04	3,53	
7	RbCl	2,89 ± 0,01	3,29	
8	RbBr	3,06 ± 0,02	3,42	
9	RbJ	3,26 ± 0,02	3,66	
10	CsCl	3,06 ± 0,03	3,58	
11	CsBr	3,14 ± 0,03	3,72	
12	CsJ	3,41 ± 0,03	3,96	
13	Hg_2Cl_2	2,23 ± 0,03	—	[2]
14	TlCl	2,55 ± 0,03	3,32	[3]
15	TlBr	2,68 ± 0,03	3,46	
16	TlJ	2,87 ± 0,03	—	
17	$PbCl_2$	Pb–Cl 2,46 ± 0,02 (Cl–Pb–Cl 95°)	—	[4]

von Na^+ $r = 0.97$ Å, als Mittelwert von GOLDSCHMIDTS Wert 0.98 Å und von PAULINGS Wert 0.95 Å. Durch diese Änderung werden die PAULINGschen Radien von Mg^{2+}, Al^{3+}, Si^{4+}, P^{5+}, S^{6+} und Cl^{7+} um 2% erhöht. In der Tab. 8 sind die Ionenradien nach AHRENS und PAULING zusammengestellt.

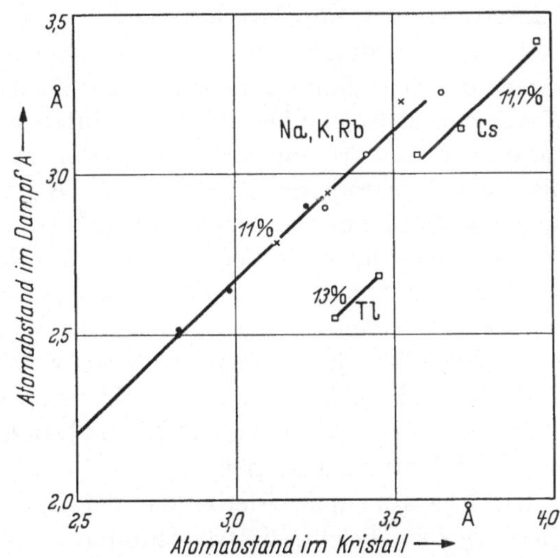

Abb. 5. Atomabstände der Alkali- und Thalliumhalogenide im Dampf und im Kristall. Die Prozentzahlen geben die Abweichungen zwischen dem dampfförmigen und kristallinen Zustand an

Die Ionenradien können auch aus der Elektronendichteverteilung in Kristallen abgeschätzt werden. Die Abstände der Minima der Elektronendichte von den Gitterpunkten können als Ionenradien aufgefaßt werden. Die Ergebnisse an LiF und NaCl zeigen, daß die

[1] MAXWELL, L. R., S. B. HENDRICKS und V. M. MOSLEY: Phys. Rev. **52**, 968 (1937).
[2] MAXWELL, L. R. und V. M. MOSLEY: Phys. Rev. **57**, 21 (1940).
[3] BROCKWAY, L. O.: Revs. Mod. Phys. **8**, 231 (1936).
[4] LISTER, M. und L. E. SUTTON: Trans. Faraday Soc. **37**, 406 (1941).

Minima etwa um 20% größere Radien für Li^+ bzw. Na^+ und entsprechend kleinere für F^- und Cl^- als die vorher besprochenen Methoden ergeben[1].

Wie weit die Umgebung die Ionenradien beeinflussen kann sehen wir aus der Tab. 9 und der Abb. 5, in denen die Atomabstände der Alkali- und Thallium-Halogenide einmal in der Dampfform und das andere Mal im festen Zustande gegenüber gestellt wurden. Man sieht, daß im festen Zustande die Atomabstände um 11—13% größer sind als bei den freien Molekülen. Außerdem hängt die Abnahme der Atomabstände von der Gitterstruktur ab, wie man aus dem Vergleich der im NaCl- und CsCl-Gittertyp kristallisierenden Verbindungen ersieht.

2.2 Polarisation

Die starke Veränderlichkeit der Atomradien in Kristallen ist durch die Polarisation der Bausteine und des Kristallgitters bedingt. Die elektrische Polarisation P pro cm^3 ergibt sich mit der auf ein Atom bezogenen Polarisierbarkeit α, der Zahl N der Atome pro cm^3 und der elektrischen Feldstärke E durch die Beziehung $P = \alpha N E$. Im allgemeinen Fall setzt sich α zusammen aus:

$$\alpha = \alpha_r + \alpha_o + \alpha_a + \alpha_e\,, \tag{5}$$

wobei α_r = Raumladungspolarisierbarkeit, α_0 = Orientierungspolarisierbarkeit, α_a = Atompolarisierbarkeit und α_e = Elektronenpolarisierbarkeit. α_r ist bedingt durch eine inhomogene Anhäufung der Ladungsträger im Kristallinnern oder an Oberflächen. Sie ist makroskopischer Natur und als solche hier nicht von Interesse. Die Orientierungspolarisierbarkeit α_0 tritt nur auf, wenn permanente Dipole vorhanden sind, also bei heteroatomaren Molekülen oder Kristallgittern. Die Atompolarisierbarkeit α_a ist nur bei heteroatomaren Gittern möglich und wird durch die Abstandsänderung der verschieden geladenen Gitterbausteine im Feld E verursacht. Die Elektronenpolarisierbarkeit α_e dagegen ist immer vorhanden. Sie beruht auf der Verschiebung der Elektronenhülle gegenüber den positiv geladenen Kernen.

Bei der Herstellung der Kristalle ist von Interesse, einerseits die Polarisierbarkeit der freien Atome und anderseits die Polarisierbarkeit im Kristallgitter zu kennen.

Die Elektronenpolarisierbarkeit der freien Atome läßt sich aus der Messung der Dielektrizitätskonstanten ε, wobei

$$\alpha_e = \frac{\varepsilon - 1}{4\pi N} \tag{6}$$

oder der Brechzahl n

$$\alpha_e = \frac{n^2 - 1}{4\pi N} \tag{7}$$

---

[1] KRUG, J., B. WAGNER, H. WITTE und E. WÖLFEL: Naturwissenschaften 40, 599 (1953).

oder der Ablenkung des Molekularstrahls im inhomogenen elektrischen Feld[1] bestimmen. Anderseits konnten die Polarisierbarkeiten aus den RYDBERG- und RITZ-Korrektionen der Serienspektra[2] und aus der wellenmechanischen Theorie[3] berechnet werden. Für kondensierte Systeme gelten folgende Beziehungen

$$\alpha_e + \alpha_a + \alpha_0 = \frac{3}{4\pi N}\frac{\varepsilon - 1}{\varepsilon + 2} + \frac{\mu^2}{3kT} \tag{8}$$

oder

$$\alpha_e + \alpha_0 = \frac{3}{4\pi N}\frac{n^2 - 1}{n^2 + 2} + \frac{\mu^2}{3kT}. \tag{9}$$

Dabei bedeuten N = Zahl der Atome pro cm^3, ε = Dielektrizitätskonstanten für $\lambda = \infty$ und n = Brechzahl für das optische Frequenzgebiet, μ = das permanente elektrische Dipolmoment, k = BOLTZMANN-konstante und T = absolute Temperatur. Die Elektronenpolarisation α_e wird aus der Brechzahl n ermittelt, da im optischen Gebiet α_0 und α_a keinen Beitrag mehr zu α liefern.

$$\alpha_e = \frac{3}{4\pi N}\frac{n^2 - 1}{n^2 + 2}. \tag{10}$$

Nun hängt aber die Brechzahl von der Wellenlänge der Strahlung ab. Gewöhnlich wird n für die gelbe Natriumlinie genommen. Diese Wahl ist ganz willkürlich. Streng genommen ist die Polarisierbarkeit eine Funktion der Wellenlänge, also nicht konstant. Bei heteroatomaren Molekülen tritt neben der Elektronenpolarisation bei niedrigen Frequenzen auch die Atompolarisation auf, die aus der Differenz der Messung von $\varepsilon = n_\infty^2$ bei langen Wellen und von n in optischen Gebiet berechnet wird.

Die Bestimmung der Orientierungspolarisation der permanenten Dipole erfolgt durch die Messung der Dielektrizitätskonstanten ε bei verschiedenen Temperaturen. Trägt man

$$\frac{\varepsilon - 1}{\varepsilon + 2}\frac{1}{N}$$

gegen $1/T$ auf so läßt sich aus der Neigung der Geraden das Dipolmoment μ bzw. die Orientierungspolarisation $\alpha_0 = \frac{\mu^2}{3kT}$ berechnen. Wie man sieht, hängt α_0 stark von der Temperatur ab; sie ist demnach keine charakteristische Konstante wie α_e und α_a, bei denen der Temperatureinfluß praktisch zu vernachlässigen ist. Man gibt deshalb nicht die Orientierungspolarisation α_0 an sondern das Dipolmoment μ.

In der Tab. 10 und Abb. 6 sind die Elektronenpolarisierbarkeiten α_e der freien Atome und Ionen, die nach verschiedenen Methoden bestimmt

[1] SCHEFFERS, H. und J. STARK: Physik. Z. 35, 625 (1934).
[2] BORN, M. und W. HEISENBERG Z. Physik **23**, 388 (1924).
[3] PAULING, L., Proc. Roy. Soc. (London) **A114**, 191 (1927.).

Tabelle 10.
Elektronenpolarierbarkeiten α_e der freien Atome und Ionen in 10^{-25} cm^3

		Fajans-Joos[1]	Pauling[2]	J. u. M. Mayer[3]	Andere Autoren
1	H_2^+	—	—	3,75	
2	He	1,96	2,01	2,04	2,16[4], 2,06[5]
3	Li	—	—	—	120[6]
3	Li^+	0,8	0,31	0,25	
4	Be	—	—	—	92,8[7]
4	Be^{2+}	0,4	0,08	0,07	
5	B^{3+}	0,2	0,03	0,03	
6	C^{2+}	—	5,8	—	
6	C^{4+}	0,12	0,013	0,015	
8	O	—	—	—	1,5[6]
8	O^{2-}	27,5	38,8	(3,1)	
9	F^-	9,8	10,4	9,9	
10	Ne	3,92	3,90	3,96	3,98[4]
11	Na	—	—	—	270[8]
11	Na^+	1,96	1,79	1,7	
12	Mg^{2+}	1,2	0,94	1,0	
13	Al^+	—	41,2	—	
13	Al^{3+}	0,67	0,52	0,53	
14	Si^{2+}	—	20.6	—	
14	Si^{4+}	0,4	0,16	(0,43)	
16	S^{2-}	86	102	(72,5)	
17	Cl^-	35,3	36,6	30,5	
18	A	16,5	16,2	16,45	16,3[4]
19	K	—	—	—	340[6]
19	K^+	8,8	8,3	8,0	
20	Ca^{2+}	5,1	4,7	5,4	
21	Sc^{3+}	3,5	2,86	(3,8)	
22	Ti^{4+}	2,36	1,85	(2,7)	
34	Se^{2-}	112	105	(64)	
35	Br^-	49,7	47,7	41,7	
36	Kr	25,0	24,6	24,9	
37	Rb	—	—	—	500[8]
37	Rb^+	15,6	14,0	(15)	
38	Sr^{2+}	8,6	8,6	10	
39	Y^{3+}	—	5,3	(10,4)	
40	Zr^{4+}	—	3,7	8,0	
52	Te^{2-}	157	140	(96)	
53	J^-	75,5	71,0	62,8	
54	Xe	41,0	39,9	40,5	
55	Cs	—	—	—	(420)[8]
55	Cs^+	25,6	24,2	23,5	
56	Ba^{2+}	16,8	15,5	(20,8)	
57	La^{3+}	(13)	10,4	15,6	
58	Cl^{4+}	—	7,3	(12)	

[1] Fajans, K. und G. Joos: Z. Physik **23**, 1 (1924).
[2] Pauling, L.:. Proc. Roy. Soc. (London **A 114**, 191 (1927).
[3] Mayer, J. E. und M. Goeppert-Mayer: Phys. Rev. **43**, 605 (1933).
[4] Stuart, H.: Landolt-Börnstein, 6. Aufl., Bd. 1, Teil 1, S. 401. Berlin: Springer 1950.

wurden, wiedergegeben. Es fällt besonders auf, daß die Elektronenpolarisierbarkeit innerhalb einer Gruppe des periodischen Systems (z. B. Li, Na) stark zunimmt, dagegen innerhalb einer isoelektronischen Reihe stark abnimmt. Die Werte verschiedener Autoren und nach verschiedenen Methoden bestimmt unterscheiden sich manchmal um eine Zehnerpotenz. Besonders stark ist der Unterschied bei niedrigen Atom-

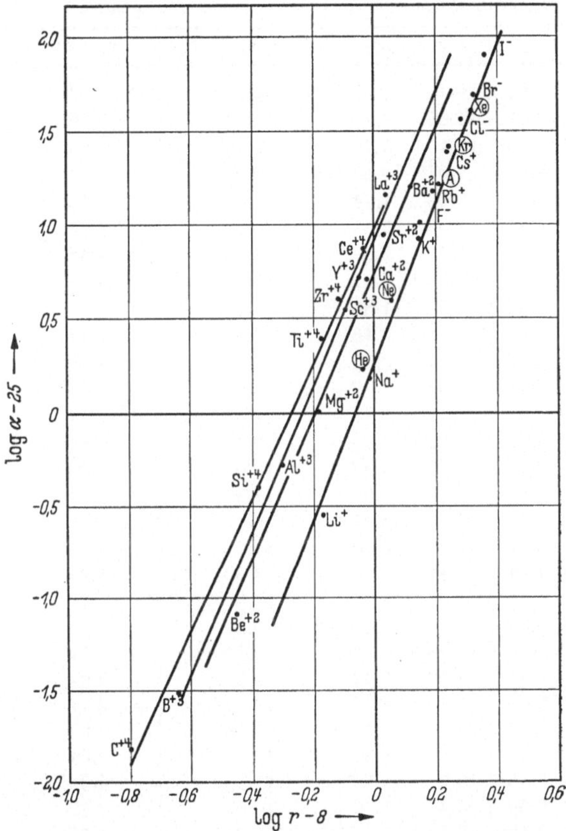

Abb. 6. Elektronenpolarisierbarkeiten der freien Atome und Ionen in Abhängigkeit von ihren Radien

nummern. Man darf deshalb die Werte nur zu einem qualitativen Vergleich benutzen. Im allgemeinen sieht man, daß die Elektronenpolarisierbarkeiten für die einzelnen Elemente sehr verschieden sind, sie variieren zwischen einigen Zehnteln und mehreren Hundert.

Die Bestimmung der Polarisierbarkeit in Kristallen stößt auf Schwierigkeiten da jetzt zu dem äußereren Feld der Einfluß der Umgebung

[5] HASSE, H. R.: Proc. Cambridge Phil. Soc. **26**, 542 (1930).
[6] SCHEFFERS, J. und J. STARK, Physik. Z. **35**, 625 (1934).
[7] BUCKINGHAM, R. A.: Proc. Roy. Soc. **160**, 94 und 111 (1937).
[8] FUES, E.: Z. Physik **82**, 536 (1933).

hinzukommt. Das innere (effektive) elektrische Feld läßt sich nur unter bestimmten Annahmen berechnen, die aber bei atomaren Dimensionen nicht zutreffen[1]. Bei Kristallen haben wir drei Fälle zu unterscheiden. Bei kovalenten homöoatomaren Gittern (z. B. Diamant, Si, Ge) tritt nur

Tabelle 11. *Polarisierbarkeit einiger Kristalle in* cm^3; ϱ = *Dichte in* g/cm^3; ε = *Dielektrizitätskonstante*; n_D = *Brechzahl*; $\alpha_a + \alpha =_e$ *Gesamtpolarisierbarkeit*; α_a = *Atompolarisierbarkeit*; α = *Elektronenpolarisierbarkeit*

Kristall	ϱ	ε	n_D^2	$(\alpha_a + \alpha_e) \cdot 10^{24}$	$\alpha_a \cdot 10^{24}$	$\alpha_e \cdot 10^{24}$
LiF	2.60	9,27	1,92	2,90	1,97	0,93
LiCl	2,07	11,05	2,76	6,27	3,26	3,01
LiBr	3,46	12,10	3,19	7,84	3,63	4,21
LiJ	4,06	11,03	3,82	10,07	3,74	6,33
NaF	2,79	6,00	1,74	3,74	2,56	1,18
NaCl	2,17	5,62	2,25	6,52	3,37	3,15
NaBr	3,20	5,99	2,62	7,96	3,48	4,48
NaJ	3,67	6,60	2,91	10,55	4,25	6,30
KF	2,48	6,05	1,86	5,83	3,75	2,08
KCl	1,98	4,68	2,13	8,22	4,14	4,08
KBr	2,75	4,78	2,33	9,58	4,29	5,29
KJ	3,13	4,94	2,69	11,96	4,36	7,60
RbF	3,60	5,91	1,95	7,16	4,41	2,75
RbCl	2,76	4,95	2,19	9,87	4,94	4,93
RbBr	3,35	4,87	2,33	11,03	4,99	6,04
RbJ	3,55	5,58	2,63	14,30	5,96	8,34
CsF	3,59	—	2,17	—	—	4,72
CsCl	3,97	7,20	2,60	11,32	5,47	5,85
CsBr	4,44	6,51	2,78	12,30	5,24	7,06
CsJ	4,51	5,65	3,21	13,90	4,20	9,70
AgF	5,85	9,10	—	6,29	—	—
AgCl	5,56	12,30	4,25	8,11	2,77	5,34
AgBr	6,47	13,10	5,02	9,25	2,64	6,61
AgJ	5,67	9,10	4,85	12,04	2,77	9,27
CuJ	5,62	15,1	5,48	11,11	3,02	8,09
TlCl	7,00	31,9	5,00	12,38	4,61	7,77
TlBr	7,56	29,9	5,80	13,53	4,35	9,18
TlJ	7,09	26,4	7,70	16,62	3,77	12,85
CaF_2	3,18	8,43	1,99	6,95	4,53	2,42
SrF_2	4,24	7,69	2,08	6,91	3,79	3,12
BaF_2	4,83	7,33	2,09	9,81	5,95	3,86
MgO	3,58	9,80	2.95	3,34	2,58	0,76
CaO	3,35	11,8	3,28	5,21	2,34	2,87
SrO	4,70	13,3	3,31	7,03	3,22	3,81
ZnS	4,08	8,3	5,07	6,69	1,15	5,44
C	3,51	5,67	5,67	8,28	0	8,28
Si	2,33	11,7	11,7	3,74	0	3,74
Ge	5,33	15,8	15,8	4,50	0	4,50
$NaClO_3$	2,49	5,9	2,26	10,54	5,51	5,03
$MgO \cdot Al_2O_3$	3,60	8,6	2,95	11,23	5,05	6,18

[1] Z. B. MOTT, N. F. und R. W. GURNEY: Electronic Processes in Ionic Crystals, 2. Aufl., Oxford: Clarendon Press 1957.

Elektronenpolarisierbarkeit auf. Hier ist $\varepsilon = n^2$. Bei den heteroatomaren nichtpolaren Gittern wird der Unterschied zwischen ε und n^2 zwar da sein aber er wird klein sein. In den Ionengittern wie bei Alkalihalogeniden tritt zusätzlich zu α_e ein starker Beitrag von α_a wie man aus Tab. 11 (s. S. 20) sieht, in der ε und n^2 einander gegenübergestellt sind. Elektronenpolarisierbarkeiten der Ionen in Kristallen wurden aus Brechzahlen unter Zugrundelegung der LORENTZ-LORENZ Beziehung von TESSMAN, KAHN und SHOCKLEY berechnet.[1] Für Kationen sind die Polarisierbarkeiten bis zu zweimal größer (ausgenommen Li^+) und für Anionen bis zu zweimal kleiner (ausgenommen J^-) als die der freien Ionen. Kristalle mit permanenten Dipolen zeigen oft starke Anomalien, wie man am Beispiel von HBr in Abb. 7 sieht. Eine extrem starke Anomalie der Polarisierbarkeit sieht man in der Abb. 8, in der der Verlauf von ε mit der Temperatur für $BaTiO_3$

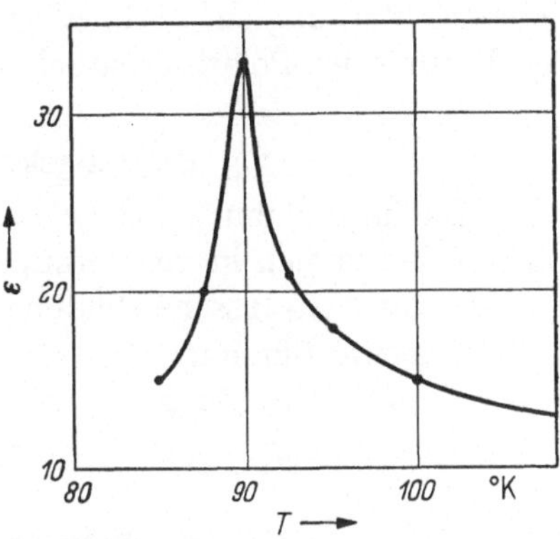

Abb. 7. Anomalie der Dielektrizitätskonstanten ε im festen Bromwasserstoff (nach SMITH und HITCHCOCK[2])

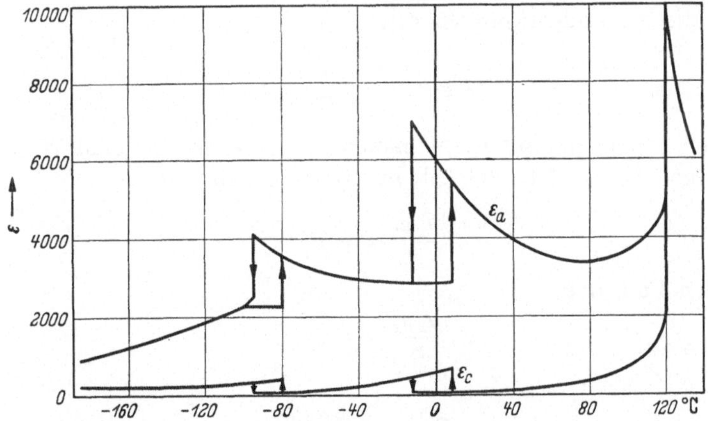

Abb. 8. Verlauf der Dielektrizitätskonstanten ε des Bariumtitanats ($BaTiO_3$) in Abhängigkeit von der Temperatur; ε_a in der Richtung der a-Achse, ε_c in der Richtung der c-Achse (nach MERZ[3])

(Repräsentant der Ferroelektrika) wiedergegeben ist. Bei anisotropen Kristallen ist die Polarisierbarkeit außerdem noch richtungsabhängig.

Einige Arbeiten aus den letzten Jahren sollen hier noch erwähnt werden. Der Einfluß der Polarisationskräfte auf die Struktur und

[1] TESSMAN, J. R., A. H. KAHM und W. SHOCKLEY: Phys. Rev. **92**, 890 (1953).

[2] SMITH, C. P. und C. S. HITCHCOCK: Journ. Am. Chem. Soc. **55**, 1830 (1933).

[3] MERZ, W. J.: Phys. Rev. **76**, 1221 (1949).

Eigenschaften der Kristalle wurde von KREBS[1] und NEUGEBAUER[2] behandelt. Eine ausführliche Zusammenstellung der Beziehungen zwischen den Ionenradien und den Polarisierbarkeiten findet sich bei KORDES[3]. AHRENS[4] führt die Ionisierungsspannung als Maß der polarisierenden Wirkung ein. Schließlich HERPIN[5] und HAUSSÜHL[6] behandeln den Einfluß der Polarisierbarkeit auf elastische Eigenschaften.

2.3 Bindungskräfte in Kristallen

Die Bindungen, durch welche die Kristallbausteine zusammengehalten werden, lassen sich in vier Gruppen einteilen:

1. VAN DER WAALSsche Bindung
2. kovalente Bindung
3. metallische Bindung
4. Ionenbindung.

2.31 Die van der Waalssche Bindung

Wenn zwei oder mehrere Atome oder Ionen sich einander nähern, treten als erste VAN DER WAALSsche Kräfte ins Spiel. Im Falle, daß die Bausteine Dipolmomente besitzen, erscheinen zwei Arten von Kräften:

a) die Anziehung durch den Orientierungseffekt ist nach KEESOM[7] durch die Wechselwirkungsenergie

$$E_K = -\frac{2}{3}\frac{1}{r^6}\frac{\mu_1^2\mu_2^2}{kT} \tag{11}$$

gegeben, wobei μ_1 und μ_2 permanente Dipole des Moleküls 1 bzw. 2 bedeuten. Diese Gleichung gilt nur für den Fall, daß

$$\frac{\mu_1\mu_2}{r^3} \ll kT\,. \tag{12}$$

Für den Fall, daß

$$\frac{\mu_1\mu_2}{r^3} \gg kT \tag{13}$$

ist

$$E_K = -\frac{2\mu_1\mu_2}{r^3}\,. \tag{14}$$

---

1 KREBS, H.: Naturwissenschaften **40**, 291 (1953).

2 NEUGEBAUER, T.: Naturwissenschaften **40**, 18 und 459 (1953).

3 KORDES, E.: Naturwissenschaften **39**, 488 (1952).

4 AHRENS, L. H.: Nature **169**, 463 (1953).

5 HERPIN, A.: J. phys. radium **14**, 611 (1953).

6 HAUSSÜHL, S.: Z. Naturforsch. **12a**, 445 (1957).

7 KEESOM, W. H.: Leiden Comm. Suppl., 1912, 24a, 24b, 25, 26; 1915, 39a, 39b; Proc. Amst. **15**, 240, 256, 417, 643 (1913); **18**, 636 (1916); **24**, 162 (1922); Physik Z. **22**, 129, 643 (1921); **23**, 225 (1922).

b) Die Anziehung durch die gegenseitige Induktion der Dipole ist nach DEBYE[1]

$$E_D = -\frac{1}{r^6}(\alpha_1 \mu_2^2 + \alpha_2 \mu_1^2), \tag{15}$$

wobei α_1 und α_2 die Polarisierbarkeiten der Moleküle 1 bzw. 2 sind. In diesem Fall müssen die Moleküle sowohl permanente Dipole besitzen als auch polarisierbar sein.

Als ein dritter Anteil der Anziehung kommt der „*Dispersionseffekt*" hinzu, der nach LONDON[2] lautet:

$$E_L = -\frac{3 h \nu_0 \alpha^2}{4 r^6}, \tag{16}$$

wobei $h\nu_0/2$ die Nullpunktsenergie bedeutet und $\alpha \ll r^3$ angenommen wird. Der Dispersionseffekt ist quantenmechanischer Natur, da klassisch keine Nullpunktsenergie existiert. Die Summe der drei Anteile bildet die sogenannte VAN DER WAALSsche Anziehung. Man sieht, daß alle 3 Anteile proportional zu $1 : r^6$ sind. Außerdem verschwinden E_K und E_D, wenn die Atome bzw. Ionen keine Dipolmomente haben.

VAN DER WAALSsche Kräfte sind immer vorhanden, auch wenn andere Bindungskräfte da sind. Sie sind 10—20mal kleiner als die Ionen- bzw. Atombindung. Sie sind nicht gerichtet und nicht abgesättigt.

Tabelle 12.
Anteile der van der Waalsschen Energie einiger Gasmoleküle in erg. cm^6

Molekül	$\mu\,10^{18}$	$\alpha\,10^{24}$	$h\nu_0$ (eV)	$E_K \times 10^{60}$	$E_D \times 10^{60}$	$E_L \times 10^{60}$
CO	0,12	1,99	14,3	0,0034	0.057	67,5
HJ	0,38	5,40	12	0,35	1,68	382
HBr	0,78	3,58	13,3	6,2	4,05	176
HCl	1,03	2,63	13,7	18,6	5,4	105
NH_3	1,50	2,21	16	84	10	93
H_2O	1,84	1,48	18	190	10	47

In der Tab. 12 sind die drei Effekte für einige polare Moleküle gegeben[3]. Von den 3 Anteilen ist E_D meist am kleinsten, die beiden anderen variieren so, daß manchmal der eine manchmal der andere überwiegt. Im Falle von zwei verschiedenen Atomen gehen die Polarisierbarkeiten und Nullpunktsenergien von beiden Partnern in die Berechnung ein.

Die typischen Vertreter mit reiner VAN DER WAALSscher Bindung sind die Kristalle der Edelgase (He, Ne, A, Kr, Xe).

[1] DEBYE, P.: Physik. Z. **21**, 178 (1920); **22**, 302 (1921).
[2] LONDON, F.: Z. physik. Chem. **B 11**, 222 (1930).
[3] LONDON, F.: Trans. Faraday Soc. 33, 8 (1937).

In welchen Grenzen der Dispersionseffekt (E_L) variiert, zeigt die Tab. 13, in der die Konstanten $C = E_L\, r^6$ für Alkalihalogenide dargestellt sind[1].

Tabelle 13. *Dispersionseffekt in eVolt · cm*^{6}

	F^-	Cl^-	Br^-	J^-
Li^+	0,13	3,2	4,0	5,4
Na^+	7,14	17,8	22,2	30,3
K^+	31,0	76,3	95,3	130
Rb^+	49,2	125	157	214
Cs^+	82,5	205	259	356

2.32 Kovalente Bindung

Während in der VAN DER WAALSschen Bindung die Valenzelektronen noch vollkommen in der Wirkungssphäre ihrer Atomkerne verbleiben, tritt eine starke Wechselwirkung zwischen benachbarten Atomen bei der kovalenten Bindung hervor. Die Elektronenwolken überlappen sich erheblich und die Elektronen können jetzt leicht ihre Plätze austauschen. Dieser Austausch geht so schnell vor sich, daß man die Verteilung der Elektronen als konstant ansehen kann und beiden Kernen zugehörend. Nun aber verbietet das Pauli Prinzip, daß sich zwei Elektronen von demselben Spin in demselben Energieniveau aufhalten. So kommt es, daß Elektronen mit entgegengesetzten Spin, die zwei benachbarten Atomen angehören, sich zu Paaren vereinen (jedoch nicht immer z. B. O- oder C-Bindungen) und die kovalente Bindung bewerkstelligen. Die kovalente Bindung tritt auf bei zweiatomigen Molekülen und einigen Kristallen wie Diamant, die als Riesenmoleküle angesehen werden. In vierwertigen Atomen wie Kohlenstoff werden vier Valenzelektronen mit den vier Nachbaratomen geteilt. Dadurch kommt es zu einer gerichteten Bindung die gleichzeitig auch abgesättigt ist.

Obwohl die Natur der kovalenten Bindung durch die Quantenmechanik aufgeklärt wurde, ist die quantitative Berechnung der Bindungsenergie nur für H_2 durchgeführt worden.[2] Bei Kristallen ist man bisher auf die experimentelle Bestimmung der Bindungsenergien angewiesen. Bindungsenergien für einige isoatomare Bindungen sind in der Tab. 14 gegeben.

Tabelle 14. *Bindungsenergien in kcal/Mol für x–x-Bindung für O° K*

C	80	N	37	O	34	F	35
Si	45	P	53	S	63	Cl	57
Ge	39	As	39	Se	50	Br	45
Sn	35	Sb	42	Te	39	J	36

[1] MAYER, J. E.: J. Chem. Phys. 1, 270 (1933).

[2] Wie kompliziert die Verhältnisse liegen sieht man schon daraus, daß die Funktion für H_2-Bindungsenergie 13 Glieder enthält; H. M. JAMES und A. S. COOLIDGE, J. Chem. Phys. 1, 825 (1933).

In diesen Werten ist die VAN DER WAALSsche Energie, die die Nullpunktsenergie mitenthält, eingeschlossen[1]. Für Kristalle mit reiner kovalenter Bindung wie C (Diamant), Si, Ge und Sn (grau) ist die Gitterenergie annähernd gleich der doppelten Bindungsenergie[2]. Bei den anderen Elementen in der Tab. 14 sind die einzelnen Atome zwar durch kovalente Kräfte zu Molekülen gebunden aber im Kristall sind die Moleküle durch VAN DER WAALSsche Kräfte zusammengehalten.

Die Bindungen werden schwächer je höher das Atomgewicht ist (N, O und F sind Ausnahmen!), weil die Abstoßungskräfte stärker anwachsen als die Anziehungskräfte.

Kovalente Bindungen sind gerichtet und abgesättigt. Alle kovalenten Kristalle gehorchen der Oktett-Regel, d. h. jeder Gitterbaustein hat $8-N$ nächste Nachbarn, wobei N die Zahl der Valenzelektronen bedeutet (z. B. im Diamant ist die Zahl der Nachbarn $8-4=4$).

2.33 Metallische Bindung

In der kovalenten Bindung waren die Elektronen ungleichmäßig im Raum zwischen den Kernen verteilt. Die Elektronendichte war am größten in der Verbindungsrichtung zwischen den benachbarten Atomen. Diese Verteilung ist aber nicht statisch sondern dynamisch, d. h. die Elektronen wechseln dauernd ihre Plätze aber im Mittel ist ihr Aufenthalt räumlich unsymmetrisch. In Metallen sind dagegen die Elektronen nicht an bestimmte Richtungen gebunden, sie sind frei zwischen den Kernen beweglich und gehören nicht zu bestimmten Atomen. Metallische Bindung haben deshalb nur Atome, die kleine Ionisierungsenergie besitzen. Durch die freie Beweglichkeit der Elektronen erklärt sich die große elektrische und thermische Leitfähigkeit, die Plastizität und die Koordination in Kristallgittern. Die metallische Bindung ist nicht gerichtet und nicht abgesättigt. Man betrachtet deshalb die metallische Bindung als eine modifizierte kovalente Bindung[3], in der die Lokalisierung der Elektronen aufgehoben wurde. Auf diese Verwandtschaft deutet die nahe Übereinstimmung der Atomabstände bei beiden Bindungen hin.

Tabelle 15. *Bindungsenergie der Alkalimetalle*

Metall	Bindungsenergie in kcal/Mol	
	theoretisch	experimentell
Li	37,7	35,5
Na	25,1	24,5
K	20,7	19,8
Rb	19,2	18,9
Cs	18,0	18,8

[1] Siehe PITZER, K. S.: Quantum Chemistry, S. 17, Prentice-Hall, 2. Aufl., New York 1954.

[2] EUCKEN, A.: Lehrbuch der chemischen Physik, Bd. 2, Teil 2, S. 563. Leipzig: Akademische Verlagsgesellschaft 1944.

[3] PAULING, L.: Phys. Rev. 54, 899 (1938).

Die Berechnung der Bindungsenergie gestaltet sich auch hier ziemlich schwierig und ist auf Atome mit großem Atomvolumen und kleinem Ionenvolumen beschränkt[1]. Zur Zeit liegen nur Resultate für Alkalimetalle[2] vor, die ziemlich gut mit den experimentellen Ergebnissen übereinstimmen. Versuche, die Berechnungen auf andere Metalle auszudehnen sind vorläufig spärlich[3]. Die Schwierigkeit in der theoretischen Behandlung der anderen Metalle liegt darin, daß sich die Elektronenwolken der Ionen überlappen und wesentlich die Bindungsenergie beeinflussen. Dieser Einfluß ist ersichtlich aus der starken Vergrößerung der Bindungsenergie bei praktisch allen übrigen Metallen.

Um einen Vergleich mit anderen Bindungen zu haben sind in der folgenden Tabelle die experimentellen Bindungsenergien für Metalle angegeben.

Tabelle 16. *Metallische Bindungsenergien in kcal/Mol* (aus Kittel)[4]

Li	Be													
39	75													
Na	Mg	Al												
26	36	55												
K	Ca	Sc	Ti	V	Cr	Mn	Fe	Co	Ni	Cu	Zn	Ga	Ge	As
20	48	70	100	85	88	74	94	85	85	81	27	52	85	30
Rb	Sr	Y	Zr	Nb	Mo	Tc	Ru	Rh	Pd	Ag	Cd	In	Sn	Sb
19	47	90	110	68	160	—	120	115	110	68	27	52	78	40
Cs	Ba	La	Hf	Ta	W	Re	Os	Ir	Pt	Au	Hg	Tl	Pb	Bi
19	49	90	72	97	210	—	125	120	127	92	15	40	48	48

2.34 Ionenbindung

Beim Zusammentreten von zwei verschiedenen Atomen, deren Elektronenbindung wesentlich verschieden ist, gehen die Valenzelektronen vom einen Atom zum anderen über, wobei die Atome zu Ionen werden. Dieser Übergang tritt bevorzugt auf, wenn dabei edelgasähnliche Elektronenfigurationen entstehen. Da Ionenkristalle aus positiven und negativen Ionen bestehen, tritt elektrostatische Anziehung auf. Es wird angenommen, daß das Coulombsche Gesetz (Punktladung, kugelsymmetrische Verteilung des elektrischen Feldes) auch bei Ionen gilt[5]. Für zwei einwertige Ionen im Abstande r ist dann die potentielle Energie

$$U_{an} = -\frac{e^2}{r}. \tag{17}$$

[1] Seitz, F.: The Modern Theory of Solids. New York: McGraw-Hill Book Co. 1940.

[2] Brooks, H.: Phys. Rev. **91**, 1027 (1953).

[3] Brooks, H.: Accomplishments and Limitations of Solid State Theory, in the Science of Engineering Materials, J. E. Goldman, Ed., S. 44, New York: John Wiley and Sons 1957.

[4] Kittel, C.: Introduction to Solisdtate Physics Wiley and Sons, New York, 1953.

[5] Born, M.: Atomtheorie des festen Zustandes. Leipzig: Teubner 1923.

In einem Kristall ist aber ein Ion von mehreren Ionen entgegengesetzten Vorzeichens umgeben. So ist z. B. im NaCl-Gitter ein Na^+ umgeben von 6 Cl^- im Abstande r, 12 Na^+ im Abstande $\sqrt{2} \cdot r$, 8 Cl^- im Abstande $\sqrt{3} \cdot r$ usw. Da die COULOMBschen Kräfte nur langsam mit der Entfernung abnehmen, haben alle diese Nachbarn einen Einfluß auf die COULOMBsche Energie. Dieser Einfluß der Umgebung hängt nur von der geometrischen Anordnung der Ionen, also von der Kristallstruktur, ab. Die zahlenmäßige Auswertung dieses Einflusses wurde zuerst von MADELUNG[1] durchgeführt. Der Faktor wird deshalb MADELUNGS Konstante genannt und mit A bezeichnet. Die Anziehungsenergie unter Berücksichtigung aller Ionen im Kristall lautet

$$U_{an} = -\frac{A e^2}{r}. \tag{18}$$

In der Tab. 17 sind die MADELUNG Konstanten für einige Gittertypen angegeben.

Tabelle 17. MADELUNG-*Konstanten A für einige Ionengitter in erg/Molekül*[2]

Gitter	Koordinations-Zahl	MADELUNGS Konstante A
Zinkblende (ZnS)	4	1,6381
Wurzit (ZnS)	4	1,641
Steinsalz (NaCl)	6	1,7476
Caesiumchlorid (CsCl)	8	1,7627
Anatas (TiO_2)	3 u. 6	4,800
Rutil (TiO_2)	3 u. 6	4,816
Flußspat (CaF_2)	4 u. 8	5,038
Korund (Al_2O_3)	4 u. 6	25,0312

Neben der Anziehung existiert eine Abstoßung, die in Ionengittern proportional zu r^{-n} ist. Die Abstoßungsenergie ist

$$U_{ab} = \frac{B}{r^n}. \tag{19}$$

Die beiden Konstanten B und n werden aus dem Ionenabstand r_0 im Minimum der Gesamtenergie und aus der Kompressibilität bestimmt. Im Gleichgewicht muß die Anziehung und Abstoßung gleich sein. Demnach

$$\frac{U}{r} = +\frac{A e^2}{r^2} - \frac{n B}{r^{n+1}} = 0 \tag{20}$$

sein. Woraus folgt

$$r_0 = \left(\frac{n B}{A e^2}\right)^{1/(n-1)}, \tag{21}$$

[1] MADELUNG, E.: Physik. Z. 19, 524 (1918).

[2] SHERMAN, J.: Chem. Revs. 11, 93 (1932).

oder

$$B = \frac{A\,e^2}{n} \cdot r_0^{n-1}\,. \tag{22}$$

Für

$$U = U_{an} + U_{ab} = -\frac{A\,e^2}{r_0} + \frac{A\,e^2}{r_0}\,\frac{1}{n} \tag{23}$$

$$U = -\frac{A\,e^2}{r_0}\left(1 - \frac{1}{n}\right). \tag{24}$$

Die Konstante n ergibt sich aus der Kompressibilität k_0 beim Nullpunkt der absoluten Temperatur,

$$n = 1 + \frac{18\,r_0^4}{A\,e^2\,k_0}\,. \tag{25}$$

Wie man aus der Tab. 18 ersieht, variiert n für Alkalihalogenide zwischen 7 und 10, was aber keinen wesentlichen Einfluß auf die Gitterenergie hat. Eine genauere Bestimmung von n stößt auf Schwierigkeiten, da die Kompressibilität beim Nullpunkt der absoluten Temperatur nur durch Extrapolation ermittelt werden kann.

An Stelle des klassischen Ausdrucks B/r^n für die Abstoßungsenergie kann die Exponentialfunktion[1]

$$B' \exp\left(-\frac{r}{\varrho}\right) \tag{26}$$

benutzt werden. Die Größe ϱ ist praktisch konstant für alle Alkalihalogenide (Tab. 18).

Tabelle 18. *Abstoßungsexponent n und ϱ*

Kristall	n	ϱ
NaCl	7,8	$0{,}328 \times 10^{-8}$ cm
NaBr	8,8	0,334
NaJ	8,0	0,384
KF	8,1	0,319
KCl	8,8	0,316
KBr	9,1	0,326
KJ	9,2	0,351

Da die Abstoßung durch die Wechselwirkung der Elektronen zwischen den Nachbarionen bestimmt wird, so werden die Abstoßungsexponenten von der Elektronenkonfiguration abhängen. Nach PAULING[2,3,4] ergeben sich folgende Werte von n (Tab. 19).

---

[1] BORN, M. und J. E. MAYER: Z. Physik **75**, 1 (1932).
[2] PAULING, L.: J. Am. Chem. Soc. **49**, 163 (1927).
[3] PAULING, L.: Proc. Roy. Soc. (London) **A 114**, 191 (1927).
[4] PAULING, L.: Z. Krist. **67**, 377 (1928).

Tabelle 19. *Abstoßungsexponenten n in Abhängigkeit von der Elektronenkonfiguration*

Ionentyp	K	L	M	N	O	n
He	2	—	—	—	—	5
Ne	2	8	—	—	—	7
A(Cu)	2	8	8 (18)	—	—	9
Kr(Ag)	2	8	18	8 (18)	—	10
Xe(Au)	2	8	18	18	8 (18)	12

Die Abstoßungsexponenten für Kristalle, deren Ionen verschiedene Elektronenkonfigurationen haben, werden durch Mittelwertbildung erhalten.

Aus A, r_0 und n läßt sich die Gitterenergie nach der Gleichung (23) (S. 28) berechnen. Experimentell läßt sich die Gitterenergie nach dem Born-Haber-Kreisprozeß aus den thermochemischen Daten bestimmen. Die größte Unsicherheit liegt dabei in den Elektronenaffinitäten[1]. Indirekt wurde die Theorie dadurch geprüft, daß durch die Benutzung der berechneten Gitterenergie aus dem Born-Haberschen Kreisprozeß die Elektronenaffinität für verschiedene Salze mit demselben Halogenion bestimmt und dabei eine gute Übereinstimmung gefunden wurde, wie man aus der Tab. 20 ersieht.

Tabelle 20. *Elektronenaffinität des Chlors, ermittelt aus der theoretischen Gitterenergie und den thermochemischen Daten nach Born-Haberschen Kreisprozeß aus verschiedenen Alkalichloriden in kcal/Mol*

LiCl	NaCl	KCl	RbCl	CsCl	Mittelwert
85,7	86,5	87,1	85,7	87,3	86,5

Eine Verfeinerung der Berechnung der Gitterenergie wurde durch die Berücksichtigung der van der Waalsschen und der Nullpunktsenergie erreicht[2,3,4]. Der Beitrag durch die van der Waalssche Energie ist nach London[5]

$$U_W = -\frac{3}{2}\frac{\alpha_1 \alpha_2}{r^6}\frac{I_1 I_2}{I_1 + I_2}, \qquad (27)$$

wobei α_1 und α_2 die Polarisierbarkeiten und I_1 bzw. I_2 die Ionisierungsenergien der beiden Ionen bedeuten. Dieser Beitrag ist zwar in den meisten Fällen (z. B. in Alkalihalogeniden nur etwa 1—2% der Gesamtenergie) klein kann aber in Kristallen mit hoher Polarisierbarkeit (bei AgBr 14%) beträchtlich werden.

[1] Mayer, J. E.: Z. Physik **61**, 798 (1930).
[2] Mayer, J. E. und M. Goeppert-Mayer. Phys. Rev. **43**, 605 (1933).
[3] Mayer, J. E.: J. Chem. Phys. **1**, 270 (1933).
[4] Born, M. und J. E. Mayer: Z. Phys. **75**, 1 (1932).
[5] London, F.: Z. Physik **63**, 245 (1930).

Die Nullpunktsenergie U_0 ist

$$U_0 = \frac{9}{8} h \nu_0 , \tag{28}$$

wobei h = PLANCKsches Wirkungsquantum und ν_0 = die maximale Gitterfrequenz nach DEBYE[1] ($k\Theta = h\nu_0$) bedeuten.

Eine Zusammenstellung der Gitterenergien für Alkalihalogenide findet sich in der Tab. 21.

Tabelle 21. *Gitterenergien der Alkalihalogenide in kcal/Mol.* (Nach EUCKEN)

		F	Cl	Br	J
	a	(258,0)	(202,5)	189,3	173,2
Li	b	245,5	201,8	191,0	177,5
	c	247,0	201,8	194,0	180,7
	a	(224,0)	184,5	174,2	160,9
Na	b	217,2	185,0	177,4	165,6
	c	217,6	182,5	176,9	166,1
	a	(194,6)	165,3	157,8	147,5
K	b	194,0	169,2	162,6	153,8
	c	193,3	166,0	161,3	152,3
	a	(184,9)	157,3	151,0	141,0
Rb	b	184,5	163,3	157,4	149,3
	c	186,4	161,5	157,7	149,7
	a	173,2	147,3	141,0	132,8
Cs	b	177,1	154,3	150,8	143,7
	c	177,5	154,6	152,1	145,2

(a) Werte aus elektrostatischer Anziehung und Abstoßung allein; (b) Werte unter Berücksichtigung der VAN DER WAALSschen und Nullpunktsenergie; (c) Werte aus den thermochemischen Daten nach dem BORN-HABER-Kreisprozeß.

Obwohl die Übereinstimmung zwischen den theoretischen und experimentellen Werten innerhalb von 1 bis 2% liegt, ist man mit dem Ergebnis nicht vollkommen zufrieden, weil die Berechnungen nur auf semitheoretischer Grundlage durchgeführt wurden, indem die Ionenabstände und Kompressibilitäten aus den Experimenten herangezogen wurden. Auf streng quantenmechanischer Grundlage wurden von LÖWDIN[2] nur unter der Benutzung der Grundkonstanten wie e, m, h u.a. der Ionenabstand, die Kompressibilität und die Gitterenergie von LiF, LiCl, NaF, NaCl und KCl berechnet, die in Tab. 22 wiedergegeben sind. Wie man sieht stimmen nur die Ionenabstände bei NaF, NaCl und KCl, die Gitterenergien nur bei NaCl und KCl überein; bei den zwei bzw. drei Kristallen ist die Abweichung ziemlich groß. Die Kompressibilitäten stimmen bei keinem der angeführten Kristalle. Der Grund

[1] DEBYE, P.: Ann. Physik [4] **39**, 789 (1912).

[2] LÖWDIN, P. O.: Dissertation, Upsala 1948; Arkiv Mat. Astr. Fysik **35A**, No. 9, 30 (1947).

der Abweichung kann darin liegen, daß bei der Berechnung weder die VAN DER WAALSsche noch die Nullpunktsenergie und für die Abstoßungsenergie nur die nächsten Nachbarn berücksichtigt wurden.

Tabelle 22. *Quantenmechanische Ionenabstände, Kompressibilitäten und Gitterenergien.* (Nach LÖWDIN)

	LiF		LiCl		NaF		NaCl		KCl	
	theor.	exp.	theor.	exp.	theor.	exp.	theor.	exp.	theor.	exp.
1. Ionenabstand in Å	4,79	4,02	5,37	5,14	4,58	4,60	5,50	5,58	6,17	6,23
2. Kompressibilität in 10^{-12} cm²/dyn	4,0	1,4	4,2	2,7	3,7	2,11	4,6	3,3	6,0	4,8
3. Gitterenergie in kcal/Mol	−199,5	−247,0	−187,7	−198,1	−205,1	−217,6	−183,2	−182,8	−166,9	−166,4

2.35 Gemischte Bindungen[1]

Die eben behandelten vier Bindungstypen sind als Grenzfälle zu betrachten. In Wirklichkeit finden wir kontinuierliche Übergänge zwischen den einzelnen Typen. Es wurde schon erwähnt, daß VAN DER WAALSsche Bindungskräfte immer auftreten. Anderseits sind z. B. in den Kristallen, die aus zweiatomigen Molekülen bestehen, die Atome kovalent und die Moleküle durch VAN DER WAALSschen Kräfte gebunden. Ähnlich enthalten die meisten kovalenten Bindungen einen Teil Ionenbindung und umgekehrt. In Ionenverbindungen überlappen sich die Elektronenwolken, wenn auch nicht sehr, und dadurch kommt eine teilweise kovalente Bindung zustande. Ihr Anteil ist z. B. 5% bei NaCl, aber schon 24% bei AgCl und 46% bei AgJ. Dagegen bei kovalenten Verbindungen mit ungleichen Atomen tritt eine teilweise Polarisation der Elektronenwolken auf und als Folge davon eine elektrostatische Anziehung. In manchen Fällen kann man sogar nur schwer entscheiden, ob es sich um eine Ionen- oder kovalente Bindung handelt. In solchen Fällen spricht man von einer Resonanz zwischen den beiden Bindungen.

Die vier Haupttypen der Bindungskräfte sind entwickelt worden, um die markantesten Eigenschaften der Elemente bzw. Verbindungen zu erklären. In der VAN DER WAALSschen Bindung sind es der außerordentlich niedrige Schmelzpunkt und die hohe Kompressibilität, in der kovalenten Bindung keine Beweglichkeit der Elektronen, in den Metallen die hohe elektrische Leitfähigkeit durch Elektronen und in den Ionenkristallen die (hohe) Leitfähigkeit durch Ionen bei hohen Temperaturen und in der Schmelze. Die meisten anderen Eigenschaften sind nicht charakteristisch für einen bestimmten Bindungstyp. Man hat aber bis jetzt keine allgemeine Theorie des festen Zustandes, die auf alle Bindungstypen allgemein anwendbar wäre, obwohl letzten Endes alle durch die Energiezustände der Valenzelektronen bestimmt sind.

[1] PAULING, L.: The Nature of Chemical Bond. Cornell Univ. Press, Ithaca, N. Y. 1940.

III. Struktur der Kristalle

3.1 Struktur der Elemente

Man möchte erwarten, daß Kristalle, die nur aus einer Art von Bausteinen aufgebaut sind, die einfachste Struktur haben. Das ist aber bei weitem nicht der Fall, denn der Aufbau der Elemente ist auf wenigstens

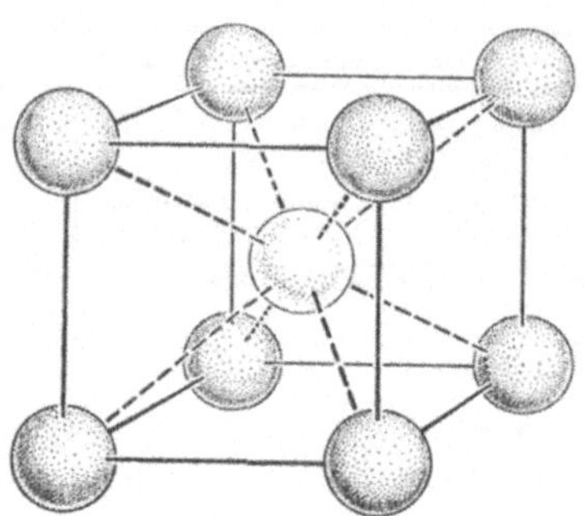

Abb. 9. Die Anordnung der Atome im kubisch raumzentrierten Gitter

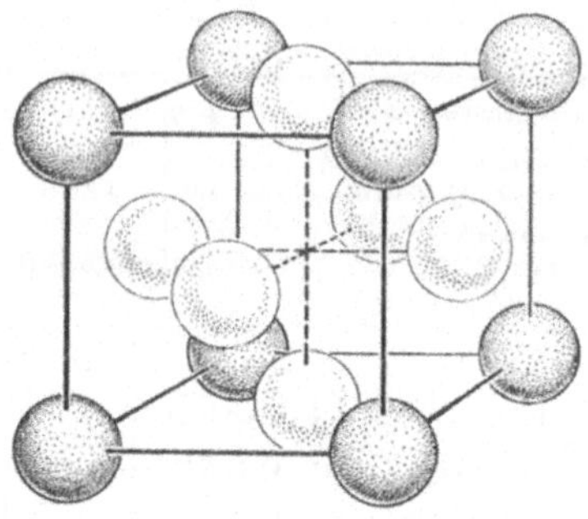

Abb. 10. Die Anordnung der Atome im kubisch flächenzentrierten Gitter

5 Gittertypen und zwar das hexagonale, kubische, orthogonale, rhombische und tetragonale System verteilt. Allerdings etwa 75% entfallen auf das hexagonale und kubische System (Abb. 9—11). Vor allem ist die dichteste Kugelpackung sehr häufig vertreten, in der sich jedes Atom mit einer möglichst großen Anzahl von Nachbarn umgibt, und dadurch die höchste Koordinationszahl 12 hat. Diese Struktur ist durch rein geometrische Verhältnisse gegeben. Sie entspricht der Anordnung von starren Kugeln. Aber merkwürdigerweise sind es zwei Typen der dichtesten Kugelpackung: die hexagonale und die kubisch flächenzentrierte. Beide Gitter unterscheiden sich nur dadurch, daß im kubischen Gitter (α in Abb. 12) die Atome in den A- und C-Ebenen, die senkrecht zur Raumdiagonale liegen, zentrisch-symmetrisch und in dem hexagonalen (β) spiegelsymmetrisch sind. Wir können deshalb die Anordnung der einzelnen Atomschichten im kubisch flächenzentrierten Gitter schreiben: $ABC\,ABC\ldots$ und im hexagonalen $AB\,AB\,AB\ldots$. Im Fall der dichtesten Kugelpackung ist das Verhältnis der Achsen im hexagonalen Gitter $c:a = 2\sqrt{\frac{2}{3}} = 1.633$, und die Be-

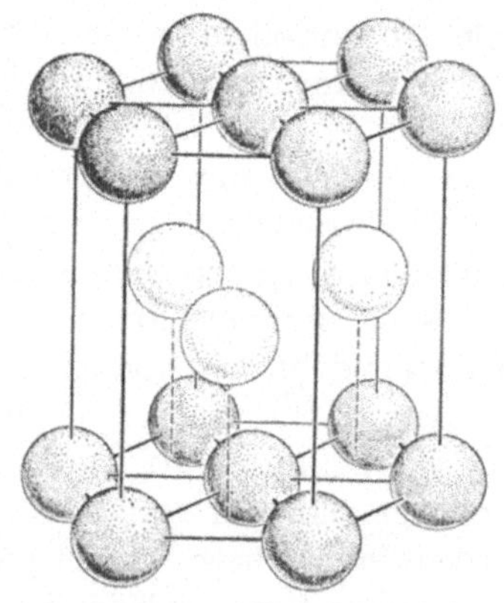

Abb. 11. Die Anordnung der Atome im hexagonalen Gitter mit dichtester Kugelpackung

setzungsdichte der Atome in beiden Gittern gleich. Die hexagonale Anordnung ist demnach einfacher als die kubisch flächenzentrierte, gesehen vom Aufbaustandpunkt. Eine höhere Symmetrie ist allerdings beim kubisch flächenzentrierten Gitter vorhanden. Ein Grund für das Auftreten zweier Typen für die dichteste Kugelpackung ist bisher nicht

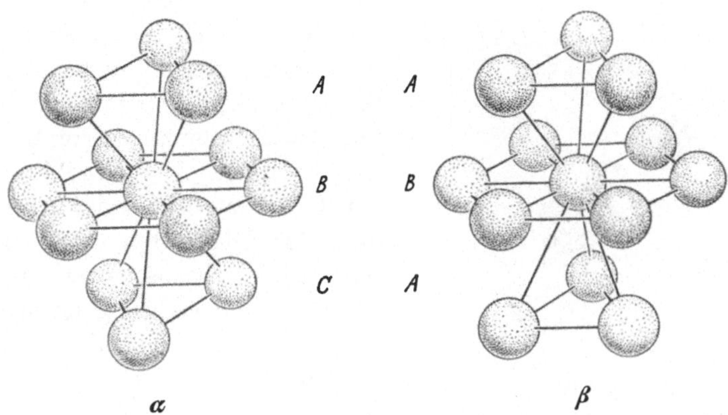

Abb. 12. Anordnung der Atome im (α) kubisch flächenzentrierten und (β) hexagonalen Gitter mit dichtester Kugelpackung

gefunden. Verschiedene Elemente haben bei niedrigen Temperaturen hexagonale und bei hoher Temperatur kubisch flächenzentrierte Modifikation, wie z. B. Sc, Co, Ni, La, Tl, Ce und Pr; bei Ca ist die Reihenfolge umgekehrt. Das Gitter des festen Wasserstoffs, das aus H_2-Molekülen besteht, und des festen Heliums gehört zur hexagonalen dichtesten Kugelpackung. Dagegen kristallisieren alle anderen Edelgase im kubisch flächenzentrierten Gitter.

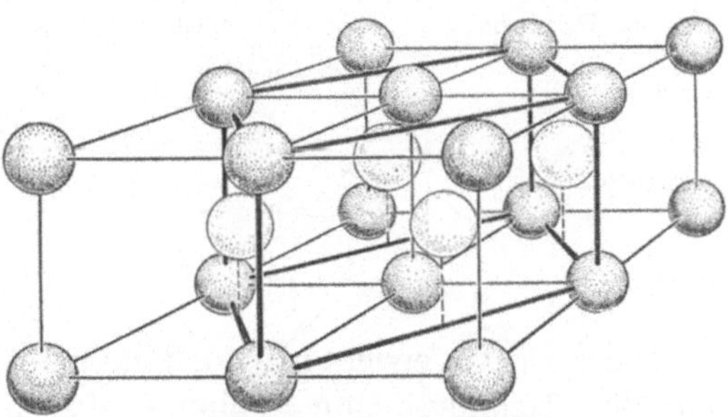

Abb. 13. Umwandlung des raumzentrierten in das flächenzentrierte kubische Gitter

Eine nächst kleinere Gruppe der Elemente kristallisiert im kubisch raumzentrierten Gitter mit der Koordinationszahl 8. Hierher gehören die Alkalimetalle und einige der Erdalkalien und der Übergangsmetalle. Zwei Elemente, Ti und Zr, haben hexagonale Modifikation bei niedriger Temperatur und kubisch raumzentrierte bei hoher Temperatur. Eisen ist dagegen raumzentriert bei niedriger und flächenzentriert bei hoher Temperatur. Diese Umwandlung ist in der Abb. 13 veranschaulicht. Wir betrachten das tetragonale Gitter vom doppelten Volumen. Eine Kontraktion der a-Kanten und eine Dilation der c-Kante ergibt die Umwandlung.

Die dritte kubische Modifikation, das Diamant-Gitter (Abb. 14), das aus zwei kubisch flächenzentrierten Gittern besteht, umfaßt nur die vier Elemente der IV–B-Gruppe des periodischen Systems: C, Si, Ge und α-Sn. Entsprechend der gerichteten und abgesättigten kovalenten Bindung dieser Elemente ist die Koordinationszahl sehr niedrig (4). Ein reversibler Übergang von der Diamantstruktur zu anderen Modifikationen existiert nur bei Zinn, das bei höheren Temperaturen in die tetragonale raumzentrierte Modifikation übergeht. Die Graphitstruktur von C ist eine irreversible Umwandlung des Diamanten. Die charakteristischen Eigenschaften der drei kubischen und des hexagonalen Gitters sind in folgender Tabelle zusammengestellt.

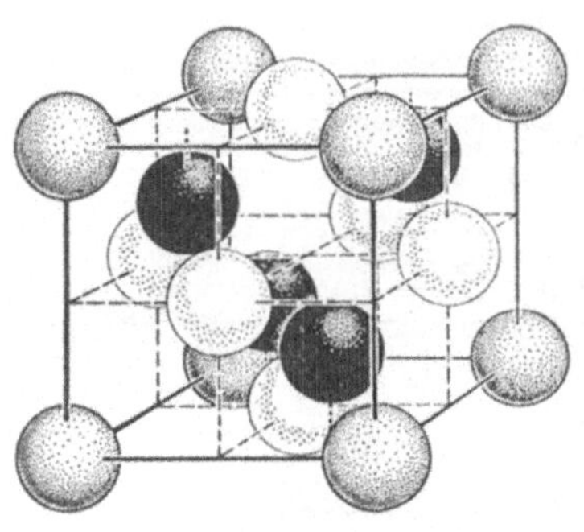

Abb. 14. Anordnung der Atome im Diamantgitter

Tabelle 23. *Charakteristische Eigenschaften der vier Hauptgitter*

Gittertyp	Anzahl der Atome in der Zelle	Koordinationszahl	Packungsdichte %	Atomabstand zum 1. Nachbar	Atomabstand zum 2. Nachbar %
1. Hexagonal dicht. Packung	2	12	74	$c = 1{,}633a$	+41
2. Kubisch f. z.	4	12	74	$\frac{a\sqrt{2}}{2} = 0{,}707a$	+41
3. Kubisch r. z.	2	8	68	$\frac{a\sqrt{3}}{2} = 0{,}866a$	+15
4. Diamant	8	4	34	$\frac{a\sqrt{3}}{4} = 0{,}433a$	+63

Aus der Tab. 23 ersieht man, daß mit der Abnahme der Koordinationszahl die Packungsdichte abnimmt, die im Diamantgitter nur 34% beträgt. Die lose Struktur des Diamanten mag den Einschluß von Verunreinigungen begünstigen, die zur Annahme von zwei Diamanttypen Anlaß gaben.[1] Nimmt man dagegen für die Kohlenstoffatome anstatt einer Kugelform eine Kalottenform mit dem Radius von 1,3 Ångström an, so ergibt sich die Packungsdichte des Diamanten zu 93%, womit die große Härte und Dichte sowie die hohe Brechzahl verständlich ist.[2] Die große Nähe der 2. Nachbarn im kubisch raumzentrierten Gitter weist darauf hin, daß die Wechselwirkung der 2. Nachbarn größer ist als in den zwei anderen Typen.

[1] Structure Reports **2**, 187 (1947—1948).

[2] W. Noll: Neu. Jahrb. Mineral. Monatshefte S. 25 (1959).

Im orthorhombischen System kristallisieren die zweiatomigen Moleküle wie O_2, Br_2, J_2 und B, P, S, Ga und U die zwischenatomar durch kovalente und zwischenmolekular durch VAN DER WAALSsche Kräfte gebunden sind. Eine Besonderheit nimmt Schwefel ein, das 8atomige Ringe oder Ketten bildet, die in verschiedenen Kristallmodifikationen als Einheiten auftreten.

Die drei Halbmetalle Arsen, Antimon und Wismut gehören zum rhombohedrischen Gitter mit der Koordination 3. Das Gitter ist aus gefalteten Schichten aufgebaut, wobei die Atome in derselben Schicht kovalent gebunden sind. Die einzelnen Schichten werden untereinander durch VAN DER WAALSsche Kräfte gebunden. Allerdings muß in Sb und Bi auch teilweise metallische Bindung vorhanden sein, sonst wäre die hohe elektrische Leitfähigkeit nicht zu verstehen. Hierher gehört auch Quecksilber.

Nur drei Elemente kristallisieren im tetragonalen System: Cl, In, Sn, wobei Cl ein Molekülgitter bildet. Der einzige Vertreter des monoklinen Systems ist Po und anscheinend kristallisiert kein Element im triklinen System.

Rückblickend kann man sagen, daß die Struktur der meisten Elemente einfach ist. Aber auch bei diesen Strukturen treten Umwandlungen auf. Es besteht keine strenge Beziehung zwischen den 4 Bindungskräften und den Gittertypen. Man sieht aber, daß bei ungerichteten Kräften (metallische und VAN DER WAALSsche) die Atome in einem hohen Maß den Raum möglichst vollkommen ausnutzen (hohe Koordinationszahl). Es treten aber auch verschiedene komplizierte Strukturen auf, die sich durch die Elektronenstruktur der betreffenden Elemente erklären lassen. In einigen wenigen Fällen wie z. B. Cr, W, U und Mn ist die Struktur noch nicht restlos aufgeklärt.

3.2 Struktur der binären Verbindungen (AB)

Bei einatomigen Gittern ist die Größe der Atome ohne Einfluß auf deren Strukturanordnung. Bei zweiatomigen Gittern ist das Verhältnis der Ionenradien ausschlaggebend. Im allgemeinen treten Ionengitter auf, wenn $r_A \cong r_B$ (A = Kation, B = Anion) ist; ist $r_A < r_B$ so ist die Bindung zum Teil kovalent; im Falle daß $r_A > r_B$ ist, wird metallische oder kovalente Bindung bevorzugt[1]. Nimmt man starre Ionenradien an und $r_A < r_B$, so ergeben sich aus rein geometrischer Anordnung folgende Radienverhältnisse für verschiedene Ionenanordnungen, die in der Tab. 24 zusammengestellt sind. Während das Bornitrid (BN) ähnlich dem Graphit im hexagonalen Gitter kristallisiert, sind Zinkblende, Natriumchlorid und Cäsiumchlorid kubisch. Das Gitter der Zinkblende ist aus zwei flächenzentrierten Gittern aufgebaut, das eine

[1] GOLUTVIN, J. M.: Izv. Akad. Nauk, Otd. Chem. Nauk, 781 (1953).

aus Zn- und das andere aus S-Ionen, die um ein Viertel der Raumdiagonale gegeneinander verschoben sind. Die Gitterzelle enthält vier Moleküle. Das Natriumchlorid hat flächenzentriertes Gitter, in dem die Na- bzw. die Cl-Ionen um die halbe Diagonale verschoben sind. Hier sind auch vier Moleküle in der Zelle. Das Cäsiumchlorid hat das einfach kubische Gitter, in dem jedes Ion im Zentrum von acht Ionen mit entgegengesetzter Ladung in den Ecken des Würfels umgeben ist. Die Gitterzelle enthält nur ein Molekül.

Die Begrenzung der Stabilität für einzelne Gittertypen hängt nach BORN und MAYER[1] von der Gitterenergie ab. Wie man aus der Abb. 15 sieht, ist die Gitterenergie in einem beschränkten Bereich etwa dem Verhältnis $r_A : r_B$ proportional. Nur im Bereich, in dem die Gitterenergie für einen bestimmten Gittertyp größer als für andere Typen ist, bleibt die Struktur stabil. Da die Ionenradien nicht vollkommen konstant sind, so sind die aus den Ionenradien ermittelten Stabilitätsgrenzen nur als Näherungen zu betrachten, die öfters überschritten werden, wie man aus der Tab. 25 ersieht.

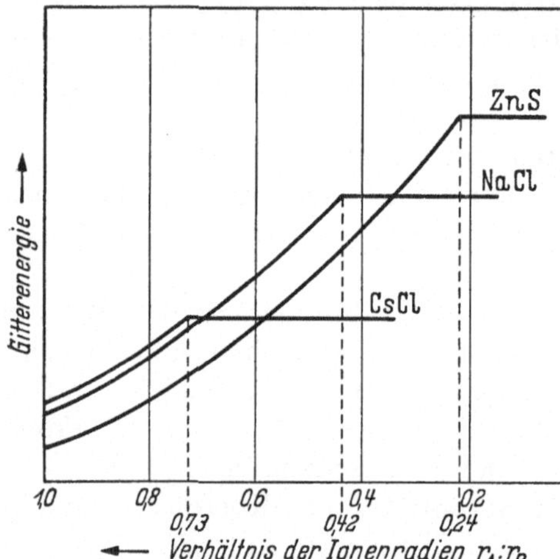

Abb. 15. Die Abhängigkeit der Gitterenergie vom Verhältnis des Kationenradius r_A zum Anionenradius r_B (nach BORN und MAYER[1])

Tabelle 24. *Ionenanordnung, Koordinationszahl und Radienverhältnis*

Ionenanordnung	K. Z.	$r_A : r_B$	Stabiles Gitter
Dreieck	3	$\frac{2\sqrt{3}}{3} - 1 = 0{,}155$	Bornitrid (0,155–0,225)
Tetraeder	4	$\frac{\sqrt{6}}{2} - 1 = 0{,}225$	Zinkblende (0,225–0,414)
Oktaeder	6	$\sqrt{2} - 1 = 0{,}414$	NaCl (0,414–0,732)
Würfel	8	$\sqrt{3} - 1 = 0{,}732$	CsCl (0,732 – > 0,732)
		$> 0{,}732$	

In Fällen, in denen entweder die Anionen oder die Kationen zu groß sind, werden die Stabilitätsgrenzen unter- bzw. überschritten, was auf eine Deformation der Ionen im Gitter hindeutet. So müßten LiCl, LiBr

[1] BORN, M. und J. E. MAYER: Z. Physik 75, 15 (1932).

und LiJ Zinkblende und RbF, RbCl und RbBr CsCl-Struktur haben, beide haben aber NaCl-Gitter.

Tabelle 25. *Verhältnis der Ionenradien $r_A : r_B$ für Alkalihalogenide*

	Li	Na	K	Rb	Cs
F	0,50	0,71	0,98	1,08	1,23
Cl	0,37	0,53	0,74	0,81	0,92
Br	0,35	0,50	0,68	0,75	0,86
J	0,31	0,45	0,62	0,68	0,77

Ähnlich verhalten sich die Verbindungen der Erdalkalien mit O, S, Se und Te (Tab. 26).

Tabelle 26. *Radienverhältnisse $r_A : r_B$ für zweiwertige Verbindungen der NaCl-Struktur*

	Mg	Ca	Sr	Ba
O	0,47	0,71	0,80	0,96
S	0,36	0,54	0,61	0,73
Se	0,33	0,50	0,57	0,68
Te	0,31*	0,46	0,52	0,62

* ZnO-Struktur

Von den drei wichtigen Gittern der AB-Verbindungen tritt das NaCl-Gitter am häufigsten auf. Es umfaßt: Alkali-, Ammonium- und Silberhalogenide, Oxyde, Sulfide, Selenide und Telluride der Erdalkalien, des Mangans, des Bleis, Monoxide der Eisengruppe und des Cd, Ti und V, einige Verbindungen der seltenen Erden mit den Elementen der V–B-Gruppe und verschiedene Nitride und Carbide.

Der CsCl-Typ ist bei Ionenverbindungen nur bei Cs- und Tl-Halogeniden vertreten. Außerdem gehören hierher zahlreiche intermetallische Verbindungen.

Im Zinkblendetyp kristallisieren: ZnS, CdS, und die neuerdings sehr wichtigen Verbindungen der Gruppen IIIb und Vb wie AlSb, GaSb und InSb.

3.3 Struktur der mehr als zweiatomigen Verbindungen

Von den dreiatomigen Verbindungen, die hier von Interesse sind, seien erwähnt: CaF_2, SrF_2 und BaF_2. Alle drei kristallisieren im kubischen CaF_2-Gitter. SiO_2 bildet mehrere Modifikationen. Von den drei Bleihalogeniden gehören $PbCl_2$ und $PbBr_2$ zum orthorhombischen und das PbJ_2 zum rhombohedrischen System.

Von den komplizierten Verbindungen sind noch zu erwähnen: Kalkspat $CaCO_3$ mit rhombohedrischen Kristallsystem, die Perowskitstruktur ABO_3, die die wichtige Gruppe der ferroelektrischen Kristalle umfaßt und die Spinell-Gruppe A_2BO_4, zu der das Magnetit und zahlreiche ferrimagnetische Verbindungen gehören.

Zum tetragonalen System gehört TiO_2 mit seinen 3 Modifikationen Rutil, Brookit und Anatas.

Eine kubische Struktur bilden Alaune, obwohl sie zu ganz komplizierten Verbindungen gehören. Die allgemeine Zusammensetzung der Alaune ist $M^+M^{3+}(SO_4)_2 \cdot 12\,H_2O$, wobei $M^+ = NH_4$, Na, K, Rb, Cs und $M^{3+} =$ Al, Ga, In, V, Cr, Mn, Fe.... Man unterscheidet α-, β- und γ-Alaune, die zwar miteinander verwandt sind, aber doch verschiedene Strukturen besitzen, die durch die Größe des M^+ bestimmt sind.

Der einzige monokline Kristall, der hier erwähnt werden soll ist Glimmer von der chemischen Zusammensetzung $KAl_3Si_3O_{10}(OH)_2$. Beim synthetischen Glimmer wird OH durch F ersetzt.

3.4 Polymorphie

Verschiedene Elemente oder Verbindungen treten in zwei oder mehr Modifikationen auf (Polymorphie). Die Umwandlung von einem Gitter in ein anderes wird entweder durch die Temperatur oder den Druck hervorgerufen. Kristalle mit Umwandlungspunkten liegen dicht an der Grenze zwischen zwei Gitterstrukturen, sie bilden den Abschluß der einen oder den Anfang einer anderen. Die Struktur solcher Kristalle kann man als metastabil betrachten. Bei einer Änderung der Temperatur bildet sich die Modifikation, die eine größere Gitterenergie und einen niedrigeren Dampfdruck hat. Bei einem Übergang von niedrigerer zu höherer Temperatur entsteht meistens die Modifikation mit einer höheren Symmetrie. Die Umwandlungstemperatur ist meistens richtungsabhängig und schwankt etwas, dies weniger beim Übergang von tiefer zu hoher Temperatur als in umgekehrter Richtung. Es entsteht eine Umwandlungshysteresis, mit der parallel die Änderung der physikalischen Eigenschaften sich vollzieht. Die Geschwindigkeit der Umwandlung kann sehr verschieden sein. Unter Umständen verläuft sie so langsam, daß mehrere Modifikationen bei gleicher Temperatur auftreten (Diamant–Graphit, Zinkblende–Wurtzit). Den Einfluß der Beimengungen sieht man am Beispiel des Zinns[1]. Ein Zusatz von 0,001% Bi verhindert die Umwandlung, 0,1% von Al beschleunigt und 0,75% von Ge stabilisiert die Diamantstruktur des Zinns bis 60° C, obwohl die Umwandlung bei 13° C liegt.

Die Umordnung der Atome beim Übergang von einem Gitter in ein anderes kann sehr gering sein wie z. B. beim Übergang vom α-Quarz in β-Quarz, der sich bei 575° vollzieht. In diesem Fall bleibt der Kristall als Einkristall erhalten. In den meisten Umwandlungen ist die Um-

[1] Ewald, A. W.: J. Appl. Phys. **25**, 1436 (1954).

ordnung so tiefgreifend, daß der Einkristall in mehr oder wenig polykristallines Material zerfällt.

Die Umwandlung kann so vor sich gehen, daß die Koordinationszahl geändert (z. B. α-Fe K.Z. 8 $\longleftrightarrow$ γ-Fe K.Z. 12) wird oder daß sie beibehalten wird und nur die K.Z. Polyeder, die durch einen Gitterbaustein und dessen nächste Nachbarn gebildet werden, ihre Anordnung ändern (z. B. Anatas–Rutil, die beide tetragonal kristallisieren). Auch die Bindungskräfte können sich unter Umständen ändern (z. B. beim Sn).

Tabelle 27. *Einfache Umwandlungen einiger Elemente*

Element	Struktur unterhalb der Umwandlung	Umwandlungs-temperatur ° C	Struktur oberhalb der Umwandlung
Co	hexagonal dichtest	450	flächenzentriert kubisch
Ti	hexagonal dichtest	880	raumzentriert kubisch
Tl	hexagonal dichtest	262	raumzentriert kubisch
Zr	hexagonal dichtest	840	raumzentriert kubisch
Ca	flächenzentriert kubisch	450	hexagonal dichtest
Fe	raumzentriert kubisch	906	flächenzentriert kubisch
Fe	flächenzentriert kubisch	1400	raumzentriert kubisch

Tabelle 28. *Gitterumwandlungen einiger Verbindungen*

Verbindung	Struktur unterhalb der Umwandlung	Umwandlungs-temperatur ° C	Struktur oberhalb der Umwandlung
AgJ	Zinkblende	146	raumzentriert kubisch*
$BaTiO_3$	tetragonal	120	kubisch
	orthorhombisch	5	tetragonal
	trigonal	—80	orthorhombisch
$CaCO_3$	Aragonit	470	Kalkspat
CsCl	raumzentriert kubisch	445	NaCl
CuAu	geordnet	408	ungeordnet
Cu_3Au	geordnet	388	ungeordnet
$NaClO_4$	orthorhombisch	308	kubisch
SiO_2	α-Quarz	573	β-Quarz
SiO_2	β-Quarz	867	β-Tridymit
SiO_2	β-Tridymit	1474	Cristobalit
SiO_2	tief Cristobalit	250	hoch-Cristobalit
SiO_2	tief Tridymit	117	mittel-Tridymit
SiO_2	mittel Tridymit	163	hoch-Tridymit
TiO_2	Anatas	1000	Rutil
ZnS	Zinkblende	1020	Wurtzit

* nicht umkehrbar, Ag-Ionen sind nicht lokalisiert

Manchmal läßt sich die Umwandlung durch die Farbänderung des Kristalls erkennen. So z. B. ist AgJ unterhalb 146° C rhombohedrisch und gelb und oberhalb dieser Temperatur kubisch und rotgefärbt. Nebenbei bemerkt ist die kubische AgJ-Modifikation sehr merkwürdig: nur die Jodionen haben feste Plätze im Gitter, die Ag-Ionen dagegen sind frei beweglich, wodurch die sehr hohe Ionenleitfähigkeit bedingt wird[1]. Ähnlich ist der Farbumschlag bei TlJ, das unterhalb 170° C orthorhombisch und gelb und oberhalb 170° C kubisch und rotgefärbt ist.

Am häufigsten tritt nur eine Umwandlung bei einer Verbindung auf aber es sind auch Verbindungen mit bis zu 5 stabilen Modifikationen bekannt. So ist Ammoniumnitrat hexagonal unterhalb —18° C, rhombisch zwischen —18° C und 32° C, rhombisch zwischen 32° C und 84° C, tetragonal zwischen 84° C und 125° C und schließlich kubisch raumzentriert oberhalb 125° C.

In den Tab. 27 und 28 sind die Umwandlungen einiger Elemente und Verbindungen zusammengestellt.

Mit der Systematik der polymorphen Umwandlungen haben sich in der letzten Zeit besonders Buerger[2] und Winkler[3] beschäftigt. Die Kenntnis der Umwandlungen ist bei der Kristallherstellung besonders wichtig, um Mißerfolge zu eliminieren.

3.5 Struktur der Mischkristalle

Die Bildung der Mischkristalle kann auf zwei Weisen erfolgen: entweder durch Einlagerung (Addition) oder durch Substitution. Im ersten Falle muß der Raumbedarf der Einlagerungsatome bzw. Ionen möglichst klein und den Zwischenräumen des Wirtsgitters angepaßt sein. Geeignet sind dazu Atome mit kleinen Radien wie: H, C, N und O. Um eine Substitution zu bilden, müssen die Gastatome oder auch Gast-Atomkomplexe (z. B. NH_4) folgende Bedingungen erfüllen:

1. Die Größe der Gast-Atome bzw. -Ionen soll um nicht mehr als ~15% von der der Wirtsatome differieren, wobei die Differenz bei höheren Temperaturen etwas größer sein kann. (NaCl + KCl bilden Mischkristalle oberhalb 400° C aber nicht bei Zimmertemperatur.) Im allgemeinen ist es günstiger, wenn das Gastatom etwas kleiner als das Wirtsatom ist.

2. Die Partner sollen zum gleichen oder mindestens ähnlichen Gittertyp gehören, die sich energetisch nur wenig unterscheiden. Z. B.: Cd (hexagonal) + In (tetragonal) geben einen kubischen Kristall.

3. Bei Metallen tritt noch die Forderung der gleichen Elektronenstruktur hinzu.

Je besser die Bausteine geometrisch und energetisch übereinstimmen desto größer ist die Wahrscheinlichkeit für eine vollkommene Mischkristallbildung, d. h. für jede beliebige Zusammensetzung. Sonst ist

---

[1] Strock, L. W.: Z. phys. Chem. **B25**, 441 (1934); **B31**, 132 (1935).

[2] Buerger, M. J.: in „Phase Transformations in Solids", R. Smoluchowski, J. E. Mayer und W. A. Weyl, Eds., S. 183—211. New York: John Wiley and Sons 1951.

[3] Winkler, H. C. F.: Struktur und Eigenschaften der Kristalle, S. 183—205. Berlin/Göttingen/Heidelberg: Springer 1951.

die Mischkristallbildung auf bestimmte Zusammensetzungen beschränkt. Oft ist die Zusammensetzung sehr einseitig.

Ob es sich um eine Zwischeneinlagerung oder eine Substitution handelt, läßt sich durch den Vergleich der direkt gemessenen Dichte mit der aus der Gitterkonstanten berechneten entscheiden.

Bei Mischkristallen aus Gittern mit unvollständig besetzten Gitterplätzen kann eine zusätzliche Besetzung oder Leerstellenbildung auftreten. In diesem Fall haben wir eine sogenannte Additions- bzw. Subtraktions-Substitution. Zum Additions-Substitutionstyp gehört der Mischkristall aus $CaF_2 + YF_3$, wobei das CaF_2-Gitter erhalten bleibt und die zusätzlichen F-Ionen in den Gitterlücken untergebracht werden. Umgekehrt bei dem Mischkristall von $2\,AgJ + HgJ_2$, der oberhalb 50° C kubisch ist, ist jeweils eine Stelle unbesetzt, wenn man die Ag- und Hg-Ionen auf die Ecken und Flächenmitten des Würfels verteilt.

Bei der Bildung der Mischkristalle werden immer im Gitter Störungen hervorgerufen, sei es durch die Größe, sei es durch Polarisation der Bausteine. Diese Störungen lassen sich durch die Bestimmung der Gitterkonstanten nachweisen. Aus der Abweichung vom VEGARDschen Gesetz, nach dem die Gitterkonstante sich linear mit der Zusammensetzung ändern soll, können wichtige Schlüsse auf Störungen gezogen werden. Im Falle, daß eine regelmäßig und nicht statistisch verteilte Störung existiert (Überstrukturen) treten zusätzliche Beugungslinien auf, vorausgesetzt daß die Konzentration nicht zu klein ist. Die lokalen Gitterstörungen lassen sich aber durch eine andere Methode nachweisen. Die lokalen Störungen machen sich in periodischen Schwankungen der diffusen Untergrundstreuung der Röntgenstrahlen bei Beugungsaufnahmen bemerkbar[1].

Obwohl es ziemlich viele Mischkristalle gibt, insbesondere bei Metallen, deren Eigenschaften oft sehr wertvoll sind, lassen sich einwandfrei homogene größere Mischkristalle nur in verhältnismäßig wenigen Fällen herstellen. Es ist nur dann möglich homogene Kristalle herzustellen, wenn die Schmelzkurven ein Maximum oder ein Minimum aufweisen oder wenn eine chemische Verbindung vorliegt. In allen anderen Fällen werden die Mischkristalle keine homogene Zusammensetzung haben.

3.6 Bestimmung der Kristallstruktur mit Röntgenstrahlen

Bisher haben wir uns damit beschäftigt die Gitterstrukturen vom Standpunkt der Größe der Bauelemente und der zwischen ihnen wirkenden Kräfte zu behandeln. In diesem Abschnitt sollen kurz die Methoden besprochen werden, mit denen sich Atomanordnungen in Gittern bestimmen lassen. Die Strukturanalyse wird vorwiegend mit Hilfe von

[1] WARREN, B. E., B. L. AVERBACH und B. W. ROBERTS: J. Appl. Phys. **22**, 1493 (1951).

Röntgenstrahlen ausgeführt. Nur in Spezialfällen werden Elektronen (z. B. für Struktur dünner Schichten) oder Neutronen (für organische und magnetische Kristalle) verwendet. Zusätzlich werden chemische und optische Methoden benutzt, die in vielen Fällen sehr wertvoll aber nicht entscheidend sind.

Die Grundlage der Strukturuntersuchung mit Hilfe der Röntgenstrahlen bildet die Wechselwirkung zwischen den Röntgenstrahlen und den Kristallgittern, die sich am einfachsten mit Hilfe der BRAGGschen Gleichung darstellen läßt:

$$n\lambda = 2\,d\sin\alpha\,. \tag{29}$$

Diese Gleichung besagt, daß ein Röntgenstrahl von der Wellenlänge λ nur dann durch einen Kristall gebeugt wird, wenn der Gangunterschied, gegeben durch das Produkt aus Netzebenen Abstand d und dem Glanzwinkel α ein ganzzahliges vielfaches n der Wellenlänge λ ist. Die Auswertung einer Röntgenaufnahme kann nach drei verschiedenen Gesichtspunkten erfolgen. Erstens gibt die Anordnung der Beugungsmaxima die Symmetrie des Kristalles wieder. Zu diesem Zweck ist besonders die LAUE-Methode geeignet, bei der ein Einkristall mit „weißem" Röntgenlicht bestrahlt wird. Zweitens liefert Ausmessung der Abstände zwischen den einzelnen Beugungspunkten bzw. Kreisen die Größe der Gitterzelle. Bei bekannter Wellenlänge und dem Winkel α wird d nach der BRAGGschen Gleichung bestimmt, das zunächst viele Werte annehmen kann. Nun gelten aber für verschiedene Kristallsysteme zwischen den d-Werten und den Gitterkonstanten die sogenannten quadratischen Formen, aus denen dann die Gitterkonstanten berechnet werden.

Zur Bestimmung des Kristallsystems und der Dimension der Gitterzellen werden bei hochsymmetrischen Kristallen DEBYE-SCHERRER-Verfahren (Mikrokristalle und monochromatisches R-Licht) und bei komplizierten Strukturen, wo die Indizierung der Pulveraufnahmen schwierig ist, sogenannte Goniometerverfahren (Drehkristall-, WEISSENBERG-Präzession) verwendet. Drittens, aus der Intensität der Beugungspunkte wird die Lage der Atome bzw. Ionen in der Zelle berechnet. Es muß aber betont werden, daß eine vollkommene Strukturanalyse meist ein langwieriges Probieren und eine fachmännische Erfahrung erfordert.

3.61 Präzisionsbestimmung der Gitterkonstanten

Bei der Herstellung, Untersuchung bzw. Anwendung der Einkristalle wird die Gitterstruktur in vielen Fällen bekannt sein. Aber nur in seltenen Fällen wird der genaue Wert der Gitterkonstanten und damit der Atom- bzw. Ionenabstände vorliegen. Der Grund liegt darin, daß die Atomabstände durch Verunreinigungen oder Kristalldefekte in verhältnismäßig hohem Maße beeinflußt werden. Eine genaue Kenntnis der Gitterkonstanten ist aus verschiedenen Gründen sehr wichtig. Aus der Gitterkonstanten lassen sich Dichte, Atomgewicht und thermische Ausdehnung berechnen. Bei den Mischkristallen kann man aus der Gitterkonstanten entscheiden, ob man eine Substitution oder eine Zwischengittereinlagerung vor sich hat. Außerdem ist die genaue Kenntnis der Gitterkonstanten für die Berechnung der Bindungskräfte von Wichtigkeit.

Zur Präzisionsbestimmung der Gitterkonstanten eignen sich am besten die drei Varianten der DEBYE-SCHERRER-Methode: 1. die asymmetrische Methode von STRAUMANIS[1], 2. die symmetrische Fokussierungsmethode[2], und 3. die Diffraktions-Spektrometer Methode[3]. Alle drei Methoden sind mit statistischen und den systematischen Fehlern behaftet. Die statistischen Fehler hängen letzten Endes von der Genauigkeit der Bestimmung des Glanzwinkels α ab. Bei guten Präzisionskameras ist es möglich den Glanzwinkel bis auf einige Tausendstel Grad genau zu bestimmen. Die systematischen Fehler hängen von der apparativen Methode ab und müssen graphisch oder rechnerisch eliminiert werden. Die Größe beider Fehler nimmt ab mit der Zunahme von α. Deshalb werden zu Präzisionsmessungen Rückstrahlaufnahmen verwendet. So z. B. für $\Delta\alpha = 0{,}003^\circ$ und $\alpha = 80^\circ$ ergibt sich nach der Gleichung

$$\Delta d : d = -\cot\alpha\, \Delta\alpha\,, \tag{30}$$

der prozentuale Fehler von d zu 0,0005%. Die Temperatur des Kristalls muß je nach Größe des thermischen Ausdehnungskoeffizienten bis auf 0,1—0,01° konstant gehalten werden. Die systematischen Fehler werden teilweise durch die Konstruktion der Kamera (Radiusfehler, Divergenz der benutzten Strahlung, Filmschrumpfung) und teilweise durch die Probe selbst (Exzentrizität der Probe, Absorption) verursacht.

STRAUMANIS hat in seiner Methode die systematischen Fehler durch die präzise Konstruktion der Kamera, besonders sorgfältige Herstellung und Justierung der Proben, Eliminierung des Filmfehlers durch die asymmetrische Lage und Verwendung von Thermostaten auf ein Minimum herabgedrückt.

Man kann aber auch die systematischen Fehler durch die Extrapolation gegen $\alpha = 90^\circ$ eliminieren, da die meisten Fehler dann Null werden[4]. Die Extrapolation gegen $\alpha = 90^\circ$ mit dem Winkel α als Veränderliche ist nicht sehr genau, da die entstehende Kurve stark gekrümmt ist. Dagegen gibt die Extrapolation mit $\cos^2\alpha$ gegen $\alpha = 90^\circ$

---

[1] STRAUMANIS, M. und A. IEVINS: Die Präzisionsbestimmung von Gitterkonstanten nach asymmetrischer Methode. Berlin: Springer 1940.

[2] JETTE, E. R. und F. FOOTE: J. Chem. Phys. **3**, 605 (1935).

[3] WILSON, A. J. C.: J. Sci. Instr. **27**, 331 (1950).

[4] BRADLEY, A. J. und A. H. JAY: Proc. Phys. Soc. (London) **44**, 563 (1932).

eine Gerade. An Stelle einer graphischen Extrapolation kann man aber auch nach der Methode der kleinsten Quadrate die Fehler berechnen[1].

Die symmetrische Fokussierungsmethode verwendet einen divergenten Strahl, der auf eine zylindrisch gekrümmte Probe fällt. Infolge der geometrischen Anordnung entstehen die Beugungslinien scharf fokussiert auf einem Kreis mit einem Durchmesser, der gleich dem Abstand zwischen dem Eintrittspalt und der Probe ist. Diese Methode hat auch ähnliche systematische Fehler wie die vorhergehende, die entweder durch Extrapolation oder analytische Berechnung eliminiert werden müssen.

Das Diffraktions-Spektrometer bildet eine weitere Entwicklung der Fokussierungsmethode. Es wird hierbei eine flache Probe (1×2 cm) verwendet, die auf der Achse eines Goniometers sitzt. Die Probe wird mit der Winkelgeschwindigkeit ω und gleichzeitig der GEIGER-MÜLLER-Zähler mit $2\,\omega$ gedreht. Die Beugungslinien können entweder kontinuierlich registriert (für gröbere Messungen) oder die Intensitäten Punkt für Punkt ausgemessen werden. Diese Methode ist besonders für Intensitätsmessungen geeignet, aber sie kann auch für Präzisionsbestimmung der Gitterkonstanten verwendet werden. Wie alle anderen Methoden ist auch diese Methode mit systematischen Fehlern behaftet. Auch hier müssen die Fehler durch eine Extrapolation korrigiert werden[2, 3, 4].

Bei genügendem Zeitaufwand kann man mit den genannten Methoden eine Präzision von $\pm 0{,}00002$ Å erreichen. Der Absolutwert der Gitterkonstante hängt aber auch noch von der verwendeten Wellenlänge der Röntgenstrahlen und dem Brechungsindex ab. Die benutzten Wellenlängen sind nur bis auf $\pm 0{,}004\%$ genau bekannt[5]. So daß z. B. für die oft verwendete CuK α, Linie $\lambda = (1{,}54051 \pm 0{,}00006$ Å), wobei 1 Å (ÅNGSTRÖM) $= 10^{-8}$ cm (nicht zu verwechseln mit X oder $k\,X$-Einheiten!). Der Fehler von λ ist nicht zu unterschätzen, wenn ein Vergleich von Gitterkonstanten, die mit verschiedenen Wellenlängen bestimmt wurden, gemacht wird oder wenn man andere physikalische Größen (wie z. B. Atomgewicht oder Dichte) aus der Gitterkonstante berechnet.

Die BRAGGsche Gleichung setzt voraus, daß λ in der Luft und im Kristall gleich ist. Das ist aber nicht der Fall, vielmehr ist der Brechungsindex n in Kristallen ein wenig kleiner als 1 und zwar

$$n = 1 - \delta = 1 - \frac{e^2 \varrho N_0 Z \lambda^2}{2 \pi m c^2 M}, \tag{31}$$

wobei N_0 = LOSCHMIDsche Zahl, e und m ist die Ladung (in elektrost. Einheiten) und die Masse des Elektrons, λ = Wellenlänge in cm, c = Lichtgeschwindigkeit in cm/sec, ϱ = Dichte in g/cm^3, Z = Atomnummer und

[1] COHEN, M. U.: Rev. Sci. Instr. **6**, 68 (1935); **7**, 155 (1936).
[2] WILSON, A. J. C.: J. Sci. Inst. **27**, 331 (1950).
[3] EASTABROOK, J. N.: Brit. J. Appl. Phys. **3**, 349 (1952).
[4] SMAKULA, A. und J. KALNAJS: Phys. Rev. **99**, 1737 (1955).
[5] BRAGG, W. L.: J. Sci. Instr. **24**, 27 (1947).

M = Molekulargewicht. Die Änderung von n gegenüber dem Wert für Luft bewirkt einmal, daß λ im Kristall verschieden vom λ in der Luft ist und zweitens, daß eine Brechung an den einzelnen Kriställchen stattfindet[1]. Während der erste Effekt die gemessene Gitterkonstante verkleinert, kann bei dem zweiten eine Verkleinerung oder Vergrößerung stattfinden[2], deshalb sollte man bei nichtabsorbierenden Kristallen den zweiten Effekt vernachlässigen. Eine ausreichende Näherung für die erste Korrektion erhält man nach WILSON, wenn die berechnete Gitterkonstante a mit dem Faktor $(1 + \delta)$ multipliziert wird, also

$$a_{korr} = a_{ber}\,(1 + \delta)\,. \tag{32}$$

Die Korrektion δ wächst annähernd proportional mit der Dichte des Kristalls. Sie macht sich schon in der 5. Dezimale bemerkbar.

Wie wir sehen, ist die Grenze der Bestimmungsgenauigkeit der Gitterkonstanten durch die Wellenlänge der Röntgenstrahlen bedingt und man kann zur Zeit nicht über die 5. Dezimale hinauskommen. Wenn man aber bedenkt, daß eine Einheit in der 5. Dezimale der Gitterkonstanten gleich 10^{-13} cm ist, dann sieht man, daß wir uns schon in der Dimension der Kerne befinden. Wir sind also imstande die durchschnittliche Lage der Atome im Gitter bis auf die Größe ihrer Kerne zu bestimmen. Die mit Röntgenstrahlen bestimmte Lage der Atome gibt nur den Mittelwert an, denn die Kerne sind in dauernder Bewegung (Gitterschwingungen), da aber ihre Zahl sehr groß ist, so ist der statistische Wert sehr genau.

IV. Keimbildung[1–13]

Die Bildung eines Kristalls ist durch den Übergang der Ionen, Atome bzw. Moleküle aus einer isotropen ungeordneten in eine anisotrope (geordnete) Phase gekennzeichnet. Dieser Übergang kann aus dem

---

1 WILSON, A. J. C.: Proc. Cambridge Phil. Soc. **36**, 485 (1940).

2 BARRET, C. S.: Structure of Metals, 2. Aufl. New York: McGraw-Hill Book Co. 1952.

3 SPANGENBERG, K.: in Handbuch der Naturw. 2. Aufl. Bd. X. S. 362, Jena, Fischer 1935.

4 VOLMER, M.: Kinetik der Phasenbildung, Dresden-Leipzig: Steinkopff, 1939.

5 STRAUMANIS, M.: in Handbuch der Katalyse, Herausg. G. M. Schwab, Bd. 4, S. 269, Springer 1943.

6 KOSSEL, D.: FIAT Rev. Germ. Sci., Pt. I, S. 16, 1946.

7 TURNBULL, D. und J. H. HOLLOMON: in The Physics of Powder Metallurgy, W. E. KINGSTON, Ed., S. 109, 1951.

8 BRADLEY, R. S.: Quarterly Reviews **5**, 315 (1951).

9 KNACKE, O. und I. N. STRANSKI: Erg. exakt. Naturw. **26**, 383 (1952).

10 SMOLUCHOWSKI, R.: in Phase Transformations in Solids, S. 149, 1951.

11 HOLLOMON, J. H. und D. TURNBULL: Progr. Met. Phys. **4**, 333 (1953).

12 DUNNING, W. J.: in Chemistry of Solid State, W. E. GARNER, Ed., S. 159, Butterworth Scientific Publications, 1955.

13 NEUHAUS, A.: Chem. Ing. Techn. **28**, 155 (1956).

Dampf, aus der Lösung, aus der Schmelze oder sogar im festen Zustande stattfinden. In jedem Fall ist es notwendig, daß das Gleichgewicht des Systems z. B. durch Übersättigung oder Unterkühlung gestört wird. Der Beginn der Kristallisation ist mit der Bildung der Keime verbunden. Verglichen mit der Zahl der vorhandenen Moleküle bzw. Atome ist die Zahl der Keime außerordentlich klein.

Die Bildung eines Keimes kann entweder durch statistische Schwankungen der kinetischen Energie, der Dichte oder der Konzentration erfolgen[1], indem mehrere Elementarteilchen zusammenstoßen (homogene Keimbildung) oder sich an fremde Teilchen oder die Gefäßoberfläche (heterogene Keimbildung) anlagern. Eine scharfe Trennung zwischen der homogenen und heterogenen Keimbildung ist kaum möglich, da die Ausgangsphase immer Verunreinigungen enthält, deren Konzentration um viele Größenordnungen über der der Keime liegt. In beiden Fällen ist eine Übersättigung der Lösung oder eine Unterkühlung des Dampfes oder der Schmelze notwendig.

4.1 Keimbildung aus dem Dampf[2, 3]

Der einfachste Fall liegt wohl bei der Bildung der Keime aus dem Dampf vor. Die Grenze zwischen der Dampfphase und der flüssigen bzw. festen Phase ist durch die Dampfdruckkurve gegeben. Jeder Temperatur entspricht ein Dampfdruck, bei dem die beiden Phasen im Gleichgewicht bleiben. Wird die Temperatur erniedrigt, so wird der Dampf übersättigt, der Zustand wird metastabil. Im metastabilen Zustand kann der Dampf unter Umständen längere Zeit ohne jegliche Keimbildung bleiben. Erst durch eine Unterkühlung auf eine kritische Temperatur wird die kritische Übersättigungsgrenze erreicht, bei der plötzlich Keime erscheinen (spontane Keimbildung). Der Temperaturbereich des metastabilen Zustandes hängt von der Art des Dampfes und in einem hohen Maße von den Fremdbeimengungen und anderen Faktoren ab. In der Tab. 29 sind Übersättigungstemperaturen ΔT (Differenz zwischen der Temperatur, bei welcher die Kondensation bei Einstellung des Gleichgewichts beginnen würde und der Temperatur, bei der sie tatsächlich beginnt) des metastabilen Zustandes bei Abkühlung für einige organische Verbindungen gegeben, wobei p_s der Sättigungsdruck des Dampfes ist. Aus der Tab. 29 ersieht man, daß Unterkühlungen bis zu 50° C betragen können, wobei der Dampfdruck bis auf das 12fache ansteigen kann.

Die Bildung der Keime sowie die Bestimmung der Keimhäufigkeit kann mit Hilfe einer WILSON-Kammer festgestellt werden. Dies setzt

[1] SMOLUCHOWSKI, R.: Phase Transformation in Solids, Wiley und Sons, New York, 1951, S. 149.

[2] REISS, H.: Ind. Eng. Chem. 44, 1284 (1952).

[3] RODEBUSH, W. H.: Ind. Eng. Chem. 44, 1289 (1952).

Tabelle 29. *Übersättigungen einiger organischer Dämpfe mit Luft als Trägergas.* (Nach VOLMER[1])

Verbindung	Temperatur (° C) Anfang der Übersättigung	Ende der Übersättigung	ΔT (° C)	Max. Druckverhältnis p/p_s
CH_3OH	295	270	25	3,20
C_2H_5OH	290	273	17	3,34
$C_2H_5CH_2OH$	289	270	19	3,05
$CH_3CHOHCH_3$	283	265	18	2,80
$C_2H_5CH_2CH_2OH$	291	270	21	4,60
CH_3NO_2	292	252	40	6,05
$CH_3CO_2C_2H_5$	290	240	50	12,3

allerdings voraus, daß die Keime beobachtet werden können, d. h. die Keime müssen bereits mit der Wellenlänge des Lichtes vergleichbar, also von der Größenordnung von 10^{-4} cm sein. Solche Keime enthalten bereits etwa 10^3 Atome. Kleinere Keime lassen sich durch die Messung des gestreuten Lichtes (TYNDALL-Streuung) bestimmen. Nach RAYLEIGH gilt

$$I = \frac{k\,n\,d^6}{\lambda^4}, \tag{33}$$

wobei I Gesamtintensität des Streulichtes pro cm^3, n Anzahl der Streuteilchen pro cm^3, d Durchmesser der Teilchen, λ Wellenlänge des benutzten Lichtes, k Konstante sind. Diese Methode wurde aber bis jetzt nicht ausgenutzt.

Die Keimbildung wird durch die Anwesenheit von Impfstoffen (Atome, Ionen, Moleküle, feste Teilchen) in hohem Grad beeinflußt. So wird z. B. in einem Luft–Wasserdampfgemisch durch die Ionisation mit Röntgenstrahlen die Keimbildung der Wassertröpfchen beschleunigt und zwar ist der Einfluß der negativen Ionen größer als der der positiven[2]. Die Keimbildung in NH_4Cl tritt nur bei Anwesenheit von Wasserdampf auf. Im gereinigten Wasser–Luft-Dampfgemisch tritt die Keimbildung erst bei —61° C,[3] beim ungereinigten Gemisch bei —41° C. Als Impfstoff für die Keimbildung in Wasserdampf ist Silberjodid bereits bei —6° C wirksam, wahrscheinlich wegen der Übereinstimmung der Gitterkonstanten mit der von Eis.[4]

4.2 Theorie der Flüssigkeitskeimbildung aus dem Dampf

Nach THOMSON[5] besteht im Gleichgewicht folgende Beziehung zwischen dem Dampfdruck p eines kleinen Teilchens und seiner Oberfläche F

$$p = p_\infty \exp\left(\frac{\sigma}{k\,T}\,\frac{dF}{dn}\right), \tag{34}$$

[1] VOLMER, M.: Kinetik der Phasenbildung, Dresden-Leipzig, Steinkopff, 1939.
[2] POLLERMANN, M.: Ann. Physik **5**, 329 (1950).
[3] SANDER, A. und S. DAMKÖHLER: Naturw. **31**, 460 (1943).
[4] VONNEGUT, V.: J. Appl. Phys. **18**, 593 (1947).
[5] THOMSON, W.: Phil. Mag. **42**, 948 (1881).

wobei p_∞ der Dampfdruck über der makroskopischen Oberfläche, σ Oberflächenenergie pro cm², n Zahl der Moleküle im Teilchen bedeuten. Angenommen das Teilchen ist kugelförmig und sein Radius ist r, dann gilt

$$n = \frac{4\pi}{3} r^3 \frac{\varrho}{m}, \tag{35}$$

wobei ϱ die Dichte des Teilchens und m die Masse eines Moleküls ist. Da die Oberfläche

$$F = 4\pi r^2 \tag{36}$$

erhalten wir

$$p = p_\infty \exp\left(\frac{2\sigma}{kT}\frac{m}{\varrho}\frac{1}{r}\right). \tag{37}$$

Die Gleichung (37) zeigt, daß der Dampfdruck eines Teilchens um so größer ist je kleiner sein Radius. Ist der Dampfdruck der Umgebung kleiner als p, so wird das Teilchen verdampfen, ist er größer, so wird es wachsen. Man bezeichnet deshalb den dem Druck p entsprechenden Radius als den kritischen Radius.

Der nächste Schritt in der Theorie der Keimbildung ist die Berechnung der Energie, die zur Bildung eines Keimes aufgewandt werden muß. Diese Energie setzt sich in erster Näherung aus zwei Teilen zusammen. Einerseits wird bei der Bildung eines Keimes aus dem Dampf die Energie A_1 gewonnen, die durch folgenden Ausdruck gegeben ist

$$A_1 = -\frac{4\pi r^3}{3}\frac{\varrho}{m} kT \ln\frac{p}{p_\infty} \tag{38}$$

Andererseits wird zur Bildung einer kugelförmigen Oberfläche die Energie

$$A_2 = 4\pi r^2 \sigma \tag{39}$$

verbraucht. Die Keimbildungsenergie ist gleich der Summe der beiden Anteile

$$A = A_1 + A_2 = -\frac{4\pi r^3 \varrho}{3m} kT \ln\frac{p}{p_\infty} + 4\pi r^2 \sigma. \tag{40}$$

Die Abhängigkeit der Keimbildungsenergie A vom Keimradius r ist nach Amsler[1] in der Abb. 16 wiedergegeben. Die Kurven zeigen ein Maximum, das einem labilen Gleichgewicht entspricht. Das Maximum tritt nur dann auf, wenn $\ln\frac{p}{p_\infty} > 0$, sonst steigt A parabolisch an. Für kleine Radien verläuft A für beide Fälle, $\ln\frac{p}{p_\infty} >$ oder < 0 ähnlich. Das bedeutet, das sehr kleine Keime auch im untersättigten Dampf gebildet werden können; sie sind dann aber unstabil und zerfallen schnell wieder. Die Bildung der Keime im untersättigten Gebiet ist nur durch statistische Schwankungen möglich. Erst wenn das Teilchen

[1] Amsler, J.: Helv. Phys. Acta 15, 699 (1942).

die Größe erreicht, die dem Maximum von A entspricht, hat es eine Chance (50%) zu überleben. In diesem Fall ist $\frac{dA}{dr} = 0$ und wir erhalten wieder die THOMSONsche Gleichung

$$p_0 = p_\infty \exp\left(\frac{2\,\sigma\, m}{\varrho\, k\, T}\,\frac{1}{r_0}\right). \tag{41}$$

Durch die Elimination von $\ln \frac{p}{p_\infty}$ in der vorletzten Gleichung unter Benutzung der letzten Gleichung erhalten wir

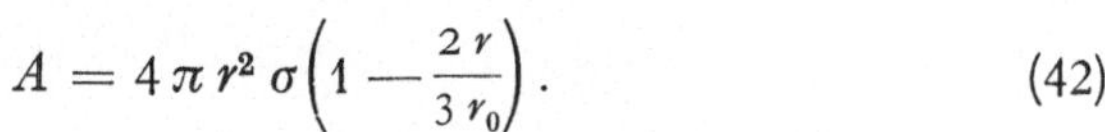

$$A = 4\pi r^2 \sigma\left(1 - \frac{2\,r}{3\,r_0}\right). \tag{42}$$

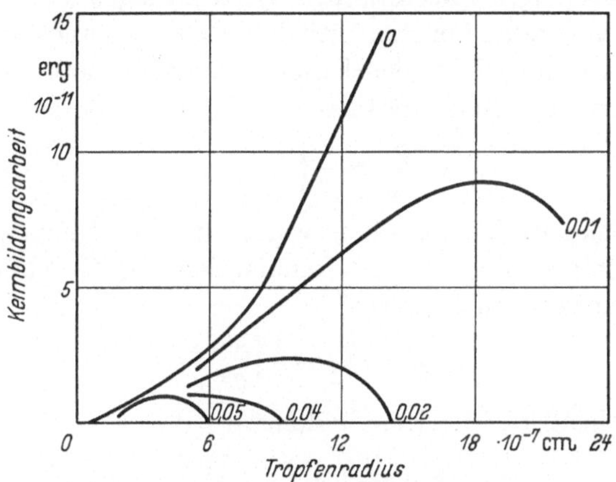

Abb. 16. Abhängigkeit der Keimbildungsarbeit vom Tropfenradius für Übersättigungen $\alpha = \ln \varrho/\varrho_\infty = 0$, 0,01, 0,02, 0,04 und 0,05 (nach AMSLER[1])

Für die maximale Keimbildungsarbeit ($dA/dr = 0$) ergibt sich

$$A_0 = \frac{4\pi r_0^2 \sigma}{3} = \frac{F_0\, \sigma}{3} \tag{43}$$

d. h. $^1/_3$ der Oberflächenenergie des Teilchens mit dem kritischen Radius r_0. Da r_0 nicht direkt gemessen werden kann, so wird es normalerweise eliminiert, wodurch

$$A_0 = \frac{16}{3}\,\frac{\pi\,\sigma^3 m^2}{\varrho^2\,(k\,T)^2\left(\ln\frac{p_0}{p_\infty}\right)^2}. \tag{44}$$

Will man dagegen an Stelle des Radius r die Zahl n der Moleküle im Tropfen und an Stelle der Oberflächenenergie σ pro cm² die Oberflächenenergie pro Molekül γ benutzen, so ergibt sich

$$A = -n\,k\,T \ln\frac{p}{p_\infty} + f\, n^{2/3}\,\gamma\,, \tag{45}$$

[1] Siehe Anm. 1 auf S. 48.

wobei f ein Faktor ist, der durch die Zahl der Moleküle an der Oberfläche bestimmt ist. Für die Zahl der Moleküle im kritischen Tropfen ($dA/dn = 0$) ergibt sich

$$n_0 = \left(\frac{2 f \gamma}{3 k T \ln \frac{p_0}{p_\infty}}\right)^3 \tag{46}$$

und für

$$A_0 = \frac{1}{3} \cdot f n^{2/3} \gamma = \frac{4 (f \gamma)^3}{27 (k T)^2 \left(\ln \frac{p_0}{p_\infty}\right)^2}. \tag{47}$$

Bei den bisherigen theoretischen Betrachtungen der Keimbildung wurde die Temperatur konstant gehalten und der Druck variiert. Man kann aber auch umgekehrt den Druck p konstant halten und die Temperatur T variieren. Nach der CLAUSIUS-CLAPEYRONschen Beziehung ist

$$\ln \frac{p}{p_\infty} = \frac{\lambda}{k}\left(\frac{1}{T} - \frac{1}{T_s}\right), \tag{48}$$

wobei λ molekulare Verdampfungswärme und T_s Temperatur des gesättigten Dampfes ist. Durch Kombination der Gleichung (48) mit der Gleichung (37) erhalten wir

$$T - T_s = \frac{2 \sigma m T_s}{\lambda \varrho r} \tag{49}$$

und entsprechend für die Keimbildungsarbeit

$$A = \frac{16}{3} \frac{\pi \sigma^3 m^2 T_s^2}{\varrho^2 \lambda^2 (T_s - T)^2}. \tag{50}$$

Neben der Keimbildungsarbeit ist die Kenntnis der Häufigkeit der Keimbildung (= Zahl der gebildeten Keime pro Sekunde) von Wichtigkeit. Dieses Problem wurde durch kinetische Betrachtung gelöst. Zur Lösung des Problems haben vor allem VOLMER und WEBER[1], FARKAS[2], STRANSKI und KAISCHEW[3] und BECKER und DÖRING[4] beigetragen. Ähnlich der chemischen Reaktionsgeschwindigkeit ist die Zahl der entstehenden Keime pro Sekunde und pro cm³

$$\frac{dZ}{dt} = K \exp\left(-\frac{A_0}{k T}\right). \tag{51}$$

A_0 ist die bereits behandelte maximale Keimbildungsarbeit und K ist eine Größe, die proportional der Zahl der gaskinetischen Zusammenstöße ist. Nach BECKER und DÖRING ist

$$K = \frac{n}{n_0} \frac{v}{l} \sqrt{\frac{A_0}{3 \pi k T}}, \tag{52}$$

---

[1] VOLMER, M. und A. WEBER: Z. physik. Chem. **119**, 277 (1926).
[2] FARKAS, L.: Z. phys. Chem. **125**, 236 (1927).
[3] STRANSKI, I. N. und R. KAISCHEW: Z. Krist. **78**, 373 (1931).
[4] BECKER, R. und W. DÖRING: Ann. Physik **24**, 732 (1935).

wobei n = Zahl der Dampfmoleküle pro cm^3, n_0 = Zahl der Moleküle in einem Tröpfchen mit dem kritischen Radius r_0, v = mittlere Molekulargeschwindigkeit der Dampfmoleküle bei der Temperatur T, l = mittlere freie Weglänge der Dampfmoleküle bei der Temperatur T. Durch Einsetzen von (52) und (44) in (51) erhält man für die Geschwindigkeit der Keimbildung:

$$\frac{dZ}{dt} = \frac{4\, n\, v\, m\, \sigma^{3/2}}{3\, n_0\, l\, \varrho\, k\, T \ln \frac{p_0}{p_\infty}} \cdot e^{-\frac{16}{3} \frac{\pi\, \sigma^3\, m^2}{(k\,T)^3\, \varrho^2 \left(\ln \frac{p_0}{p_\infty}\right)^2}} . \tag{53}$$

Wenn die Größen n, n_0, k und v unter der Benutzung der gaskinetischen Gleichungen durch N_0 = LOSCHMIDTsche Zahl, R = Gaskonstante, M = Molekulargewicht, p = Dampfdruck bei der Temperatur T und p_n = Dampfdruck bei 0° C = T_n ersetzt werden, erhalten wir

$$\frac{dZ}{dt} = \frac{\sqrt{3}}{8\pi} \frac{p^2\, T_n}{p_n\, l_n} \frac{\varrho\, R \sqrt{N_0}}{\sqrt{M^3\, \sigma^3}} \left(\ln \frac{p_0}{p_\infty}\right)^2 \exp\left[-\frac{16\,\pi}{3} \frac{N_0\, M^2\, \sigma^3}{\varrho^2\, R^3\, T^3} \frac{1}{\left(\ln \frac{p_0}{p_\infty}\right)^2}\right] . \tag{54}$$

Entscheidend für die Keimbildungshäufigkeit ist der exponentielle Faktor und in diesem der Ausdruck $\ln \frac{p_0}{p_\infty}$.

Setzt man die Werte für die allgemeinen Konstanten und die spezifischen Größen für Wasserdampf bei Zimmertemperatur ein, so ergibt sich (nach VOLMER[1]) für die Konstante

$$K \sim 10^{25}/\text{cm}^3 \cdot \text{sec} , \tag{55}$$

die nur wenig von Druck und Temperatur abhängt, und für den Exponenten $A_0/k\,T$ die in der nachstehenden Tab. 30 gegebenen Werte.

Tabelle 30. *Übersättigung p_0/p_∞, der Aktivierungsexponent $A_0/k\,T$ und die Keimbildungsgeschwindigkeit dZ/dt (sec. cm^3) für Wasserdampf bei T = 300° K.* (Nach VOLMER)

p_0/p_∞	1,01	1,1	2	3	4	5
$A_0/k\,T$	10^6	10^4	2×10^2	85	55	39
dZ/dt	$10^{-480\,000}$	10^{-5000}	10^{-69}	10^{-12}	10^{+1}	10^{+8}

Aus der Tab. 30 ersieht man, daß erst bei Übersättigung p_0/p_∞ oberhalb von 3 die Bestimmung der Zahl der Keime in angemessener Zeit praktisch möglich ist. Der Anstieg der Keimbildung in diesem Bereich ist so steil, daß man von einer Keimbildungsgrenze spricht. Der Verlauf

[1] VOLMER, M.: Kinetik der Phasenbildung. Dresden-Leipzig: Steinkopff 1939.

der Keimbildungsgeschwindigkeit im Wasserdampf ist in Abb. 17 dargestellt.

Die experimentelle Prüfung der Theorie wurde von VOLMER und Mitarbeitern an Wasser und verschiedenen organischen Verbindungen (meist Alkoholen) durchgeführt. Dabei wird die pro Sekunde und Kubikzentimeter gebildete Zahl dZ/dt der Keime bei kritischer Übersättigung p_0/p_∞ bestimmt und mit der nach der Gleichung (54) berechneten verglichen (Tab. 31). Man hat dabei eine gute Übereinstimmung gefunden. Wenn man aber berücksichtigt, daß der theoretische Wert aus dem Produkt von zwei Faktoren mit den Exponenten $+25$ und etwa -60 bis -40 berechnet wird, die ihrerseits um eine bis zwei Größenordnungen unsicher sein können, so kann man nur von einer qualitativen Übereinstimmung sprechen.

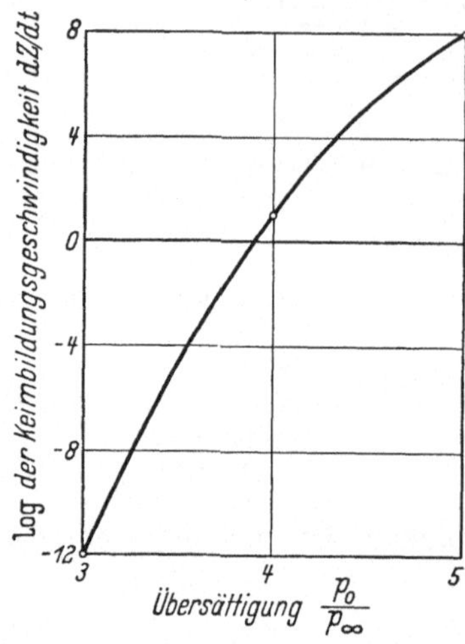

Abb. 17. Keimbildungshäufigkeit im Wasserdampf in Abhängigkeit von der Übersättigung.

Von besonderem Interesse ist der Einfluß der Ionen auf die Keimbildung in der WILSON-Kammer. Nach THOMSON[1] wird ein geladener Keim als eine elektrisch leitende Kugel betrachtet. Die Keimbildungsarbeit ist in diesem Fall

$$A = -\frac{4\pi r^3}{3}\frac{\varrho}{m} k T \ln\frac{p}{p_\infty} + 4\pi r^2 \sigma + \frac{e^2}{2r}. \tag{56}$$

Tabelle 31.

Vergleich der experimentellen und der theoretischen Keimbildung

	σ	T °K	p_0/p_∞ exp.	p_0/p_∞ theor.
Wasser	75,23	275	4,21	4,16
Methylalkohol	24,8	270	3,0	1,8
Äthylalkohol	24,0	273	2,34	2,28
n-Propylalkohol	25,4	270	3,05	3,22
Isopropylalkohol	23,1	265	2,80	2,89
Butylalkohol	26,1	270	4,60	4,53
Nitromethan	40,6	252	6,05	6,22
Äthylazetat	30,6	242	8,6—12,3	10,4

Da ein Keim normalerweise nur eine Elementarladung hat, so kann die elektrische Ladung nicht gleichmäßig über die ganze Oberfläche ver-

[1] THOMSON, J. J. und G. P. THOMSON: Conduction of Electricity through Gases, Vol. 1, S. 322. Cambridge: University Press 1933.

teilt werden. Wenn man annimmt, daß die Ladung in der Mitte des Keimes sitzt, dann ist[1]

$$A = -\frac{4\pi}{3}\frac{r^3\varrho}{m} k T \ln\frac{p}{p_\infty} + 4\pi r^2\sigma - \frac{e^2}{d}\left(1 - \frac{1}{\varepsilon} + \frac{e^2}{2r}\right)\left(1 - \frac{1}{\varepsilon}\right), \quad (57)$$

wobei d = der Ionendurchmesser und ε die Dielektrizitätskonstante des Keimes ist. Aus $dA/dr = 0$ folgt

$$\frac{\varrho}{m} k T \ln\frac{p_0}{p_\infty} = \frac{2\sigma}{r_0} - \frac{e^2}{8\pi r_0^4}\left(1 - \frac{1}{\varepsilon}\right). \quad (58)$$

Da durch die Ladung die Volumenenergie verkleinert wird, so wird die Keimbildung gefördert. Außerdem ersieht man, daß $\ln\frac{p_0}{p_\infty}$ in Abhängigkeit von r_0, nicht denselben Verlauf hat wie bei einem ungeladenen Keim (Abb. 18). $\ln\frac{p_0}{p_\infty}$ ist Null für $r_0 = 0$ und hat ein Maximum für

$$r_0^3 = \frac{e^2}{4\pi\sigma}\left(1 - \frac{1}{\varepsilon}\right). \quad (59)$$

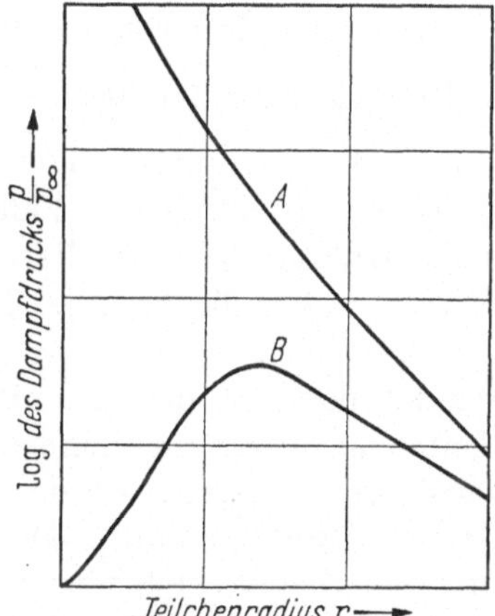

Abb. 18. Abhängigkeit des Dampfdrucks vom Teilchenradius: A elektrisch neutrales Teilchen; B elektrisch geladenes Teilchen

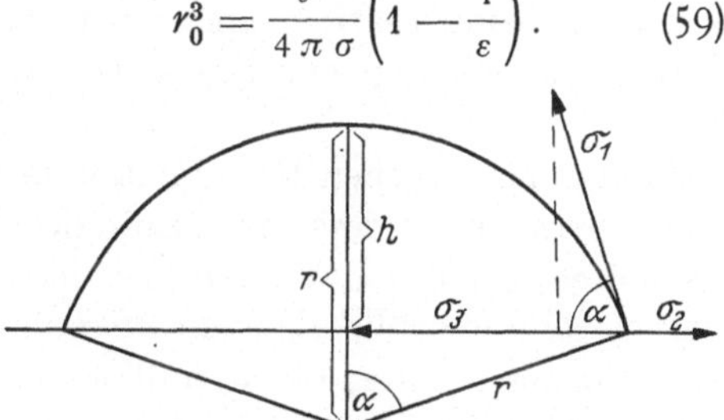

Abb. 19. Gleichgewicht der Oberflächenenergien σ eines Tropfens auf einer festen Ebene

Heterogene Keimbildung erfolgt, wenn Keime an Fremdkörpern sich bilden. Der einfachste Fall dieser Art liegt bei der Tröpfchenbildung an einer festen Ebene vor[2]. Unter Zuhilfenahme der Abb. 19 läßt sich die Bildungsarbeit des Tropfens wie folgt berechnen. Im Gleichgewicht ist

$$\sigma_1 \cos\alpha - \sigma_2 + \sigma_3 = 0. \quad (60)$$

wobei σ_1 die Oberflächenspannung zwischen dem Dampf und dem Tropfen, σ_2 zwischen der festen Unterlage und dem Dampf und σ_3 zwischen der festen Unterlage und dem Tropfen bedeuten. α ist der Benetzungswinkel des Tropfens. Die Bildungsarbeit ergibt sich zu

$$A = \frac{1}{3}(F_1\sigma_1 - F_2\sigma_2 + F_3\sigma_3). \quad (61)$$

[1] BRADLEY, R. S.: Quaterly Reviews 5, 315 (1951)

[2] VOLMER, M.: Kinetik der Phasenbildung, Dresden-Leipzig: Steinkopff 1939.

F_1 ist die Kalottenoberfläche des Tropfens und F_2 bzw. F_3 die vom Tropfen bedeckte Fläche der festen Unterlage. Da

$$F_1 = 2\pi r^2 (1 - \cos\alpha) \tag{62}$$

und

$$F_2 = F_3 = \pi r^2 \sin^2\alpha \tag{63}$$

so folgt

$$A = \frac{1}{3}\{2\pi r^2 (1 - \cos\alpha)\,\sigma_1 + \pi r^2 \sin^2\alpha\,\sigma_3 - \pi r^2 \sin^2\alpha\,\sigma_2\}, \tag{64}$$

oder

$$A = \frac{1}{3}\pi r^2 \sigma_1 \{2(1 - \cos\alpha) - \sin^2\alpha \cos\alpha\}. \tag{65}$$

Das Maximum von A ist bei $\frac{2}{3}\pi r^2 \sigma_1$, während es für einen freien Tropfen bei $\frac{4}{3}\pi r^2 \sigma_1$ liegt. Das heißt die Bildung eines Tropfens an der Wand erfordert eine kleinere Energie als im freien Raum. Anderseits für $\alpha = 0$ (vollkommene Benetzung) ist $A = 0$; in diesem Fall kann die Kondensation ohne einen Arbeitsaufwand erfolgen. Jegliche Unregelmäßigkeiten der Ebene (Kratzer, Risse) setzen die Energie A herab.

Bei der heterogenen Keimbildung (an Fremdkörpern) aus dem Dampf weiß man, besonders aus zahlreichen Untersuchungen an dünnen Schichten, die durch Verdampfen im Hochvakuum hergestellt werden, daß sowohl amorphe als auch kristalline Keime auftreten können. Der maßgebende Faktor, ob kristalline oder amorphe Keime entstehen, ist die Temperatur der Unterlage. Bei tiefen Temperaturen entstehen normalerweise (aber nicht immer) amorphe Keime, die bei höherer Temperatur in kristalline umgewandelt werden können.

Die Keimbildung an kleinen Teilchen (Staubpartikeln) hängt ab von der Größe des Teilchens, von der Oberflächenenergie und der Dicke der kondensierten Schicht. Außerdem spielt auch die Struktur des Staubteilchens eine Rolle. So ist z. B. die Wasserdampfkondensation an Silberjodidteilchen[1] wahrscheinlich deshalb besonders günstig, weil AgJ mit Eis isomorph ist. Beide sind hexagonal und die Gitterkonstanten annähernd gleich. Die Berechnung der Keimbildungsarbeit an festen Partikeln ist sehr kompliziert[2].

Bei der Ableitung der Gleichung für die Keimbildung wurde angenommen 1. daß die Oberflächenspannung σ für die Keime denselben Wert hat wie für eine makroskopische Oberfläche, d. h. von der Größe des Keimes unabhängig ist und 2. daß die Geschwindigkeit der Keimbildung von der Zeit unabhängig ist. Die Richtigkeit beider Annahmen

[1] Vonnegut, V.: J. Appl. Phys. 18, 593 (1947).
[2] Bradley, R. S.: Trans. Faraday Soc. 47, 60 (1951).

wurde in den letzten Jahren angezweifelt[1, 2]. Nach TOLMAN[3] und KIRKWOOD[4] ist die Dichte eines Keimes nicht konstant sondern weist eine Übergangszone auf, woraus sich die Oberflächenenergie

$$\sigma = \frac{\sigma_0}{\left(1 + \frac{2\,\delta}{r}\right)} \tag{66}$$

ergibt. Dabei bedeuten: σ_0 = makroskopische Oberflächenspannung, $\delta = r - r_0$, wobei r = Radius des Keimes und r_0 = Radius bei dem die Übergangszone verschwindet. δ/r_0 soll etwa 0,1 bis 0,2 betragen, woraus $\sigma = (0{,}7 \text{ bis } 0{,}8)\,\sigma_0$. Theoretisch ist gegen diese Korrektion nichts einzuwenden aber praktisch übt sie keinen wesentlichen Einfluß auf die Gleichung aus.

Die Berücksichtigung des Zeitfaktors wurde von verschiedenen Autoren studiert[5, 6, 7, 8]. Der Einfluß der Zeit kann durch einen exponentiellen Faktor $\exp(-\tau/t)$ berücksichtigt werden, wobei τ eine Zeitkonstante ist, die kleiner als eine Sekunde ist.

4.3 Theorie der Kristallkeimbildung aus dem Dampf

Bei der Bildung der Keime als Tröpfchen traten als wesentliche Parameter die Temperatur T, der Dampfdruck p und der Tröpfchenradius r auf. Da die Atome in einem Flüssigkeitströpfchen eine gewisse Beweglichkeit besitzen, wurde als Tröpfchenform die Kugel angenommen, die von allen Formen die kleinste Oberflächenenergie hat. Bei Kristallkeimen müssen wir mit einer Mannigfaltigkeit von Formen rechnen, die durch Ebenen begrenzt sind. Während der Keimbildung werden die einzelnen Bausteine an verschiedene Flächen oder an verschiedene Stellen einer Fläche angebaut, die ihrerseits abgeschlossen (fertig) oder zerklüftet sein können. Außerdem besteht die Möglichkeit, daß einzelne Bausteine auf der Oberfläche wandern können. Der Vorgang der Kristallkeimbildung scheint demnach hoffnungslos kompliziert zu sein. Bei der theoretischen Behandlung des Problems wird als ordnendes Prinzip der Zustand der minimalen freien Energie betrachtet. Jeder Baustein wird diesem Zustand zustreben und ihn schließlich erreichen. Um den Aufbauprozeß rechnerisch zu erfassen, wird die Anlagerung der Bausteine in drei Stufen eingeteilt: 1. Bildung linearer Ketten, 2. Bildung zweidimensionaler Ebenen und 3. dreidimensionale Keimbildung.

---

[1] BUFF, F. P. und J. G. KIRKWOOD: J. Chem. Phys. **18**, 991 (1950).
[2] REISS, H.: J. Chem. Phys. **20**, 1216 (1952).
[3] TOLMAN, R. C.: J. Chem. Phys. **17**, 333 (1949).
[4] KIRKWOOD, J. G. und F. P. BUFF: J. Chem. Phys. **17**, 338 (1949).
[5] ZELDOVICH, J. B.: Acta Physicochim. (U.S.S.R.) **18**, 1 (1943).
[6] TURNBULL, D.: Am. Inst. Min. Met. Engrs. T. P. No. 2365, Metals Tech., 1948.
[7] KANTROWITZ, A. J.: J. Chem. Phys. **19**, 1097 (1951).
[8] PROBSTEIN, R. F.: J. Chem. Phys. **19**, 619 (1951).

Im Anschluß an STRANSKI und KAISCHEW[1] wurde die kristalline Keimbildung von BECKER und DÖRING[2] berechnet.

Bei der Bildung der Kristallkeime wird die Kugel durch ein Polyeder ersetzt, im einfachsten Fall durch Würfel. An Stelle des Radius r wird die Kantenlänge des Würfels a genommen. Die Gleichgewichtsgleichung (37) nimmt jetzt folgende Form an:

$$p = p_\infty \exp\left(\frac{4\,\sigma\,M}{\varrho\,R\,T}\,\frac{1}{a}\right), \tag{67}$$

d. h. der Exponent ist jetzt 2mal größer. Wenn wir die Kantenenergie des Kristallkeimes berücksichtigen, dann ist

$$p = p_\infty \exp\left(\frac{4\,\sigma\,M}{\varrho\,R\,T}\,\frac{1}{a} + \frac{4\,\varepsilon\,M}{\varrho\,R\,T}\,\frac{1}{a^2}\right), \tag{68}$$

wobei ε die Kantenenergie per cm bedeutet. Die Aktivierungsenergie für einen würfelförmigen Kristallkeim ist

$$A = -\frac{a^3\,\varrho}{M}\,R\,T \ln\frac{p}{p_\infty} + 6\,\sigma\,a^2 + 12\,a\,\varepsilon\,. \tag{69}$$

Die maximale Aktivierungsenergie ergibt sich zu

$$A_0 = \frac{6\,\sigma\,a_0^2}{3} + 8\,\varepsilon\,a_0\,. \tag{70}$$

Sie ist nur dann gleich $^1/_3$ der Oberflächenenergie, wenn die Kantenenergie vernachlässigt wird.

In Analogie zur Keimbildung der Tröpfchen wurde für die Geschwindigkeit der Kristallkeimbildung erhalten

$$\left(\frac{dZ}{dt}\right)_{Kristall} = K'\,e^{-\frac{32\,\sigma\,a^2}{k\,T}} \cdot e^{-\frac{4\,\sigma\,a}{k\,T}} \cdot e^{-\frac{4\,\sigma\left(a - \frac{1}{4\,a}\right)}{k\,T}}, \tag{71}$$

wobei a die Kantenlänge des Kristallkeimes unter Annahme der kubischen Form ist. Die Größe

$$K' \sim m\,\sqrt{3\,\pi\,A_0} \cdot K \sim 300\,\sqrt{A_0} \cdot K\,, \tag{72}$$

wobei K die Konstante und A_0 Keimenergie für Tröpfchenbildung (Gl. 70) sind. Von den drei Exponentialfaktoren ist der erste entscheidend. Durch ihn ist der Einfluß der Oberflächenenergie des Kristallkeimes gegeben. Der zweite Exponentialfaktor berücksichtigt die Energie des Flächenkeimes und der dritte die Energie einer neuen Kette.

Wenn wir die Keimbildung der Tropfen mit der der Kristalle vergleichen, so sehen wir, daß der vorexponentielle Faktor für Kristalle um rund 1000mal größer ist. Der Exponent im zweiten Faktor ist nur insofern verschieden, als die Oberfläche von einem würfelförmigen

[1] STRANSKI, I. N. und R. KAISCHEW: Z. phys. Chem. **B26**, 317 (1934); Phys. Z. **36**, 393 (1935).

[2] BECKER, R. und W. DÖRING: Ann. Physik **24**, 732 (1935).

Kristallkeim größer ist als die von einem Tropfen (Kugelform). Für einen kubischen Kristall ist die Fläche $6:\pi = 1{,}91$ größer als die des kugelförmigen Tropfens. Dadurch würde für den Kristallkeim der Exponentialfaktor 6,6mal kleiner. Wenn die beiden Faktoren korrekt wären, würde unter denselben Bedingungen die Kristallkeimbildung schneller vor sich gehen als die Tropfenbildung. Das widerspricht aber der OSTWALDschen Stufenregel, wonach im allgemeinen zuerst die flüssige Phase entstehen soll, was wahrscheinlicher erscheint. Vorläufig existiert kein sicherer Nachweis welcher der beiden Fälle auftritt, deshalb müssen wir annehmen, daß beide Phasenübergänge eventuell auftreten können. Im Falle, daß zuerst Tropfen entstehen, würde die Kristallkeimbildung in zwei Stufen vor sich gehen: zuerst Tropfen dann Kristall. Bei welcher Größe sich ein Tropfen dann in einen Kristall umwandelt, ist kaum möglich genau zu ermitteln.

4.4 Keimbildung in der Schmelze

4.41 Experimentelle Ergebnisse

Experimentelle Untersuchungen der Keimbildung in der Schmelze wurden hauptsächlich von TAMMANN und seinen Mitarbeitern durchgeführt[1]. Aus experimentellen Gründen wurden dazu fast ausschließlich organische Verbindungen verwendet. Die Substanzen wurden in abgeschmolzenen Glasrohren zuerst über den Schmelzpunkt erwärmt, um die eventuell vorhandenen (unkontrollierbaren) Keime zu zerstören. Dann wurde die Schmelze auf die gewünschte Temperatur abgekühlt, bei der die Keimbildung bestimmt werden sollte. Zur Sichtbarmachung der Keime wurde die unterkühlte Schmelze auf eine höhere Temperatur gebracht, bei der die gebildeten Keime wachsen, aber keine neuen entstehen. Bei dieser Temperatur wachsen die Keime während einer festgesetzten Zeit bis sie im Mikroskop sichtbar und ausgezählt werden können. Die zahlreichen Untersuchungen ergeben, daß in allen Fällen eine merkliche Keimbildung erst bei einer für jede Substanz spezifischen Unterkühlung einsetzt, die bis über 100° C unterhalb des Schmelzpunkts liegen kann. Bei einer weiteren Abnahme der Temperatur wächst die Keimbildung sehr stark an, erreicht das Maximum und fällt steil ab (Abb. 20). Die Temperaturen der maximalen Keimbildung verschiedener Verbindungen sind in der Tab. 32 gegeben. Die Höhe der Maxima hängt sehr stark von der Reinheit und von Zusätzen ab, die der Schmelze beigegeben werden. Dabei kann es sich um lösliche oder unlösliche (wie z. B. Quarzpulver) Beimengungen handeln. Normalerweise wird die Zahl der Keime durch Fremdkörper erhöht. Es sind aber auch Fälle bekannt, daß Zusätze die Keimbildung herabsetzen.[2,3]

---

1 TAMMANN, G.: Aggregatzustände, Leipzig: Barth 1922.

2 WENK, W.: Z. Krist. **47**, 125 (1909).

3 MARC, R. und W. WENK: Z. phys. Chem. **68**, 104 (1909).

Obwohl TAMMANN den Einfluß der Verunreinigungen auf die Keimbildung als erster erkannte und ausgiebig studierte, wurden seine Arbeiten gerade wegen dieses Punktes später öfters kritisiert. TAMMANN reinigte seine Substanzen durch Rekristallisation, was aber noch nicht ausreichte, um reproduzierbare Resultate zu erhalten. Erst durch Überhitzen wurde die gewünschte Reproduzierbarkeit erreicht. TAMMANN erklärte den Einfluß der Überhitzung durch die Zerstörung der polymolekularen Aggregate. In späteren Arbeiten wurde gezeigt, daß es praktisch unmöglich ist, die Verunreinigungen vollkommen zu eliminieren und durch die Überhitzung nicht die Aggregate im Sinne TAMMANNS sondern die Keime, die an den Verunreinigungskernen sich gebildet hatten, zerstört wurden. Dieses wurde besonders deutlich an Salol gezeigt, dessen Schmelze durch ein feinporöses Filter (Porenweite 1 μ) filtriert wurde. Durch Filtrieren konnte die Übersättigung erniedrigt werden; außerdem zeigte in diesem Fall das Überhitzen keinen Einfluß auf die Keimbildung.[1]

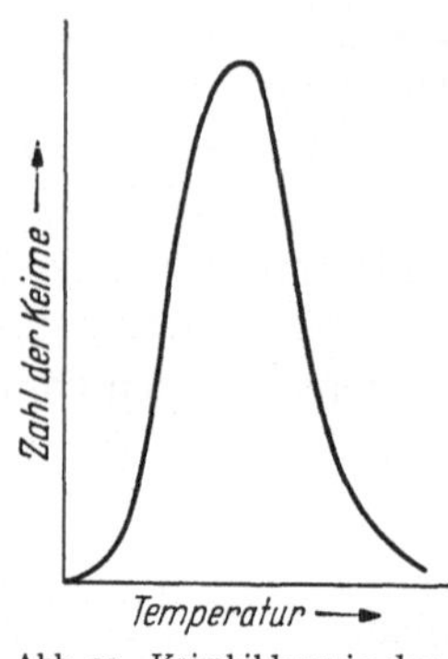

Abb. 20. Keimbildung in der Schmelze (nach TAMMANN)

Um den Einfluß der Verunreinigungen zu beseitigen, ist man dazu übergegangen, die Keimbildung an Schmelzen von mikroskopischen

Tabelle 32. *Temperatur-Maxima der Keimbildung in der Schmelze.* (Nach TAMMANN[2])

	Schm.-Punkt t_s (° C)	t_{max} (° C)	Δt (° C)	$\frac{T_{max}}{T_s} = \frac{t_{max} + 273{,}2}{t_s + 273{,}2}$
Betol	93	20	73	0,80
Alkylthioharnstoff	74	<-20	>94	0,73
Cinchonidin	210	100	110	0,64
Chlorurethan	102	15	87	0,77
Dextrokamphersäure	171	120	71	0,89
Dulcit	188	80	108	0,76
Mannit	166	40	126	0,71
Narkolin	175	140	35	0,92
Piperin	129	40	89	0,78
Chininsäure	158	<-15	172	0,60
Resorcin	110	—10	120	0,69
Santorin	170	40	130	0,71
Triphenylmethan	93	—30	123	0,66
Vanillin	81	0	81	0,77
$Na_2S_2O_3 \cdot 5\,H_2O$	48	—40	88	0,73
4-Brom-1-Dinitrobenzol	60	0	60	0,82

[1] ROOSTER, J. DE: Bull. Soc. chim. Belg. 57, 187 (1948).
[2] Siehe Anm. 1 auf S. 57.

Dimensionen zu untersuchen[1–6]. Je kleiner das Volumen ist, um so kleiner ist die Zahl der Fremdkeime. Es muß betont werden, daß es sich nicht um molekulare Keime, sondern um 100—1000fach größere Keime handelt. Man hat gefunden, daß solche Tropfen von Co um 330° C, von Pt um 332° C und von Al um 232° C unterkühlt werden konnten, während große Volumina nur kleine Unterkühlung vertragen. Der Einfluß der Zeit ist für p-Toluidin in Abb. 21 für verschiedene Unterkühlungen

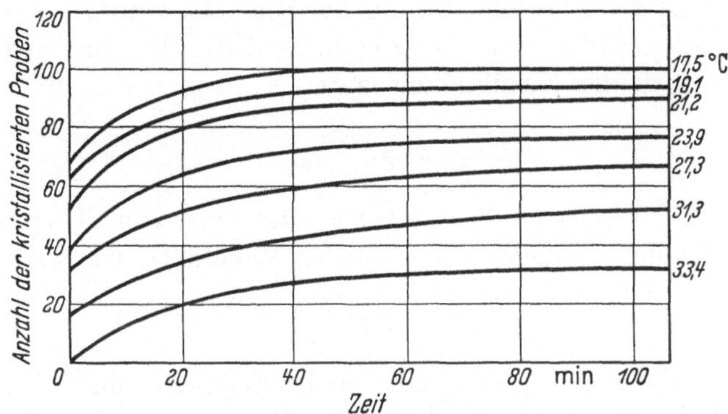

Abb. 21. Einfluß der Unterkühlungszeit auf die Keimbildung in der p-Toluidin-Schmelze für verschiedene Unterkühlungen

gezeigt.[7] Auch andere Faktoren, wie γ-Strahlung, elektrisches und magnetisches Feld und Ultraschall erhöhen die Keimbildung.[8] Durch den Druck wird die Keimbildung erhöht. So wird nach Tammann durch einen Druck von 10^3 Atmosphären der Schmelzpunkt von Betol von

Tabelle 33. *Unterkühlung der Metallschmelzen*

Metall	Schm.-Punkt °C	ΔT °C	Metall	Schm.-Punkt °C	ΔT °C
Ag	961	77	Hg	—39	77
Al	660	195	Mn	1260	308
Au	1063	230	Ni	1455	319
Bi	271	90	Pb	327	80
Co	1149	330	Pd	1549	332
Cu	1083	236	Pt	1774	370
Fe	1535	295	Sb	631	135
Ga	30	76	Sn	232	118
Ge	942	227			

[1] Fisher, J. C., J. H. Hollomon and D. Turnbull: J. Appl. Phys. **19**, 775 (1948).

[2] Turnbull, D. und R. E. Cech: J. Appl. Phys. **21**, 804 (1950).

[3] Turnbull, D. und J. C. Fisher: J. Chem. Phys. **17**, 71 (1949).

[4] Turnbull, D.: J. Appl. Phys. **20**, 817 (1949); **21**, 1022 (1950).

[5] Turnbull, D.. J. Chem. Phys. **18**, 198 u. 768 (1950).

[6] Turdnbull, D.: J. Metals **188**, 1144 (1950).

[7] Siehe Kuznetzow, V. D.: Kristalle und Kristallisation, Moskau 1953.

[8] Hinshelwood, C. N. und H. Hartley: Phil. Mag. **43**, 78 (1922).

93° C auf 130° C und die Unterkühlungstemperatur für dieselbe Keimbildung von 34° C auf 59° C erhöht.

Ähnliche Unterkühlungen wurden bei Metallschmelzen gefunden (Tab. 33). Ebenso wie bei den Nichtmetallen wird die Unterkühlung durch Verunreinigungen stark verkleinert.[1–4]

4.42 Theorie der Keimbildung in der Schmelze

Die Bildung der Kristallkeime aus der Schmelze wurde von VOLMER[5], FRENKEL[6], BECKER[7] und TURNBULL[8] behandelt. Der Ausdruck für die Geschwindigkeit der Keimbildung lautet

$$\frac{dZ}{dt} = K' \, e^{-\frac{Q}{kT}} \, e^{-\frac{A}{kT}}, \tag{73}$$

wobei Q die Aktivierungsenergie[9] bedeutet, die zum Übergang der Moleküle aus der Schmelze zur Keimoberfläche nötig ist. Dabei ist

$$K' = N N' \frac{kT}{h}, \tag{74}$$

wobei N Zahl der Atome pro cm³ in der Schmelze, und N' Zahl der Atome auf der Oberfläche des kritischen Keimes bedeuten. Verglichen mit der Keimbildung aus dem Dampf unterscheidet sich die Gleichung durch den Faktor $e^{-Q/kT}$. Unter der Benutzung der CLAUSIUS-CLAPEYRON-Gleichung

$$p = \text{const}\, e^{-\frac{H}{T}} \tag{75}$$

kann $\ln\left(\frac{p}{p_\infty}\right)$ durch $\left(\frac{H}{R}\right)\left(\frac{1}{T} - \frac{1}{T_0}\right)$ ersetzt werden, wobei H die Kristallisationsenergie und T_0 die Schmelztemperatur bedeuten. Wir erhalten dann

$$A = \frac{16}{3} \frac{\pi \sigma^3 V^2 T_0^2}{H^2 (T_0 - T)^2}. \tag{76}$$

Die Keimbildungsenergie A hat ein Minimum für

$$T : T_0 = 0{,}33. \tag{77}$$

In diesem Fall erreicht dZ/dt ein Maximum. Die Gleichung (76) gibt demnach den experimentellen Verlauf der Keimbildung mit der Tem-

[1] MENDENHALL, C. E. und L. R. INGERSOLL: Phil. Mag. **15**, 205 (1908).

[2] VONNEGUT, B.: J. Colloid. Sci. **3**, 563 (1948).

[3] CWILONG, B. M.: Nature **155**, 361 (1945).

[4] SCHAEFER, V. J.: Bull. Am. Mineral. Soc. **29**, 175 (1948).

[5] VOLMER, M.: Kinetik der Phasenbildung, Dresden-Leipzig: Steinkopff 1939.

[6] FRENKEL, J.: Kinetic Theory of Liquids, Oxford: Clarendon Press 1946.

[7] BECKER, R.: Ann. Physik **32**, 128 (1938); Z. Metallk. **29**, 245 (1937); Proc. Phys. Soc. (London) **52**, 70 (1940).

[8] TURNBULL, D. und J. C. FISHER: J. Chem. Phys. **17**, 71 (1941).

[9] Q ist die Aktivierungsenergie der Diffusion und von der Keimbildungsenergie A zu unterscheiden.

peratur qualitativ wieder. Quantitativ können sich die experimentellen und die theoretischen Werte sogar um einige Größenordnungen unterscheiden. Die Unsicherheit liegt sowohl in der Theorie als auch in den Experimenten. Aus der Tab. 32 sieht man z. B., daß $T : T_0$ zwischen 0,6 und 0,9 liegt, also 2 bis 3mal größer ist als der theoretische Wert.

4.5 Keimbildung in der Lösung

Im Prinzip ist die Keimbildung in der Lösung dieselbe wie im Dampf oder in der Schmelze. Nur wird man eine gewisse Modifikation durch die Anwesenheit des Lösungsmittels erwarten. Zu den bereits erwähnten Faktoren treten neue hinzu. Zu nennen sind vor allem: Adsorption der Lösungsmittelmoleküle an der Oberfläche der Keime, Auflösung der Keimoberfläche, Bildung von Doppelschichten und schließlich Diffusion.

Unter bestimmten Annahmen läßt sich die maximale Keimbildungsarbeit berechnen. Sie ist nach BECKER[1]

$$A_0 = \frac{16\,\pi\,\sigma^3\,N_0^2\,(x_1\,V_1 + x_2\,V_2)^2}{(\Delta A)^2}\,, \tag{78}$$

wobei x_1 bzw. x_2 die Konzentration des gelösten Stoffes bzw. des Lösungsmittels und V_1 bzw. V_2 die entsprechenden Atomvolumina sind. Außerdem

$$\Delta A = A(x) - A(x_2) + (x_2 - x)\left(\frac{dA}{dx}\right)_x, \tag{79}$$

wobei x die Konzentration der Komponente 1 im übersättigten Zustand bedeutet.[2] Die Keimbildungshäufigkeit ist gegeben durch die Gleichung (73) wie bei der Schmelze.

In Analogie zur Keimbildung aus dem Dampf wird der Dampfdruck p durch die Konzentration der Lösung im übersättigten Zustand c und der Dampfdruck p_∞ durch die Konzentration der gesättigten Lösung c_∞ ersetzt. Wir erhalten

$$R\,T\ln\left(\frac{c}{c_\infty}\right) = \frac{2\,M\,\sigma}{\varrho\,r_c}\,. \tag{80}$$

Da

$$\ln\frac{c}{c_\infty} = \frac{\lambda_s}{R}\left(\frac{1}{T} - \frac{1}{T_s}\right) \tag{81}$$

so

$$T_s - T = \frac{2\,M\,\sigma\,T_s}{\varrho\,\lambda_s\,r_c} \tag{82}$$

(λ_s = molare Lösungswärme).

---

[1] BECKER, R.: Ann. Physik **32**, 128 (1938); Z. Metallk. **29**, 245 (1937); Proc. Phys. Soc. (London) **52**, 70 (1940).

[2] DUNNING, W. J.: in Chemistry of Solid State, W. E. Gamer Ed., S. 159, Butterworth Scientific Publications, 1955.

Diese Gleichung gibt uns die Beziehung zwischen r_c und T_s—T, wonach der kritische Keimradius mit der Unterkühlung abnimmt, d. h. die Keimbildungsgeschwindigkeit nimmt zu.

Eine sehr ausführliche Untersuchung über die Keimbildung in der Lösung wurde von AMSLER[1] an wässrigen Lösungen von KCl, KBr und KJ durchgeführt. Es wurde dabei der Einsatz der Keimbildung in Abhängigkeit von der Unterkühlung untersucht. Als Maß für die Keimbildungsgeschwindigkeit wurde die Zeit benutzt, die nach dem schnellen Abkühlen bis zum Eintritt der Kristallisation verstrich, die durch plötzliche Änderung der Leitfähigkeit sich bemerkbar machte. Die Resultate sind in der Abb. 22 dargestellt, in der die Wartezeit gegen $\ln\left(\frac{c}{c_s}\right)$ aufgetragen ist. Wie man aus der Abb. 22 sieht, ist die Einsatzgrenze der Keimbildung für alle drei Salze verschieden und zwar verschiebt sie sich zu höheren Übersättigungen in der Richtung von KJ → KBr → KCl. In gleicher Weise ändert sich die Oberflächenspannung σ der Kristalle. Der Einsatz der Keimbildung ist gegeben durch folgende Beziehung

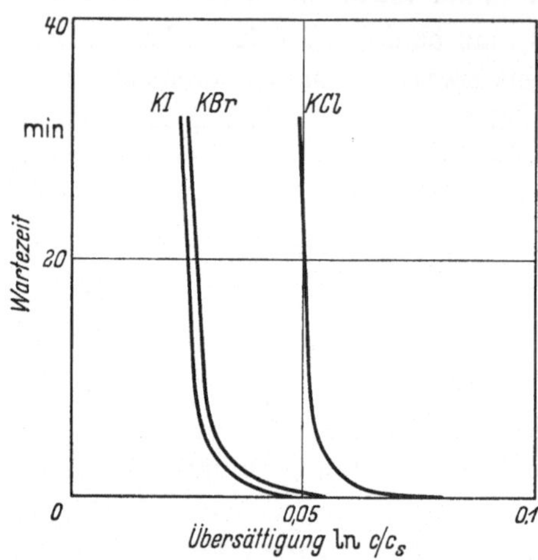

Abb. 22. Keimbildungsgeschwindigkeit von KCl, KBr und KI in der wäßrigen Lösung (nach AMSLER[1])

$$\ln\left(\frac{c}{c_s}\right) = \frac{M}{\varrho}\sqrt{\frac{(\sigma_1 - \sigma_2)^3}{T^3}}\sqrt{32\frac{N}{R^3}}\,, \tag{83}$$

wobei σ_1 die Oberflächenspannung des Kristalls gegen Vakuum und σ_2 die Oberflächenspannung der Lösung gegen den Kristall ist. Zur Prüfung dieses Zusammenhanges wurde die Keimbildung von KCl in einer Mischung von Wasser und Alkohol gemessen. Da σ_2 durch den Alkoholzusatz gegenüber dem Wert für reines Wasser verkleinert wurde, hat man eine weitere Verschiebung der Keimgrenze erwartet, was auch eintritt.

Von anderen Salzen wurden Lösungen von Alaun $KAl(SO_4)_2 \cdot 12H_2O$[2] und $KClO_3$[3] untersucht. In beiden Fällen wurde dasselbe Verhalten wie bei den Kaliumsalzen beobachtet. Man kann demnach sagen, daß die Keimbildungstheorie auch hier zumindest in großen Zügen ihre Geltung behält.

---

[1] AMSLER, J.: Helv. Phys. Acta **15**, 699 (1942).
[2] NEUMANN, K. und A. MIESS: Ann. Physik **41**, 319 (1942).
[3] STAUFF, J.: Z. phys. Chem. **A187**, 107 (1940).

Keimbildung wird in einem hohen Maße durch Verunreinigungen beeinflußt. Unlösliche Verunreinigungen können als Keimembryonen wirken und dadurch die Keimbildungszahl erhöhen. Die löslichen Verunreinigungen können die Oberflächenspannung an der Keimoberfläche erniedrigen, wodurch die Keimbildung erhöht wird. Bei gleichzeitiger Anwesenheit von löslichen und unlöslichen Verunreinigungen kann sowohl eine Erhöhung als auch eine Erniedrigung der Keimbildung eintreten.[1]

4.6 Keimbildung im festen Zustande [2–6]

Die Keimbildung im festen Zustande ist von Wichtigkeit bei den Strukturumwandlungen, die bei bestimmten Temperaturen in zahlreichen Kristallen auftreten, bei der Abscheidung der einzelnen Komponenten in den Mischkristallen mit beschränktem Löslichkeitsgebiet und schließlich bei der Rekristallisation von plastisch deformierten polykristallinen Metallen. Der Anfang in den erwähnten Prozessen erfordert Keimbildung. Ähnlich wie bei den bereits behandelten Fällen in kondensierten Systemen (Keimbildung in der Lösung und in der Schmelze) ist auch hier eine Keimbildungsarbeit erforderlich. Die Keimbildung wird aber hier durch verschiedene zusätzliche Faktoren beeinflußt. Als solche sind zu nennen: Gitterdefekte und eventuelle Strukturunterschiede, die mit Volumenänderungen verbunden sind, wodurch Spannungen und Deformationen verursacht werden. Man kann deshalb erwarten, daß eine Behandlung der Keimbildung im festen Zustande nur in einfachen Fällen und das auch nur unter stark vereinfachten Annahmen möglich ist. Anderseits ist das Problem der Keimbildung im festen Zustande von besonderer Wichtigkeit insbesondere bei Metallen und Legierungen, bei denen bekanntlich Umwandlungen zu drastischen Änderungen mancher Eigenschaften führen können.

Trotz der Kompliziertheit des Problems sind auf diesem Gebiet gewisse Fortschritte zu verzeichnen. Ein verhältnismäßig einfacher Fall der Keimbildung bei der Abscheidung einer Komponente aus einem metallischen Mischkristall mit beschränkter Löslichkeit wurde von Becker behandelt.[7] Es wurde ein binäres System mit einer vollkommenen Löslichkeit bei hohen Temperaturen und mit einer Löslichkeitslücke bei tiefen Temperaturen angenommen. Für kubische Kristallkeime ist die

---

[1] Kamenetzkaja, D. S.: Rost Kristallov, Bd. **1**, 33 (1957).
[2] Petersen, C.: Z. Metallk. **38**, 289 (1947).
[3] Burgers, W. G.: Z. Metallk. **41**, 2 (1950).
[4] Smoluchowski, R.: Ind. Eng. Chem. **44**, 1321 (1952).
[5] Burke, J. E. und D. Turnbull: Prog. Met. Phys. **3**, 220 (1952).
[6] Nielsen, J. P.: J. Metals **6**, 1084 (1954).
[7] Becker, R.: Ann. Phys. **32**, 128 (1938); Z. Metallk. **29**, 245 (1937); Proc. Phys. Soc. (London) **52**, 70 (1940).

Keimbildungsarbeit

$$A = -a^3 \Delta A + 6 a^2 \sigma \,, \tag{84}$$

wobei a = die Kantenlänge des Keimes und ΔA = die Volumenenergie des Keimes. Für $dA/da = 0$ ist

$$a_0 = \frac{4\sigma}{\Delta A} \tag{85}$$

und da die maximale Keimbildungsarbeit ein Drittel der Oberflächenenergie beträgt, so ist

$$A_0 = \frac{32\,\sigma^3}{(\Delta A)^2} \,. \tag{86}$$

Zur Berechnung von σ und ΔA ist die Kenntnis der freien Energie in Abhängigkeit von der Konzentration x und die Bindungsenergie U zwischen den Atomen beider Komponenten nötig. Dies vorausgesetzt ergibt sich für Komponente 2

$$\sigma = \frac{U\,(x - x_2)^2}{V^{2/3}} \,, \tag{87}$$

wobei V = Atomvolumen der Komponente 2, x = die Konzentration bei der Abscheidung und x_2 = die Konzentration im stabilen Gleichgewicht. Anderseits unter Bezugnahme auf Abb. 23 ist

$$\Delta A = A(x) - A(x_2) + \frac{dA}{dx}(x)_x\,(x_2 - x) \,. \tag{88}$$

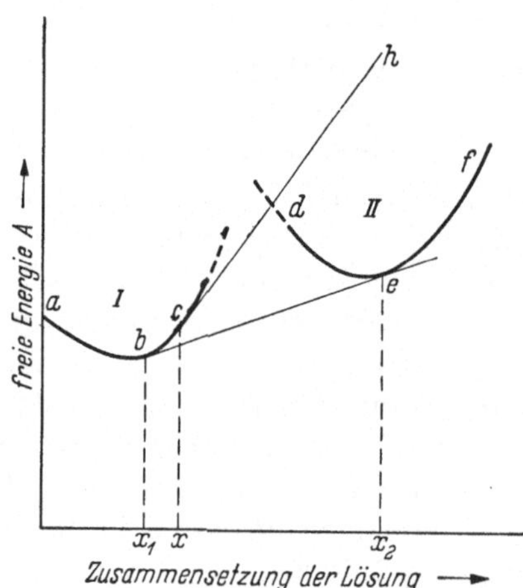

Abb. 23. Verlauf der freien Energie einer Lösung

Damit läßt sich A_0 berechnen, wobei $A(x)$ = freie Energie für die Konzentration x. Für einen kubischen Keim ist nach Becker

$$A_0 = \frac{32\,V^2 N^2 (x - x_2)^6}{(\Delta A)^2} \,. \tag{89}$$

Die Berechnung von Becker stimmt mit den experimentellen Ergebnissen, die an Au–Pt-Legierungen erhalten wurden, überein.[1]

Bei der Rekristallisation entstehen die Keime vorwiegend an den Stellen der höchsten Deformation. Die Häufigkeit der Keimbildung nimmt mit dem Grad der Deformation stark zu. Zur Zeit existieren zwei Annahmen über die Keimbildung bei der Rektistallisation. Die eine beruht auf der allgemeinen statistischen Theorie der Keimbildung[2]

[1] Johanssen, C. K. und G. Hagsten: Ann. Physik 28, 520 (1937).

[2] Burke, J. E. and D. Turnbull: Prog. Met. Phys. 3, 220 (52).

analog zur dampfförmigen und flüssigen Phase, die andere dagegen geht von bereits vorhandenen Kristallkeimen in deformierten Körnern aus (Blockhypothese).[1] Im ersten Fall ist die Keimbildung diurch die Gleichung (73) (S. 60) gegeben, nur die Keimbildungsenergie wird durch die Deformationsenergie modifiziert und zwar wird sie um das Quadrat der Deformationsenergie erniedrigt. Bei der Blockhypothese sind die Keime an den Stellen mit inhomogener Verformung lokalisiert, deren Zahl nicht ohne weiteres ermittelt werden kann.

Exakte experimentelle Prüfung der einzelnen Theorien ist wohl bei keiner der behandelten Arten der Keimbildung möglich, weil verschiedene Parameter nicht bestimmt werden können. Man beschränkt sich deshalb auf teilweise Prüfung wie z. B. die Bestimmung der kritischen Temperatur, bei der die Keimbildung einsetzt, wofür Abb. 22 ein Beispiel bei Keimbildung in wäßriger Lösung gibt.

Bei einer Phasenumwandlung wird die Keimbildung an Korngrenzen, freien Oberflächen oder an Fremdbeimengungen stattfinden. Außerdem wird der Prozeß durch die Volumenänderung kompliziert. Für die Phasenumwandlung in einem Idealkristall mit Volumenänderung hat NABARRO[2] berechnet, daß die günstigste Keimform scheibenförmig ist.

V. Kristallwachstum

Im vorhergehenden Abschnitt haben wir die Keimbildung als ersten Schritt im Aufbau eines Kristalls behandelt. Der nächste Schritt ist das Wachstum des Keimes. Um Keime beobachten zu können, müssen diese bereits gewisse Größe haben, d. h. ein Wachstum der Keime mußte stattgefunden haben. Der Wachstumsprozeß selbst wurde aber bei den bisherigen Betrachtungen nicht behandelt. Wir wenden uns nun diesem Problem zu.

Das Auffallende beim Wachstum der Kristallkeime ist die Bildung von ebenen Begrenzungsflächen. Sie treten aber nur unter günstigen Wachstumsbedingungen auf. Meist werden die Flächen infolge verschiedener Störungen unregelmäßig sein. Die Anzahl der Flächen ist nicht konstant und kann sogar bei derselben Kristallart verschieden sein. Sie hängt von der Ausgangsform des Kristalls, vom Wachstumszustand und von Wachstumsbedingungen ab. Ausgehend von einem kugelförmigen Keim können zunächst viele Kristallebenen auftreten, aber im Laufe des Wachstums werden die einzelnen in der Reihenfolge ihrer Wachstumsgeschwindigkeiten verschwinden und zum Schluß verbleiben nur die, die am langsamsten wachsen.

[1] BURGERS, W. G.: Report Solvay Congress 1951; Z. Elektrochem. **56**, 318 (1952).

[2] NABARRO, F. R. N.: Proc. Phys. Soc. (London) **52**, 90 (1940); Proc. Roy. Soc. (London) **A175**, 519 (1940).

5.1 Kristallwachstum aus der Dampfphase

Ähnlich wie bei der Keimbildung werden die Verhältnisse beim Kristallwachstum aus der Dampfphase am einfachsten sein. Wird ein Kristall auf der Temperatur T_1 und der Dampf auf T_2 gehalten, so wird bei kleiner Temperaturdifferenz $\varDelta T = T_2 - T_1$ die Wachstumsgeschwindigkeit des Kristalls in erster Näherung durch folgende Gleichung gegeben sein

$$v = \text{const}\,(T_2 - T_1)\,. \tag{90}$$

Durch mikroskopische Beobachtung kann die Wachstumsgeschwindigkeit v ermittelt werden. Solche Versuche wurden zuerst von Volmer und Schultze[1] an Jod-, Naphtalin- und Phosphor-Einkristallen durchgeführt. Nur beim Jod wurde ein linearer Zusammenhang zwischen v und $T_2 - T_1$ gefunden. Bei den beiden anderen Kristallen traten dagegen Abweichungen auf. In allen drei Fällen war aber die Kristallwachstumsgeschwindigkeit um rund drei Größenordnungen kleiner, als die nach der gaskinetischen Theorie berechnete. In neuerer Zeit wurde das Kristallwachstum an Hexamethylentetramin, $(CH_2)_6N_4$ studiert.[2] Das Wachstum wurde bei konstanter Temperatur und konstanter Übersättigung über mehrere Stunden hin beobachtet. Alle 15 Minuten wurden die Kristalle im Wachstumsofen photographiert und aus den Aufnahmen die Wachstumsgeschwindigkeit ermittelt. Die Temperaturdifferenz betrug 2° C, was nach der folgenden Gleichung

Abb. 24. Heramethylenkristall aus der Dampfphase (nach Honigmann und Heyer)

$$\frac{\varDelta p}{p} = \frac{\lambda\,\varDelta T}{R\,T^2} \tag{91}$$

einer Dampfübersättigung von 0,16 entspricht, wobei λ die molare Verdampfungswärme bedeutet. Die Kristalle waren mehrere mm groß. Trotz der konstant gehaltenen Temperatur wurden Unstetigkeiten im Wachstum beobachtet. Die Wachstumsgeschwindigkeit war für äquivalente kristallographische Flächen nicht dieselbe. Die beobachteten Schwankungen wurden vermutlich durch Gitterfehler oder Verunreinigungen verursacht. An Kaliumeinkristallen aus dem Dampf bei 59,5° C und bei einer Übersättigung von 10% wurde die Wachstumsgeschwindigkeit der (110)-Flächen zu 10^{-9} cm/sec beobachtet.[3] Ein schön ausgebildeter Kristall von Hexamethylentetramin ist in Abb. 24 wiedergegeben.

[1] Volmer, M. und W. Schultze: Z. phys. Chem. **156**, 1 (1931).
[2] Honigmann, B. und H. Heyer: Z. Krist. **106**, 199 (1955).
[3] Hock, F. und K. Neumann: Z. phys. Chem. N. F. **2**, 241 (1954).

Bei konstanter Temperatur und Unterkühlung wurde an Eiskristallen, die aus dem Dampf gebildet wurden, eine lineare Wachstumsgeschwindigkeit (~2 mm/Stunde) festgestellt, die aber sowohl von Kristall zu Kristall als auch von Fläche zu Fläche variierte. Eine plötzliche Änderung der Wachstumsgeschwindigkeit trat oft auf,[1] die wahrscheinlich durch das schnelle Wachstum verursacht wurde. Der Grad der Unterkühlung hat einen starken Einfluß auf die Form der Kristalle, wie man aus der nachstehenden Tabelle sieht.

Tabelle 34. *Formen der Eiskristalle*

Temperatur °C	Kristallform
0°— 3°	Dünne hexagonale Platten
— 3°— 5°	Nadeln
— 5°— 8°	Prismen mit Löchern
— 8°—12°	Dickere hexagonale Platten
—12°—16°	Dendride
—16°—25°	Dicke Platten
—25°—50°	Unregelmäßige Prismen

5.2 Kristallwachstum von nichtmetallischen Stoffen aus der Schmelze

In der Schmelze wechseln die Atome ihre Plätze dauernd, aber im Durchschnitt herrscht eine gewisse Nahordnung. Man kann kleine Gebiete als geordnete Domänen betrachten, deren Größe von der Natur der Schmelze und von der Temperatur abhängt. Das Kristallwachstum erfolgt aber nicht durch die Anlagerung der Domänen sondern der einzelnen Atome bzw. Moleküle an die zerklüftete Kristallisationsoberfläche,[2] so daß eine Bildung von zweidimensionalen Keimen nicht unbedingt notwendig ist.

Kristallwachstum aus der Schmelze wurde zuerst von Tammann[3] ausgiebig studiert. Es wurde die lineare Kristallisationsgeschwindigkeit an zahlreichen organischen Substanzen bestimmt. Dabei wurde die Verschiebung der Kristallisationsgrenze zwischen der festen und der flüssigen Phase in dünnen Glasröhrchen, die in ein Temperaturbad eingetaucht wurden, bei verschiedenen Unterkühlungen beobachtet. Die feste Phase war nicht monokristallin sondern bestand aus zahlreichen Kristallen mit mehr oder weniger bevorzugten Orientierungen. Die Tammannschen Ergebnisse können deshalb nicht auf das Wachstum der einzelnen Kristallflächen eines Einkristalls übertragen werden. Trotzdem sind sie sehr wichtig, denn sie haben einen wesentlichen Beitrag zu einem tieferen

[1] Mason, B. J.: Advances in Physics 7, 235 (1958).

[2] Jackson, K. A.: Growth and Perfection of Crystals p. 319 Proc. Intern. Conference on Crystal Growth at Cooperstown, N. Y.; New York Wiley and Sons 1958.

[3] Tammann, G.: Kristallisieren und Schmelzen. Leipzig: Barth 1903; Aggregatzustände. Leipzig: Barth 1922.

Verständnis des Kristallwachstums beigetragen. TAMMANN stellte fest, daß mit der Unterkühlung die Wachstumsgeschwindigkeit zuerst zunimmt, ein Maximum erreicht und dann wieder abnimmt. Der Verlauf ist also ähnlich wie bei der Keimbildungshäufigkeit. Der wesentliche Unterschied zwischen der Keimhäufigkeit und dem Kristallwachstum liegt darin, daß die Maxima der beiden Kurven bei verschiedenen Unterkühlungen liegen, wie man am Beispiel des Glyzerins (Schm.-Punkt 19,5° C) sieht[1] (Abb. 25). Für die Keimbildung liegt das Maximum bei —60° C und für das Wachstum bei —5° C. Bei vielen Substanzen liegen die beiden Maxima eng beieinander. Im Durchschnitt liegt das Maximum

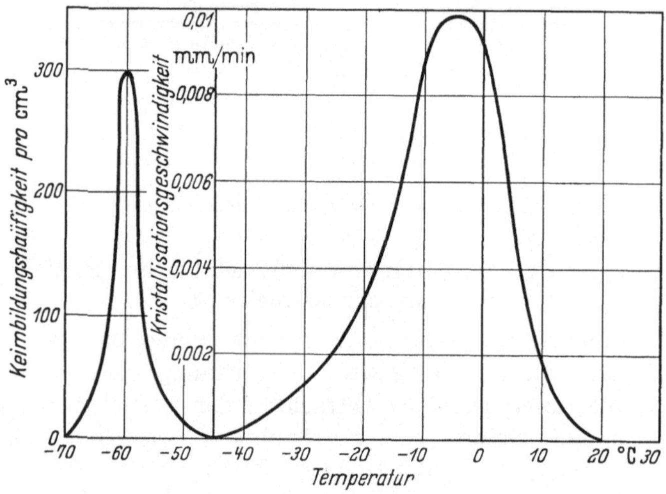

Abb. 25. Geschwindigkeit der Keimzahlbildung und der Kristallisation des Glycerins (nach TAMMANN und JENCKEL[1])

der Keimbildung von organischen Verbindungen bei etwa 90° C[2] unterhalb des Schmelzpunktes, dagegen das Maximum des Wachstums bei etwa 20 bis 30° C unterhalb des Schmelzpunkts. Wie weit die maximalen Wachstumsgeschwindigkeiten variieren können, sieht man aus

Tabelle 35. *Maximale relative Wachstumsgeschwindigkeiten.* (Nach TAMMANN)

Salol II* (Struktur unbekannt)	$HOC_6H_4COOC_6H_5$	1,0
Salol I† (rhombisch)	$HOC_6H_4COOC_6H_5$	3,46
Benzophenon (monoklinisch)	$(C_6H_5)_2CO$	2,4
Benzophenon (rhombisch)	$(C_6H_5)_2CO$	59,5
Eis I (hexagonal)	H_2O	6840
Phosphor	P	60000

* Schm.-Punkt 38,8° C.
† Schm.-Punkt 42,0° C.

[1] TAMMANN, G. und E. JENCKEL: Z. anorg. allgem. Chemie **193**, 76 (1930).
[2] TAMMANN, G.: Z. anorg. allgem. Chemie **181**, 408 (1929).

der Tab. 35. Neuere Untersuchungen über das Kristallwachstum nichtmetallischer Stoffe aus der Schmelze liegen nur am Selen vor.[1] Die Wachstumsgeschwindigkeit verläuft ähnlich wie bei den organischen Verbindungen. Zusätzlich wurde am Selen das Wachstum an einzelnen Kristallflächen beobachtet. Bei 147° C (Schm.-Punkt 221° C) war das Wachstum in der Richtung der hexagonalen Achse 52 mm/Stunde. Kristallisation der Wassertröpfchen wurde ausgiebig studiert und in der letzten Zeit darüber von MASON referiert.[2] Das wesentliche Ergebnis ist die statistische Verteilung der Gefriertemperatur mit drei Maxima bei —4° C, —11° C und —20° C[3] und ihre Abhängigkeit vom Volumen der

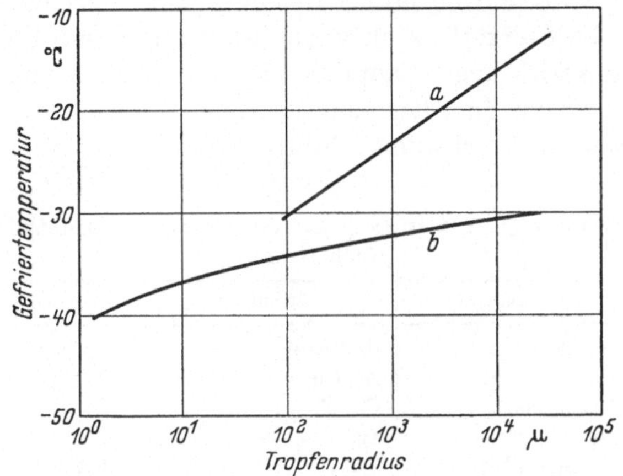

Abb. 26. Einfluß der Tropfengröße auf die Gefriertemperatur des Wassers; (a) heterogene, (b) homogene Keimbildung

Tröpfchen (Abb. 26), die sich nach BIGG[4] durch folgende Formel darstellen läßt

$$\log V = A - B\,T_u\,, \tag{92}$$

wobei V Volumen, T_u Unterkühlungstemperatur, A und B Konstanten sind. Die Abkühlungsgeschwindigkeit hat keinen Einfluß auf die Gefriertemperatur. An Schmelztropfen von NaCl unter dem Mikroskop wurde festgestellt, daß das Wachstum der Keime vorwiegend in der Diagonalrichtung der Würfelfläche stattfindet.[5]

5.2a Kristallwachstum von Metallen aus der Schmelze

Über das Kristallwachstum bei Metallen liegen zahlreiche Untersuchungen vor.[6] Insbesondere wurde hier das „*langsame*" und „*schnelle*" Wachstum ausgiebig untersucht. Im ersten Fall wird die Kristalli-

[1] BORELIUS, G.: Arkiv för Fysik **1**, 304 (1947).
[2] MASON, B. J.: Advances in Physics **7**, 221 (1958).
[3] RAU, W.: Z. Naturf. **8a**, 197 (1953).
[4] BIGG, E. K.: Proc. Phys. Soc. (London) **B66**, 688 (1953).
[5] GYULAI, Z.: Z. Krist. **91**, 142 (1935).
[6] CHALMERS, B.: Growth and Perfection of Cyrstals p-291.

sationswärme durch die feste Phase abgeleitet, während im zweiten Fall eine starke Unterkühlung der Schmelze auftritt, wodurch der Wärmeabfluß auch durch die Schmelze stattfindet (Dendridenbildung siehe S. 72). Für die Herstellung der Einkristalle kommt nur das langsame Wachstum in Frage. Da es aber zwischen dem langsamen und schnellen Wachstum keine scharfe Grenze gibt, so müssen beide Fälle beachtet werden.

Beim normalen Abkühlen der Schmelzen (z. B. beim Guß) sind die Kristallite meist orientiert. Die bevorzugte Orientierung normal zur Kaltfläche ist in der Tab. 36 für einige Metalle angegeben. Bevorzugte Orientierung wurde auch beim Züchten der Einkristalle aus der Schmelze ohne Keime beobachtet[1]. Zink kristallisiert mit (1000)-Fläche parallel zur Wachstumsrichtung. Cadmium dagegen zeigt keine bevorzugte Orientierung. Beim Zinn liegt die tetragonale Achse entweder parallel oder senkrecht zur Wachstumsrichtung.

Tabelle 36. *Orientierung der Kristallite beim Abkühlen.* (Nach BARRER[2])

Struktur	Metall	Orientierung
kubisch r. z.	β-Messing	[100]
kubisch f. z.	Al, Cu, Ag, Au, Pb	[100]
hexagonal	Cd, Zn	[0001]
rhomboedrisch	Bi	[111]
tetragonal	β-Sn	[110]

Der Einfluß des Temperaturgradienten und der Wachstumsgeschwindigkeit auf die Güte der Kristalle wurde von GOSS und WEINTRAUB[3] studiert. Etwa je 100 Kristallproben von Sn, Pb, Zn und Bi, 5 mm Durchmesser, 20—30 cm lang, wurden nach dem Horizontalverfahren (s. S. 265) hergestellt. Die Kristallisationsgeschwindigkeit wurde zwischen 0,2 und 30 mm/min und der Temperaturgradient zwischen 5 und 65° C/cm variiert. Die Ergebnisse wurden nach der prozentualen Verteilung der Einkristalle ausgewertet. Bei Sn und Pb wurden mehr Einkristalle bei kleiner und großer Geschwindigkeit als bei der mittleren erhalten. Bei Bi wurde dagegen kein Einfluß der Geschwindigkeit festgestellt. Bei Zn dagegen wurden nur bei kleinen Geschwindigkeiten Einkristalle erhalten. Ein Einfluß des Temperaturgradienten wurde nicht festgestellt, dagegen wurde die Orientierung durch die Geschwindigkeit beeinflußt. Die Ergebnisse dieser Untersuchung können nicht auf andere Kristalle oder andere Bedingungen übertragen werden.

---

[1] BRIDGMAN, P. W.: Proc. Natl. Acad. Sci. U. S. **58**, 166 (1923); **60**, 306 (1925).

[2] BARRER, R. M.: Diffusion in and through Solids, Cambridge University Press, London 1951.

[3] GOSS, A. J. und S. WEINTROUB: Proc. Phys. Soc. (London) **B65**, 561 (1952).

Einen Zusammenhang zwischen der Wachstumsgeschwindigkeit v und dem Temperaturgradienten G ($= dT/dl$ °C/cm) wurde bereits von ANDRADE und ROSCOE[1] angegeben. Danach ist

$$v = \frac{(1 + K_1/K_2)\,K_1}{L} \cdot G\,, \tag{93}$$

wobei K_1 bzw. K_2 die thermischen Leitfähigkeiten des Kristalls bzw. der Schmelze und L die Kristallisationswärme pro Volumen bedeuten. Diese Beziehung ist nur eine grobe Näherung. Sie gibt

$$v \cong 6\,G \text{ cm/Stunde}\,. \tag{94}$$

Experimentell wurde aber beim Horizontalverfahren gefunden, daß das günstige Verhältnis von v/G für Cd und Pb etwa 10mal kleiner ist. G wurde von 6 bis 35 °C/cm und v von 2,3 bis 11 cm/Stunde variiert. Kristalldurchmesser war 1,2 cm.

Ein Zusammenhang zwischen dem Temperaturgradienten G, der Wachstumsgeschwindigkeit v, und der Einkristallorientierung ist für Zn nach CINNAMON und MARTIN[2] in Abb. 27 dargestellt. Danach entsteht ein Einkristall von Zn nur im Bereich $v = (0{,}5$ bis $1{,}5)\,G$ cm/Stunde. Interessant ist, daß sich der Bereich mit der Abnahme der Neigung der (1000)-Fläche zur Wachstumsrichtung erweitert.

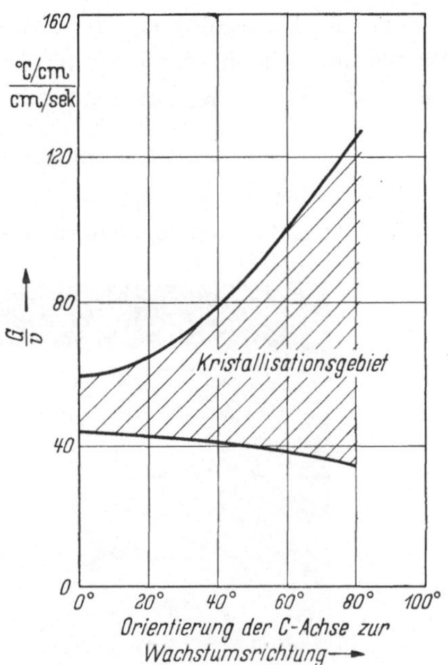

Abb. 27. Zusammenhang zwischen dem Verhältnis der Temperaturgradienten G zu der Kristallisationsgeschwindigkeit v und der Kristallorientierung beim Zink (nach CINNAMON und MARTIN[2])

Wie man sieht, zeigen die bisherigen Ergebnisse keine allgemein gültigen Gesetzmäßigkeiten, im Gegenteil, sie sind oft sogar widersprechend. Das liegt zum Teil daran, daß verschiedene Faktoren entweder nicht berücksichtigt oder nur schwer erfaßt werden konnten. So wurde z. B. der Einfluß des Kristalldurchmessers und der Tiegelwände nicht untersucht. Ebenso wurde der Temperaturgradient nur in der Wachstumsrichtung (axial) aber nicht senkrecht dazu (radial) untersucht.

Einen gewissen Aufschluß über das bevorzugte Wachstum geben die Untersuchungen von CHALMERS und seinen Mitarbeitern über die Doppel-

[1] DA C. ANDRADE, E. N. und R. ROSCOE: Proc. Phys. Soc. (London) **49**, 152 (1937).

[2] CINNAMON, A. und A. B. MARTIN: J. Appl. Phys. **11**, 487 (1940).

kristalle („*bicrystals*").[1] Die Methode von CHALMERS beruht darauf, daß die Kristallisation an zwei oder mehr Keimen gleichzeitig erfolgt, die sich im Kontakt befinden aber verschiedene Orientierung haben. Die Grenze zwischen den beiden Kristallen verschiebt sich nach der Seite des Kristalls, der eine kleinere Wachstumsgeschwindigkeit hat. Nach den bisherigen Ergebnissen zeigen Metalle bevorzugtes Wachstum in folgender Richtung: kubisch flächenzentriert [100], hexagonal dichtest gepackt [1010], raumzentriert tetragonal (Sn) [110].

Schnelle Unterkühlung der Schmelze zeigt besondere Arten des Wachstums, die man vielleicht als Anomalien bezeichnen kann. Als solche sind Dendride, Lamellen und Streifung zu nennen.

5.22 Das anomale Kristallwachstum

Bei schneller Abkühlung und starker Unterkühlung der Schmelze oder der Lösung entstehen sogenannte Dendride. Die Struktur der Dendride

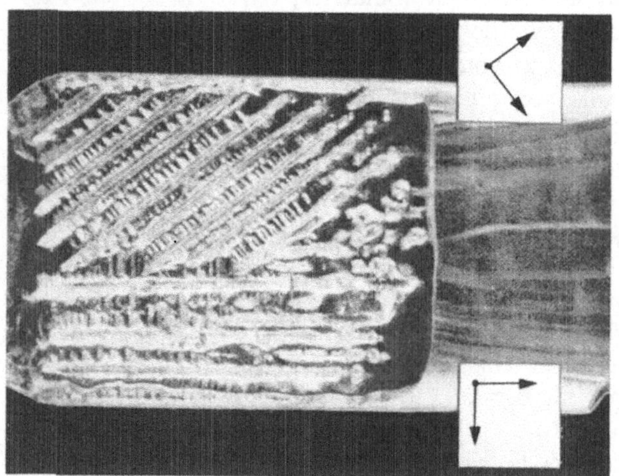

Abb. 28. Dendridenorientierung in einem Doppelkristall von Blei. Pfeile zeigen [100]-Orientierung (nach WEINBERG und CHALMERS[3])

zeigt primäre (Äste) und sekundäre (Zweige) Komponenten mit weiteren Verzweigungen deren Dicke 10^{-3} bis 10^{-4} mm betragen kann. Das Wachstum der Dendride erfolgt sehr schnell und zwar derart, daß meistens zuerst die Äste und dann die Zweige gebildet werden. Der Abstand der Äste nimmt mit der Unterkühlung zu.[2] Die Richtung der Dendride ist an die Kristallorientierung gebunden; sie ist z. B. in Pb in [100]-Richtung und unabhängig von der Richtung des Temperaturgradienten.[3] (Abb. 28). Obwohl die Enden der Dendride bei visueller

[1] CHALMERS, B.: Proc. Roy. Soc. (London) **A162**, 120 (1937); **A175**, 100 (1940); **A196**, 64 (1949).

[2] WEINBERG, F. und B. CHALMERS: Canad. J. Phys. **30**, 488 (1952).

[3] WEINBERG, F. und B. CHALMERS: Canad. J. Phys. **29**, 382 (1951).

Beobachtung spitz aussehen, sind sie bei stärkerer Vergrößerung abgerundet (Abb. 29). Durch Zusatz von Agar-Agar zu den wäßrigen Lösungen von NH_4Cl, KCl und NaCl wird die Dendridbildung infolge der Viskositätserhöhung verstärkt, durch Zusatz von Fe^{3+}, Ni^{2+} und CO^{2+} infolge der Adsorption an Kristalloberflächen erniedrigt.[1]

Mit der Theorie des dendridischen Wachstums haben sich VOGEL,[2] PAPAPETROU[3] und WEINBERG und CHALMERS[4, 5] beschäftigt. Bisher ist aber nur eine qualitative Erklärung erzielt.

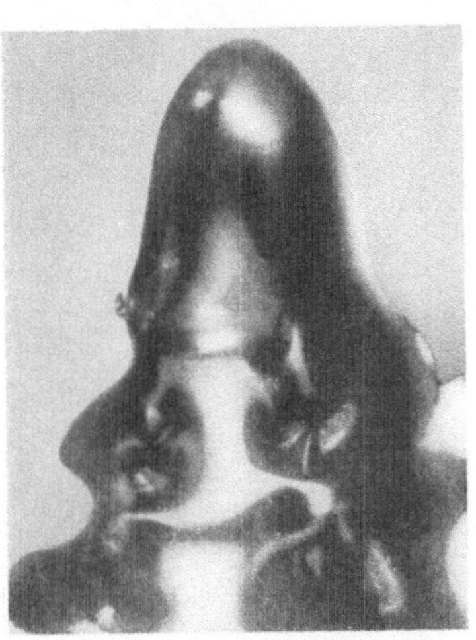

Abb. 29. Dendridspitze eines Kupfer-Kristalls bei starker Vergrößerung (350×) (nach GRAF[12])

Lamellenbildung wurde an Oberflächen von Kristallen die aus dem Dampf[6, 7], aus der Lösung[8], [9–11] oder aus der Schmelze[12–14] hergestellt wurden, öfters beobachtet. Ebenso wie Dendride entstehen die Lamellen bei rascher Unterkühlung weit vom Phasengleichgewicht entfernt. Die Stufenhöhe der Lamellen beträgt 10^{-5} bis 10^{-4} mm. Ein Beispiel der Lamellenstruktur ist in Abb. 30 gegeben. Die Lamellenbildung tritt unabhängig von den Bindungskräften in allen Kristallsystemen auf. Nach GRAF entsteht die Lamellenstruktur dadurch, daß ein kugelförmiger Keim nur bis zu einer bestimmten Größe wachsen kann, die vom Verhältnis der Grenzflächenspannung zur Schubfestigkeit abhängt. Nach dem Erreichen dieser kritischen Größe geht er in eine Lamelle oder einen Dendriden über. GRAF setzt die kritische Dicke

$$d = \frac{\sigma}{S}, \qquad (95)$$

---

1 TILMANS, YU. YA.: Zhur. Ob. Chem. **22**, 384 (1952).
2 VOGEL, R.: Z. anorg. Chem. **116**, 21 (1921).
3 PAPAPETROU. A.: Z. Krist. **92**, 89 (1935).
4 Siehe Anm. 2 auf S. 72.
5 Siehe Anm. 3 auf S. 72.
6 VOLMER, M.: Z. Physik **5**, 31 (1921); **9**, 193 (1922).
7 STRAUMANIS, M.: Z. phys. Chem. **B13**, 316 (1931).
8 GYNLAI, Z.: Z. Krist. **91**, 142 (1935).
9 BUNN, C. W. und H. EMMET: Discussions Faraday Soc. No. 5, 119 (1949).
10 VOLMER, M.: Z. phys. Chem. **102**, 267 (1922).
11 VOLMER, M. und T. ERDEY-CRUZ: Z. phys. Chem. **A157**, 155 (1935).
12 GRAF, L.: Z. Metallk. **42**, 336 (1951); **45**, 36 (1954).
13 ELBAUM, C. und B. CHALMERS: Canad. J. Phys. **33**, 196 (1955).
14 BILLIG, E.: Proc. Roy. Soc. (London) **A229**, 346 (1955).

wobei σ die Grenzflächenspannung und S die kritische Schubfestigkeit des Kristalls am Schmelzpunkt ist. Für Gold erhält er

$$d = 200\ \mathrm{dyn/cm} : 2 \cdot 10^3\ \mathrm{dyn/cm^2} = 10^{-4}\ \mathrm{cm}\,. \tag{96}$$

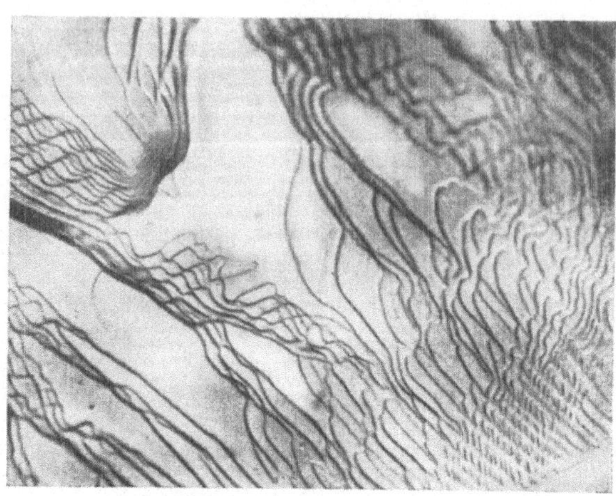

Abb. 30. Lamellenstruktur einer Kristalloberfläche von Gold (nach GRAF). Vergrößerung 1500×

Beim Wachstum der Lamellen aus Lösungen wird sowohl σ als auch S erhöht, so daß die Dicke der Lamellen unverändert bleibt. Bei Kristallen mit hoher Symmetrie (kubisch) treten bei rascher Abkühlung

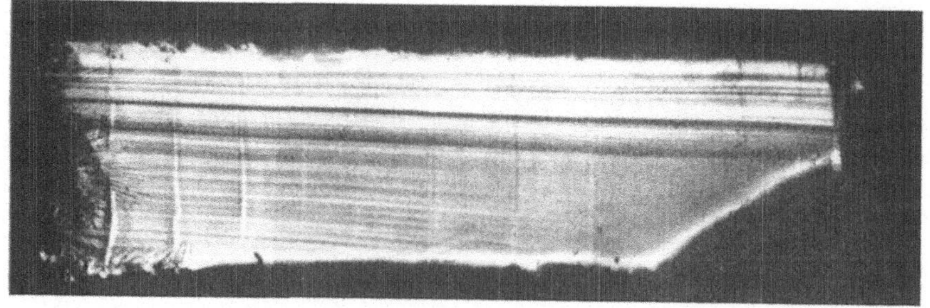

Abb. 31. Streifenstruktur eines Zinn-Kristalls (nach TEGHTSOONIAN und CHALMERS[1])

zunächst Dendride auf und erst nach deren Zusammenwachsen werden Lamellen gebildet. Die Dicke der Lamellen nimmt mit der Wachstumsgeschwindigkeit ab. Das lamellare Kristallwachstum bei Pb, Al, und Cu-Legierungen und der Zusammenhang mit Versetzungen wurde von TILLER untersucht.[2]

Streifung und Mosaikstruktur wird eigentlich an allen größeren Kristallen beobachtet. Beide Strukturen repräsentieren einen und denselben

[1] Siehe Anm. 1 auf S. 75.

[2] TILLER, W. A.: J. Appl. Phys. 29, 611 (1958).

Effekt. An der Oberfläche eines Kristalls wird (parallel zur Wachstumsrichtung) Streifung, senkrecht dazu die Mosaikstruktur beobachtet. Der Kristall kann als ein Bündel von langen Prismen aufgefaßt werden. Die Orientierung der Einzelblöcke kann bis zu einigen Grad voneinander abweichen. Streifungsdichte nimmt mit der Konzentration von Verunreinigungen und mit der Wachstumsgeschwindigkeit zu, dagegen mit dem Temperaturgradienten ab.[1] Ein Beispiel der Streifenstruktur ist in Abb. 31 und ein anderes der Mosaikstruktur in Abb. 32 wiedergegeben. Streifung wurde sowohl am natürlichen als auch an synthetischen Quarzkristallen beobachtet.[3]

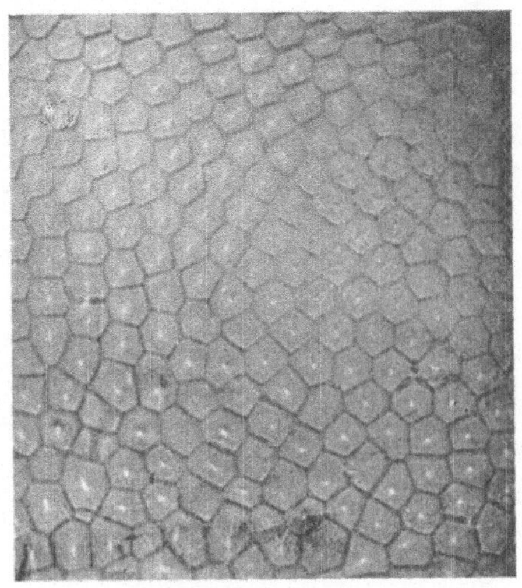

Abb. 32. Mosaikstruktur eines Zinn-Kristalls (X 235) (nach RUTTER und CHALMERS[2])

Von dieser mikroskopischen Streifung muß die makroskopische unterschieden werden, bei der zwei oder mehrere Einkristalle mit grober Mißorientierung zusammengewachsen sind. Dieses Fehlwachstum kann verschiedene Ursachen haben. Wie es eliminiert werden kann, wird bei der Besprechung der praktischen Züchtungsmethoden behandelt.

5.3 Kristallwachstum aus der Lösung

Die Ausbildung der Kristallflächen beim Wachstum aus der Schmelze ist sehr beschränkt, da die Formgebung stark durch den Temperaturgradienten beeinflußt wird. Viel günstigere Verhältnisse herrschen dagegen beim Wachstum der Kristalle aus der Lösung. Hier kommt die Ausbildung der einzelnen Flächen voll zum Vorschein.

Sowohl beim Aufbau als auch beim Abbau ist die Anzahl der möglichen Kristallflächen im Prinzip unbeschränkt. An einem fertigen Kristall wird aber nur eine kleine Zahl von Kristallflächen beobachtet. Die Auswahl der Flächen ist durch die Verschiedenheit der Wachstums- bzw. Auflösungsgeschwindigkeit bestimmt.[4] Die Auf- bzw. Abbaufläche ist

---

[1] TEGHTSOONIAN, E. und B. CHALMERS: Canadian J. Phys. **29**, 370 (1951); **30**, 388 (1952).

[2] RUTTER, I. W. und B. CHALMERS: Canad. Journ. Phys. **31**, 15 (1953).

[3] VAN PRAAGH, G. und B. T. M. WILLIS: Nature **169**, 623 (1952).

[4] JOHNSEN, A.: Vortrag in der Versammlung der Naturforscher und Ärzte, Königsberg 1910.

aber nicht kontinuierlich[1, 2], sondern diskontinuierlich[3–5], wie durch Untersuchungen an Kristallkugeln nachgewiesen wurde. Am Anfang des Auf- bzw. Abbaus einer Kugel werden zuerst viele Flächen („*Zwischenform*") zum Vorschein kommen, die mehr und mehr verschwinden bis am Schluß nur eine Art der Flächen verbleibt („*Endform*"). Infolge des Vorhandenseins vieler Flächen bei der Zwischenform wird oft der Eindruck erweckt als ob die Flächen kontinuierlich gekrümmt wären. In Wirklichkeit hat man es immer mit Stufen zu tun. Nach Untersuchung enan Kugeln aus Alaunen[4, 6], NaCl-[7–9], KCl-, KBr- und KJ-Kristallen[10] entstehen sowohl beim Wachsen als auch bei der Auflösung nur verhältnismäßig wenige Flächen der Endform.[11] Die relative Wachstumsgeschwindigkeit der einzelnen Flächen für Alaune ist in der Tab. 37 und für NaCl in Tab. 38 wiedergegeben.

Tabelle 37. *Relative Wachstumsgeschwindigkeiten für verschiedene Kristallflächen.* (Nach SPANGENBERG[4]) *(Temperatur 29° bzw. 30° C, Übersättigung 0,5%, Konvexkugeln)*

	(111)	(110)	(100)	(112)	(012)
KAl-Alaun	1,0	4,8	5,3	11,0	27,0
KCr-Alaun	1,0	4,3	9,2	17,9	34,7
NH_4Al-Alaun	1,0	1,9	1,8	3,2	5,1

Man sieht, daß bei Alaunen das Wachstum der (111)- und bei NaCl das der (100)-Flächen am langsamsten ist. Sind beim NaCl außer (100) noch andere Flächen vorhanden, so wächst die (100)-Fläche entweder gar nicht oder erst bei einer größeren Übersättigung. Daraus folgt, daß das Wachstum einzelner Flächen voneinander abhängig ist. Im übrigen verhalten sich die einzelnen Kristalle individuell verschieden. So scheint z. B. beim KCl die Oktaederfläche die stabile Endform zu sein, während bei anderen Alkalihalogenidkristallen die Würfelfläche am stabilsten ist. Anderseits werden bei KBr im Wachstumstadium keine Oktaederflächen beobachtet.

Kristalle ohne Symmetriezentrum (K- und NH_4-Tartrat) zeigen verschiedene Wachstumsgeschwindigkeit an Parallelflächen, die an beiden

[1] BECKE, F.: Tscherm. Mitt. **11**, 411 (1890).
[2] GROSS, R.: Abhl, Sächs. Gesell. Wiss. Math.-Phys. Kl. **35**, 135 (1918).
[3] VALETON, J. J. P.: Z. Krist. **59**, 159 (1924).
[4] SPANGENBERG, K.: Z. Krist. **61**, 189 (1924/25).
[5] GROSS, N.: Z. Krist. **57**, 145 (1922).
[6] ARTEMJEV, D. N.: Z. Krist. **48**, 423 (1917).
[7] SCHNORR, W.: Z. Krist. **68**, 1 (1928).
[8] NEUHAUS, A.: Z. Krist. **68**, 10 (1928).
[19] ERNST, E.: Z. Krist. **96**, 38 (1937).
[1)] MORGENSTERN, H.: Z. Krist. **100**, 221 (1938).
[11] SPANGENBERG, K.: Handwörterbuch der Naturwissenschaften **10**, 362. Jena: Fischer 1934.

Enden der Symmetrieachse liegen, was nur durch einen Unterschied in der Polarisation und nicht in der Atomanordnung erklärt werden kann[1]. Ein konstantes Verhältnis der Wachstumsgeschwindigkeiten der einzelnen Flächen bei Bildung der Doppelsalze ($Mg(NH_4)_2(SO_4)_2 \cdot 6\,H_2O$, $Fe(NH_4)_2(SO_4)_2 \cdot 6\,H_2O$), $MgK_2(SO_4)_2 \cdot 6\,H_2O$) wird nicht erhalten.[3]

Tabelle 38. *Wachstumsgeschwindigkeiten für verschiedene Kristallflächen in μ/Tag für NaCl.* (Nach NEUHAUS[2])

Übersättigung in Relativeinheiten	(100)	(111)	(210)	(110)	Ausgangsform
1	0	36	51	98	
2	0	82	188	335	4 Kristallflächen
3	0	81	162	243	
1	0	47	—	—	
2	5,6	113	—	—	2 Kristallflächen
3	10	101	—	—	
1	0	—	—	—	
2	6,7	—	—	—	1 Kristallfläche
3	12,5	—	—	—	

5.31 Das anomale Kristallwachstum aus der Lösung

Schnelle Kristallisation aus Lösungen führt ähnlich wie bei der schnellen Abkühlung der Metalle zur Ausbildung von Lamellen, die in ihrer Dicke stark variieren. Sie werden an Tropfen unter dem Mikroskop beobachtet.[4] Die Lamellen breiten sich normalerweise konzentrisch von innen nach außen aus. Oft nimmt die Dicke im Laufe der Ausbreitung zu (z. B. NaCl, KH_2PO_4). Ob die Bildung von Lamellen auch an Kanten oder Ecken anfangen kann, ist nicht sicher, da sie erst im späteren Stadium beobachtbar sind. Die Ausbreitungsgeschwindigkeit ist bei dünnen Lamellen größer als bei dicken. Sie erreicht Geschwindigkeiten von mehreren cm/Stunde. Dicke Lamellen werden nur an Ionenkristallen und solchen mit polaren Gruppen beobachtet. An nichtpolaren Kristallen treten nur dünne Lamellen auf. Die dünnsten Lamellen können Dicken von einigen Molekülen erreichen, wie es beim m-Toluidin festgestellt wurde[5, 6]. Anderseits können sie Dicken von 10^{-4} cm haben. Die Dicke der Lamellen wird auch durch verschiedene äußere Faktoren, wie Unterkühlung, Lösungsmittel und Fremdzusätze stark beeinflußt. Mit der Unterkühlung und damit mit der Wachstumsgeschwindigkeit nimmt die Dicke zu. Der Einfluß des Lösungsmittels (Wasser, Alkohol

---

1 BENTIVOGLIO, M.: Proc. Roy. Soc. **A115**, 59 (1927).
2 NEUHAUS, A.: Z. Krist. **68**, 1 (1928).
3 VOLMER, M. und W. SCHULTZE: Z. phys. Chem. **156**, 1 (1931).
4 STRAUMANIS, M.: Z. phys. Chem. **B 13**, 316 (1931).
5 MARCELIN, R.: Ann. phys. **10**, 185 (1918).
6 KOWARSKI, L.: J. chim. phys. **32**, 303, 395, 469 (1935).

und Gemisch der beiden) wurde an CdJ_2, KH_2PO_4, Natriumformiat, Harnstoff, Acetamid, Pyrokatechol und Chloramin studiert (Tab. 39).

Tabelle 39. *Einfluß der Fremdzusätze auf die Lamellendicke von NaCl, kristallisiert aus wäßriger Lösung.* (Nach BUNN und EMMETT[1])

Verminderung:	$Pb(NO_3)_2$	0,05%	(Konzentration, bei der keine Lamellen entdeckt wurden)
	$Pb(Cl_2)_2$	0,05	
	$Bi(NO_3)_3$	0,1	
	$BiCl_3$	0,1	
	$MnCl_2$	2,0	
	$CdCl_2$	0,02	
	$SrCl_2$	2,0	
	$SnCl_2$	2,0	
Erhöhung:	$CaCl_2$	Na_3SbO_3	
Kein Effekt:	HCl	$MgCl_2$	
	Na_2SO_4	$ZnCl_2$	
	$NiCl_2$	$FeCl_3$	
	$CoCl_2$	LiCl	
	$SbCl_3$	$PtCl_4$	
	$Al(NO_3)_3$	$HgCl_3$	
	$BaCl_2$	$Ce(NO_3)_2$	

An folgenden Kristallen wurden keine Lamellen beobachtet[1]: $NaNO_3$, $NaJO_3$, NaF, $NaBrO_3$, $NaNO_2$, KNO_3, KNO_2, $KClO_3$, $K_2Cr_2O_7$, KSCN, $KClO_4$, $K_2S_2O_8$, LiCl, $ZnSO_4 \cdot 7\,H_2O$, $MgSO_4 \cdot 7\,H_2O$, $(NH_4)_2SO_4$, $CaSO_4 \cdot 2\,H_2O$, $PbCl_2$, $AgSO_4$, Li_2CO_3, $Ba(OH)_2$ und mehrere andere.

Aus dieser Zusammenstellung kann man keinen Zusammenhang zwischen der Struktur oder der chemischen Natur und der Lamellenbildung entnehmen. Der einzige Faktor vom allgemeinen Einfluß scheint die Löslichkeit zu sein. Lamellen treten vorwiegend an Kristallen mit mittlerer oder hoher Löslichkeit auf.

Der Prozeß der Lamellenbildung aus der Lösung hängt einerseits mit der Lamellenbildung aus der Schmelze und anderseits mit den Versetzungen[2] zusammen. Ihre Deutung ist aber erschwert, da die Experimente unter verhältnismäßig rohen Bedingungen durchgeführt wurden. Es wurden weder Temperaturen noch Übersättigungen noch Temperaturgradienten bestimmt, die bei der Kristallisation eine wesentliche Rolle spielen.

Die Verteilung der Konzentration der Lösung um den wachsenden Kristall herum wurde an $NaClO_3$ interferometrisch untersucht.[3] Es wurde gefunden, daß die Konzentration nicht homogen verteilt, sondern an den Ecken des Kristalls am größten war. Trotzdem verbleiben die wachsenden Flächen eben. Es muß deshalb ein Transport der gelösten

[1] BUNN, C. W. und H. EMMETT: Discussions Faraday Soc. No. 5, 119 (1949).
[2] FRANK, F. C.: Discussions Faraday Soc. No. 5, 48 (1949).
[3] BERG, W. F.: Proc. Roy. Soc. **A164**, 79 (1938).

Bausteine durch Konvektion oder Diffusion stattfinden.[1] Das Wachstum ist nicht gleichmäßig und verschiedene Flächen von derselben Art verhalten sich individuell verschieden. Es tritt oft eine unkontrollierbare Beschleunigung oder Verzögerung des Wachstums auf, was darauf hinweist, daß nicht alle Parameter bei den Versuchsbedingungen erfaßt sind. Verbesserte interferometrische Untersuchung des Wachstums an Kristallen von Natriumthiosulphatpentahydrat ($Na_2S_2O_3 \cdot 5\,H_2O$) (monoklinisch[2]) aus wäßriger Lösung zeigte, daß eine Änderung der Wachstumsgeschwindigkeit mit der Oberflächengüte verbunden ist. Je regelmäßiger eine Fläche ist, um so kleiner die Wachstumsgeschwindigkeit und umgekehrt. Kein Zusammenhang der Wachstumsgeschwindigkeit mit der Verteilung der Konzentration wurde gefunden. Diese Sachlage zeigt, daß die Untersuchung des Wachstums in Abhängigkeit von der Konzentration der Lösung sehr kompliziert ist. Man muß eventuell Oberflächenwanderung, Adsorptionsschichten und Diffusion berücksichtigen, die nur sehr schwer kontrolliert werden können. Elektrische Aufladung der Kristalle von 10 bis 1000 Volt wurde bei der Kristallisation von Pentaerythrit aus wäßriger Lösung beobachtet.[3] Beim Wachsen sind die Kristalle negativ und beim Auflösen positiv geladen. Die Spannung ist proportional der Kristallgröße. Die Natur der Aufladung ist noch ungeklärt. Es kann sich um Dipole der Kristalle oder um Raumladung der Doppelschicht zwischen Kristall und Lösung handeln.

Eine besondere Art der Kristallbildung zeigen die hochmolekularen organischen Verbindungen, deren Moleküllänge einige Tausend Ångstrom beträgt. Bei diesen großen Molekülen nur gewisse Teile sind kristallisiert und der Rest bleibt amorph. Man kann diesen Zustand so auffassen, als wenn kristalline Teile der Moleküle (Sphärulite) in die amorphe Masse eingebettet wären.[4]

5.4 Trachtenbildung (Entstehen verschiedener Kristallformen)

Sowohl beim Auf- als auch beim Ab-Bau der Kristalle wurde die Außenform meist in Lösungen untersucht[5]. Das Lösungsmittel selbst hat bei Ionenkristallen kaum einen Einfluß, ausgenommen vielleicht Fluoride.[6] Bei organischen Kristallen wurde dagegen ein Einfluß des Lösungsmittels öfters beobachtet. So z. B. kristallisiert Pentaerythrit, $C(CH_2OH)_4$, aus der Wasserlösung in tetragonalen Doppelpyramiden und

---

[1] BUNN, C. W.: Discussions Faraday Soc. No. 5, 132 (1949).

[2] KONEGER, G. C. und C. W. MILLER: J. Chem. Phys. **21**, 2018 (1953).

[3] KRAUSE, B. und M. RENNINGER: Naturw. **40**, 52 (1953).

[4] MANDELKERN, L.: Growth and Perfection of Crystals, New York: Wiley and Sons 1958, S. 467.

[5] HONIGMANN, B.: Gleichgewichts- und Wachstumsformen von Kristallen, Darmstadt: Steinkopff 1958.

[6] WELLS, A. F.: Phil. Mag. [7] **37**, 184 (1946).

aus Aceton in Platten.[1] In manchen Fällen genügt schon eine Änderung der pL-Konzentration, um die Kristallisation zu ändern.[2] Durch den Grad der Übersättigung kann die Wachstumsgeschwindigkeit der einzelnen Flächen und damit die äußere Form des Kristalls in manchen Fällen geändert werden. So z. B. zeigen Seignette-Salz und Alaune die einfachste Form bei kleiner und großer Übersättigung der Lösung.[3]

Meistens wurde aber der Einfluß von Zusätzen zu den Lösungen untersucht. Als solche kommen in Frage sowohl anorganische als auch organische Verbindungen. Eine allgemeine Beziehung zwischen der Struktur des Kristalls und seinem Modifikator ist bis jetzt nicht gefunden worden. Die Konzentration der Zusätze variiert in weiten Grenzen von 1 bis 10^{-5}. Im allgemeinen sind die organischen Modifikatoren schon in sehr kleinen Konzentrationen wirksam. Der klassische Modifikator ist der Harnstoff, $CO(NH_2)_2$, durch dessen Zusatz Steinsalzkristalle oktaedrische statt kubische Form annehmen.[4, 5] Dagegen kristallisiert NaCl aus einer Lösung mit Glykokoll (CH_2NH_2COOH) in Form von Rhombendodekaeder.[6, 7] Anderseits kristallisiert Alaun aus alkalischer Lösung in Würfelform, dagegen aus neutraler Lösung als Oktaeder.[8] Auch Zusätze, die Mischkristalle bilden, können die Tracht beeinflussen. So z. B. wird die Würfelform von $NaClO_3$ durch Zusatz von $NaClO_4$ in die Tetraederform umgewandelt.[9] In einer umfangreichen Untersuchung an LiF, NaF, NaCl, KCl, KBr und KJ zeigte Frondel,[10] daß von 112 untersuchten Farbstoffen nur einige wenige an (111)-Flächen, die meisten aber an (100)-Flächen adsorbiert wurden. Die Natur der Adsorption konnte nicht erklärt werden. Eine Trachtmodifikation wurde nur in wenigen Fällen festgestellt. An 143 organischen und anorganischen Zusätzen zur NaF-Lösung wurde festgestellt, daß Verbindungen mit der OH-Gruppe dadurch die Tracht von NaF modifizieren, daß OH- den Platz von F-Ionen einnehmen, wodurch Oktaeder entstehen. Anderseits bei Verbindungen, die Doppelsalze mit NaF bilden, eine Schicht aus diesen sich vorwiegend auf NaF-Flächen niederschlägt, deren Gitterparameter am besten denen der Schicht entsprechen.[11] Nach Buckley[1] sind alle großen Moleküle, die SO_3-Gruppe enthalten (mit wenigen Ausnahmen), Tracht-

[1] Buckley, H. E.: Mem. Proc. Manchester Lit. und Phil. Soc. **83**, 31 (1938/39).

[2] Siehe Anm. 6 auf S. 79.

[3] Beljustin, A. V. und V. F. Dvorjakin: Rost Kristallov **1**, 139 (1957).

[4] Siefert, N.: Taschenbuch 1780 nach Groth's, Chemische Kristallographie, Bd. I.

[5] Rome de Lisle, J. B.: Cristallographie, 2. Auf. **1**, 379 (1783).

[6] Rinne, F.: Das feinbauliche Wesen der Materie nach dem Vorbilde der Kristalle, Leipzig 1922.

[7] Seifert, H.: Z. Elektrochem. **56**, 331 (1952).

[8] Leblanc, N.: La Cristallotechnie 1802.

[9] von Hauer, C.: Verh. geol. Reichsanst. Wien **3**, 45; **4**, 57; **5**, 75; **6**, 90 (1877); **9**, 185; **10**, 162; **14**, 315 (1878); **11**, 181; **17**, 296 (1882).

[10] Frondel, C.: Am. Mineral. **25**, 91 (1940).

[11] Frondel, C.: Am. Mineral. **25**, 338 (1940).

modifikatoren. Wenn zwei oder mehr SO_3-Gruppen in einem Molekül sind, hängt die Wirkung von ihrer gegenseitigen Stellung ab. OH- und COO-Gruppen haben einen kleineren Effekt als SO_3. In einer Reihe von Arbeiten wurde Adsorption von Farbstoffen und Trachtänderung von Alaunen, Na-, Ba-, Pb- und $LiNO_3$; $NaBrO_3$, KCl, KBr, K_2SO_4, Na_2SO_4, Kupferacetat, Harnstoff, Citronensäure, Weinsäure u. a. von FRANCE[1] und Mitarbeitern studiert. Als ein wesentliches Ergebnis ist in Abb. 33 der Einfluß der Konzentration von Antrachinon-Grün, Diamin-Himmelblau und Oxamin-Blau auf das Verhältnis der Wachstumsgeschwindigkeiten der (100)- und (111)-Flächen von NH_4-Alaun wiedergegeben. Wie man sieht, nimmt bei allen 3 Farbstoffen das Verhältnis $v_{(100)}/v_{(111)}$ mit der Zunahme der Konzentration ab und zwar verschieden stark.

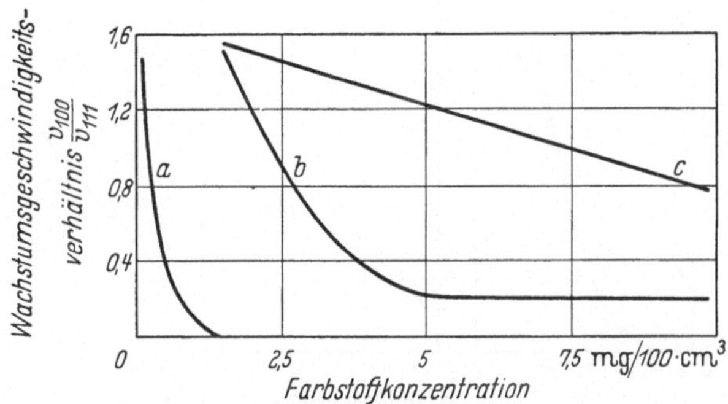

Abb. 33. Abhängigkeit der Wachstumsanisotropie des Ammoniumalaunkristalls von Zusätzen: (a) Oxamin-Blau; (b) Diamin-Himmelblau; (c) Antrachinon-Grün (nach FRANCE[1])

Teilweise Trachtänderung tritt an Steinsalzkristallen in der Lösung durch Temperaturschwankungen ($\Delta T = 0{,}1$, 2 und 5° C) auf.[2] Durch den periodischen Auf- und Abbau treten folgende Flächen zusätzlich auf, die in der Tab. 40 zusammengestellt sind.

Tabelle 40. *Trachtenänderung durch Temperaturschwankungen am NaCl.* (Nach HONIGMANN[2])

Ausgangsform	Zusatzflächen
(001)	(111), (012)
(011)	(001), (111)
(111)	(001), (012), (011)

Eine praktische Anwendung hat die Trachtmodifikation bei der Herstellung von Ammonium-Dihydrogen-Phosphat, $NH_4H_2PO_4$, (ADP) gefunden.[3] Die Normaltracht von ADP ist ein tetragonales Prisma mit je 4 (101)-Flächen an zwei Enden. Durch den Zusatz von Sn^{4}-, Cr^{3}-, Fe^{3}-, Ti^{4}-, Au^{3}-, Al^{3}- oder Be^{2}-Ionen wird das Wachstum der Prismenseiten gehemmt und das der beiden Enden gefördert. Man erhält eine Verlängerung des Prismas jedoch mit stetig abnehmenden Querschnitt

[1] FRANCE, W. G.: in „Colloid Chemistry", by J. Alexander, Bd. 5, S. 443.
[2] HONIGMANN, B.: Z. Elektrochem. **56**, 342 (1952).
[3] KOLB, H. J. und J. J. COMER: J. Am. Chem. Soc. **67**, 894 (1945).

(tapering off) (Abb. 34). Der Auslaufwinkel hängt sowohl von dem Modifikator als auch von der Konzentration ab. Ein ähnlicher Effekt wurde am Ammoniumoxalat-Monohydrat, $(NH_4)_2C_2O_4 \cdot H_2O$, beobachtet.[1]

Trotz zahlreicher Untersuchungen ist die Natur der Trachtenmodifikation noch ungeklärt.[2] Der wesentliche Grund liegt anscheinend darin, daß die meisten Modifikatoren große Moleküle mit komplizierter Struktur (organische Farbstoffe) sind. Es ist deshalb sehr schwer, einen Zusammenhang zwischen der Struktur des Kristalls und seines Modifikators aufzufinden. Man kann zur Zeit nur soviel annehmen, daß Modifikatoren entweder bereits in der Lösung Komplexe mit den Bausteinen des Kristalls bilden oder daß sie sich zeitweise oder dauernd an bestimmte Kristallflächen anlagern, wodurch das Wachstum mehr oder weniger

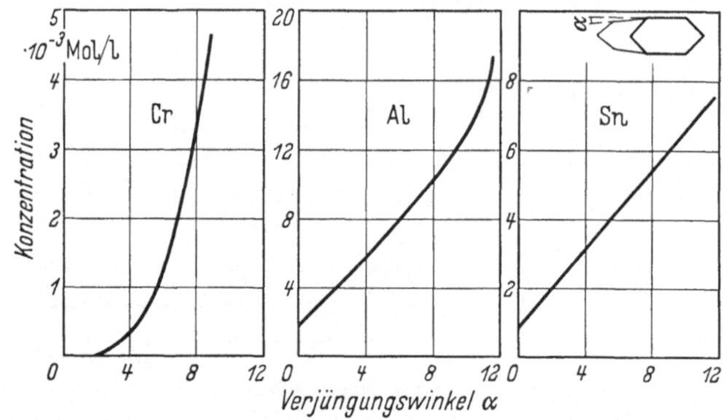

Abb. 34. Einfluß der Cr-, Al- und Sn-Ionen auf die Form der Ammoniumdiphosphatkristalle (nach COLB und COMER[3])

blockiert wird. Da die Blockierungsübersättigung viel kleiner als die Übersättigung für Oberflächenkeime ist, kann der Einfluß der Blockierung nach SEARS[4] nur beim Wachstum der Kristalle durch Spiralversetzungen beobachtet werden.

Eine Verzögerung sowohl des Wachstums als auch der Auflösung von Lithiumfluorid in Wasser zeigt Ferrichlorid in Konzentrationen 10^{-5} bis 10^{-6} molar.[5] Die starke Wirkung wird durch Adsorption an Ecken und Kanten des Kristalls erklärt.[6]

5.5 Epitaxie (Orientiertes Überwachsen)

Sehr oft ist es wünschenswert, Einkristalle von großer Oberfläche aber sehr kleiner Dicke zu haben. Durch Schneiden, Polieren oder Ätzen

---

1 KOLB, H. J. und J. J. COMER: J. Am. Chem. Soc. **68**, 719 (1946).
2 Siehe z. B. SEIFERT, H.: Z. Elektrochem. **56**, 331 (1952).
3 Siehe Anm. 3 auf S. 81.
4 SEARS, G. W.: J. Chem. Phys. **25**, 154 (1956).
5 GILMAN, J. J., W. G. JOHNSTON und G. W. SEARS: J. Appl. Phys. **29**, 747 (1958).
6 SEARS, G. W.: J. Chem. Phys. **29**, 1045 (1958).

lassen sich die Dicken nur bis zu etwa 10^{-4} cm herstellen. Dabei werden in den meisten Fällen die Kristalloberflächen je nach ihrer Härte und getroffenen Vorsichtsmaßnahmen mehr oder weniger zerstört. In vielen Fällen ist es möglich, dünne Kristallschichten durch Niederschlagen auf einer Fremdunterlage herzustellen. Man kann erwarten, daß beim Niederschlagen Orientierungen stattfinden werden, wenn bestimmte physikalische Bedingungen zwischen dem Niederschlag und der Unterlage, und in der Herstellung, erfüllt sind. Diesem orientierten Überwachsen wurde von ROYER[1] der Name „*Epitaxie*"* gegeben.

Es existieren mehrere Zusammenfassungen über Epitaxie[2–5]. Wir bringen hier deshalb nur die wichtigsten Ergebnisse, die in engem Zusammenhang mit dem Wachstum der Kristalle stehen. Das Aufbringen der Schichten kann aus dem Dampf, aus der Lösung, durch Elektrolyse oder chemische Reaktion erfolgen. Zur Untersuchung der Epitaxie werden lichtmikroskopische und röntgenographische Methoden und vor allem die Elektronenbeugung und Elektronenmikroskopie verwendet.

5.51 Experimentelle Ergebnisse

Kristallschichten, die auf glatte amorphe Unterlagen (Glas, polierte Metalloberflächen mit stark zerstörter Kristallstruktur) niedergeschlagen werden, zeigen oft eine Ausrichtung parallel zur Unterlage aber ohne azimutale Orientierung. Man kann sie als „*eindimensionale Orientierung*" bezeichnen. So z. B. ordnen sich die dichtestbesetzten Netzebenen von Bi, Cd, Sb, Zn und NaCl parallel zur Unterlage.[6] Manche Metalle (wie z. B. Ag, Al, Au, Pd) orientieren sich erst bei höherer Temperatur der Unterlage. Eine plausibele Erklärung des Temperatureinflusses beruht auf der Beweglichkeit der niedergeschlagenen Atome. Außerdem kann dasselbe Kristallmaterial bei verschiedenen Temperaturen verschiedene Orientierungen annehmen. So z. B. zeigt Al auf poliertem Mo-Blech unter 100° C keine Orientierung, bei $\sim$ 260° C ist (111)-, bei 350° C (100)- und bei 600° C (110)-Ebene parallel zur Unterlage.[7] Die Schichtendicke kann auch die Orientierung beeinflussen.[8]

Beim Aufwachsen von Kristallschichten auf Einkristalloberflächen kann man auch eine azimutale Ausrichtung erwarten (Abb. 35). Umfang-

---

[1] ROYER, L.: Bull. soc. franc. Mineral. **51**, 7 (1928).

* griechisch επίταξις = Anordnung.

[2] VAN DER MERWE, J. H.: Discussions Faraday Soc. No. 5, 201 (1949).

[3] NEUHAUS, A.: Angew. Chemie **64**, 158 (1952).

[4] SEIFERT, H. in R. GOMER und C. R. SMITH: Strukture and Properties of Solid Surfaces, The University of Chicago Press, Chicago 1953, S. 318.

[5] PASHLEY, D. W.: Advances in Physics **5**, 173 (1956).

[6] EVANS, D. M. und H. WILMAN: Acta Crystl. **5**, 731 (1952).

[7] DIXIT, K. R.: Phil. Mag. **16**, 1047 (1933).

[8] SCHULZ, L. G.: J. Chem. Phys. **17**, 1153 (1949).

reiche Untersuchungen von BARKER[1] und ROYER[2] an Alkalihalogeniden niedergeschlagen aus Lösungen auf Spaltflächen von anderen Alkalihalogeniden führen zur Annahme, daß paralleles Niederschlagen stattfindet, wenn die Abweichung der Gitterkonstanten von der Unterlage und der Schicht nicht mehr als 15% beträgt. Wenn an Stelle von Wasser andere Lösungsmittel wie Methyl- bzw. Äthyl-Alkohol, Aceton oder Furfural genommen wurden, stieg die zulässige Abweichung auf 30%.[3]

Beim Niederschlagen von Verbindungen, die Mischkristalle mit der Unterlage bilden, wie z. B. TlCl auf TlBr, TlBr auf TlJ, kann die Schicht aus Mischkristallen bestehen.[4, 5]

Die Orientierung der Alkalihalogenide auf der Spaltfläche (001) von Glimmer ist derart, daß die (111)-Ebene des Niederschlages parallel zur Unterlage und die Richtung [110] parallel zu [100] ist, vorausgesetzt, daß die Gitterkonstante größer als 6,2 A ist. Nach ROYER[2] ist die Anpassung der Gitterkonstante der Kristallschichten an den Abstand der Kaliumionen im Glimmer wieder innerhalb von 15% erforderlich. Allerdings kann nach einer neueren Untersuchung[6] die Anpassungsabweichung für kubisch raumzentrierte Halogenide bis zu 25% betragen. $NaNO_3$ orientiert sich mit der (111)-Ebene parallel zu der Spaltfläche von Glimmer.[7]

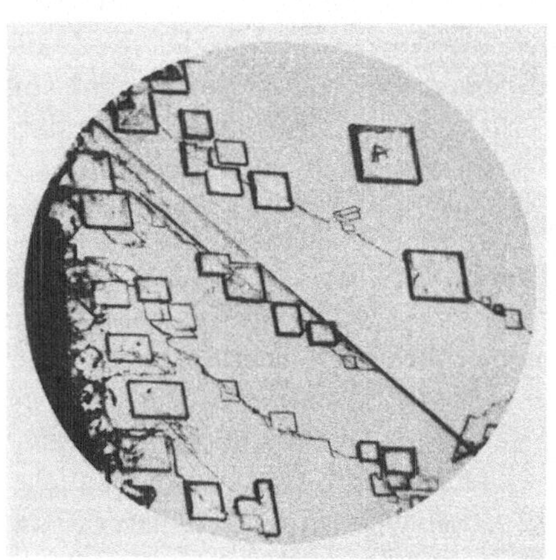

Abb. 35. Orientiertes Überwachsen von $NaNO_3$-Kristallen auf Kalkspat (nach BARKER[1])

Auf Spaltflächen von Kalkspat und Natriumnitrat ist die Orientierung der (100)-Ebene von Halogeniden parallel zur Unterlage und [011] senkrecht dazu. Die Abweichung kann hier bis zu 20% betragen.[8]

Orientierte Schichten der Halogenide wurden auch an metallischen Kristallflächen z. B. NaCl auf Ag und Au beobachtet[9, 10]. (Abb. 36.) Allerdings kann bei den leicht oxydierbaren Metallen (Bi, Cu, Fe, Pb,

[1] BARKER, T. V.: Z. Krist. **45**, 1 (1908).
[2] ROYER, L.: Bull. soc. franc. Mineral. **51**, 7 (1928).
[3] SLOAT, A. C. und A. W. C. MENZIES: J. Phys. Chem. **35**, 2005 (1931).
[4] SCHWAB, G. M.: Naturw. **32**, 32 (1944).
[5] SCHWAB, G. M.: Trans. Faraday Soc. **43**, 724 (1947).
[6] LISGARTEN, N. D.: Trans. Faraday Soc. **50**, 684 (1954).
[7] WEST, C. D.: J. Opt. Soc. Amer. **35**, 26 (1945).
[8] SCHULTZ, L. G.: Acta Cryst. **5**, 264 (1952).
[9] JOHNSON, G. W.: J. Appl. Phys. **22**, 797 (1951).
[10] SCHULZ, L. G.: Acta Crystl. **5**, 266 (1952).

Sb, Zn) die Orientierung durch Oxydschichten der Metalle beeinflußt werden.[1]

Aufgedampfte Schichten der Alkalihalogenide auf anderen Halogeniden unterscheiden sich von den Schichten hergestellt aus der Lösung nur dadurch, daß eine Anpassung der Gitterkonstanten nicht erforderlich ist.[2–4]. Gitterabweichungen bis zu 75% wurden festgestellt. Ein Unterschied in der Orientierung bei den Schichten aus der Lösung und aus dem Dampf wurde nur bei NaCl auf Ag gefunden[5].

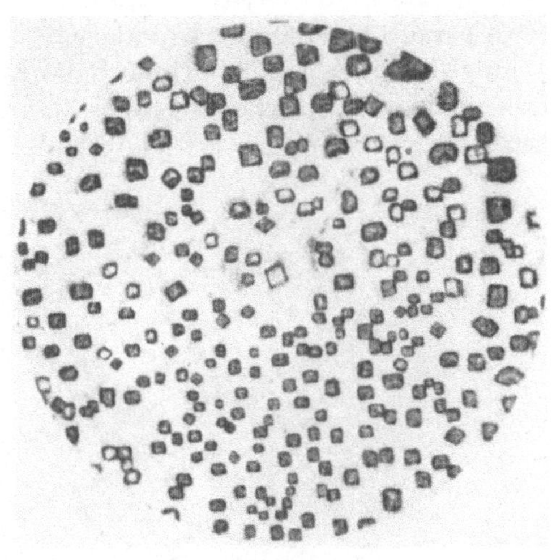

Abb. 36. Orientiertes Überwachsen von NaCl-Kristallen auf der (100)-Fläche von Gold (nach JOHNSON[1])

Von besonderem Interesse ist das Aufwachsen von Metallschichten auf Nichtmetallen. Eine Orientierung tritt nur auf, wenn die Temperatur der Unterlage oberhalb einer (für jede Schicht und Unterlage) charakteristischen Temperatur liegt.[6–8] (Tab. 41.)

Die Orientierung der flächenzentrierten und der raumzentrierten Metalle auf Alkalihalogeniden mit NaCl-Struktur ist verschieden. In beiden Fällen liegt zwar die (100)-Ebene auf der (100)-Fläche der Unterlage,

Tabelle 41. *Kritische Temperaturen der Unterlagen für vollständige kantenparallele Orientierung beim Aufdampfen von Metallen auf Einkristalle der Alkalihalogenide in °C.* (Nach GÖTTSCHE[9])

Unterlage	Metallschichten				
	Ag	Al	Au	Cu	Pd
LiF	340	350	440	250	400
NaCl	150	300	400	150	250
KCl	130	280	380	150	250
KJ	80	—	185	120	200

[1] Siehe Anm. 9 auf S. 84.

[2] SCHULZ, L. G.: Phys. Rev. **78**, 638 (1950); Acta Cryst. **5**, 130 (1952).

[3] LÜDEMANN, H. und H. RAETHER: Acta Cryst. **6**, 873 (1953).

[4] LÜDEMANN, H.: Z. Naturforsch. **9a**, 252 (1954).

[5] BRÜCK, L.: Ann. Physik **26**, 233 (1936).

[6] LASSEN, H.: Phys. Z. **35**, 172 (1934).

[7] LASSEN, H. und L. BRÜCK: Ann. Physik **22**, 233 (1935).

[8] RÜDIGER, O.: Ann. Physik **30**, 505 (1937).

[9] GÖTTSCHE, H.: Z. Naturforsch. **11a**, 55 (1956).

aber die azimutale [100] Ausrichtung bei flächenzentrierten Metallen liegt parallel zu [100], bei raumzentrierten dagegen zu [110] der Unterlage. Dieses Verhalten zeigt, daß sich nicht die günstigste Anpassung der Gitterabstände ausbildet. Aluminium zeigt eine Besonderheit. Es orientiert sich mit der (111)-Ebene parallel zu (100) von NaCl im Temperaturbereich 300°—440° C und erst bei höheren Temperaturen liegt (100) parallel zu (100) der Unterlage.

Aufgedampfte Metallschichten auf metallischen Kristallflächen sind bisher nur an Kupferkristallen bei Zimmertemperatur untersucht worden.[1] Flächenzentrierte Metalle Cu, Ag, Au und Pd aufgedampft auf

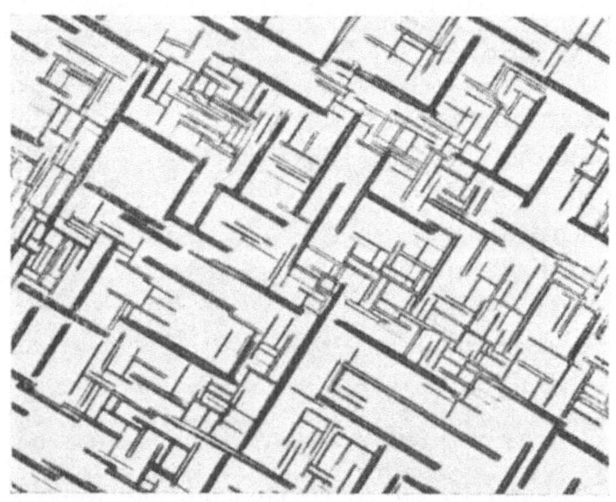

Abb. 37. Orientiertes Überwachsen von Antrachinonkristallen auf der (100)-Fläche von Natriumchlorid (nach WILLEMS[2])

(111)-Ebene des Kupfers setzen die Orientierung der Unterlage fort. Bei raumzentrierten Kristallen wie Fe ist (110)-Ebene parallel zur (111) des Kupfers und die Richtung von [100] ist parallel zu einer der drei gleichwertigen [110] Richtungen. Bei Zn-Schichten liegt die c-Ebene parallel zu (111) der Kupferunterlage.

Elektrolytisch niedergeschlagene Schichten verhalten sich ähnlich wie die aus der Lösung hergestellten: sie verlangen engere Toleranz bei der Anpassung der Gitterkonstante. Außerdem tritt die Orientierung nur dann auf, wenn die Schichten bei niedrigen Stromdichten hergestellt wurden[3, 4]. Untersucht wurden als Unterlagen: Ag, Au, Cu, Fe, Pd, Pt und β-Messing und als Schichten Ag, Au, Co, Cr, Cu, Fe, und Ni.[5]

Chemisch erzeugte Schichten (meist Oxydschichten) zeigen auch bevorzugte Orientierung, die von Metall zu Metall variiert. Hier wurden haupt-

---

[1] HAASE, O.: Z. Naturf. **11a**, 862 (1956).
[2] Siehe Anm. 4 auf S. 87.
[3] PASHLEY, D. W.: Advances in Physics **5**, 173 (1956).
[4] COCHRANE, W.: Proc. Phys. Soc. (London) **48**, 723 (1936).
[5] THOMSON, G. P.: Proc. Phys. Soc. (London) **61**, 403 (1948).

sächlich untersucht: Cu_2O auf Cu, FeO und Fe_3O_4 auf Fe, ZnO auf Zn, CdO auf Cd, AgCl, AgBr und AgJ auf Ag und andere. Eine Zusammenstellung der Resultate findet sich bei PASHLEY.[1]

Orientierung von zahlreichen organischen Verbindungen auf anorganischen Kristallen[2–5] wie NaCl, Kalkspat, $NaNO_3$, Zinkblende, Glimmer, Gips u. a., auf Metallen[6] (Ag) und auf anderen organischen Verbindungen[5,7] wurde öfters beobachtet (Abb. 37).

Beim Aufwachsen von Kristallschichten auf anderen Kristallebenen bleibt meistens die Struktur der Schicht erhalten, nur ihre Orientierung wird durch die Unterlage beeinflußt. Es gibt aber einige Fälle, in denen auch die Struktur geändert wird. Cs- und Tl-Halogenide, die raumzentriert sind, wandeln sich in NaCl-Gitter um, wenn sie auf andere Alkalihalogenide mit NaCl-Struktur oder auf Glimmer aufgedampft werden.[6–8] Die Resultate sind in der Tab. 42 zusammengestellt. Die

Tabelle 42. *Cs- und Tl-Halogenidschichten mit NaCl-Struktur*

Schicht	Unterlage				
	LiF	NaCl	KCl	KBr	Glimmer
CsCl	+	+	+	+	+
CsBr	+	+	+	+	+
CsJ	+	+		+	
TlCl		+	+	+	
TlBr	+	+		+	
TlJ	+	+		+	

Orientierung der Schichten ist derart, daß (110)-Ebenen parallel zu (100) der Unterlage und die Richtung [100] parallel zu [110] oder [1$\bar{1}$0] sind. Gleichzeitig tritt eine starke Verminderung der Ionenabstände (bis zu 0,17 Å) auf. Die flächenzentrierte Modifikation tritt nur unmittelbar an der Unterlage in einer Dicke von wenigen Atomlagen auf. Bei größeren Dicken behalten die darauffolgenden Schichten das arteigene Gitter. Durch Tempern wird die Dicke der flächenzentrierten Schicht abgebaut, aber die dicht an der Unterlage sitzende Schicht bleibt unverändert. Umgekehrt zeigt RbBr, das normal flächenzentriert kristallisiert, CsCl-Struktur, wenn es auf einen Ag-Kristall aufgedampft wird.[9]

[1] Siehe Anm. 3 auf S. 86.
[2] ROYER, L.: Compt. rend. **196**, 282 (1933).
[3] BUNN, G. W.: Proc. Roy. Soc. (London) **A141**, 567 (1933).
[4] WILLEMS, J.: Z. Krist. Min. Petr. **A105**, 53 (1943); Naturw. **29**, 319 (1941).
[5] NEUHAUS, A.: Neu. Jahrb. Mineral. Monats. A 1945—1948, p. 23.
[6] SCHULZ, L. G.: Acta Cryst. **4**, 487 (1951); J. Chem. Phys. **18**, 996 (1950).
[7] WILLEMS, J.: Naturw. **32**, 324 (1944).
[8] LÜDEMANN, H.: Z. Naturforsch. **12a**, 226 (1957).
[9] SCHULZ, L. G.: J. Chem. Phys. **19**, 504 (1951).

5.52 Theorien der Epitaxie

Ähnlich wie bei dem normalen Kristallwachstum, soll die Theorie zwei Probleme behandeln: Bildung der Kristallkeime und das anschließende orientierte Wachstum. Die Keimbildung auf einer Fremdunterlage (heterogene Keimbildung) wird ähnlich wie bei der homogenen Keimbildung eine Keimbildungsarbeit erfordern, die jetzt zusätzlich durch die Unterlage beeinflußt wird. Es ist ohne weiteres verständlich, daß sowohl die Struktur als auch die Natur der Unterlage einen Einfluß auf die Orientierung des Keimes haben wird. Die Aufstellung einer quantitativen Theorie ist vorläufig nicht möglich, wohl deshalb, weil die dazu notwendigen experimentellen Daten fehlen. Man weiß nur soviel, daß die Keime an bestimmten Stellen der Unterlage entstehen, deren Häufigkeit (Anzahl/cm^2) sowohl von Kristallorientierung als auch von Defekten abhängt. Mikroskopisch feststellbare Verletzungen der Oberfläche können die Keimung fördern, aber nicht immer. Da unter günstigen Bedingungen (z. B. langsam aufgedampft auf heiße Unterlage) alle sichtbaren Keime praktisch gleich groß sind, muß man annehmen, daß sie gleichzeitig entstanden sind. Ihr Wachstum wird wesentlich durch die Oberflächenwanderung der ankommenden Moleküle unterstützt. Die Anordnung der Moleküle wird wesentlich von der Wechselwirkung der Moleküle mit der Unterlage abhängen, aber auch die Richtung der ankommenden Moleküle scheint von Einfluß zu sein.[1] Die wesentliche Schwierigkeit in der Untersuchung der Kristallkeime liegt darin, daß sie erst post factum studiert werden können und nicht in statu nascendi.

Die strukturgeometrische Anpassung der Schicht an die Unterlage wie sie von ROYER gefordert wurde, hat keine strenge Gültigkeit, denn die beobachteten Gitterabweichungen können praktisch beliebig groß sein. MENZERS Annahme,[2] daß die Atomabstände in den untersten Netzebenen der Schicht sich an die der Unterlage anpassen und erst die nachfolgenden ihre arteigenen Dimensionen behalten, wurde durch Elektronenbeugung widerlegt.[3]

Eine Theorie der Epitaxie wurde von VAN DER MERWE[4] zum Teil in Zusammenarbeit mit FRANK[5] gegeben. Diese Theorie beruht auf der Annahme der Bildung einer stabilen monoatomaren Schicht, deren Atomabstände sich denen der Unterlage anpassen. Diese Schicht wirkt dann als Flächenkeim für das weitere Wachsen der Schicht. Es wird angenommen, daß bei der Bildung der Schicht nur die Nahkräfte eine Rolle

---

[1] Siehe H. RAETHER im Handbuch der Physik, Bd. 32, S. 539.

[2] MENZER, G.: Naturw. **26**, 385 (1938); Z. Krist. **99**, 378 und 410 (1938).

[3] RAETHER, H.: Erg. exakt. Naturw. **24**, 121 (1951).

[4] VAN DER MERWE, J. H.: Discussions Faraday Soc. No. **5**, 201 (1949).

[5] FRANK, F. C. und J. H. VAN DER MERWE: Proc. Roy. Soc. (London) **A198**, 205 (1949); ibid. **198**, 216 (1949); ibid. **200**, 125 (1949).

spielen. Dabei werden die aufgebrachten Moleküle bzw. Atome einerseits untereinander mit einer nichtperiodischen Kraft und anderseits von der Unterlage mit einer räumlich periodischen Kraft angezogen. Die Bildung der Oberflächenkeime ist nur dann möglich, wenn der Unterschied zwischen den Atomanständen der beiden angrenzenden Gitterebenen unter einem kritischen Wert bleibt. Dieser Wert ist definiert als $(a_1/a_2 - 1)$, wobei a_1 der Atomabstand in der Schicht und a_2 der Atomabstand in der Unterlage ist. Der kritische Anpassungsfehler ist

$$\left(\frac{a_1}{a_2} - 1\right) = \frac{2}{\pi}\sqrt{\frac{2\,W}{\mu\,a^2}}\,. \tag{97}$$

W gibt die Anziehung zwischen den zwei Fremdschichten (Adhäsion) wieder und $\mu\,a^2$ die Anziehung zwischen den Schichtatomen (Kohäsion), wobei μ die Kraftkonstante und a Atomabstand bedeuten. Solange die Diskrepanz kleiner ist als der kritische Wert, entsteht der orientierte Aufwachskeim. Je nach den Kräften, die zwischen den beiden Kristallarten herrschen, variiert der kritische Wert. Das weitere Aufwachsen kann mittels Versetzungen vor sich gehen.

Auf Grund dieser, wenn auch nicht exakten, Theorie lassen sich verschiedene experimentelle Beobachtungen erklären. So läßt sich z. B. das Fehlen der Epitaxie in manchen Fällen, obwohl geometrische Verhältnisse dafür sprechen, durch zu schwache Adhäsionskräfte erklären. Anderseits deutet der größere Toleranzfehler bei den Ionenkristallen als bei gemischten Partnern auf den starken Einfluß der elektrostatischen Kräfte hin. Der Einfluß der Dielektrizitätskonstante des Lösungsmittels und der Größe der Ionen ist auch im Sinne der Theorie, denn bei Schichten, die in der Lösung gebildet werden, ist die Orientierung um so besser, je kleiner die Dielektrizitätskonstante des Lösungsmittels und je kleiner der Radius der Schichtatome ist.

Neuere Untersuchungen haben aber gezeigt, daß verschiedene experimentelle Ergebnisse der Theorie von VAN DER MERWE widersprechen. Die geforderte Anpassung der Gitterkonstante der untersten Netzebenen konnte nicht festgestellt werden.[1] Anderseits konnte gezeigt werden, daß das flächenhafte Wachstum der Schichten von einzelnen lokalisierten Keimen fortschreitet.[2,3] Man muß deshalb annehmen, daß nur die Orientierung der Keime aber nicht das weitere Wachstum durch die Unterlage beeinflußt wird. Die vorläufigen theoretischen Ansätze reichen demnach nicht aus, um die Epitaxie erklären zu können.

---

[1] LÜDEMANN, H.: Z. Naturforsch. **12a**, 226 (1957).

[2] DEO, A. R., G. J. FINCH und M. K. GHARPUREY: Proc. Roy. Soc. **A236**, 7 (1956).

[3] BAUER, E.: Z. Krist. **107**, 265 (1956).

VI. Kristallabbau

Der dem Kristallwachstum entgegengesetzte Prozeß ist der Kristallabbau. Die Untersuchungen des Abbaus haben erheblich zum Verständnis des Wachstums beigetragen. Außerdem ist der Abbau zum Studium der Struktur, der Orientierung und vor allem der Gitterfehler von Kristallen ein nützliches Hilfsmittel. Ähnlich wie das Wachstum kann der Abbau durch Verdampfung, Schmelzen oder Auflösen stattfinden.

6.1 Verdampfung

Nach HERTZ[1] und KNUDSEN[2] ist die Verdampfungsgeschwindigkeit (Zahl der Moleküle pro cm^2 und Sekunde) unter der Annahme der idealen Gasgesetze durch folgende Gleichung gegeben:

$$V = \frac{N_0 p_s}{\sqrt{2\pi M R T}} = \frac{1}{4} n \bar{v}, \tag{98}$$

wobei N_0 LOSCHMIDTsche Zahl, M Molekulargewicht, R Gaskonstante, T absolute Temperatur, p_s der Dampfdruck, n Zahl der Moleküle pro cm^3 und $\bar{v}$ ihre mittlere Geschwindigkeit sind. Diese Gleichung sagt nichts über den Verdampfungsprozeß aus. Sie gibt nur den Zusammenhang zwischen v, p und T für die bereits verdampften Moleküle an. Aber ein Vergleich zwischen den experimentellen Verdampfungsgeschwindigkeiten und den nach der Gleichung (98) berechneten, zeigt, daß in vielen Fällen die experimentellen Werte wesentlich kleiner als die theoretischen sind.[3] Die Unstimmigkeit wird durch zwei Faktoren beseitigt, nämlich durch den von KNUDSEN[2] eingeführten Kondensationskoeffizienten α und bei höheren Drucken durch die Druckkorrektion p der verdampften Moleküle. Durch Einführung dieser Korrektionen nimmt die Gleichung (98) dann folgende Form an:

$$V = \frac{\alpha N_0 (p_s - p)}{\sqrt{2\pi M R T}} = \alpha \frac{\bar{v}}{4} (n_s - n), \tag{99}$$

wobei p_s bzw. n_s der Sättigungsdruck bzw. die Sättigungskonzentration der Moleküle ist.

Der Dampfdruck eines Kristalls ist nach STERN[4]

$$p = \frac{(2\pi M)^{3/2}}{N_0 (R T)^{1/2}} \nu^3 \exp\left(-\frac{\lambda}{R T}\right), \tag{100}$$

wobei ν die charakteristische Schwingung der Atome bedeutet ($\sim 10^{13}\,sec^{-1}$) und λ die molare Verdampfungswärme beim absoluten Nullpunkt ist. Wie man sieht wird von STERN nur eine Frequenz für

[1] HERTZ, H.: Wied. Ann. **17**, 193 (1882).
[2] KNUDSEN, M.: Ann. Phys. **47**, 697 (1915).
[3] Siehe VOLMER, M.: Kinetik der Phasenbildung, Dresden-Leipzig, S. 22.
[4] STERN, O.: Z. Elektrochem. **25**, 66 (1919).

alle Atomschwingungen und dieselbe Verdampfungsenergie für alle Atome vorausgesetzt. Beide Annahmen sind aber nicht korrekt. Aus den Messungen der spezifischen Wärme wissen wir, daß in Kristallen ein ganzes Spektrum von Schwingungen mit einem breiten Frequenzbereich auftritt. Die Rauheit der Oberfläche hat nach MELVILLE[1] keinen Einfluß auf den Dampfdruck, wenn der Kondensationskoeffizient $\alpha = 1$ ist und nur einen kleinen Einfluß (z. B. $+30\%$ für $\alpha = 0{,}1$) wenn $\alpha < 1$ ist. Dagegen ist der Dampfdruck für jede Kristallfläche verschieden, wie an rhombischen Schwefelkristallen nachgewiesen wurde.[2] Im Temperaturbereich zwischen 20° und 40° C wurden folgende Aktivierungsenergien für die Verdampfung an verschiedenen Flächen gefunden: auf (100) 27,8 kcal, auf (110) 26,3 kcal und auf (111) 24,8 kcal. Anderseits stellt man bei der Untersuchung der Kristallflächen nach der Verdampfung fest, daß die Verdampfung nicht über die ganze Fläche vor sich geht, sondern an bestimmten Punkten bevorzugt wird. Es sind demnach gewisse Stellen (Fehlstellen) im Kristall, an denen eine schwächere Bindung der Atome herrscht als in der Restoberfläche des Kristalls. Diese „*Defektstellen*" sind praktisch in allen Kristallen vorhanden; ihre Konzentration kann in weiten Grenzen variieren. Defektstellen werden in den meisten Fällen durch Verunreinigungen verursacht, die Störungen in der normalen Anordnung der Atome im Gitter hervorrufen. Der Bereich der Störung wird mehrere Atomstände umfassen. Man könnte zunächst erwarten, daß nach dem Abbau der Störstellen durch Verdampfen, der übrige Kristall dann gleichmäßig über die ganze Fläche verdampft. In Wirklichkeit breitet sich aber die Verdampfung um die Störstelle aus wobei die Kanten der Grübchen regelmäßig oder gestört sein können. Die Verdampfung von ungestörten Kristalloberflächen fängt erst bei der kritischen Untersättigung des Dampfes an. Ähnlich wie beim Kristallaufbau wird die Kinetik der Verdampfung durch die Bildung von 2-dimensionalen Verdampfungskeimen erklärt.[3] Der Auf- bzw. Abbau ist annähernd spiegelsymmetrisch, wie man aus der Abb. 38 ersieht, in der die Geschwindigkeit des Wachstums bzw. der Verdampfung der (111)-Fläche des rhombischen Schwefels dargestellt ist.[4] In Fällen der stark gestörten Oberfläche, z. B. bei plastischen Kristallen durch Schleifen und Polieren, oder bei der Verdampfung dicht am Schmelzpunkt, sind die verdampften Stellen unregelmäßig.[5] Im ersten Fall erreicht man glatte Kristallebenen, nachdem die gestörte Schicht verdampft ist (Abb. 39). Im zweiten Fall kann eine besondere Struktur mit einem Streifenabstand von einigen μ auftreten,[5]

---

[1] MELVILLE, H. W.: Trans. Faraday Soc. **32**, 1017 (1936).
[2] RIDEAL, E. und F. M. WIGGINS, Proc. Roy. Soc. **A210**, 291 (1951/52).
[3] SEARS, G. W.: J. Chem. Phys. **24**, 868 (1956).
[4] STICKLAND-CONSTABLE, R. F.: noch nicht veröffentlicht 1958.
[5] SMAKULA, A. und W. KLEIN: J. Chem. Phys. **21**, 100 (1953).

die stark an die Streifung beim schnellen Kristallwachstum erinnert[1, 2] (Abb. 40). Die Ausbreitung des Abbaus um die Störstellen herum kann man nur dadurch erklären, daß bei dem Abbau neue Störstellen gebildet werden, diesmal aber ohne Zuhilfenahme von Verunreinigungen. Diese

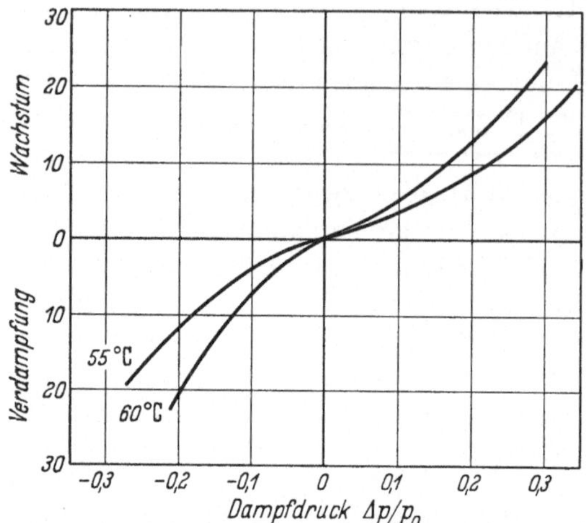

Abb. 38. Wachstum- und Verdampfungsgeschwindigkeit der (111)-Fläche des rhombischen Schwefelkristalls (nach STRICKLAND–CONSTABLE[3])

Art von Störstellen können Versetzungen sein, die sowohl beim Wachtum als auch bei verschiedenen Eigenschaften von Kristallen eine wichtige Rolle spielen. Wir werden uns mit ihnen später beschäftigen.

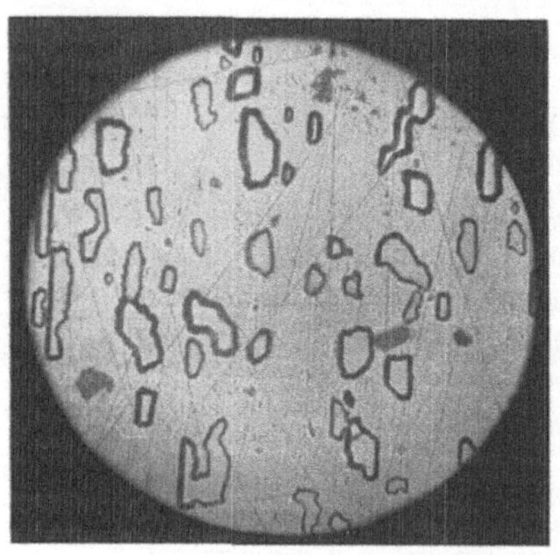

Abb. 39. Thermische Ätzfiguren an einer gestörten (100)-Fläche des TlBr/TlJ-Kristalls (nach SMAKULA und KLEIN[4])

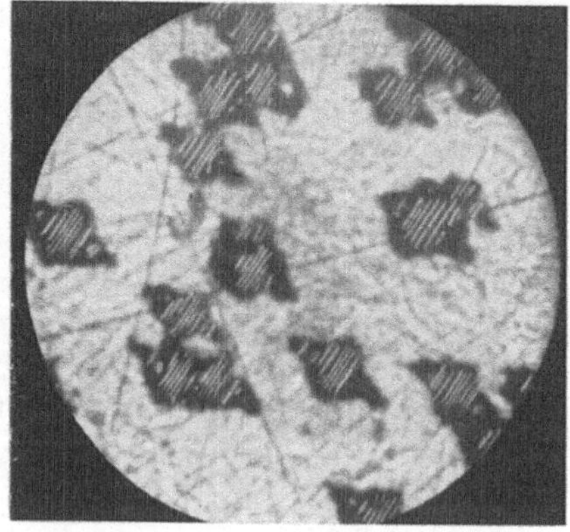

Abb. 40. Thermische Ätzfiguren an einer ungestörten (110)-Fläche des TlBr/TlJ-Kristalls dicht am Schmelzpunkt (nach SMAKULA und KLEIN[4])

---

[1] ANDRADE, E. N. DA C. und R. F. Y. RANDALL, Proc. Phys. Soc. B63, 198 (1950).

[2] KERN, E. und H. PICK, Z. Phys. 134, 610 (1953).

[3] Siehe Anm. 4 auf S. 91.

[4] Siehe Anm. 5 auf S. 91.

Bei dem Verdampfen von ungestörten Kristalloberflächen weit unterhalb der Schmelzpunkte entstehen auf der Oberfläche regelmäßige „*thermische Ätzfiguren*", deren Form und die Häufigkeit von den Kristallflächen abhängt (Abb. 41). Man sieht daraus, daß die Bindung an verschiedenen Flächen verschieden ist. Die Flächen mit der schwächsten Bindung werden zuerst abgebaut und die mit starker Bindung verbleiben. Dieses Verhalten wurde durch die Berechnung der Bindungskräfte an verschiedenen Kristallflächen von KOSSEL[1] und STRANSKI[2] erklärt.

Eine weitere Komplikation bei der Verdampfung tritt durch die Möglichkeit der Oberflächenwanderung auf.[3] In diesem Fall wird ein Atom in Stufen, d. h. von einer Stelle mit einer stärkeren Bindung zunächst

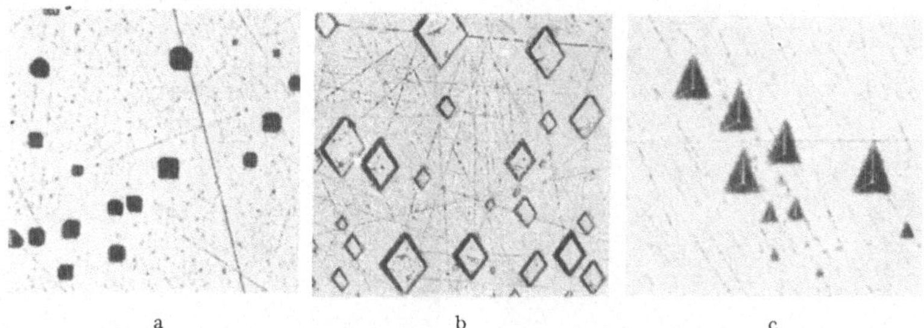

a b c

Abb. 41. Thermische Ätzfiguren an ungestörten Flächen des TlBr/TlI-Kristalls. (a) (100)-, (b) (110)-, (c) (111)-Fläche (nach SMAKULA und KLEIN[4])

in eine mit einer kleineren, dann zur nächsten und so fort bis es schließlich frei wird, übergehen. Die Summe der Stufenenergien kann kleiner sein als die eines direkten Überganges.[5]

Die Verdampfung an einer ungestörten (idealen) Fläche fängt erst an, wenn eine kritische Untersättigung erreicht wird, was auf die Bildung eines zweidimensionalen Verdampfungskeimes hinweist, wie an p-Toluidin festgestellt wurde.[6] Die ideale Verdampfung verläuft demnach genau so wie das ideale Wachstum, wobei der entscheidende Faktor der zweidimensionale Keim ist.

Eine Abart der thermischen Ätzfiguren bilden die TYNDALL-Figuren[7, 8], die durch Wärmestrahlung im Innern der Eiskristalle gebildet werden. Durch lokale Erwärmung entstehen zuerst runde oder sechseckige Tropfen, die dann rasch zu sternförmigen Formen von einigen Milli-

---

1 KOSSEL, W.: Leipziger Vorträge 1928.
2 STRANSKI, J. H.: Z. phys. Chem. **A136**, 259 (1928).
3 CABRERA, N. und W. K. BURTON: Discussions Faraday Soc. No. 5, 40 (1949).
4 Siehe Anm. 5 auf S. 91.
5 KNACKE, O., I. N. STRANSKI und G. WOLFF: Z. Elektrochem. **56**, 476 (1952).
6 SEARS, G. W.: J. Chem. Phys. **24**, 868 (1956).
7 TYNDALL, J.: The Glaciers of the Alps, London 1860.
8 BASS, R. und S. MAGUN: Naturw. **43**, 213 (1956).

metern anwachsen (Abb. 42). Die Sterne sind ausgerichtet in der Basisebene. Bei der Abkühlung des Kristalls durch die Unterbrechung der Strahlung verschwinden die Sterne und nur kleine Hohlräume verbleiben, die unter Umständen auch verschwinden.

a

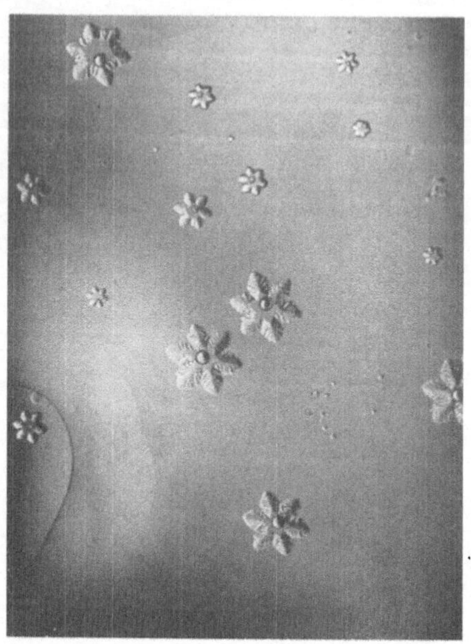

b

Abb. 42 a/b. Tyndall-Figuren in Eiskristallen (nach BASS und MAGUN[1])

6.2 Abbau durch Ionenbeschuß

Eng verwandt mit der Verdampfung ist der Abbau durch Ionenbombardierung. Hier wird die Energie des aufprallenden Ions direkt oder indirekt auf die Bausteine des Kristalls übertragen. Wenn die Energie der Atome gerade die Bindungsenergie im Kristallgitter überschreitet, kann man einen regelmäßigen Abbau erwarten. Die Bildung der Ätzfiguren durch Bombardierung mit Hg-Ionen von 100—300 ev und einer Stromdichte von etwa 10 mA/cm^2 wurde an Ag und Cu beobachtet. In beiden Metallen werden die (110)-Flächen und an Ge die (111)-Flächen bloßgelegt.[2] Dagegen unter ähnlichen Bedingungen (anstatt Hg wurde A genommen) wurden an Al-Einkristallen (100)-Flächen erzeugt.[3] Von Nichtmetallen wurden bis jetzt Kalkspat, Quarz, Steinsalz und Seignettesalz durch Ionenbambardierung geätzt.[4]

[1] Siehe Anm. 8 auf S. 93.

[2] WEHNER, G. K.: Phys. Rev. **102**, 690 (1956).

[3] SPIVAK, G. V., I. N. PRILEZHAEVA und O. I. SAVOTSCHKINA: Doklady Akad. Nauk **88**, 511 (1953).

[4] SPIVAK, G. V., A. I. KROCHINA, T. W. JAVORSKAJA und JU. A. DURASOVA: Doklady Akad. Nauk **114**, 1001 (1957).

6.3 Abbau durch Auflösung

Der Abbau der Kristalle durch Auflösung kann entweder in eigener ungesättigter Lösung oder durch chemische Reaktion mit Ätzdämpfen, Säuren oder Laugen stattfinden. Ähnlich wie bei der Verdampfung können die Feinheiten des Abbauprozesses nur bei einer langsamen Auflösung bzw. Ätzung zum Vorschein kommen. Bei Kristallen mit kleiner Löslichkeit ist das meist der Fall, bei anderen muß dementsprechend das Lösungs- bzw. Ätzmittel abgestimmt werden.

Der Beginn der Auflösung erfolgt nicht gleichmäßig über die ganze Kristalloberfläche sondern an einzelnen Stellen (Punkten), die im Laufe des Auflösungsprozesses regelmäßige Figuren annehmen, deren Form die Kristallsymmetrie wiedergibt. Man unterscheidet zwei Auflösungsformen: Grübchen (pits), die aus kleinen meist regelmäßigen Vertiefungen und Hügelchen (hillocks), die aus breiten wenig definierten Erhöhungen bestehen. Unter dem Mikroskop können die Grübchen von den Hügelchen dadurch unterschieden werden, daß bei Grübchen beim Heben des Mikroskoptubus die inneren Kanten dunkel und die äußeren hell werden. Beim Senken des Tubus kehrt sich die Erscheinung um. Bei den Hügelchen verlaufen die Erscheinungen umgekehrt.[1] Der Auflösungsprozeß geht so vor sich, daß die einzelnen Grübchen sowohl in die Tiefe wie in die Breite pyramidenartig wachsen bis die Kanten sich schließlich berühren, wodurch die noch nicht aufgelösten Gebiete zu Hügelchen werden. Primäre Auflösungsfiguren sind demnach Grübchen.

Regelmäßige Ätzgrübchen entstehen nur dann, wenn die Auflösung langsam vor sich geht. Sie werden deshalb leichter an schwachlöslichen Kristallen (z. B. Fluorit, Kalkspat, Magnetit) als an stark löslichen wie z. B. Steinsalz erzeugt. Offenbar entstehen die Ätzgrübchen an Störstellen des Gitters. Diese können Versetzungen, Verunreinigungen oder andere Defekte sein, an denen die Auflösung am leichtesten erfolgt. Von hier ausgehend vollzieht sich die Auflösung entlang bestimmter kristallographischer Richtungen mit verschiedenen Geschwindigkeiten, wodurch regelmäßige Figuren entstehen, die sowohl die Struktursymmetrie als auch die Orientierung des Kristalls wiedergeben. Als Begrenzungsflächen treten im Endzustand die Ebenen auf, die am langsamsten abgebaut werden, genau so wie beim Wachstum. Die äußere Form der Ätzfiguren an verschiedenen kristallographischen Ebenen ist verschieden, aber es handelt sich immer um dieselben Flächen, die von verschiedenen Richtungen beobachtet werden. Ähnlich wie beim Wachstum können die Ätzfiguren in ihrer Form durch das Lösungsmittel beeinflußt werden. So werden z. B. an Aluminiumkristallen, geätzt durch Salzsäure, die Würfelflächen, dagegen durch trockenen Chlorwasserstoff die Oktaederflächen bloßgelegt.[2] Anderseits werden die

---

[1] Menzer, G.: Z. Krist. **75**, 143 (1930).

[2] Stranski, I. N. und H. Mahl: Z. phys. Chem. **51**, 319 (1942); **52**, 257 (1942).

Ätzfiguren oft unregelmäßig. Gestörte Ätzfiguren treten auf bei zu schneller Auflösung, bei gestörten Oberflächen oder durch den Niederschlag der Reaktionsprodukte, die beim Ätzen gebildet werden. Manchmal treten an geätzten Ebenen regelmäßige Streifen (z. B. an Cu-Kristallen, geätzt mit HNO_3[1] oder an Zn durch HCl[2] auf, ähnlich wie beim thermischen Ätzen dicht am Schmelzpunkt (s. S. 92).

Im allgemeinen sind die Ätzfiguren statistisch über die Oberflächen verteilt. Doch treten unter Umständen auch lineare Anordnungen auf, die mit Versetzungen in Zusammenhang gebracht werden (s. S. 111).

Die Geschwindigkeit der Auflösung wird durch Gitterstörungen, zum Beispiel durch Schleifen,[3] durch Verunreinigungen[4] oder durch Druck[5] erhöht. An stark wasserlöslichen Kristallen wie Alaunen[6] oder Alkalihalogeniden[7] konnte zuerst kein Einfluß der Orientierung auf die Auflösungsgeschwindigkeit festgestellt werden. Das beruhte darauf, daß die Kristalle viel zu schnell aufgelöst wurden. Die Auflösungsgeschwindigkeit in Wasser von NaCl-Kristallen verschiedener Herkunft bei Zimmertemperatur variiert zwischen 0,186 und 0,228 mm/min.[8] Merkwürdigerweise ist die Auflösungsgeschwindigkeit von NaCl im fließenden Wasser nur 0,129 bis 0,146 mm/min, also wesentlich kleiner als im stehenden Wasser.[9] Eine sehr große Anisotropie der Auflösung wurde an Quarzkristallen festgestellt. Die Auflösungsgeschwindigkeit durch Flußsäure der (0001)-Fläche ist mehr als 100mal größer als die der (1010)-Fläche.[10] Dagegen ist die Auflösungsgeschwindigkeit der Zinkeinkristalle in Salzsäure größer an (1010)- als an (0001)-Flächen.[11] Umfangreiche Untersuchungen der Auflösung von Cu-Einkristallen[12, 13] durch zahlreiche organische und anorganische Lösungsmittel zeigen, daß je nach Wahl des Ätzmittels ein Oktaeder, ein Würfel oder ein Rhombendodekaeder oder deren Kombinationen entstehen. Einige der Lösungsmittel zeigen einen Unterschied an verschiedenen Flächen, die anderen dagegen nicht. Die Auflösungsgeschwindigkeit von Cu in den meisten anorganischen Säuren nimmt in folgender Reihenfolge zu $(110) < (100) < (111)$. Die Auflösungsgeschwindigkeit von Ge-Einkristallen in einer

---

[1] Lochte-Holtgreven, I.: Diplomarbeit T.H. Danzig 1944.

[2] Straumanis, M.: Z. Krist. **75**, 430 (1930).

[3] Schubnikov, A. W.: Quarz und seine Anwendung, Akad. Nauk. S.S.S.R. 1940.

[4] Heine, U.: Z. Phys. **68**, 591 (1931).

[5] Knacke, O. und I. N. Stranski: Erg. exakt. Naturw. **26**, 383 (1952).

[6] Wulff, G.: Z. Krist. **34**, 449 (1901).

[7] Bolschanina, M. A. und W. D. Kuznetzow: siehe Kuznetzow, W. D.: Kristalle und Kristallisation, Moskau 1953, S. 119.

[8] Heine, U.: Z. Phys. **68**, 591 (1931).

[9] Kuznetzow, W. D.: loc. cit. S. 121.

[10] Schubnikov, A. W.: Quarz und seine Anwendung, Akad. Nauk S. S. S. R. 1940.

[11] Straumanis, M.: Z. phys. Chem. **147**, 161 (1930).

[12] Hausser, K. W. und P. Scholz: Wiss. Veröff. Siemens-Werke **5**, 144 (1927).

[13] Glauner, R. und R. Glocker: Z. Krist. **80**, 377 (1931).

Lösung von 1 Teil HF + 1 Teil H_2O_2 + 4 Teile H_2O nimmt in der Reihenfolge (100) < (111) < (110) zu.[1] Das Verhältnis ist etwa 3,7 : 4,3 : 6. Reproduzierbare Unterschiede treten nur an ungestörten Flächen auf. Mit der Temperatur nimmt die Auflösungsgeschwindigkeit exponentiell zu. Die meisten Verunreinigungen scheinen die Auflösung zu hemmen. Die (111)-Flächen von Si geätzt mit KOH zeigen neben den 6-eckigen Ätzfiguren feine Stufen (Lamellen) (Abb. 43), die auch durch plastische Deformation erzeugt werden können. Die Lamellen wurden an (111)-Flächen senkrecht zur Ziehrichtung nicht beobachtet, wenn Kristalle senkrecht zur (111)-Ebene gezogen wurden.[2]

Abb. 43. Ätzfiguren und Ätzstufen an (111)-Flächen des Si-Kristalls (nach FRANKS, GEACH und CHURCHMAN[2])

Von allen Kristallen wurde die Ätzung am Diamant am ausgiebigsten untersucht, insbesondere von TOLANSKY[3] mit seiner Mehrfachinterferenzmethode.[4] Die meisten der ungeätzten natürlichen Oktaederflächen

[1] CAMP, P. R.: J. Electrochem. Soc. **102**, 586 (1955).

[2] FRANKS, J., G. A. GEACH und A. T. CHURCHMAN: Proc. Phys. Soc. (London) **B68**, 111 (1955).

[3] TOLANSKY, S.: The Microstructures of Diamond Surfaces, N.A.G. Press Ltd., London 1955.

[4] TOLANSKY, S.: Multiple Beam Interferometry, Clarendon Press, Oxford, 1948.

zeigen orientierte (gleichseitige) Grübchen (Dreiecke, sogenannte trigons) (Abb. 44), deren Breite etwa 100mal größer als die Tiefe ist. In der Tiefenrichtung können die einzelnen Dreiecke entweder spitze

Abb. 44. Natürliche Ätzfiguren an (111)-Flächen des Diamanten (nach TOLANSKY)

oder stumpfe Pyramiden bis herab zu 50 Å bilden, die Seitenwände sind glatt oder stufenförmig. Nach TOLANSKY sollen die Dreiecke beim

Abb. 45. Ätzfiguren an (111)-Flächen des Diamanten, rechts die bei 1000° C bei $2,5\times10^{-3}$ mm Hg von Sauerstoff erzeugt wurden, links natürliche Ätzfiguren (nach OMAR und KENAVI[1])

Wachsen und nicht durch späteren Abbau entstanden sein, obwohl es schwer zu verstehen ist, warum beim Wachstum regelmäßige Vertiefungen hinterlassen werden sollten. Tatsächlich konnten Dreiecke (trigons)

[1] OMAR, M. und M. KENAWI: Phil. Mag. [8] 2, 859 (1957).

durch Erhitzen der Diamanten auf 1000° C in Sauerstoffatmosphäre bei $2{,}5 \pm 10^{-3}$ mm Hg etwa 7 Stunden lang erzeugt werden.[1] Wie man aus der Abb. 45 sieht, sind sie den natürlichen Dreiecken ähnlich, nur in ihrer Orientierung um 180° gedreht. Es wird angenommen, daß die natürlichen Dreiecke durch ein unbekanntes Ätzmittel erzeugt wurden. In wenigen Fällen wurden Hügelchen beobachtet. Abb. 46 zeigt ein Beispiel davon. Es ist nicht ein Dreieck sondern ein unregelmäßiges Hexagon mit (221)-Begrenzungskanten.

Diamanten können in Kaliumnitrit bei Temperaturen von 500° bis 700° C in Pt- oder Ni-Tiegeln in etwa einer Stunde geätzt werden. Ähnlich wie bei anderen Kristallen beginnt das Ätzen an einzelnen

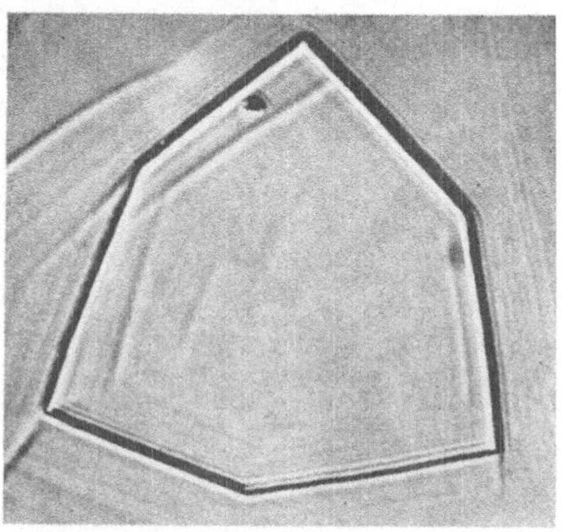

Abb. 46. Ätzhügelchen an (111)-Flächen des Diamanten (nach TOLANSKY)

Punkten. Merkwürdigerweise entstehen beim Ätzen der (111)-Spaltflächen nicht die Dreiecke sondern fadenartige Gebilde im Abstand von 2—4 μ (Abb. 47). Beim Ätzen der polierten (110)-Flächen entstehen Rhomben und der (100)-Flächen Vierecke. Die Ätzfiguren deuten auf das laminare Wachstum der Diamanten hin, das in Stufen vor sich gegangen ist. Demnach sind die meisten Diamanten stark gestört und weit vom Idealkristall entfernt.

In der Tab. 43 sind Ätzanweisungen für einige Kristalle zusammengestellt.

Ätzfiguren werden oft zur Bestimmung der Kristallsymmetrie benutzt[2–4]. Obwohl die Methode denkbar einfach ist, so erfordert sie

[1] Siehe Anm. 1 auf S. 98.

[2] Siehe BAUMHAUER, H.: Die Resultate der Ätzmethode, Verlag Engelmann, Leipzig 1894.

[3] GOLDSCHMIDT, V. und P. E. WRIGHT: Neu. Jahrb. Mineral. **17**, 355 (1903).

[4] HONESS, A. P.: The Nature, Origin and Interpretation of the Etch Figures on Crystals, Wiley and Sons, New York 1927.

doch einige Erfahrung, wenn man sie voll ausnutzen will. Die Form der Ätzfiguren wird sowohl durch die Natur und Orientierung des Kristalls als auch durch die Art und Konzentration des Ätzmittels, durch Verunreinigungen und durch die Temperatur beeinflußt. Wie nützlich die Methode ist, sieht man am Quarz, dessen trigonale Symmetrie durch Ätzen ohne weiteres zu Tage tritt. Anderseits hatte die Asymmetrie der Ätzfiguren an einigen Alkalihalogeniden, insbesondere an KCl-Kristallen, eine Konfusion verursacht, die sich als Einfluß von Verunreinigungen im Kristall herausgestellt hat.[1] Neben der mikroskopischen Beobachtung der Ätzfiguren ist die Reflexionsmethode,

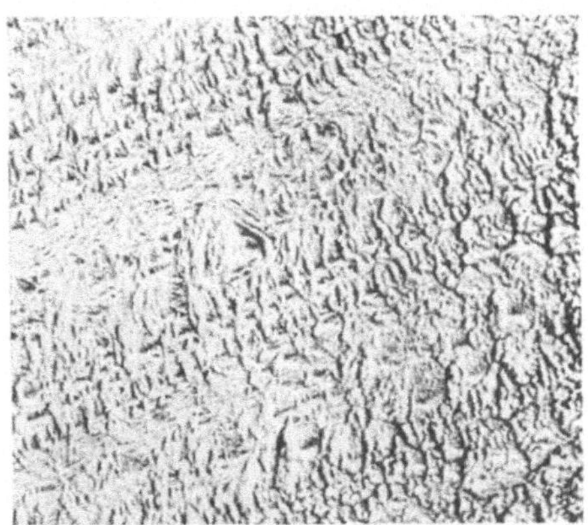

Abb. 47. Ätzfiguren an (111)-Flächen des Diamanten, die durch KNO_3-Schmelze erzeugt wurden (nach TOLANSKY)

bekannt als Methode der Lichtfiguren, sehr wertvoll, da dadurch auch eine kleine Abweichung der Orientierung der einzelnen Kristallbereiche leicht ermittelt werden kann. Es wird ein enges Parallellichtbündel von der geätzten Kristallfläche, die im Zentrum eines sphärischen Schirms sitzt, reflektiert. Das von einzelnen Ätzfiguren reflektierte Licht erzeugt Lichtfiguren auf dem Schirm. Aus der Lage der Lichtfiguren lassen sich mit Hilfe der stereographischen Projektion die einzelnen Ätzflächen und damit die Kristallsymmetrie ermitteln.

Die Richtung der Dipole in den ferroelektrischen Bereichen von Bariumtitanat konnte durch Ätzen mit Salzsäure nachgewiesen werden. Die positiven Enden der Dipole werden viel schneller geätzt als die negativen.[2]

6.4 Abbau durch Elektrolyse

Ätzfiguren können auch durch Elektrolyse erzeugt werden und zwar sowohl beim Aufbau wie beim Abbau. Regelmäßige Figuren können

[1] HERZFELD, K. und A. HETTICH: Z. Phys. **40**, 327 (1927).
[2] HOOTON, J. A. und W. J. MERZ: Phys. Rev. **98**, 409 (1955).

Tabelle 43. *Ätzanweisungen für einige Kristalle*

Kristall	Fläche	Ätzlösung	Literatur
Al	(100)	9 Teile HCl 3 Teile HNO_3 2 Teile HF 5 Teile H_2O	1
α-Fe	(100)	1 Teil HNO_3 4 Teile H_2O	1
Cu	(100) und (110)	1 Teil HCl 1 Teil H_2O gesättigt mit $FeCl_3 \cdot 6\,H_2O$	1
Pb	(100)	3 Teile H_2O_2 2 Teile Eisessig 2 Teile H_2O	1
Sn	(100) und (110)	wie bei Cu + 1 Teil H_2O	1
W	(110)	100 Teile ges. $K_3Fe_3(CN)$ 5 Teile ges. KOH	1
Zn	(101)	7 Teile ges. $CuCl_2 \cdot 2\,H_2O$ 3 Teile HCl 90 Teile H_2O	1
Ge	(111)	40 Teile 49,7% HF 20 Teile 70,7% HNO_3 40 Teile H_2O 2 g $AgNO_3$	2
Ge	(110)	1 Teil 30% H_2O_2* 1 Teil 49% HF 4 Teile H_2O	3, 4
Ge	(100)	13 Teile konz. HNO_3 37 Teile 48% HF 50 Teile H_2O 2 g $AgNO_3$	4
Ge	(100)	7 Teile konz. HNO_3 4 Teile 48% HF 89 Eisessig 3 g $AgNO_3$	4
Si	(110)	3 Teile 48% HF 5 Teile 70% HNO_3 3 Teile Eisessig 2 Teile 3% $(HgNO_3)_2$	5
NaCl	(100)	Alkohol	6
LiF	(110)	CP4** + Fe^{3+}	7

[1] Barrett, Ch. S.: Structure of Metals, McGraw-Hill Book Co., New York 1952, 2. Aufl.

[2] Wynne, R. H. und C. Goldberg: J. Metals **5**, 436 (1953).

[3] Batterman, B. W.: J. Appl. Phys. **28**, 1236 (1957).

[4] Ellis, Jr., R. C.: J. Appl. Phys. **25**, 1497 (1954).

[5] Vogel, Jr., F. L. und C. Lovell: J. Appl. Phys. **27**, 1413 (1956).

[6] Amelinckx, S.: Acta Met. **2**, 848 (1954).

[7] Gilman, J. J. und W. G. Johnston: J. Appl. Phys. **27**, 1018 (1956).

* diese Lösung wird „Superoxol" genannt.

** CP4 = 5 Teile HNO_3 + 3 Teile Eisessig + 3 Teile HF + 0.1 Teil Br_2.

nur bei einer langsamen Reaktion (kleine Stromdichten) erhalten werden. Bei Zn-Einkristallen wurden an (0001)-Flächen regelmäßige Sechsecke bei Stromdichten von 10 mA per cm^2 erzeugt.[1]

Die (111)-Flächen der α-Fe-Einkristalle werden elektrolytisch in verdünnten H_2SO_4, HNO_3 und Überchlorsäure schneller abgebaut als die (110)- und (100)-Flächen. Bei niedrigen Stromdichten treten (100) Ätzfiguren auf, bei höheren (111), dazwischen beide.[2]

VII. Versetzungen[3–15]

7.1 Versetzungsformen

Der Begriff der Versetzung wurde vor 30 Jahren eingeführt, um die Diskrepanz zwischen der Theorie und den Experimenten bei der Festigkeit und der plastischen Deformation von Kristallen zu erklären.[16–20] Vor etwa 10 Jahren wurden die Versetzungen zur Erklärung des Kristallwachstums bei niedriger Übersättigung aus dem Dampf und aus der Lösung herangezogen[21, 22] . Kurze Zeit darauf konnten die Versetzungen

---

[1] Cavallaro, L. und G. P. Bolognesi: Rev. Met. **52**, 706 (1955).

[2] Engell, H. J.: Naturw. **42**, 124 (1955).

[3] Frank, F. C.: Advances in Physics **1**, 91 (1952).

[4] Cottrell, A. H.: Prog. Metal Phys. **4**, 205 (1953).

[5] Cottrell, A. H.: Dislocations and Plastic Flow in Crystals, Clarendon Press, Oxford 1953.

[6] Verma, A. R.: Crystal Growth and Dislocations, Academic Press, New York, and Butterworth Sci. Publications, London 1953.

[7] Forty, A. J.: Advances in Physics **3**, 1 (1954).

[8] Seeger, A.,: in Handbuch der Physik, Bd. VII, Teil 1, S. 476, Berlin: Springer 1955.

[9] Hirsch, P. B.: Progr. Metal Phys. **6**, 236 (1956).

[10] Dekeyser, W.: in Report of the Conference on Defects in Crystalline Solids, S. 134, London: The Physical Society 1955.

[11] Amelinckx, S.: in Dislocations and Mechanical Properties of Crystals, Wiley and Sons, New York 1957, S. 3.

[12] Pfann, W. G.: Zone Melting, New York: Wiley and Sons 1958, S. 165.

[13] Read, W. T.: Dislocations in Crystals, McGraw-Hill Book Co., New York 1953.

[14] Cohen, M.: Dislocations in Metals, American Institute of Mining and Metallurgical Engineers, Institute of Metals Division, 1954.

[15] Imperfections in Nearly Perfect Crystals, Shockley, W., J. H. Hollomon, R. Maurer and F. Seitz: Eds., New York: John Wiley and Sons 1952.

[16] Prandl, L.: Z. angew. Math. Phys. **8**, 85 (1928).

[17] Dehlinger, U.: Ann. Physik **2**, 749 (1929).

[18] Taylor, G. I.: Proc. Roy. Soc. **A145**, 362 (1934).

[19] Orowan, E.: Z. Physik **89**, 634 (1934).

[20] Polanyi, M.: Z. Physik **89**, 660 (1934).

[21] Frank, F. C.: Discussions Faraday Soc. **5**, 48 (1949); Phil. Mag. **42**, 1014 (1951).

[22] Burton, W. K., N. Cabrera und F. C. Frank: Phil. Trans. Roy. Soc. (London) **243**, 299 (1951).

experimentell sowohl an natürlichen[1] als auch an künstlichen Kristallen[2] nachgewiesen und am Seifenblasenmodell[3] demonstriert werden. Seit der Zeit sind Untersuchungen über Versetzungen und deren Wechselwirkung mit verschiedenen Kristalleigenschaften erstaunlich angewachsen. Es sollen hier nur die wichtigsten Ergebnisse, insbesondere solche, die für das Kristallwachstum von Bedeutung sind, behandelt werden.

Unter der Versetzung versteht man eine lineare Gitterstörung, in der die regelmäßige Anordnung der Gitterbausteine durch Scherung unterbrochen wird. Die einfachste Art der Versetzung ist die Stufenversetzung. Wie man aus der Abb. 48 sieht, hört eine der Atom-

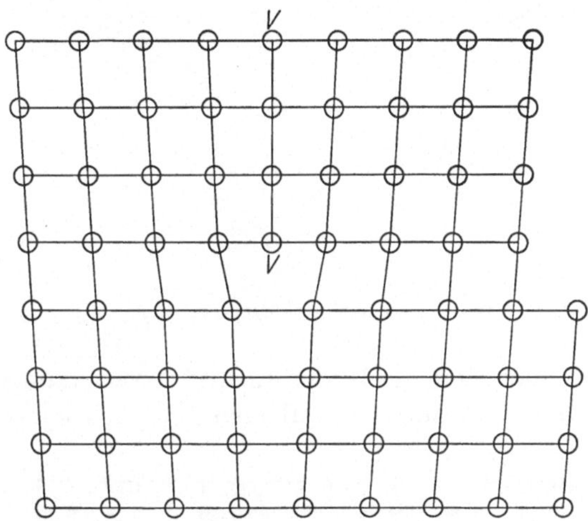

Abb. 48. Schema einer Stufenversetzung

reihen (v v) in der Mitte der Kristallebene auf. Es entsteht im Gitter eine Störung, die sich über mehrere Atomabstände erstreckt. Im oberen Teil der Versetzung sind die Atome zusammengepreßt, im unteren auseinandergezogen. Man kann sich die Entstehung einer solchen Versetzung so vorstellen, daß der obere Teil des Gitters um einen Atomabstand gegenüber dem unteren verschoben wurde. Es entsteht am Rand einer Stufe, daher der Name Stufenversetzung. Die Stufenversetzung wird auch TAYLOR-OROWAN-Versetzung genannt.

Eine zweite Art der Versetzung ist die Schraubenversetzung (Abb. 49), die von BURGERS[4] eingeführt wurde.

Während bei der Stufenversetzung die Gleitverschiebung der Atome senkrecht zu der Versetzungslinie erfolgt, ist die Richtung der Schrauben-

---

[1] GRIFFIN, L. J.: Phil. Mag. **41**, 196 (1950).

[2] FORTY, A. J.: Phil. Mag. **42**, 670 (1951).

[3] BRAGG, W. L. und J. F. NYE: Proc. Roy. Soc. (London) **A190**, 474 (1947).

[4] BURGERS, J. M.: Proc. Sci. Akad. Amsterdam **42**, 293, 378 (1939); Proc. Phys. Soc. (London) **52**, 23 (1940).

versetzung parallel zur Verschiebung der Atome. Die Anordnung der Atome in der Umgebung der Schraubenversetzung verläuft nicht in Ebenen sondern in schraubengewundenen Flächen.

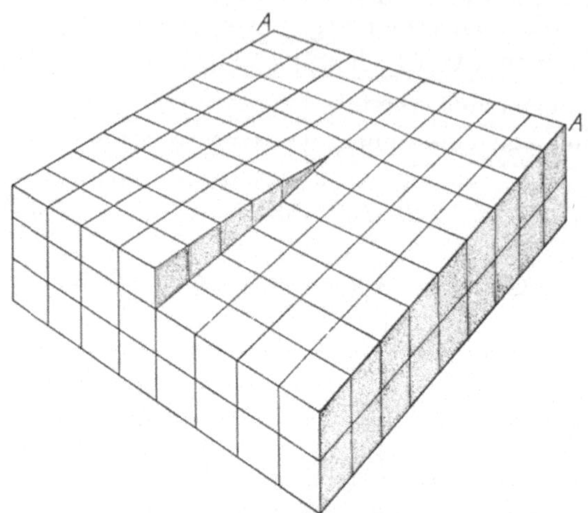

Abb. 49. Schema einer Schraubenversetzung

Durch die Kombination der beiden Elementarversetzungen lassen sich verschiedene Versetzungsformen aufbauen, die auch kurvenförmig ver-

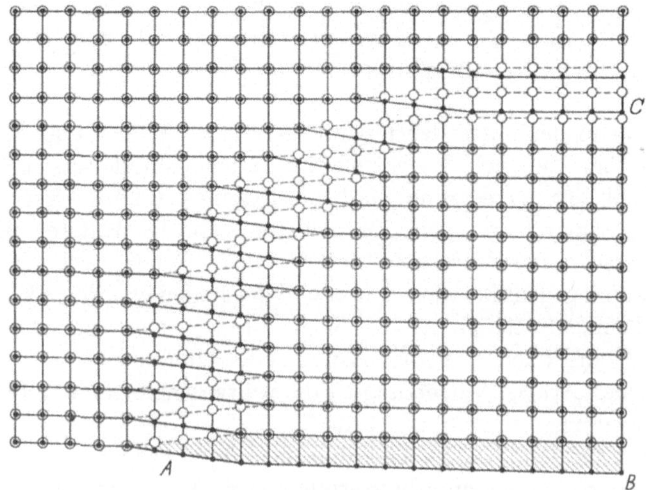

Abb. 50. Schema einer kurvenförmigen Versetzung

laufen können (Abb. 50). Andererseits können die Versetzungen entlang den Korngrenzen zwischen den einzelnen Kristalliten größere Konglomerate bilden (Abb. 51).

Wie kommen die Versetzungen in den Kristallen zustande? Beobachtungen an Kristallkeimen von CdJ_2[1] und PbJ_2[2] zeigen, daß Versetzungen nicht bei der Keimbildung vorhanden sind, sondern erst im späteren Stadium plötzlich gebildet werden, wenn der Keim eine gewisse Größe erreicht hat. FRANK (1951) nimmt an, daß im Keim entweder durch chemische Verunreinigung oder durch die Nachbarkeime große Spannungen entstehen, die zur Gleitung und damit zur Bildung von Versetzungen führen. Eine andere Möglichkeit zur Bildung von Versetzungen ist die Grenze zwischen zwei Keimen, die eine etwas andere Orientierung haben, was meistens der Fall sein wird. Auch Leerstellen in Dendriden und Gittern können einen Anlaß zu Versetzungen geben.

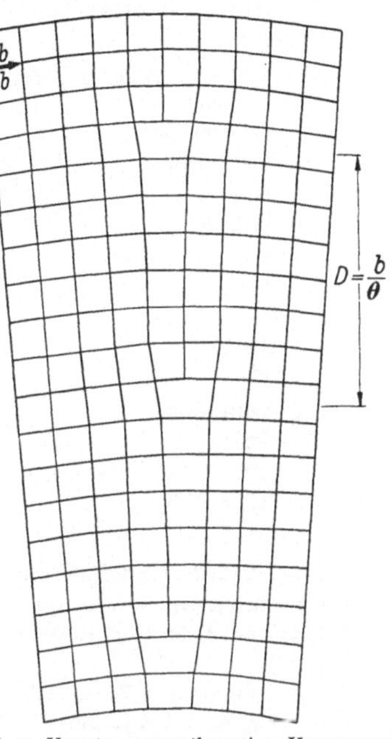

Abb. 51. Versetzungen entlang einer Korngrenze zwischen zwei Kristallen

7.2 Experimenteller Nachweis der Versetzungen

Bis 1950 wurden Versetzungen nur theoretisch untersucht. An einen direkten experimentellen Nachweis der Versetzungen glaubte man bis dahin nicht, da die Versetzungen nur von der Größe der Atome bzw. Moleküle sind*. GRIFFIN[3] war der erste dem es gelungen ist, mit dem Phasenmikroskop Spiralversetzungen an der (1010)-Fläche eines natürlichen Beryll-Kristalls ($3\,BeO \cdot Al_2O_3 \cdot 6\,SiO_2$, hexagonal) nachzuweisen. In den folgenden Jahren sind an vielen Kristallen Versetzungen verschiedener Strukturen beobachtet worden. Die Tab. 44 gibt davon eine Übersicht.

Zur Beobachtung der Versetzungen hat man sich der Phasenmikroskopie, der Interferenzmikroskopie nach TOLANSKY und der Elektronenmikroskopie bedient. In Kristallen mit großen Gitterkonstanten, wie z. B. $C_{36}H_{74}$ konnte man nachweisen, daß die Spiralversetzungen aus monomolekularen Stufen bestehen. In den meisten Fällen sind die Versetzungsstufen einige Hundert oder sogar Tausend ÅNGSTRÖM hoch. Versetzungsspiralen scheinen nicht an eine kristallographische Ebene

[1] KORNDORFFER, A., H. RAHBEK und F. SULTAN: Phil. Mag. **43**, 1301 (1952).

[2] FORTY, A. J.: Phil. Mag. **43**, 72 (1952).

* Spiralen an Kristalloberflächen wurden schon viel früher mehrfach beobachtet, es wurde aber nicht erkannt, daß es sich um Spiralversetzungen handelt (VERMA, A. R.: Crystal Growth and Dislocations, S. 48.)

[3] GRIFFIN, L. J.: Phil. Mag. **41**, 196 (1950).

Tabelle 44. *Kristalle, an denen Versetzungen beobachtet wurden*

Kristall	Literatur	Kristall	Literatur
Ag	1, 2	LiF	33
AgBr	3	$Li_2SO_4 \cdot H_2O$	34
AgCl	4	Mg	21, 35
Al	5–8	NaCl	32, 36
AlB_2	9	PbI_2	21
Al_2O_2 (Rubin synth.)	10	$(Pb, Cd)I_2$	21
Au	1, 11	Pt	37
$3\,BeO \cdot Al_2O_3 \cdot 6\,SiO_2$ (Beryll)	12–13	Si	26, 38–40
		SiC	41, 42
C (Diamant)	14–16	SiO_2	43
C (Graphit)	17	Ti	44
CaF_2	18	Zn	45
$CaCO_3$	19	ZnS	46, 44
Cd	1, 20, 21	Topas	47
CdI_2	21	n-Paraffine	48, 49
Cu	22, 23	n-Aliohole	50
Fe_2O_3	24	Carbonsäuren	51
Ge	25–29	Salol	52
Glimmer	20	Thymol	53, 54
InSb	30	andere org. Verbindungen	55
KCl	31		
$KFe(CN)_6$	32		

[1] FORTY, A. F. und F. C. FRANK: Proc. Roy. Soc. (London) **A217**, 262 (1953).

[2] HENDRICKSON, A. A. und E. S. MACHLIN: Acta Met. **3**, 64 (1955).

[3] HEDGES, J. M. und J. W. MITCHELL: Phil. Mag. **44**, 223 (1953); Phil. Mag. **44**, 357 (1953).

[4] VAN DER VORST, W. und W. DEKEYSER: Naturw. **40**, 316 (1953).

[5] FORTY, A. J.: Advances in Physics **3**, 1 (1954).

[6] SUZUKI, T. und T. IMURA: Report of the Conference on Defects in Crystalline Solids, S. 347, The Physical Society, London, 1955.

[7] WYON, G. und P. LACOMBE: ibid, S. 187.

[8] LACOMBE, P. und L. BEAUJARD: J. Inst. Metals **74**, 1 (1947).

[9] HORN, F. H., E. F. FULLAM und J. S. KASPER: Nature **169**, 927 (1952).

[10] AMELINCKX, S.: Compt. rend. **234**, 1793 (1952).

[11] AMELINCKX, S.: Phil. Mag. **43**, 562 (1952).

[12] DEKEYSER, W. in Report of the Conference on Defects in Crystalline Solids. The Physical Soc. London 1955, S. 134.

[13] GRIFFIN, L. J.: Phil. Mag. **41**, 196 (1950).

[14] OMAR, M., N. S. PANDYA und S. TOLANSKY: Proc. Roy. Soc. (London) **A225**, 33 (1954).

[15] PANDYA, N. S. und S. TOLANSKY: Proc. Roy. Soc. **A 225**, 40 (1954).

[16] TOLANSKY, S. und A. R. PATEL: Phil. Mag. [8] **2**, 1003 (1957).

[17] HORN, F. H.: Nature **170**, 581 (1952); Phil. Mag. **43**, 1210 (1952).

[18] AMELINCKX, S., Dislocations and Mechanical Properties of Crystals. Wiley and Sons, New York: 1957, S. 3.

[19] AMELINCKX, S.: Nature **68**, 431 (1951).

[20] FORTY, A. J.: Phil. Mag. **42**, 670 (1951.

[21] FORTY, A. J.: Phil. Mag. **43**, 72, 377, 481, 949 (1952).

[22] BETHGE, H. und O. SCHAFFER: Naturw. **41**, 573 (1954).

gebunden zu sein, denn man konnte sie z. B. am Ag sowohl auf den kubischen wie auch auf den oktaedrischen Flächen feststellen. Anderseits konnte man bis jetzt keine Spiralen auf Zn-Oberflächen nachweisen, obwohl sie auf dem verwandten Mg gefunden wurden.

7.3 Schraubenversetzungen

Sowohl auf natürlichen als auch auf künstlichen Kristalloberflächen wurden verschiedene Spiralformen beobachtet. Die einfachste Form ist die ARCHIMEDische Spirale ($r = 2\,\varrho_c\,\delta$), wobei der Radius ϱ_c linear mit dem Winkel δ zunimmt. Diese Art der Spiralformen tritt offenbar auf,

---

[23] YOUNG, JR., F. W.: J. Appl. Phys. **27**, 554 (1956).
[24] VERMA, A. R.: Nature **169**, 540 (1952).
[25] VOGEL, F. L., W. G. PFANN, H. E. Corey und E. E. THOMAS: Phys. Rev. **90**, 489 (1953).
[26] OBERLY, J. J.: J. Metals **6**, 1025 (1954).
[27] VOGEL, F. L.: Acta Met. **3**, 245 (1955).
[28] THODES, R. G., K. O. BATSFORD und D. J. DANE–THOMAS: J. Electronics and Control **3**, 403 (1957).
[29] KIKUCHI, M. und S. DENDA: J. Phys. Soc. (Japan) **12**, 105 (1957).
[30] AMELINCKX, S.: Nature **169**, 580 (1952).
[31] BARDSLEY, W. und R. L. BELL: J. Electronics and Control **3**, 103 (1957).
[32] AMELINCKX, S. und E. VOTAVA: Nature **172**, 538 (1953).
[33] GILMAN, J. J., C. KNUDSEN und W. P. WALSCH: J. Appl. Phys. **29**, 601 (1958).
[34] RAE, H. und A. G. ROBINSON: Proc. Roy. Soc. **A 222**, 1151 (1954).
[35] READ, T. W.: Dislocations in Crystals. McGraw Hill: New York 1953.
[36] AMELINCKX, S.: Acta Met. **3**, 245 (1955).
[37] VOTAVA, E.: Naturw. **40**, 290 und 437 (1953).
[38] VOGEL, JR., F. L. und J. C. LOVELL: J. Appl. Phys. **27**, 1413 (1956).
[39] JOHNSTON, T. L., C. H. LI und C. I. KNUDSON: J. Appl. Phys. **28**, 746 (1957).
[40] LOGAN, R. A. und A. J. PETERS: J. Appl. Phys. **28**, 1419 (1957).
[41] VERMA, A. R.: Nature **167**, 939 (1951); Phil. Mag. **43**, 441 (1952); Z. Elektrochem. **56**, 268 (1952).
[42] AMELINCKX, S.: Nature **167**, 939 (1951); **168**, 431 (1951); J. chim. phys. **48**, 475 (1951); **49**, 411 (1952); **50**, 45 (1953).
[43] WEILL, A. R.: Compt. rend. **235**, 256 (1952).
[44] STEINBERG, M. A.: Nature **170**, 119 (1952).
[45] CAHN, R. W.: J. Inst. Metals **76**, 121 (1949).
[46] VOTAVA, E., S. AMELINCKX und W. DEKEYSER: Physica **19**, 1163 (1953).
[47] VOTAVA, E., W. DEKEYSER, S. AMELINCKX und G. VANDERMEERSCHE: Naturwiss. **40**, 479 (1953).
[48] GEVERS, R.: J. chim. phys. **50**, 321 (1953).
[49] DAWSON, I. M. und V. VAND: Proc. Roy. Soc. **A206**, 555 (1951).
[50] DAWSON, I. M.: Proc. Roy. Soc. **A 214**, 72 (1952).
[51] AMELINCKX, S.: Compt. rend. **237**, 1726 (1933); Naturw. **40**, 620 (1953).
[52] AMELINCKX, S.: Naturw. **39**, 547 (1952); J. chim. phys. **50**, 218 (1953); Phil. Mag. **44**, 337 (1953).
[53] VOTAVA, E., S. AMELINCKX und W. DEKEYSER: Nature. **40**, 143 (1953).
[54] AMELINCKX, S. und VOTAVA: Naturw. **40**, 290 (1953).
[55] BRANDSTÄTTER, M.: Naturw. **40**, 272 (1953).

wenn die Wachstumsgeschwindigkeit von der Richtung auf der Kristalloberfläche unabhängig ist.

Der Radiuszuwachs Δr für eine Umdrehung ist nach VERMA[1] annähernd gleich

$$\Delta r = 4\pi \varrho_c = \frac{4\pi a \Phi}{2kT\ln\alpha} . \tag{101}$$

Die Breite zwischen den einzelnen Versetzungsstufen ist danach direkt proportional dem Atomdurchmesser a und der Bindungsenergie Φ und umgekehrt proportional der Temperatur bei der Entstehung und dem Logarithmus der Übersättigung α. Die Höhe der Stufen ist gleich einem Vielfachen der Gitterkonstanten.

Abb. 52. Kreisförmige Schraubenversetzung an SiC (nach AMELINCKX[2])

Nach den Beobachtungen von VERMA[1] ist der Abstand zwischen den einzelnen Spiralstufen an SiC $\sim 20\,\mu$; daraus ergibt sich der kritische Radius $\varrho_c \sim 2\,\mu$. Für $\Phi/kT \sim 6$ ergibt sich die Übersättigung $\alpha \sim 0{,}002$.

Spiralen mit kontinuierlicher Radiusänderung werden verhältnismäßig selten beobachtet. Als Beispiel sind zwei Spiralen am SiC in Abb. 52 gezeigt.

Viel öfter treten Spiralen mit polygonaler, aus geraden Stücken zusammengesetzter Begrenzung auf. In dieser Form macht sich der Einfluß der Kristallorientierung auf die Geschwindigkeit des Wachstums bemerkbar, wie man in der Abb. 53 am n-$C_{36}H_{74}$ sieht.

Abb. 53. Polygonale Schraubenversetzung an *n*-Nonatriacontan (nach DAWSON und ANDERSON[3])

Es sind auch Fälle bekannt, in denen das Zentrum der Spirale kreisförmig und der Rand polygonal (gemischte Form) ist.

Da gewöhnlich auf der Kristallfläche viele Versetzungszentren vorhanden sind, so treten beim Wachsen verschiedene Komplikationen auf. Die einzelnen Spiralen können sich einfach über-

[1] VERMA, A. R., Crystal Growth and Dislocations, New York, Academic Press: 1953.

[2] siehe FORTY, A. J.: Advances in Physics 3, 1 (1954).

[3] DAWSON, I. M. und N. G. ANDERSON: Proc. Roy. Soc. **A 218**, 255 (1953).

lagern oder unter gewissen Bedingungen auch vernichten. Ein interessanter Fall tritt auf, wenn sich zwei Spiralen von entgegengesetzter Drehrichtung treffen. Dann treten geschlossene Ringe auf (Abb. 54).

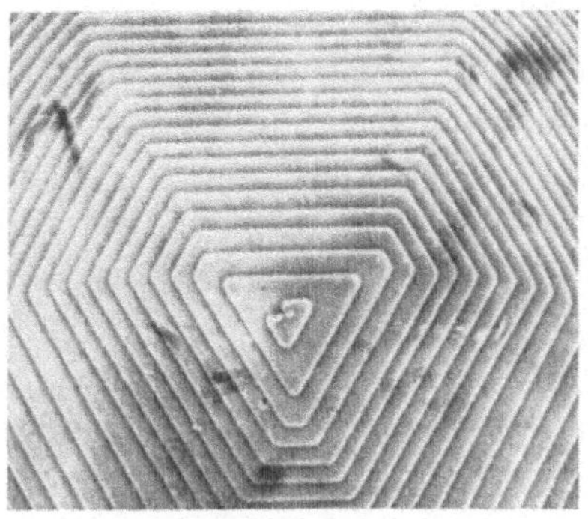

Abb. 54. Geschlossene Schraubenversetzung an SiC, X 200 (nach VERMA)

Abb. 55. Multiple Schraubenversetzung an SiC, X 200 (nach VERMA)

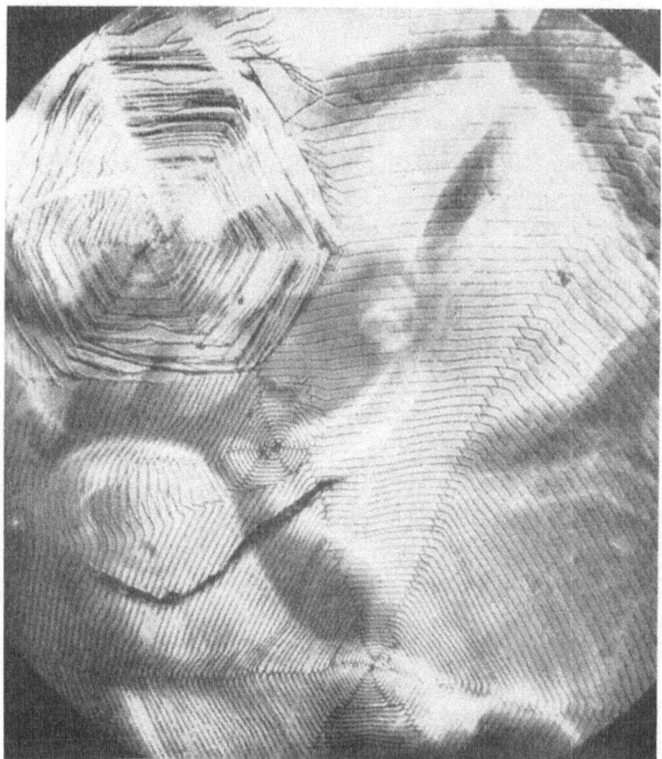

Abb. 56. Spezielle Übergänge der Schraubenversetzungen an SiC (nach VERMA[1])

[1] VERMA, A. R.: Phil. Mag. **42**, 1005 (1951).

Neben den sogenannten elementaren Versetzungen, bei denen die Stufen aus einigen wenigen oder im Idealfall nur aus einer einzigen monomolekularen Kristallgitterschicht bestehen, sind multiple Versetzungen bekannt, die Stufen von etwa bis 2000 Å aufweisen. Ein typischer Kristall mit dieser Eigenschaft ist SiC (Abb. 55). Diese Riesenversetzungen kommen dadurch zustande, daß beim Wachstum im Kristall große Spannungen entstehen, durch die der Kristall plastisch deformiert wird. Plastische Deformation führt aber zur Bildung von Versetzungen. Oft führen die Spannungen zur Bildung eines Lochs im Zentrum der Spirale. Das ist eine andere Möglichkeit der Spannungsbeseitigung.[1], [2]

Eine andere Art von Versetzungen wurde von VERMA,[2] am SiC und von FORTY[3] am CdJ_2 beobachtet, die in der Abb. 56 wiedergegeben sind. Entlang der Diagonalen des Hexagons gabeln sich die einzelnen Stufen und münden in die benachbarten ein. Außerdem wurde auch manchmal eine Gruppenbildung der Gabelversetzungen beobachtet. Diese Art der Versetzung wird mit der Polymorphie des SiC in Zusammenhang gebracht. Ein direkter Nachweis der Polymorphie bei CdJ_2 steht noch aus.

7.4 Stufenversetzungen

Der experimentelle Nachweis der Stufenversetzungen ist nicht so einfach wie der Nachweis der Spiralversetzungen. Ätzfiguren geben zwar einen Hinweis darauf aber kein direktes Maß. Nur dann, wenn die Ätzfiguren bestimmte geometrische Anordnung zeigen, können sie den Stufenversetzungen zugeordnet werden. So konnte z. B. an Germanium-Kristallen nachgewiesen werden, daß der Abstand zwischen den einzelnen Ätzfiguren entlang der Grenze zwischen zwei schwach geneigten (etwa eine Winkelminute) Kristalliten dem berechneten Wert entspricht, den man aus dem Versetzungsmodell nach BURGERS[4] erhält.[5] Ein Beispiel der Anordnung der Ätzfiguren entlang einer Korngrenze ist in Abb. 57 gezeigt. Die Stufen- und Spiral-Versetzungen können auch durch die Form der Ätzfiguren unterschieden werden.[6, 7] Da Verunreinigungen sich an Stufen und nicht an Spiralversetzungen niederschlagen, so wird das Ätzen an Stufenversetzungen stärker sein als an Spiralversetzungen.

---

[1] FRANK, F. C.: Acta Cryst. 4, 497 (1951).

[2] Siehe Anm. 1 auf S. 109.

[3] FORTY, A. J.: Phil. Mag. 43, 72 (1952).

[4] BURGERS, J. M.: Proc. Phys. Soc. 52, 23 (1940).

[5] VOGEL, F. L., W. G. PFANN, H. E. COREY und E. E. THOMAS, Phys. Rev. 90, 489 (1953).

[6] AMELINCKX, S.: Acta Met. 2, 848 (1954).

[7] GILMAN, J. J. und W. G. JOHNSTON: J. Appl. Phys. 27, 1018 (1956).

Anderseits kann die Symmetrie an bestimmten Kristallflächen für beide Versetzungsarten verschieden sein.

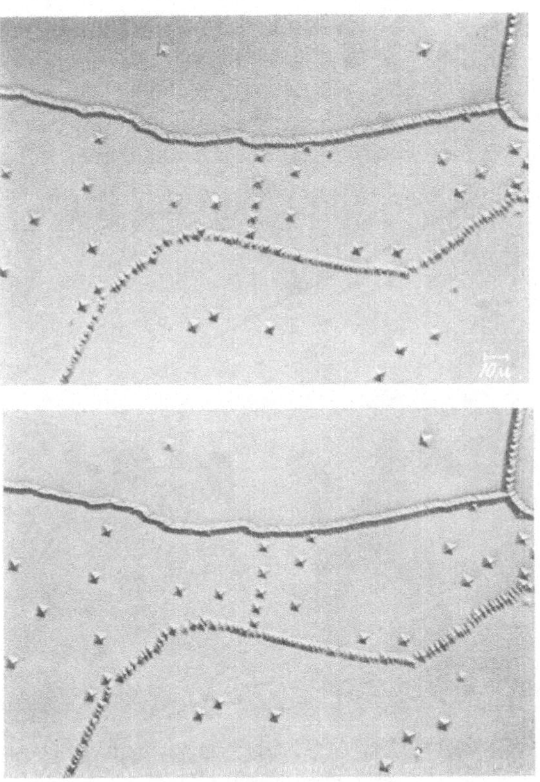

Abb. 57. Ätzfiguren entlang der Stufenversetzungen an LiF (nach GILLMAN und JOHNSTON[1])

7.5 Konzentration der Versetzungen

Die Zahl der Versetzungen kann durch plastische Deformation stark vergrößert werden. In der Abb. 58 ist die Verteilung der Versetzungen an plastisch deformierten LiF-Kristall gezeigt. Die Bildung von Versetzungen durch plastische Deformation wurde an Ag[2], Ge[3], Si[4] und anderen Kristallen studiert. Umgekehrt konnte durch die Bestimmung der Versetzungen mittels Ätzfiguren, gezeigt werden, daß Si- und Ge-Einkristalle beim Züchten aus der Schmelze plastisch deformiert werden.[5] Versetzungen werden auch durch den Spaltungsprozeß gebildet

[1] Siehe Anm. 7 auf S. 110.

[2] HENDRICKSON, A. A. und E. S. MATHLIN: Acta Met. 3, 64 (1955).

[3] VOGEL, F. L.: Trans. Am. Inst. Mining Met. Engrs. 206, 946 (1956).

[4] PATEL, J. R.: Journ. Appl. Phys. 29, 170 (1958).

[5] BILLIG, E.: Proc. Roy. Soc. A235, 37 (1956).

und zwar vor dem Riß, wenn die Spaltung langsam fortschreitet.[1] Eine andere Methode beruht auf der Anwendung eines hohen elektrischen Feldes, wobei „Versetzungs-LICHTENBERG-Figuren" entstehen[2] (Abb. 59).

Die Konzentration der Versetzungen (auch Dichte genannt) wird entweder als Anzahl der Versetzungslinien pro cm² oder als Gesamtlänge der Versetzungslinien in cm pro cm³ angegeben. Die Zahl ist immer ein Durchschnitt. Es gibt verschiedene Methoden zur Bestimmung der Konzentration von Versetzungen, alle beruhen aber auf gewissen Annahmen, die nicht immer nachgeprüft werden können. Beim Ätzen ist nicht nur das Ätzmittel sondern auch die Zeit und die Temperatur von

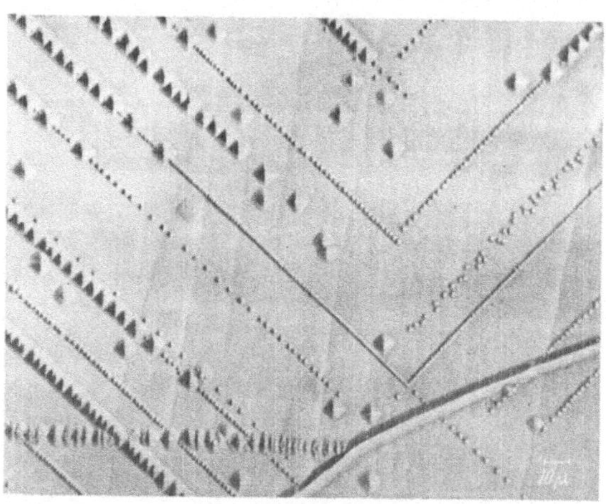

Abb. 58. Ätzfiguren entlang der Versetzungen an LiF, die durch plastische Deformation erzeugt wurden, X 850 (nach GILLMAN und JOHNSTON)

Einfluß. Anderseits können Versetzungen Aggregate bilden, wodurch die Konzentration zu klein ausfallen kann.

Die sogenannte „*Dekorationsmethode*" beruht darauf, daß geeignete Verunreinigungen an den Versetzungen niedergeschlagen werden. Als solche wurden beim Silizium Kupfer,[3] bei AgBr das photochemisch niedergeschlagene Ag,[4] bei NaCl die additive Verfärbung[5] oder bei NaCl[6] und KCl[7] mit AgCl-Zusatz und bei CaF_2 mit Ca oder Na[8] die thermische Behandlung bei 600—700° C in H_2-Atmosphäre.

---

[1] GILMAN, J. J.: Trans. Am. Inst. Mining Met. Engrs. **209**, 449 (1957).
[2] GILMAN, J. J. und D. W. STAUFF: J. Appl. Phys. **29**, 120 (1958).
[3] DASH, W. C.: J. Appl. Phys. **27**, 1193 (1956).
[4] HEDGES, J. M. und J. W. MITCHELL: Phil. Mag. **44**, 223 u. 357 (1953).
[5] AMELINCKX, S.: Phil. Mag. [8] **1**, 269 (1956).
[6] VAN DER VORST, W. und W. DEKEYSER: Phil. Mag. [8] **1**, 882 (1956).
[7] AMELINCKX, S. und W. MAENHOUT-VAN DER HORST: Dislocations and Mechanical Properties of Crystals, New York: Wiley ans Sons 1957, p. 55.
[8] BONTINCK, W. und W. DEKEYSER: Physica **22**, 595 (1956).

Eine andere Methode beruht auf der Messung der Halbwertsbreite der Beugungslinien der Röntgenstrahlen. Wenn die durchschnittliche Größe und die Neigung der Domänen bekannt ist, dann läßt sich unter bestimmten Annahmen die Konzentration der Versetzungen bestimmen, sonst kann nur die obere bzw. untere Grenze angegeben werden.[1] In der Tab. 45 sind die oberen und unteren Grenzen der Versetzungskonzentration für einige Kristalle zusammengestellt.

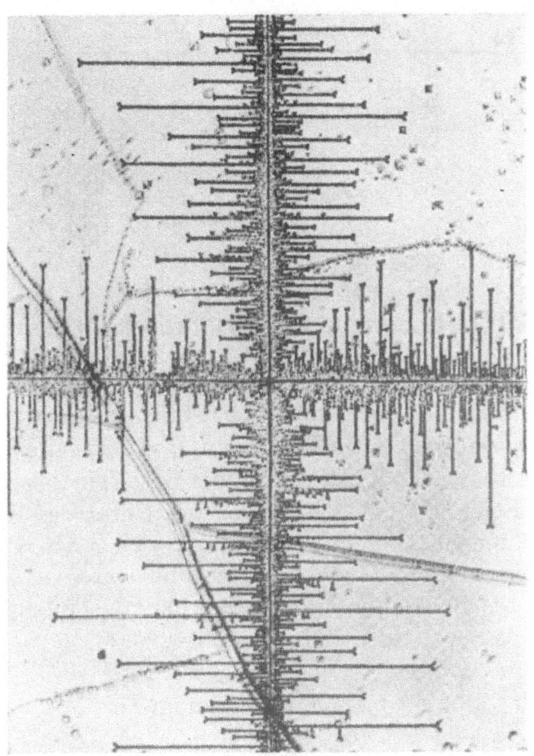

Abb. 59. Versetzungs-Lichtenberg-Figuren an LiF (nach GILLMAN und STAUFF[2])

Wie man aus der Tab. 45 ersieht, ist die Konzentration der Versetzungen an langsam gewachsenen und getemperten Kristallen von der Größenordnung 10^4 bis $10^8/\mathrm{cm}^2$, also grob geschätzt kommt auf 10^6-Atome eine Versetzung. Durch plastische Deformation kann sie auf $10^{12}/\mathrm{cm}^2$ gesteigert werden.

Versetzungen sind manchmal an gewisse Stellen im Gitter gebunden, z. B. an eine Störungsstelle, verursacht durch chemische Verunreinigung.

---

[1] HIRSCH, P. B., Prog. Met. Phys. 6, 236 (1956).

[2] Siehe Anm. 2 auf S. 112.

Freie Versetzungen können wandern bis sie an einer defekten Gitterstelle gebunden werden oder sich durch Zusammentreffen mit einer Versetzung vom entgegengesetzten Vorzeichen vernichten. Es besteht nämlich zwischen Versetzungen vom entgegengesetzten Vorzeichen eine Anziehung, sobald sie sich auf den kritischen Abstand nähern, der etwa 10^{-5} cm beträgt.

Tabelle 45. *Konzentration der Versetzungen in getemperten Kristallen*

Kristall	Untere Grenze	Obere Grenze	Literatur
Al 99,999%	$1{,}3 \times 10^7/\text{cm}^2$	$3{,}0 \times 10^8/\text{cm}^2$	1
Cu 99,999%	4×10^6	2×10^7	1
Ge	10^6	10^8	2, 3
NaCl	10^5	10^8	4
$CaCO_3$	5×10^3	—	5, 6
KBr	6×10^6	5×10^8	7

VIII. Theorien des Kristallwachstums

8.1 Thermodynamische Theorie

Bei der Behandlung des Kristallwachstums gehen wir vom bereits vorhandenen makroskopischen Kristall aus und betrachten zwei wichtige Probleme: die Form des Kristalls und die Geschwindigkeit des Wachstums. Beide Eigenschaften hängen von der Natur des Kristalls selbst und von den äußeren Bedingungen ab, unter denen der Kristall wächst. Die regelmäßige äußere Form der Kristalle wurde wohl zuerst von GIBBS[8] durch die Bedingung erklärt, daß bei konstantem Volumen die freie Energie des Systems ein Minimum hat.

$$\sum_{1}^{n} A_p \, \sigma_p = \text{Minimum}\,, \tag{102}$$

wobei σ_p die freie Oberflächenenergie, A_p die Oberfläche der p-ten Fläche und n die Zahl der Außenflächen des Kristalls sind. Die Bedingung gilt aber nur im Gleichgewicht des Kristalls mit seiner Umgebung aber nicht im Fall des Wachstums. Es ist deshalb nicht ausgeschlossen, daß weit vom Gleichgewicht entfernt auch solche Flächen

[1] GAY, P., P. B. HIRSCH und A. Kelly: Acta Met. **1**, 315 (1953).
[2] KULIN, S. S. und A. D. KURTZ: Acta Met. **2**, 354 (1954).
[3] ELLIS, D. G.: J. Appl. Phys. **26**, 1140 (1955).
[4] RENNINGER, M.: Z. Krist. **89**, 344 (1934).
[5] ALLISON, S. K.: Phys. Rev. **41**, 1 (1932).
[6] PARRATT, L. G.: Phys. Rev. **41**, 561 (1932).
[7] BACON, G. E.: Proc. Roy. Soc. (London) **A209**, 397 (1951).
[8] GIBBS, J. W.: Collected Works, Vol. 1, p. 320, New York: Longmans, Green and Co. 1928.

gebildet werden, die der Minimumsbedingung nicht genügen. Aus der GIBBschen Gleichung ergibt sich die WULFFsche Beziehung[1]

$$\frac{\sigma_1}{r_1} = \frac{\sigma_2}{r_2} = \frac{\sigma_n}{r_n}, \tag{103}$$

wobei r_n der Abstand der Fläche n vom WULFFschen Punkt des Kristalls ist, der als Schnittpunkt der Flächennormalen definiert ist. Die WULFFsche Beziehung besagt, daß die Wachstumsgeschwindigkeit einer Kristallfläche proportional ihrer Oberflächenenergie ist.

8.2 Molekular-kinetische Theorie

Ein wesentlicher Fortschritt in der Theorie des Kristallwachstums wurde aber erst durch KOSSEL[2] und STRANSKI[3] gemacht, die den Wachstumsprozeß auf molekularkinetischer Grundlage entwickelt haben. Der Aufbau des Kristalls wurde in eine Folge von Elementarprozessen zerlegt und die Abtrennbarkeit der einzelnen Kristallbausteine an verschiedenen Kristallflächen berechnet. Bei der Berechnung werden folgende Annahmen gemacht:

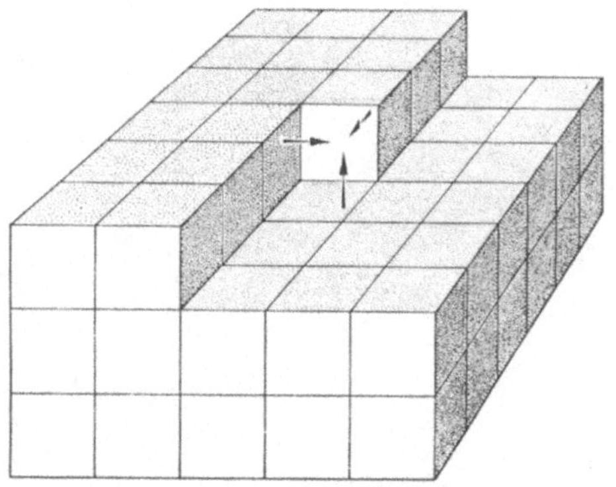

Abb. 60. Aufbau eines idealen NaCl-Kristalls nach KOSSEL[2])

1. Der Kristall ist hinreichend groß, so daß sein Dampfdruck unabhängig von seiner Größe ist.

2. Der Kristall ist nicht von seinem gesättigten Dampf umgeben. Der Druck der Umgebung liegt etwas darunter, so daß eine geringe Abweichung vom Gleichgewichtszustand vorliegt.

3. Es sollen weder das Gitter noch die Moleküle an der Oberfläche deformiert sein.

4. Der Kristall soll frei von Verunreinigungen und Defekten sein. Der Aufbau eines Ionenkristalls vom NaCl-Typus ist in der Abb. 60 dargestellt. Wenn man den Rand des Kristalls außer Acht läßt, so besteht der Aufbauprozeß aus gleichwertigen Schritten, die sich kontinuierlich wiederholen. KOSSEL hat deshalb diesen Prozeß als „wiederholbaren Schritt" bezeichnet. Die Anlagerungsenergie U für ein Ion an die

---

[1] WULFF, G.: Z. Krist. **34**, 449 (1901).

[2] KOSSEL, W.: Nachr. Göttinger Ges. Wiss. 1927, S. 135; Leipziger Vorträge 1928, S. 1; Naturw. **18**, 901 (1930).

[3] STRANSKI, I. N.: Z. phys. Chem. **136**, 259 (1928); Z. Elektrochem. **36**, 25 (1929); Z. phys. Chem. **B11**, 342 (1931): Naturw. **19**, 689 (1931).

Netzebene ist in erster Näherung durch den elektrostatischen Anteil gegeben. Es ist

$$U = A' \frac{e^2}{d}, \tag{104}$$

wobei A' die halbe MADELUNGS-Konstante, e die Elektronenladung und d der Abstand zwischen den nächsten Ionen bedeuten. Die Anlagerung eines Ions wird in drei Teilvorgänge zerlegt:

1. Anlegung eines Ions an das Ende der unvollendeten Ionenkette U_1,
2. Anlagerung an die Seite der vollendeten Kette U_2 und
3. Anlagerung an die vollendete Grundfläche U_3.

Die relativen elektrostatischen Energien für die drei Teilvorgänge betragen:

$$\begin{aligned} U_1 &= 0{,}6932 \\ U_2 &= 0{,}1144 \\ U_3 &= 0{,}0662 \\ \hline U = U_1 + U_2 + U_3 &= 0{,}8738 \end{aligned} \tag{105}$$

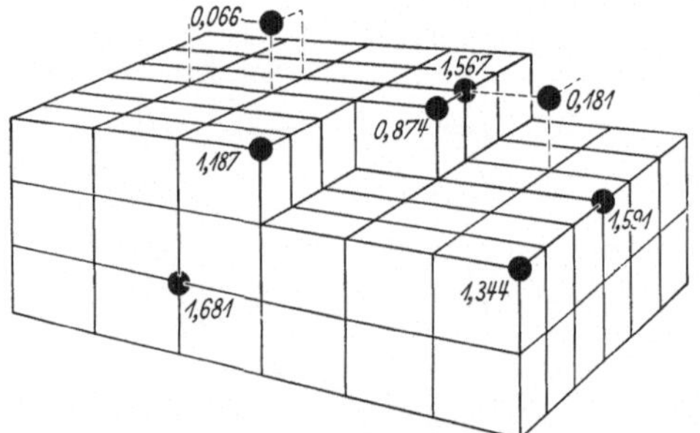

Abb. 61. Verteilung der Anlagerungsplätze auf der (100)-Fläche des NaCl-Gitters, für die die Anlagerungsenergien in der Tab. 46 angegeben sind

Zur Erklärung der Ausbildung von glatten Würfelflächen beim NaCl-Gitter werden die Energien für verschiedene Plätze berechnet. Es ergibt sich dabei, daß die Energie sehr stark von der Stelle abhängt, an der ein Baustein angelagert wird, wie man aus der Tab. 46 und der Abb. 61 ersieht.

Tabelle 46. *Anlagerungsenergien der einzelnen Ionen auf verschiedenen Plätzen der (100)-Fläche des NaCl-Gitters*

Anlagerung	Teilenergien bei			
	Anlagerung an Kette $U_1 = 0{,}6932$	Anlagerung an Netzebene $U_2 = 0{,}1144$	isolierte Auflagerung $U_3 = 0{,}0662$	Gesamtenergie U
1. Würfelfläche	0	0	1	0,0662
2. Kettenanfang	0	1	1	0,1806
3. Kettenfortsetzung	1	1	1	0,8737
4. Kettenende	$1^1/_2$	1	$^1/_2$	1,1871
5. Würfelecke	$1^3/_4$	1	$^1/_4$	1,3440
6. Kettenloch	2	1	1	1,5668
7. Kantenloch	2	$1^1/_2$	$^1/_2$	1,5909
8. Würfelloch	2	2	1	1,6812

Der Kristallaufbau geht so vor sich, daß die Plätze entsprechend ihrer Anlagerungsenergie der Reihe nach aufgefüllt werden. Das heißt der

Kristall hat das Bestreben, die angefangenen Flächen zu vollenden. Der Auf- bzw. Abbau einer neuen Ebene wird an der Stelle größter Anlagerungsenergie anfangen. Das ist beim NaCl-Gitter die Würfelecke. In Wirklichkeit wird der Aufbau nicht so regelmäßig verlaufen, da verschiedene Störungen auf der Oberfläche auftreten. In der KOSSEL-STRANSKIschen Theorie werden alle Störungen bewußt außer acht gelassen.

Die Berechnung der Anlagerungsenergien an (110)- und (111)-Flächen zeigt, daß sie kleiner sind als an der (100)-Fläche; deshalb treten diese Flächen nicht auf. Die scheinbaren Rhombendodekaeder- bzw. Oktaeder-Flächen bestehen aus Würfelstufen. Diese Flächen erscheinen deshalb im reflektierten Licht matt. Der Grund für die Würfelform als der stabilen Endform des NaCl-Gitters liegt darin, daß die Anlagerungsenergie an den (100)-Flächen größer ist als an anderen Flächen.

Entsprechende Berechnungen wurden für einige andere Kristalltypen durchgeführt. Die stabilen Formen sind in der Tab. 47 zusammengestellt.

Tabelle 47. *Theoretisch stabile Formen der Ionenkristalle*

Kristall	Form	Literatur
NaCl	Würfel	1, 2
CsCl	Rhombendodekaeder	3
CaF_2	Oktaeder	4
$CaCO_3$	Rhomboeder	5
$NaNO_3$	Rhomboeder	5

Die in der Tab. 47 angegebenen Flächen sollen die größte Stabilität haben, was auch der Fall ist. Nur bei natürlichen CaF_2-Kristallen tritt die (100)-Fläche überwiegend auf, was auf Verunreinigungen während des Wachstums zurückgeführt wird.

Bei kovalenten Kristallen läßt sich die Bindungsenergie bei der Anlagerung an eine Kristallebene nicht direkt ausrechnen. Nach KOSSEL kann man sie aber dadurch abschätzen, daß man die Zahl der Nachbarn in benachbarten Sphären angibt. Da die Bindungsenergie von der Zahl und der Entfernung der Nachbarn abhängt, so läßt sich durch den Vergleich dieser Zahlen für die einzelnen Sphären ein Schluß auf die Bindungsenergie ziehen. Als ein Beispiel betrachten wir ein einfaches kubisches Gitter. Die Zahl der ersten Nachbarn ist 6, die der zweiten 12, die der dritten 8 und die der vierten wieder 6. Als symbolischen Anhalt für die Bindungsenergie schreibt man nach KOSSEL

$$U = 3\ 6\ 4\ 3\,, \tag{106}$$

[1] KOSSEL, W.: Nachr. Göttinger Ges. Wiss. 1927, S. 135; Leipziger Vorträge, 1928, S. 1; Naturw. 18, 401 (1930).

[2] STRANSKI, I. N.: Z. Phys. Chem. 136, 259 (1928); Z. Elektrochem. 36, 25 (1929).

[3] KLEBER, W.: Z. Min. Geol. Paleont. A 363 (1938).

[4] BRADISTILOV, G. und I. N. STRANSKI: Z. Krist. 103, 1 (1940).

[5] STRANSKI, I. N.: Discussions Faraday Soc. No. 5, 13 (1949).

da ein angelagertes Atom nur die Hälfte der oben angegebenen Nachbarn hat. In Analogie zu Ionen-Kristallen hat man für die drei Energieanteile

$$\left.\begin{aligned} U_1 &= 1\,0\,0 \\ U_2 &= 1\;\;2\;\;0 \\ U_3 &= 1\;\;4\;\;4\,. \end{aligned}\right\} \qquad (107)$$

Auffallend ist es, daß U_3, das bei Ionenkristallen am kleinsten ist, bei kovalenten Gittern am größten wird. Für dieselben Anlagerungen wie in der Tab. 46 für Ionengitter, ergeben sich folgende symbolische Energien für kovalente Kristalle:

Tabelle 48. *Anlagerungsenergien für einfach kubisch kovalentes Gitter*

Anlagerung	1	2	3	4	5	6	7	8
Gesamtenergie	1 4 4	2 6 4	3 6 4	3 4 2	3 3 1	4 6 4	4 5 2	5 8 4

Die Reihenfolge der zunehmenden Anlagerungsenergie bei kovalenten Gittern ist anders als bei Ionengittern. Die Anlagerung an Kettenenden und Würfelecken ist hier unstabil. Das hat zur Folge, daß das Wachsen einer neuen Ebene nicht an Ecken oder Kanten sondern in der Mitte der Kristallebene anfängt. Als Fläche größter Stabilität bei kovalenten Kristallen für kubisch flächenzentrierte Gitter ist die 111- und nicht die 100-Ebene wie bei Ionenkristallen anzusehen. Bei kubisch-raumzentriertem Gitter ist in beiden Fällen die 110-Ebene am stabilsten. Außerdem sind bei kovalenten Kristallen auch andere Ebenen stabil, so daß mehrere Gitterebenen als Begrenzungsflächen gleichzeitig erscheinen. Das Auftreten mehrerer Gleichgewichtsebenen wurde tatsächlich an einigen Metallen, vor allem W, Zn, Cd und an Urotropin beobachtet.[1] Man hat auch versucht, aus dem Auftreten von mehreren Gleichgewichtsebenen auf die Reichweite der Gitterkräfte zu schließen[2], jedoch sind diese Versuche noch zu spärlich, um daraus einen sicheren Schluß ziehen zu können.

Der atomistische Aufbauprozeß unter Zuhilfenahme der energetischen Verhältnisse gibt uns einen Aufschluß über die relative Bevorzugung des Wachstums in bestimmten Richtungen und damit die Stabilität von bestimmten Gitterebenen. Über die absolute Wachstumsgeschwindigkeit ist damit noch nichts gesagt.

Der Wachstumsprozeß hängt von der Struktur und den energetischen Verhältnissen der Kristalloberflächen ab. Unter idealen Bedingungen würde der Kristall regelmäßig Schritt für Schritt eine Molekülebene nach der anderen aufbauen. Glatte Kristallebenen können aber nur

[1] Stranski, I. N.: Discussions Faraday Soc. No. 5, 13 (1949).

[2] Kaischew, R., L. Keremidtshiew und I. N. Stranski: Z. Metallkunde 34, 201 (1942).

beim Nullpunkt der absoluten Temperatur bestehen. Bei höheren Temperaturen wird ein Teil der Moleküle ihre regelmäßigen Plätze durch Verdampfen verlassen, andere dagegen werden sich an bestimmten Stellen niederschlagen. Die Wachstumsebenen werden eine unregelmäßige Struktur aufweisen, wie in der Abb. 62 schematisch dargestellt ist. Es entstehen einerseits Löcher und adsorbierte Moleküle und anderseits Ecken (kinks). Die Bildung von Löchern bzw. adsorbierten Ionen auf vollendeten (glatten) Flächen kann außer acht gelassen werden, da beide kleiner sind als der Radius des kritischen Keimes und deshalb nur eine sehr kurze Lebensdauer haben. Außerdem ist ihre Zahl, sogar dicht am Schmelzpunkt, sehr klein. Viel wichtiger ist das Verhalten der Löcher bzw. adsorbierten Moleküle und der Ecken entlang der Stufen. In diesem Fall ist die Zahl der Löcher bzw. der niedergeschlagenen Moleküle gleich[1]

$$n_- = n_+ = n_0 \exp(-\Phi/k\,T)\,, \tag{108}$$

wobei n_0 die Gesamtzahl der Oberflächenmoleküle und Φ die Bindungsenergie zwischen den Nachbaratomen ist. Für $T = 300\,°\mathrm{C}$ und $\Phi = 0{,}2\,\mathrm{eV}$ ist

$$n/n_0 \sim 1/100\,. \tag{109}$$

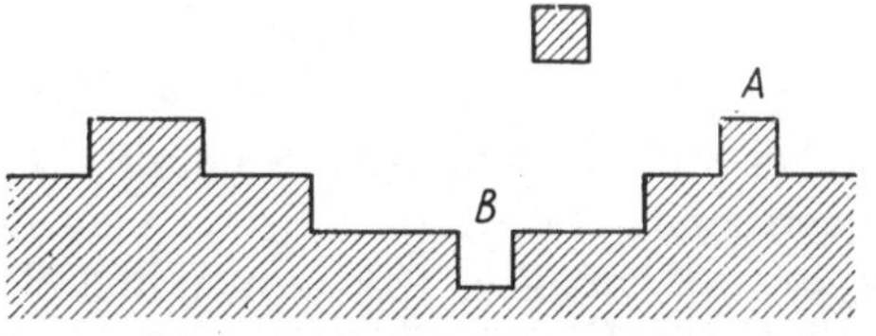

Abb. 62. Unregelmäßigkeiten bei der Anlagerung der Bausteine während des Wachstums. *A* adsorbiertes Atom, *B* eine Atomlücke

Dagegen ist die Zahl der Ecken unter denselben Bedingungen 10mal größer, da in der Gleichung (108) an Stelle Φ nur $\Phi/2$ auftritt.

Die Wachstumsgeschwindigkeit einer Stufe auf einer unvollendeten (gestuften) Netzebene ist nach CABRERA unf BURTON[1]

$$V_{Stufe} = 2(\alpha - 1)\,\nu\,a \exp(-5\,\Phi/k\,T)\,, \tag{110}$$

wobei α die Übersättigung, ν die Schwingungsfrequenz, a Ionenabstand ist. Für $\nu = 10^{13}\,\mathrm{sec}^{-1}$, $a = 10^{-8}\,\mathrm{cm}$, $\Phi/k\,T = 3$, $\alpha = 1\%$ ist

$$V_{Stufe} = 10^{-4}\,\mathrm{cm/sec}\,. \tag{111}$$

Die Wachstumsgeschwindigkeit einer Netzebene nimmt mit der Anzahl der Stufen N zu und nähert sich für $N\,a \sim 1$ einem Maximum.

Wie man sieht ist die Wachstumsgeschwindigkeit einer unvollendeten Netzebene von der Größenordnung, die man bei der Züchtung der Kristalle beobachtet. Schwierigkeiten ergeben sich nur, wenn man beachtet, daß nach der Theorie alle Unebenheiten einer Netzebene zuerst aufgefüllt werden bevor eine neue Netzebene angefangen wird. Zum weiteren Wachstum ist die Bildung eines Flächenkeimes notwendig.

Der Anfang einer neuen Ebene ist mit der Bildung eines zweidimensionalen Keimes verknüpft, dessen Bildung der entscheidende Faktor

[1] CABRERA, N. und W. K. BURTON: Discussions Faraday Soc. No. 5, 40 (1949).

in der Wachstumsgeschwindigkeit eines Kristalls ist. Mit diesem Problem haben sich mehrere Autoren beschäftigt[1–6].

Ähnlich wie bei der Bildung der primären Keime muß der Oberflächenkeim eine bestimmte Größe erreichen, um stabil zu sein und weiter wachsen zu können. Der kritische Radius des Oberflächenkeimes ist

$$r_0 = \frac{a\,\Phi}{k\,T \ln \alpha}\,, \tag{112}$$

wobei a der Ionenabstand ist und Φ die Bindungsenergie zwischen zwei Nachbarn im Kristall, die $\sim 1/6$ der Verdampfungswärme (wegen der 6 Nachbarn) beträgt. Die Zahl der Oberflächenkeime, die in der Zeiteinheit gebildet werden, hängt ab von der Aktivierungsenergie

$$A = \frac{\Phi^2}{k\,T \ln \alpha} \tag{113}$$

und ist gleich

$$N = \frac{Z\,S}{s_0} \exp\left(-\frac{A}{k\,T}\right), \tag{114}$$

wobei Z die gaskinetische Stoßzahl, S die Kristallfläche, s_0 den Ionenquerschnitt bedeuten. Setzt man $Z = 10^{13}/\text{sec cm}^2$, $S = 10^{-2}$ cm, $s_0 = 10^{-16}$ cm², $\Phi = 10$ kcal/mol, und $N = 10^{-3}$ Ionen/Sekunde, so ergibt sich für die Übersättigung $\alpha \sim 50\%$. Dieser Wert ist in krassem Widerspruch mit der Erfahrung, wonach das Wachstum bereits bei hundertmal kleineren Übersättigungen erfolgt, wie an Einkristallen von Jod[7] und K[8] gezeigt wurde.

Zwei Effekte wurden bei der bisherigen Betrachtung außer acht gelassen. Der eine Effekt ist die Zerklüftung der Kristalloberfläche bei höheren Temperaturen während des Wachstums. Diese Unregelmäßigkeiten der Gitterebene könnten als neue Keime aufgefaßt werden, die dann die Kristallisation begünstigen könnten. Der zweite Effekt ist die Diffusion. Die Moleküle könnten aus den größeren bereits stabilen Keimen wegdiffundieren und von den kleineren aufgefangen werden, wodurch die Bildung von stabilen Keimen erhöht würde. Beide Effekte wurden von Burton und Cabrera[9] untersucht. Sie scheinen zu klein zu sein, um die Diskrepanz zwischen der Theorie und den experimentellen Er-

---

[1] Volmer, M.: Kinetik der Phasenbildung, Dresden-Leipzig, Steinkopff 1939.

[2] Becker, R. und W. Döring: Ann. Physik **24**, 719 (1935).

[3] Burton, W. K. und N. Cabrera: Discussions Faraday Soc. No. 5, 33 (1949); N. Cabrera und W. K. Burton: ibid., No. 5, 40 (1949).

[4] Burton, W., N. Cabrera und F. C. Frank: Phil. Trans. Roy. Soc. (London) **243**, 300 (1950/51).

[5] Mott, N. F.: Nature **165**, 295 (1950).

[6] Frank, F. C.: Z. Elektrochem. **56**, 429 (1952).

[7] Volmer, M. und W. Schulze: Z. phys. Chem. **A156**, 1 (1931).

[8] Hock, F. und K. Neumann: Z. phys. Chem. N. F. **2**, 241 (1954).

[9] Burton, W. K. und N. Cabrera: Discussions Faraday Soc. No. 5, 33 (1949).

gebnissen aufzuklären. Eine plausible Aufklärung wurde von FRANK durch die Hinzunahme der Versetzungen gegeben, mit denen wir uns jetzt beschäftigen wollen.

8.3 Versetzungen und Kristallwachstum

Bei den bisherigen Theorien wurden immer ungestörte Gitter, d. h. Ideal-Kristalle betrachtet. Die Eigenschaften der realen Kristalle zeigen aber, daß alle Kristalle eine Anzahl verschiedener Defekte aufweisen. Einer dieser Defekte sind Versetzungen, die wir bereits behandelt haben, die eine wichtige Rolle beim Kristallwachstum spielen. Die Schwierigkeit der molekular-kinetischen Theorien nach KOSSEL-STRANSKI beruht auf der Unmöglichkeit, die große Wachstumsgeschwindigkeit bei kleiner Übersättigung zu erklären. Der Unterschied zwischen Theorie und Experiment beträgt mehrere Zehnerpotenzen. Um diese Diskrepanz zwischen der theoretischen und der experimentellen Wachstumsgeschwindigkeit zu erklären, nimmt FRANK[1] an, daß bei Realkristallen, an Stelle der Oberflächenkeime die Schraubenversetzungen treten, die die Rolle kontinuierlicher Keime übernehmen. Wie man aus der Abb. 63 sieht, kann bei der Anwesenheit von Versetzungen die Anlagerung der Bausteine kontinuierlich beliebig lange erfolgen ohne daß eine vollkommene Netzebene abgeschlossen wird. Solche Versetzungen wurden experimentell in vielen Kristallen beobachtet. Besonders sorgfältig wurden die Spiralversetzungen beim Wachstum von CdJ_2-Kristallen zwischen zwei Glasplatten aus der Lösung durch mikroskopische Beobachtungen studiert.[2] Bei der Unterkühlung der Lösung entstehen zuerst sehr dünne Platten, die sehr schnell in ihrer Fläche aber nicht in der Dicke bis zu einer Größe von etwa 1 mm wachsen. Die Oberfläche zeigt zunächst keine Struktur. Da die Unterkühlung etwa 50% beträgt, wird angenommen, daß das Wachstum zunächst mit Hilfe von Oberflächenkeimen vor sich geht. Infolge der Ausscheidung von CdJ_2 nimmt die Übersättigung und damit das Wachstum ab. Plötzlich erscheinen auf der Oberfläche zahlreiche Punkte, die nach einiger Zeit Spiralform annehmen. Die meisten der Anfangsspiralen verschwinden und nur einige wenige bleiben zurück, die zuerst zirkular und später polygonal werden. Die Stufenhöhe der Spiralen beträgt bis zu 2000 Å, also mehrere Hundert Molekülschichten. Die große Stufenhöhe wird durch das Vorhandensein

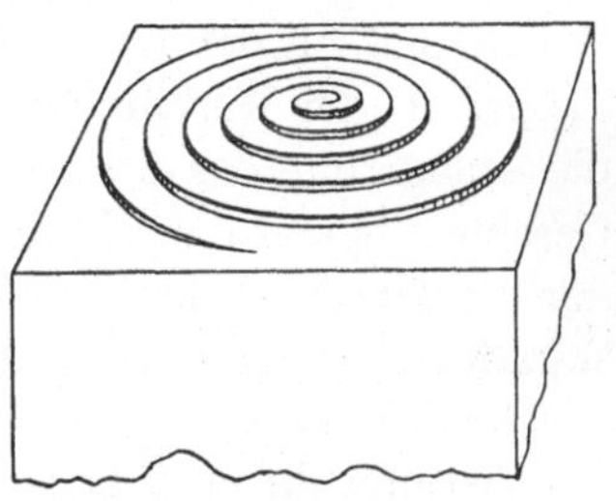

Abb. 63. Schraubenversetzung als kontinuierlicher Flächenkeim beim Kristallwachstum.

[1] FRANK, F. C.: Discussions Faraday Soc. No. 5, 48 (1949).
[2] FORTY, A. J.: Phil. Mag. [7] 43, 72 (1952).

von Versetzungsgruppen erklärt. Die Einzelversetzungen wirken nämlich nach FRANK[1] kooperativ, sobald sie einander näher sind als der kritische Keimradius. Die Versetzungsgruppen entstehen durch innere Spannungen, die im Kristall durch die ungleichmäßige Verteilung von Verunreinigungen entstehen. Als eine Stütze für diese Annahme wird angeführt, daß z. B. bei der Kristallisation von reinem PbJ_2 die Stufen sehr klein sind, dagegen durch einen Zusatz von CdJ_2 erheblich vergrößert werden. Wie wir bereits gesehen haben, liegt die Konzentration der Versetzungen zwischen 10^4—$10^8/cm^2$. In gewissen Grenzen wird die Wachstumsgeschwindigkeit proportional der Anzahl der Versetzungen sein. Wenn die Konzentration der Versetzungen zu klein ist, kann das Wachstum aufhören, wenn im Laufe des Kristallisationsprozesses manche Versetzungen abgebaut werden. Ist die Konzentration der Versetzungen zu groß, dann werden sie sich gegenseitig stören. Zum erfolgreichen Wachstum soll der Abstand zwischen je zwei Versetzungszentren nicht kleiner als der Durchmesser des kritischen Oberflächenkeimes sein. Da die Anlagerung der Atome entlang der Versetzungsstufe mit konstanter Geschwindigkeit fortschreitet, ist die Winkelgeschwindigkeit in der Nähe der Versetzungsachse größer als weiter davon entfernt, wodurch ein spiralförmiger Aufbau auf der Oberfläche zustande kommt, der ununterbrochen weiter fortschreitet ohne die Notwendigkeit eines Flächenkeimes.

Es ist unwahrscheinlich, daß der fortgesetzte Aufbau der Stufe entlang ganz regelmäßig vor sich geht. Es werden vielmehr entlang der Stufe positive oder negative Knicke* gebildet, deren mittlerer Abstand[2, 3]

$$x_1 = \frac{a}{2} e^{-\Phi/kT} \tag{115}$$

ist, wobei a der Abstand zwischen den benachbarten Atomen und $\Phi = 1/6$ der Verdampfungswärme ist. Für normale Kristallisationsbedingungen ergibt sich $x_1 \sim 4\,a$.

Ein anderer Effekt, der einen großen Einfluß auf das Wachstum der Kristalloberfläche hat, ist die Oberflächenwanderung der Atome, die sich aus der Dampfphase auf den Kristall niederschlagen. Nach BURTON, CABRERA und FRANK[2] ist die mittlere Verschiebung x_s eines Atoms, bevor es verdampft oder eingefangen wird

$$x_s \sim a\, e^{-\frac{3\Phi}{2kT}}. \tag{116}$$

Für $3\,\Phi/2\,k\,T \sim 4$ ergibt sich x_s zu $\sim 400\,a$, also ein beträchtlicher Abstand.

[1] FRANK, F. C.: Phil. Mag. [7] **42**, 1014 (1951).

* englisch „kinks".

[2] BURTON, W., N. CABRERA und F. C. FRANK: Phil. Trans. Roy. Soc. (London) **243**, 300 (1950/51).

[3] FRENKEL, J.: Kinetic Theory of Liquids, Oxford: Clarendon Press 1946.

Die Wachstumsgeschwindigkeit einer geraden Stufe ist

$$v_\infty = 2\,(\alpha - 1)\,x_s\,\nu\,e^{-\frac{W}{kT}}, \tag{117}$$

wobei α der Übersättigungsgrad, $\nu = 10^{13}$/sec, W die Verdampfungsenergie ist. Das Wachstum gekrümmter Stufen ist

$$v_\varrho = v_\infty\left(1 - \frac{\varrho_c}{\varrho}\right), \tag{118}$$

wobei ϱ der Krümmungsradius und ϱ_s der Radius des kritischen Oberflächenkeims ist. In diesem Fall kann das Wachstum nur fortschreiten, wenn der Krümmungsradius ϱ größer als der kritische Radius ϱ_c ist, wobei

$$\varrho_c = \frac{a\,\Phi}{2\,k\,T\ln\alpha}. \tag{119}$$

Unter der Annahme der ARCHIMEDischen Spirale ergibt sich für die Kreisfrequenz der Spirale in erster Näherung[1]:

$$\omega = v_\infty/2\,\varrho_c \tag{120}$$

und die Wachstumsgeschwindigkeit einer Fläche ist

$$v = v_\varrho\,h, \tag{121}$$

wobei h die Höhe der Spiralstufe ist. Da v_∞ direkt proportional zu $(\alpha - 1)$ und ϱ_c umgekehrt proportional zu $\ln\alpha$ ist, so ist die Wachstumsgeschwindigkeit für kleine Werte von α proportional zu α^2. Diese Beziehung gilt nur solange die Konzentration der Spiralversetzungen klein ist, d. h. solange der mittlere Abstand kleiner ist als $2\,x_s$. Für größere Konzentration nimmt die Wachstumsgeschwindigkeit nicht mit α^2 sondern nur linear mit α zu. Als experimentelle Stütze der Versetzungstheorie wird die Wachstumsgeschwindigkeit der Jodkristalle angeführt, die tatsächlich bei kleinen Übersättigungen proportional zu α^2 und bei großen proportional zu α wachsen. Anderseits sind aber auch Beispiele bekannt, z. B. Phosphor und Naphthalin, bei denen die Wachstumsgeschwindigkeit in allen Gebieten linear mit α zunimmt.[2]

Die bisherigen Betrachtungen beziehen sich auf stetig gekrümmte Spiralen. Wie schon erwähnt wurde, werden aber auch Spiralversetzungen von polygonaler Form beobachtet. Diese Form tritt vorwiegend bei hochmolekularen Kristallen, z. B. Paraffinen auf, besonders wenn sie aus der Lösung kristallisieren. Die Polygone können dadurch zustande kommen, daß entlang gewissen Orientierungen in der Kristallebene die Anlagerung langsamer oder rascher fortschreitet als in anderen Richtungen.

---

[1] Siehe Anm. 2 auf S. 122.

[2] VOLMER, M. und W. SCHULZE: Z. phys. Chem. **A 156**, 1 (1931).

Das schnelle Wachstum der Kristalle kann demnach durch Schraubenversetzungen erklärt werden. Nach COTTRELL[1] können unter Umständen auch die Stufenversetzungen am Kristallwachstum beteiligt sein.

Beim Kristallwachstum aus Lösungen wird die Anlagerung und die Struktur der Oberfläche durch das Lösungsmittel modifiziert, aber im Prinzip bleibt der Prozeß derselbe.

Komplizierter sind die Verhältnisse beim Wachstum aus der Schmelze, wo die Kristallfläche im engen Kontakt mit ihrer flüssigen Phase ist. Es ist bis jetzt nicht sicher, ob auch hier Versetzungen zum Wachstum notwendig sind.

Die Oberflächenkeimbildung beim Kristallwachstum aus der Schmelze kann viel leichter erfolgen als in der Lösung oder aus dem Dampf. Das beruht darauf, daß die Dichte der Moleküle in der Schmelze wesentlich größer ist, wodurch die Zahl der auf die Grenzfläche auftreffenden Moleküle auch größer ist. Es besteht daher eine große Wahrscheinlichkeit, daß beim Kristallwachstum aus der Schmelze, Keime von genügender Größe gebildet werden können und das Wachstum ohne Zuhilfenahme von Versetzungen mit ausreichender Geschwindigkeit stattfinden kann.[2]

Der derzeitige Stand der Theorie des Kristallwachstums gibt die experimentellen Ergebnisse nur qualitativ wieder. Für eine quantitative Behandlung sind einwandfreie experimentelle Daten notwendig, die aber nur sehr schwer zu erhalten sind. Sorgfältige elektronenmikroskopische Untersuchungen an wachsenden Flächen könnten wesentlich zur Lösung des Problems beitragen.

---

[1] COTTRELL, A. H.: Dislocations and Plastic Flow in Crystals, S. 80.

[2] CHALMERS, B.: in: Impurities and Imperfections, Am. Soc. Metals 1955, S. 85.

Zweiter Teil:

Methoden der Kristallherstellung

Die Herstellung von Einkristallen in größerem Maßstab hat erst am Ende des 19. Jahrhunderts begonnen, als es dem Franzosen VERNEUIL (*Flammenschmelz-Verfahren*) gelungen war, künstliche Edelsteine herzustellen. Nach seinem Verfahren werden jetzt industriell Korund, Spinell, Rutil und mehrere andere Einkristalle hergestellt. Ein anderer Weg zur Kristallsynthese wurde von dem Italiener SPEZIA 1905 beschritten (*hydrothermale Synthese*), der in den letzten Jahren zur Züchtung von Quarzkristallen geführt hat. Die Herstellung der Kristalle *aus der Lösung* hat große Erfolge in den Laboratorien von *Brush Development Co.* und *Bell Telephone* erst während des letzten Krieges erreicht, als Piezokristalle in großen Mengen produziert wurden (Seignettesalz, Ammoniumdihydrogenphosphat, Aethylendiamintartrat). Parallel mit der Kristallzüchtung aus der Lösung wurden Kristalle *aus der Schmelze* hergestellt. Zur Entwickelung dieser Methode hat eine Reihe von Forschern beigetragen, wie NACKEN, CZOCHRALSKI, TAMMANN, STÖBER, BRIDGMAN und KYROPOULOS. Diese Methode wurde zuerst zur Züchtung von Ionenkristallen und Metallkristallen verwendet. Als Spitzenleistung ist hier die Herstellung des künstlichen CaF_2 durch STOCKBARGER zu erwähnen. In der letzten Zeit hat die Züchtung aus der Schmelze eine große Bedeutung in der Herstellung der kovalenten Kristalle, wie z. B. Ge und Si und anderer Halbleiter gewonnen. Neuerdings hat die Züchtung *aus der Dampfphase* an Bedeutung gewonnen, nach der vor allem CdS-Kristalle hergestellt werden. Schließlich ist die Kristallzüchtung *aus der Schmelzlösung* (REMEIKA) zu erwähnen, die zu erfolgreicher Züchtung von $BaTiO_3$ geführt hat.

Nach dieser kurzen historischen Einführung in die Kristallzüchtung sollen jetzt die einzelnen Methoden ausführlich behandelt werden.

IX. Kristallzüchtung aus der Lösung

Das Kristallisieren aus der Lösung wird von Chemikern seit alten Zeiten zur Trennung und Reinigung von Verbindungen benutzt. Die dabei erhaltenen Kristalle sind allerdings sehr klein und ihre kristallographischen Flächen meist nur unter dem Mikroskop erkennbar und nicht immer gut ausgebildet. Für manche Zwecke sind diese Kriställchen schon ausreichend groß. Die meisten Anwendungen erfordern aber Kristalle von beträchtlicher Größe. Neben der Größe ist die Güte von großer Bedeutung. Um große und gute Kristalle herzustellen, muß das Ausgangsmaterial von genügender Reinheit und die Herstellungsmethode während der Kristallisation unter einwandfreier Kontrolle stehen.

Eine sehr wichtige Rolle spielen bei der Kristallisation die Verunreinigungen, die sich auf die Güte des Kristalls und auf die Wachstumsgeschwindigkeit auswirken können. Verunreinigungen, die mit dem Kristall isomorph sind, sollen ausgeschaltet werden, da man sonst keine homogenen Kristalle erhalten kann. Im allgemeinen werden die meisten Verunreinigungen entweder substitutionell oder auf die Zwischengitterplätze ohne sichtbare Störungen eingebaut solange ihre Konzentration etwa 0,01 Mol-% oder weniger ist. Bei größeren Konzentrationen führen sie zu Verwerfungen der Gitterebenen. Manchmal werden durch kleine Verunreinigungen die physikalischen Eigenschaften in hohem Maße beeinflußt. So wird z. B. durch 0,1% Zusatz von H_2SO_4 zu einer wäßrigen Lösung von $NH_4H_2PO_4$ die elektrische Leitfähigkeit um den Faktor 15 geändert. Ungefähr derselbe Effekt wird durch Zusatz von Ba-Ionen hervorgerufen. Beide Verunreinigungen werden leicht in den Kristall eingebaut, da sie annähernd gleiche Ionenradien haben wie die NH_4^+ und PO_4^{---}-Ionen. Um die elektrische Neutralität aufrechtzuerhalten müssen positive Ladungen in Form von Protonen auswandern, wodurch die Leitfähigkeit durch Protonenlöcher erhöht wird.

Neben diesen meist unerwünschten Effekten können Verunreinigungen manchmal sehr nützlich sein[1]. So lassen sich z. B. klare Einkristalle aus Natriumchlorid oder anderen Alkalihalogeniden aus der Lösung kaum herstellen. Die Kristalle sind trübe. Werden dagegen 0,006 Mol-% oder mehr Bleiionen der Lösung zugesetzt, so erhält man vollkommen klare Kristalle (bis zu 3 cm Kantenlänge).[2] Nach umfangreichen Untersuchungen von Yamamoto[3] zeigen denselben Effekt auch viele andere Ionen, die in einer Konzentration von 0,001 bis 0,5 Mol-% der Lösung zugesetzt werden. In der Tab. 49 sind die Ionen und die Kristalle zusammengestellt, die von Yamamoto untersucht wurden.

Wie man aus der Tabelle ersieht, haben Pb-Ionen den stärksten Einfluß in Kristallen mit NaCl-Struktur, in CsCl dagegen Lanthan und in NH_4Cl das Zirkon. Merkwürdigerweise blieben alle untersuchten Ionen bei $KClO_3$ Kristallisation ohne Einfluß. Der Unterschied in der Aktivität von verschiedenen Ionen kann vorläufig nicht erklärt werden. Soviel steht fest, daß ein Teil der Ionen in das Gitter aufgenommen wird und zwar um so mehr je wirkungsvoller ein Ion ist. Die Konzentration von

[1] Egli, P. H. und S. Zerfoss: Discussions Faraday Soc. No. 5, 61 (1949).
[2] Gibbs, W. E. und W. Clayton: Nature **113**, 492 (1924).
[3] Yamamoto, T.: Sci. Papers Inst. Phys. Chem. Research (Tokyo) **35**, 228 (1939).

Pb^{2+} und Mn^{2+} in NaCl- und von Bi^{3+} in KCl-Kristallen nimmt exponentiell mit der Konzentration in der Lösung zu, die Konzentration von Cd^{2+} und Mn^{2+} in K_2SO_4-Kristallen dagegen nur linear. Bi^{3+} in NaCl zeigt ein scharfes Maximum bei der Konzentration von 0,069 Mol-% in der Lösung. Die klaren Kristalle werden trübe, wenn sie erhitzt werden.[1]

Tabelle 49. *Einfluß der Kationen auf das Kristallwachstum in wäßriger Lösung.* (Nach YAMAMOTO.) *(Die Wirkung der Ionen nimmt von links nach rechts ab.)*

Kristall	Untersuchte Kationen
NaCl	Pb^{2+}, Mn^{2+}, Bi^{3+}, Sn^{2+}, Ti^{3+}, Cd^{2+}, Fe^{2+}, Hg^{2+}
KCl	Pb^{2+}, Bi^{3+}, Sn^{2+}, Ti^{3+}, ZrO^{2+}, Th^{4+}, Cd^{2+}, Hg^{2+}, Fe^{2+}
KBr	Pb^{2+}, Bi^{3+}, Sn^{2+}, Ti^{3+}, Th^{4+}
KJ	Pb^{2+}, Ti^{3+}, Sn^{2+}, Bi^{3+}, Fe^{2+}
RbCl	Pb^{2+}, Sn^{2+}, ZrO^{2+}, Ti^{3+}, Sn^{4+}
CsCl	La^{3+}, Cr^{3+}, Nd^{3+}
NH_4Cl	ZrO^{2+}, Cd^{2+}, Mn^{2+}, Fe^{2+}, Cu^{2+}, Co^{2+}, Ni^{2+}, Cr^{3+}
$LiCl \cdot H_2O$	Cd^{2+}, Mn^{2+}, Fe^{2+}, Sn^{2+}, Sn^{4+}, Co^{2+}, Ni^{2+}, Fe^{3+}, Ti^{3+}, $CrCl_2^+$, Cr^{3+}, Th^{4+}
K_2SO_4	UO_2^+, VO^{3+}, Cd^{2+}, Mn^{2+}, Fe^{2+}, Co^{2+}, Cu^{2+}, Mg^{2+}, Bi^{3+}
KNO_3	Pb^{2+}, Th^{4+}, Bi^{3+}

Der Ausgangspunkt bei der Herstellung der Kristalle aus der Lösung ist die Herstellung der gesättigten Lösung. Im Prinzip ist die Aufgabe denkbar einfach, in der Praxis jedoch zeitraubend, da das Gleichgewicht zwischen der ungelösten und gelösten Substanz oft erst nach Tagen erreicht wird. Deshalb sind die in der Literatur angegebenen Löslichkeiten mit Vorsicht zu gebrauchen. Die ungelösten Teilchen müssen aus dem Kristallisationsgefäß ferngehalten werden, da sie als Keime wirken können. Es ist deshalb zweckmäßig, die Lösung vor Beginn der Kristallisation eine Zeitlang zu überhitzen. Vorkehrung muß getroffen werden, daß sich keine Keime in der Lösung bilden, oder wenn dies doch eintritt, daß sie so rasch wie möglich aufgelöst werden. Das wird erreicht durch ein schwaches Erhitzen der Oberfläche der Lösung oder ihres Bodens, wohin Kristallkeime heruntersinken und dann aufgelöst werden.

Bei der Wahl des Lösungsmittels ist die hohe Löslichkeit entscheidend. Im allgemeinen ist eine Löslichkeit über 20 Mol-% erwünscht, jedoch ist es manchmal gelungen, aus der Lösung größere Kristalle zu erhalten, obwohl deren Löslichkeit nur 4% betrug (z. B. NaF). Die Viskosität des Lösungsmittels soll klein sein, damit die Beweglichkeit der Moleküle möglichst groß bleibt. Das läßt sich auch durch die Erhöhung der Temperatur der Lösung erreichen, da die Viskosität stark mit der Temperatur abnimmt. Strukturelle Verwandtschaft zwischen dem gelösten Stoff und dem Lösungsmittel scheint einen Einfluß auf das Kristall-

[1] YAMAMOTO, T.: Bull. Inst. Phys. Chem. Research (Tokyo) **17**, 1278 (1938).

wachstum auszuüben.[1] So z. B. kristallisiert Benzil ($C_6H_5COCOC_6H_5$) aus dem nahe verwandten Benzol (C_6H_6) aus, aber nicht aus dem Alkohol (CH_3CH_2OH). Ähnlich wird die Kristallisation der Jodsäure (HJO_3) aus der schwefelsauren Lösung begünstigt. Das gute Wachstum der Alaune aus der wäßrigen Lösung wird durch Wasseraufnahme als Kristallwasser erklärt.

Kristallisationsbehälter können aus Glas, Plastik oder Metall sein. In manchen Fällen ist es wichtig, unbenetzbare Behälter zu verwenden oder die Behälteroberfläche entsprechend zu behandeln, um das Kriechen der Lösung zu unterbinden, da sonst die Kristallisation herabgesetzt oder gar vollkommen unterbrochen wird. Die Größe der Gefäße richtet sich nach der Größe der Kristalle. Es werden Gefäße zwischen wenigen Kubikzentimetern und einigen Hundert Litern benutzt.

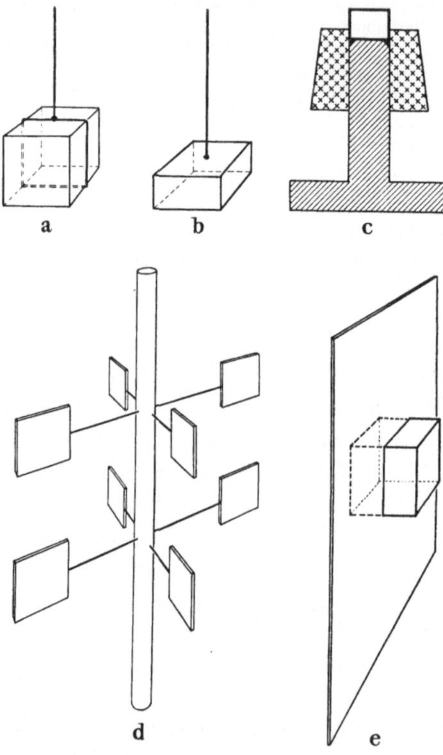

Abb. 64. Befestigung der Kristallkeime: (a) und (b) an einem Draht oder Faden; (c) aufgekittet auf einer Unterlage; (d) an Speichen; (e) in einem Rahmen

Der Beginn der Kristallisation wird nicht durch Unterkühlung der Lösung bis zur kritischen Übersättigung und spontaner Keimbildung eingeleitet, sondern durch Eintauchen in eine nur wenig übersättigte Lösung von einem oder mehreren Keimen, die bereits makroskopische Größen haben. Das hat den Vorteil, daß sowohl die Zahl als auch die Güte der Keime kontrolliert werden kann und das Gebiet der spontanen Keimbildung vermieden wird. Bei kleinen Kristallen werden Keime an dünnen Fäden aus Seide, Haar oder Metall aufgehängt, bei größeren werden die Keime auf Stützen oder in Rahmen angekittet oder eingeklemmt. Keine dieser Methoden ist ideal, da der Kristall immer gestört wird. Bei der Züchtung großer Kristalle wurden die Keime direkt auf den Boden des Gefäßes gelegt und dann von Zeit zu Zeit gewendet, um gleichmäßiges allseitiges Wachstum zu erreichen. In der Abb. 64 sind einige Möglichkeiten der Keimbefestigung darge-

[1] ZERFOSS, S.: Ceramic Age 54, 293 (1949).

stellt. Am besten eignen sich Keime mit natürlichen gut ausgebildeten Flächen, aber man kann Keime mit genau ausorientierten Schnittflächen auch benutzen. In diesem Falle muß die Oberfläche zunächst abgelöst werden. Zu diesem Zweck wird die Temperatur der gesättigten Lösung um einige Grad erhöht, bevor der Kristall eingetaucht wird, der vorher auf die Lösungstemperatur gebracht wird. Je nach der Größe des Kristallisationsbehälters und der gewünschten Kristalle werden normalerweise mehrere Keime gleichzeitig eingesetzt.

Das Rühren der Lösung ist unbedingt notwendig, um die Erniedrigung der Konzentration um den Kristall herum zu beseitigen. Das kann nach vier verschiedenen Methoden erreicht werden:

a) durch einen Rührer, der in die Lösung eintaucht,
b) durch die Rotation des Kristalls,
c) durch die Rotation des Kristallisationsbehälters,
d) durch Schaukeln des Behälters.

Etwa 10—20 Umdrehungen bzw. Oszillationen pro Minute sind ausreichend. Um die Ausbildung laminarer Strömung zu vermeiden, wird manchmal der Umdrehungssinn etwa 1mal/Minute gewechselt, was aber nicht unbedingt notwendig ist.

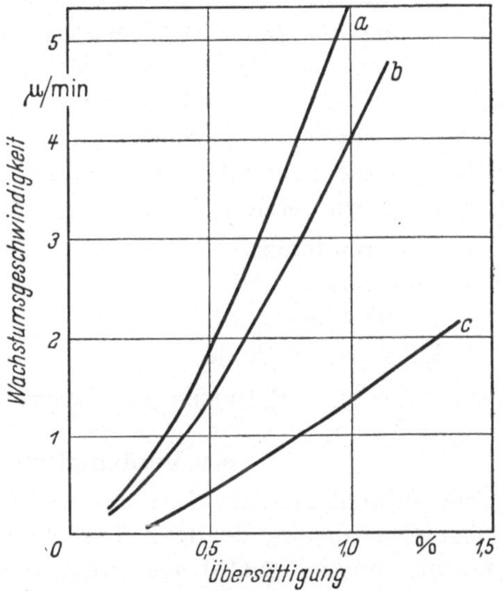

Abb. 65. Einfluß der Übersättigung auf die Wachstumsgeschwindigkeit beim Aethylen-diamin-d-tartratt: (a) bei 52° C; (b) bei 42° C; (c) bei 42° C mit 0,5 g/Liter Borsäure (nach BOOTH und BUCKLEY[1])

Der wichtigste Parameter bei der Herstellung der Kristalle aus der Lösung ist die Aufrechterhaltung der konstanten Übersättigung während des Wachstums. Zunächst erhebt sich die Frage: wie groß soll die Übersättigung im allgemeinen sein? Der Grad der Übersättigung kann von Substanz zu Substanz verschieden sein, aber je kleiner die Übersättigung, um so langsamer ist das Wachstum, aber um so besser die Güte des Kristalls.

Die Wahl der Übersättigung richtet sich nach der Kristallisationsfähigkeit des Materials, nach der gewünschten Güte und Größe des Kristalls und nach der zur Verfügung stehenden Zeit. Dabei muß beachtet werden, daß die maximal zulässige kritische Wachstumsgeschwindigkeit mit der Größe des Kristalls abnimmt. Der Einfluß der Übersättigung bei 50° C, 42° C und bei 42° C mit 0,5 g/Liter Borsäure auf

[1] BOOTH, A. H. und H. E. BUCKLEY: Nature 169, 367 (1952).

die Kristallwachstumsgeschwindigkeit des Aethylen-diamin-d-tartrats in Abb. 65 ist dargestellt.[1]

Die Wachstumsgeschwindigkeit ist entsprechend der freien Oberflächenenergie für verschiedene Kristallflächen verschieden. Der Unterschied zeigt sich aber nur beim langsamen Wachstum. Aber auch unter gleichen Bedingungen wachsen die äquivalenten Flächen nicht immer gleich, sondern variieren ohne einen sichtbaren Grund in weiten Grenzen und hören manchmal überhaupt auf eine Zeitlang zu wachsen.[2–5]

Normalerweise wird die Übersättigung so eingestellt, daß die Wachstumsgeschwindigkeit 0,1 bis 0,2 cm/Tag beträgt. Dieses augenscheinlich sehr langsame Wachstum entspricht immerhin einem Aufbau von einigen Hundert Atomschichten pro Sekunde. Schnelleres Wachstum bewirkt Verwerfung von Netzebenen oder sogar eine Trübung des Kristalls.

Die Temperatur der Lösung soll möglichst hoch sein, da dadurch die kritische Wachstumsgeschwindigkeit erhöht wird, d. h. Kristalle von derselben Güte können schneller gezüchtet werden. Je nach der Art und Weise wie die Übersättigung konstant gehalten wird, unterscheiden wir vier Methoden der Kristallzüchtung aus der Lösung:

1. Verdampfungsmethode
2. Zirkulationsmethode
3. Kühlungsmethode
4. Diffusionsmethode.

Wir wollen diese Methoden jetzt besprechen.

9.1 Verdampfungsmethode

Sie ist wohl die einfachste und gleichzeitig die älteste. Sie wird bei Substanzen angewandt, deren Löslichkeit nur sehr wenig mit der Temperatur zunimmt (NaCl) oder sogar abnimmt ($Li_2SO_4 \cdot H_2O$). Das Abdampfen des Lösungsmittels aus der Lösung in einer Kristallisierschale ist die primitivste Form dieser Methode. Zur Herstellung größerer einwandfreier Kristalle muß die Verdampfung langsam und konstant erfolgen. Zu diesem Zweck wird der Behälter in einen Thermostat eingesetzt, dessen Temperatur innerhalb einiger Hundertstel Grad konstant gehalten wird. Sehr brauchbar für diesen Zweck ist der Höppler-Thermostat, der im Temperaturbereich zwischen —60° C und 250° C mit einer Präzision von $\pm 0{,}01°$ C arbeitet (Abb. 66). Die gewünschte Temperatur läßt sich durch die Verstellung des Kontaktes im Hg-Kontaktthermometer mit Hilfe eines drehbaren Magneten einstellen. (Für eine kontinuierliche Änderung der Temperatur ist diese Anordnung allerdings

[1] Siehe Anm. 1 auf S. 129.

[2] Berg, W. F.: Proc. Roy. Soc. (London) A164, 79 (1938).

[3] Bunn, C. W.: Discussions Faraday Soc. No. 5, 132 (1949).

[4] Humphreys-Owen, S. P. F.: Proc. Roy. Soc. (London) A197, 218 (1949).

[5] Booth, A. H. und H. E. Buckley: Canadian J. Chem. 33, 1155 (1955).

nicht brauchbar, da der Kontakt oft kleben bleibt.) Um große Empfindlichkeit des Kontaktthermometers zu erreichen, muß das Quecksilbergefäß groß und die Kapillare eng sein. Das hat aber zwei Nachteile: erstens ist dadurch das Thermometer träge, zweitens kann es nicht dicht an der Heizung angebracht werden, wodurch die Empfindlichkeit zusätzlich herabgesetzt wird. Besser ist das Widerstandsthermometer, das allerdings eine WHEATSTONEsche Brücke erfordert. Um den Einfluß durch plötzliche Temperaturschwankungen der Umgebung zu eliminieren, muß der Thermostat samt dem Kristallisationsbehälter gut isoliert oder in einem Raum mit konstanter Temperatur untergebracht werden. Außerdem muß dafür gesorgt werden, daß der Dampf des Lösungsmittels gleichmäßig und

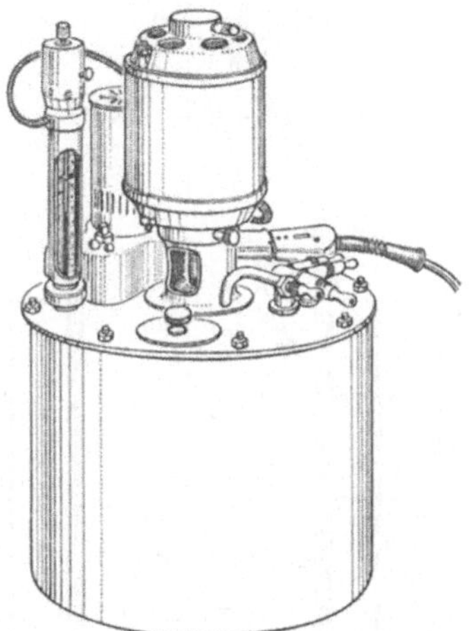

Abb. 66. Höppler-Ultrathermostat

Abb. 67. Verdampfungskristallisator (nach SCHUBNIKOW[1])

kontinuierlich abgeführt wird. Das läßt sich entweder durch Wasserdampfabsorption,[1] durch konstante Luftströmung mit Überdruck[2] oder Abpumpen erreichen. Eine einfache Anordnung mit Wasserdampfabsorption ist nach SCHUBNIKOW in der Abb. 67 gezeigt. In einem Exsikator, der bei konstanter Temperatur gehalten wird, befindet sich unten konzentrierte Schwefelsäure und darüber eine Kristallisationsschale mit der Lösung. Der Wasserdampf wird kontinuierlich durch die Schwefelsäure absorbiert, wodurch die Übersättigung aufrechterhalten wird. Eine andere Anordnung dieser Art nach JOHNSEN[3] ist in Abb. 68 und eine neuere nach ROBINSON[4] in Abb. 69 wiedergegeben.

Bei der Herstellung der Einkristalle aus großen organischen Molekülen oder deren Polymeren treten folgende Schwierigkeiten auf. Je länger ein

[1] SCHUBNIKOW, A.: Das Wachstum der Kristalle, Akad. Nauk. 1935.
[2] NEUHAUS, A.: Z. Krist. 68, 15 (1928).
[3] JOHNSEN, A.: Zentralb. Mineral. 1915, p. 435.
[4] ROBINSON, A. E.: Discussions Faraday Soc. No. 5, 315 (1949).

Molekül ist, um so schwieriger läßt es sich in ein Gitter einordnen. Es wird viel mehr Zeit für die orientierte Anlagerung nötig sein als bei den kleinen Molekülen. Die Enden der Kette werden meist verschiedene Gruppen enthalten, so daß auch die Richtung der Kette eine Rolle spielt. Sind die Seiten-Gruppen oder -Ketten vorhanden, so muß die Kette vor der Anlagerung entsprechend gedreht werden. Alle diese Effekte werden die Kristallisationsgeschwindigkeit des Kristalls stark

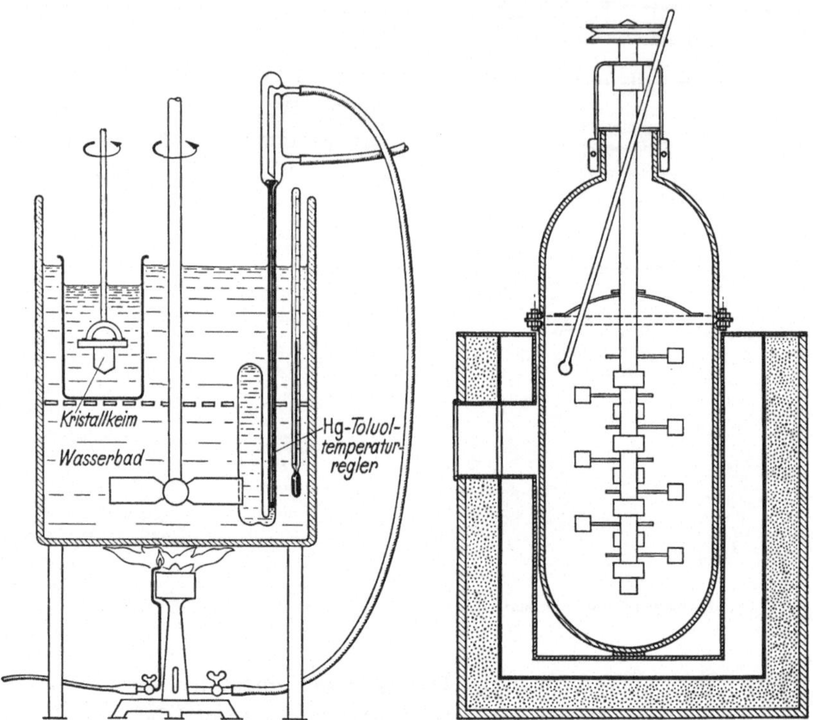

Abb. 68. Verdampfungskristallisator mit Gasheizung (nach JOHNSEN[1])

Abb. 69. Verdampfungskristallisator (nach ROBINSON[2])

herabsetzen oder gar vollkommrn hindern und die Güte verschlechtern. Trotz dieser Schwierigkeiten wurden in einigen Fällen Einkristalle, wenn auch von sehr kleiner Größe, hergestellt. Aus einer Lösung von „*chicle gutta*“ in Benzol und Aethylacetat (6:1) wurden nach drei Wochen durch Verdampfen des Lösungsmittels bei 30,2° C oder durch Abkühlung Kriställchen bis zu 1/3 mm groß von Gutta, einem polymeren Kohlenwasserstoff mit dem Molekulargewicht 12000 bis 18000 erhalten.[3] Diese Kriställchen waren trotz ihrer kleinen Größe außerordentlich wichtig zur Aufklärung der Struktur von Gutta, das aus Guttapercha erhalten wird.

[1] Siehe Anm. 3 auf S. 131.

[2] Siehe Anm. 4 auf S. 131.

[3] SCHLESINGER, W. und H. M. LEEPER: J. Polymer Soc. **11**, 203 (1953).

9.2 Zirkulationsmethode

Das Prinzip dieser Methode beruht auf der Aufrechterhaltung der Konzentrazion durch die kontinuierliche Auflösung des Stoffvorrats. Diese Methode wurde zuerst von KRÜGER und FINCKE[1] angegeben, von VALETON[2] weiter verbessert und die endgültige Form von HOSTETTER[3] erreicht (Abb. 70). Die Apparatur besteht aus zwei getrennten Thermostaten, deren Temperatur sich ein wenig (einige Zehntel Grade bis einige Grade je nach Substanz) unterscheidet. Im Thermostaten mit höherer Temperatur *A* befindet sich ein Überschuß der ungelösten Substanz, so daß die Lösung immer gesättigt ist. Von hier zirkuliert die gesättigte

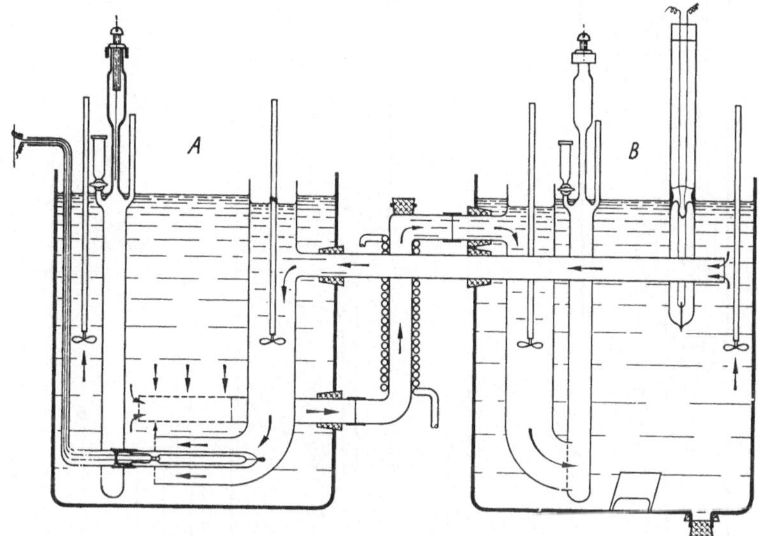

Abb. 70. Zirkulationskristallisator (nach HOSTETTER[3])

Lösung in den Thermostaten mit niedrigerer Temperatur *B*. Hier wird sie durch Abkühlung übersättigt, so daß der Keim wachsen kann, wodurch die Konzentration abnimmt. Die Lösung fließt jetzt zurück zum ersten Thermostaten und der Prozeß beginnt von neuem. Bei einer Temperaturdifferenz der beiden Thermostaten von 0,3 bis 0,5° C hat HOFSTETTER eine Gewichtszunahme von K-Alaun und $NaClO_3$ um 1 Milligramm pro cm² und Stunde erreicht.

Eine Vertikalanordnung der Kristallisationskammer über der Lösungskammer wurde von NACKEN[4] angegeben (Abb. 71). Die Zirkulation der Lösung zwischen dem unteren und dem oberen Behälter wird mittels zweier Ventile durch periodische Luftdruckänderung im unteren Gefäß

[1] KRÜGER, F. und W. FINCKE. DRP 228, 246, Kl. 120, Gr. 2, 5. November 1910.
[2] VALETON, J. J. P.: K. Sächs. Ges. Wiss. Math.-phys. Kl. **67**, 1 (1915).
[3] HOSTETTER, J. C.: J. Wash. Acad. Sci. **9**, 85 (1919).
[4] NACKEN, R.: Z. Instrumentenk. **36**, 12 (1916).

erreicht. Diese Anordnung scheint geeignet zu sein, wenn es sich um kleine Lösungsmengen (100 cm³) handelt.

Eine ebenfalls vertikale Anordnung, bei der die Zirkulation der Lösung durch ein Thermosiphon erzeugt wird, wurde von BOUHET und LAFONT angegeben[1] (Abb. 72).

Für technische Herstellung großer Einkristalle wurde eine Apparatur mit drei Kammern von WALKER und KOHMAN[2] entwickelt (Abb. 73).

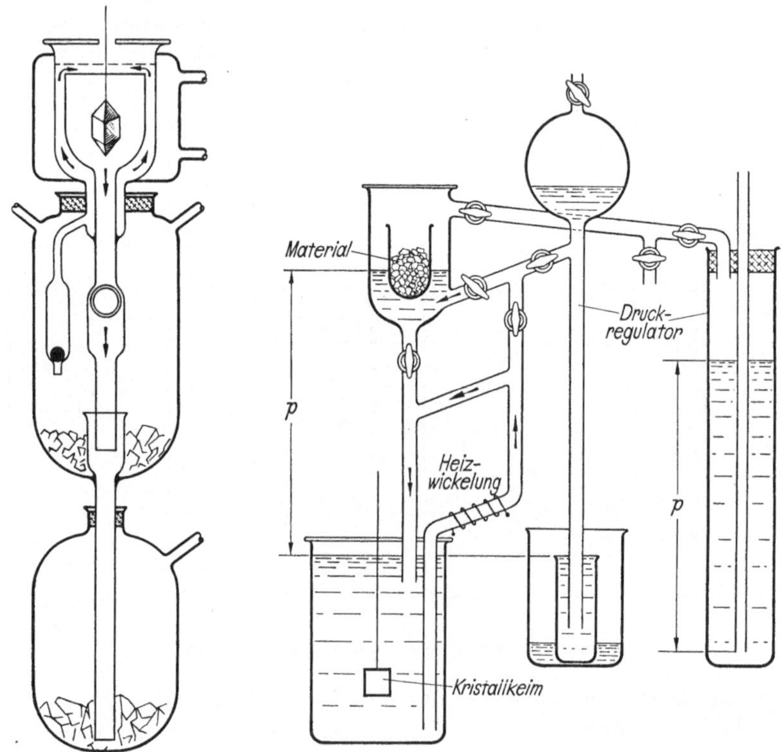

Abb. 71. Zirkulationskristallisator nach NACKEN[3]

Abb. 72. Zirkulationskristallisator (nach BOUHET und LAFONT[1])

Die gesättigte Lösung fließt aus dem mittleren in den rechten Behälter, der eine etwas höhere Temperatur hat. Von hier wird die Lösung in den Kristallisationsbehälter gepumpt, in dem sie etwas abgekühlt wird. Durch ein Überflußrohr fließt die Lösung zurück zum Sättigungsbehälter. Mit dieser Methode wurden Ammoniumdihydrogenphosphat ($NH_4H_2PO_4$) und Äthylendiamintartrat Kristalle während des 2. Weltkrieges in großen Mengen hergestellt.

---

[1] BOUHET, CH. und R. LAFONT: Compt. rend. **226**, 1823 (1948).

[2] WALKER, A. C. und C. T. KOHMAN: Trans. Am. Inst. Elec. Engrs. **67**, 565 (1948).

[3] Siehe Anm. 4 auf S. 133.

Eine Variante der Zirkulationsmethode wird nach BUCKLEY[1] von der Fa. Peter Spence, Widnes, England, zur Herstellung großer (bis

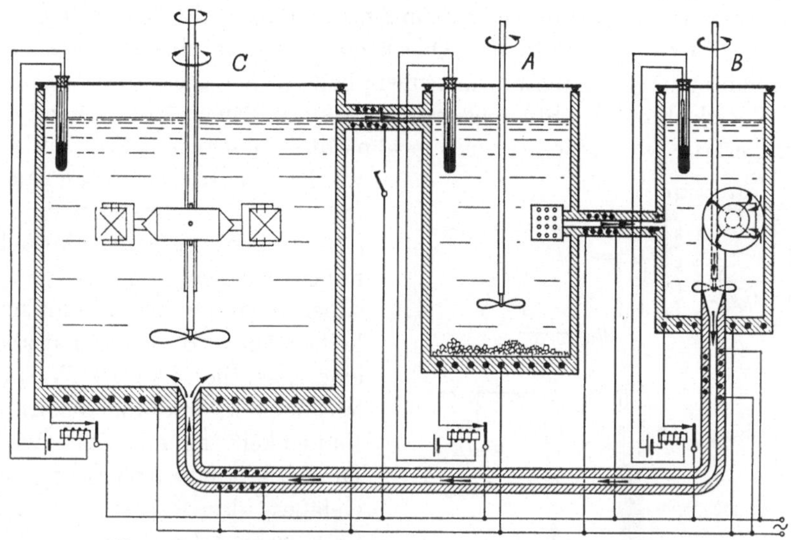

Abb. 73. Dreikammerzirkulationskristallisator (nach WALKER und KOHMAN[2])

15 cm) Alaune benutzt (Abb. 74). In den Behältern B_1 und B_2 befindet sich übersättigte Lösung, die in den Behälter A und danach in C fließt, wodurch die Lösung kontinuierlich erneuert wird. Kristallkeime liegen auf dem Boden der Behälter A und C. Die Apparatur erfordert einen Raum mit konstanter Temperatur und außerdem müssen die Kristalle während des Wachstums öfters gewendet werden, um gleichmäßiges Wachstum in allen Richtungen zu erreichen. Die Benutzung von zwei oder mehreren hintereinander angeordneten Behältern hat den Vorteil, daß man außer den großen Kristallen in der frischen stärker übersättigten Lösung auch kleine in der bereits erschöpften Lösung erhält.

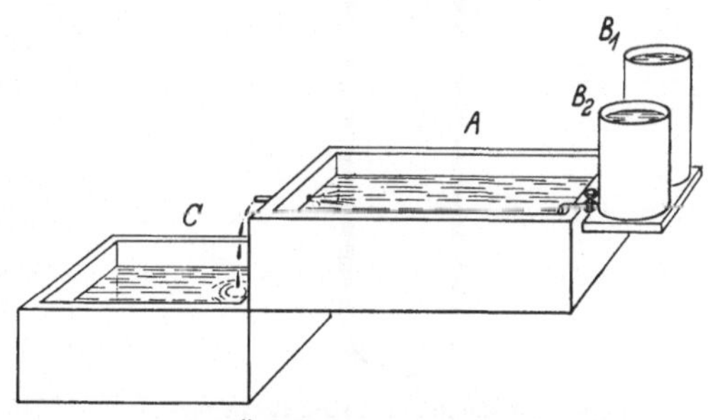

Abb. 74. Überflußmethode der Fa. Spence (nach der Beschreibung von BUCKLEY[1])

9.3 Kühlungsmethode

Bei den Stoffen, deren Löslichkeit mit der Temperatur zunimmt, kann die Konzentration der Lösung während des Wachstums durch entsprechende Temperaturerniedrigung konstant gehalten werden. Die

[1] BUCKLEY, H. E.: Crystal Growth, S. 65.

[2] Siehe Anm. 2 auf S. 134.

Kühlungsmethode erfordert empfindliche Programmregler, da normalerweise die Temperatur nur einige Zehntel Grad pro Tag gesenkt wird. Ein einfacher Programmregler ist in Abb. 75 dargestellt. Er besteht aus einem Glasgefäß gefüllt mit Quecksilber, dessen oberes Ende eine Kapillare und ein Seitenrohr mit einem beweglichen Stempel hat. Durch die Verschiebung des Stempels mit Hilfe eines kleinen Motors kann die Temperatur kontinuierlich mit gewünschter Geschwindigkeit variiert werden. Das Glasgefäß kann auch mit Toluol gefüllt werden, das einen 10mal größeren Ausdehnungskoeffizienten hat als Quecksilber, wodurch die Empfindlichkeit erhöht wird. Toluol hat aber eine wesentlich kleinere Wärmeleitfähigkeit, wodurch die Empfindlichkeit herabgesetzt wird. Durch passende Abmessung des Gefäßes, des Rohres mit dem Stempel und der Kapillare, kann die Thermostatentemperatur auf 0,001° C konstant gehalten bzw. kontinuierlich gesenkt werden.

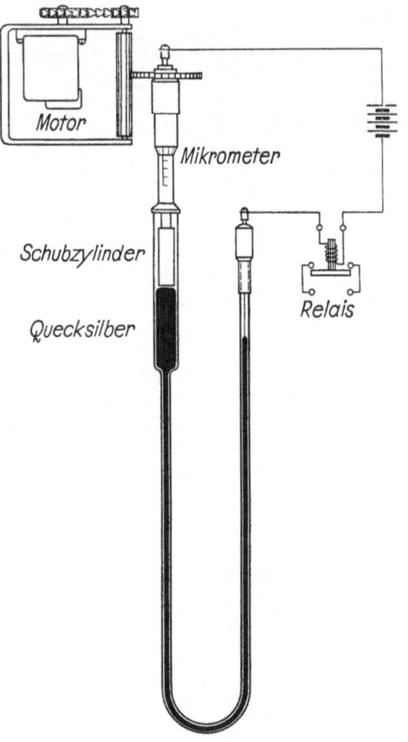

Abb. 75. Hochempfindliches Hg-Relais für kontinuierliche Temperaturregelung

Die Geschwindigkeit der Temperatursenkung richtet sich nach der Kristallisationsfähigkeit des Materials und nach dem Grad der Löslichkeit. Je kleiner die Löslichkeit, um so langsamer muß die Senkung der Temperatur sein. Die Kristallisationsgeschwindigkeit von 1 bis 2 mm pro Tag gilt in vielen Fällen als normal. Dies entspricht einer Temperatursenkung von einigen Zehnteln Grad bis ein Grad pro Tag. Um Kristalle von mehreren Zentimetern Kantenlänge zu erhalten, werden mehrere Wochen gebraucht. Bei einer Temperatur der Lösung oberhalb 50° C hat man Schwierigkeiten mit der Wasserverdampfung, die durch entsprechende Abdichtung des Behälters mit Kondensations- und Rückflußmöglichkeit verhindert werden muß.

Die Kühlungsmethode wurde bereits von Wulff[1] verwendet und von Nicholson[2] und Moore[3] 20 Jahre später patentiert. Moore[4] benutzte die

[1] Wulff, G.: Z. Krist. **34**, 449 (1901); **50**, 17 (1912).
[2] Nicholson, A. M.: U.S.A. Patent No. 1 578 677, 30. März 1920.
[3] Moore, R. W.: J. Am. Chem. Soc. **41** (2), 1060 (1919).
[4] Moore, R. W.: U.S.A. Patent No. 1 347 350, 20. Juli 1920.

Kühlungsmethode zur Herstellung von Seignettesalzkristallen. Seine Behälter hatten 10 Liter Inhalt, die mit bis zu 15 Impfkristallen von einigen Millimetern Kantenlänge beschickt wurden. Die Temperatur wurde von 35° C bis 40° C mit 0,3—0,4° C/Tag bis auf Zimmertemperatur gesenkt. Kristalle von 8 cm Länge wurden in einem Monat erhalten.

Moores Apparatur ist in Abb. 76 dargestellt. Die Lösung wurde nicht gerührt und die Temperatur durch manuelle Einstellung des Temperaturreglers zweimal täglich gesenkt. Diese zwei Nachteile sind in der Anordnung von Holden behoben[1] (Abb. 77). Die Impfkristalle sind hier

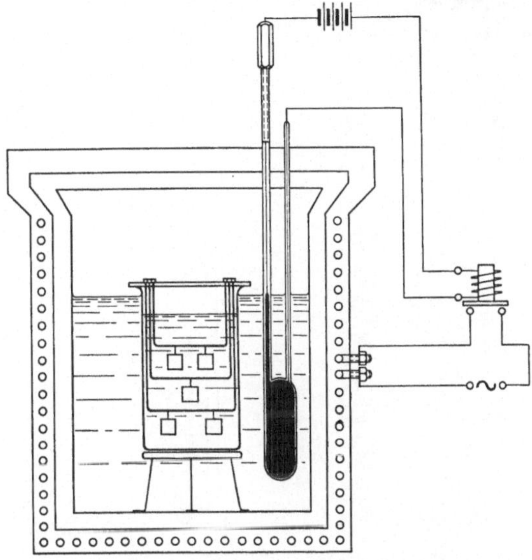

Abb. 76. Kühlungskristallisator (nach Moore[2])

an radial angeordneten Speichen einer Achse befestigt, deren Drehsinn abwechselnd geändert wird. Die Temperatur wird automatisch gesenkt. Die Wachstumsgeschwindigkeit beträgt 1,5 mm/Tag. Ein gleichmäßiges Wachstum aller äquivalenten Flächen wird nach Mokiewskii[3] dadurch erreicht, daß der Impfkristall exzentrisch aufgehängt ist, so daß er einen Kreis in der Lösung beschreibt und gleichzeitig sich um seinen Mittelpunkt dreht, d. h., eine Planetenbewegung beschreibt. Der Kristallisator von Mokiewskii ist in Abb. 78 dargestellt.

Im großtechnischen Maßstab wurden Seignette-Kristalle von Brush Development Co., Cleveland, Ohio, und Western Electric Co. in Andover, Mass. im 2. Weltkrieg hergestellt. Man bediente sich dabei großer Be-

1 Holden, A. N.: Phys. Rev. **68**, 283 (1945).

2 Siehe Anm. 4 auf S. 136.

3 Mokiewskii, W. A.: Mitteil. Mineral. Ges. **47**, 135 (1948).

hälter (120 × 60 × 30 cm), die in temperierten Räumen aufgestellt waren. Über 30000 Kristalle wurden gleichzeitig gezüchtet. Die Lösung wurde durch Schaukeln der Behälter gerührt. Die Impfkristalle wurden in den

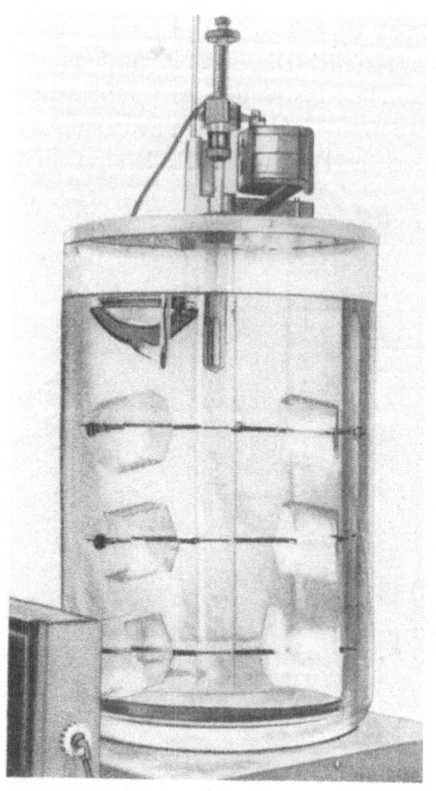

Abb. 77. Kühlungskristallisator (nach HOLDEN[1])

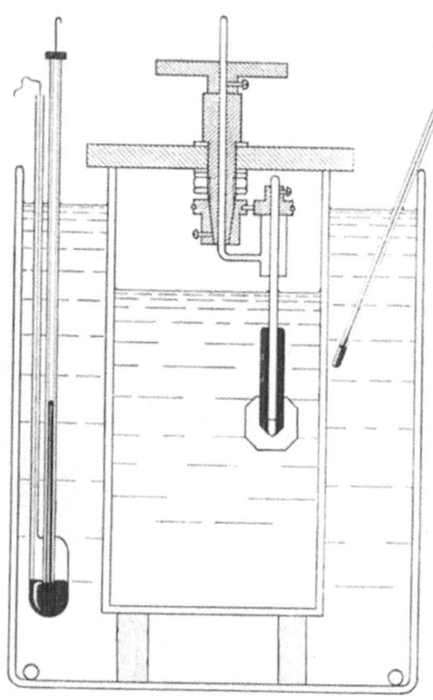

Abb. 78. Kühlungskristallisator mit Planetenbewegung des Kristallkeims (nach MOKIJEVSKII[2])

entsprechenden Vertiefungen am Boden angebracht. Anstatt die Temperatur in einzelnen Behältern zu senken, kann der ganze Raum kontinuierlich gekühlt werden.[3]

Quadratische Löcher wurden in Nitroguanidinkristallen ($H_2NC(NH)$-$NHNO^2$) beobachtet, die aus 1,2%iger Essigsäure durch Abkühlung der Lösung von 96 °C auf 30 °C in 5 Stunden erhalten wurden.[4]

---

[1] Siehe Anm. 1 auf S. 137.

[2] Siehe Anm. 3 auf S. 137.

[3] BAKER, L. C.: New Zeland J. Sci. Technol. **B25**, 62 (1943).

[4] COHEN, J., R. A. HENRY, S. SKOLNIK und G. B. L. SMITH: Science **111**, 278 (1950).

Tabelle 50. *Aus der Lösung hergestellte Einkristalle**

Name	Chem. Formel	Literatur
Aethylendiamintartrat (EDT)	$(CH_2NH_2)_2C_4H_4O_6 \cdot 4\ H_2O$	1-7, 8
Alaune	$R^IR^{III}(SO_4)_2 \cdot 12\ H_2O$	9, 10-15
	$KCr(SO_4)_2 \cdot 12\ H_2O$	12, 14
Amonium-		
-Bromid	NH_4Br	16, 17
-Chlorid	NH_4Cl**	16-19
-Orthoarsenat	$NH_4H_2 \cdot AsO_4$	20
-Orthophosphat	$NH_4H_2PO_4$	3, 20-24
Anthracen+	$C_6H_4(CH)_2C_6H_4$	25
Benzophenon	$C_6H_5COC_6H_5$	26
Bleichlorid	$PbCl_2$	27
Bleinitrat	$Pb(NO_3)_2$	28
Berylliumsulphat	$BeSO_4 \cdot 4\ H_2O$	23
Cadmiumjodid	CdI_2	29, 30
Calciumsulphat	$CaSO_4(+Mn)$	31
Ce-Mg-Nitrat (Kugelform)	$CaMg(NO_3)_5$	32
Ferrocyankalium	$K_4Fe(CN)_6 \cdot 3\ H_2O$	33, 34
Gadoliniumchlorid	$GdCl_3 \cdot 6\ H_2O$	35
Tri-Glycinsulfat	$(NH_2CH_2CO)_3OHSO^4$	36
Guanidinaluminium-sulfat-hexahydrat	$[C(NH_2)_3]Al(SO_4)_2 \cdot 6\ H_2O$	37, 38
Jodsäure	HIO_3	39, 40
Kaliumchlorid	KCl	41, 42
Kaliumcobaltcyanid + Cr	$K_3CO(CN)_6 + Cr$	43
Kaliumnitrat	KNO_3	33, 34
Kaliumorthoarsenat	KH_2AsO_4	20
Kaliumnatriumtartrat	$KNaC_4H_4O_6 \cdot 4\ H_2O$	26, 44-50
Kaliumtartrat	$K_2C_4H_4O_6 \cdot {}^1/_2\ H_2O$	51, 52
Kaliumorthophosphat	KH_2PO_4	20, 53
Kupfersulphat	$CuSO_4$	14
Lanthanäthylsulphat + Gd	$La(C_2H_5SO_4)_3 \cdot 9\ H_2O + Gd$	54
Lithiumsulphat	$Li_2SO_4 \cdot H_2O$	55, 56, 57
Magnesiumsulphat	$MgSO_4$	26, 58
Natriumbromat	$NaBrO_3$	23, 59
Natriumchlorid	$NaCl$	40, 41, 60-64
Natriumphosphat	$Na_2HPO_4 \cdot 12\ H_2O$	65
Natriumchlorat	$NaClO_3$	9, 26, 58, 59, 66
Natriumnitrat	$NaNO_3$	64, 67
Nickelsulphat	$NiSO_4 \cdot 7\ H_2O$	68
Rubidiumorthophosphat	RbH_2PO_4	69
Sacharose	$C_{12}H_{22}O_{11}$	26
Schwefel	S (rhombisch)	70
Sorbitolhexaacetat	$C_6H_8O_6(COCH_3)_6$	71
Stilben++	$C_6H_5CHCHC_6H_5$	72
Sr-Formiat	$Sr(HCOO)_2$	73
cis-Terpenhydrat	$C_{10}H_{18}(OH)_2 \cdot H_2O$	74
Zinksulphat	$ZnSO_4 \cdot 7\ H_2O$	58, 63

* $KLiSO_4$, $NaLiSO_4$ und $AlPO_4$ wurden von E. Kordes während des II. Weltkrieges hergestellt.
** Nach (3) nur mit Zusätzen.
\+ Aus Benzollösung.
\+\+ Aus Äther.

In der Tab. 50 sind wichtigere Kristalle zusammengestellt, die nach der Verdampfungs-, Zirkulations- oder Kühlungsmethode hergestellt wurden.

---

[1] BOOTH, A. H. and H. E. BUCKLEY: Nature **169**, 367 (1952).

[2] BOOTH, A. H. and H. E. BUCKLEY: Canadian J. Chem. **33**, 1155 (1955).

[3] WALKER, A. C. and C. T. KOHMAN: Trans. Am. Inst. Elec. Engrs. **67**, 565 (1948)

[4] WALKER, A. C.: Bell. Lab. Record **25**, 357 (1947); J. Franklin Inst. **250**, 481 (1950).

[5] WALKER, A. C. und G. T. KOHMAN: Bell Tel. System, Techn. Publ. Monograph B-1562, 1948; Trans. Am. Inst. Elec. Engrs. **67**, 565 (1948).

[6] KOHMAN, G. T.: Bell Lab. Record **28**, 13 (1950).

[7] KLIER, E. und M. SHAKI: Czechoslov. J. Phys. **5**, 404 (1955).

[8] POZDNJAKOV, P. G.: Kristallografia **1**, 228 (1956).

[9] HUMPHREYS-OWEN, S. P. F.: Proc. Roy. Soc. (London) **A 197**, 218 (1949).

[10] MILLIGAN, A. G.: J. Phys. Chem. **33**, 1363 (1929).

[21] SCHUBNIKOV, A.: Z. Krist. **53**, 433 (1914); **54**, 261 (1915).

[12] ROHRMAN, F. A. und N. W. TAYLOR: J. Chem. Educ. **6**, 473 (1929).

[13] LASH, M. E. und W. G. FRANCE: J. Phys. Chem. **34**, 724 (1930).

[14] FLIEDNER, L. J.: J. Chem. Educ. **9**, 1453 (1932).

[15] BUCKLEY, H. E.: Z. Krist. **73**, 443 (1930).

[16] RÜCHARDT, H.: Z. Phys. **134**, 554 (1953).

[17] BUNN, C. W.: Proc. Roy. Soc. (London) **A161**, 567 (1933).

[18] GAUBERT, P.: Bull. soc. franc. mineral **38**, 149 (1915).

[19] EHRLICH, F.: Z. anorg. Chme. **203**, 26 (1931).

[20] BUSCH, G.: Helv. Phys. Acta **10**, 261 (1937); **11**, 269 (1938).

[21] WALKER, A. C.: Bell Lab. Record **25**, 357 (1947)

[22] JAFFE, H. und B. R. F. KJELLGREN: Discussions Faraday Soc. No. 5, 319 (1949).

[23] TAYLOR, E. A. und L. W. W. RAYNER: General Post Office, Selectad Engineering Reports, Piezoelectricity, 1917, S. 113.

[24] HOLDEN, A. N.: Discussions Faraday Soc. No. 5, 312 (1949).

[25] METTE, H. und H. PICK: Z. Phys. **134**, 566 (1953).

[26] BRUZAU, M.: Cahiers de Phys. **27**, 55 (1945).

[27] LEWIN, S. Z.: J. Phys. Chem. **59**, 1030 (1955).

[28] WILLIAMS, A. P.: Phil. Mag. [8] **2**, 317 (1957).

[29] NEWKIRK, J. B.: Acta Met. **3**, 121 (1955).

[30] FORTY, A. J.: Phil. Mag. **42**, 670 (1951); **43**, 72 u. 377 (1952).

[31] MAYER, U.: Naturw. **43**, 79 (1956).

[32] SCHROEDER, C. M.: Rev. Sci. Instr. **28**, 205 (1957).

[33] MATUSEVICH, L. N. und K. N. SCHABALIN: Zhur. Prikl. Chem. **25**, 1157 (1952).

[34] MATUSEVICH, L. N.: Zhur. Prikl. Chem. **27**, 148 (1954).

[35] FREED, S. und F. H. SPEDDING: Phys. Rev. **34**, 945 (1929).

[36] KONSTANTINOVA, V. P., I. M. SILVESTROVA und K. S. ALEKSANDROV: Kristallografia **4**, 1 (1959).

[37] HOLDEN, A. N., B. MATHIAS, W. MERZ und J. P. REMEIKA: Phys. Rev. **98**, 546 (1955).

[38] REZ, I. S. und L. A. VARFOLEMEEVA: Rost Kristallov Bd. 2, 93 (1959).

[39] ZERFOSS, S.: Ceramic Age **54**, 293 (1949).

[40] EGLI, H.: Sci. Monthly **68**, 270 (1949).

[41] CHRETIEN, A., J. HEUBEL und P. TRIMOLE: Compt. rend. **239**, 814 (1954).

[42] NEWKIRK, J. B. und G. W. SEARS: Acta Met. **3**, 110 (1955).

[43] MEYER, J. W.: Electronics **31**, 66 (1958).

9.4 Spezielle Arten von Kristallen

Die Herstellung einiger Kristalle, die entweder von technischem Interesse sind, oder bei denen die Herstellungsmethode in der Literatur genau beschrieben wurde, soll hier ausführlicher besprochen werden.

Alaune

Alaune sind Doppelsalze der Sulphate oder Selenate von der allgemeinen Form:

$$R_1^+ R_2^{3+} (SO_4)_2 \cdot 12\, H_2O\,,$$
$$R_1^+ R_2^{3+} (SeO_4)_2 \cdot 12\, H_2O\,,$$

wobei $R_1^+ = $ Na, K, Rb, Cs, NH_4 oder Tl, und $R_2^{3+} = $ Al, Fe, Ti, Cr, V, Ga, Rh, In oder Ir Ionen sind.

Obwohl Alaune verglichen mit anderen Kristallen ziemlich kompliziert in ihrem molekularen Aufbau sind, so sind sie einfach in ihrer Gitter-

---

[44] Moore, R. W.: J. Am. Chem. Soc. **41**, 1060 (1919).
[45] Baker, L. C.: New Zeeland, J. Sci. Technol. **B25**, 62 (1943).
[46] Nicholson, A. M.: Trans. Am. Inst. Elec. Engrs. **38**, 269 (1919).
[47] Kjellgren, B. R. F.: U.S.A. Patent No. 2483647; 4. Oktober 1949.
[48] Anscheles, O. M., W. B. Tatarskij und A. A. Sternberg: Schnelles Wachstum der Kristalle aus der Lösung, Lenisdat 1945.
[49] Fiat Final Report No. 1146, 6. Mai 1947.
[50] Scheftal, N. N.: Trudy Inst. Krist. **4**, 231 (1948).
[51] Taylor, E. A. und D. C. Groves: General Post Office, Selected Engineering Reports, Piezoelectricity, 1957, p. 149.
[52] Pozdnjakov, P. G.: Kristallografia **1**, 589 (1956).
[53] Busch, G. und P. Scherrer: Naturw. **23**, 737 (1935).
[54] Feher, G. und H. E. D. Scovil: Phys. Rev. **105**, 760 (1957).
[55] Robinson, A. E.: Discussions Faraday Soc. No. 5, 315 (1949).
[56] Rae, H. und A. E. Robinson: Proc. Roy. Soc. (London) **A222**, 558 (1954).
[57] Pozdnjakov, P. G.: Kristallografia **1**, 356 (1956).
[58] Bouhet, Ch. und R. Lafont: Compt. rend. **226**, 1823 (1948).
[59] Mason, W. P.: Phys. Rev. **70**, 529 (1946).
[60] Gibbs, W. E. und W. Clayton, Nature **113**, 492 (1924).
[61] Henroteau, F.: Astron. J. **51**, 122 (1945).
[62] Koschurnikov, G. S. und V. A. Mokievskii: Zhur. Obrch. Chem. **18**, 119 (1949).
[63] Bunn, C. W. und H. Emmett: Discussions Faraday Soc. No. 5, 119 (1949).
[64] Booth, A. H.: Nature **165**, 968 (1950).
[65] Kiriyama, R. und Y. Saito: Bull. Chem. Soc. (Japan) **26**, 531 (1953).
[66] Humphreys-Owen, S. P. F.: Discussions Faraday Soc. No. 5, 144 (1949).
[67] Weinland, L. A. und W. G. France: J. Phys. Chem. **36**, 2832 (1932).
[68] Haase, M.: Carl Zeiß, Jena (unveröffentlicht).
[69] Bärtschi, P., B. Mathias, W. Merz und P. Scherrer: Helv. Phys. Acta **18**, 240 (1945).
[70] Stone, Ch. H.: J. Chem. Educ. **9**, 941 (1932).
[71] Rez, I. S. und L. I. Zinober, Rost Kristallov, Bd. 1, 227 (1957).
[72] Miller, F. J.: Bull. Inst. Nuclear Sci. (Belgrad) **3**, 119 (1953).
[73] Kiriyama, R.: J. Chem. Soc. (Japan), Pure Chem. Sec. **70**, 260 (1949).
[74] Silvestrova, I. M., K. S. Aleksnadrov und A. A. Tschumakov: Kristallografia **3**, 386 (1958).

struktur und lassen sich sehr leicht in großen Stücken züchten. Es gibt allerdings drei Arten der inneren Struktur der kubischen Gitterzelle.[1] Durch Mischkristallbildung zwischen K- und Cr-Alaun läßt sich Doppelbrechung hervorrufen.[2] Nach BUCKLEY[3] werden Alaune in großen Mengen von W. BOUNDS in der Fa. Peter Spence und Sons, Farnworth, near Widnes, Lancashire, England, hergestellt. Das Prinzip der Methode wurde in der Abb. 74 gezeigt. Oktaeder von Länge 15 cm werden nach dieser Methode hergestellt. Es wurde berichtet, daß ein Kristall sogar 45 cm Länge hatte. Ein CrAl-Alaun von 15 cm Durchmesser wurde in 16 Monaten hergestellt. Die Anfangstemperatur der gesättigten Lösung lag zwischen 40 und 50° C. Die Kristalle wurden mehrere Male in eine frische Lösung umgesetzt, um die Störung durch Keime zu beseitigen[4]. Aus einer alkalischen Lösung erhält man Alaun-Kristalle in Form von Würfeln. Die Änderung der äußeren Form wird auch durch einen Zusatz (1:100 bis 1:1000) von verschiedenen Farbstoffen hervorgerufen. Wegen ihres guten Wachstums wurden Alaune oft zur Untersuchung des Wachstums und der Auflösung der Kristalle herangezogen (SCHUBNIKOW, BUCKLEY, SPANGENBERG, NEUHAUS). Von den Alaunen ist das meist untersuchte das KAl-Alaun, dessen Wasserlöslichkeit bei 20° C 6,01 g/100 g Wasser beträgt. CsAl-Alaun zeichnet sich besonders durch seine geringe Wasserlöslichkeit (bei 20° C 0,46 g/100 g Wasser) aus. CrAl-Alaun Kristall verliert an der Luft das Kristallwasser und wird dadurch trübe. Der Kristall läßt sich durch Überwachsen mit einigen Millimetern von KAl-Alaun schützen.[5]

Ammoniumorthophosphat (*ADP*)[6]

1. Herstellung der primären Keime. Gesättigte Lösung, einige Grade über der Zimmertemperatur, wird zugedeckt und erschütterungsfrei aufgestellt, wo keine Temperaturschwankungen auftreten. Durch die langsame Abkühlung und teilweise Verdampfung wird die Lösung übersättigt. Nach einigen Tagen erhält man Kristalle von einigen Millimetern Größe.

2. Herstellung der Lösung. Die Löslichkeit des Ammoniumorthophosphats im Temperaturbereich zwischen 20° C und 50° C ist gegeben durch die nachstehende Gleichung:[7]

$$L_T = 180 + 4{,}55\, T\,, \tag{122}$$

[1] LIPSON, H.: Proc. Roy. Soc. (London) **A148**, 664 (1935); **A151**, 347 (1935).
[2] CORRENS, C. W.: ibid. **A151**, 122 (1935).
[3] BUCKLEY, H. E.: Crystal Growth, S. 64.
[4] ROHRMAN, F. A. und N. W. TAYLOR: J. Chem. Educ. **6**, 473 (1929).
[5] FLIEDNER, L. J.: J. Chem. Educ. **9**, 1453 (1932).
[6] WALKER, A. C.: Bell Lab. Record **25**, 357 (1947); J. Franklin Inst. **250**, 481 (1950).
[7] BUCHANAN, G. H. und G. B. WINNER: J. Ind. Eng. Chem. **12**, 448 (1920).

wobei L_T die Löslichkeit in g pro 1000 g Wasser ist. Entsprechend der Ausgangstemperatur, die gewöhnlich zwischen 35° C und 50° C liegt, wird die Lösung hergestellt. Das Gleichgewicht der Löslichkeit wird mit einem Aräometer festgestellt. Außerdem muß der p_H-Wert gemessen werden, da die Löslichkeit von p_H-Werten abhängt. Sie ist ein Minimum bei einer Lösung mit $p_H = 3{,}66$ bis 3,70. Die Verunreinigungen im Ausgangsmaterial sollen weniger als 0,01% betragen. Das technisch reine Material ist brauchbar. Das destillierte Wasser kann durch Leitfähigkeitsmessung kontrolliert werden, es soll 10^{-7} (Ohm cm)$^{-1}$ haben. Die Lösung soll gefiltert werden, um etwaige ungelöste Teilchen zu beseitigen, wenn nötig mehrere Male. Die Reinheit der Lösung wird durch Beobachtung des Streulichts einer starken Lichtquelle kontrolliert.

3. Herstellung großer Keime. Die bevorzugte Wachstumsrichtung aus der neutralen Lösung ist die Z-Richtung des tetragonalen Kristalls. Die beiden Enden sind dabei als Pyramiden ausgebildet. Man erhält nur längliche Kristalle mit kleinem Querschnitt. Das Wachstum in der Querrichtung wird durch p_H-Erhöhung von 3,7 auf 5,0 durch einen Zusatz von NH_3 oder $(NH_2)_2HPO_4$ erreicht, womit aber der Nachteil verbunden ist, daß sich unerwünschte Keime bilden. Durch wiederholte Umpflanzung des Kristalls von einer Lösung mit $p_H = 3{,}7$ in die andere mit $p_H = 5{,}0$ kann man schließlich einen Kristall von einigen Quadratzentimetern Querschnitt erhalten. Von diesem Kristall werden dann Platten senkrecht zur z-Achse geschnitten, die als Großkeime verwendet werden. Da das einwandfreie Wachstum ohne Trübung nur auf den Pyramidenflächen erfolgt, müssen auf Keimen mit Schnittflächen natürliche Flächen gebildet werden. Dieser Prozeß wird „*capping*" genannt. Die Anfangstemperatur der gesättigten Lösung ist etwa 35° C bis 41° C, in die die langsam vorgewärmten Kristallkeime auf einem Halter eingetaucht werden. Die Senkung der Temperatur beträgt in den ersten 24 Stunden $^1/_4$°, dann $^1/_2$° und erst vom dritten Tage an 1° C pro Tag. Das Wachstum ist sehr unregelmäßig und der Kristall ist sehr gestört, da die Kristallisation an verschiedenen Stellen gleichzeitig anfängt. Erst wenn einheitliche Pyramidenflächen entstanden sind, geht das Wachstum ungestört vor sich. Dieser Prozeß dauert etwa eine Woche, wobei die Temperatur von 35° C auf 28° C erniedrigt wird. Eine höhere Anfangstemperatur ist für den capping-Prozeß ungünstig: das Wachstum ist langsamer und Gitterstörungen treten auf. Ein Zusatz von 0,002 Mol/Liter von dreiwertigen Eisenionen beschleunigt das Wachstum in der z-Richtung und verhindert außerdem die Bildung von Mikrokeimen[1] in der Richtung senkrecht dazu, wodurch eine Unterkühlung von anstatt 1° C bis 2° C auch das doppelte möglich ist. Denselben Effekt haben Al- und Cr-Ionen.

---

[1] Jaffe, H. und B. R. F. Kjellgren, Discussions Faraday Soc. No. 5, 319 (1949).

4. Herstellung großer Einkristalle. Das endgültige Wachstum erfolgt ähnlich wie bei der Herstellung der großen Keimkristalle, nur mit dem Unterschied, daß das Wachstum bei etwa 50° C beginnt. Der Prozeß dauert 4—6 Wochen, wobei in dieser Zeit die Temperatur auf 25° C gesenkt wird. In dieser Zeit erreicht der Kristall eine Länge von 15 bis 20 cm.

Diese Methode hat den Nachteil, daß der Großkeim trübe und unbrauchbar ist. Man kann diesen Nachteil beseitigen, wenn der Keim genau parallel zu natürlichen Flächen geschnitten wird. In diesem Falle wächst der Kristall ohne Störung. Da aber die Wachstumsfläche bei diesem Schnitt viel größer ist, muß die Temperaturkontrolle erhöht werden und die Wachstumsgeschwindigkeit erniedrigt werden, um Kristalldefekte zu vermeiden.

Verschiedene Defekte können entstehen, wenn das Ausgangsmaterial nicht vollkommen rein oder das Wachstum zu schnell ist. Insbesondere ein zu großer Gehalt an Inhibitoren, die das Wachstum herabsetzen, kann zu einer Reduktion des Querschnitts oder gar zu einem Wachstumsstillstand führen.[1, 2] Kristalle von ADP wurden in Bell Telephone Laboratories von einem Querschnitt 7 × 7 cm und einer Länge bis zu 18 cm in etwa 70 Tagen gezogen.

Äthylendiamintartrat (EDT)[2]

Herstellung von Äthylendiamintartrat-Kristallen gestaltet sich viel schwieriger als die von ADP, erstens wegen der starken Neigung zur spontanen Keimbildung und zweitens wegen der Oxydation der Lösung an der Luft, die durch Licht und Wärme beschleunigt wird.[3]

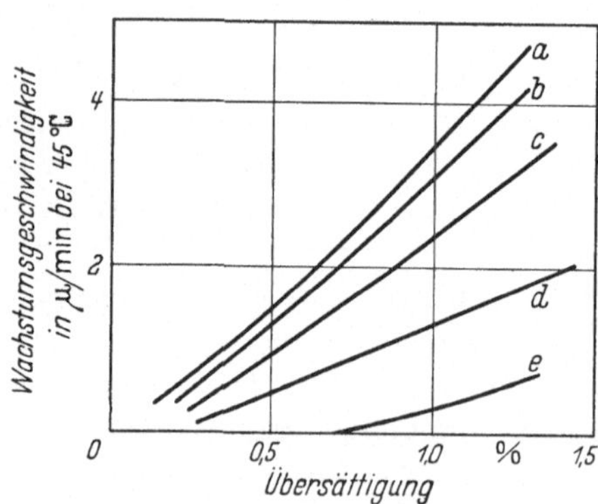

Abb. 79. Einfluß der Borsäure auf das Wachstum der Aethylendiamintartratkristalle (nach BOOTH und BUCKLEY[3]) a bis e Konzentrationen der Borsäure 0,0, 0,1, 0,35, 0,5 und 1,0 g/Liter

Die Lösung kann direkt aus dem Monohydrat hergestellt werden oder aus der Weinsäure und entsprechender Menge von Äthylendiamin. Wegen der starken Lösungswärme sollen die Bestandteile nur langsam unter Kühlung zur Reaktion zusammengebracht werden. Wesentlich ist, die Lösung durch Ammoniakzusatz auf einen p_H-Wert von 7,2 bis 7,5 zu bringen.

[1] Siehe Anm. 1 auf S. 143.
[2] WALKER, A. C.: J. Franklin Inst. 250, 481 (1950).
[3] BOOTH, A. H. und H. E. BUCKLEY: Canad. J. Chem. 33, 1155 (1955).

Die Herstellung geeigneter Keime dauert etwa eine Woche. Anfangstemperatur der Lösung beträgt 50° C. Die Kristallkeime sind sehr temperaturempfindlich und brechen leicht. Züchtung größerer Kristalle, aus denen Keimansätze geschnitten werden können, ist sehr zeitraubend. Ähnlich wie bei ADP müssen auf Schnittkeimen zuerst natürliche Flächen vorgebildet werden, was etwa einen Monat dauert.

Das eigentliche Züchten von größeren Kristallen kann entweder durch die Temperatursenkung oder durch Verdampfung vor sich gehen. Sehr zweckmäßig hat sich der Kristallisator nach HOLDEN (Abb. 77) mit Temperatursenkung erwiesen. Der brauchbare Temperaturbereich erstreckt sich von 50° C bis auf 41° C. Unterhalb von 40,6° C bildet sich Monohydrat, das nicht piezoelektrisch ist.[1] Die monokline Struktur des Kristalls bewirkt, daß der Kristall nicht mit derselben Geschwindigkeit in beiden Richtungen der y-Achse wächst; die negative Richtung wird stark bevorzugt. Fremdzusätze in kleiner Konzentration in der Lösung haben keinen Einfluß auf die Kristallisation, ausgenommen Borsäure, deren Einfluß in Abb. 79 für verschiedene Konzentrationen dargestellt ist.[2]

Jodsäure (HJO_3)

Jodsäure ist die einzige anorganische Säure, die bei Zimmertemperatur in festem Zustande auftritt. Ihre Wasserlöslichkeit ist besonders groß (bei 20° C 269 g/100 cm³) aber der Temperaturkoeffizient der Löslichkeit ist klein. Jodsäure gehört zu den Kristallen, die sich am leichtesten in großen Stücken züchten lassen. Das gute Wachstum wird durch die Assoziation der Moleküle im Wasser erklärt.[3, 4]

*KNa-Tartrat**

Einkristalle aus Seignette-Salz (rochelle salt) werden wegen ihrer piezoelektrischen Eigenschaften in großen Mengen hergestellt. Gesättigte Lösung bei ~35° C, die das spezifische Gewicht 1,365 hat, wird hergestellt, einige Grade (6—7° C) überhitzt und filtriert. Die Temperatur der Lösung darf nicht über 55° C sein, sonst tritt getrennte Kristallisation von K- und Na-Salz ein. Kristallkeime werden entweder aufgehängt oder auf den Boden des Behälters mit Lösung (etwa 10 Liter Inhalt) gelegt. Die Lösung soll dabei nur etwa $^1/_2$° C über der Sättigungstemperatur sein und der Keim dieselbe Temperatur haben. (Vorsicht, da Kristalle sehr temperaturempfindlich sind und leicht springen.) Es ist vorteilhaft die Lösung zu rühren, oder den Behälter zu schaukeln. Eine Erhöhung der Schaukelfrequenz von 4 auf 7 pro Minute und des Winkels

[1] KOHMAN, G. T.: Bell Lab. Record **28**, 13 (1950).
[2] BOOTH, A. H. und H. E. BUCKLEY: Canad. J. Chem. **33**, 1155 (1955).
[3] ZERFORS, S.: Ceramic Age **54**, 293 (1949).
[4] NAYAR, M. R. und L. N. SRIVASTA: Phil. Mag. **39**, 800 (1948).
* Hergestellt zuerst von P. de la Seignette in La Rochelle (1672).

von 9° auf 18° erlaubt nach KJELLGREN[1] eine raschere Abkühlung und eine um 30% erhöhte Kristallisationsgeschwindigkeit. Die Senkung der Temperatur ist am ersten Tag etwa 0,2° C pro Tag und wird in den nächsten Tagen langsam auf 0,5° C/Tag erhöht. Das Wachstum eines Kristalls von etwa 15 cm Länge und 2 × 10 cm Querschnitt dauert etwa 4 Wochen. Nach einem japanischen Patent wird das Wachstum wesentlich erhöht, wenn die Lösung Ultraschallwellen ausgesetzt wird.[2]

Kristalle von 970 g wurden in 63 Stunden aus einer stark konzentrierten Lösung bei Temperaturen zwischen 56 und 41 °C gezüchtet. Die Lösung muß aber dabei vollkommen frei von Spuren des K_2- bzw. Na_2-Tartrat sein.[3]

Lithiumsulphatmonohydrat ($Li_2SO_4 \cdot H_2O$)[4]

Das Lithiumsulphatmonohydrat ist eines der anomalen Salze, deren Löslichkeit mit der Temperatur abnimmt, von 36,2 bei 0° C zu 31,0 g/100 cm³ bei 100° C. Es kann deshalb nur nach der Verdampfungsmethode hergestellt werden. Die Keime werden bei $p_H = 4$ bis 5 hergestellt, um möglichst großen Querschnitt zu bekommen. Zur Kristallisation wird eine saure Lösung $p_H = 6$ verwendet, was das Wachstum in der Längsrichtung begünstigt. Der Kristallkeim wird bei Zimmertemperatur in die untersättigte Lösung eingetaucht und die Lösung auf 85° C gebracht. Für einen Kristall von etwa 10 cm Länge werden etwa vier Wochen benötigt.

Von anderen Sulfaten wurden $NiSO_4 \cdot 7\,H_2O$ und $ZnSO_4 \cdot 7\,H_2O$ Kristalle von etwa 2—3 cm Kantenlänge während des letzten Krieges[5] hergestellt. Die Anfangstemperatur betrug 35° C, die in 8—10 Tagen auf 29° C gesenkt wurde. Der Keim wurde am V2A-Halter befestigt und rotierte. Die Oberfläche der Lösung hatte eine etwas höhere Temperatur als die Lösung, um die Keimbildung zu verhindern.

Natriumchlorid ($NaCl$)

Obwohl Natriumchloridkristalle von beträchtlicher Dimension oft in der Natur vorkommen, stößt man bei ihrer Herstellung aus der Lösung auf Schwierigkeiten. Einer der Gründe ist wohl die sehr große spontane Keimbildung sogar bei geringer Übersättigung. Kristalle, aus dem reinsten Material hergestellt, sind immer trübe, gleichgültig, ob sie aus einer alkalischen oder sauren Lösung stammen. Ein Zusatz von 0,1% $PbNO_3$[6]

---

1 KJELLGREN, B. R. F., U.S.A. Patent 2,483,647, 4. Okt. 1949.

2 Mitsubishi Electr. Inst. Co., Japan, Patent No. 155 066; 19. Februar 1943.

3 ALAUDIN, N. V., N. N. SCHEFTAL und Z. I. FROLOVA: Kristallografia **2**, 193 (1957).

4 ROBINSON, A. E., Discussions Faraday Soc. No. 5, 315 (1949).

5 HAASE, M.: Carl Zeiss, Jena (unveröffentlicht).

6 GIBBS, W. E. und W. CLAYTON: Nature **113**, 492 (1924).

führt zu vollkommen klaren Kristallen. Derselbe Effekt wird durch einen Zusatz von H_2SO_4 erreicht. Das Minimum des nötigen Zusatzes ist 0,006% für $PbNO_3$ und 0,02% für H_2SO_4. Ein zu großer Zusatz verschlechtert sowohl das Wachstum als auch die Güte des Kristalls. Im allgemeinen wirken Zusätze von mehrwertigen Ionen weniger als 1:100 von einer Konzentration bei der Herstellung von verschiedenen Kristallen aus der Lösung günstig. Man muß aber dabei beachten, daß immer ein kleiner Teil des Zusatzes je nach den Kristallisationsbedingungen und kristallographisch-chemischen Eigenschaften in den Kristall eingebaut wird. Man erhält demnach nach dieser Methode zwar einen gut aussehenden aber nicht reinen Kristall. In der Abb. 80 ist der Einfluß des $PbCl_2$-Zusatzes auf die Güte des Kristalls deutlich sichtbar.

Abb. 80. NaCl-Kristalle hergestellt aus der Lösung; rechts: aus reiner Wasserlösung; links: aus Wasserlösung mit $PbCl_2$-Zusatz (nach Egli)

Zusatz von organischen Verbindungen wie Harnstoff[1], Phenol[2], Anilin,[2] Brombenzol,[2] $PbCl_2$[3] oder $CrCl_3$[4] $CdCl_2$[5] $ZnCl_2$[5] und $MnCl_2$[5] führt zur Bildung der NaCl-Kristalle mit Oktaederflächen, während $HgCl_2$[3] und $BiCl_3$[3] zu Dodekaederflächen führt. Dagegen werden makromolekulare Phasen zwar in das Gitter orientiert eingebaut, aber verbleiben ohne Einfluß auf den Habitus.[6]

Einige weitere Substanzen

Durch eine rasche Abkühlung einer gesättigten Lösung von Kaliumbromid oder Kaliumjodid von 75° C auf 35° C werden gleichzeitig kleine Kristalle in Würfeln, rechteckigen Plättchen oder Stäbchen gebildet.

[1] Lisle, R. de: Cristallographie, Bd. 1, S. 379, 1783.

[2] Koschurnikov, G.S. und V.A. Mokievskii: Zhur. Ob. Chem. (S.S.S.R.), 18, 569 (1948).

[3] Booth, A. H.: Nature 165, 968 (1950).

[4] Retgers, J. W.: Z. phys. Chem. 9, 267 (1892).

[5] Royer, L.: Compt. rend. 198, 585 (1934).

[6] White, J. C., P. C. Elmes, A. Walsh und N. Rast: Kolloid. Z. 132, 146 (1953).

Die Entstehung der verschiedenen Kristallformen wird durch Flächenkeime bei der Würfelbildung, durch je ein Paar von geschlossenen Spiralversetzungen an den angrenzenden Würfelflächen für Plättchen und durch eine geschlossene Spiralversetzung an einer Fläche erklärt.[1]

Auch hochmolekulare Verbindungen, wie z. B. Polyäthylen mit dem Molekulargewicht von 150000, lassen sich durch langsame Abkühlung aus Xylollösung kristallisieren.[2] Allerdings sind die Kristalle sehr klein.

9.5 Diffusionsmethode

Die bisher behandelten Methoden eignen sich zur Herstellung nur solcher Kristalle, die eine große Löslichkeit haben. Bei Kristallen mit kleiner Löslichkeit ist die Diffusionsmethode sehr brauchbar[3, 4]. Diese Methode beruht auf der Reaktion von zwei Verbindungen durch Diffusion (Abb. 81). Zu diesem Zweck werden zwei Gefäße (Becher), mit entsprechenden Lösungen mit Überschuß von ungelösten Verbindungen bis an den Rand gefüllt und in ein größeres Gefäß nebeneinander gestellt. Das große Gefäß wird dann vorsichtig mit Wasser gefüllt, so daß keine

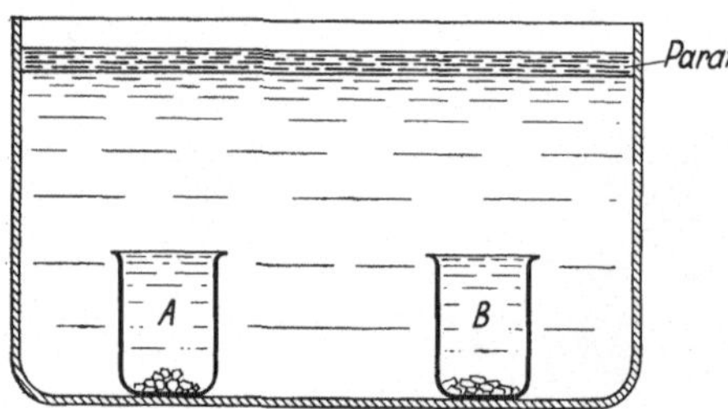

Abb. 81. Diffusionskristallisator zur Herstellung schwach löslicher Kristalle (nach FERNELIUS und DETLING[9])

Tabelle 51. *Kristalle, hergestellt nach der Diffusionsmethode.* (Nach FERNELIUS und DETLING[4])

Reaktionspartner 1	Reaktionspartner 2	Kristall	Größe mm
$Na_2S_2O_3$	$BaCl_2$	$BaS_2O_3 \cdot H_2O$	16×8×0,25
NaOH	$CaCl_2$	$Ca(OH)_2$	8—15×1,5—2
NaCl	$Pb(NO_3)_2$	$PbCl_2$	10—18×2×1
NaBr	$Pb(NO_3)_2$	$PbBr_2$	10×1×1
NaJ	$Pb(NO_3)_2$	PbJ_2	5×5 dünne Platten
Na_2SO_4	$Ca(NO_3)_2$	$CaSO_4$	3—4 Nadeln
Na_2SO_4	$Sr(NO_3)_2$	$SrSO_4$	2—3 Kante
Na_2SO_4	$Ba(OH)_2$	$BaSO_4$	5×5×1,5
K_2SO_4	$Pb(NO_3)_2$	$PbSO_4$	3—5 Nadeln
Na_2SO_4	$Pb(C_2H_3O_2)_2$	$PbSO_4$	3×3 Platten
NH_4-Oxalat	$BaCl_2$	Ba-Oxalat	8—9 Nadeln
$NaNO_2$	$AgNO_3$	$AgNO_2$	6 Naden

[1] NEWKIRK, J. B. und G. W. SEARS: Acta Met. **3**, 110 (1955).
[2] TILL JR., P. H.: J. Polymer Sci. **24**, 301 (1957).
[3] JOHNSTON, J.: J. Am. Chem. Soc. **36**, 16 (1914).
[4] FERNELIUS, W. C. und K. D. DETLING: J. Chem. Educ. **11**, 176 (1934).

Durchmischung zwischen dem Wasser und den beiden Lösungen stattfindet. Die Oberfläche des Wassers wird dann zwecks Verdampfungsvermeidung mit Paraffin übergossen. Zur Vermeidung der Konvektion wird das Ganze ohne jegliche Störung bei konstanter Temperatur gehalten. Durch Diffusion der beiden Lösungen kommen die Ionen zur Reaktion und darauffolgender Kristallbildung. Nach etlichen Wochen erhält man Kristalle bis zu cm Größe. In der Tab. 51 sind Kristalle zusammengestellt, die nach der Diffusionsmethode hergestellt wurden.

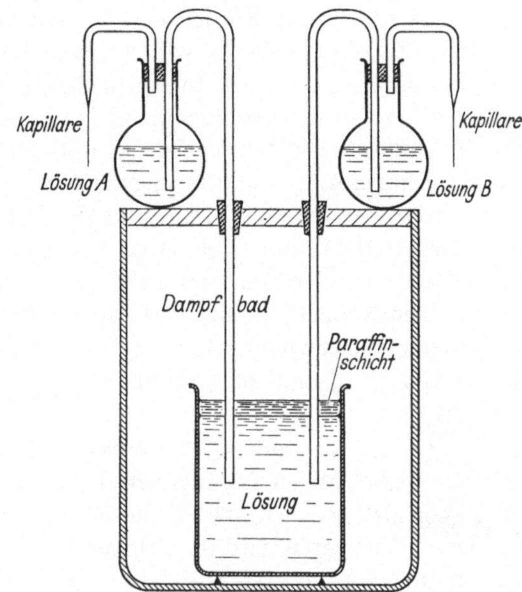

Abb. 82. Diffusionskristallisator zur Herstellung schwach löslicher Kristalle (nach JOHNSTON[1])

Eine andere Anordnung ist in der Abb. 82 dargestellt.[1] Hier werden die beiden Reaktionslösungen durch Siphonwirkung langsam in den Reaktionsbehälter eingeleitet. Die Zuflußgeschwindigkeit kann durch entsprechende Dimensionierung der beiden Kapillaren reguliert werden.

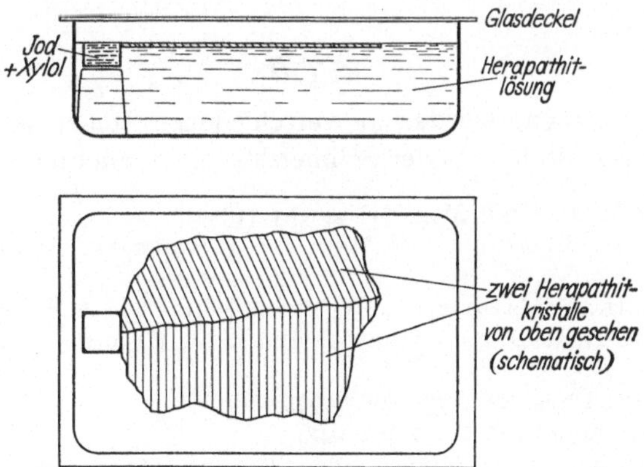

Abb. 83. Diffusionskristallisator zur Herstellung der Herapathitkristalle

An Stelle der Diffusion zwischen zwei Lösungen kann auch eine Kombination von Dampf und Lösung benutzt werden. Dieser Prozeß wird

[1] Siehe Anm. 3 auf S. 148.

zur Herstellung von dünnen Einkristallfilmen aus Chininjodsulphathexahydrat

$$4\,C_{20}H_{24}N_2O_2H_2 \cdot 3\,SO_4 \cdot 2\,J_3 \cdot 6\,H_2O$$

genannt nach seinem Entdecker „*Herapathit*"[1] für Lichtpolarisatoren benutzt. Zu diesem Zweck wird Chininsulphat mit einem Unterschuß von Jod in Wasser gelöst. In einem flachen Glasbehälter (Abb. 83) befindet sich außer der Lösung eine kleine Schale mit Jod gelöst in Xylol. Das Kristallisationsgefäß, zugedeckt mit einer Glasplatte, wird bei konstanter Temperatur erschütterungsfrei aufgestellt. Der Dampf von Jod diffundiert über die Oberfläche und reagiert mit der Lösung, wodurch orientierte Kristallfilme von etwa 0,01 mm Dicke und einem Durchmesser von mehreren Zentimetern entstehen. Die Kristallisation beginnt an einzelnen Keimen, die sich dann auf der Oberfläche mit verschiedenen azimutalen Richtungen ausbreiten. Die Abwesenheit von Xylol scheint das Sinken der Keime zu verhindern.

9.6 Schmelzlösungsmethode

Neben den flüssigen Lösungsmitteln können in manchen Fällen auch Schmelzen als Lösungsmittel bei der Kristallzüchtung verwendet werden. Bei diesem Verfahren wird die Schmelzlösung langsam abgekühlt, wobei die Kristalle der gelösten Substanz sich abscheiden. Dicht vor der Erstarrung der Lösung wird die Schmelze abgegossen oder nach dem Erstarten durch geeignete Lösungsmittel aufgelöst. Diese Methode hat sich besonders bewährt zur Herstellung von ferroelektrischen Kristallen wie Bariumtitanat ($BaTiO_3$), und von ferrimagnetischen Kristallen wie Yttriumferrigranat (YFe_5O_{12}), auch als YIG in der amerikanischen Literatur bekannt.

BaTiO₃

Zahlreiche Versuche wurden an verschiedenen Stellen unternommen, um $BaTiO_3$-Einkristalle aus der Schmelzlösung zu züchten.[2–13] Man hat

---

1 Herapath, W. B.: Phil. Mag. [4] 3, 161 (1852).

2 Blattner, H., B. Mathias, W. Merz und P. Scherrer: Experientia 3, 148 (1947).

3 Blattner, H., B. Mathias und W. Merz: Helv. Phys. Acta **20**, 225 (1947).

4 Mathias, B. T., R. G. Breckenridge und D. W. Beaumont: Phys. Rev. **72**, 532 (1947).

5 Mathias, B.: Phys. Rev. **73**, 808 (1948).

6 Kay, H. F.: Acta Cryst. **1**, 229 (1948).

7 Mathias, B. und A. von Hippel: Phys. Rev. **73**, 1378 (1948).

8 Blattner, H., W. Känzig und W. Merz: Helv. Phys. Acta **22**, 35 (1949).

9 Sawada, S.: Rept. Inst. Sci. Tech. Univ. Tokyo **5**, 7 (1951).

10 Remeika, J. P.: J. Am. Chem. Soc. **76**, 940 (1954).

11 Nomura, S. und S. Sawada: Rept. Inst. Sci. Tech. Univ. Tokyo **6**, 191 (1952).

12 Rhodes, R. G.: Nature **170**, 369 (1952).

13 Timofeeva, V. A.: Rost Kristallov, Bd. 2, 73 (1959).

diesen Weg beschritten, um den hohen Schmelzpunkt (1625° C) zu umgehen. Als Schmelzfluß wurde hauptsächlich $BaCl_2$ genommen. Alkalikarbonate waren nicht brauchbar, da sie Pt-Tiegel angreifen, die meistens verwendet werden. Außerdem wurden Tiegel aus Sinterkorund, Nickel und Graphit (unter Schutzgas) benutzt. Als Ausgangsmaterial diente $BaCO_3$ und TiO_2, woraus bei 1300° C $BaTiO_3$ gebildet wurde. Das Verhältnis von $BaTiO_3$ zu $BaCO_3$ war etwa 1:4. Stöchiometrische Zusammensetzung von $BaCO_3$ und TiO_2 gab keine guten Resultate, deshalb wurde meist mit starkem Überschuß von $BaCO_3$ gearbeitet. Die maximale Temperatur der Schmelzlösung variierte zwischen 1150 und 1250° C, die Abkühlungsgeschwindigkeit 3—4° C/Stunde. Die Kristalle hatten Plättchen-, Würfel- oder Hexagonform und waren dunkel bis schwarz gefärbt. Durch Tempern in O_2-Atmosphäre bei 600—800° C wurden die Kristalle farblos.

Trotz vieler Bemühungen waren die Resultate nicht befriedigend. Erst durch Verwendung von Kaliumfluorid als Schmelzfluß[1] nach REMEIKA[2] hat man einwandfreie $BaTiO_3$-Kristalle in Form von cm-großen Plättchen erhalten. Da die REMEIKA-Methode die besten $BaTiO_3$-Kristalle liefert, soll sie etwas genauer beschrieben werden. Die Zusammensetzung der Lösung besteht aus 70% Kaliumfluorid und 30% Bariumtitanat. (Ein Zusatz von 0,2% Fe_2O_3 gibt minimale Elektronenleitfähigkeit der Kristalle.) Die Komponenten werden nicht gemischt, sondern zuerst $BaTiO_3$ auf den Boden des Platintiegels eingeschüttet, mit KF überdeckt und mit einem Platindeckel verschlossen. Das Material wird dann etwa 8 Stunden bei einer Temperatur zwischen 1150 und 1200° C gehalten und dann mit einer Kühlungsgeschwindigkeit von 20° C/Stunde auf die Temperatur von 850° C gebracht. Daraufhin wird die Lösung schnell abgegossen und der Tiegel mit den Kristallen langsam auf Zimmertemperatur abgekühlt. Die Mehrheit der Kristalle hat eine verzwillingte Dreieckform (Abb. 84). Je zwei rechtwinklige Dreiecke sind entlang der Hypothenuse unter einem Winkel von etwa 40° zusammengewachsen mit einem spitzen Winkel nach unten gerichtet. Die Form erinnert an die halbgeöffneten Flügel eines Schmetterlings, daher der Name „butterfly wings". Die Dreieckkanten können 1—2 cm lang sein, die Dicke aber nur etwa ein Zehntel davon betragen. Die Größe der Kristalle richtet sich nach den Dimensionen des Tiegels und nach der Abkühlungsdauer. Wenn aber die Abkühlung zu langsam erfolgt, werden keine Zwillinge, sondern kleine Würfel oder Platten gebildet! Dreieckige Zwillinge wurden auch aus $BaCl_2$-Schmelzlösung in Al_2O_3-Tiegeln erhalten.[3] Während ihres Wachstums sind die $BaTiO_3$-Kristalle kubisch und gehen erst bei 120° C in die

---

[1] Phasendiagramm von $BaTiO_3$ KF siehe: KAVAN, C. und B. SKIRNER: J. Chem. Phys. **21**, 2225 (1953).

[2] Siehe Anm. 10 auf S. 150.

[3] TSCHEREPANOW, A. M.: Zhur. Tech. Phys. **27**, 2280 (1957).

tetragonale Form über, wobei sie dann ferroelektrisch werden, d. h., elektrische Dipole sind über makroskopische Gebiete hin ausgerichtet. Abb. 85 zeigt die ferroelektrischen Domänen eines $BaTiO_3$-Kristalls, wie

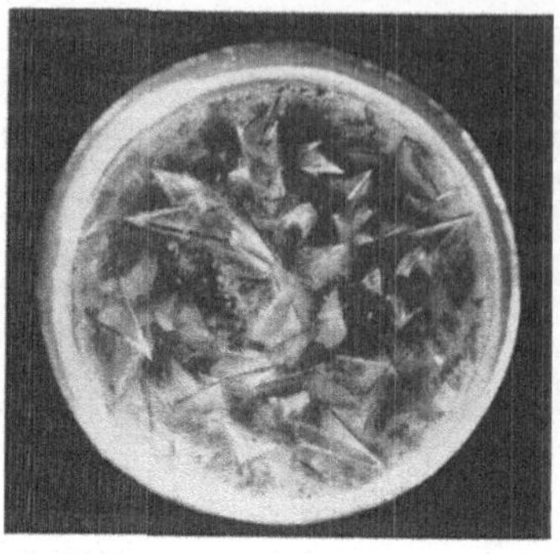

a b

Abb. 84. Bariumtitanatkristalle aus der KF-Schmelzlösung; (a) von oben gesehen; (b) von der Seite gesehen

sie im polarisierten Licht erscheinen. Die Domänen sind besonders gleichmäßig in dünnen Kristallen ausgebildet. Dickere $BaTiO_3$-Kristalle

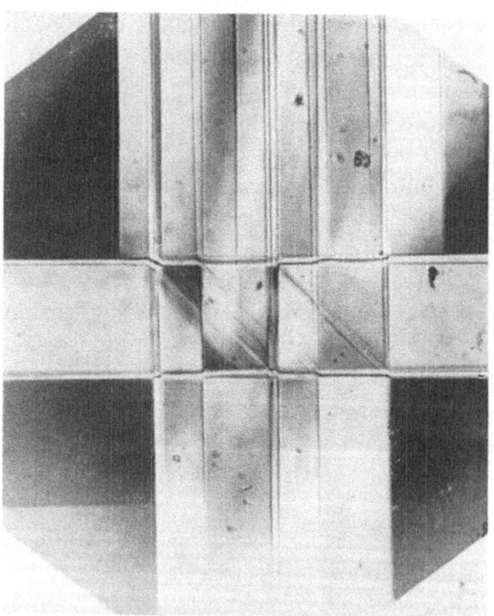

Abb. 85. Ferroelektrische Domänen im Bariumtitanatkristall

lassen sich in kochender Phosphorsäure sehr gleichmäßig bis auf die Dicken von 0,001 mm abätzen[1].

[1] LAST, J. T.: Rev. Sci. Instr. 28, 720 (1957).

Von anderen ferroelektrischen Kristallen sind die Herstellungsbedingungen nur für $PbTiO_3$ [1] und WO_3 [2] veröffentlicht. $PbTiO_3$ wurde aus dem $PbCl_2$-Schmelzfluß im glasierten Porzellan bei Temperaturen von 500—900° C gezüchtet. Nachdem das $PbCl_2$ verdampfte, wurden mm-große Kriställchen erhalten.

Bleititanat-Kristalle lassen sich auch aus einer Schmelzlösung von 10% $PbTiO_3$ und Kaliumfluorid, der 0,14% Bleioxyd zugesetzt wird, herstellen.[1] Das Gemisch wird in einem verschlossenen Pt-Tiegel 15 Stunden bei 920° C gehalten, darauf mit einer Geschwindigkeit von 60° C/Stunde bis auf 600° C abgekühlt. Plattenförmige Kristalle bis zu einer Größe von 9× 7× 0,05 mm wurden dabei erhalten.

Antiferroelektrische Kristalle von $PbZrO_3$ wurden aus PbF_2-Schmelzlösung und solche von $KNbO_3$ aus K_2CO_3 von JONA hergestellt.[3] Der Versuch $PbTiO_3$ direkt aus der Schmelze zu züchten scheiterte, da die Pt-Tiegel stark angegriffen werden.[1] WO_3-Einkristalle wurden aus $BaCl_2$-Schmelzfluß im Pt-Tiegel bis zu mehreren mm Größe in Form von dünnen Plättchen erhalten.[2]

BaF_2- und SrF_2-Kristalle bis zu einer Größe von 4 cm wurden aus Schmelzen von $BaCl_2$ bzw. $SrCl_2$ mit FK oder NaF erhalten.[4]

Aus der PbO-Schmelzlösung lassen sich Ferrite der seltenen Erden von der allgemeinen Form $A^{3+}B^{3+}O_3$ herstellen,[5] wobei

A = Y, La, Pr, Nd, Eu, Sm oder Gd ,
B = Al, Sc, Cr, Fe, Co oder Ga .

Die Prozedur ist genau dieselbe wie beim $BaTiO_3$. Eine wichtige Gruppe der Doppeloxyde von seltenen Erden und Eisen, bekannt unter dem Namen „*magnetische Granate*" von der allgemeinen Form $M_3Fe_5O_{12}$, wobei

M = Y, Gd, Sm oder Er ,

wurden auch aus der PbO-Schmelzlösung kristallisiert[6, 7]. Die beste Zusammensetzung besteht aus 52,5 Mol-% PbO, 44% Fe_2O_3 und 3,5% M_2O_3. Die letztgenannte Gruppe verlangt eine viel langsamere Abkühlung und zwar nur 1—5° C/Stunde. In der erstarrten Schmelze befinden sich neben den gewünschten Granaten auch Kristalle von Fe_2O_3, $PbFe_{12}O_{19}$ und $MFeO_3$. Sie werden voneinander magnetisch getrennt durch die Ausnutzung ihrer verschiedenen CURIEtemperaturen.

Yttrium–Eisen- und Yttrium–Gallium-Granate wurden aus Schmelzlösungen von PbO und PbF_2 durch Abkühlung von 1260° C auf 950° C

[1] KOBAYASHI, J.: J. Appl. Phys. **29**, 866 (1958).
[2] RHODES, R. G.: Nature **170**, 369 (1952).
[3] JONA, F., G. SHIRANE und R. REPINSKY: Phys. Rev. **97**, 1584 (1955).
[4] STEPANOV, L. V., I. A. SINUKOVA und E. G. TCHERNEVSKAJA: Opt. i Spektr. **4**, 272 (1958).
[5] REMEIKA, J. P.: J. Am. Chem. Soc. **78**, 4259 (1956).
[6] NIELSEN, J. W.: J. Appl. Phys. **29**, 390 (1958).
[7] NIELSEN, J. W. und E. F. DEARBORN: J. Phys. Chem. Solids **5**, 202 (1958).

hergestellt. Die besten Resultate wurden erhalten, wenn die Temperatur der Schmelzlösung in der Mitte etwas niedriger war als oben und unten. Dadurch wurde die Keimbildung erniedrigt.[1]

Der Yttrium–Eisen-Granat kann auch aus der Bi_2O_3-Schmelze mit der Zusammensetzung 35,3 Mol-% Bi_2O_3, 61,7% Fe_2O_3 und 3% Y_2O_3 hergestellt werden. Allerdings werden dann die Kristalle stark (1,5 bis 17,5%) durch Bi verunreinigt. Yttrium–Eisen-Granate werden z. Z. bis zu einer Größe von 1 cm hergestellt.[2]

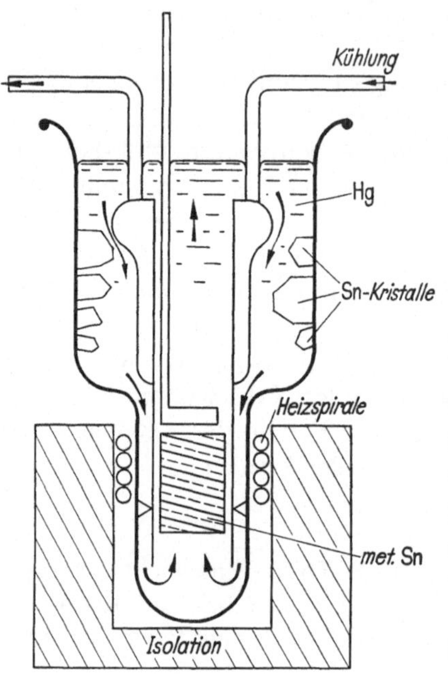

Abb. 86. Kristallherstellung von Einkristallen aus grauem Zinn aus der Amalgamlösung (nach Ewald und Tufte[8])

Einige Ferrite wie $CoO \cdot Fe_2O_3$ und $MnO \cdot Fe_2O_3$ wurden aus der Boraxschmelze kristallisiert.[3]

Indium- und Gallium-Schmelzen sind zur Kristallherstellung von Silizium und Germanium geeignet.[4] Die Verunreinigung durch die Lösungsschmelze beträgt nur 10^{-5}. Kristalle bis zu 15 mm Länge wurden erhalten. Germaniumkristalle mit Arsen wurden aus der Arsenschmelze hergestellt.[5] Kleine Kristalle von kubischen SiC konnten aus Si-reichen Schmelzen erhalten werden.[6, 7]

Einkristalle der Halbleiterverbindungen der III—V-Gruppen etwa 12 mm lang und 1,5 mm dick lassen sich aus 10—20%igen Schmelzlösungen von Phosphor, Arsen oder Antimon in Aluminium, Gallium oder Indium durch Abkühlung herstellen.[9]

Einkristalle vom grauen Zinn sind wegen seiner Halbleitereigenschaften von besonderem Interesse. Die besten Kristalle bis zu 2 cm Größe lassen sich aus dem flüssigen Amalgam herstellen.[8] Die Apparatur ist in Abb. 86 wiedergegeben. Die Methode benutzt das Zirkulationsprinzip. In der

[1] Nielsen, J. W.: J. Appl. Phys. **31**, 51-S (1960).
[2] Kramarsky, B.: Proc. I.R.E. **47**, 42 A (1959).
[3] Timofeeva, V. A. und A. V. Zaleskii: Rost Kristallov **2**,69 (1959).
[4] Keck, P. H. und J. Broder: Phys. Rev. **90**, 521 (1953).
[5] Trumbore, F. A. und E. M. Forbansky: J. Appl. Phys. **31**, 2068 (1960).
[6] Halden, F. A.: Silicon Carbide, Proc. of the Conference on Siliconcarbide, Boston, Mass. April 2—3, 1959, Oxford—London, Pergamon Press, 1960, p. 115.
[7] Ellis, R. C. Jr.: ibid. p. 124.
[8] Ewald, A. W. und O. N. Tufte: J. Appl. Phys. **29**, 1007 (1958).
[9] Wolff, G. A., P. H. Keck und J. D. Broder: Phys. Rev. **94**, 753 (1954).

unteren Kammer befindet sich ein Stück von weißem Zinn an dem Quecksilber bei einer Temperatur von —20° C vorbeifließt und sich mit Sn sättigt. Die obere Kammer hat eine Temperatur von —30°. Aus der übersättigten Lösung scheidet sich Sn in Kristallform an den Wänden ab. Zur Herstellung von 2 cm großen Kristallen wird ein Monat gebraucht. Ein Impfkristall ist zwar nicht notwendig, aber die ersten Kristalle haben hexagonale Form und bestehen wahrscheinlich aus $HgSn_{12}$. Wenn sie beseitigt werden, entstehen Kristalle aus reinem Zinn mit Diamantstruktur. Die Verunreinigung durch Quecksilber ist von der Größenordnung 10^{-5}.

Rutilkristalle (TiO_2) wurden aus der Kryolithschmelze ($NaF \cdot AlF_3$) erhalten, in dem in einem Graphittiegel 25 g von TiO_2 in 100 g Kryolith bei 1100° C gelöst und langsam abgekühlt wurden.[1]

Einkristalle von $KNbO_3$ bis zu 15 g Gewicht wurden aus einer Mischung von $K_2CO_3 + Nb_2O_3$ mit einem Überschuß von K_2CO_3 in 8 Stunden hergestellt. 1,2 Mol K_2CO_3 und 1,0 Mol Nb_2O_5 wurden im Platintiegel bei 1070° C geschmolzen und darauf die Temperatur 3° C/Stunde gesenkt. Ein Impfkristall von 0,2 × 0,2 × 2 cm wurde in die Schmelze getaucht und mit einer Geschwindigkeit 57 Umdrehungen pro Minute rotiert.[2]

Einkristalle von Mg-, Zn-, Cd-, Ca-, Sr- und $BaWO_4$ bis zu einer Größe 0,5 × 0,5 × 1,0 cm wurden durch Auflösen der entsprechenden Oxyde in $Na_2WO_4 + WO_3$ bei 1100 bis 1250° C und einer nachträglichen Abkühlung 2—3° C/Stunde erhalten.[3]

AlB_2-Kristalle, hergestellt aus der Schmelze mit Al-Überschuß, weisen bis 20 μ große Löcher auf, die durch die Anwesenheit von Versetzungen erklärt werden.[4]

9.7 Hydrothermale Synthese

Bei der Züchtung der Kristalle aus der Lösung ist eine möglichst große Löslichkeit wesentlich. In vielen Fällen wird die notwendige Löslichkeit durch geeignete Wahl des Lösungsmittels oder durch die Erhöhung der Temperatur erreicht. Eine Steigerung der Temperatur bei wäßrigen Lösungen über 100° C ist nur in einem abgeschlossenen System möglich (Autoklav). Die Erhöhung der Löslichkeit durch gleichzeitige Anwendung von Druck und Temperatur ist das wesentliche Merkmal der hydrothermalen Synthese. Die hydrothermale Methode ist über fünfzig Jahre alt,[5] hat aber erst im letzten Jahrzehnt bei der Züchtung der Quarzkristalle richtig Bedeutung gewonnen.

---

[1] Metgault, P. und G. Brancke: Compt. rend. **238**, 914 (1954).

[2] Miller, C. E.: J. Appl. Phys. **29**, 233 (1958).

[3] van Uitert, L. G. und R. R. Soden: J. Appl. Phys. **31**, 328 (1960).

[4] Horn, F. H., E. F. Fullam und J. S. Kasper: Nature **169**, 927 (1952).

[5] Spezia, G.: Acad. Sci. Torino Atti **40**, 254 (1905); **41**, 158 (1905); **44**, 95 (1908).

Das Wachstum der Kristalle nach der hydrothermalen Methode wird durch folgende Faktoren beeinflußt:

a) Größe, Form und Orientierung der Keime
b) Ausgangsmaterial
c) Zusammensetzung der Lösung
d) Füllfaktor des Autoklaven
e) Temperatur der Lösung
f) Temperaturgradient der Lösung
g) Druck
h) Übersättigung.

Es wurde bereits von NACKEN[1] an kugelförmigen Ausgangskörpern nachgewiesen, daß Quarzkristalle wesentlich schneller in der Richtung der

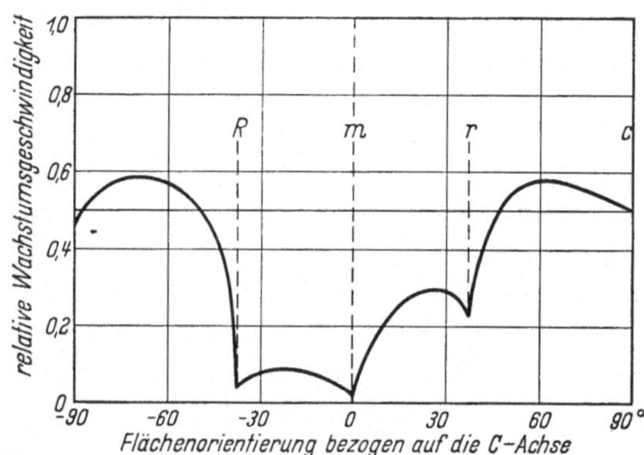

Abb. 87. Anisotropie des Kristallwachstums beim Quarz (nach BECHMANN und HALE[2])

optischen c-Achse wachsen als in den dazu senkrechten Richtungen. Das Wachstum in der zur c-Achse senkrechten Ebene ist aber nicht gleichmäßig, vielmehr entstehen mit der Zeit beim langsamen Wachstum die für Quarz charakteristischen Kristallflächen, wobei die kleine Rhomboederfläche (*r*) schneller wächst als die große (*R*). In der Abb. 87 sind die Wachstumsgeschwindigkeiten in verschiedenen Kristallrichtungen angegeben.[2] Die hier angeführten Werte sind allerdings nicht konstant, sie können vielmehr entsprechend den Kristallisationsbedingungen etwas variieren. Man sieht daraus, daß es nötig ist, große, entsprechend orientierte Keime zu verwenden, um große Kristalle zu erhalten. Vorwiegend wurden zuerst als Keime Platten benutzt, die parallel zur kleinen rhomboedrischen Fläche geschnitten sind. Ein Quarzkristall, hergestellt aus einer solchen Platte ist in Abb. 88 dargestellt. Die Keimplatte ist deutlich sichtbar. Am Kristall sind nur die Rhomboederflächen glatt; die Prismenflächen sind dagegen rauh und uneben.

---

[1] NACKEN, R.: FIAT Rev. Ger. Sci., Rep. No. 641, 1945, S. 11; Chemiker-Ztg. 74, 745 (1950).

[2] BECHMANN, R. und D. R. HALE: Brush Strokes 4, 1 (1955).

Wird eine Planplatte, die senkrecht zur c-Achse geschnitten ist, als Keim benutzt, so verschwinden nach HALE[1] und WALKER[2] die Wachstumsstörungen des Kristalls erst dann, wenn die Pyramide ausgebildet ist. Dieser Befund wurde aber von anderer Seite nicht bestätigt.[3]

Abb. 88. Synthetischer Quarzkristall gewachsen an einer parallel zur kleinen Rhomboederfläche geschnittenen Keimplatte, die in der Mitte des Kristalls noch sichtbar ist

Eine andere Art der Keime sind die sogenannten Y-Schnitte, die aus Stäben in der xy-Ebene parallel zur y-Achse bestehen[4] (Abb. 89). Diese Schnitte erfordern weniger Material. Das Wachstum am Y-Schnitt ist in Abb. 90 angegeben und der fertige Kristall in Abb. 91 wiedergegeben. Sowohl die

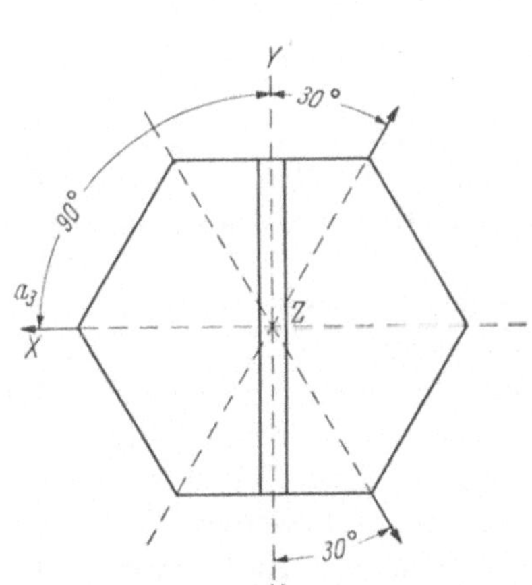

Abb. 89. Y-Schnittorientierung einer Quarzkeimplatte

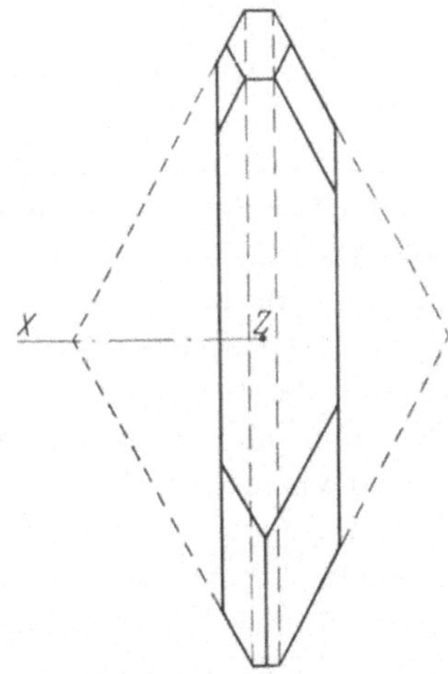

Abb. 90. Wachstumsasymmetrie an einer Quarzkeimplatte mit Y-Schnitt (nach BECHMANN und HALE[5])

z- wie die x-Flächen sind stark verworfen, nur die Rhomboederflächen sind glatt. Das Wachstum in der positiven Richtung der x-Achse ist

[1] HALE, D. R.: Discussions Faraday Soc. No. 5, 189 (1949).

[2] WALKER, A. C. und E. BUEHLER: Ind. Eng. Chem. **42**, 1369 (1950).

[3] BROWN, C. S., R. C. KELL, L. A. THOMAS, N. WOOSTER und W. A. WOOSTER: Nature **167**, 940 (1951).

[4] U.S.A. Patentanmeldung No. 459 052: 29. September 1954 von H. JAFFE und T. J. TUROBINSKI.

[5] Siehe Anm. 2 auf S. 156.

annähernd doppelt so groß wie in der negativen Richtung. Diese Anisotropie des Wachstums ist durch die trigonale Struktur des Quarzes bedingt.

Die künstlichen Quarzkristalle können ähnlich wie die natürlichen die Polarisationsebene des Lichtes rechts oder links drehen. Man kann sie leicht durch folgende Methode unterscheiden.[1] Bringt man den aus einem Y-Schnitt gewachsenen Kristall in eine solche Lage, daß die z-Achse vertikal die y-Achse horizontal und die schnellwachsende x-Achse zum Beobachter gerichtet ist, dann ist der Kristall rechtsdrehend, wenn die scharfe Kante zwischen zwei Rhomboederflächen am rechten Ende oben erscheint und links drehend, wenn sie am linken Ende oben erscheint.

Als Ausgangsmaterial zur Herstellung von Quarzkristallen müßte sich amorphes SiO_2 wegen seiner viel größeren Löslichkeit besser eignen als

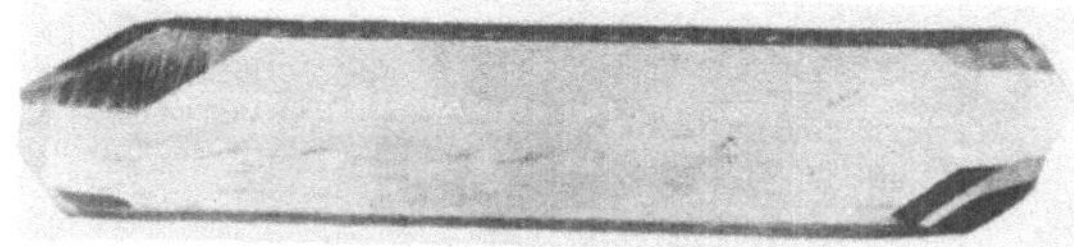

Abb. 91. Quarzkristall, hergestellt an einem stabförmigen Y-Schnitt

Quarz. Nach den bisherigen Untersuchungen[2] scheint aber mit der hohen Löslichkeit auch hohe Keimbildung verbunden zu sein, die das Einkristallwachstum verhindert. Ob die Keime dadurch auftreten, daß die kritische Übersättigung erreicht wird oder ob aus dem amorphen SiO_2 polymolekulare Partikel bzw. Verunreinigungen herausgelöst werden, die die Keimbildung fördern, steht nicht fest. Auf alle Fälle ist z. Z. amorphes SiO_2 als Ausgangsmaterial nicht brauchbar. Man benutzt vielmehr Stücke aus möglichst reinem natürlichen Quarz. Auch Flint und Quarzit, die aus SiO_2 mit verschiedenen Verunreinigungen bestehen, können als Ausgangsmaterial benutzt werden, wenn zur NaOH-Lösung Natriumfluorid hinzugefügt wird.[3] NaF bewirkt, daß Al- und vielleicht auch andere Verunreinigungen nicht in den Kristall eingebaut werden.

Bei der Kristallherstellung tritt eine Reinigung auf, da synthetische Kristalle nur etwa 0,01 (Gewichts)% oder weniger als Verunreinigungen von Li, Na, K, Mg, Ca, Fe, natürliche dagegen bis zu 0,04% von denselben Elementen enthalten. Zusätzlich sind in natürlichen Quarzkristallen Rb, Cs, Cu, Ba, Cr, Mn, Ti, Zr und Ag vorhanden.[1]

---

[1] BECHMANN, R. und D. R. HALE: Brush Strokes **4**, 1 (1955).

[2] NACKEN, R.: FIAT No. 641, 1945, S. 11; Chem.-Z. **14**, 145 (1950).

[3] BROWN, C. S., R. C. KELL, P. MIDDLETON und L. A. THOMAS: Nature **175**, 602 (1955).

Bei der Herstellung der Lösung spielt nicht nur die Temperatur sondern auch der Füllfaktor des Autoklaven eine wichtige Rolle. Der Füllfaktor wird als Verhältnis des Lösungsvolumens bei Zimmertemperatur zum Gesamtvolumen des Autoklaven definiert. Bei kleinem Füllfaktor (<33%) wird mit steigender Temperatur das Volumen der flüssigen Phase verkleinert bis zum Verschwinden vor dem Erreichen der kritischen Temperatur (374,2° C), und zwar bei um so tieferer Temperatur, je kleiner der Füllfaktor ist. Bei größerem Füllfaktor als 33% nimmt das Volumen der Lösung mit der Temperatur zu und erreicht volles Volumen des Autoklaven bei um so kleinerer Temperatur, je größer der Füllfaktor ist. Bei einem Füllfaktor von 32,62% bleiben beide Phasen (flüssig und

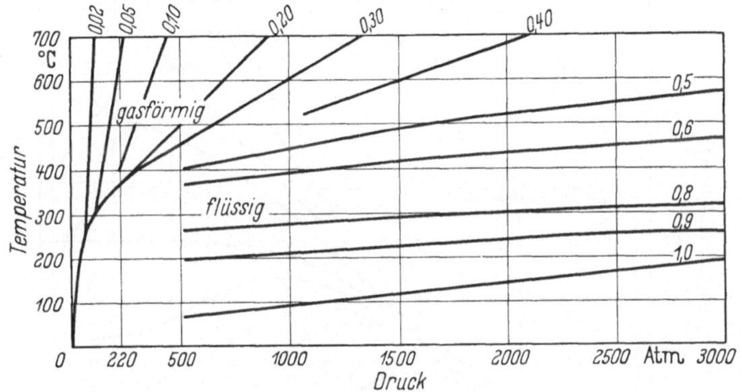

Abb. 92. Das Druck/Temperatur-Diagramm des Wassers bei verschiedenen Füllfaktoren des Autoklaven (nach NACKEN[1])

gasförmig) bei Erhöhung der Temperatur bis zum kritischen Punkt erhalten, wobei der Füllfaktor gleichmäßig auf den Wert von 51% ansteigt. Dieses Verhalten gilt aber nur für reines Wasser[1, 2]. Das p–T-Diagramm für $V = \text{const}$ und verschiedene Füllungsgrade ist in Abb. 92 nach NACKEN[1] und KENNEDY[2] dargestellt. Man sieht daraus, daß bei kleinen Füllfaktoren der Druck nur wenig mit der Temperatur ansteigt, dagegen bei großen sehr stark. Dieses Verhalten muß bei der Konstruktion der Autoklaven beachtet werden.

Der entscheidende Faktor bei Herstellung der Quarzkristalle nach der hydrothermalen Methode ist die Kenntnis der Löslichkeit und ihrer Abhängigkeit von Druck und Temperatur. Die Löslichkeit wurde im Gebiet von 160° C bis 373° C von KENNEDY[3] und von 400—600° C von MOREY und HESSELGESSER[4] experimentell bestimmt. Die Abhängigkeit der Löslichkeit von der Temperatur ist in der Abb. 93 dargestellt. Im

[1] NACKEN, R.: Chemiker-Ztg. **74**, 745 (1950).

[2] KENNEDY, G. C.: Am. J. Sci. **248**, 540 (1950).

[3] KENNEDY, G. C.: Econ. Geol. **45**, 629 (1950).

[4] MOREY, G. W. und J. M. HESSELGESSER: Trans. Am. Soc. Mech. Engrs. **73**, 865 (1951).

subkritischen Temperaturgebiet bis zu etwa 350° C nimmt die Löslichkeit sowohl mit der Temperatur als auch mit dem Druck kontinuierlich zu. Dagegen bei höheren Temperaturen (350—500° C) und Drucken unterhalb 1000 Atm. tritt eine Abnahme der Löslichkeit mit steigender Temperatur auf. Dieses Verhalten scheint mit der Bildung einer neuen Phase in der Lösung zusammenzuhängen. Nach MOSEBACH[1] läßt sich die SO_2-Löslichkeit in Wasser annähernd durch folgende empirische Formel wiedergeben:

$$L = 3334\,\varrho^2 \exp\left(-\frac{Q}{RT} + h\right), \tag{123}$$

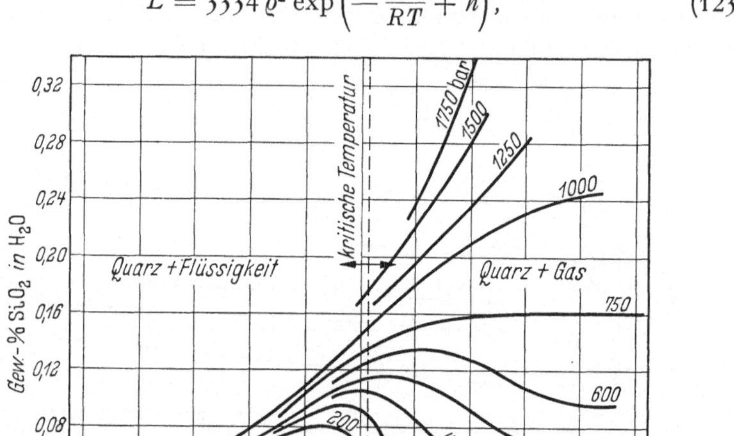

Abb. 93. Abhängigkeit der Quarzlöslichkeit von Druck und Temperatur (nach KENNEDY[2])

wobei ϱ die Dichte der flüssigen Phase in g/cm³, Q die Lösungswärme des Quarzes (= 9470 cal) und h eine Konstante vom Wert 0,362 ist. Aus der Abb. 93 ist ersichtlich, daß bei Temperaturen zwischen 300 °C und 400° C Drucke über 1000 Atmosphären verwendet werden müssen, um ein Gebiet gleichmäßig ansteigender Löslichkeit zu erreichen. Durch passende Wahl des Füllfaktors und der Temperatur läßt sich eine hohe Löslichkeit und ein hoher Temperaturkoeffizient der Löslichkeit in gewissen Grenzen erreichen.

Der Verlauf der Löslichkeit von Siliziumdioxyd im kristallinen, amorphen und kolloidalen Zustand in Abhängigkeit von der Temperatur ist in Abb. 94 dargestellt.

Die Löslichkeit des Quarzes in reinem Wasser ist sogar bei höheren Temperaturen verhältnismäßig klein, sie beträgt nur einige mg/cm³.

---

[1] MOSEBACH, R.: Neu. Jahrb. Mineral. 87, 351 (1954).

[2] Siehe Anm. 2 auf S. 159.

Durch Zusatz von Alkalien kann die Löslichkeit auf das 10fache gesteigert werden.[1] Für Kristallzüchtung scheint eine 5%ige NaOH- oder Na_2CO_3-Lösung am günstigsten zu sein.[2] Nach WALKER[3] scheint die NaOH- gegenüber der Na_2CO_3-Lösung den Vorteil zu haben, da die spontane Keimbildung bei NaOH erst bei einer Unterkühlung von mehr als 50° C, bei Na_2CO_3 dagegen schon bei 6—8° C eintritt.

Die Wachstumsgeschwindigkeit der Quarzkristalle nimmt proportional mit der NaOH-Konzentration bis zu 0,5 Mol-% zu und bleibt von da an bis 1 Mol-% konstant. Diese Beobachtung wurde bei Temperaturen von 380—420° C und Drucken 1200 Atmosphären erhalten. Die Löslichkeit des Quarzes in 5% Carbonat-Lösung in ihrer Abhängigkeit vom

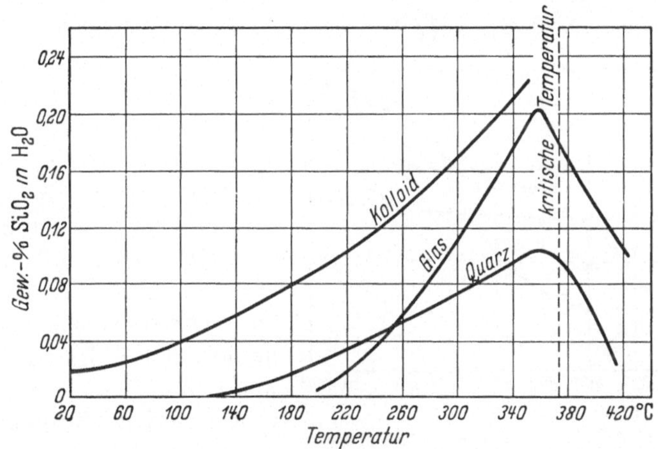

Abb. 94. Löslichkeit des Siliziumdioxyds im kristallinen, amorphen und kolloidalen Zustand (nach KENNEDY[4])

Füllfaktor, Druck und Temperatur wurde ausgiebig von BUTUSOW und BRJATOW untersucht[5]. Auch in alkalischer Lösung tritt im Temperaturbereich zwischen 300 ° C und 400° C und bei Drucken kleiner als 1000 Atmosphären eine Anomalie auf (Abb. 95). Dieses Gebiet muß bei der Züchtung der Kristalle vermieden werden. Das kann entweder durch Erniedrigung der Temperatur unterhalb 350° C oder besser durch Erhöhung des Drucks auf über 1000 Atmosphären erreicht werden.

Im Temperaturbereich zwischen 300° C und 400° C und einem Druck von 1000 Atm. bis 2000 Atm. in einer 0,5 molarer NaOH-Lösung steigt

[1] NACKEN, R.: Chem.-Z. **24**, 245 (1950).

[2] WALKER, A. C. und E. BUEHLER, Ind. Eng. Chem. **42**, 1369 (1950).

[3] WALKER, A. C.: Ind. Eng. Chem. **46**, 1670 (1954).

[4] Siehe Anm. 3 auf S. 159.

[5] BUTUSOW, W. P. und L. W. BRJATOW: in Kristallwachstum, Vorträge auf der 1. Konferenz über Kristallwachstum 5.—10. März, 1956, Akad. Nauk, Moskau 1957, S. 305.

die Wachstumsgeschwindigkeit experimentell mit der Temperatur.[1] Der zweite Fall ist günstiger, da bei hohen Drucken sowohl die Löslichkeit als auch ihr Temperaturkoeffizient größer sind als bei kleinen Drucken, was für das Kristallwachstum günstig ist. Der hohe Temperaturkoeffizient der Löslichkeit ist insofern wichtig als es dadurch möglich ist, eine möglichst starke Übersättigung durch einen verhältnismäßig kleinen Temperaturgradienten im Autoklaven zu erzeugen. Ein großer Temperaturgradient läßt sich schwer wegen der dicken Metallwände herstellen. Andere alkalische Lösungen wie LiOH, $NaHCO_3$, $Na_2B_4O_7$ können auch benutzt werden.[2]

Der erste wichtige Schritt in der Herstellung der Quarzkristalle wurde von SPEZIA getan.[3] Er benutzte eine 2%ige wäßrige Natriummetasilikatlösung ($Na_2SiO_3 \cdot 8\ H_2O$) in einer im Innern versilberten Bombe, deren oberer Teil eine Temperatur von 326—337° C und der untere 165—178° C hatte. Bruchstücke von Natriumsilicat wurden in einem Silberdrahtnetz im oberen Teil aufgehängt und Quarz-Kristallkeime im unteren. Nach der Erklärung von SPEZIA löst sich das Silikat im oberen Teil des Autoklaven, wodurch die Dichte der Lösung größer wird und Strömung nach unten erfolgt. Durch die Abscheidung des SiO_2 an den Keimen wird die Lösung leichter und steigt nach oben. Auf diese Weise sollte eine dauernde Zirkulation der Lösung und Aufrechterhaltung der Übersättigung im unteren Ende des Autoklaven stattfinden. Diese Deutung ist nur zum Teil korrekt. SPEZIA hat den Einfluß der Temperatur auf die Dichte der Lösung nicht beachtet, der viel größer als der Einfluß der Löslichkeit ist. An Stelle einer Durchmischung fand eine Stagnierung statt! Immerhin konnte er in 199 Tagen aus einem Keim von 0,5 cm Dicke einen Kristall erhalten, der 2,5 cm dick war. Hätte SPEZIA nur seinen Autoklaven auf den Kopf gestellt, dann wäre das Problem gelöst worden. Aber darauf mußte man volle vierzig Jahre warten!

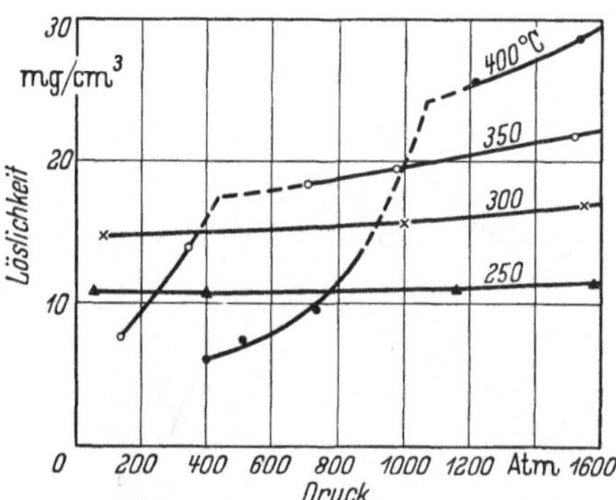

Abb. 95. Anomalie der Quarzlöslichkeit in alkalischer Lösung (nach BUTUSOW und BRJATOW[4])

---

[1] LAUDISE, R. A.: Growth and Perfection of Crystals, S. 458; J. Am. Chem. Soc. **81**, 562 (1959).

[2] FRANKE, I. und M. HUOT DE LONGCHAMP: Compt. rend. **228**, 1136 (1949).

[3] SPEZIA, G.: Acad. Sci. Torino Atti **40**, 254 (1905); **41**, 158 (1905); **44**, 95 (1908).

[4] Siehe Anm. 5 auf S. 161.

Einen wichtigen Beitrag zur hydrothermalen Methode verdanken wir NACKEN[1], dem es gelungen ist, die Wachstumsgeschwindigkeit auf das 50fache zu steigern. Als Ausgangsmaterial benutzte NACKEN amorphen Quarz, dessen Löslichkeit beim kritischen Punkt des Wassers 374,6° C zehmal größer ist, als die Löslichkeit des Kristallquarzes. Die Druckbombe wurde auf konstanter Temperatur von etwa 375° C gehalten. Das anfängliche Wachstum des Keimes hörte aber nach etwa einem Tag auf und polykrystallines Material schlug sich überall an den Wänden der Bombe nieder. Die Ergebnisse von NACKEN wurden von PRAAGH bestätigt.[2] Der Mißerfolg wird durch eine starke Übersättigung der Lösung erklärt. Wenn das aber der einzige Grund ist, dann muß es möglich sein, durch eine scharfe Kontrolle die Temperatur so einzurichten, daß die Lösung nicht zu stark übersättigt wird. Von dieser Seite wurde aber das Probelm noch nicht angegriffen. Außerdem fehlte bei NACKEN eine dauernde Durchmischung der Lösung, wodurch die Konzentration der Lösung um den Keim herum im Verlauf der Kristallisation verarmte und das Wachstum gehindert wurde.

Quarzkristalle von guter Qualität, aber nur sehr kleinen Dimensionen, wurden auch von anderen Autoren[3, 4] erhalten. BARRER[4] gibt ältere Literatur über Kristallisation von SiO_2 an. Ein Zusatz von Mineralisatoren, wie saueres Kaliumfluorid[5] oder Natriumchlorid[6], führte zu keinem wesentlichen Erfolg.

Erst nach dem letzten Kriege ist es in den Laboratorien von Brush Development Company[7] und Bell Telephone[8] gelungen, Quarzkristalle in technischem Maßstabe herzustellen. Eine wesentliche Änderung der Methode gegenüber NACKEN war die Benutzung von kristallinem Quarz als Ausgangsmaterial und Einführung von Temperaturgradienten, also eine Rückkehr zur der ursprünglichen Methode von SPEZIA. Der einzige Unterschied gegenüber SPEZIA scheint nur darin zu bestehen, daß jetzt höhere Drucke benutzt wurden und dadurch konzentriertere Lösungen. Die Apparatur nach WALKER[9] ist in Abb. 96 wiedergegeben. Als Lösungsmittel wird Wasser mit 5% Natronlauge oder Natriumcarbonat verwendet. Der Inhalt des Autoklaven ist etwa 350 cm³, Innendurchmesser

---

1 NACKEN, R.: FiAT No. 641, 11 (1945).

2 VAN PRAAGH, G.: Research, A Journal of Science and its Applications 1, 458 (1948).

3 WOOSTER, N. und W. A. WOOSTER: Nature 157, 297 (1946).

4 BARRER, R. M.: Nature 157, 734 (1946).

5 THOMAS, L. A., N. WOOSTER und W. A. WOOSTER: Discussions Faraday Soc. No. 5, 341 (1949).

6 SWINNERTON, A. C., G. E. OWEN und J. F. CORWIN: Discussions Faraday Soc. No. 5, 172 (1949).

7 HALE, D. R.: Science 107, 393 (1948).

8 BUEHLER, E. und A. C. WALKER: Sci. Monthly 69, 148 (1949).

9 WALKER, A. C.: Electronics 24, 96 (1951) (April-Heft).

7,5 cm, Länge 75 cm, Außendurchmesser 25 cm. Da der Autoklav, der Dichtigkeit wegen, verschweißt werden muß, ist er in zwei Teile geteilt. Der Innenzylinder, der aus dünnem, kohlenstoffarmem, nahtlosem Stahl-Blech besteht und im Innern versilbert ist wird nur einmal benutzt.

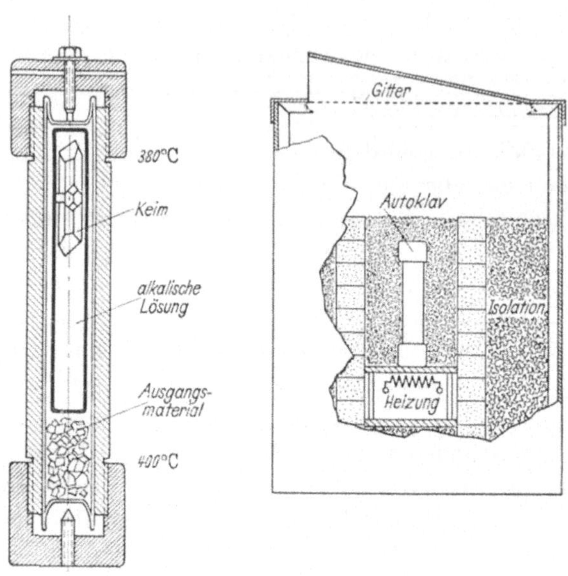

Abb. 96. Quarzkristallisator (nach WALKER[1])

Bis zu 80% des Volumens wird mit der Lösung gefüllt und der Zylinder verschweißt. Ein oder mehrere Kristallkeime, am besten Parallelschnitte zu kleinen Rhomboederflächen, werden vorher im oberen

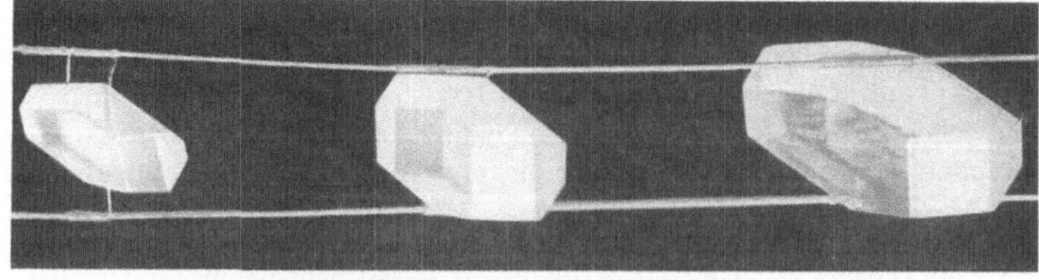

Abb. 97. Halterung der Quarzkristalle in einem Drahtrahmen (nach WALKER[1])

Teil des Zylinders an einem Drahtrahmen angebracht. Man kann aus der Abb. 97 ersehen, wie die Temperatur bzw. die Übersättigung das Wachstum beeinflussen: der Kristall rechts ist am größten, weil an dieser Stelle die Temperatur am niedrigsten war. Der Zylinder wird in die Druckbombe mit Sicherheitsventil für 1600 Atm. und Abschluß-

[1] Siehe Anm. 9 auf S. 163.

kappen an beiden Enden eingesetzt. Die Druckbombe sitzt auf einer Heizplatte, die sich auf einer Temperatur von 450° C befindet. Der Temperaturunterschied zwischen dem unteren und dem oberen Teil ist etwa 20° C. Die Temperatur der Lösung am unteren Ende beträgt 400° C und der Druck 1000 Atmosphären. Die im unteren Teil gesättigte Lösung steigt auf, wird im oberen Teil durch Abkühlung übersättigt, wodurch das Kristallwachstum ermöglicht wird. Die Wachstumsgeschwindigkeit beträgt etwa 1,25 Millimeter pro Tag. Man kann unter günstigen Umständen Kristalle von etwa 450 Gramm in einem Monat erhalten mit einer Quarzmaterialausbeute bis zu 65%.

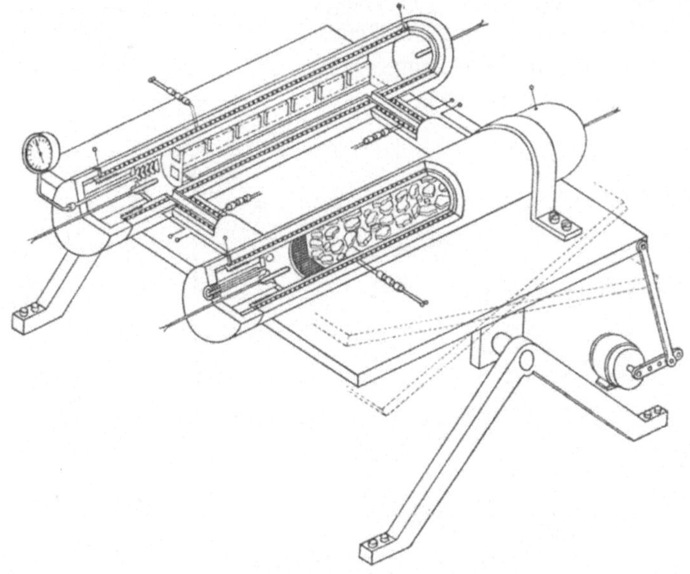

Abb. 98. Doppelautoklav mit kontinuierlicher Zirkulation der Lösung auf dem Schaukelgestell zur Herstellung der Quarzkristalle (nach HALE[1])

Eine andere Methode wird zur technischen Herstellung der Quarzkristalle bei der Brush Development Co. benutzt.[1] Hier werden zwei auf einem gemeinsamen Gestell horizontal angebrachte und mit einander verbundene Autoklaven von je 100 Liter Inhalt benutzt (Abb. 98). In dem einen, der sich auf höherer Temperatur befindet, wird die gesättigte Lösung hergestellt und im anderen erfolgt die Züchtung. Die Zirkulation der Lösung wird durch die Temperaturdifferenz in den beiden Autoklaven und durch das Schaukeln (einmal pro Minute, Winkel 60°) des Gestells bewirkt. Die Temperatur beträgt 360 bzw. 350° C. Als Lösungsmittel wird 0,83 molare Natriumkarbonatlösung benutzt. Der Füllfaktor ist 73%. Das Wachstum wird mit Hilfe von γ-Strahlung des Co_{60} kontrolliert. Etwa 40 kg Quarzkristalle werden in 6 Wochen mit dieser

[1] HALE, D. R.: Electronics **26**, 238 (1953).

Anordnung hergestellt. Die fertigen Kristalle werden in Natronlauge abgewaschen, um Silikatbildung auf der Oberfläche zu vermeiden. Der größte nach dieser Methode hergestellte Kristall aus 18%iger Natriumkarbonatlösung in 131 Tagen wog 1,395 kg.* Laufend werden Kristalle von etwa 90 Gramm in 75 Tagen hergestellt. Die Größe der fertigen Kristalle ist etwa 20mal größer als die der Ausgangskeime.

Eine Apparatur, die zur Züchtung kleinerer Quarzkristalle im Labor sehr geeignet zu sein scheint, ist in Abb. 99 dargestellt.[1] Der Innendurchmesser des Autoklaven beträgt 5 cm, die Länge 25 cm, die Wandstärke 2 cm. Der Druck beträgt 1000 Atm. und die Temperatur unten 400° C und oben 360° C.

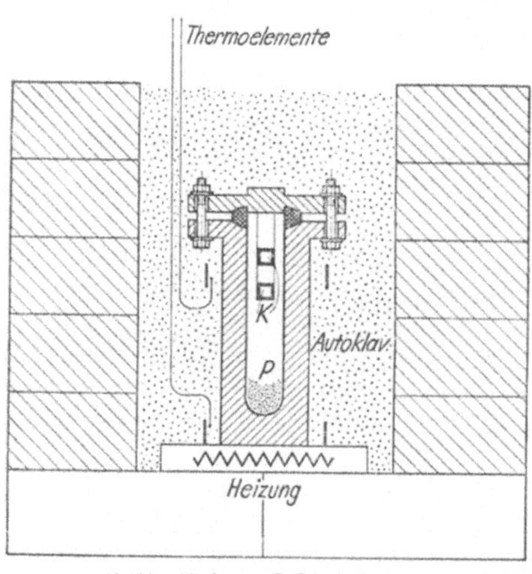

Abb. 99. Autoklav mit Heizung und Isolation (nach BROWN, KELL, THOMAS, N. WOOSTER und A. WOOSTER[1])

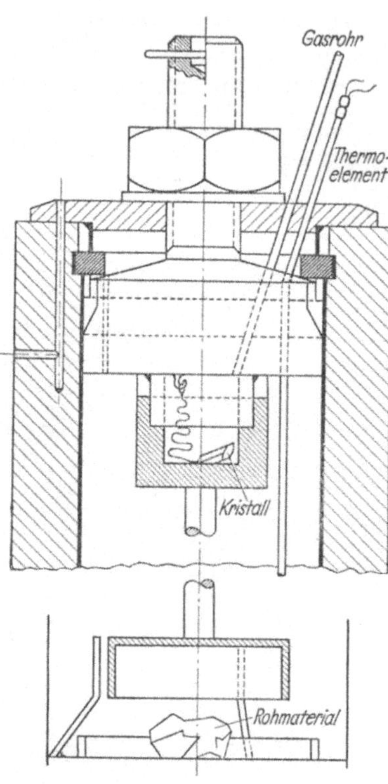

Abb. 100. Autoklav (nach FRANKE[2]) Der Impfkristall befindet sich in einem Behälter, der durch den Gasdruck von außen geöffnet oder geschlossen werden kann. Gleichzeitig kann das Rohmaterial durch die untere Kappe auf oder zugedeckt werden.

Eine andere Art von Autoklaven mit innerer Temperaturkontrolle (Abb. 100) von 8 Liter Inhalt wurde von FRANKE[2] mit Erfolg benutzt.

Nach allen bisherigen Erfahrungen können Quarzkristalle in verhältnismäßig breiten Druck- und Temperaturbereichen hergestellt werden.

---

* Unbekannt, J. Appl. Phys. **25**, 272 (1954).

[1] BROWN, C. S., R. C. KELL, L. A. THOMAS, N. WOOSTER und W. A. WOOSTER: Mineral. Mag. (London) **29**, 858 (1952).

[2] FRANKE, I.: Bull. soc. franç. Mineral. Cristall. **75**, 591 (1952).

Die maximale Kristallisationsgeschwindigkeit liegt bei etwa 1 mm/Tag. Schnelleres Wachstum verursacht Mosaikstruktur bzw. Zwillingsbildung. Die optische und elektrische Güte der guten synthetischen Kristalle ist der der guten natürlichen Quarzkristalle annähernd gleich. Eine Verbesserung läßt sich unter Umständen durch Tempern oder durch elektrolytische Reinigung erreichen.[1]

9.71 Andere Modifikationen des Siliciumdioxyds

Wir haben uns bisher auf die Herstellung des Quarzes beschränkt, weil Quarz die wichtigste Modifikation des Siliciumdioxyds ist. Es existieren aber 12 Kristall- und 3 amorphe Modifikationen,* die zur Zeit bekannt sind und hier kurz besprochen werden sollen.

Aus dem vorläufigen Phasendiagramm[2] (Abb. 101) ist die relative Lage von Quarz, Tridymit und Cristobalit ersichtlich. Jede dieser Phasen hat noch verschiedene Modifikationen, die jedoch im Diagramm nicht eingezeichnet sind. Quarz besitzt 2, Tridymit 5 und Cristobalit 2 Modifikationen. Nach dem Phasendiagramm kann man erwarten, daß sich große Kristalle der drei Gruppen unter Benutzung entsprechender Drucke und Temperaturen herstellen lassen. Bis jetzt kennt man nur Quarz in Form von großen Kristallen.

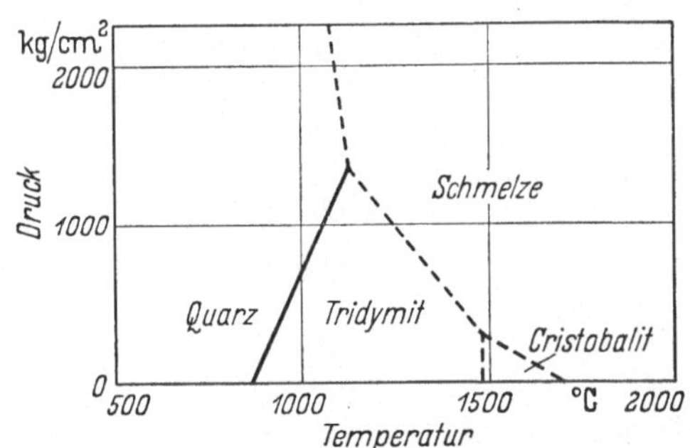

Abb. 101. Phasendiagramm des Siliziumdioxyds

Der genetische Zusammenhang der 15 Modifikationen ist in der Tab. 52 dargestellt und zwar in der Richtung von hohen zu tiefen Temperaturen. Im Dampfzustand ist SiO_2 nicht stabil[3] sondern zerfällt in Si und SiO, das unter günstigen Umständen bei Temperaturen zwischen 1200 und 1400° C mit faseriger, orthorhombischer SiO_2-Struktur kristallisiert, die nach den Entdeckern Weiss[4] als „W-Modifikation" bezeichnet wird. Die niedrige Dichte dieser Modifikation ($\varrho = 1{,}98$ g/cm³) ist dadurch bedingt, daß die SiO-Tetraeder nicht an den Ecken sondern an den Kanten aneinander grenzen, ähnlich wie SiS_2 und $SiSe_2$. Mit Wasser zersetzt sich die W-Modifikation unter Bildung von Kieselsäure. Durch Schmelzen bei 1420° C geht sie in die normale amorphe Modi-

[1] Zinzerling, E. V.: Doklady Akad. Nauk S.S.S.R. 95, 801 (1954).

* Nach Bárta, R.: Sklář a Keram. 6, 41 (1956), sollen 22 Phasen existieren.

[2] Tuttle, O. F. und J. L. England: Bull. Geol. Soc. Amer. 66, 149 (1955).

[3] Brewer, L. und R. K. Edwards: J. Phys. Chem. 58, 351 (1954).

[4] Weiss, Alarich und Armin Weiss: Naturw. 41, 12 (1954).

Tabelle 52. *Feste Phasen des SiO_2.* (Zusammengestellt nach SOSMAN[1])

Dampf

($SiO_2 \rightarrow SiO + O$)

$T = 1200$ bis 1400° C

↓

(1) *SiO_2 Modifikation W*

(faserige Kettenstruktur, $\varrho = 1{,}98$)

Schmelzpunkt 1420° C

orthorhombisch, a = 4,72; b = 5,16; c = 8,36 A

↓ ↓

(2) + H_2O + 350 bis 1250 Atm.
Keatit

(3) *SiO_2 amorph*
+ 33 × 10^3 Atm.

↓

(4) SiO_2 amorph, Hochdruckmodifikation

↓ ↓

+ 10^5 Atm.

(5) *SiO_2 amorph*
kondensiert

↓

+1723° C

SiO_2 flüssig

↓

Abkühlung auf 1723° C

—33 × 10^3 Atm.

(5) *SiO_2 amorph*
Tiefdruckmodifikation

(6) Cristobalit, Hochmodifikation

↓ ↓

langsame Abkühlung auf 1470° C

(7) Tridymit I

langsame Abkühlung auf 867° C

(9) Quarz, Hoch-Mod. 573° C

(10) Quarz, Tief-Mod.

↓

+35 × 10^3 Atm.

(11) Coesit

schnelle Abkühlung auf 200 bis 275° C

(8) Cristobalit, Tief-Mod.

schnelle Abkühlung auf 475° C

(12) Tridymit II, 210° C

(13) Tridymit III, 163° C

(14) Tridymit IV, 117° C

(15) Tridymit V

fikation SiO_2 über. Die normale amorphe Modifikation zeigt unter einem Druck von etwa 32×10^3 Atmosphären eine starke Volumenanomalie[2] (Abb. 102), die auf eine Umordnung der SiO_2-Moleküle hinweist. Diese Druckmodifikation ist aber nicht stabil, sie geht zurück in die normale amorphe Form, sobald der Druck aufhört zu wirken. Wird aber die Normalform unter einen Druck von etwa 90×10^3 Atm. gebracht, so entsteht eine stabile amorphe Hochdruck-Modifikation, die sich durch ihre sehr hohe Dichte ($\varrho = 2{,}61$ g/cm^3) auszeichnet, die beinahe an die des Quarzes ($\varrho = 2{,}651$ g/cm^3) heranreicht.[3] Diese Modifikation schmilzt bei 1723° C. Somit haben wir 3 amorphe Modifikationen: normale

[1] SOSMAN, R. B.: Trans. Brit. Ceram. Soc. **54**, 655 (1955).

[2] BRIDGEMAN, P. W.: Am. J. Sci. **237**, 7 (1939).

[3] BRIDGMAN, P. W. und I. SIMON: J. Appl. Phys. **24**, 405 (1953).

„N"-, Mitteldruck „M–D"- und Hochdruck „H–D"-Modifikation von denen die „M–D" unstabil ist.

Bei der Abkühlung der SiO_2-Schmelze unterhalb des Schmelzpunkts (1723° C) entsteht unter günstigen Bedingungen die kubische Kristallmodifikation, Hoch-Cristobalit mit der Gitterkonstanten 7,01 Å. Durch schnelle Abkühlung geht H-Cristobalit bei 200—275° C in Tief-Cristobalit über, das tetragonal ist ($a = 4{,}96$ und $c = 6{,}92$ Å). Diese Umwandlung geht spontan vor sich. Schnelle Abkühlung des H-Cristobalits führt dagegen bei 1470° C zu Tridymit I, das hexagonal ist ($a = 5{,}03$ und $c = 8{,}22$ Å, Dichte $\varrho = 2{,}26$ g/cm³). Weitere schnelle Abkühlung führt bei 475° C zu Tridymit II, bei 210° C zu Tridymit III, bei 163° C zu Tridymit IV und schließlich bei 117° C zu Tridymit V. Die Umwandlungstemperaturen können bis zu 30° C variieren. Sie werden durch eingebaute Verunreinigungen beeinflußt.[1] Alle Umwandlungen in der Tridymitgruppe sind reversibel und gehen schnell vor sich, d. h. es treten nur kleine Umordnungen im Gitter ein. Sie machen sich aber in der Ausdehnung oder in der spezifischen Wärme bemerkbar. Größere Umordnungen im Gitter verlaufen normalerweise nur langsam.

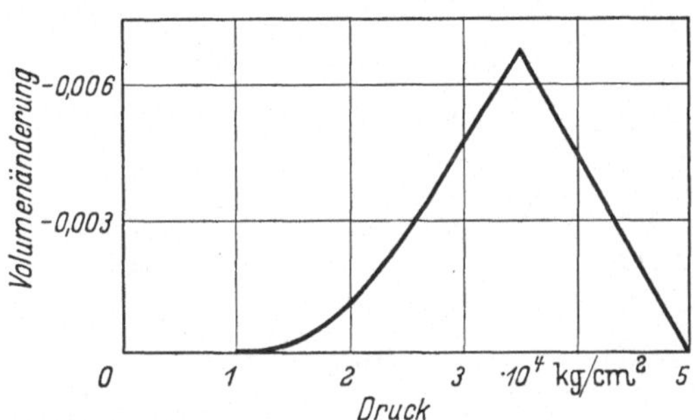

Abb. 102. Volumenanomalie der amorphen Phase von SiO_2 (nach BRIDGMAN[2])

Wird Tridymit I langsam abgekühlt, so wandelt es sich bei 867° C in Hoch-Quarz um, das ebenfalls hexagonal ist aber die a-Achse schrumpft von 5,03 auf 5,01 und die c-Achse von 8,22 auf 5,47 Å. H-Quarz geht schließlich bei 573° C in den trigonalen Tief-Quarz über unter einer weiteren Verkleinerung der a-Achse auf 4,91 und der c-Achse auf 5,40 Å, wodurch die höchste Dichte von 2,64845 g/cm³ erreicht wird. Die Umwandlung ist reversibel und wenn sie langsam ausgeführt wird, bleibt der Kristall unbeschädigt.

Nach dem Phasendiagramm (Abb. 101) sind Tief-Cristobalit und die Tridymite II—V metastabil, da sie ins Temperaturgebiet des Quarzes fallen. Anderseits kann Quarz direkt in Cristobalit umgewandelt werden, z. B. durch Erwärmen auf Temperaturen von 870—1470° C ohne Flußmittel. Die Umwandlung in Tridymit erreicht man mit Hilfe von Natriumwolframat als Flußmittel im Temperaturbereich 870—1470° C.

Zwei neue SiO_2-Modifikationen wurden in den letzten Jahren hergestellt, die sich durch besondere Eigenschaften auszeichnen. Aus einer

[1] FLÖRKE, O. W.: Naturw. **41**, 371 (1954).
[2] Siehe Anm. 2 auf S. 168.

schwach alkalischen Lösung von amorphem SiO_2 bei Temperaturen von 380—385° C und Drucken von 340—1200 Atmosphären kristallisiert SiO_2 in tetragonaler Form, $a = 7{,}46$ Å, $c = 8{,}59$ Å; $\varrho = 2{,}50$ g/cm³; $n_0 = 1{,}522$, $n_e = 1{,}513$. Die thermische Ausdehnung ist positiv in der c-Richtung, aber negativ in der a-Richtung. Die Volumenausdehnung nimmt mit der Temperatur bis auf 550° C ab. Diese Modifikation wird nach ihrem Entdecker „*Keatit*“ genannt[1].

Die anomale Ausdehnung ist nicht auf Keatit beschränkt. Das amorphe SiO_2 zeigt nach SCHEEL ein Minimum der Ausdehnung bei —30° C. Bei noch tieferen Temperaturen nimmt die Ausdehnung zu anstatt ab. Ähnlich verhalten sich die Hoch-Modifikationen von Quarz,

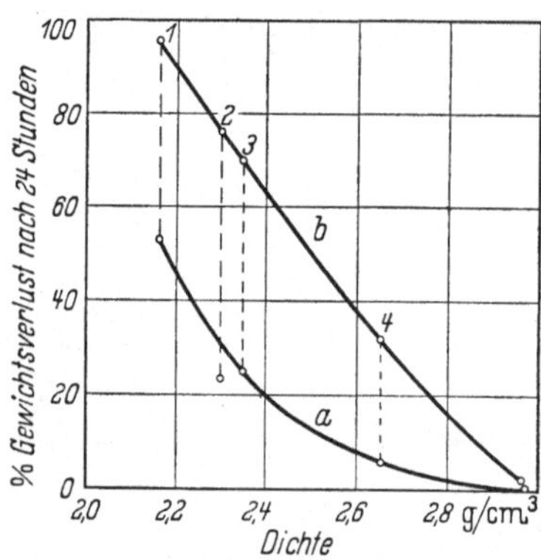

Abb. 103. Löslichkeit verschiedener SiO_2-Modifikationen in (a) 5%iger Flußsäure, (b) 10%iger Flußsäure; 1. amorph, 2. Tridymit, 3. Cristobalit, 4. Quarz, 5. Coesit (nach COES[2])

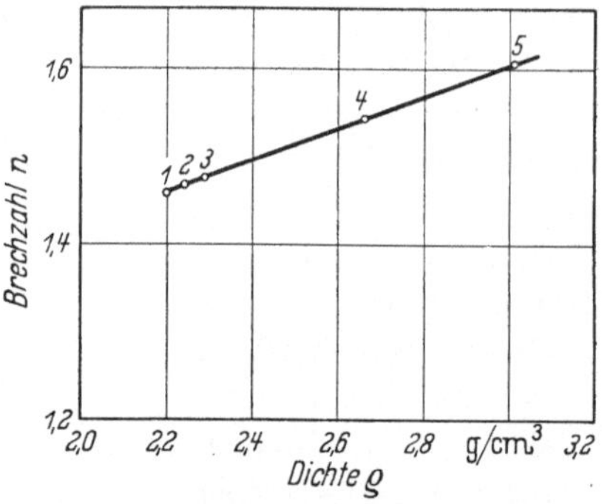

Abb. 104. Brechzahl und Dichte der SiO_2-Modifikationen; 1. amorph, 2. Tridymit, 3. Cristobalit, 4. Quarz, 5. Coesit (nach Coes[2])

Tridymit und Cristobalit: bei allen dreien nimmt die Ausdehnung mit steigender Temperatur ab. Dieses anomale Verhalten wird durch die Frequenzabnahme der transversalen Sauerstoffschwingungen in der offenen Struktur der genannten Modifikationen mit sinkender Temperatur erklärt.[3]

Eine andere Modifikation entsteht aus einer Lösung von Natriummetasilikat und einem Zusatz von Diammoniumphosphat als Mineralisator bei einer Temperatur von 750° C und einem Druck von 35000 Atmosphären. Es ist eine monokline Modifikation mit folgenden Gitterparametern: $a = 1{,}72$ Å; $b = 12{,}52$ Å; $c = 7{,}23$ Å und $\beta = 120°$; $n_\alpha = 1{,}599$; $n_\gamma = 1{,}604$. Diese Modifikation hat eine Dichte von 3,01 g/cm³, die um 14% höher liegt als die des Quarzes. Die Härte ist um 50% höher als bei Quarz. Außerdem wird der Kristall von Flußsäure kaum angegriffen (Abb. 103). Es wird angenommen, das nur O-Atome an der Oberfläche des Kristalls sind, wodurch der Widerstand

[1] KEAT, P. P.: Science **120**, 328 (1954).
[2] COES, L.: Science **118**, 131 (1953).
[3] SMYTH, H. T.: J. Am. Cetam. Soc. **38**, 140 (1955).

gegen HF zustande kommt. Diese Modifikation wird „*Coesit*" genannt, wieder nach dem Namen des Entdeckers[1]. Die Dichte und der Brechungsindex von Coesit, Quarz, Cristobalit, Tridymit und amorphen SiO_2 sind in Abb. 104 dargestellt. Wie erwartet nimmt der Brechungsindex linear mit der Dichte zu.

Zahlreiche Versuche wurden unternommen, um andere Kristalle nach der hydrothermalen Methode herzustellen. Leider ist man dabei kaum über das Versuchsstadium hinausgekommen. Einige Ergebnisse sollen hier besprochen werden.

9.72 Spezielle Arten von Kristallen

Aluminiumorthophosphat ($AlPO_4$, Berlinit) ist in seiner chemischen Zusammensetzung vollkommen von dem Siliciumdioxyd (SiO_2) verschieden. Merkwürdigerweise hat es nicht nur dieselbe Struktur wie SiO_2 sondern auch dieselben Modifikationen, die mit denen des Quarzes, Tridymits und Cristobalits, eingeschlossen die Untergruppen, identisch sind, wie man aus der nachfolgenden Tabelle ersieht.[2]

Tabelle 53. *Umwandlungen im* SiO_2 *und* $AlPO_4$

	α-Quarz → β-Quarz	β-Quarz → Tridymit	Tridymit → Cristobalit	Cristobalit → Schmelze
SiO_2	573° C	867° C	1470° C	1723° C
$AlPO_4$	586° C	815° C	1025° C	1600° C

Auch andere physikalische Eigenschaften wie Gitterkonstante, Dichte, Härte, Brechung sind sehr ähnlich. Diese Ähnlichkeit läßt sich veranschaulichen, indem man die beiden Verbindungen in folgender Form einander gegenüberstellt:

$$SiSiO_4 — AlPO_4 \, .$$

Die Summe der Valenzelektronen ist in beiden Formen gleich groß.

Die Kristallsynthese von $AlPO_4$ wurde aus rein praktischem oder besser gesagt kriegstechnischem Interesse unternommen, mit der Absicht, Ersatzmaterial für Piezoquarz zu erhalten. Nach JAHN und KORDES[3] erhält man trigonale $AlPO_4$-Einkristalle, etwa 0,5 cm dick und 4 cm lang, aus einer Lösung von $Al(OH)_3$ und konzentrierter Phosphorsäure (H_3PO_4) bei Temperaturen von 300—315° C und Wasserdampfdrucken von 84—100 Atm. in einem mit Silber ausgekleideten Autoklaven, der einige Tage auf konstanter Temperatur (isotherm) gehalten wurde. Die Versuche waren jedoch nicht reproduzierbar. Anwendung eines Temperaturgradienten führte zu keinem besseren Erfolg. Die Heizung und Isolierung eines handelsüblichen Autoklaven mit einem Volumen von 44 cm^3 ist in der Abb. 105 dargestellt.

[1] Siehe Anm. 2 auf S. 170.

[2] BECK, W. R.: J. Am. Ceram. Soc. **32**, 157 (1949).

[3] JAHN, W. und E. KORDES: Chemie der Erde **16**, 75 (1952/53).

Die Schwierigkeit der Kristallzüchtung von $AlPO_4$ ist auch aus einer anderen Arbeit zu ersehen.[1] Nach JAHN und KORDES[2] nimmt die Löslichkeit des $AlPO_4$ mit der Konzentration der H_3PO_4 (10%—50%) und der Temperatur (300—350° C) zu. Nach STANLEY[1] zeigt die Löslichkeit des $AlPO_4$ in 6,1 Normallösung der H_3PO_4 im Temperaturbereich von 145 bis 245° C den umgekehrten Verlauf (Abb. 106). Dieser negative Temperaturkoeffizient der Löslichkeit wurde dazu benutzt, um durch die Temperaturerniedrigung die Übersättigung der Lösung während der Kristallisation aufrechtzuerhalten. Die Ausgangslösung bestand aus 36 g $AlPO_4$ aufgelöst in 102 cm³ 6,46 nH_3PO_4. Wegen des starken Angriffs des Autoklaven durch H_3PO_4 wurde ein Behälter aus Borosilikatglas benutzt. Die Temperatur des Autoklaven wurde um $^1/_2$ bzw. 1° C pro Tag von 145° C auf 198° C gesteigert. Nach 56 Tagen ist der Keim von 0,08 g auf 3,6 g gewachsen. Die Kristalle waren etwas trübe und zeigten zum Teil Zwillingsbildung. Eine etwas umständlichere Methode führte zu besseren Resultaten. Die Temperatur des Autoklaven wurde hier konstant gehalten und

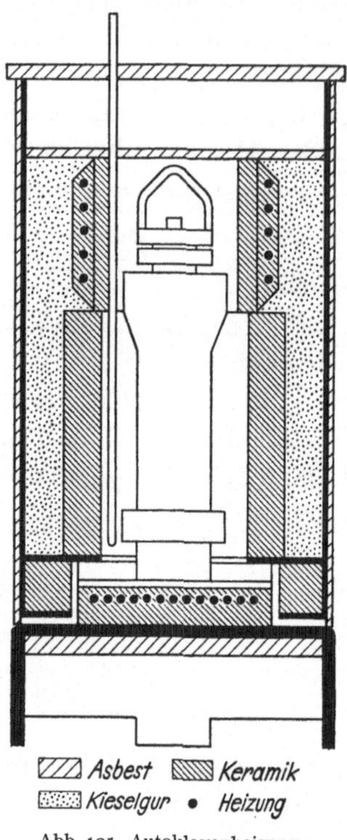

Abb. 105. Autoklavenheizung (nach JAHN und KORDES[2])

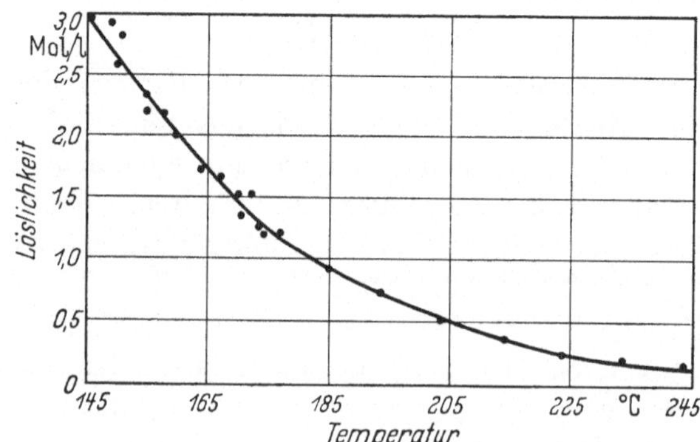

Abb. 106. Löslichkeit von $AlPO_4$ in 6,1 normaler H_3PO_4 (nach STANLEY[1])

die Lösung im Autoklaven alle 48 Stunden erneuert. Einkristalle bis zu 7,5 cm Länge und einem Gewicht von 80 g wurden nach dieser Methode erhalten. Die besten Kristalle wurden aus einer Lösung von

[1] STANLEY, J. M.: Ind. Eng. Chem. 46, 1684 (1954).

[2] Siehe Anm. 3 auf S. 171.

1,45 Mol von $AlPO_4$ in einem Liter der 6,5 nH_3PO_4 und einer Temperatur von 167° C erhalten (Abb. 107). Die relativ niedrige Temperatur wurde gewählt, um die trigonale Modifikation zu erhalten, die nur unterhalb 315° C stabil ist. Der Temperaturbereich nach unten ist auch beschränkt, da unterhalb 132° C das Hydrat gebildet wird.

Aluminiumarsenat ($AlAsO_4$) wurde aus wäßriger Lösung von As_2O_5 und $AlAsO_4$ im Autoklaven mit Temperaturgradienten[1] hergestellt. Da $AlAsO_4$ einen negativen Temperaturkoeffizienten der Löslichkeit hat, wird der Keim im oberen Teil des Autoklaven bei 254° C und das Ausgangsmaterial im unteren Teil bei 234° C gehalten. Gute Kristalle von etwa 14 g wurden in 3 Wochen erhalten. Ähnlich dem SiO_2 und $AlPO_4$ hat $AlAsO_4$ eine Umwandlung von der Tief- in die Hoch-Modifikation bei 571° C.

Abb. 107. $AlPO_4$-Kristalle, die mit der hydrothermalen Methode hergestellt wurden (nach STANLEY[2])

Die grüne Abart des Berylls $Al_2O_3 \cdot 3\,BeO \cdot 6\,H_2O$, bekannt als Schmuckstein Smaragd, die ~0,3% Cr_2O_3 als Pigment enthält wurde in der Edelsteinfabrik IG-Farben in Bitterfeld von JAEGER und EPSIG synthetisiert.[3] Näheres über die Herstellung ist nicht bekannt.

Kalkspat ($CaCO_3$), das in Form von großen einwandfreien Einkristallen in großen Mengen vorkommt, wurde auf hydrothermalem Wege aus einer Lösung von Natriumchlorid oder Calciumchlorid mit Kohlensäure bei Temperaturen von 300 ° C bis 550° C und Drucken bis 1300 Atmosphären bis zu einer Größe von 0,6 cm hergestellt.[4]

Korund (Al_2O_3) kann ähnlich wie Quarz hergestellt werden.[5] Als Ausgangsmaterial wird $Al(OH)_3$ genommen, das der 1 bis 2 molaren Na_2CO_3-Lösung zugesetzt wird. Die Temperatur des Autoklaven muß oberhalb von 395° C liegen, da sonst Diaspor (AlOOH) entsteht. Die günstigste

[1] STANLEY, J. M.: Amer. Mineral. **41**, 947 (1956).

[2] Siehe Anm. 1 auf S. 172.

[3] EPSIG, H.: Z. Krist. **92**, 387 (1935).

[4] IKORNIKOVA, N. J. und W. P. BUTUSOV: Doklady Akad. Nauk S.S.S.R. **111**, 105 (1956).

[5] LAUDISE, R. A. und A. A. BALLMAN: J. Am. Chem. Soc. **80**, 2655 (1958).

Temperaturdifferenz zwischen dem oberen und unteren Teil des 30 cm langen Autoklaven beträgt 30° C. Der Füllfaktor 0,70 bis 0,85 und der Druck von 2000 Atmosphären. Als Keime wurden Kristalle benutzt, die nach dem VERNEUILschen Verfahren hergestellt wurden. Die Wachstumsgeschwindigkeit beträgt nur etwa $^1/_4$ mm pro Tag, ist also wesentlich kleiner als beim Quarz. Immerhin konnten Korundkristalle von 2 cm Länge auf diese Weise hergestellt werden, die angeblich weniger verspannt sind, als die nach dem VERNEUILschen Verfahren gewonnenen. Durch einen Zusatz von 0,1 g/Liter von $Na_2Cr_2O_6 \cdot 3\ H_2O$ zur Ausgangslösung konnte Rubin erzeugt werden, das etwa 1% Chrom enthält und stark rot gefärbt ist.

Zinkoxyd (ZnO)-Einkristalle bis 1,5 mm Dicke wurden unter ähnlichen Bedingungen wie Quarz erhalten.[1]

Eine Anzahl von Kristallen wie Feldspat ($KAl \cdot Si_3O^8$),[2] Kryolit ($3\ NaF \cdot AlF_3$),[3] Topas ($Al_2SiO_4(F, OH)_2$[4], Turmalin (Aluminiumborosilikat)[4] wurden mit der hydrothermalen Synthese hergestellt, jedoch nur in mikroskopischen Größen.

Asbest[5]

Eine Reihe von Silikatmineralien besteht aus Fasern, die sich durch hohe elastische, thermische und elektrische Eigenschaften auszeichnen. Die Fasern sind etwa 0,001 mm dick und bis zu mehreren Zentimetern lang. Sie haben entweder monokline oder orthorhombische Struktur. Die Hauptbestandteile der Asbestmineralien sind außer SiO_2 Oxyde von Mg, Ca und Mg, Ca, Mg und Fe; oder Na und Fe und Wasser.

Synthetischer Asbest wurde zuerst von LÜDKE hergestellt[6, 7]. Später wurde Asbest durch hydrothermale Synthese unter einem Druck von 300—400 Atmosphären und einer Temperatur von 400—500° C hergestellt.[8] Eine Vergrößerung der Faserlänge wurde von NOLL[9] durch Benutzung von frischem Silicagel und Reaktionslösungen von Wasserglas und kaustischem Soda einerseits und Magnesiumchlorid anderseits erreicht. Ähnlich wie beim Glimmer kann die Hydroxylgruppe durch Fluorionen ersetzt werden.

---

[1] WALKER, A. C.: J. Am. Cctam. Soc. **36**, 250 (1953).

[2] BARRER, R. M. und L. HINDS: Nature **166**, 562 (1950).

[3] MICHEL-LEVY, A. und J. WYART: Bull. soc. franç. minéral. **69**, 156 (1946); **70**, 164 u. 168 (1947).

[4] FRONDEL, C., C. S. HURLBUT und R. C. COLLETE: Am. Mineral. **32**, 680 (1947).

[5] SINCLAIR, W. E.: Asbestos, Mining Publ. Ltd. London 1955.

[6] LÜDKE, W.: DRP 740911, November 1943.

[7] BLOOMFIELD, G. M.: FIAT, Final Report 1070, 1947.

[8] Materials Survey, U. S. Bureau of Mines, Februar 1952.

[9] NOLL, W.: I. G. Farbenindustrie, Anorg. Chem. Labor Leverkusen, Juni 1942.

9.8 Diamantsynthese[1]

Diamant ist von großer Wichtigkeit für die Technik wegen der von allen bekannten Kristallen größten Härte und als Edelstein für Schmuckindustrie. Das natürliche Vorkommen in den vulkanischen Gesteinsmassen (Kimberlit) und in Eisenmeteoriten (Troilit) gibt einen Hinweis, daß natürliche Diamanten unter hohem Druck und hoher Temperatur entstanden sein müssen. Von den beiden Kristallmodifikationen des Kohlenstoffs ist bei Zimmertemperatur und unter normalem Druck der Graphit die stabile Modifikation, was aus der kleineren Verbrennungswärme des Graphits geschlossen wird[2–4].

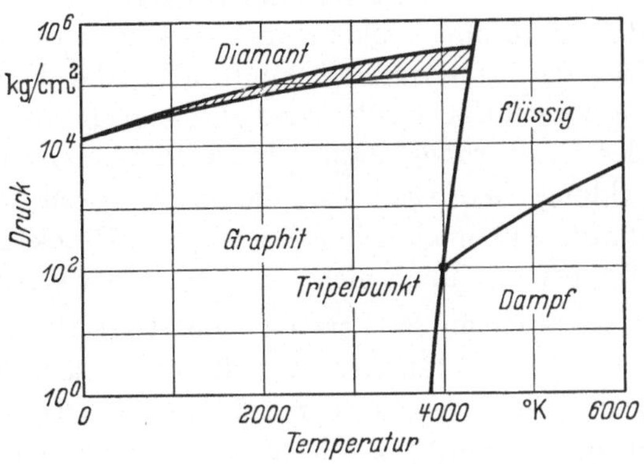

Abb. 108. Zustandsdiagramm des Kohlenstoffs (nach BUNDY, HALL, STRONG und WENTORF[5])

In der Abb. 108 ist das Zustandsdiagramm des Kohlenstoffs dargestellt.[5–6] Der Tripelpunkt des Kohlenstoffs liegt bei 4000° K und 100 Atmosphären. Die Diamantphase muß demnach bei viel höheren Drucken liegen. Die Umwandlung von Diamant in Graphit tritt bereits bei 1300° C in trockenem Helium ein und beträgt nach 50 Stunden bei 1400° C 2%.[6] Die

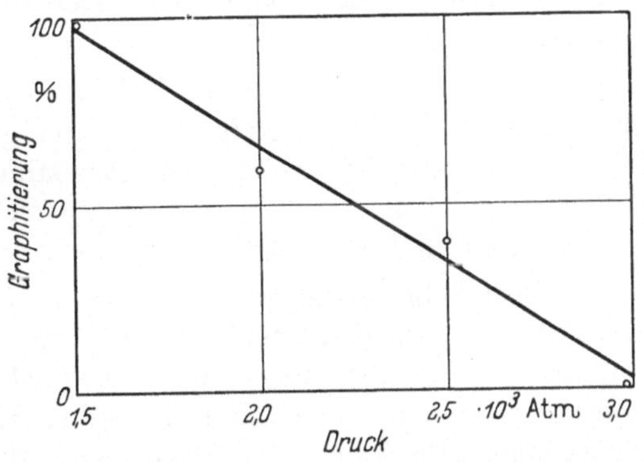

Abb. 109. Druckeinfluß auf die Umwandlung von Diamant in Graphit. Temperatur etwa 2700° C, die Reaktionsdauer war unbestimmt, da die Temperatur durch die Reaktion von $Hg + Na_2O_2$ erzeugt wurde (nach BRIDGMAN[7])

---

1 Zusammenfassender Bericht NEUHAUS, A.: Angew. Chemie **66**, 525 (1954); **69**, 551 (1957).

2 ROSSINI, F. und R. JESSUP: J. Research Natl. Bur. Standards (USA) **21**, 491 (1938).

3 PROSEN, E., R. JESSUP und F. ROSSINI: J. Research Natl. Bur. Standards (USA) **33**, 447 (1944).

4 DE SORBO, W.: J. Chem. Phys. **21**, 876 (1953).

5 BUNDY, F. P., H. T. HALL, H. M. STRONG und R. H. WENTORF: Nature **176**, 51 (1955).

6 FINNEY, F. S.: Science **120**, 393 (1954).

7 BRIDGMAN, P. W.: J. Chem. Phys. **15**, 92 (1947).

Umwandlungskurve Graphit–Diamant wurde aus kalorischen Daten von verschiedenen Seiten berechnet,[1] aber bisher nur eine grobe Übereinstimmung erzielt. In Abb. 109 ist die Umwandlungskurve von Diamant in Graphit nach BRIDGMAN[2] wiedergegeben. Aus der Kurve sieht man, daß die Diamantbildung nur oberhalb 30000 Atm. zu erwarten wäre. Bei der Umwandlung muß aber die Umwandlungsgeschwindigkeit berücksichtigt werden und diese steigt mit der Temperatur an wegen der Aktivierungsenergie für die Phasenumwandlung und für die Keimbildung. Man sieht also, die Schwierigkeit der Diamantsynthese beruht darin, daß man neben dem hohen Druck gleichzeitig auch eine hohe Temperatur über nicht zu kurze Zeitdauer braucht.

Experimentelle Versuche zur Darstellung des Diamanten wurden bereits vor 60 Jahren angestellt und seitdem öfters wiederholt. MOISSAN[3] war wohl der erste, der sich bei der Diamantsynthese für erfolgreich hielt. Er hatte Eisen im elektrischen Ofen geschmolzen, bei einer Temperatur $>3000°$ K mit Zuckerkohle gesättigt und rasch abgekühlt. Die Schmelze enthielt milligrammschwere, farblose, oktaederförmige Kriställchen, die isotrop waren, Korund ritzten und eine Dichte $>3{,}3$ hatten. Chemische Verbrennung ergab reinen Kohlenstoff mit einem Fehler von 10%. Der Brechungsindex wurde nicht gemessen.

RUFF[4] hatte die Versuche von MOISSAN wiederholt und auch Kriställchen erhalten, die er zuerst für Diamanten gehalten hatte. Er hat aber später seine Ansicht wiederrufen. Ein Mitarbeiter von MOISSAN hatte auch Kriställchen erhalten, die einen Brechungsindex $<1{,}74$ hatten, im Vergleich zu Diamanten $= 2{,}40$.[5]

Die bisher besprochenen Versuche hatten zum Ziel die Bildung des Diamanten in Eisenmeteoriten nachzuahmen. Die nächste Gruppe umfaßt die Versuche, die der wahrscheinlichen irdischen Bildung nahekommen. Kohlenstoff wurde in basischen Silikatschmelzen (Kimberlit) geölst und zum Teil unter Zusatz von Mineralisatoren (Ca, Na, Ti) von hohen Temperaturen ($\sim 3000°$ C) rasch abgekühlt (siehe NEUHAUS). Auch hier wurden Kriställchen erhalten, deren Härte größer als die von Korund, Dichte größer als 3,3 g/cm^2 aber n kleiner als 2,2 war.

Als weitere Versuche sind zu nennen: Hochofenprozeß[6], und elektrischer Lichtbogen[7], die auch angeblich Diamanten lieferten.

[1] siehe A. NEUHAUS: Angew. Chemie **66**, 525 (1954); **69**, 551 (1957).
[2] Siehe Anm. 7 auf S. 175.
[3] MOISSAN, H.: C. R. **118**, 370 (1894).
[4] RUFF, O.: Z. allgem. anorg. Chem. **99**, 73 (1917).
[5] HOFFMANN, W. K.: Fort. Mineral. Krist. Petrogr. **18**, 17 (1934).
[6] FLEISSNER, H.: Oesterr. Z. Berg. u. Hütten, S. 540, 1910.
[7] RUFF, O.: Z. anorg. allgem. Chem. **99**, 81 (1917).

Es sollen hier noch die sogenannten „HANNAY-Diamanten" erwähnt werden, die sich im Britischen Museum befinden* und angeblich von HANNAY[1] aus einem Gemisch von 90% Paraffinkohlenwasserstoffen (Siedepunkt 75° C), 10% Knochenöl (Siedepunkt 115—150° C) und metallischem Lithium in zugeschweißten Hochdruckzylindern bei höherer Temperatur (Rotglut) in 14 Stunden hergestellt wurden. Nur 3 von 80 Experimenten waren erfolgreich.

In den letzten Jahren (1952) wurde von Bell Telephone eine Diamantsynthese aus Polydivinylbenzol bei hohen Temperaturen beansprucht. Das harte Produkt wurde aber später als „*Polymercarbon*" bezeichnet.

Obwohl verschiedene Autoren glaubten, daß sie Diamanten hergestellt haben, herrscht z. Z. die allgemeine Ansicht, daß es keine Diamanten waren. Als stärkster Beweis dafür wird der Brechungsindex angeführt, der bei allen synthetischen Produkten wesentlich kleiner gefunden wurde als der des natürlichen Diamanten. Dieser Schluß ist aber nicht ganz stichhaltig, denn ein poröses Material, das aus Mikrokriställchen besteht (man denke an aufgedampfte Schichten) wird immer einen kleineren Brechungsindex haben als ein größerer Einkristall. Es ist demnach nicht ausgeschlossen, daß in manchen Versuchen Diamanten in poröser Form (Konglomerate von Mikrokriställchen) wirklich vorlagen. Ob das der Fall war, ließe sich durch den Vergleich der Molrefraktion aus der Messung der Dichte und des Brechungsindex nachprüfen. Sie müßte dieselbe sein wie bei natürlichen Diamanten.

Eine einwandfreie Diamantsynthese ist erst Anfang 1955 in den General Electric Forschungslaboratorien geglückt.[2] Die Grundlage zu diesem Erfolg bilden die Vorarbeiten von BRIDGMAN, der nicht nur die Methoden zur Hochdruckerzeugung[3, 4] entwickelt sondern auch selbst zu dem Problem der Diamantsynthese wesentlich beigetragen hat.[5] Wie man jetzt weiß, hatte BRIDGMAN sowohl genügend hohe Drucke bis zu 400000 Atmosphären als auch genügend hohe Temperaturen bis 3000° C aber nicht beides gleichzeitig gehabt. Das höchste, was BRIDGMAN erreichen konnte, war ein Druck von 30000 Atmosphären bei 3000° C für die Dauer von 2 Sekunden. Drucke bis zu 120000 Atmosphären bei Temperaturen bis zu 3200° C wurden auch von anderen Autoren er-

* Diese Kristalle wurden mit Röntgenstrahlen durch BANNISTER, F. A. und K. LONSDALE: Mineral. Mag. **26**, 309 (1943), nachgeprüft und als Diamanten bestätigt.

[1] HANNAY, J. B.: Proc. Roy. Soc. (London) **30**, 188 und 450 (1880).

[2] Chem. Eng. News 33, 718 (1955) (21. Februar 1955) Bekanntmachung in der Presse am 15. Februar 1955.

[3] BRIDGMAN, P. W.: The Physics of High Pressure, Macmillan, N. Y. 1931; Revs. Mod. Phys. **18**, 1 (1946).

[4] Zusammenfassender Bericht siehe KUSS, E.: Chem. Ing. Tech. **28**, 141 (1956).

[5] BRIDGMAN, P. W.: J. Chem. Phys. **15**, 92 (1947); Sci. American **193**, 42 (1955).

reicht, aber nur stoßweise.[1] Dieser Zustand war aber zur Bildung des Diamanten nicht ausreichend. Bei General Electric[2] wurde ein neuer, nicht näher beschriebener, Weg beschritten, um eine günstige Spannungsverteilung im Material des Druckgefäßes zu erreichen und dadurch Drucke bis 100000 Atm. bei 2000° C für einige Stunden lang zu erzielen. Die Dimensionen der Apparatur sind aus der Abb. 110 ersichtlich. Über das Ausgangsmaterial ist nur soviel bekannt, daß es sich um Kohlenstoffverbindungen („*carbonaceous*") handelt. Allem Anschein nach handelt es sich hier nicht um Graphit-Diamantumwandlung, sondern um die Diamantbildung aus atomarem Kohlenstoff. Es wurden sowohl bei Drucken von 53000 Atm. und Temperaturen zwischen 1300 und 2200° C als auch bei Drukken zwischen 50000 und 100000 Atm. und Temperaturen von etwa 2700° C Diamantkristalle synthetisiert. Im ersten Fall wurden nach 16 Stunden bis 1,2 mm große und im zweiten in wenigen Minuten 0,5 mm große Kristalle erhalten. Die Form der Kristalle ist aus der Abb. 111 ersichtlich. Die Oktaederform ist deutlich zu erkennen. Allerdings waren die meisten Kristalle verfärbt oder sogar trübe. Die chemische Analyse zeigte bei den ersten Proben bis zu 15% Verunreinigungen. Die Röntgenstrahlenanalyse zeigte 0,2% Nickel.[3] Der Nachweis wurde durch Röntgenbeugung, Härtemessung (der natürliche

Abb. 110. Anlage der General Electric Laboratorien, mit der synthetische Diamanten hergestellt wurden (nach Bundy, Hall, Strong und Wentorf[2])

[1] Günther, L., Geselle, P. und W. Rebentisch: Z. anorg. Chem. **250**, 357 (1943).

[2] Bundy, F. P., H. T. Hall, H. M. Strong und R. H. Wentorf: Nature **176**, 51 (1955).

[3] Grenville-Wells, H. J. und K. Lonsdale: Nature **181**, 758 (1958).

Diamant konnte mit dem künstlichen geritzt werden) und Bestimmung des Brechungsindex (n_D = 2,40—2,50, verglichen mit 2,419 des natürlichen Diamanten) erbracht.

Nach einer neuen Veröffentlichung[1] wird als Ausgangsmaterial Graphit, Ruß oder Zuckerkohle verwendet. Das Wesentliche bei der Diamantsynthese ist die Verwendung von Katalysatoren. Als geeignet haben sich erwiesen: Cr, Mn, Fe, Co, Ni, Pt, Os, Ir, Rh, Pd und Ta. Das Ausgangsmaterial wird so hoch erhitzt, daß der mit Kohlenstoff gesättigte Katalysator teilweise schmilzt. Die Kristalle bilden sich vorwiegend an ungeschmolzenen Katalysatorkörnern. Die Wachstumsgeschwindigkeit kann bis 6 mm/Stunde betragen. Die Kristallflächen weisen Stufen, aber keine Spiralen auf. Bei tieferen Temperaturen entstehen Würfel, bei mittleren Würfel und Dodekaeder und bei hohen nur Oktaeder. Weiße Diamanten werden nur bei hohen Temperaturen, farbige (gelbe oder grüne) bei mittleren und schwarze bei tiefen gebildet. In allen Fällen muß aber die Reaktionstemperatur entsprechend dem Phasendiagramm im Stabilitätsbereich des Diamanten liegen.

Abb. 111. Synthetische Diamanten der General Electric

Nachdem die Diamantsynthese in den General Electric Laboratorien einwandfrei geglückt war, haben auch andere Laboratorien erfolgreiche Synthesen bekannt gemacht. Karabacek[2] sollte bereits in den Jahren 1930—1933 Diamantkristalle bis zu 3 mm Kantenlänge in den I. G.-Farbenwerken, Leuna, hergestellt haben. Die Echtheit wird allerdings angezweifelt, da eine spektroskopische Analyse bei Harvard ergab, daß sie genau dieselben Verunreinigungen enthalten wie die Cape-Diamanten[3]. In der Allgemeinen Schwedischen Elektrizitäts A. G. wurden bereits 1953 sandkorngroße Diamanten bei einem Druck von 70000 Atm. und 3000° C erhalten.[4] In der Norton Company wurden angeblich auch synthetische Diamanten hergestellt.[5]

Die synthetischen Diamanten sind zur Zeit sowohl in ihrer Güte als auch in ihrer Größe von den natürlichen weit entfernt. Beides könnte

---

1 Bovenkerk, H. P., F. P. Bund, H. T. Hall, H. M. Strong and R. H. Wentorf: Jun., Nature **184**, 1094 (1959).

2 Karabacek, H.: DRP. 589 144 vom 22. Mai 1931.

3 Bridgman, P. W.: Sco. American **193**, 42 (1955).

4 Liljeblad, R.: ASEA, Tech. Mitteilg. 8216 vom 2. März 1955.

5 Kistler, S. S.: Proc. Symposium on High Temperature — A Tool for the Fu ure, Berkeley, Juni 1956.

durch langsameres Wachstum verbessert werden. Aber auch im jetzigen Zustand sind die synthetischen Diamanten für industrielle Zwecke als Schleifmittel brauchbar.

Nach demselben Verfahren wie Diamant wurde in den G. E. Laboratorien eine kubische Modifikation von Bornitrid (BN), „*Borazon*" genannt, hergestellt, das dieselbe Härte wie Diamant hat, aber bis zu Temperaturen von 1900° C in der Luft stabil ist, während Diamant bereits bei 850° C verbrennt.[1]

X. Herstellung, Messung und Regelung hoher Temperaturen

10.1 Schmelzöfen[2–5]

Der Schmelzofen ist ein wesentlicher Bestandteil der Apparatur zur Herstellung der Kristalle aus der Schmelze. Nur in seltenen Fällen genügt ein handelsüblicher Ofen den gewünschten Bedingungen. Meistens muß man entweder dem Hersteller genaue Unterlagen geben, die zu einem Bau des Ofens nötig sind, oder aber zumindest den Ofen selbst modifizieren oder gar herstellen. Da in den meisten Arbeiten, die sich mit der Kristallherstellung befassen, über die Konstruktion der Öfen nur sehr spärliche Angaben gemacht werden, sollen hier die wesentlichen Punkte kurz behandelt werden.

10.11 Widerstandsöfen

Beim Aufbau eines Ofens ist zunächst die Temperatur und die Größe des nutzbaren Heizraumes entscheidend. Die Gleichmäßigkeit und die Konstanz der Temperatur, oft über mehrere Tage hinweg, ist dabei sehr wesentlich. Die gewünschte Temperatur läßt sich am einfachsten auf elektrischem Wege mit Hilfe der Widerstands- oder Induktionsheizung herstellen. Beide Arten haben ihre Vor- und Nachteile. Wir wollen zuerst die Widerstandsöfen behandeln.

Der Temperaturbereich eines Ofens ist durch die Heizwickelung gegeben. Die gebräuchlichsten Heizwiderstandsmaterialien sind in der Tab. 54 zusammengestellt.

Aus der Tabelle ersieht man, daß es möglich ist, durch Heizwiderstände Temperaturen bis zu 2400° C in Luft und bis zu 3000° C in Vakuum bzw. in neutraler oder reduzierender Atmosphäre zu erreichen. Die angegebenen Temperaturen sind nur Näherungswerte, sie können größer oder

[1] Wentorf, R. H.: Industrial Labs. **8**, 84 (1957).

[2] Müller, C.: in Handbuch der Physik, Geiger-Scheel, Bd. 11, S. 340, 1926.

[3] von Wartenberg, H.: in Handbuch der Experimentalphysik, Wien-Harms, Bd. 9, 1, 1929.

[4] Bräuer, A. und J. Reitstötter: Elektrische Öfen, Leipzig 1934.

[5] Tingwaldt, C.: Elektrische Öfen in Handwörterbuch der Naturwissenschaften, Bd. 3, 262 (1934).

kleiner sein, je nach der zulässigen Lebensdauer des Ofens. Die Lebensdauer eines Heizelements wird vor allem neben äußeren Bedingungen

Tabelle 54. *Materialien für elektrische Heizwiderstände*[1]

Name	Zusammensetzung in %	Max. Gebrauchstemperatur °C	Atmosphäre
Chromel D	Ni 35, Cr 18,5, Fe 46,5	760	Luft
Nichrome, Tophet C, Chromel C	Ni 57, Cr 14—18, Mn 3, Si 0,75—1,5, C 0,25, S 0,03, Fe-Rest	1060	Luft
Tophet A, Chromel A, Vichrome V	Ni 77—70, Cr 19—20, Mn 2,5, Si 0,75—1,5, C 0,25, S 0,03, Fe 1,0	1175	Luft
Kanthal D	Cr 22,6 Al 4,5, CO 2,0, C 0,09, Fe-Rest	1150	Luft
Kanthal A	Cr 23,4, Al 6,2, CO 1,9, C 0,06, Fe-Rest	1300	Luft
Smith Alloy	Cr 37,5, Al 7,5, Fe-Rest	1300	Luft
Platin	Pt	1600	Luft
Platin-Rhodium	Pt 60—90, Rh 40—10	1540	Luft
Molybdän	Mo	1650—2200	Vakuum oder H_2
Molybdän geschützt durch $MoSi_2$-Schicht		1800	Luft
Tantal	Ta	2000	Vakuum
Wolfram	W	1700—2200	Vakuum oder H_2
Glas geschmolzen mit C-Elektroden		1000—1650	Luft
Globar	SiC	1500	Luft
Molybdänsilicid	$MoSi_2$	1700	Luft
Thoroxyd	ThO_2 95, La_2O_3 5	1950—2000	Luft
Thoroxyd	ThO_2 85, CeO_2 15	1850	Luft
Graphit	C	2500—3000	Vakuum, neutral, reduz.
Stabilisiertes Zirkonoxyd	ZrO_2	2400	Luft

Tabelle 55. *Belastbarkeit in Watt/cm²*

T °C	NiCr	Kanthal A—1	Pt	SiC
1000	3	4	10	120
1100	1	3	7	100
1200	—	2	5	80
1300	—	1	3	60
1400	—	—	2	40
1500	—	—	1	30
1600	—	—	—	10

[1] SHERWOOD, E. M.: in High Temperature Technology, I. E. CAMPBELL, ED., John Wiley and Sons, New York 1956.

von der elektrischen Belastung abhängen, die in Watt/cm² des Heizwiderstandes angegeben wird. Die zulässige Belastung für einige Heizwiderstände in freier Atmosphäre ist in der Tab. 55 angegeben. Die Belastung nimmt annähernd linear mit der Zunahme der Temperatur ab

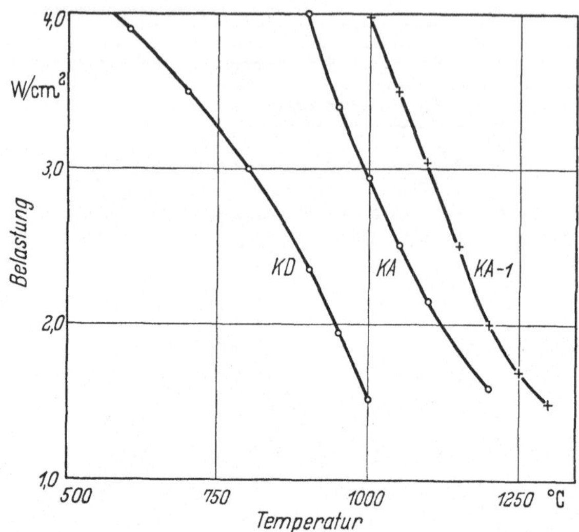

Abb. 112. Zulässige Belastung der Kanthal-Widerstände A, A–1 und D in Drahtform für verschiedene Temperaturen

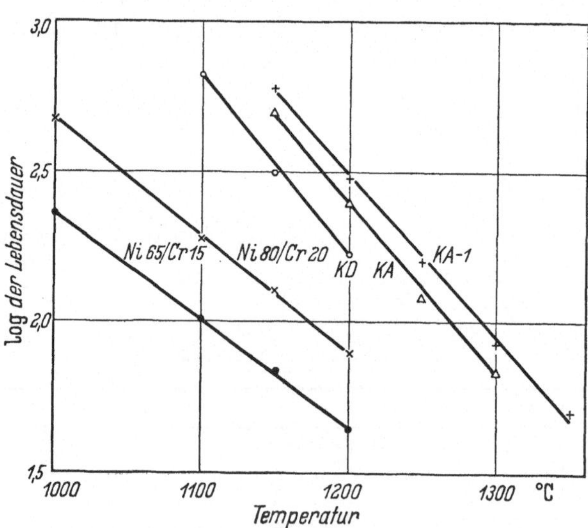

Abb. 113. Einfluß der Temperatur auf die Lebensdauer der Heizelemente. Zeit in Stunden

(Abb. 112). Die Lebensdaüer t_L eines Heizelements hängt vor allem von der Temperatur ab. Sie läßt sich annähernd durch die Exponentialfunktion

$$t_L = \text{const} \exp(-c\,T) \tag{124}$$

darstellen, wie man aus der Abb. 113 ersieht, in der $\log t_L$ gegen T aufgetragen ist. Die von der Temperatur abhängigen Faktoren, die die Lebensdauer der Heizelemente beeinflussen, sind Rekristallisation, Verdampfung und chemische Reaktion. Die Rekristallisation tritt am stärksten in Reinmetallen und weniger in Legierungen auf. Sie bewirkt eine Abnahme der mechanischen Festigkeit, was bei einer ungünstigen Lagerung des Heizelementes zu einem Bruch führen kann. In manchen Fällen kann die Rekristallisation durch einen kleinen Zusatz wesentlich herabgedrückt werden. So wird z. B. durch 1,5% Thorium zu Wolfram dessen

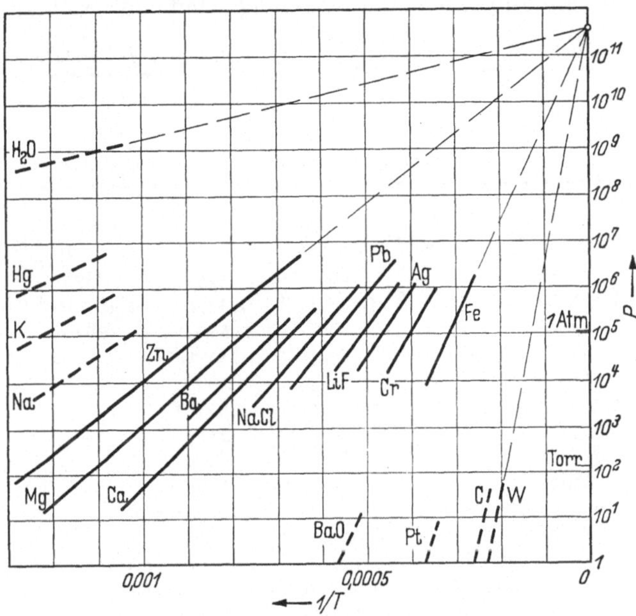

Abb. 114. Dampfdruck als Funktion der Temperatur für verschiedene Metalle und einige Verbindungen

Rekristallisationstemperatur von 1000° C auf 2000° C erhöht. Ähnlich wird die Rekristallisationstemperatur von Molybdän durch den Zusatz von 0,09% Zirkon von 2150° C auf 2750° C gebracht. Die Festigkeit bei hohen Temperaturen ist bei Chrom–Nickel-Legierungen sehr gut, bei Platin und Molybdän gut und bei Kanthal mäßig. Über die Verdampfung der Heizmaterialien gibt die Tab. 56 Auskunft, in der der Dampfdruck für verschiedene Temperaturen angegeben ist. Viel aufschlußreicher ist die graphische Darstellung. Da

$$p = \text{const} \exp\left(-\frac{L}{RT}\right) \tag{125}$$

ist, wobei L die molare Verdampfungswärme ist, so erhält man Gerade wenn $\log p$ gegen $1/T$ aufgetragen wird (Abb. 114). Der Dampfdruck ist im wesentlichen durch die Verdampfungswärme bestimmt. Deshalb schneiden alle Geraden die Ordinatenachse annähernd in demselben Punkt. Für praktische Zwecke ist es wichtiger, anstelle des Dampfdrucks den Materialverlust durch Verdampfung zu kennen. Es sind deshalb in der Tab. 57 die maximalen Temperaturen angegeben, bei denen der Gewichtsverlust in 100 Stunden unter 1% bleibt. Aus der Tab. 57 ersieht man, daß vom Standpunkt der Verdampfung Wolfram das beste Heizwiderstandsmaterial ist, dann Tantal und in großem Abstand Molybdän.

Die thermische Ausdehnung einiger Heizleiter ist in der Tab. 58 wiedergegeben. Sie ist bei der Wickelung auf keramische Rohre oder bei Benutzung von Metallblechen zum Strahlungsschutz zu beachten.

Tabelle 56. *Dampfdruck und Verdampfung einiger Metalle*

Schmelzpunkt	Cr 1890	Nb 2415	Mo 2625	Pt 1774	Ta 2996	W 3410
Druck mm Hg	Temperatur (° C) und Verlust-Geschwindigkeit, in g/cm² sec					
10^{-5}	907	2194	1923	1606	2407	2554
	$1{,}22\times10^{-7}$	$1{,}16\times10^{-7}$	$1{,}29\times10^{-7}$	$1{,}88\times10^{-7}$	$1{,}55\times10^{-7}$	$1{,}47\times10^{-7}$
10^{-4}	992	2355	2095	1744	2599	2767
	$1{,}18\times10^{-6}$	$1{,}08\times10^{-6}$	$1{,}18\times10^{-6}$	$1{,}81\times10^{-6}$	$1{,}48\times10^{-6}$	$1{,}46\times10^{-6}$
10^{-3}	1090	2539	2295	1904	2820	3016
	$1{,}14\times10^{-5}$	$1{,}06\times10^{-5}$	$1{,}12\times10^{-5}$	$1{,}75\times10^{-5}$	$1{,}41\times10^{-5}$	$1{,}45\times10^{-5}$
10^{-2}	1205	—	2533	2090	—	3309
	$1{,}09\times10^{-4}$	—	$1{,}13\times10^{-4}$	$1{,}68\times10^{-4}$	—	$1{,}43\times10^{-4}$
10^{-1}	1342	—	—	2313	—	—
	$1{,}05\times10^{-3}$	—	—	$1{,}60\times10^{-3}$	—	—
10^{0}	1504	—	—	2582	—	—
	$1{,}00\times10^{-2}$	—	—	$1{,}52\times10^{-2}$	—	—

Tabelle 57. *Maximale Temperaturen, bei denen der Gewichtsverlust im Vakuum in 100 Stunden kleiner als 1% ist*

Metall	Temperatur ° C	Metall	Temperatur ° C
W	2560	Ru	1900
Ta	2400	Rh	1670
Rh	2380	Pt	1600
Nb	2230	Zr	1500
Os	2110	Va	1440
Ir	1990	Ti	1110
Mo	1910	Cr	895

Die chemische Reaktion kann entweder mit der umgebenden Atmosphäre, meist Sauerstoff der Luft, mit den keramischen Isoliermassen oder mit dem Dampf der Schmelze erfolgen. Gewöhnlich wird Platin als das beständigste Material angesehen. Dem ist aber nicht so, denn es oxydiert in der oxydierenden Atmosphäre bereits bei 1100° C.[1] Da das

[1] Kitchener, J. A. und J. O'M. Bockris: Discussions Faraday Soc. No. 4, 91 (1948).

Tabelle 58. *Thermische Ausdehnung der Heizleiter*

	Linearer Ausdehnungskoeffizient °C	Temperaturbereich °C
Ni–Cr–Fe (Chromel)	$(13—21) \times 10^{-6}$	20—1000
Cr–Al–Co–Fe (Kanthal)	14—15	20—900
Graphit	1,8—5,3	20—800
Molybdän	7	27—2127
Platin	10	0—1000
Tantal	7,8	27—2400
Wolfram	5,8	27—2400

Oxyd einen höheren Dampfdruck hat als das Platinmetall, wird der Gewichtsverlust des Heizdrahtes erhöht. Molybdän wird bereits bei 700° C oxydiert. Es läßt sich aber durch thermische Behandlung in Siliziumtetrachlorid ($SiCl_4$) bei 1000 bis 1650° C mit einer $MoSi_2$-Schicht überziehen, die das Molybdän bis 1700° C für mehr als 1000 Stunden Heizdauer schützt. Ähnlich wird Graphit durch Silizide geschützt. Angaben über die Eigenschaften von Heizleiterlegierungen finden sich in LANDOLT-BÖRNSTEIN [1], weitere Angaben über die Verwendung der NiCrFe–CrAlFe- und CrAlFeCo-Legierungen[2–6] für Heizelemente und über Platin und Platinrhodium[7] sind von den Lieferfirmen zu haben. Öfen mit Molybdän-[8, 9–17], Tantal-,[13] und Wolfram[18–22] als Heizmaterial wurden öfters beschrieben.

[1] LANDOLT-BÖRNSTEIN: 6. Aufl. Bd. II/6, Ziff. 27 11113/4/5. Berlin/Göttingen/Heidelberg: Springer 1959.

[2] Handbook of Resistance and Special Alloys, Wilbur-Driver Co., Newark, New Jersey.

[3] Nichrome and Other High-Nickel Electrical Alloys, Driver Harris Co., Harrison, New Jersey.

[4] Chromel Resistor Alloys, Hoskins Manufacturing Co., Detroit, Michigan.

[5] Kanthal Handbook, C. O. Jeliff Manufacturing Co., Southport, Connecticut.

[6] Heizleiter-Handbuch der Vakuumschmelze Hanau, Hanau.

[7] Baker and Co., 850 Passaic Ave., East Newark, New Jersey.

[8] Siehe Anm. 1 auf S. 184.

[9] NIX, F. C.: Rev. Sci. Instr. **9**, 426 (1938).

[10] SIEGEL, S.: Phys. Rev. **57**, 537 (1940).

[11] FEW, W. E. und G. K. MANNING: Metal Progress **59**, 364 (1951).

[12] KEITH, W. P.: Bull. Am. Ceram. Soc. **31**, 76 (1951).

[13] MCRITCHIE, F. und N. N. AULT: J. Am. Ceram. Soc. **33**, 25 (1950).

[14] BARBER, C. R.: J. Sci. Instr. **24**, 144 (1947).

[15] GOLD, L.: Sci. Instr. **20**, 115 (1949).

[16] WALKER, J. G., H. J. WILLIAMS und R. M. BOZORTH: Rev. Sci. Instr. **20**, 947 (1949).

[17] VASSILION, B. E.: Trans. Brit. Ceram. Soc. **56**, 509 (1957).

[18] FEHSE, W.: Elektrische Öfen mit Heizkörpern aus Wolfram, Sammlung Vieweg, Heft 90, Braunschweig 1928.

[19] COHN, M. W.: Z. techn. Phys. **9**, 110 (1928).

[20] FORTY, J. und E. M. HAINES: J. Sci. Instr. **24**, 85 (1947).

[21] ALBERMAN, K. B.: J. Sci. Instr. **27**, 280 (1950).

[22] BICKERDIKE, R. L.: Métaux **26**, 415 (1951).

Platinwiderstandsheizung ist geeignet für Temperaturen von 1200° C bis 1600° C. Die Lebensdauer der Heizwicklung wird durch eine Schutzschicht aus Al_2O_3-Kitt erhöht. Platinöfen werden nur selten verwendet, da Platin bei hohen Temperaturen in oxydierender Atmosphäre nicht beständig ist und im Vakuum oder unter Schutzgas Graphitöfen geeignet sind. Ein Platinwiderstandsofen ist von BRIDGES, SMITH und CATHCART beschrieben.[1] Die Konstruktion eines

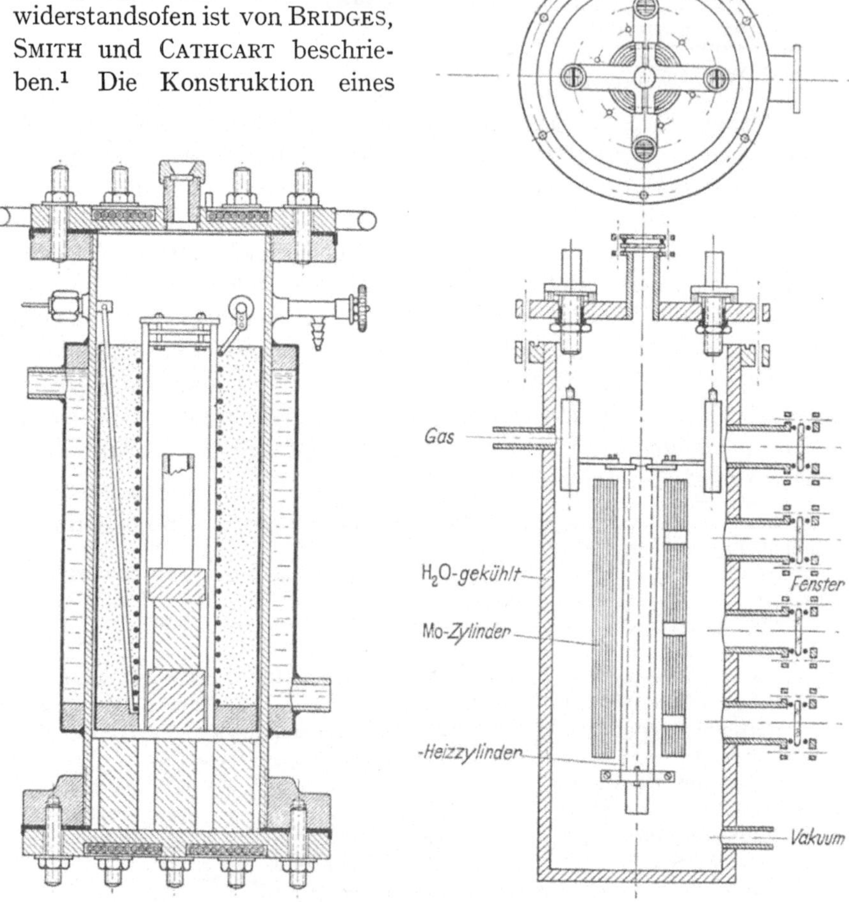

Abb. 115. Vakuummolybdänofen (nach WALKER, WILLIAMS und BOZORTH[2])

Abb. 116. Molybdänrohr-Heizofen (nach FEW und MANNING[3])

Molybdänofens[2] ist in Abb. 115 angegeben. Ein etwa 2,0 bis 2,5 mm dicker Draht wurde auf Aluminiumoxydrohr (Innendurchmesser 12,5 cm,

[1] BRIDGES, W. H., G. P. SMITH und J. V. CATHCART: Rev. Sci. Instr. **24**, 1149 (1953).

[2] WALKER, J. G., H. J. WILLIAMS und R. H. BOZORTH: Rev. Sci. Inst. **20**, 947 (1949).

[3] FEW, W. E. und G. K. MANNING, Metal Prog. **59**, 364 (1951).

Außendurchmesser 14,5 cm, Länge 60 cm) aufgewickelt. Zur Isolation wurde fein gepulvertes Al_2O_3 in einer Schichtdicke von 7,5 cm verwendet. Als Schutzgas diente reiner Wasserstoff. Der Leistungsverbrauch bei 1550° C betrug 11 kW.

In Abb. 116 ist ein Mo-Ofen[1] dargestellt, in dem an Stelle eines Drahtes ein Rohr von 0,075 mm Dicke, 32 cm Länge und 2 cm Durchmesser zur Heizung benutzt wurde. Als Strahlungsschutz dienten 16 Windungen eines Wo-Bleches. Bei 2200° C war der Leistungsverbrauch 4,4 kW.

Ein Wolframofen[2] ist in Abb. 117 dargestellt. 32 Heizelemente (Durchmesser 1,4 mm, Länge 65 cm) sind

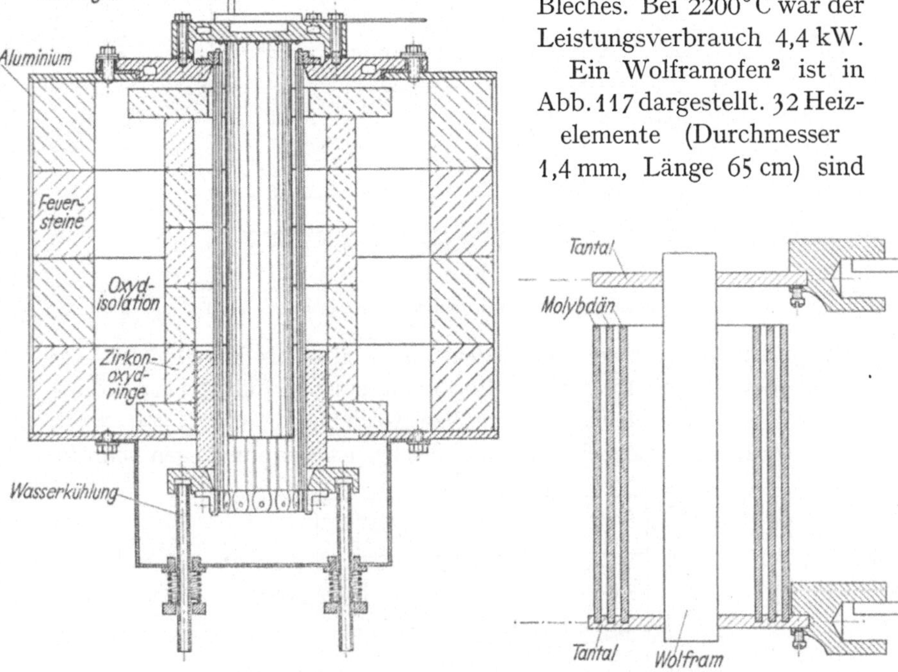

Abb. 117. Wolframofen (nach FORTY und HAINES[2])

Abb. 118. Wolframrohrofen (nach SOWMAN u. ANDREWS[3])

freihängend in Parallelschaltung im Innern eines ZrO_2-Zylinders (15 cm Durchmesser) angeordnet und nach außen mit Al_2O_3-Pulver isoliert. Mit einer Leistung von 20 kW wurde eine Temperatur von 2000° C erreicht. In derselben Arbeit ist ein kleinerer Ofen in vereinfachter Ausführung beschrieben, in dem eine Temperatur von 1850° C mit 15 kW erzielt wurde. Der Nachteil dieser Öfen beruht darauf, daß Stromstärken von über 1000 Ampere nötig sind.

Ein Wolframofen mit geschlitztem Heizrohr, einem Durchmesser von 2 cm und einer Länge von 15 cm für Temperaturen bis 3200° C ist in Abb. 118 dargestellt.[3]

[1] Siehe Anm. 3 auf S. 186.

[2] FORTY, J. und E. M. HAINES, J. Sci. Instr. **24**, 85 (1947).

[3] SOWMAN, H. G. und A. I. ANDREWS: J. Am. Cer. Soc. **33**, 365 (1950).

Ein kleiner Wolfram-Vakuumofen von 2 cm Durchmesser und 3 cm Höhe mit einer Heizspirale und einem Leistungsverbrauch von 0,75 kW für 2000° C, wurde von ALBERMAN[1] beschrieben. Ein Wolframofen für besonders gutes Vakuum (10^{-5} mm Hg bei 2000° C) wurde von COHEN und EATON angegeben.[2]

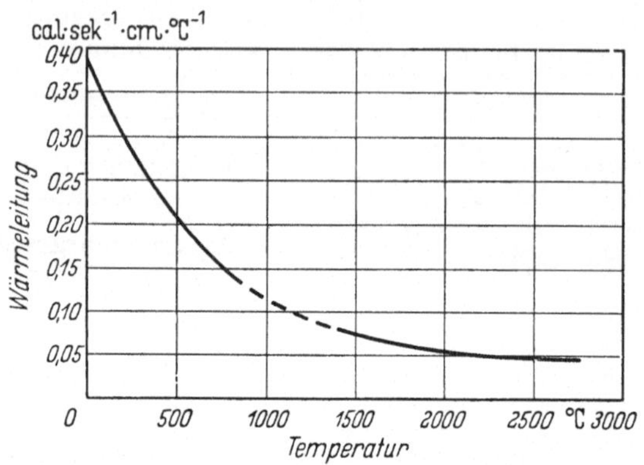

Abb. 119. Wärmeleitung des Graphits (nach POWELL und SCHOFIELD[3])

Graphit ist von besonderer Bedeutung, weil es als Heizelement-, als Tiegel- oder als Isoliermaterial in Form von feinstem Pulver Verwendung findet. Wegen der kleinen thermischen Ausdehnung, $(1—7) \times 10^{-6}/°$ C, und einer hohen Wärmeleitung[3] (Abb. 119) ist Graphit gegen schroffe

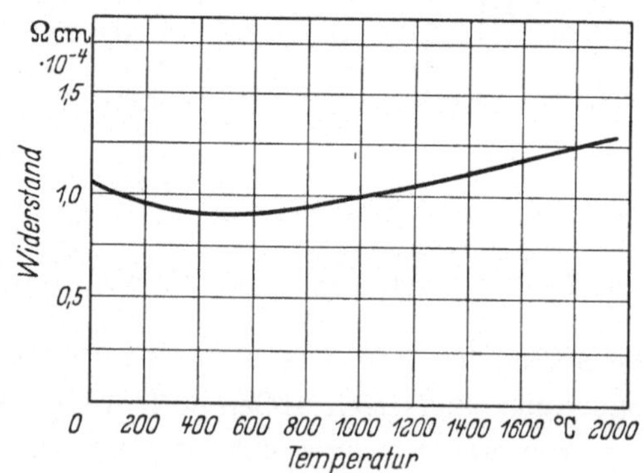

Abb. 120. Elektrischer Widerstand von Graphit (nach POWELL und SCHOFIELD[3])

Temperaturänderung stabil. Die elektrische Leitfähigkeit[3] nimmt von Zimmertemperatur bis 400—600° C zunächst ab und dann wieder zu (Abb. 120). Ein wesentlicher Nachteil des Graphits ist, daß er nur in Vakuum oder in reduzierender Atmosphäre benutzt werden kann. In der Luft ist die Oxydation bereits bei 500° C merklich.

[1] ALBERMAN, K. B.: J. Sci. Instr. **27**, 280 (1950).
[2] COHEN, J. und W. EATON: Rev. Sci. Instr. **31**, 522 (1960).
[3] POWELL, R. und F. H. SCHOFIELD: Proc. Phys. Soc. (London) **51**, 153 (1939).

Ein Graphitrohrofen, 75 cm lang, Innendurchmesser 7,5 cm, Wandstärke 6 mm, ist in Abb. 121 dargestellt.[1] Bei 2000° C ist der Leistungsverbrauch 15 kW und die Lebensdauer der Heizrohre im Mittel 50 Stunden. Der Strombedarf ist allerdings 1500 Ampere. Durch eine verbesserte Konstruktion konnte der Leistungsbedarf auf $^1/_3$ erniedrigt

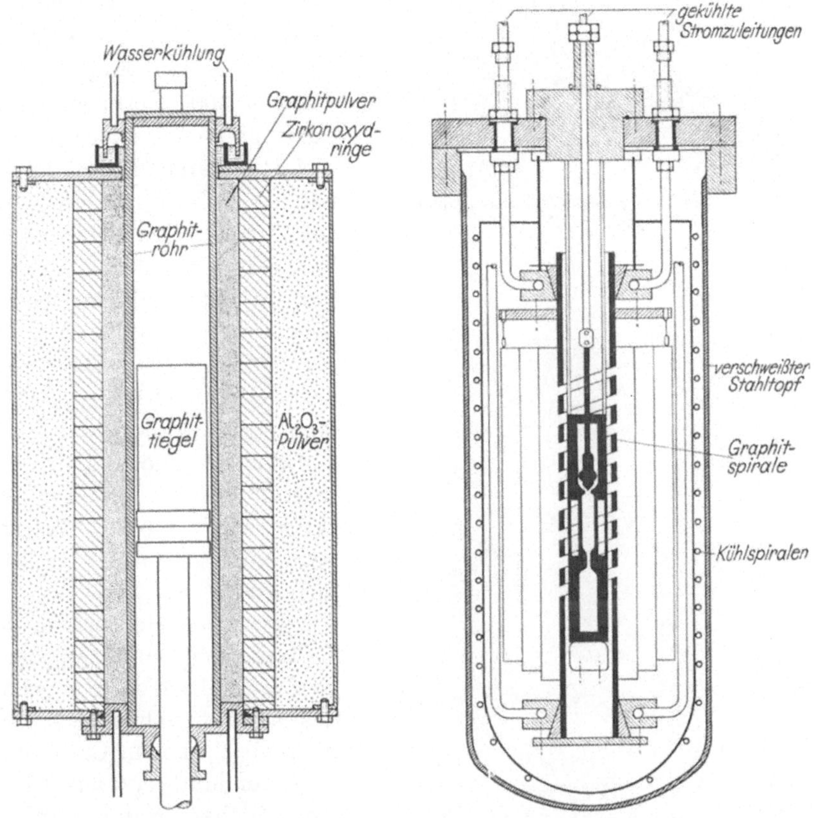

Abb. 121. Graphitheizofen (nach FORTEY und HAINES[1])

Abb. 122. Graphithochdruckofen (nach BUSCH, HULLIGER und WINKLER[5])

werden.[2] Durch Anbringen der Schlitze in den Heizrohren läßt sich die Stromstärke erniedrigen[3, 4].

Ein Graphit-Druckofen wurde von BUSCH, HULLIGER und WINKLER beschrieben.[5] Als Heizelement wurde ein 42 cm langes Graphitrohr mit

---

1 FORTY, J. und E. M. HAINES: J. Sci. Instr. **24**, 85 (1947).

2 DENNIS, W. E. und F. D. RICHARDSON: J. Sci. Instr. **30**, 453 (1953).

3 KROLL, W. J.: Z. Metallk. **43**, 259 (1952).

4 JOHANSEN, H. A. und S. MAY: Rev. Sci. Instr. **24**, 1147 (1953).

5 BUSCH, G., F. HULLIGER und U. WINKLER: Helv. Phys. Acta **27**, 74 (1954).

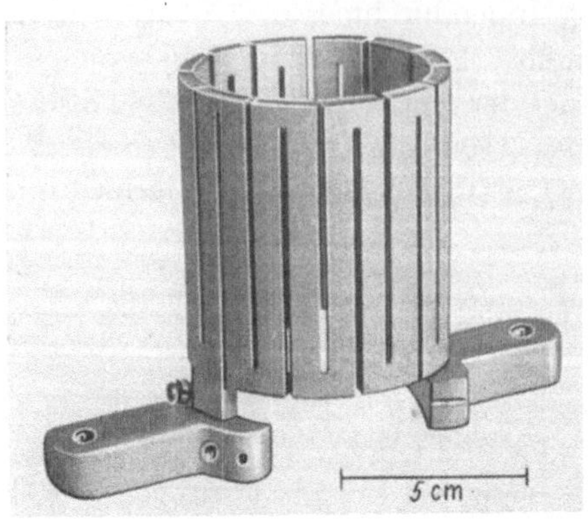

Abb. 123. Geschlitzter Heizzylinder aus Graphit (nach MARSHALL und WICKHAM[2])

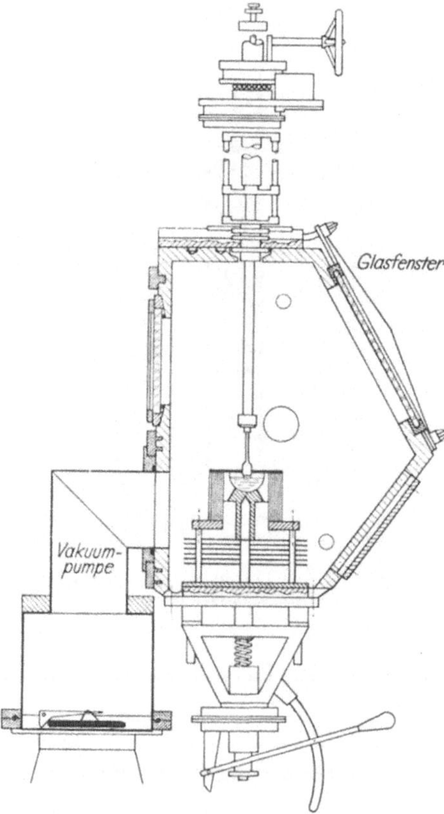

Abb. 124. Graphitofen (nach MARSHALL und EICKHAM[2])

einem Innendurchmesser von 4 cm und einer Wandstärke von 0,75 cm, das in dem mittleren Teil spiralförmig ausgefräst war, benutzt. Der Widerstand betrug 0,15 Ohm. Mit einer Leistung von 30 kW wurden 2800° C erreicht. Unter einem Druck von 10 Atm. Argon wurden 2300° C erreicht. Der Querschnitt des Ofens ist in Abb. 122 dargestellt. Graphit hat sich in Form von geschlitzten Zylindern bei der Herstellung von Kristallen aus CaF_2 und LiF unter Vakuum besonders bewährt. In Abb. 123 ist ein geschlitzter Heizzylinder aus Graphit wiedergegeben[1], der einen Widerstand von $^1/_6$ Ohm hat und mit 50 Volt und 300 Amp. eine Temperatur von 1500° C liefert. Abb. 124 stellt den Graphitofen dar.[2]

Von anderen Materialien, die als Heizleiter benutzt werden, ist Siliziumkarbid zu nennen, das unter verschiedenen Namen wie Carbolon, Carborite, Carborundum, Crystolon, Electron, Globar, Natalon, Silit, Staralon verkauft wird. Die wichtigsten Eigenschaften des SiC sind in der Tab. 59 zusammengestellt.

Heizelemente aus SiC werden in Form von runden Stäben mit einem Durchmesser von etwa 1 cm bis 4,5 cm und einer Länge von 30 cm bis

[1] STOCKBARGER, D.C.: Report No. 4690, Office of Scientific Research and Development, December 31, 1944.

[2] MARSHALL, K. H. J. C. und R. WICKHAM: J. Sci. Instr. **35**, 121 (1958).

Tabelle 59. *Eigenschaften des Siliziumkarbids*

Dichte 3,2 g/cm³
Schmelzpunkt 2600° C
Ausdehnungskoeffizient 20—800° C 4,7 × 10^{-6}/°C
Wärmeleitfähigkeit 20—425° C 0,1 cal/sec cm °C
Elektrische Leitfähigkeit 10 Ohm^{-1} cm^{-1} bei etwa 1000° C
Belastbarkeit 3—5 Watt/cm² bei 1500° C
Chemisch beständig bis 1200° C
Verwendbar bis 1500° C in oxydierender Atmosphäre
Verwendbar bis 1350° C in reduzierender Atmosphäre

250 cm unter dem Namen Crystolon* geliefert (Abb. 125). Etwa $^3/_5$ der Stablänge hat den spezifischen Widerstand von 0,11 Ohm cm. Dieser Teil dient zur eigentlichen Heizung. Je $^1/_5$ der Länge an beiden Enden

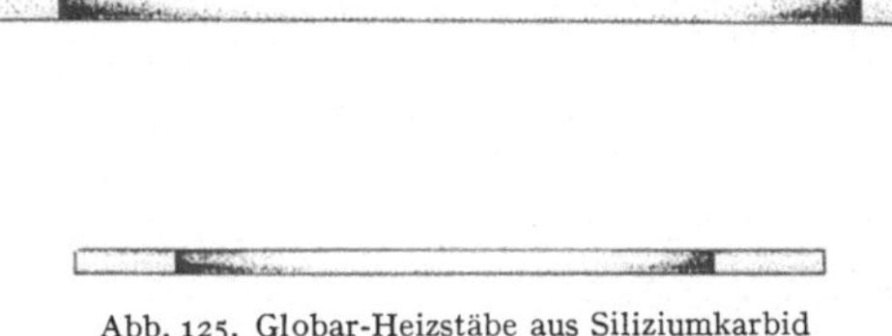

Abb. 125. Globar-Heizstäbe aus Siliziumkarbid

ist mit Metall imprägniert, wodurch der spezifische Widerstand auf 0,005 Ohm cm erniedrigt wird, um die Heizung der beiden Enden zu vermeiden. Um einen guten Kontakt der Klemmen zu erreichen, sind die Enden mit Aluminium bespritzt. Da die Stäbe leicht brechen, müssen sie frei angebracht (Abb. 126) und mittels weichen Aluminium-Litzen und Spezialklemmen (Abb. 127) an die elektrische Leitung angeschlossen werden. Die Lebensdauer der Stäbe beträgt bei 1300° C in Luft etwa 6000 Stunden. Es ist zweckmäßig, den Ofen möglichst dauernd heiß zu halten, da durch die Abkühlung die SiO_2-Schutzschicht leicht reißt. Außerdem werden je zwei oder drei Stäbe parallel geschaltet, um die Lebensdauer zu erhöhen.

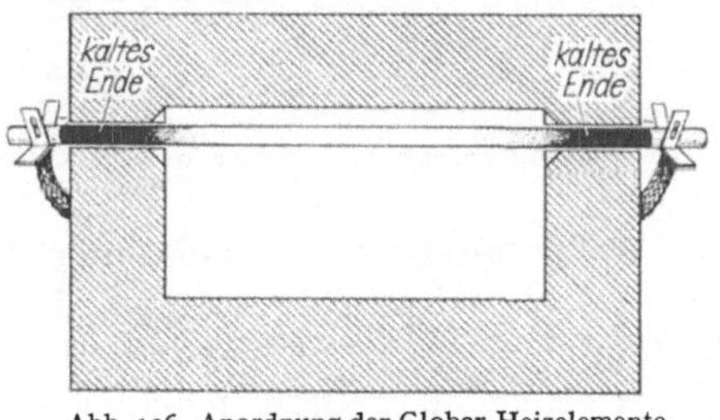

Abb. 126. Anordnung der Globar-Heizelemente

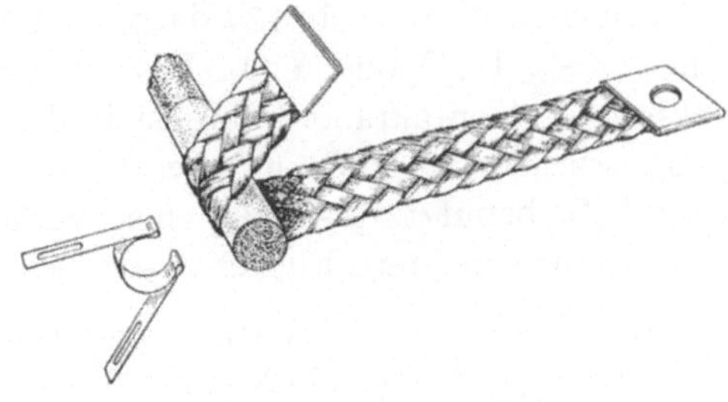

Abb. 127. Litze und Klemme für Globar-Kontakte

* Lieferfirma: Norton Company, Refractories Division, Worcester 6, Mass., USA und CESWIT G.m.b.H., Erlangen.

Der Widerstand der Stäbe nimmt mit der Gebrauchszeit zu und zwar in 600 Stunden auf etwa das doppelte. Bei Auswechselung der Einzelstäbe soll darauf geachtet werden, daß die parallel geschalteten Stäbe annähernd den gleichen Widerstand haben. Der Verlauf des elektrischen Widerstandes mit der Temperatur ist in Abb. 128 dargestellt. Der Widerstand nimmt von Zimmertemperatur von 100 Ohm cm auf 0,11 Ohm cm bei 750° C ab und steigt dann wieder an. Da Siliziumkarbid einen wesentlich höheren spezifischen Widerstand als reine Metalle hat und die Heizstäbe sich sehr einfach und rasch auswechseln lassen, ist es sehr geeignet zum Bau der Heizöfen in Laboratorien.

Neuerdings werden Heizelemente aus Siliziumkarbid auch in Form von Röhren hergestellt.[1] Mit einem Heizrohr von etwa 3 cm Innen-,

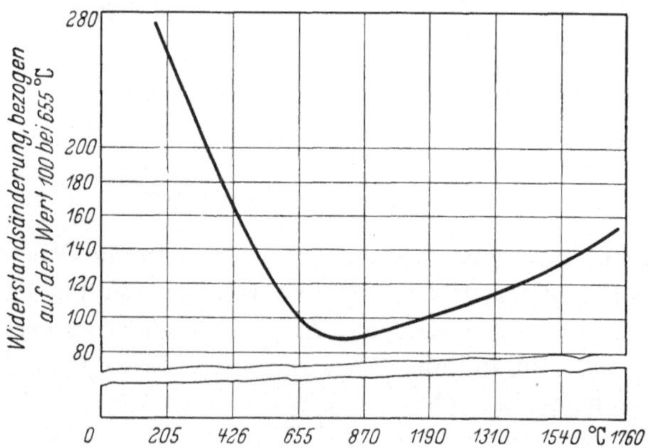

Abb. 128. Änderung des elektrischen Widerstandes von Siliziumkarbid mit der Temperatur

5 cm Außendurchmesser und einer Länge von 60 cm wurden bei 30 Volt und 200 Ampere auf einer Länge von 25 cm 1700° C in Luft erhalten.[2]

Für Temperaturen oberhalb 1600° C in oxydierender Atmosphäre hat man versucht, Metalloxydheizer von ThO_2 oder ZrO_2 zu verwenden. Ein solcher Ofen ist in Abb. 129 dargestellt.[3–5] Heizelemente bestehen aus $ThO_2 + 5\%\ La_2O_3$ oder Y_2O_3. Besondere Schwierigkeit bereiten die Kontakte. Die Kontaktanordnung ist in der Abb. 130 zu sehen. Als Übergang zwischen den ThO_2 und dem Pt–Rh-Draht wird $ZrO_2 + 15\%\ La_2O_3$ oder Y_2O_3 benutzt. Da ThO_2 einen verhältnismäßig hohen Widerstand hat, können mehrere Elemente parallel geschaltet werden. Wegen des

[1] Hersteller: Carborundum Co., geobar Division, Niagara Falls, N. Y.

[2] SOULEN, J. R. und J. L. MARGRAVE,: Rev. Sci. Instr. 31, 68 (1960).

[3] GELLER, R. F.: J. Research Natl. Bur. Standards (USA) 27, 555 (1941).

[4] LANG, S. M. und R. F. GELLER: J. Am. Ceram. Soc. 34, 193 (1951).

[5] GELLER, R. F.: in High Temperature Technology, I. E. Campbell, Ed., John Wiley and Sons, New York 1956, S. 263.

negativen Temperaturkoeffizienten muß aber jedes Heizelement für sich einzeln stabilisiert werden. Da aber nur etwa 1,5 Ampere durch jedes Element fließen, kann eine Kontrolle durch passende Widerstände leicht erreicht werden. ZrO_2, mit CaO stabilisiert, kann auch für die Heizung bis zu 2400° C benutzt werden.[1]

Meistens wird bei der Kristallzüchtung ein vertikaler zylindrischer Heizofen benutzt, und zwar beim Ziehverfahren in Einfachform und beim Senkverfahren in Doppelform. Die Länge des Ofens soll etwa das 5fache des Innendurchmessers betragen, um etwa bei $^2/_3$ der Länge eine konstante Temperatur zu erreichen. Der Leistungsbedarf richtet sich nach der Temperatur, der Isolation und

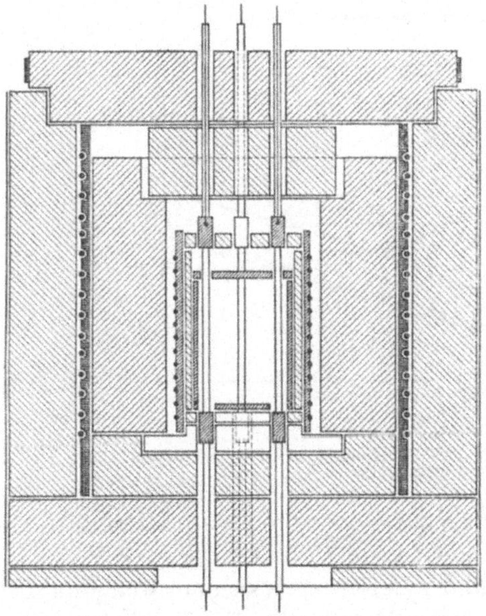

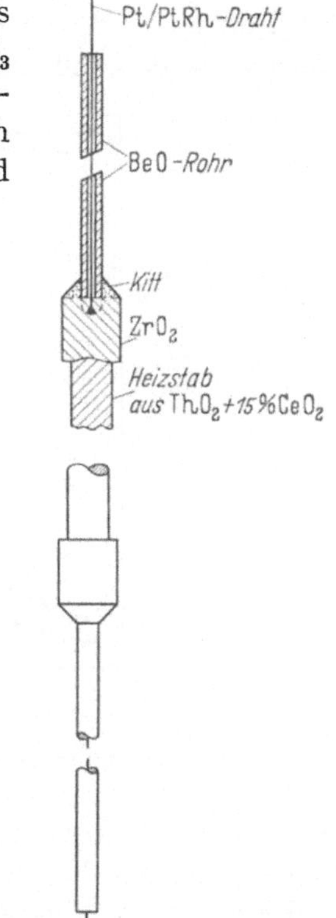

Abb. 129. Ofen mit Thoriumoxydheizelementen (nach GELLER[2])

Abb. 130. Thoriumoxydheizstab mit Kontaktübergängen (nach GELLER[2])

anderen Faktoren, die die Wärmeverluste beeinflussen. Die Wärmeverluste durch Konvektion der umgebenden Atmosphäre können einen erheblichen Teil ausmachen. Der Ofen soll deshalb an beiden Enden geschlossen werden. Die Wärmeverluste durch Leitung sind gegeben durch

$$W = S \int_{T_1}^{T_2} k \, dT \,, \tag{126}$$

[1] DAVENPORT, W. H., S. S. KISTLER, W. M. WHEILDON und O. J. WHITTEMORE: J. Am. Ceram. Soc. 33, 333 (1950).

[2] Siehe Anm. 5 auf S. 192.

wobei S ein geometrischer Formfaktor, T_1 die Temperatur der Außenwand des Ofens und T_2 die Innentemperatur und k der Wärmeleitungskoeffizient des Isolationsmaterials bedeuten. Für einen langen zylindrischen Ofen, bei dem der Wärmeverlust durch Ofenenden vernachlässigt werden kann, ist der Formfaktor[1]

$$S = \frac{2\pi L}{\ln \frac{R_2}{R_1}}, \tag{127}$$

wobei L die Länge des Ofens in cm, falls k auf cm bezogen wird, R_1 der Innen- und R_2 der Außendurchmesser des Ofens ist.

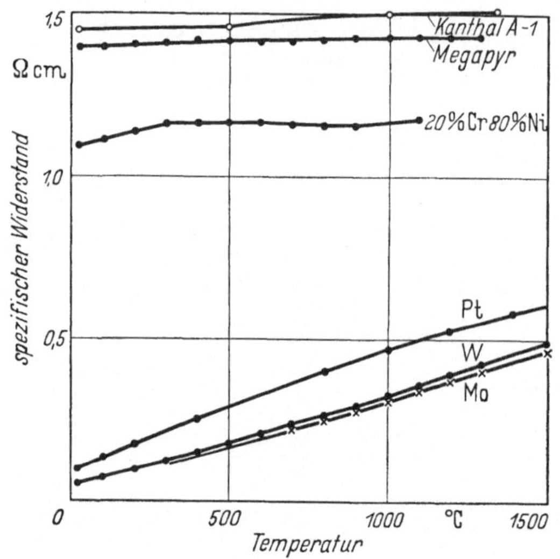

Abb. 131. Widerstandsänderung einiger reiner Metalle und Legierungen mit der Temperatur

Die Heizleistung des Ofens und das Widerstandsmaterial muß so bemessen werden, daß die Anheizdauer nicht zu lang wird.

Da der elektrische Widerstand der Legierungen sich nur wenig mit der Temperatur, dagegen der der reinen Metalle (Pt, W, Mo) beträchtlich ändert, werden meist Legierungen, wie schon erwähnt, vorgezogen. Will man schnell aufheizen, so sind reine Metalle wegen des kleinen Widerstandes bei niedrigen Temperaturen zweckmäßiger (Abb. 131).

Aus Rücksicht auf die Lebensdauer soll der Durchmesser des Heizdrahtes nicht zu klein gewählt werden. Da normalerweise die Drahtlänge in einer Wicklungslage schwer unterzubringen ist, ist es praktischer, einen gewendelten Draht (schraubenförmig) zu verwenden. Der Durchmesser der Wendel soll etwa das 5—7fache des Drahtdurchmessers sein. Der Abstand zwischen den Einzelwindungen soll das 2—3fache des

[1] LANGMUIR, I., E. O. ADAMS und G. S. MEIKLE: Trans. Am. Electrochem. Soc. 24, 53 (1913).

Drahtdurchmessers betragen. Nur bei sehr hohen Belastungen und damit sehr hohen Temperaturen wird an Stelle des Heizdrahtes auch ein Heizband genommen.

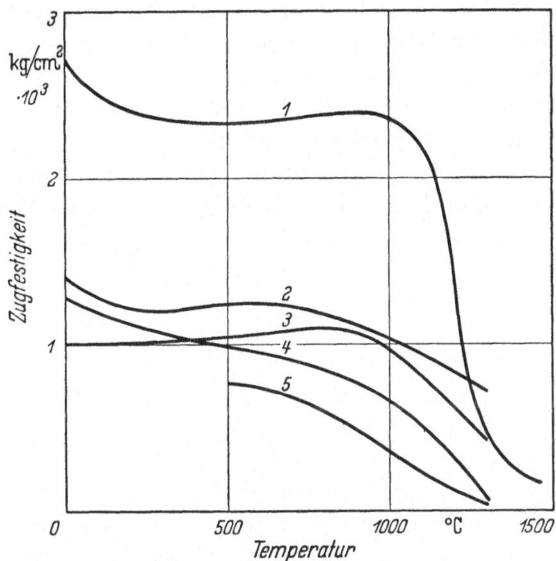

Abb. 132. Zugfestigkeit keramischer Stoffe: 1. Al_2O_3, 2. ZrO_2, 3. $MgO \cdot Al_2O_3$, 4. MgO, 5. BeO

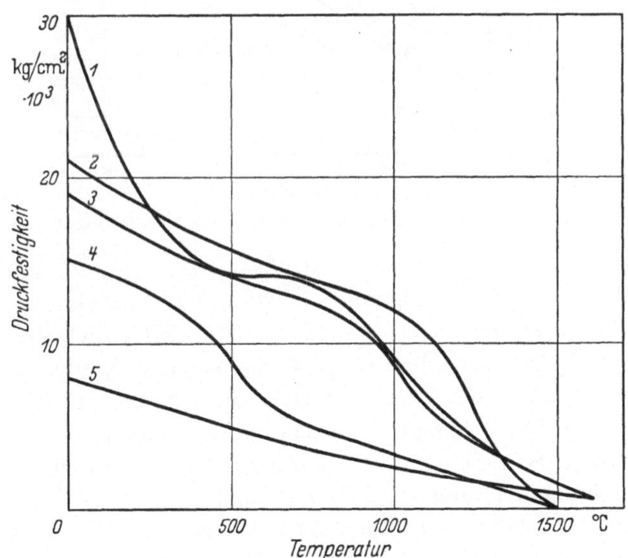

Abb. 133. Druckfestigkeit keramischer Stoffe: 1. Al_2O_3, 2. ZrO_2, 3. $MgO \cdot Al_2O_3$, 4. ThO_2, 5. BeO

Die Heizwicklung kann entweder außen auf einem keramischen Rohr, das mit Rillen versehen ist oder im Innern angebracht werden. Für niedrigere Temperaturen wird die Außenwicklung bevorzugt, da sie einfacher anzubringen ist und außerdem ist sie gegen die Ofengase geschützt. Bei hohen Temperaturen ist die Innenwicklung oft zweckmäßiger, um die Temperatur der Heizwicklung möglichst niedrig zu halten.

Die Isolationsrohre müssen bei den benutzten Temperaturen mechanisch, thermisch, elektrisch und chemisch beständig sein. Die mechanische Festigkeit (Zug-[1–3] und Druckfestigkeit[3]) aller keramischen Stoffe nimmt mit der Temperatur stark ab (Abb. 132 und 133). Bei mittleren Temperaturen haben die größte Festigkeit Al_2O_3 und ZrO_2, bei höchsten Temperaturen ist dagegen MgO besser. Von thermischen Eigenschaften ist die Ausdehnung und die Leitfähigkeit wichtig. In der Abb. 134 ist die

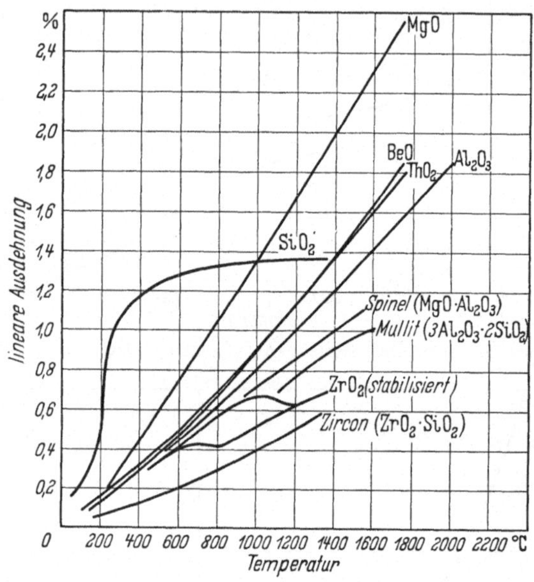

Abb. 134. Thermische Ausdehnung keramischer Stoffe (nach RUNCK[4])

thermische Ausdehnung dargestellt. Bei Temperaturen unterhalb 1000° C hat kristallines SiO_2, darüber hinaus MgO die größte Ausdehnung, dagegen im ganzen Temperaturbereich (200 bis 1300° C) $ZrO_2 \cdot SiO_2$ die kleinste. Amorphes SiO_2 hat von allen Oxyden die kleinste Ausdehnung.

Da manche Heizleiter einen kleineren Ausdehnungskoeffizienten als die keramischen Stoffe haben, muß das bei der Außenwicklung berücksichtigt werden. So z. B. ist die Ausdehnung von Wolfram und Molybdän kleiner als die von Aluminiumoxyd. Bei eng anliegender Wicklung kann der Heizdraht bei höherer Temperatur in diesem Fall reißen.

[1] SCHWARTZ, B.: J. Am. Ceram. Soc. **35**, 325 (1952).

[2] GANGER, J. J., C. F. ROBARTS und J. E. MCNUTT: N.A.C.A. Tech. Note 1911 (1949).

[3] RYSCHKEWITCH, E.: Ber. deut. ker. Ges. **22**, 363, (1941).

[4] RUNCK, R. J.: in High-Temperature Technology, herausg. von I. E. CAMPBELL, John Wiley and Sons, New York 1956, p. 29.

Die Wärmeleitung einiger wichtiger Isolierstoffe ist in Abb. 135a und 136b wiedergegeben[1]. Bei allen Stoffen nimmt zuerst die Wärmeleitung

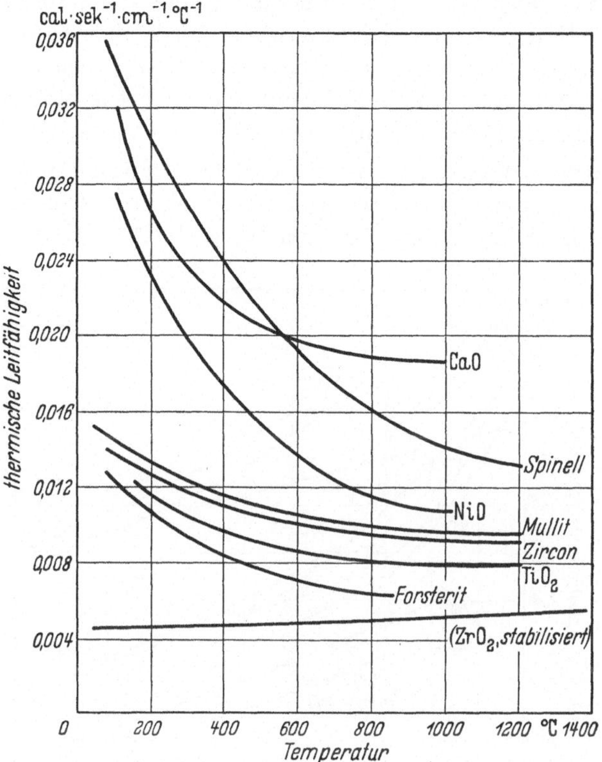

Abb. 135a. Wärmeleitung keramischer Stoffe (nach RUNCK[1])

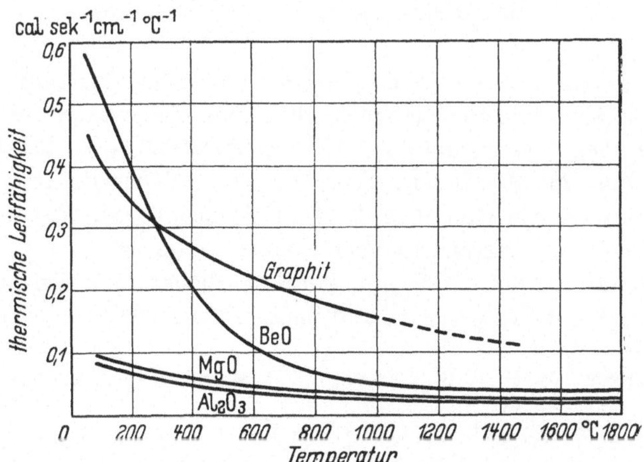

Abb. 135b. Wärmeleitung keramischer Stoffe (nach RUNCK[1])

[1] Siehe Anm. 4 auf S. 196.

mit zunehmender Temperatur ab und oberhalb 1500° C zu. Die Zunahme mit ist wahrscheinlich durch die Zunahme der Strahlungsdurchlässigkeit bedingt. Von allen Oxyden hat BeO die größte und stabilisiertes ZrO_2 die kleinste Wärmeleitung. Isolationsrohre mit kleiner Ausdehnung und großer Wärmeleitung sind am geeignetsten, da sie gegen plötzliche Erhitzung am wenigsten empfindlich sind. Beide Eigenschaften werden in hohem Maße durch die Porosität beeinflußt.

Die elektrischen Eigenschaften der keramischen Stoffe sind in Abb. 136 dargestellt. Der spez. elektrische Widerstand liegt zwischen 10^7 und 10^{18} Ohm cm bei 20° C und zwischen 10^0 und 10^9 Ohm cm bei 2000° C

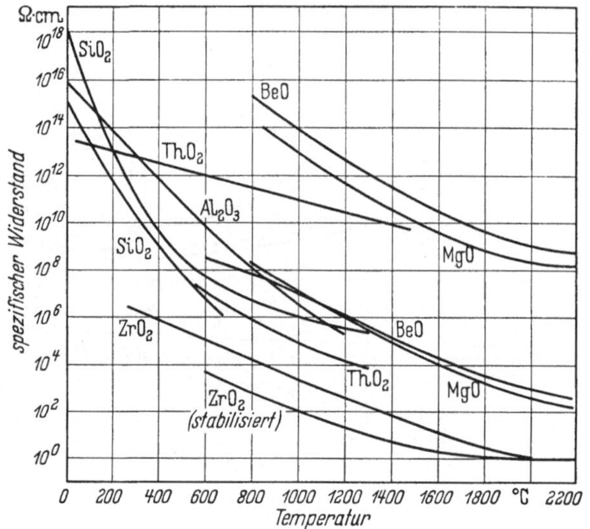

Abb. 136. Elektrischer Widerstand keramischer Stoffe

und nimmt um mehrere Zehnerpotenzen mit steigender Temperatur ab. Die Oxyde MgO und BeO haben den höchsten Widerstand und ZrO_2 den kleinsten. Der Widerstand des ZrO_2 oberhalb 1000° C ist bereits kleiner als 100 Ohm cm. In diesem Temperaturbereich wurde ZrO_2 als Heizleiter benutzt.[1] Ein Ofen mit ThO_2 als Heizleiter wurde von GELLER[2] beschrieben. Von anderen Oxyden mit hoher Leitfähigkeit sind zu nennen: die Systeme Al_2O_3–Cr_2O_3 [3] mit kontinuierlicher Mischkristallbildung, Al_2O_3–V_2O_3 [4] mit Cr_2O_3-Zusatz und SnO_2 mit 0,5—2% UO_2-Zusatz.[5]

---

[1] DAVENPORT, W. H., S. S. KISTLER, W. M. WHEILDON und O. J. WHITTEMORE J. Am. Cer. Soc. **33**, 333 (1950).

[2] LANG, S. M. und R. F. GELLER: J. Am. Cer. Soc. **34**, 193 (1951).

[3] HENSLER, G. und E. C. HENRY: J. Am. Ceram. Soc. **36**, 76 (1953).

[4] FOËX, M.: Silicates ind. **17**, 326 (1952).

[5] MOCHEL, J. M.: USA. Patent No. 2 467 144, 12. April 1949.

Ähnlich wie bei Metallen kann der Dampfdruck der keramischen Stoffe bei hohen Temperaturen merklich werden. In der Abb. 137 sind die Dampfdrucke einiger Metalloxyde angegeben. ThO_2, BeO und Al_2O_3 scheinen den kleinsten Dampfdruck zu haben. Dagegen verdampft MgO bereits beträchtlich oberhalb 1600° C.[1] Stoffe mit einem Dampfdruck kleiner als 10^{-6} mm Hg können in den meisten Fällen als stabil betrachtet werden. Der Gewichtsverlust im Vakuum durch Verdampfung ist gegeben durch

$$G = \frac{p}{\sqrt{2\pi RT/M}} = 44{,}4\, p \sqrt{M/T} \text{ g/cm}^2 \text{ sec} \tag{128}$$

wenn p in Atmosphären gemessen wird und M das Molekulargewicht und T die Absoluttemperatur bedeuten. Zur Berechnung der Dampfdrucke p sind die Daten für MgO, Al_2O_3, BeO und ThO_2 in der Tab. 60 zusammengestellt.

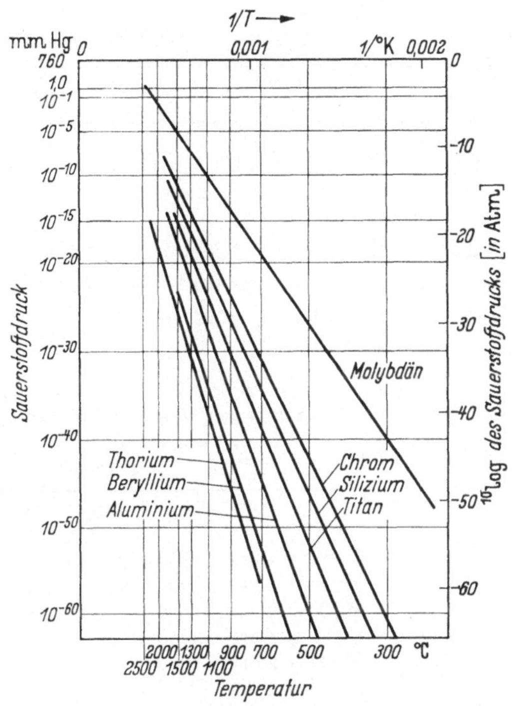

Abb. 137. Dampfdruck einiger Metalloxyde

Tabelle 60. *Dampfdruckgleichungen*

Material	$\log p_{mm} =$	Temperatur °C	Literatur
MgO	$-2{,}73 \times 10^4/T + 13{,}13$	1800—2200	2
Al_2O_3	$-2{,}73 \times 10^4/T + 8{,}42$	2600—2900	3
BeO	$-3{,}22 \times 10^4/T + 10{,}93$	2223—2423	4
ThO_2	$-3{,}71 \times 10^4/T + 11{,}53$	2050—2250	5

Die chemische Stabilität ist gegeben durch die thermische Dissoziation und durch die Reaktionsfähigkeit mit anderen Stoffen, d. h. Heizleitern

[1] JOHNSON, F. D.: J. Am. Ceram. Soc. 33, 168 (1950).
[2] WYGANT, J. F. und W. D. KINGERY: Bull. Am. Ceram. Soc. 31, 251 (1952).
[3] KELLEY, K. K.: US Bur. Mines Bull. 383, 15 (1935).
[4] ERWAY, N. D. und R. L. SIEFERT: Argonne Natl. Lab. MDDC-1030, US AEC (1946).
[5] SHAPIRO, E.: J. Am. Chem. Soc. 74, 5233 (1952).

oder Isolierstoffen. Die Dissoziation ist gegeben durch die freie Energie der Oxydbildung oder durch den Sauerstoffdampfdruck bei dem Oxydzerfall. In der Tab. 61 sind die freien Energie in kcal/g Atom des Sauerstoffs für Zimmertemperatur gegeben.[1]

Tabelle 61. *Stabilität der Oxyde bei 20° C*

$\frac{1}{2}$ SiO_2	$\frac{1}{2}$ TiO_2	$\frac{1}{2}$ ZrO_2	$\frac{1}{3}$ Al_2O_3	MgO	BeO	$\frac{1}{3}$ La_2O_3	$\frac{1}{2}$ ThO_2
96	106	122,5	125,6	136	140	145	148

Über die chemische Reaktion gibt uns die Tab. 62 Auskunft, in der die Temperaturen angegeben sind, bei denen zwei Flächen im Kontakt unter Vakuum eine Änderung zeigten.[2]

Tabelle 62. *Grenztemperaturen (°C) für chemische Reaktion zwischen 2 Flächen im Kontakt unter einem Vakuum von 10^{-5} mm Hg nach 2—8 Minuten*

	W	Mo	ThO_2	ZrO_2	MgO	BeO
C	1500	1500	2000	1600	1800	2300
BeO	2000	1900	2100	1900	1800	
MgO	2000	1600	2200	2000		
ZrO_2	1600	2200	2000			
ThO_2	2200	1900				
Mo	2000					

Danach ist BeO das beste Kontaktmaterial für Graphit, ZrO_2 für Mo und ThO_2 für W. Von den miteinander im Kontakt befindlichen Oxyden ist die Kombination MgO–ThO_2 und ZrO_2–ThO_2 am besten. Die Verwendbarkeit der wichtigsten Oxyde ist aus der Tab. 63 zu entnehmen.

Bei Außenwicklung ist es zweckmäßig, den Heizdraht mit feuerfestem Kitt zu bedecken. Besonders geeignet sind dazu Kitte aus Al_2O_3, das möglichst frei von Beimengungen ist, die mit dem Heizdraht reagieren könnten. Zum Anrühren des Kittes mit Wasser ist am besten destilliertes Wasser zu verwenden, um gefährliche Verunreinigungen zu vermeiden. Al_2O_3- und MgO-Kitte sind bis 1500° C brauchbar. Darüber hinaus, bis 1800° C, werden ThO_2- und ZrO_2-Kitte verwendet. Für noch höhere Temperaturen empfiehlt es sich, die Heizelemente freitragend anzubringen, da dann chemische Reaktionen kaum zu vermeiden sind.

[1] Siehe Anm. 2 auf S. 199.

[2] Johnson, F. D.: J. Am. Cer. Soc. **33**, 168 (1950).

Tabelle 63. *Eigenschaften der wichtigsten keramischen Stoffe*
(Nach CAMPBELL[1])

Material	Dichte g/cm³	Schmelzpunkt °C	Verwendbar bis °C	Bemerkungen
Al_2O_3	3,99	2015	1900	Brauchbar in oxyd. oder reduz. Atmosphäre. Thermischer Schock mäßig.
BeO	3,03	2550	2350	Bestimmung in oxyd. oder reduz. Atmosphäre. Thermischer Schock gut.
MgO	3,58	2800	1600	In Vakuum, verdampft.
			1800	Stabil mit Graphit.
				Stabil in oxyd. Atmosphäre
			2400	Besser als Al_2O_3 in oxyd. Atmosphäre reduziert durch W.
SiO_2	2,40	1728	1200	Nicht für red. Atmosphäre und Fluorverbindungen. Thermischer Schock best.
ThO_2	10,0	3300	2700	Löslich in heißer H_2SO_4. Radioaktiv. Gut in reduz. Atmosphäre Thermischer Schock mäßig.
ZrO_2 *	5,6	2677	2400	Löslich in heißen Säuren und Basen. Gut in reduz. Atmosphäre Thermischer Schock mäßig.
$ZrO_2 \cdot SiO_2$	—	2420	1870	Reduz. Atmosphäre gut. Thermischer Schock gut.
$3\,Al_2O_3 \cdot 2\,SiO_2$	—	1830	1800	Stabil gegen Alkali. Thermischer Schock mäßig.

* Reines ZrO_2 hat eine Umwandlung von der monoklinen in die kubische Modifikation bei $\sim 1100°$ C. Durch einen Zusatz von CaO oder MgO kann aber die kubische Form im ganzen Temperaturbereich stabilisiert werden.

10.12 Induktionsöfen

Ein Induktionsofen ist im wesentlichen ein Lufttransformator, dessen Sekundärkreis der Tiegel bzw. das zu schmelzende Material selbst ist. Die Heizung geschieht hier durch die Wirbelströme, die im Sekundärkreis induziert werden. Die Wärmeleistung hängt von verschiedenen Faktoren ab. Für einen zylindrischen Leiter ist sie näherungsweise gleich[2]

$$W = \frac{8{,}88\, w^2\, I^2\, r_0}{l\, k\, s}\, F(k\, r_0)\ \text{Watt}\,, \tag{129}$$

[1] CAMPBELL, I. E.: High Temperature Technology. New York: John Wiley und Sons 1956, p. 37.

[2] BRUNST, W.: Die induktive Wärmebehandlung, Springer 1957, S. 44.

wobei w = Windungszahl der Heizwicklung, I = Strom in der Heizwicklung in Ampere, l = Länge der Heizwicklung in cm, r_0 = Durchmesser des geheizten Zylinders, k = spezigfische Leitfähigkeit und s = die Eindringtiefe, die wiederum

$$s = \sqrt{\frac{H}{4\,\pi^2 \cdot 10^{-9} \cdot k\,B\,f}} \tag{130}$$

gleich ist. Dabei bedeuten H die magnetische Feldstärke, B die magnetische Induktion und f die Frequenz. Die Funktion $F(k, r_0)$ hängt vom Verhältnis r_0/s, die für $r_0/s = 0$ bis 2 stark von 0 auf den Wert 5 ansteigt und dann sich nur noch wenig ändert. Aus den obigen Gleichungen ersieht man, daß es zweckmäßig ist, eine nicht zu niedrige Frequenz zu nehmen. Anderseits nimmt der Preis des Generators mit der Frequenz zu. Zur Zeit liegen die Frequenzen der käuflichen Generatoren zwischen 10^3 und 10^6 Hertz.[1] Wichtig ist weiter die Kopplung zwischen dem Primär- und Sekundärkreis (Abb. 138). Man soll natürlich die beiden Kreise geometrisch günstig und möglichst eng aneinander bringen. Wichtig für die Energieübertragung von Primär- zu Sekundärkreis ist das Verhältnis der Widerstände der Kreise. Sie ist um so besser, je größer

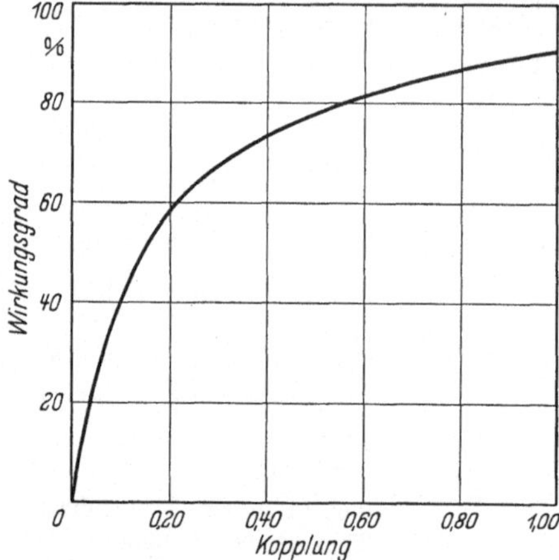

Abb. 138. Einfluß der Kopplung auf den Wirkungsgrad bei Induktionsöfen

$$\eta = \frac{1}{1 + \frac{R_1}{R_2}}, \tag{131}$$

ist, wenn R_1 der Widerstand des Primär- und R_2 der des Sekundärkreises ist. Es ist also nötig, R_1 möglichst klein und R_2 möglichst groß zu halten.

Als Induktionsgeneratoren werden Maschinen, Quecksilberbogen-, Funkenstrecken- und vor allem Röhrenumformer benutzt. Für Laborzwecke sind Röhrengeneratoren bis zu etwa 20 kW Anschlußleistung sehr brauchbar. Man muß dabei aber beachten, daß an der Ausgangs-Seite des Generators meist nur etwa die Hälfte der Leistung zur Verfügung steht. Als Heizelemente können hochschmelzende Metalle wie Mo, W oder Graphit verwendet werden. Zwei typische Anordnungen sind in

[1] Norton, F. H.: Refractories, McGraw-Hill Book Co., New York 1949, p. 270.

Abb. 139 und Abb. 140 dargestellt. Bei Verwendung der Metallbleche zum Wärmeschutz müssen die Bleche geschlitzt werden, um die Wirbelströme herabzusetzen. Meist wird die Induktionsheizung unter Vakuum benutzt. In diesem Fall soll der Druck etwa 10^{-5} mm Hg oder kleiner sein, um Gasentladungen zu vermeiden.

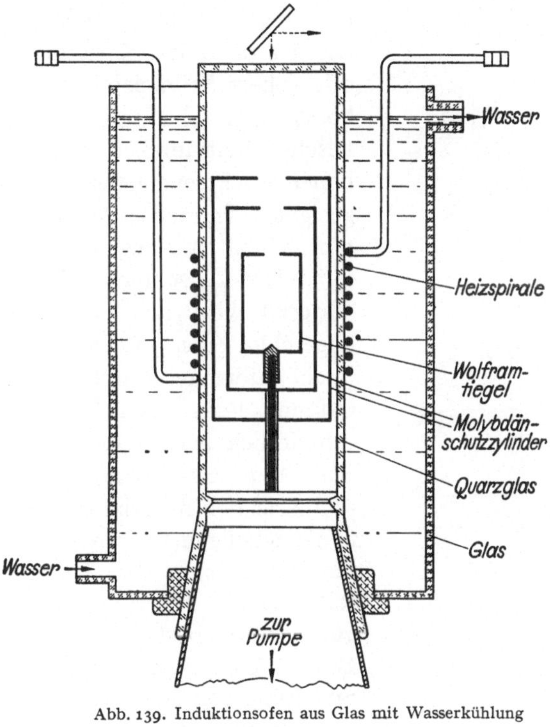

Wasser
Wasser
Heizspirale
Wolframtiegel
Molybdänschutzzylinder
Quarzglas
Glas
zur Pumpe

Abb. 139. Induktionsofen aus Glas mit Wasserkühlung

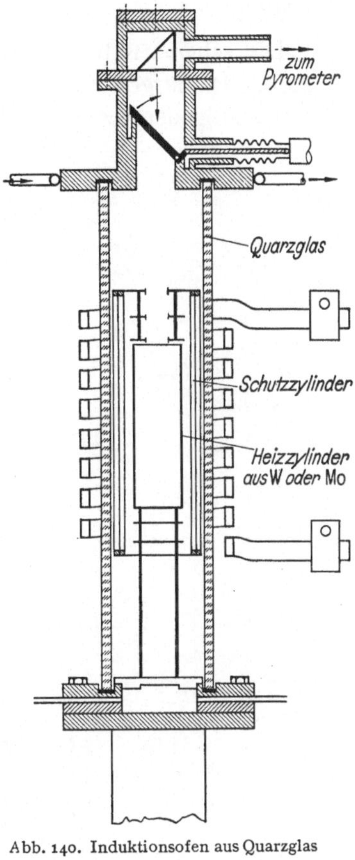

zum Pyrometer
Quarzglas
Schutzzylinder
Heizzylinder aus W oder Mo

Abb. 140. Induktionsofen aus Quarzglas

Der Induktionsofen wurde zur Herstellung von Einkristallen von Cu, Ag, Au und Ni bereits vor rund 30 Jahren verwendet.[1] Zur Zeit werden in Induktionsöfen Germanium- und Silizium-Einkristalle gezüchtet.[2]

10.13 Lichtbogenöfen

Die Benutzung von Lichtbögen zur Erzeugung von hohen Temperaturen ist seit langem bekannt[3] und zur Erzeugung von hochschmelzenden Metallen industriell ausgenutzt.[4] Zur Herstellung von Einkristallen

[1] Graf, L.: Z. Phys. **67**, 388 (1931).

[2] siehe z. B. M. Tanenbaum: in Semiconductors, Hergb. N. B. Hannay, Reinhold Publ. Corp. New York 1959.

[3] Müller, C. in: Handbuch der Physik, Geiger-Scheel, Band 11, S. 340, 1926.

[4] Kuhn, W. E.: in High-Temperature Technology, I. E. Campbell, Ed., John Wiley and Sons, New York 1956, S. 288.

wurden Lichtbogenöfen bis jetzt nicht benutzt. Es besteht aber durchaus die Möglichkeit, daß sie auch auf dem Gebiet der Kristallzüchtung, besonders bei hochschmelzenden Materialien, eine Anwendung finden werden.

Die schematische Anordnung einer Lichtbogenofenanlage ist in der Abb. 141 dargestellt.[1] Die Anlage besteht aus einem Gleichstrom-(schweiß)generator (3600 Ampere), dem wassergekühlten Vakuumofen und der Schutzgasquelle. Als Kathode ist Material mit hohem Schmelzpunkt, hoher thermischer und elektrischer Leitfähigkeit und hoher Elektronenemission geeignet. Thoriertes Wolfram scheint am besten zu sein. Das zu schmelzende Material wird aus einem angeschlossenen Behälter (nicht gezeichnet) durch die Öffnung links oben kontinuierlich nachgeliefert. Kathoden aus dem zu schmelzenden Material können auch benutzt werden. Sie haben sogar den Vorteil, daß keine Verunreinigungsgefahr besteht. Der Bogen brennt mit einer Spannung von 20—30 Volt und einer Stromstärke von 300—500 Ampere. Als Schutzgas wurde Argon und Helium verwendet.

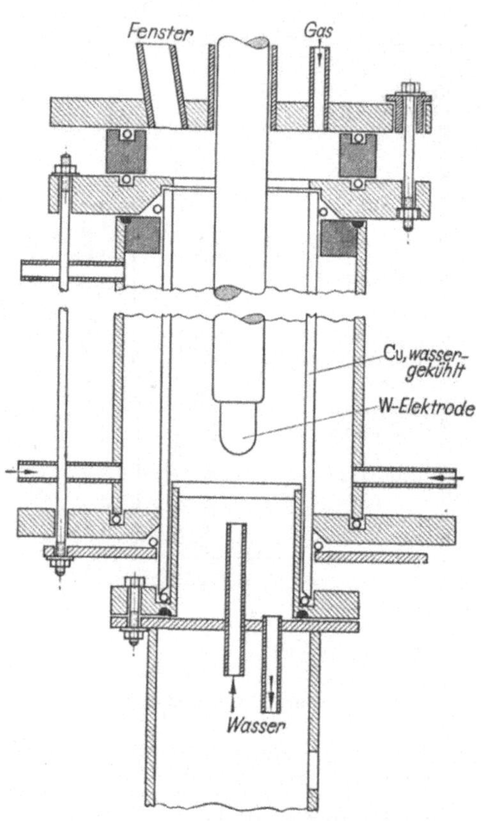

Abb. 141. Lichtbogenofen (nach KUHN[1])

Bei der direkten Benutzung des Kohlebogens wird die Schmelze durch das Elektrodenmaterial oder Gase verunreinigt. Dieser Nachteil kann durch optische Abbildung der Strahlungsquelle auf die Probe mittels Spiegeln behoben werden. Eine solche Anlage wurde vor kurzem beschrieben.[2] Mit einer Kinoprojektionslampe von 9 kWatt und einem Ellipsoidspiegel von 40 cm Durchmesser konnte in der Bildebene auf einer Fläche von etwa 0,3 cm² eine Strahlungs-

[1] KUHN, W. E.: Trans. Electrochem. Soc. **99**, 89 (1952).
[2] DE LA RUE, R. E. und F. A. HOLDEN: Rev. Sci. Instr. **31**, 35 (1960).

dichte von 80 cal/cm² sec erzielt werden. Mit solcher Anlage wurden Rutilkristalle von 0,6 cm Durchmesser und 5 cm Länge hergestellt.

Mit einer technischen Anlage dieser Art werden mit einer Eingangsleistung von 25 kWatt Strahlungsdichten bis 250 cal/cm² sec und eine Temperatur von 3500° C erreicht.[1] Der wesentliche Nachteil ist, daß die Heizzone sehr klein ist.

10.14 Sonnenschmelzöfen

Mit der Ausnutzung der Sonnenenergie zur Erzeugung von hohen Temperaturen haben sich verschiedene Autoren befaßt.[2] Dazu werden parabolische Spiegel von einem Durchmesser von 150 bis 300 cm und einer Brennweite von 60 bis 90 cm verwendet. Das Sonnenbild hat dann einen Durchmesser von 6 bis 8 mm. Der Parabelspiegel wird entweder der Sonne nachgeführt (Abb. 142) oder

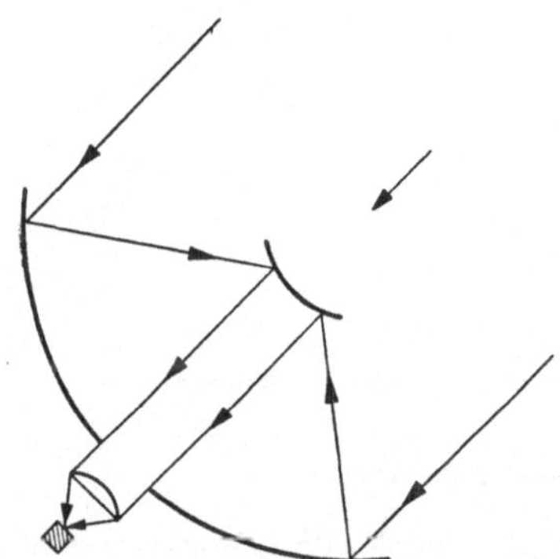

Abb. 142. Sonnenschmelzofen mit beweglichem Parabolspiegel

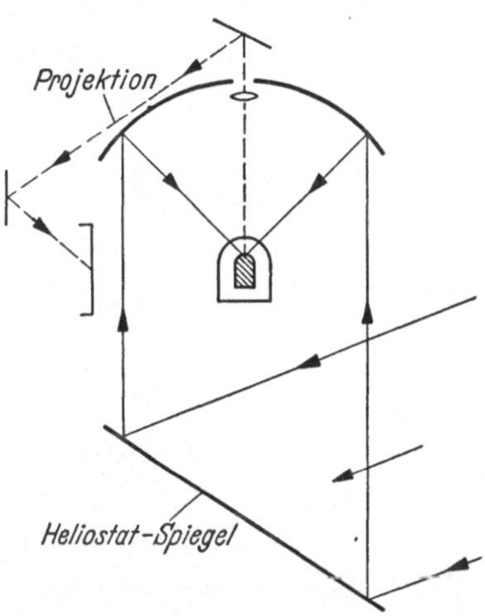

Abb. 143. Sonnenschmelzofen mit feststehenden Parabolspiegel und einem Heliostaten

durch den Planspiegel eines Heliostaten ausgerichtet (Abb. 143). Sonnenschmelzöfen haben den Vorteil, daß man sehr einfach die höchsten Temperaturen erzeugen kann. Anderseits liegt der Nachteil in der Abhängigkeit von den atmosphärischen Verhältnissen und von der Sonnenstellung. Sie können deshalb nur für Spezialzwecke benutzt werden. Mit dem STRAUBELschen Sonnenschmelzspiegel[3] konnten ThO_2, ZrO_2 und Al_2O_3 in 10 Sekunden geschmolzen werden. Aus ThO_2 wurden mehrere mm lange Kristalle erhalten. Die Luft muß aus den gepreßten Pastillen entfernt werden, da sonst durch sehr schnelles Erwärmen das Material auseinandergeschleudert wird.

---

[1] GLASER, P. E.: J. Elektrochem. Soc. **107**, 226 (1960). Hersteller: A. D. Little, Inc., Cambridge, Mass.

[2] CONN, W. M.: in High-Temperature Technology, S. 319.

[3] STRAUBEL, H.: Z. angew. Phys. **1**, 542 (1949).

10.15 Elektronenbrenner

Im Elektronenbrenner (electronic torch) wird eine hochfrequente Gasentladung zur Erzeugung hoher Temperaturen benutzt[1] (Abb. 144). Mit einer Leistung von 5 kW bei 10^6 Hz konnte eine Temperatur von 3370° C (Schmelzpunkt des W) erreicht werden.

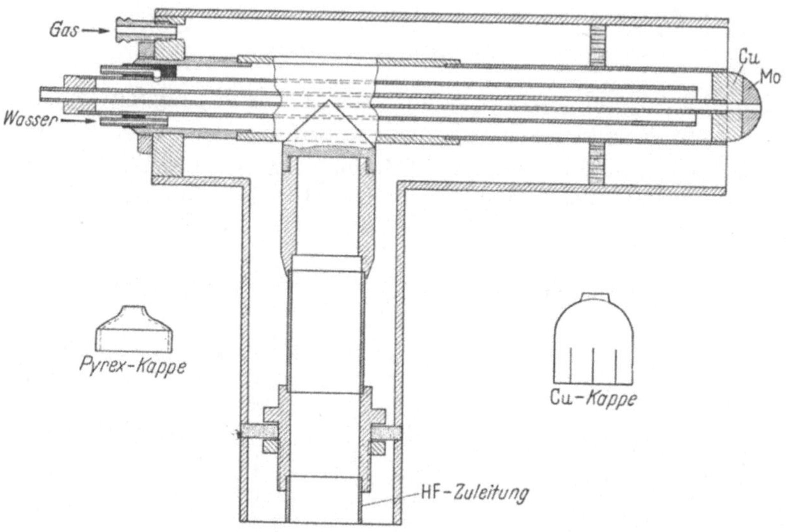

Abb. 144. Hochfrequenzelektronenbrenner (nach COBINE und WILBUR[1])

10.2 Temperaturmessung[2–7]

Zur Temperaturmessung stehen verschiedene Meßmethoden zur Verfügung. Für Temperaturen von 40° C bis 590° C können Quecksilberthermometer benutzt werden. In Verbindung mit Temperaturreglern sind Quecksilberthermometer nicht besonders geeignet, da die Kontakte öfters gereinigt werden müssen.

---

[1] COBINE, J. D. und D. A. WILBUR: in High-Temperature Technology, I. E. Campbell, Ed., John Wiley and Sons, New York 1956, S. 327.

[2] LIENEWEG, F.: Temperaturmessung in Handbuch der technischen Betriebskontrolle, J. KRÖNERT, Bd. 3, S. 124. Leipzig: Akad. Verlagsb. 1944.

[3] ECKMAN, D. P.: Industrial Instrumentation. New York: John Wiley and Sons 1950.

[4] CAMPBELL, CH. H.: Modern Pyrometry. New York: Chemical Publishing Co. 1951.

[5] WEBER, R. L.: Temperature Measurement and Control. Philadelphia, Pa.: The Blakiston Co. 1941.

[6] BAKER, H. D., E. A. RYDER und N. H. BAKER: Temperature Measurement in Engineering, Vol. 1. New York: Wiley and Sons 1953.

[7] ROYDS, R.: The Measurement and Control of Temperatures in Industry. London: Constable and Co. Ltd. 1951.

10.21 Thermoelemente

Am häufigsten werden wohl Thermoelemente benutzt. Einige wichtigere Thermoelemente sind in der Tab. 64 zusammengestellt. Kupfer-Konstanten ist das meist benutzte Thermoelement bei tiefen Temperaturen aber kann nur bis 350° C gebraucht werden. Bei höheren Temperaturen wird Kupfer oxydiert. In reduzierender Atmosphäre kann Eisen-Konstantan bis 870° C benutzt werden. Ni–CrNi (Chromel–Alumel) soll nicht in reduzierender Atmosphäre verwendet werden, da sonst die Thermospannung sich ändert. Dieses Element hat einen nahezu linearen Temperatur-Spannungsverlauf.

Tabelle 64. *Gebräuchliche Thermoelemente*

Thermoelement	Temperaturgrenze, °C		Mittlere Th.-Sp.
	untere	obere	μVolt/°C
Kupfer–Konstantan	—273	350	40
Manganin–Konstantan	—273	350	38
Eisen–Konstantan	—190	760	60
Ni–CrNi (Chromel–Alumel)	—190	1100	38
Platin-Platinrhodium	0	1500	12
Iridium —40% Ir + 60% Rhodium	—	2000	10,85
Wolfram–Iridium	—	2100	24

Platin–Platinrhodium wird in rezduierender Atmosphäre angegriffen. Oberhalb 1350° C sinkt die Thermospannung mit der Zeit wahrscheinlich wegen der fraktionierten Verdampfung des Platins.

Nach METCALFE[1] ist das Pt–PtRh-Thermoelement wesentlich stabiler, wenn die PtRh-Legierung nur 1% Rh statt der üblichen 13% enthält. Das Pt–PtRh-Element hat wegen der geringen Schwankungen der Zusammensetzung von allen Thermoelementen den kleinsten Thermospannungsunterschied von Exemplar zu Exemplar. Der Fehler beträgt im ganzen Meßbereich $\pm 0{,}05$ mV, während er bei anderen Elementen 0,3 bis 0,8 mV ist.[2] Für Temperaturen bis 2000° C ist das von FEUSSNER[3] entwickelte Thermoelement aus Iridium und (40% Iridium + 60% Rhodium) brauchbar. Allerdings wird Iridium in reduzierender Atmosphäre brüchig. Eine Erhöhung des Iridiumgehalts von 40 auf 60% soll die Änderung der Thermokraft mit der Zeit vermindern.[4] Eine ausführliche Untersuchung über andere Thermoelemente der Platinreihe für Temperaturen von 1600° C bis 2300° C findet sich bei SCHULZE.[5] Die Kombination Wolfram–Iridium gibt eine zweimal höhere Thermospannung

[1] METCALFE, A. G.: Brit. J. Appl. Phys. **1**, 256 (1950).
[2] Normblatt-Entwurf DIN 43710, 1942.
[3] FEUSSNER, O.: Z. techn. Phys. **54**, 155 (1933).
[4] CARTER, P. E.: Trans. Am. Soc. Metals **42**, 1131 (1950).
[5] SCHULZE, A.: Chem. Z. **62**, 308 (1938).

als Platin–Platinrhodium und kann bis 2100° C benutzt werden.[1] Allerdings wird Wolfram in oxydierender Atmosphäre oxydiert und Iridium in reduzierender Atmosphäre brüchig.

Die Wahl eines Thermoelements richtet sich nach der Temperatur, Empfindlichkeit und Lebensdauer. Es ist zweckmäßig, die Drahtdicke nicht zu klein zu wählen, um eine größere Lebensdauer zu erhalten, wenn auch dadurch eventuell die Temperaturanzeige wegen der Wärmeableitung verfälscht werden kann, was durch entsprechende Eichung korrigiert oder, wenn es der Raum zuläßt, durch möglichst lange Führung der Drähte in der heißen Zone beseitigt werden kann. Wenn Thermoelemente zur automatischen Temperatzrregelung benutzt werden, so soll die „*Lötstelle*" dicht und wenn möglich offen an der Heizwicklung liegen. Bei Verwendung von Schutzrohren ist auf eine gute Wärmeübertragung zu achten. Der Einfluß der Temperaturschwankungen der Nebenlötstellen wird durch passende Ausgleichsleitungen oder bei Anschluß an die Temperaturregler durch Bimetallstreifen eliminiert. Für Temperaturen von 1500—2000° C sind einige Thermoelemente in der Tab. 65 angegeben.

Tabelle 65

Thermoelemente für hohe Temperaturen (1500—2000° C)

	Thermoelement	Literatur
1	Wolfram/Molybdän	2, 3, 4, 5, 6, 7, 8
2	Wolfram/Iridium	5
3	Wolfram/Graphit	2, 4
4	Graphit/Siliciumkarbid	9, 10, 11
5	Wolfram/Rhenium	12, 13
6	60 Rhodium 40 Iridium/Iridium	11
7	26 Rhodium 74 Wolfram/Wolfram	14
8	26 Rhodium 74 Wolfram/Tantal	14

[1] Steven, G.: in Hight-Temperature Technology, I. E. Campbell, S. 357. New York: John Wiley and Sons 1956.

[2] Clark, H. T.: Iron and Steel Engineer **23**, 55 (1946).

[3] Schulze, A.: J. Institute of Fuel **12**, 41 (1939).

[4] Potter, R. D. and N. J. Grant: Iron Age **163**, 65 (1949).

[5] Troy, W. C. und G. Steven: ASM 1949, Preprint 19.

[6] Morgan, F. H. und W. E. Danforth: J. Appl. Phys. **21**, 112 (1950).

[7] Kalin, S. H., M. S. Thesis: Department of Metallurgy, Massachusetts Institute of Technology, 1938.

[8] Potter, R. D., Sc. D. Thesis: Department of Metallurgy, Massachusetts Institute of Technology, 1948.

[9] Bonnot, M.: Rev. Metallurgie **37**, 16 (1940).

[10] Fitterer, G. R.: Trans. Am. Inst. Min. Met. Engrs. **105**, 290 (1933).

[11] Fitterer, G. R.: Iron Age **140**, 38 (1937).

[12] Kuether, F. W. und J. C. Lachman: J. Inst. Contr. Systems **33**, 67 (1960).

[13] Sims, C. T., G. B. Gaines und R. F. Jaffee: Rev. Sci. Instr. **30**, 112 (1959).

[14] Davies, D. A.: J. Sci. Instr. **37**, 15 (1960).

Keines der genannten Thermoelemente kann längere Zeit in oxydierender Atmosphäre benutzt werden. W/Mo und W/Ir-Elemente werden brüchig in reduzierender oder sogar neutraler Atmosphäre.

10.22 Widerstandsthermometer [1–8]

Mit Widerstandsthermometern läßt sich zwar eine höhere Meßgenauigkeit erreichen, aber ihr Einbau erfordert mehr Raum und man kann sie nur bis etwa 1000° C verwenden. In der Tab. 66 sind die meist gebrauchten Widerstandsthermometer zusammengestellt.

Bei den reinen Metallen ist der Widerstandszunahme annähernd proportional der Temperatursteigerung, bei Thermistoren (Halbleitern) dagegen nimmt der Widerstand mit zunehmender Temperatur exponentiell ab. Außerdem sind die Thermistoren weniger stabil als die Metallwiderstände.

Tabelle 66. *Widerstandsthermometer*

Art	Temperaturgrenze, ° C		$\Delta R_{100-0°\,C}/R_{0°\,C}$
	untere	obere	
Kupfer	—140	120	$4{,}3 \times 10^{-3}$
Nickel	—180	320	$6{,}6 \times 10^{-3}$
Wolfram	—	300	—
Platin	—180	980	$3{,}9 \times 10^{-3}$
Thermistoren	— 60	400	-10×10^{-3}

10.23 Pyrometer [9, 10]

Für Messungen der höchsten Temperaturen kommen nur Pyrometer in Betracht. Sie können aber schon von 600° C an aufwärts benutzt werden. Ihr besonderer Vorteil liegt darin, daß sie nicht in einem direkten Kontakt mit dem Material stehen, dessen Temperatur gemessen wird. Es gibt drei Arten von Pyrometern: Gesamtstrahlungs-, Teilstrahlungs- und Farbpyrometer. Die Strahlung kann mit Thermoelementen, Photozellen oder durch visuellen Vergleich gemessen werden. Die Temperatur-

[1] Symposium on Temperature, Am. Inst. Physics, New York: Reinhold 1941.

[2] JOHNS, M. W.: Pyrometry and Temperature Control, Canad. Metals and Met. Ind. **12**, Nov., 20 (1949).

[3] SHENKER, H. and others: Reference Tables for Thermocouples, Natl. Bur. Standards, Circular 508, May 1951.

[4] WEILLER, P. G.: Temperature Instruments of the Future Instruments, March 1947.

[5] CRANDALL, W. B., M. BURZYCKI und V. D. FRECHETTE: Improved Roberts Control, Bull. Am. Ceram. Soc. **29**, 87 (1950).

[6] REMNEY, G. B.: Bull. Am. Ceram. Soc. **27**, 447 (1948).

[7] PARSEGIAN, V. L.: Bull. Am. Ceram. Soc. **27**, 1 (1948).

[8] SIAS, R. F., J. R. MAINTYRE und A. HANSEN, JR.: Elec. Engr. **73**, 442 (1954),

[9] HOFFMANN, F. und C. TINGWALDT: Optische Pyrometrie, Braunschweig 1938.

[10] EULER, J.: Z. angew. Phys. **2**, 505 (1950).

genauigkeit beträgt nur einige °C. Verschiedene Fehlerquellen müssen sorgfältig beachtet werden.[1, 2] Alle Faktoren, die die auf den Empfänger auffallende Strahlung beeinflussen, können einen Meßfehler verursachen. Als solche sind zu nennen: Abweichung der Emission von der schwarzen Strahlung, Verschmutzung der Optik, Rauch oder Staub in der Atmosphäre, zu kleiner Raumwinkel der Strahlung.

Näheres über Strahlungspyrometer findet sich in den Arbeiten[3–12, 13–16] und über optische Pyrometer in [3–5, 13–16].

10.3 Automatische Temperatur-Regelung

Die Kristallzüchtung ist ein langdauernder Prozeß, der sich über mehrere Stunden oder sogar Tage hinzieht. In dieser Zeit muß die Temperatur innerhalb enger Toleranz entweder konstant oder nach einem festgelegten Programm verlaufen. Man muß dabei zwei Temperaturen auseinanderhalten: die Temperatur des Ofens und die der Kristallisationszone. Beide hängen voneinander ab, aber je nach den Umständen sehr verschieden. In einem großen Ofen mit großer Wärmekapazität werden sich kurzzeitige Schwankungen der elektrischen Leistung kaum bemerkbar machen. Dagegen kann in einem kleinen Ofen der Einfluß sehr groß werden. Es lassen sich deshalb allgemein keine Angaben machen, wie genau die Temperatur geregelt werden soll. Maßgebend ist, wie die Kristallisationszone durch die Temperaturschwankung beeinflußt wird. Wenn z. B. die Kristallisationsgeschwindigkeit 1 mm/Stunde beträgt, so darf die Temperaturschwankung nicht so groß sein, daß diese Geschwindigkeit wesentlich beeinflußt wird, so daß Inhomogenitäten im Kristall oder multiple Kristallisation auftreten. Eine automatische Temperaturregelung ist oft zweckmäßig. Es kann entweder eine statische Ein–Aus-Regelung oder eine dynamische mit einer kontinuierlichen

[1] Dicke, P. H.: Temperature Measurements with Rayotubes. Philadelphia, Pa.: Leeds and Northrup Co. 1953.
[2] Mouzon, J. C.: J. Opt. Soc. Am. **39**, 203 (1949).
[3] Clark, H. T.: Iron and Steel Engineer **23**, 55 (1946).
[4] Symposium on Temperature, Am. Inst. Physics, Reinhold, New York, 1941.
[5] Johns, M. W.: Pyrometry and Temperature Control: Canad. Metals and Met. Ind. **12**, Nov. 60 (1949).
[6] Smith, H. J.: Metal Industry (London) **67**, 395 u. 415 (1945).
[7] Oliver, P. A. und T. Land: Iron Age **154**, 39 (1944).
[8] Yard, E. M.: Electronics **19**, Nov., 102 (1946).
[9] Fellget, P. B.: Proc. Phys. Soc. (London) **B62**, 351 (1949).
[10] Harrison, I. R.: Instrumentation **1**, No. 5, 7 (1945).
[11] Clark, H. T.: Iron Steel Eng. **19**, 197 (1946).
[12] Leeds and Northrup Co., Catalog No. ND 46(1).
[13] Barber, C. R.: Iron and Steel (London) Paper No. 18, 1946.
[14] Roberts, M. H.: J. Sci. Instr. **28**, 337 (1948).
[15] Todd, F. C.: Electronics **22**, 80 (1949).
[16] Lund, H.: J. Sci. Instr. **24**, 95 (1947).

Leistungskontrolle verwendet werden. Im ersten Fall wird gewöhnlich ein Teil des Stromes ein- bzw. ausgeschaltet, je nach der Abweichung der Temperatur von dem Sollwert. Im zweiten Fall stellt sich das Gleichgewicht kontinuierlich ein.

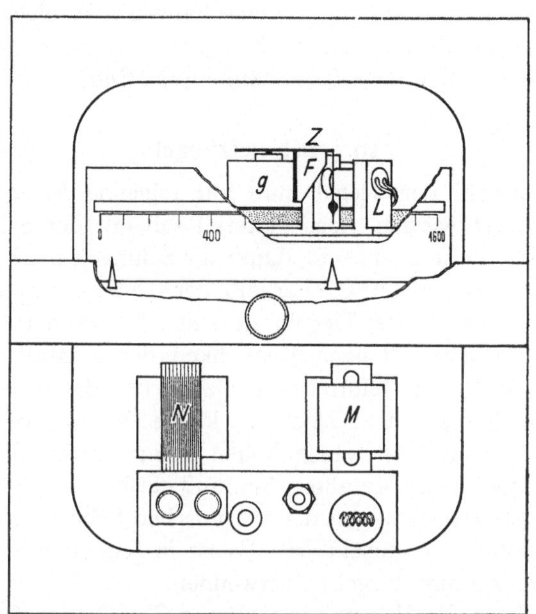

Abb. 145. Temperaturprogrammregler mit kontinuierlicher Regulierung

Zuverlässige Temperaturregler sind käuflich zu haben und es lohnt sich nicht, außer in seltenen Spezialfällen, sie selbst zusammenzustellen.

Ein kontinuierlicher Temperaturregler ist in der Abb. 145 dargestellt. Das Thermoelement ist mit einem Galvanometer *G* verbunden. An dem

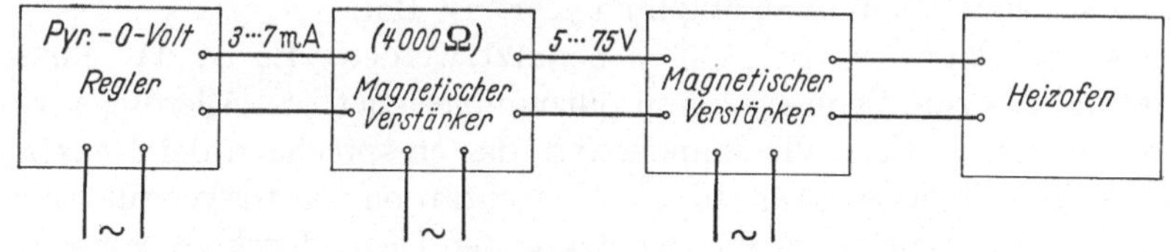

Abb. 146. Schaltschema der kontinuierlichen Temperaturregelung

Zeiger *Z* ist eine schräg ausgeschnittene Fahne *F* angebracht, die das auf die Photozelle auffallende Licht, das von der Lampe *L* erzeugt wird, entsprechend dem Zeigenausschlag steuert. Der Photostrom wird dann durch einen magnetischen Verstärker *M* verstärkt, wobei Spannungen von 5 bis 75 Volt entstehen. Mit der verstärkten Gleichspannung wird der Strom des 2. magnetischen Verstärkers *N* („saturable reactor")* reguliert, der durch den Heizofen fließt (Abb. 146).

* Wechselstrom-Drosselspule mit Gleichstromvormagnetisiertem Eisenkern.

An Stelle eines Thermoelementes kann ein Widerstandsthermometer oder ein Pyrometer verwendet werden. Zur Verstärkung der primär erzeugten Spannung bzw. des Stromes kann eine veränderliche Kapazität benutzt werden. Die Stromregulierung des Ofens kann durch ein pneumatisches System oder durch Servomechanismen erfolgen. Die Temperatur des Ofens soll kontinuierlich registriert werden, wodurch man eine Kontrolle über den Prozeß von Anfang bis Ende hat.

10.4 Schmelztiegel

Bei der Auswahl der Tiegel muß auf folgende Eigenschaften des Materials geachtet werden. Das Material soll mit der Schmelze nicht reagieren und besonders rein sein, damit die Schmelze nicht verunreinigt wird. Es muß bis zu 100° C oberhalb der Temperatur der Schmelze mechanisch stabil sein. Bei Tiegeln, in denen die Schmelze kristallisiert (siehe Senkverfahren) soll nach Möglichkeit der Kristall nicht an der Tiegelwand haften, um Deformation bzw. Bruch des Kristalls zu vermeiden. Außerdem soll der Tiegel eine kleine Wärmeleitung haben, da es sonst nicht möglich ist, einen hohen Temperaturgradienten zu erreichen. Bei Tiegeln aus Metalloxyden muß ein Kompromiß geschlossen werden, da andererseits wegen der thermischen Schocks eine möglichst hohe Wärmeleitung erwünscht ist. Es ist in jedem Fall zweckmäßig, möglichst dünnwandige Tiegel zu verwenden.

Als Material für Tiegel kommen in Frage Glas, Vycor, Quarz, Metalloxyde, Graphit und Edelmetalle.

Glas ist wegen seiner leichten Formgebung besonders geeignet. Pyrex kann bis 600° C und Supremax bis 800° C benutzt werden. Temperaturen bis zu 900° C lassen sich mi tdem Spezialglas ,,Vycor Nr. 7900" erreichen. Es besteht zu 96% aus SiO_2 und entglast leicht beim Verarbeiten. Die einzig störende Verunreinigung im Vycor* ist Bor.

Quarzglas kann bis zu 1500° C benutzt werden. Es ist das einzige Material, das zum Schmelzen von Silizium geeignet ist. Allerdings wird dabei Silizium durch Siliziummonoxyd, das entsprechend der Reaktion $SiO_2 + Si \rightarrow 2\,SiO$ entsteht, bis zur Konzentration von 10^{-4} verunreinigt.

Nach WARTENBERG[1] ist die Benetzung der Tiegel durch geschmolzene Salze und damit ein Haften durch die Anwesenheit von Sauerstoff beeinflußt. Von den Halogensalzen haften die Rb-, Cs-, Ag-, Tl- und Pb-Salze am Glas nicht. Das Haften anderer Halogenide wie KBr, KI wird vermindert, wenn die Salze unter der Halogenatmosphäre geschmolzen werden.

Von den Metalloxyden ist vor allem das Aluminiumoxyd Al_2O_3 zu nennen, das gegen fast alle Chemikalien beständig ist. Tiegel aus Al_2O_3

---

* Lieferant: Corning Glass Works, Corning, N. Y.

[1] VON WARTENBERG, H.: Angew. Chem. 69, 258 (1957).

können entweder in hartgebrannter Form oder in lose gepacktem Zustand[1] hergestellt werden. Die letzte Form wird zur Herstellung vollkommen spannungsfreier Kristalle benutzt.

Berylliumoxyd BeO ist das widerstandsfähigste Material gegenüber der starken Beanspruchung bei schnellen Temperaturänderungen (thermischer Schock), wird aber wegen seiner Giftigkeit nur selten zum Schmelzen von Metallen benutzt.[2]

Magnesiumoxyd MgO wird in reduzierender Atmosphäre bis 1700° C und in oxydierender bis 2200° C benutzt.

Zirkoxyd ZrO_2 wird von den meisten Metallen nicht benutzt. Es wurde zum Schmelzen von Platin, Palladium, Ruthenium, Rhodium und von Barium- und Strontiumtitanat benutzt. ZrO_2 ist aber in reduzierender Atmosphäre nicht stabil.[3]

Thoriumoxyd ThO_2 wurde zum Schmelzen von Titan benutzt.

Von Carbiden ist Siliziumkarbid SiC das stabilste in oxydierender Atmosphäre.[3]

Tantalcarbid (Schmelzpunkt 4000° C) wurde zum Schmelzen von Kohlenstoff benutzt.[4]

Graphit wird wegen seiner leichten Bearbeitung und dem hohen Schmelzpunkt für Metalle, Fluoridsalze und Germanium benutzt. In neuerer Zeit ist das porenfreie Graphit unter dem Namen „*Graph-i-tite*“* zu haben. Da Graphit von höchster Reinheit in großen Mengen bei Kernreaktoren gebraucht wird, so ist es leicht erhältlich. Graphit soll als Tiegelmaterial für Alkalihalogenidschmelzen besser als Platin sein, da letzteres Halogenide bildet, wodurch Kristalle angeblich verunreinigt werden.[5]

Um den Kristall leicht aus dem Tiegel herausnehmen zu können, kann man den Tiegel aus zwei vertikal geschnittenen Teilen zusammensetzen, die durch passende Graphitkappen oben und unten zusammengehalten werden.[6]

Ähnlich dem Graphit ist Bornitrid BN[7] das sich wie Graphit bearbeiten läßt und bis 700° C in Luft stabil ist. Es zeichnet sich durch einen hohen elektrischen Widerstand und durch die Nichtbenetzung der Glasschmelzen aus.

Von den Edelmetallen ist Platin das gebräuchlichste Tiegelmaterial. Die Wandstärke muß schon des Preises wegen niedrig gehalten werden.

---

1 Noggle, T. S.: Rev. Sci. Instr. **24**, 184 (1953).
2 Whittemore, jr., O. J. jr.: Ind. Eng. Chem. **47**, 2510 (1955).
3 Whittemore, O. J., Jr.: Ind. Eng. Chem. **47**, 2510 (1955).
4 Finlay, C. R.: Chem. in Canada **4**, 41 (1952).
5 Scott, A. B. und W. J. Fredericks: Chemistry and Eng., April 28, 57 (1958).
6 Wernick, J. H. und H. M. Davis: J. Appl. Phys. **27**, 149 (1956).
7 Taylor, K. M.: Ind. Eng. Chem. **47**, 2506 (1955).
* Lieferfirma: Graphite Specialties Corp., Niagara Falls, N. Y.

XI. Kristallherstellung aus der Schmelze

11.1 Einleitung

Die Herstellung von Kristallen aus der Schmelze hat von allen Methoden die breiteste Anwendung gefunden. Sie wird zur Kristallzüchtung von Metallen, anorganischen und organischen Verbindungen benutzt. Nach dieser Methode lassen sich sowohl wasserlösliche als auch unlösliche Kristalle herstellen. Eine wesentliche Voraussetzung ist, daß sich die Stoffe beim Schmelzen nicht zersetzen. Da die Schmelzpunkte der Stoffe in weiten Grenzen von —271° C bis 3700° C variieren, werden die Apparaturen verschieden sein, je nachdem, ob ein Kristall bei tiefer, mittlerer oder hoher Temperatur gezüchtet wird.

Die Abkühlung der Schmelze unter den Schmelzpunkt führt zur Erstarrung, die aber nicht unbedingt genau beim Schmelzpunkt eintreten muß. Oft findet eine Unterkühlung statt, die sowohl von der Art des Materials als auch von anwesenden Verunreinigungen abhängt. Sie kann wenige Grade bis einige 100° C betragen. In der Schmelze selbst herrscht gewöhnlich nur eine Nahordnung, aber keine Fernordnung der Moleküle. In Ausnahmefällen herrscht aber bereits im flüssigen Zustand eine beschränkte Fernordnung. Das ist z. B. der Fall bei den flüssigen Kristallen, von denen etwa 3000 bekannt sind.[1] Der Nachweis, ob es sich um eine Nah- oder Fernordnung handelt, läßt sich mit Hilfe der Röntgen- bzw. Elektronenstrahlenbeugung erbringen. Bei der Nahordnung werden nur ein oder zwei breite (diffuse) Interferenzringe, bei der Fernordnung zahlreiche scharfe Ringe bzw. Linien beobachtet.

Das Erstarren der Schmelze kann entweder zu einem amorphen Festkörper oder einem Kristall führen. In den meisten Fällen werden beim Erstarren Kristalle gebildet und nur verhältnismäßig wenig Festkörper treten kristallin oder amorph auf. Einige wenige Verbindungen wie SiO sind nur im amorphen Zustand bekannt.

Die meisten organischen Verbindungen kristallisieren, eine Anzahl aber, insbesondere hochmolekulare Verbindungen, sind amorph. Die Kristallisation ist um so schwieriger, je größer die Moleküle sind und je asymmetrischer ihr Aufbau ist. Ein wesentlicher Faktor, ob eine Verbindung kristallinen oder amorphen Zustand annimmt, ist die Beweglichkeit der Moleküle während der Phasenumwandlung. Ist die Beweglichkeit stark eingeschränkt, so wird der amorphe Zustand bevorzugt. Das kann man z. B. durch schnelle Abkühlung der Schmelze (Glasbildung) oder durch Niederschlagen der Moleküle auf eine Unterlage bei tiefer Temperatur erreichen.

Neben der Beweglichkeit spielt auch die Zeit eine wesentliche Rolle. Wird z. B. die SiO_2-Schmelze rasch auf Temperaturen unterhalb 1000° C gebracht, so erhält man amorphes SiO_2. Wird dagegen das Temperatur-

[1] CHATELAIN, P.: Bull. soc. franç. mineral. et cristallogr. 77, 323 (1954).

gebiet von etwa 1000° C nur sehr langsam durchschritten, so tritt teilweise Kristallisation auf (Entglasung).

Die Betrachtung der Viskosität beim Übergang von der flüssigen in die feste Phase ist sehr lehrreich. Die meisten Schmelzen haben Viskositäten von etwa 10^2 Poise. Das Erstarren der Gläser bzw. organischer Kunststoffe erfolgt bei 10^{11}—10^{13} Poise. Dagegen findet die Entglasung bzw. Auskristallisierung bei etwa 10^4 Poise statt.

Normalerweise zeigt der Gang der Volumenänderung beim Schmelzpunkt an, ob ein amorpher oder kristalliner Körper entsteht. Im ersten Fall ist die Volumenänderung kontinuierlich, im zweiten dagegen sprunghaft (Tab. 67). Es sind aber auch Fälle bekannt, bei denen während der Kristallisation keine sprunghafte Volumenänderung beobachtet wird, z. B. in KSCN und RbSCN.[5] Meist geht das Volumen parallel mit der Temperatur, doch kann es auch umgekehrt sein. So haben z.B. kovalente Kristalle wie Si, Ge u. a. ein größeres spezifisches Volumen als ihre Schmelzen.

Tabelle 67. *Sprunghafte Volumenänderung einiger Kristalle beim Schmelzpunkt*[1]

Kristall	Schmelzpunkt °C	Volumenänderung %
NaCl	800	25,0
NaBr	747	22,4
NaJ	662	18,6
KCl	770	17,4
KBr	742	16,6
KJ	682	15,9
RbCl	717	14,3
RbBr	677	13,7
CsCl	642	10,5
Cu	1083	5,0
Pb	327	2,7
Na	97,5	2,79
K	62,3	2,68
Rb	38,5	1,85
Cs	28,5	1,36
Si [2]	1420	—10
Ge [3]	942	—20
Sn [4]	13*	—20
Bi	271	— 2

* Umwandlung.

Die obige Betrachtung soll keine kritische Diskussion der Phasenumwandlung vom flüssigen in den festen Zustand sein. Es sollen im folgenden nur einige Punkte hervorgehoben werden, die bei der Kristallherstellung von Hilfe sein können.

Bei der praktischen Kristallherstellung kommt es auf die Größe und die Güte der Kristalle an. Im technischen Betrieb kann auch die Zeit eine wesentliche Rolle spielen. Die Größe der Kristalle hängt vor allem von den Dimensionen der Apparatur, aber oft auch vom Material ab. So lassen sich Alkalihalogenide bis zu Durchmessern von 25 cm herstellen. Bei manchen anderen Stoffen muß man aber mit viel kleineren

[1] Vogel, E., H. Schlinke und F. Sauerwald: Z. anorg. allgem. Chem. **284**, 131 (1956).

[2] von Wartenberg, H.: Naturw. **36**, 373 (1949).

[3] Hendus, H.: Z. Naturf. **2a**, 505 (1947).

[4] Busch, G.: Helv. Phys. Acta **24**, 49 (1951).

[5] Plester, D. W., S. E. Rogers und A. R. Ubbelohde: Proc. Roy. Soc. (London) **A235**, 469 (1956).

Kristallen zufrieden sein, Die Güte der Kristalle hängt von Kristallisationseigenschaften des Materials, von Verunreinigungen und Herstellungsbedingungen ab.

Die Kristallisationsfähigkeit der einzelnen Stoffe ist sehr verschieden. Man kann erwarten, daß monoatomare Stoffe leichter kristallisieren als polyatomare. Die Symmetrie der Moleküle kann dabei eine wesentliche Rolle spielen. Bei großen asymmetrischen Molekülen wird die sterische Behinderung die Kristallisation herabsetzen. Über diese Effekte liegen jedoch vorläufig weder theoretische noch experimentelle Untersuchungen vor.

Die Verunreinigungen sind in den meisten Fällen schwer zu kontrollieren und noch schwieriger zu beseitigen. Sie können im Ausgangsmaterial bereits vorhanden sein oder durch chemische Reaktion mit dem Tiegelmaterial, oder mit der Atmosphäre gebildet werden.

Verunreinigungen können sowohl die Kristallisation als auch die Güte der Kristalle beeinflussen. Die Kristallisation kann dadurch beeinflußt werden, daß Fremdstoffe an der Grenzschicht zwischen der flüssigen und der festen Phase die Anlagerung der Atome fördern, z. B. durch Bildung von Oberflächenkeimen oder hindern z. B. durch Besetzung bestimmter Gitterebenen. Diese Prozesse sind aber im einzelnen nicht erforscht.[1] Die Auswirkung der Verunreinigungen auf die Güte der Kristalle kann verschiedenartig sein. Bei der Züchtung großer Kristalle nimmt normalerweise die Konzentration der Verunreinigung mit dem Fortgang der Kristallisation zu. Das tritt dann auf, wenn der Verteilungskoeffizient k, definiert als Verhältnis der Fremdstoffkonzentration im Kristall c_k zu der in der Schmelze c_s, kleiner als eins ist. Im entgegengesetzten Fall $k > 1$ tritt eine Abnahme der Verunreinigung auf. Die beiden Fälle sind in Abb. 147 dargestellt. Für $k < 1$ wird die Schmelzpunkt erniedrigt und die Fremdstoffkonzentration nimmt von $c_k = k\, c_s$ bis $c_k = c_0/k$ zu und für $k > 1$ verläuft die Konzentration gerade umgekehrt. Die ungleichmäßige Verteilung der Verunreinigung verursacht eine Inhomogenität im Kristall und damit eine Änderung der Eigenschaften. In welchem Maße die Kristalleigenschaften durch Verunreinigungen beeinflußt werden, hängt von dem funktionellen Zusammenhang zwischen der betreffenden Eigenschaft und der Verunreinigung ab. In den meisten Fällen ist es wünschenwert, die Verunreinigungen soweit wie möglich auszuschalten. Auf chemischen Wege lassen sich die meisten Verunreinigungen bis auf einige Hundertstel Prozent beseitigen. Nur in wenigen Spezialfällen lassen sie sich um weitere ein oder zwei Zehnerpotenzen herabdrücken.

In vielen Fällen scheitert die Herstellung von Einkristallen am Fehlen des genügend reinen Materials. Es ist deshalb wichtig, nicht nur die

[1] Chalmers, B.: in Impurities and Imperfections, Am. Soc. Metals 1955, S. 84.

Reinheit des Ausgangsmaterials zu prüfen sondern manchmal auch das Material nachzureinigen. Es soll hier nicht auf die verschiedenen Reinigungsmethoden eingegangen werden, nur eine Methode, das Zonenschmelzen, wird anschließend besprochen, da es in seiner Arbeitsweise eng mit der Kristallherstellung verbunden ist und eine breite Anwendung in den letzten Jahren gefunden hat.

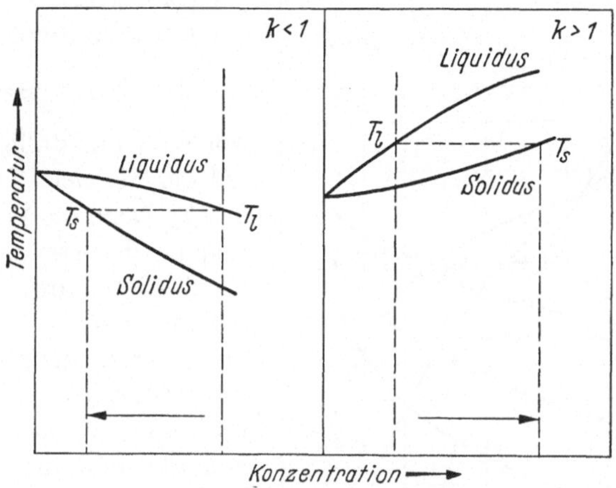

Abb. 147. Verteilung der Zusammensetzung bei binären Systemen zwischen der Schmelze und der festen Phase bei der Kristallisation

11.2 Zonenschmelzverfahren[1]

Das Zonenschmelzverfahren wurde zuerst zur Reinigung des Germaniums entwickelt.[2] Es kann auf alle anderen Substanzen angewandt werden, die ohne Zersetzung schmelzen und bei denen die Verteilung der Verunreinigungen im festen Zustand und in der Schmelze verschieden ist.

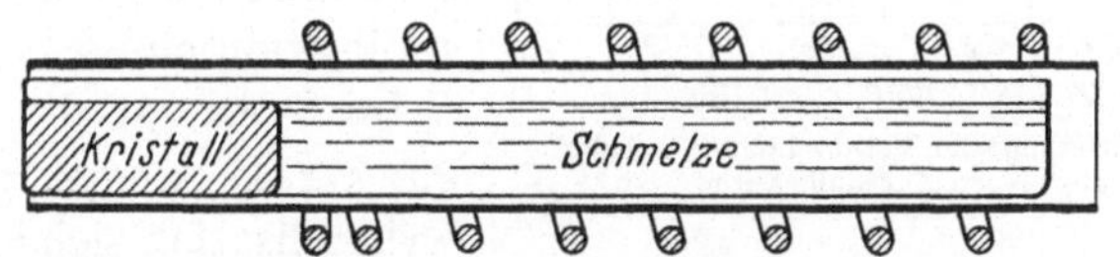

Abb. 148. Eindimensionale Normalkristallisation

Zum besseren Verständnis der Methode soll zuerst die normale eindimensionale Kristallisation behandelt werden. In einem zylindrischen Rohr (Abb. 148) von der Länge eins befindet sich eine Schmelze mit einer gleichmäßig verteilten Verunreinigung von der Konzentration c_0 und einem Verteilungskoeffizienten $k_0 = c_s/c_l$. Wird nun die Schmelze mit einer konstanten Geschwindigkeit durch einen Temperaturgradienten entlang der Zylinderachse verschoben, so kristallisiert die Schmelze

[1] PFANN, W. G.: Zone Melting, New York: John Wiley and Sons 1958.
[2] PFANN, W. G.: Am. Inst. Met. Engrs. **194**, 747 (1952).

kontinuierlich von einem Ende zum anderen. Ist der Verteilungskoeffizient $k_0 < 1$, so wird sich die Verunreinigung in der Schmelze dauernd anreichern. Angenommen, die Verunreinigung in der ganzen Restschmelze ist entweder durch Diffusion oder durch Rühren gleichmäßig verteilt und keine Diffusion findet in dem kristallisierten Teil statt, dann ist die Verunreinigungskonzentration c entlang der Kristallisationsrichtung

$$c = k\, c_0\, (1 - x)^{k-1}\,, \quad (132)$$

wobei x der kristallisierte Bruchteil der Schmelze ist. Es wird $k = k_0$, wenn die Volumenänderung bei der Kristallisation vernachlässigt wird. Die obige Gleichung ist eine Näherung und für $x \sim 1$ nicht gültig. In der Abb. 149 ist die Verunreinigungsverteilung bei linearer Normalkristallisation für $k = 0{,}01$ bis 5 und $x = 0$ bis 0,9 dargestellt. Wie man sieht, nimmt die Konzentration der Verunreinigung für $k < 1$ mit x zu und für $k > 1$ ab. In beiden Fällen ist die Verteilung der Verunreinigung inhomogen. Im ersten Fall tritt eine Reinigung am Anfang im zweiten am Ende der Kristallisation ein.

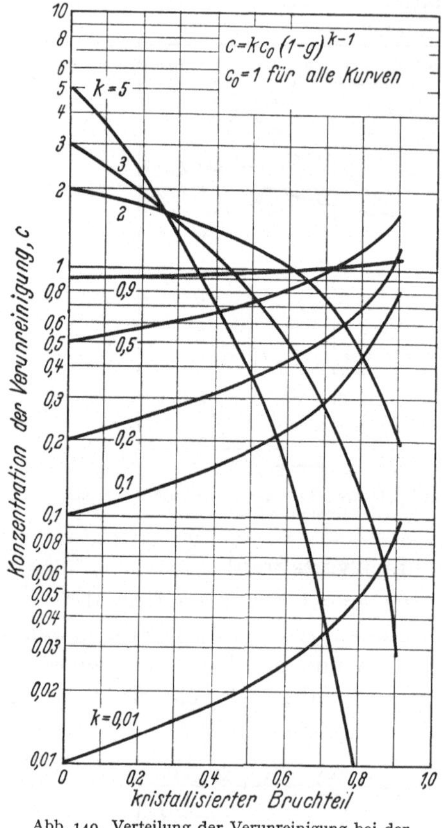

Abb. 149. Verteilung der Verunreinigung bei der linearen Normalkristallisation

Im Falle, daß die Verunreinigung z. B. wegen zu schneller Kristallisation sich nicht gleichmäßig in der Restschmelze verteilt, wird der Verteilungskoeffizient nicht mehr konstant sein (siehe dazu die Ausführungen auf S. 222, insbes. Gl. (137)), sondern zunehmen und eventuell den Wert eins erreichen.[1] In diesem Fall wird die Verunreinigungskonzentration den in der Abb. 150 dargestellten Verlauf annehmen. Dieser Fall kann bei der Senkmethode eintreten, wenn die Durchmischung der Schmelze fehlt.

Wie man sieht, kann man mit der Normalkristallisation eine Reinigung durchführen. Man kann sogar den Reinigungsprozeß sehr weit treiben, indem der Teil mit hoher Verunreinigungskonzentration abgetrennt

[1] Tiller, W. A., J. W. Rutter, K. Jackson und B. Chalmers: Acta Met. 1, 428 (1953).

und der übrige Rest wieder umgeschmolzen wird. Dieser Prozeß läßt sich beliebig oft wiederholen. Diese Methode ist aber sehr zeitraubend, denn jedesmal muß das kristallisierte Material aus dem Tiegel herausgenommen werden. Außerdem kann dabei zusätzliche Verunreinigung eintreten. Viel handlicher und weniger zeitraubend ist dagegen das Zonenschmelzverfahren.

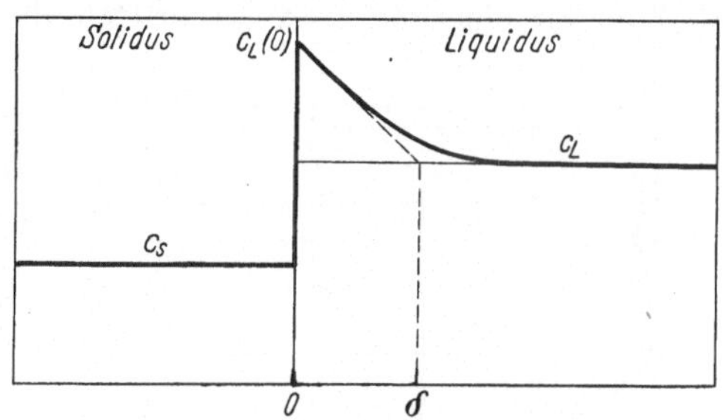

Abb. 150. Verteilung der Verunreinigung bei der linearen Normalkristallisation mit ungenügender Durchmischung

Das Prinzip des Zonenschmelzverfahrens ist in der Abb. 151 dargestellt. Das Ausgangsmaterial ist fest und hat die Form eines Zylinders ähnlich wie bei der Normalkristallisation. Das Schmelzen

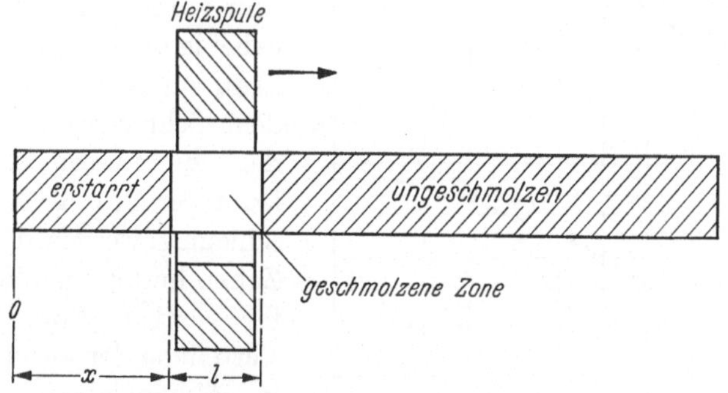

Abb. 151. Prinzip des Zonenschmelzverfahrens (nach PFANN)

erfolgt mit Hilfe einer kurzen Heizspule in einer schmalen Zone, die langsam das Material durchwandert. Dabei schmilzt das Material an der Frontseite dauernd und erstarrt auf der Rückseite wieder. Beim Festwerden tritt die Trennung von der Verunreinigung ein. Bezeichnen wir die Länge der Zone mit l und die Länge der Materialladung mit L, so ist nach READ die Konzentration der Verunreinigung für $k < 1$

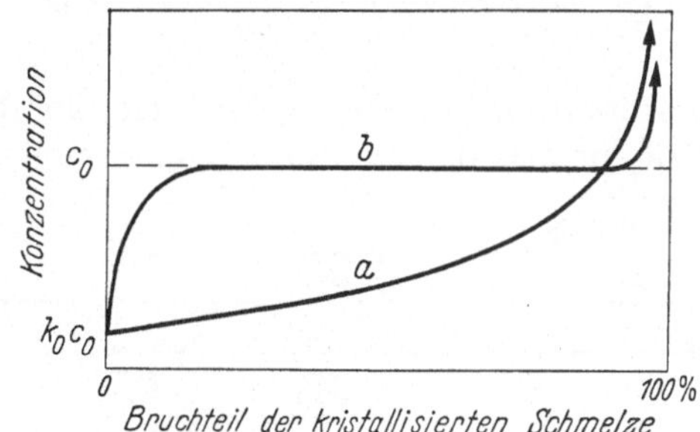

Abb. 152. Verteilung der Verunreinigung beim Durchgang einer Zone (nach PFANN)

$$c = c_0 \left[1 - (1 - k)\, e^{-(L-l)\,k/l}\right]. \tag{133}$$

Der Verlauf von c ist in Abb. 152 wiedergegeben. Drei Gebiete treten deutlich auf. Zu Beginn nimmt die Konzentration c vom Wert $k\,c_0$

bis auf den Wert c_0 zu, dann bleibt sie konstant und nimmt am Ende wieder zu. Im ersten Gebiet tritt die Zonenreinigung auf, im zweiten die Zonennivellierung und im dritten die Normalkristallisation. Für Reinigungszwecke ist nur das erste Gebiet brauchbar. In der Abb. 153 ist die Verteilung der Verunreinigung beim Durchgang einer Zone für $k = 0{,}01$ bis 5 dargestellt. Man sieht, daß beim Zonenschmelzen nur für $k < 1$ eine Reinigung möglich ist. Außerdem ist die Reinigung kleiner als bei der Normalkristallisation. Der Vorteil des Zonenschmelzens beruht darin, daß der Prozeß beliebig oft wiederholt werden kann ohne das Material aus dem Schmelzrohr herausnehmen zu müssen. Außerdem kann der Prozeß dadurch beschleunigt werden, daß mehrere Zonen hintereinander geschaltet werden (Abb. 154). Die Verteilung der Verunreinigung in Abhängigkeit vom Verteilungskoeffizienten k und der Anzahl der Zonendurchgänge läßt sich schwer mathematisch allgemein behandeln. Man muß sich vielmehr auf Spezialfälle beschränken. Als Beispiel ist ein, in der Praxis oft vorkommender, Fall für $k = 0{,}1$ in Abb. 155 dargestellt. Aus der Figur ersieht man, daß die Konzentration der Verunreinigung bei jedem darauffolgenden Durchgang am Anfang (linke Seite) viel stärker abnimmt als am Ende. Nach einer großen Zahl von Zonendurchgängen wird schließlich ein Endzustand der Reinigung erreicht. Die Verteilung der Verunreinigung im Endzustand wird nach PFANN durch folgende Gleichung dargestellt:

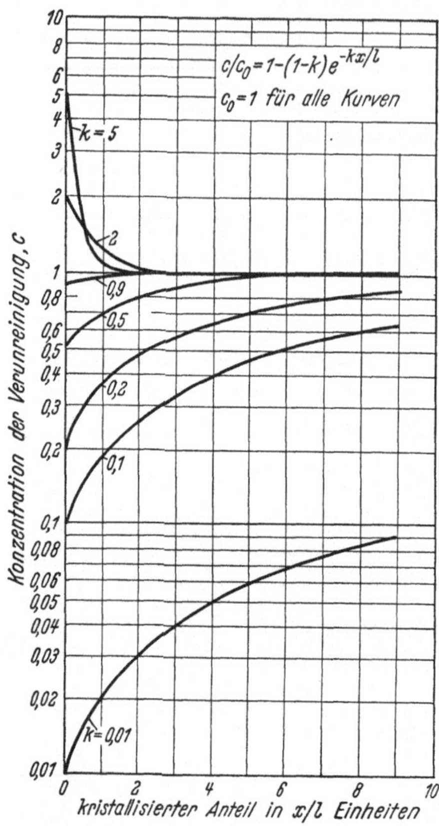

Abb. 153. Einfluß des Verteilungskoeffizienten k auf die Verteilung der Verunreinigung (nach PFANN)

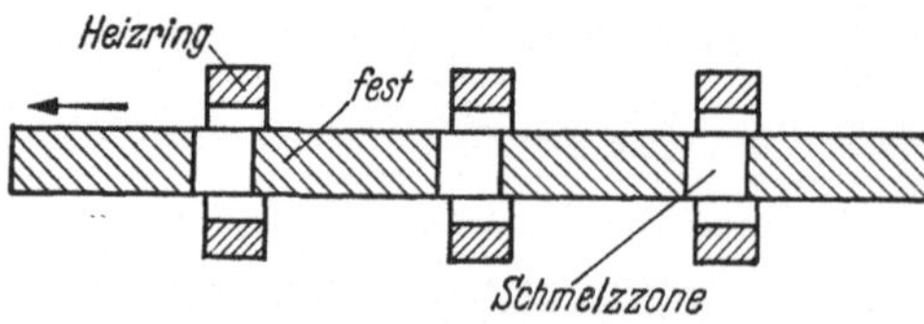

Abb. 154. Mehrfachzonenanordnung (nach PFANN)

$$c = A \exp\left[B\,(L - l)\right], \tag{134}$$

wobei A und B Konstanten sind, die sich aus folgenden Beziehungen berechnen lassen

$$k = \frac{B\,l}{\exp(B\,l) - 1}, \tag{135}$$

$$A = \frac{c_0\,B\,L}{\exp(B\,L) - 1}. \tag{136}$$

Dabei bedeuten wie früher L die Ladungslänge, l die Zonenlänge und c_0 die mittlere Anfangskonzentration der Verunreinigung. In der Abb. 156 sind die unteren Grenzen der Verunreinigung für $k = 0{,}01$, 0,1 und 0,5 dargestellt, für die $c \sim 10^{-26}$, 10^{-14} und 10^{-4} beträgt.

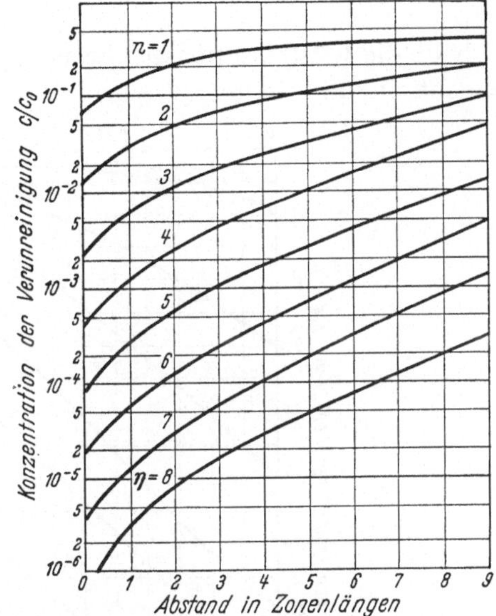

Abb. 155. Verteilung der Verunreinigung für Zonendurchgänge $n = 1$ bis 8 (nach PFANN)

In der praktischen Ausführung der Zonenschmelzreinigung müssen verschiedene Faktoren berücksichtigt werden. Die Wahl der Schmelzgefäße richtet sich nach den chemischen Eigenschaften des Materials. Als Gefäßmaterial kommen in Frage Glas, Quarz, Graphit und keramische Stoffe. Der Verteilungskoeffizient k muß bekannt sein oder besser muß neu bestimmt werden, da normalerweise mehrere Verunreinigungen gleichzeitig auftreten, deren Verteilungskoeffizienten sich gegenseitig beeinflussen können. So wird z. B. die Löslichkeit von Zink in Zinkoxyd durch Anwesenheit von Galliumoxyd erhöht, dagegen die Löslichkeit von Bleichlorid in Silberchlorid durch Cadmiumchlorid und Jod bzw. CuI_2 in CuI durch CdI_2 erniedrigt.[1] Ähnlich wirkt Kupfersulfid auf Silbersulfid in Zinksulfid lösungserniedrigend.[2] Bei der

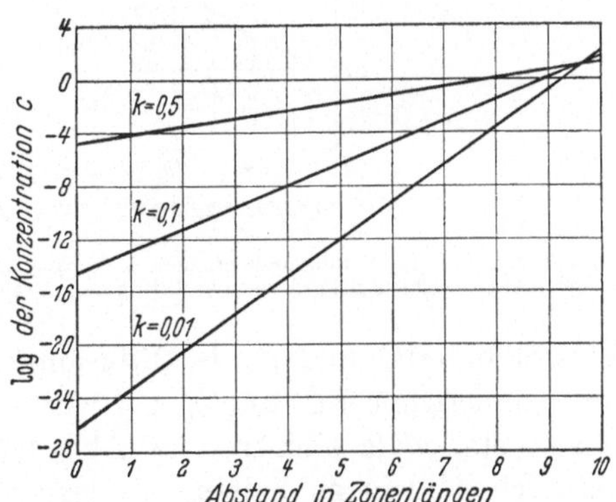

Abb. 156. Maximal erreichbare Reinigung für $k = 0{,}01$, 0,1 und 0,5 (nach PFANN)

[1] WAGNER, C.: J. Chem. Phys. **18**, 62 (1950).

[2] WAGNER, C.: J. Chem. Phys. **21**, 738 u. 741 (1953).

Bestimmung von k muß beachtet werden, daß für die Trennung von den Verunreinigungen nicht der statische k_0-Wert sondern der effektive k_{eff} maßgebend ist. Der Wert k_{eff} wird durch folgende Gleichung dargestellt.[1]

$$k_{eff} = \frac{k_0}{k_0 + (l - k_0) \exp\left(-\frac{v\,\delta}{D}\right)} \tag{137}$$

wobei v die Kristallisationsgeschwindigkeit, δ die Dicke der Diffusionsschicht an der Grenze zwischen der Schmelze und dem gereinigten

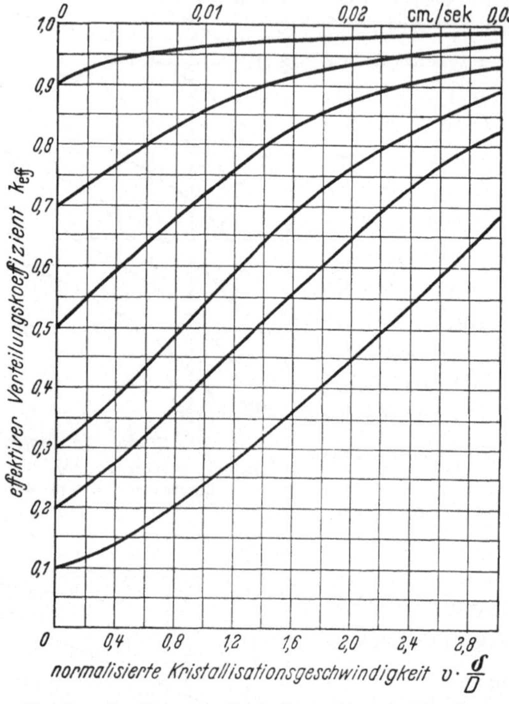

Abb. 157. Effektiver Verteilungskoeffizient in Abhängigkeit von der Kristallisationsgeschwindigkeit v, der Diffusionsschichtdicke δ und der Diffusionskonstanten D (nach BURTON, PRIM und SLICHTER[1])

Kristallmaterial und D die Diffusionskonstante der Verunreinigung in der Schmelzzone ist. Für $k_0 < 1$ wird k_{eff} mit $v\,\delta/D$ ansteigen und zwar um so stärker je kleiner k ist (Abb. 157). Es ist also günstig, sowohl v als auch δ klein zu halten. Anderseits darf die Geschwindigkeit der Schmelzzone nicht zu klein sein, da andernfalls eine Diffusion der Verunreinigung aus der Schmelze in die erstarrte Zone stattfinden kann. Die Geschwindigkeit der Schmelzzone liegt normalerweise zwischen 1 und 100 mm/Stunde. Die Diffusionsschicht δ liegt zwischen 0,1 (ohne

[3] BURTON, J. A., R. C. PRIM und W. P. SLICHTER: J. Chem. Phys. **21**, 1987 (1953).

Rührung) und 0,001 cm (bei starker Rührung). D ist von der Größenordnung 10^{-5} cm^2/sec. Die Anzahl der Zonendurchgänge richtet sich nach der gewünschten Reinigung und der zur Verfügung stehenden Zeit. Normalerweise werden zwischen 5 und 20 Durchgänge benutzt. Das Verhältnis der Zonen- zur Gesamtlänge des Materials liegt zwischen 1 : 5 und 1 : 10.

Normalerweise wird die Reinigung durch Zonenschmelzen in einem horizontal liegenden Rohr ausgeführt. Das Schmelzen in den Zonen erfolgt durch Widerstands- oder induktive Heizung. Zur Vermeidung der Reaktion der Schmelze mit dem Sauerstoff der Luft wird das Rohr evakuiert. Bei Substanzen mit einer zu großen Verdampfung wird Edelgas von passendem Druck benutzt. Störend wirkt sich die Anhäufung des Materials an einem Ende des Rohres aus, was durch die Mitführung durch die Zone bedingt ist. Diese Störung läßt sich durch passende Neigung des Rohres verhindern. An Stelle der horizontalen kann auch vertikale Anordnung benutzt werden. Dabei muß aber beachtet werden, ob das Material beim Festwerden sich zusammenzieht oder ausdehnt. Um das Sprengen des Rohres zu vermeiden, muß man im ersten Fall die Schmelzzone von unten nach oben und im zweiten in umgekehrter Richtung führen. Manchmal springt das Rohr auch bei der horizontalen Anordnung. Das geschieht dann, wenn das Material am Rohr haftet. Man kann das Springen verhindern, wenn das feste Material während des ganzen Reinigungsprozesses eine bestimmte Temperatur (meist einige Hundert Grad) nicht unterschreitet. Dies wird durch Zusatzöfen an beiden Enden des Rohres erreicht. Oft wird der Konstanz der Temperatur zu wenig Aufmerksamkeit geschenkt. Wenn die Temperatur der Zone entweder durch die Heizung oder Kühlung der Umgebung plötzlich geändert wird, so kann die Reinigung des Materials wesentlich beeinflußt werden.

Die Anhäufung des Materials an einem Ende des Schmelzbootes kann dazu ausgenutzt werden, daß das Material in ein Nebenabteil des Bootes überläuft, wodurch das stark verunreinigte Material vom Rest getrennt wird. Dadurch wird die Zonenreinigung beschleunigt.[1]

Wenn die Verunreinigungen einen wesentlich höheren Dampfdruck haben als das Hauptmaterial, kann die Reinigung durch Zonenverdampfung erfolgen.[2]

Eine wichtige Variante des Zonenschmelzens ist die Flotation, bei der die Schmelzzone des zu reinigenden Materials nicht in Berührung mit dem Behälter kommt, sondern von oben und unten durch die vertikal stehenden Stabenden desselben Materials frei gehalten wird.[3]

---

[1] Johnson, L. R. und W. Zimmerman: Rev. Sci. Instr. **31**, 203 (1960).
[2] Weissberg, L. R. und F. D. Roti: Rev. Sci. Instr. **31**, 206 (1960).
[3] Keck, P. H. und M. J. E. Golay: Phys. Rev. **89**, 1297 (1953).

Die oben angeführten Daten sollen nur einen Anhaltspunkt geben. Eine ausführliche Behandlung der bei dem Zonenschmelzen auftretenden Probleme befindet sich im bereits zitierten Buch von PFANN.

11.3 Geschwindigkeit des Kristallwachstums

Die Geschwindigkeit der Kristallzüchtung aus der Schmelze variiert in weiteren Grenzen. Bei Ionenkristallen liegt sie in der Größenordnung von einigen Zehntel bis zu einigen Millimeter pro Stunde, bei Metallen dagegen bis zu hundert mal größeren Werten. Der große Unterschied wird durch die Verschiedenheit der zur Kristallisation nötigen Aktivierungsenergie bei verschiedenen Kristallen erklärt.[1] Es wird angenommen, daß zwischen der Schmelze und der angrenzenden Kristallfläche eine quasikristalline Schicht von atomaren Dimensionen existiert, durch welche die Atome hindurch müssen, wozu eine Aktivierungsenergie nötig ist. Bei kleinen Atomen (Metallen) soll diese Energie klein sein, bei großen Molekülen dagegen groß. Unter Zugrundelegung des Energieschemas nach der Abb. 158 läßt sich nach TURNBULL die Geschwindigkeit des Kristallwachstums durch folgende Gleichung darstellen

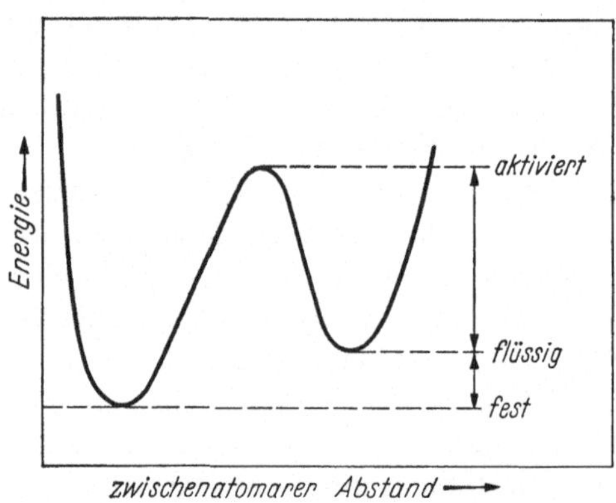

Abb. 158. Energieschema bei der Kritallisation aus der Schmelze (nach TURNBULL[1])

$$G = \lambda(k\,T/h)\,[1 - \exp\,(-\Delta F/R\,T)\,\exp\,(-\Delta F_A/R\,T)]\,, \tag{138}$$

wobei λ = Atomabstand in der Zwischenschicht in cm, ΔF = Unterschied der freien Energie im festen und geschmolzenen Zustand, ΔF_A = Unterschied der freien Energie zwischen den aktivierten und normalen Atomen in der Schmelze. Da näherungsweise

$$\Delta F = \Delta H\,\Delta T/T_0\,, \tag{139}$$

wobei ΔH die Schmelzwärme, ΔT die Unterkühlung und T_0 die Schmelztemperatur bedeuten, und

$$\Delta F_A = \Delta H_A - T\,\Delta S_A\,, \tag{140}$$

[1] TURNBULL, D.: in Thermodynamics in Physical Metallurgy, Am. Soc. Metals, 1950, S. 282.

wobei ΔH_A und ΔS_A die Energie- und Entropieänderung durch Aktivierung sind, nimmt die Gleichung folgende Form an

$$G = \lambda(k\,T/h)\,[1 - \exp(-\Delta H\,\Delta T/T_0\,R\,T)] \times \exp[(-\Delta H_A + T\,\Delta S_A)/R\,T]. \tag{141}$$

Aus dieser Gleichung läßt sich ersehen, daß die Geschwindigkeit G des Wachstums gleich Null für $T = 0$ und für $T = T_0$ ist. Dazwischen muß G ein Maximum haben. Wenn $\Delta F_A \gg R\,T_{max}$ weist G als Funktion von T ein gut ausgeprägtes Maximum auf, dagegen für ΔF_A nur wenig größer als $R\,T_{max}$ zeigt G ein breites flaches Gebiet, in dem G praktisch unabhängig von T ist. Das Temperaturintervall der Konstanten maximaler Kristallisationsgeschwindigkeit ist kein Charakteristikum des Materials, sondern durch die Verteilung der Wärmeabfuhr an der Kristallisationsgrenze bedingt,[1, 2] was experimentell am Salol (Salicylsäurephenylester) gezeigt wurde.[3, 4] Komplizierter scheinen die Verhältnisse beim Benzophenon (Diphenylketon) zu liegen.[5]

Eine ähnliche Betrachtung der Kristallisationsgeschwindigkeit aus der Schmelze findet sich bereits bei Dehlinger.[6]

An Stelle der eben behandelten thermodynamischen Betrachtung des Kristallwachstums als Funktion der freien Energie und der Temperatur, kann das Wachstum als eine Superposition von zwei Prozessen und zwar von Schmelz- und Kristallisationsgeschwindigkeit behandelt werden.

An der Grenze zwischen der Schmelze und der festen Phase kann der Übergang der Atome sowohl in der einen als auch in der anderen Richtung erfolgen. Die Übergangswahrscheinlichkeit wird von der Schwingungsenergie E_n der Atome senkrecht zur Grenzschicht und der Anzahl der Atome A, die diese Energie besitzen, abhängen. Für den Übergang fest-flüssig ist die Wahrscheinlichkeit,

$$W_1 = E_1\,A_1 \exp(-Q_1/R\,T) \tag{142}$$

und für flüssig-fest

$$W_2 = E_2\,A_2 \exp(-Q_2/R\,T), \tag{143}$$

wobei Q_1 bzw. Q_2 die entsprechenden Aktivierungsenergien bedeuten. Beide Prozesse hängen von der Temperatur ab, jedoch verschieden stark. In der Abb. 159 ist der Verlauf der Schmelz- und der Kristallisationsgeschwindigkeit (R_M und R_F) für Kupfer dargestellt.[7] Bei tiefen Temperaturen ist das Erstarren schneller, bei hohen das Schmelzen. Die

---

1 Foerster, Th.: Z. phys. Chem. **A175**, 177 (1936).
2 Burger, H. C.: Versl. K. Akad. van Wet. Amsterdam **29**, 276 (1920).
3 Neumann, K. und G. Micus: Z. phys. Chem. N. F. **2**, 25 (1954).
4 Micus, G. und U. Troltenier: Z. phys. Chem. N. F. **2**, 229 (1954).
5 Micus, G. und U. Troltenier: Z. Elektrochem. **59**, 412 (955).
6 Dehlinger, U.: Z. Phys. **74**, 267 (1932).
7 Jackson, K. A. und B. Chalmers: Canad. J. Phys. **34**, 473 (1956).

Differenz der beiden Kurven bestimmt die Geschwindigkeit des Gesamtprozesses, die beim Schmelzpunkt T_E gerade 0 ist (Abb. 160).

Im Gleichgewicht wird $W_1 = W_2$ und $Q_1 - Q_2 = L$, wobei L die Schmelzwärme bedeutet. Daraus folgt $L = \text{const} \cdot T_0$, d. h. bei Kristallen mit derselben Struktur soll die Schmelzwärme proportional der absoluten Schmelztemperatur sein (Abb. 161). Bei der Kristallisation braucht die Temperatur an der Grenze fest-flüssig nicht unbedingt gleich der Schmelztemperatur zu sein. Es wurde z. B. am Salol nachgewiesen, daß im Gebiet der maximalen Kristallisationsgeschwindigkeit die Grenzflächentemperatur um 25° C niedriger war als der Schmelzpunkt (41,6° C).[2] Diese Bestimmung erfolgte unter der Annahme, daß die Kristallisationsfläche eben und deren Temperatur konstant ist.

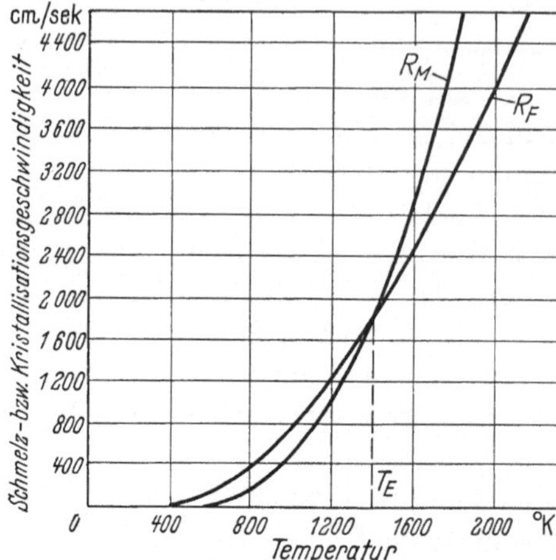

Abb. 159. Verlauf der Schmelz- bzw. Kristallisationsgeschwindigkeit für Kupfer (nach JACKSON und CHALMERS[1])

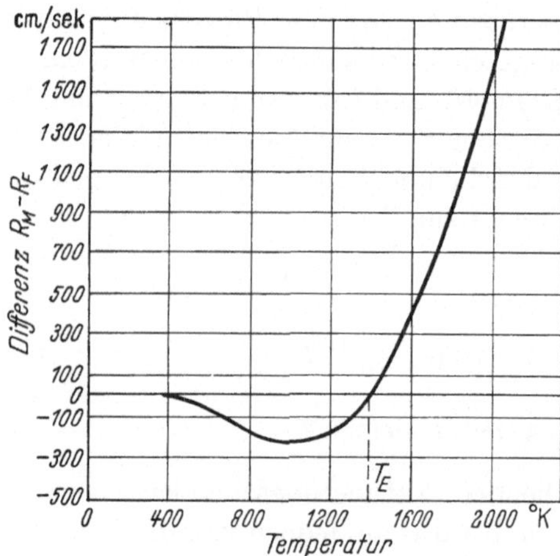

Abb. 160. Differenz zwischen der Schmelz- und der Kristallisationsgeschwindigkeit für Kupfer (nach JACKSON und CHALMERS[1])

Die bisherigen Betrachtungen beziehen sich auf den quasiisothermen Zustand, bei dem die Temperatur der Grenzschicht annähernd gleich der angrenzenden flüssigen und der festen Phase ist. Nun wird aber bei der Kristallisation Wärme entwickelt, die eine Erhöhung der Temperatur an der Grenzschicht bewirkt. Wenn die Kristallisation fortschreiten soll, muß die Wärme abgeführt werden. Die Temperaturverteilung im nichtstationären Zustand wurde von GEIST und DEHLINGER behandelt.[3] Der Gleichgewichtszustand zwischen der

[1] Siehe Anm. 7 auf S. 225.

[2] POLLATCHEK, H.: Z. phys. Chem. **A142**, 289 (1929).

[3] GEIST, D. und U. DEHLINGER: Z. Naturforsch. **4a**, 415 (1949).

durch die Kristallisation entwickelten und durch die Wärmeleitfähigkeit des Kristalls abgeführten Wärme führt zur folgenden Beziehung[1]

$$H \varrho \, v \, dt = k \frac{dT}{dx} dt, \tag{144}$$

woraus folgt:

$$v = \frac{k}{H \varrho} \frac{dT}{dx}, \tag{145}$$

wobei H die Kristallisationswärme, ϱ die Kristalldichte, v die Kristalilsationsgeschwindigkeit, k die Wärmeleitfähigkeit des Kristalls und dT/dx der Temperaturgradient senkrecht zur Kristallisationsfläche ist. Diese Gleichung ist unter Vernachlässigung der Wärmeableitung durch Konvektion und Strahlung abgeleitet worden.

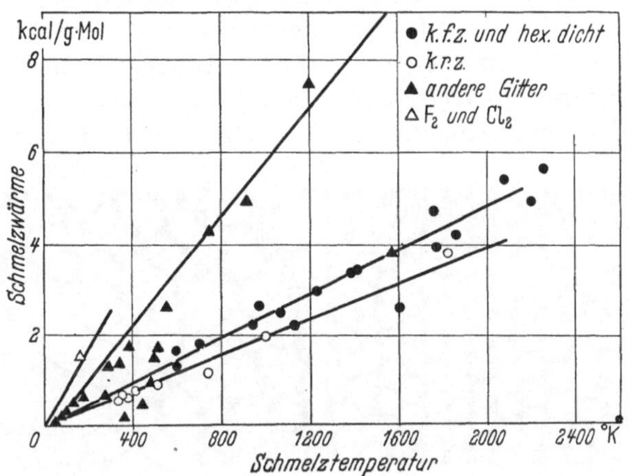

Abb. 161. Schmelzwärme in Abhängigkeit von der Schmelztemperatur

Die obige Beziehung ist unter der Bedingung abgeleitet, daß die Wärmeabfuhr nur durch den Kristall erfolgt. Dieser Fall kann nur bei kleiner Kristallisationsgeschwindigkeit auftreten. Da die Kristallisationswärme bei verschiedenen Kristallen nur wenig variiert, ist die Kristallisationsgeschwindigkeit im wesentlichen durch die Wärmeleitfähigkeit bestimmt, was mit der Erfahrung übereinstimmt. Als Beispiel ist das Verhältnis der Kristallisationsgeschwindigkeit v zum Temperaturgradienten dT/dx, berechnet nach Gleichung (147), in der Tab. 68 angegeben.

Demnach kann man z. B. Einkristalle aus Metallen viel rascher herstellen als aus den Ionenkristallen, die eine wesentlich kleinere Wärmeleitfähigkeit als die Metalle haben.

Die Kristallisationsgeschwindigkeit hat außerdem einen Einfluß auf die Verteilung der Verunreinigungen. Wenn die Schmelze nicht dauernd durchmischt wird, wird die Konzentration der Verunreinigungen an der

[1] Kuznezov, V. und D. Saratovkin: Doklady Akad. NaukSSR 1, 248 (1934).

Tabelle 68. *Kristallisationsgeschwindigkeit von Kupfer und Natriumchlorid aus der Schmelze*

	Cu	NaCl
Schmelztemperatur °C	1084	800
Kristallisationswärme H cal/g	49	127
Dichte ϱ g/cm³	8,93	2,16
Wärmeleitfähigkeit k cal/cm sec grad*	0,87	0,01
$v/(dT/dx) = k/H\varrho$ cm/sec/°C/cm	2×10^{-2}	$3{,}65 \times 10^{-5}$

* Diese Werte sind für Zimmertemperatur. Eigentlich müßte man die Wärmeleitfähigkeit dicht am Schmelzpunkt benutzen.

Kristallisationsfläche stark erhöht, wodurch mehrfache Kristallbildung verursacht wird. Als ein Beispiel davon sehen wir in Abb. 162 die Mosaikstruktur der Grenzfläche eines zu schnell gewachsenen Zinnkristalls mit Bleizusatz.[1] Ist die Kristallisationsgeschwindigkeit unterhalb eines kritischen Wertes, der umgekehrt proportional der Konzentration der Verunreinigung ist, so wächst ein Einkristall.

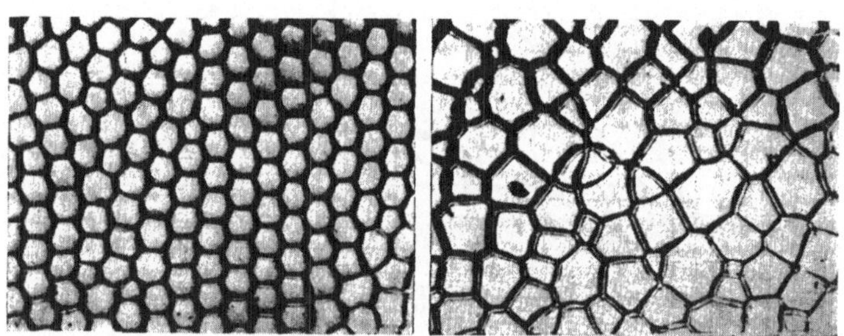

Abb. 162. Struktur der Kristallisationsfläche einer Pb–Sn-Legierung; links: Mosaikstruktur tritt auf bei einem kleinen Gradienten und einer großen Wachstumsgeschwindigkeit; rechts: gröbere Struktur erscheint bei einem größeren Gradienten und einer kleineren Wachstumsgeschwindigkeit, die vollkommen verschwindet, wenn das Verhältnis des Temperaturgradienten zur Wachstumsgeschwindigkeit etwa den Wert 15° C sec/cm² × 10³ überschreitet, X 200.

Bei schneller Kristallisation kann die Kristallisationswärme eine wesentliche Temperaturerhöhung an der Grenzschicht verursachen, die sogar höher sein kann als die Temperatur der unterkühlten Schmelze. In diesem Fall wird ein Teil der Kristallisationswärme durch die Schmelze abgeführt. Wir haben dann an Stelle der Gleichung (144)

$$H \varrho v \, dt = \left[k_s \left(\frac{dT}{dx}\right)_s - k_l \left(\frac{dT}{dx}\right)_l\right] dt \; ^2, \tag{146}$$

wobei s fest und l flüssig bedeuten. Dieser Fall muß aber bei der Kristallzüchtung vermieden werden, da sonst leicht Polykristalle (Dendride) gebildet werden.

[1] Walton, D., W. A. Tiller, J. W. Rutter und W. C. Winegard: J. Metals 7, 1023 (1955).

[2] Goss, A. J.: Proc. Phys. Soc. (London) **B66**, 525 (1953).

Um eine kontinuierliche Wärmeabfuhr aufrechtzuerhalten, muß der Kristall gekühlt werden. Das wird am einfachsten durch einen gut leitenden Tiegelhalter von entsprechenden Dimensionen erreicht. Eine gute Wärmeableitung durch den Boden des Tiegels bewirkt, daß die Kristallisationsfläche konvex wird (Abb. 163). Die konvexe Form der Kristallisationsfläche ist günstig, weil dadurch die an der Tiegelwand zufällig entstandenen Keime nicht in das Kristallinnere hineinwachsen können. Ist dagegen die Wärmeabfuhr durch die Seitenwand größer als durch den Boden, so kann die Kristallisationsfläche konkav werden, was zu einer multiplen Kristallisation führen kann. Eine zu starke Kristallkühlung muß aber vermieden werden, da dadurch große Spannungen im Kristall entstehen können, die zur plastischen Deformation[1, 2] oder sogar zu Sprüngen führen können.

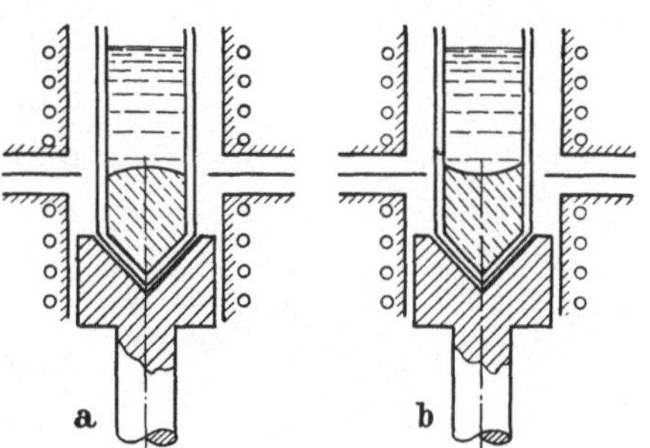

Abb. 163. Einfluß der Kristallkühlung auf die Form der Kristallisationsfläche: a starke Kühlung, b schwache Kühlung

Die Temperatur der Schmelze soll nicht zu nahe am Schmelzpunkt liegen und zwar aus zweierlei Gründen. Erstens können dicht am Schmelzpunkt leicht Keime gebildet werden und zweitens durch kleine Temperaturschwankungen des Ofens große Änderungen der Wachstumsgeschwindigkeit hervorgerufen werden. Dadurch können periodische Inhomogenitäten im Kristall entstehen. Über die Temperatur der Schmelze werden gewöhnlich keine Angaben gemacht. Es wird vielmehr der Temperaturgradient an der Kristallisationsgrenze angegeben, der nur die Temperaturdifferenz pro Längeneinheit angibt. Dieser „äußere" Temperaturgradient ist dem *„inneren"* in der Gleichung (144) nicht gleich. Bei Kristallisationsprozessen überlagern sich die beiden Gradienten. Der *„äußere"* Temperaturgradient ist durch die Temperaturverteilung des Ofens, der *„innere"* dagegen durch die Kristallisationswärme und beide durch die Wärmeleitfähigkeit des Kristalls bestimmt. Zwischen den beiden wird meistens kein Unterschied gemacht. Dadurch kommt man zu dem Resultat, daß zwischen dem Temperaturgradienten und der Kristallisationsgeschwindigkeit keine Beziehung besteht.[3] Ein hoher *„äußerer"* und ein kleiner *„innerer"* Temperaturgradient soll immer vorteilhaft sein. Der „innere" Gradient erniedrigt den Gesamtgradienten der Schmelze und erhöht den des Kristalls (Abb. 164). Es

[1] Billig, E.: Proc. Roy. Soc. (London) **A235**, 37 (1956).
[2] Billig, E.: Brit. J. Appl. Phys. **7**, 375 (1956).
[3] Goss, A. J. und S. Weintroub: Nature **167**, 349 (1951); Proc. Phys. Soc. (London) **B65**, 561 (1952).

soll demnach immer ein hoher *„äußerer“* Temperaturgradient und ein kleiner *„innerer“*, d. h. kleine Wachstumsgeschwindigkeit, angestrebt werden. Allerdings können auch Fälle auftreten, in denen eine zu langsame Wachstumsgeschwindigkeit ungünstig ist. Das ist dann der Fall, wenn die Bildung der vagabundierenden Keime stärker von der Zeit als von der Temperatur abhängt, d. h., wenn die Schmelze Verunreinigungen enthält. Die Wichtigkeit des hohen Temperaturgradienten wurde vor kurzem wieder stark betont.[1]

Die in der Schmelze aufgelösten Gase können an der Kristallisationsgrenze die Bildung von Kristallkeimen verursachen und dadurch zu multipler Kristallisation Anlaß geben.[2] Außerdem können makroskopische Blasen entstehen, die in den Kristall eingebaut werden. Es ist deshalb zweckmäßig, die Schmelzen entweder im Vakuum zu entgasen oder durch ein leichtes inertes Gas (z. B. He) zu *„spülen“*.

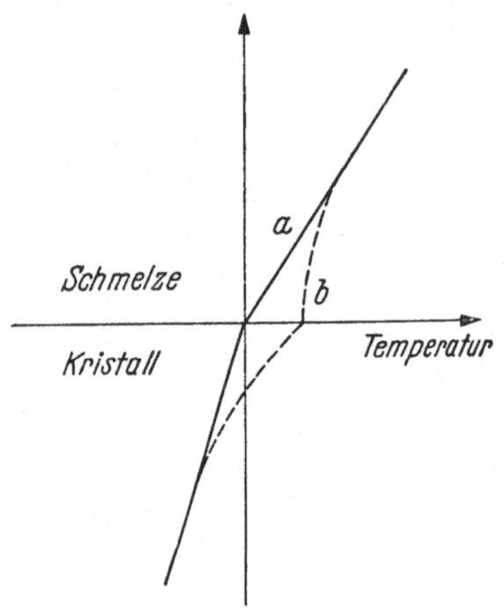

Abb. 164. Äußerer und innerer Temperaturgradient während des Kristallwachstums; (a) äußerer, (b) innerer Temperaturgradient

Die Einleitung der Kristallisation aus der Schmelze kann ohne oder mit Keimen erfolgen. Im Gegensatz zur Kristallzüchtung aus der Lösung erfolgt eine Auslese von einem einzigen Keim oder einigen wenigen Keimen in der Schmelze von selbst. Man braucht dazu nur die Kristallisation von einem Punkt oder besser gesagt einem möglichst kleinen Volumen zu beginnen. Selbstverständlich werden am Anfang viele Keime gebildet, deren Lebensdauer aber nur sehr kurz bzw. die Wachstumsgeschwindigkeit zu klein ist, daß sie von einigen wenigen und die wieder von anderen überholt werden bis im günstigsten Fall ein einziger übrig bleibt. Man könnte vermuten, daß der Keim das Wettrennen gewinnt, der die größte Wachstumsgeschwindigkeit in der Kristallisationsrichtung hat. Wenn das der Fall wäre, dann müßten Kristalle aus demselben Material immer dieselbe Richtung aufweisen, was aber nur selten stimmt.

Gewisse Bevorzugung der Orientierung wurde bereits von Bridgman bei der Kristallisation der Metalle festgestellt.[3] Bei der Züchtung von Kupferkristallen war die [100]-Richtung immer parallel der Zylinder-

---

[1] Stepanov, I. V., M. A. Vasileva und N. N. Scheftal: Kristallografia **5**, 334 (1960).

[2] Neumann, K. und G. Micus: Z. phys. Chem. N. F. **2**, 25 (1954).

[3] Bridgman, P. W.: Proc. Am. Acad. **60**, 306 (1925).

achse.[1] Die Kristallisationsbedingungen wurden nicht näher angegeben. Dagegen ergaben die Untersuchungen von GRAF[2] an Cu, Ag und Cu/Au-Mischkristallen keine bevorzugte Orientierung. Die Kristallisationsgeschwindigkeit betrug 21 cm/Stunde. Mehrere Untersuchungen liegen über anisotrope Kristalle vor. Nach BOAS und SCHMID[3] ist die Richtung der c-Achse der Cd-Kristalle von der Wachstumsgeschwindigkeit abhängig. Bei der Geschwindigkeit 1,5 cm/Stunde ist die Neigung der c-Achse zur Kristallisationsrichtung 90°, bei 5 cm/Stunde bis zu 79° und bei 20 cm/Stunde bis zu 45°. Dagegen wurde beim Zink kein Einfluß der Wachstumsgeschwindigkeit festgestellt.[4] Dieser Unterschied kann damit zusammenhängen, daß die Wärmeleitfähigkeit im Zink beinahe isotrop ist. Bei einer Kristallisationsgeschwindigkeit von 6 cm/Stunde wurde bevorzugte Orientierung bei Bi, Cd und Sn aber nicht bei In und Zn beobachtet.[5]

Für die praktische Herstellung der Kristalle aus der Schmelze wurden in den letzten Jahrzehnten verschiedene Methoden entwickelt, die meist nach dem Namen der Erfinder wie BRIDGMAN, NACKEN, STOCKBARGER, TAMMANN und anderer benannt werden. Manchmal wird dieselbe Methode nach dem einen oder dem anderen Namen bekannt oder nach zwei bzw. drei Namen zusammen. Wenn auch der erste Autor der Methode unzweifelhaft als Urheber anzusehen ist, so haben die Nachfolger oft wesentlich zur Weiterentwicklung beigetragen. Um allen Autoren gerecht zu werden, werden hier die einzelnen Varianten nicht nach den Autoren sondern nach dem technischen Merkmal benannt. Die Züchtungsverfahren der Einkristalle aus der Schmelze werden in 2 Hauptgruppen: Gradientverfahren und Ziehverfahren eingeteilt. Die 1. Gruppe wird weiterhin in verschiedene Untergruppen unterteilt.

11.4 Gradientverfahren

Das Merkmal dieser Methode ist, daß die Schmelze durch einen Temperaturgradienten mit konstanter Geschwindigkeit durchgezogen wird. Dabei wird entweder der Tiegel mit der Schmelze oder der Ofen oder schließlich nur der Temperaturgradient auf einer geraden Linie bewegt. Es ist vorteilhaft, den Temperaturgradienten möglichst hoch zu halten. Das wird dadurch erreicht, daß ein Doppelofen benutzt wird, dessen beide Teile auf verschiedenen Temperaturen gehalten werden. Manchmal wird nur ein Ofen benutzt und dessen Temperaturgradient an einem

---

[1] DAVEY, W. P.: Phys. Rev. **25**, 248 (1925).

[2] GRAF, L.: Z. Phys. **67**, 388 (1931), benutzt Induktion und Impfkristall am Boden des Tiegels.

[3] BOAS, W. und E. SCHMID: Z. Phys. **54**, 16 (1929).

[4] KUSNEZOV, V. und D. SARATOVKIN, Doklady Akad. Nauk (S.S.S.R.) **1**, 248 (1934).

[5] GOSS, A. J.: Proc. Phys. Soc. (London) **B66**, 525 (1953).

Ende beim Übergang zur umgebenden Luft ausgenutzt. Diese Anordnung ist mangelhaft, weil durch die Temperaturschwankungen der Umgebung die Lage des Temperaturgradienten nicht stabil ist, wodurch keine konstante Geschwindigkeit der Kristallisation erzielt werden kann. Es ist auch unzweckmäßig, die beiden Ofenteile elektrisch miteinander zu koppeln und nur mit einem Regler die Temperatur zu regulieren. Die zuverlässigste Anordnung ist die, wenn beide Ofenteile getrennt geregelt werden, dadurch kann das dazwischen liegende Kristallisationsniveau räumlich konstant gehalten werden. Bei kleinen Kristallen ist es ausreichend, die beiden Teilöfen auf konstanter Temperatur während der Kristallisationsdauer zu halten. Dagegen wird bei großen Kristallen die Temperatur des kälteren Ofens durch die Wärmekapazität des Kristalls kontinuierlich erhöht und dadurch der Temperaturgradient vermindert. Dieses muß durch entsprechende Programmregelung ausgeschaltet werden, wenn es darauf ankommt, daß der Kristall unter gleichmäßigen Bedingungen wachsen soll.

Um die Luftzirkulation im Ofenraum zu unterbinden, soll der Ofen luftdicht an beiden Enden verschlossen werden. Bei größeren Öfen ist es zweckmäßig, in der Ebene der Kristallisation eine Ringblende einzusetzen, die den Wärmeaustausch zwischen den beiden Teilöfen herabsetzt. Die Größe des Temperaturgradienten hängt ab von der Temperatur der beiden Ofenteile, von der Isolation zwischen den beiden Ofenteilen, vom Wärmetransport durch die umgebende Atmosphäre, durch die Strahlung und schließlich durch den Kristall selbst. Bei Ionenkristallen beträgt der Temperaturgradient zwischen der Schmelze und dem Kristall bei üblichen Versuchsanordnungen meist nur etwa die Hälfte des festgelegten Ofengradienten. Bei Kristallen mit höherer Wärmeleitfähigkeit wird er entsprechend kleiner sein. Wie bereits früher auseinandergesetzt wurde ist ein möglichst hoher Temperaturgradient aus zwei Gründen notwendig: erstens wirken sich Temperaturschwankungen des Ofens weniger auf die Kristallisationsgeschwindigkeit aus; zweitens wird die schädliche Keimbildung in der Schmelze dicht am Kristallisationsniveau vermindert, weil das Volumen der Schmelze, deren Temperatur dicht am Schmelzpunkt liegt, kleiner ist als bei einem kleinen Gradienten.

Andererseits kann ein zu hoher Temperaturgradient schädlich sein, einmal wegen der plastischen Deformation des Kristalls während des Wachstums und zweitens wegen Sprunggefahr bei temperaturempfindlichen Kristallen. In der Praxis werden Temperaturgradienten zwischen 10 und 100° C/cm benutzt.

Nach den früheren Ausführungen ist die Kristallisationsgeschwindigkeit durch die Abfuhr der Kristallisationswärme bestimmt. Diese Beziehung besagt aber nichts über die Güte des Kristalls. Man weiß aber aus der Praxis, daß die meisten Kristalle um so besser sind, je langsamer sie gezüchtet werden. Dieses Verhalten läßt sich dadurch erklären, daß bei schnellem Wachsen der Temperaturgradient in der Schmelze dicht am Kristallisationsniveau durch die Kristallisationswärme erniedrigt wird, was nach dem früher gesagten schädlich für die Kristallisation ist. Die praktischen Kristallisationsgeschwindigkeiten liegen zwischen 0,1 und 5 cm/Stunde. Bei Tellur und Wismuth scheint eine optimale Kristallisationsgeschwindigkeit zu existieren,[1] deren Grund aber bis jetzt nicht bekannt ist.

Die Abfuhr der Kristallisationswärme soll durch den wachsenden Kristall erfolgen, d. h. der Tiegel soll ein schlechterer Wärmeleiter sein als der Kristall. Der Grund liegt darin, daß bei der Wärmeleitung durch den Kristall das Kristallisationsniveau konkav wird, vom Kristall aus gesehen. Diese Form des Kristallisationsniveaus verhindert das Wachstum der schädlichen Keime, die eventuell an der Tiegelwand durch heterogene Keimbildung entstehen.

Das Gradientverfahren wird als Vertikal- oder als Horizontalverfahren ausgeführt. Eine spezielle Methode des Gradientenverfahrens, die sowohl beim Vertikal- wie beim Horizontalverfahren verwendet wird, ist das Zonenschmelzverfahren.

11.41 Vertikalverfahren

In dieser Methode liegt der Temperaturgradient vertikal, daher die Bezeichnung. Dieses Verfahren geht auf ANDRADE[2] zurück, der durch langsames Abkühlen in der Kapillare Quecksilberkristalle herstellte. TAMMANN[3] machte den entscheidenden Schritt, indem er das untere Ende des Glasrohres, das als Schmelzgefäß diente, zu einer Kapillare auszog. Die Kühlung der Schmelze wurde derart eingeleitet, daß die Kristallisation in der Kapillare anfing, wobei sich meist nur ein einziger Kristall über den engen Querschnitt bildete, der dann als Impfkristall bei der weiteren Kühlung der Schmelze wirkte. Eine weitere Verbesserung wurde durch OBREIMOV und SCHUBNIKOV[4] gemacht, die zur Einleitung der Kristallisation die Kapillare zusätzlich durch Preßluft kühlten. BRIDGMAN[1] führte die Senkung des Schmelzgefäßes aus Glas oder Quarz mit Kapillarboden durch den Ofen ein. Er hatte bereits Einkristalle bis zu einem Durchmesser von 2,2 cm hergestellt. Die Kristallisationsgeschwindigkeit lag zwischen 0,4 und 6 cm pro Stunde. BRIDGMAN hat dabei die Reinigung während des Kristallisationsprozesses festgestellt. Der untere Teil seiner Kristalle war immer reiner als der obere. In seinem Patent[5] gibt BRIDGMAN verschiedene Verbesserungen an. Er

---

[1] BRIDGMAN, P. W.: Proc. Am. Acad. Sci. **60**, 306 (1925).
[2] ANDRADE, E. N. DA C.: Phil. Mag. **27**, 869 (1914).
[3] TAMMANN, G.: Lehrbuch der Metallographie, L. Voß, Leipzig 1923.
[4] OBREIMOV, I. und L. SCHUBNIKOV: Z. Phys. **25**, 31 (1924).
[5] USA-Patent No. 1793672 vom 24. Februar 1931.

beschreibt einen Doppelofen, um Temperaturschwankungen an der Kristallisationszone herabzusetzen. Zur Herstellung der Kristalle mit gewünschter Orientierung verwendet BRIDGMAN orientierte Impfkristalle am Boden des Tiegels. Eine andere Methode zur Herstellung von orientierten Kristallen wurde von PALIBIN und FROIMAN[1] angegeben. Die Kapillare des Schmelzgefäßes ist in eine kleine dünnwandige Glaskugel eingeschmolzen. Bei der Abkühlung der Schmelze in der Kugel wachsen die Kristalle radial nach der Mitte der Kugel, aber nur der parallel zur Kapillarrichtung wachsende dringt in die Kapillare hinein. Bei hexagonalen Metallen ist das die Richtung der c-Achse. Andere Richtungen können dadurch erzielt werden, daß die Kapillare gegen die Achse des Kristallisationsrohres um den gewünschten Winkel geneigt ist (Abb. 165). Die technische Vervollkommnung der Vertikalmethode wurde von STOCKBARGER[3] durchgeführt, indem den Tiegeln eine konische Bodenform von etwa 120° gegeben wurde und senkbare Tiegelhalter mit guter Wärmeübertragung entwickelt wurden. In Abb. 166 ist der Tiegelhalter nach STOCKBARGER dargestellt.

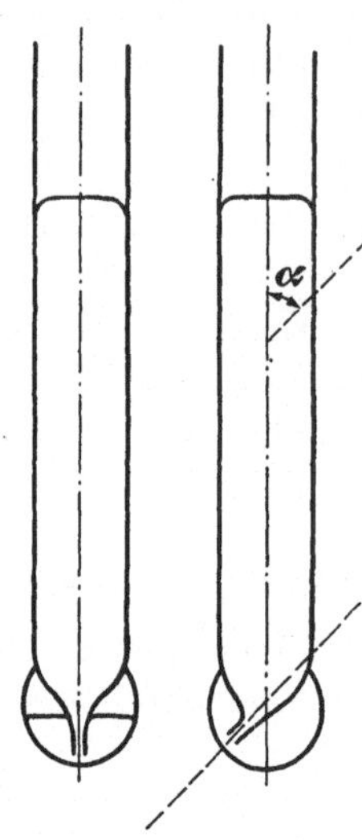

Abb. 165. Herstellung orientierter Kristalle (nach PALIBIN und FROIMAN[1])

Nach STOCKBARGER[3] soll der Temperaturgradient möglichst groß und das Kristallisationsniveau eben sein. Die letzte Forderung ist bis jetzt

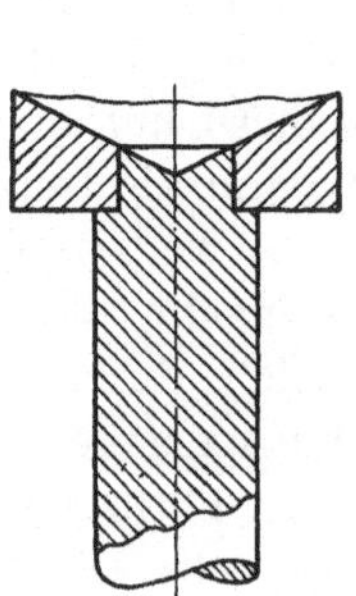

Abb. 166. Tiegelhalter (nach STOCKBARGER[2])

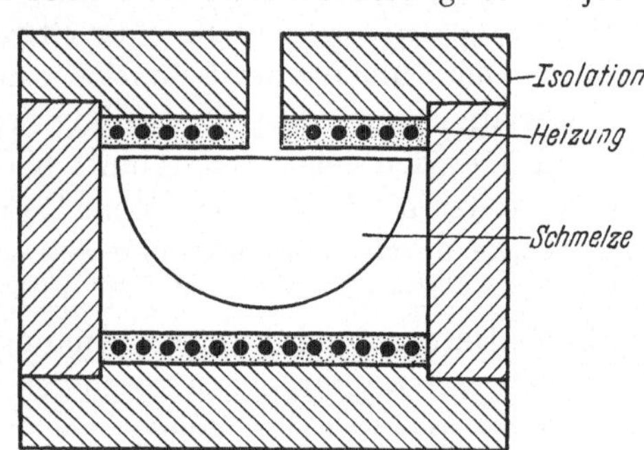

Abb. 167. Kristallisation (nach STÖBER[4])

experimentell nicht nachgeprüft worden. Für Lithiumfluorid gibt STOCKBARGER die Temperatur der oberen Kammer zu 930° C und die

[1] PALIBIN, P. A. und A. I. FROIMAN: Z. Krist. **85**, 322 (1933).

[2] STOCKBARGER, D. C.: Rev. Sci. Instr. **7**, 133 (1936); **10**, 205 (1939); J. Opt. Soc. Amer. **2**, 416 (1937); Discussions Faraday Soc. No. 5, 294 u. 299 (1949).

[3] USA-Patent No. 2149076 vom 28. Februar 1939 und 2214976 vom 17. September 1940.

[4] STÖBER, F.: Z. Krist. **61**, 299 (1925).

der unteren zu 810° C; die Kristallisationsgeschwindigkeit (= Senkgeschwindigkeit) zu 1,25 mm/Stunde an. Zur besseren Wärmeübertragung wird zwischen dem Platintiegel und dem Halter eine dünne Schicht aus Al_2O_3-Kitt verwendet.

In der von STÖBER[1–3] angegebenen Variante wird nicht der Tiegel mit der Schmelze sondern der Temperaturgradient vertikal verschoben. Das kalottenförmige Schmelzgefäß (Abb. 167) wird von oben geheizt und von unten gekühlt. Am Anfang muß die Temperatur der Heizplatte so hoch sein, daß der gesamte Inhalt der Schale schmilzt. Wenn die Schmelze ein schlechter Wärmeleiter ist, wird der obere Teil stark überhitzt, was einen wesentlichen Nachteil der Methode bildet. Die vertikale Verschiebung des Gradienten wird dadurch erzielt, daß die Temperatur der Heizplatte kontinuierlich gesenkt wird. Nach dieser Methode hat STÖBER Natriumnitratkristalle ($NaNO_3$) bis zu einem Gewicht von 4 kg hergestellt. Eine Verschiebung des Gradienten wurde auch von anderen Autoren benutzt.[4, 5, 6]

Nach STÖBER müssen bei der Kristallisation folgende Bedingungen eingehalten werden: der Beginn der Kristallisation soll von einem Punkt erfolgen, der Temperaturgradient soll groß sein und das Kristallisationsniveau soll horizontal verlaufen. STRONG[4] hat zwei wesentliche Verbesserungen hinzugefügt: der fertige Kristall soll auf gleichmäßige Temperatur gebracht werden, bevor die Abkühlung auf Zimmertemperatur erfolgt, um eine plastische Deformation zu eliminieren. Da der fertige Kristall in vielen Fällen an der Tiegelwand haftet, wird der Ofen auf den Kopf gestellt und der Kristall aus dem Tiegel herausgeschmolzen.

Eine technische Anlage zur Kristallherstellung nach dem vertikalen Gradientverfahren ist in Abb. 168 dargestellt. Wesentliche Bestandteile der Apparatur sind: Doppelofen, Temperaturregler und automatische Senkvorrichtung für den Schmelztiegel. An Stelle eines großen Tiegels können mehrere kleinere, nebeneinander aufgestellt, benutzt werden.

Der wesentliche Vorteil dieses Verfahrens beruht darauf, daß abgeschlossene Tiegel (z.B. aus Glas) unter Schutzgas oder unter Druck[7] evakuiert benutzt werden können und daß das Wachstum ohne Überwachung nach dem festgelegten Programm ablaufen kann. Als Nachteil muß vermerkt werden, daß durch die zunehmende Temperatur von unten nach oben keine Konvektion in der Schmelze stattfindet, dadurch sammeln sich Verunreinigungen an der Kristallisationsgrenze, wodurch

---

1 Siehe Anm. 4 auf S. 234.

2 RAMSPERGER, H. C. und E. H. MELVIN: J. Opt. Soc. Amer. **15**, 359 (1927).

3 STRONG, J.: Phys. Rev. **36**, 1663 (1930).

4 FARNSWORTH, H. E.: Phys. Rev. **48**, 971 (1935).

5 JILLSON, D. C.: Trans. Am. Inst. Mining Met. Engrs. **188**, 1005 (1950).

6 BELAJEV, L. M., G. S. BELIKOV und G. F. DOBRAZANSKII: Rost Kristallov **2**, 77 (1959).

7 MEDCALF, W. E. und R. H. FAHRIG: J. Electrochem. Soc. **105**, 719 (1958).

Abb. 168. Technische Apparatur zur Herstellung der Kristalle nach dem vertikalen Gradientverfahren (Harshaw Chem. Co.)

Abb. 168a. Herausschmelzen des Kristalls aus dem Pt-Tiegel (Harshaw Chem. Co.)

deren starker Einbau in den Kristall stattfindet. Ein anderer Nachteil ist, daß die meisten Kristalle an der Wand der Tiegel haften und herausgeschmolzen werden müssen.[1,2] Das kann entweder durch Umdrehen des Tiegels oder des ganzen Ofens geschehen, ist aber umständlich (Abb. 168a), (Abb. 168b).

Für Kristalle, die in Glastiegeln hergestellt werden, die man aber in der Luft nicht herausschmelzen kann, ist es möglich, das Herausschmelzen im zugeschmolzenen Tiegel durchzuführen, wenn man den Tiegel in seinem oberen Teil erweitert[3] (Abb. 169).

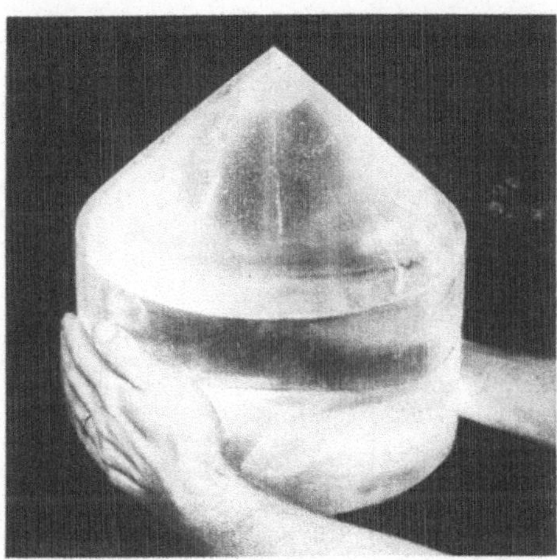

Abb. 168b. Herausgeschmolzener NaCl-Kristall (Harshaw Chem. Co.)

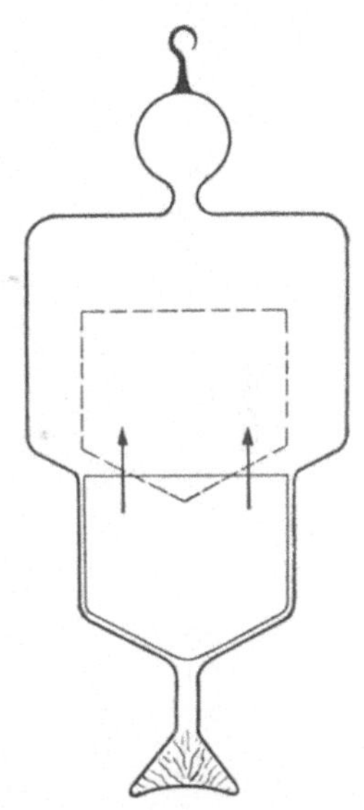

Abb. 169. Glastiegel mit einer kapillaren Einschnürung zwecks orientierter Kristallherstellung und mit erweitertem Oberteil zum Heranschmelzen des fertigen Kristalls (nach TARJAN und TURCHANYI[3])

Trotz dieser Nachteile wird das vertikale Gradientverfahren zur Zeit am häufigsten gebraucht. In der Tab. 69 sind die Kristalle zusammengestellt, die nach diesem Verfahren hergestellt wurden.

Bei der Herstellung der Einkristalle aus Metallen werden Tiegel aus Glas (Pyrex, Supremax, Vycor) oder Quarz benutzt. Der wesentliche Vorteil der Glastiegel beruht darauf, daß man die Tiegel leicht evakuieren und abschmelzen kann. Sie haben aber den Nachteil, daß die meisten Metalle am Glas stark haften, wodurch besonders bei weichen Metallen plastische Deformation auftreten kann. Das Haften kann nach BRIDGMAN,[4] durch Überziehen der Glaswand mit einer dünnen Ölschicht[4] oder einem Isolierlack, gelöst in $CHCl_3$[5] stark herabgesetzt oder gar

[1] SLATER, J.: Proc. Am. Acad. Arts and Sci. **61**, 135 (1926).

[2] STOCKBARGER, D. C.: J. Opt. Soc. Amer. **2**, 416 (1937).

[3] TARJAN, I. und G. TURCHANYI: Acta Phys. Acad. Sci. Hungaricae **5**, 533 (1956).

[4] BRIDGMAN, P. W.: Proc. Am. Acad. Sci. **60**, 306 (1925).

[5] BRIDGMAN, P. W.: Proc. Am. Acad. Sci. **63**, 351 (1929).

Tabelle 69
Einkristalle, hergestellt nach dem vertikalen Gradientverfahren
a) *Elemente*

Element	Schmelzpunkt °C	Kristallsystem	Literatur
A	—189,4	k. fl. z.	1
Ag	960,5	k. fl. z.	2–6
Al	658	k. fl. z.	5–12
Au	1063,0	k. fl. z.	2–4
Be	1280	hex. d.	8
Bi	271,3	rhomboh.	7, 13–16
Cd	320,9	hex. d.	6, 7, 15, 17
CO	1495	hex. d.	8, 18, 19
Cu	1083,2	k. fl. z.	2–4, 6–8, 10, 20–25
Fe	1539	k. k. z.	2, 8, 18
Ge	840	Diamant	26
Hg	—38,87	rhomboh.	27–30
K	63	k. k. z.	31
Mg	650	hex. d.	6, 7, 32, 33
Na	97,7	k. fl. z.	31
Ni	1455	k. fl. z.	2, 6, 8, 18, 19, 34–36
Pb	327,4	k. fl. z.	17, 37, 38
Se	220	hexag.	39, 40, 41
Sb	630,5	rhomboh.	6, 7, 14, 15
Sn	231,9	tetr.	7, 15, 42
Sn*	18	Diamant	43
Te	450	hexag.	44
Zn	419,5	hex. d.	5–7, 13, 15, 17, 45–49

* Graues Zinn, 18° C Umwandlung.

[1] STANFIELD, D.: Phil. Mag. [8] **1**, 934 (1956).
[2] GRAF, L.: Z. Physik **67**, 388 (1931).
[3] GLOCKER, R. und L. GRAF: Z. an. allgem. Chem. **188**, 232 (1930).
[4] ELAM, C. F.: Proc. Roy. Soc. (London) **112**, 289 (1926).
[5] MILLER, R. F. und W. E. MILLIGAN: Trans. Am. Mining Met. Engrs. **124**, 229 (1937).
[6] MADDIN, R. und N. K. CHEN: Iron Age **170**, 108 (1952).
[7] OBREIMOV, I. und L. SCHUBNIKOV: Z. Physik **25**, 31 (1924).
[8] GOLD, L. und D. Sc. THESIS: Massachusetts Institute of Technology, 1947.
[9] COLLINS, J. A. und C. H. MATHEWSON: Trans. Am. Mining Met. Engrs. **137**, 150 (1940).
[10] FOUND, G. H.: Trans. Am. Mining Met. Engrs. **161**, 120 (1945).
[11] NOGGLE, T. S. und J. S. KOEHLER: Acta Met. **3**, 260 (1955).
[12] KELLY, A. und C. T. WEI: J. Metals **1**, 1041 (1955).
[13] STÖBER, F.: Z. Krist. **61**, 299 (1925).
[14] GOUGH, H. G. und H. L. COX: J. Inst. Metals **48**, 227 (1932).
[15] BRIDGMAN, P. W.: Proc. Am. Acad. **60**, 306 (1925).
[16] TAMMANN, G.: Lehrbuch der Metallographie, Leipzig: Voss 1923.
[17] DILLON, J. H.: Rev. Sci. Instr. **1**, 36 (1930).
[18] CIOFFI, P. P. und O. L. BOOTHBY: Phys. Rev. **55**, 673 (1939).
[19] WALKER, J. G., H. J. WILLIAMS und R. M. BOZORTH: Rev. Sci. Instr. **20**, 947 (1949).

beseitigt werden. Die Schmelze wird bei einer Temperatur etwa 100° C über dem Schmelzpunkt mehrere Stunden unter Vakuum etwa 10^{-5} mm Hg, wenn möglich in horizontaler Lage des Schmelzgefäßes, entgast. Die meist unvermeidlichen Oxydhäute werden durch Filtern der Schmelze durch eine Kapillare (~0,1 mm Durchmesser) oder durch ein Platinsieb von dem Kristallisationsgefäß abgefangen.

Graphittiegel müssen wegen der hohen Wärmeleitfähigkeit möglichst dünnwandig sein und vor der Benutzung bei der Temperatur, die höher ist als die der Schmelze, entgast werden. Bei Benutzung der Induktionsheizung können sie gleichzeitig als Heizelemente dienen.

Der Beginn der Kristallisation soll so erfolgen, daß möglichst das Wachstum nur an einem einzigen Keim erfolgt. Das wird durch den konischen Boden des Tiegels erreicht. Vollkommen erschütterungsfreie Aufstellung der Apparatur kann zur Unterkühlung der Schmelze und anschließend zu einer plötzlichen Kristallisation führen, wodurch zahl-

---

[20] GWATHMEY, A. T. und A. F. BENTON: J. Phys. Chem. **44**, 35 (1940).

[21] HAUSSER, K. W. und P. SCHOLZ: Wiss. Veröff. Siemens-Konzern **5**, 144 (1927).

[22] METHEWSON, C. H. und K. R. VAN HORN: Trans. Am. Inst. Mining Met. Engrs **89**, 59 (1930).

[23] GRENINGER, A. B.: Trans. Am. Inst. Mining Met. Engrs. **117**, 61 u. 75 (1935).

[24] THOMPSON, V. G.: Metals and Alloys **7**, 19 (1936).

[25] WERNICK, J. H. und H. M. DAVIS: J. Appl. Phys. **27**, 149 (1956).

[26] ROTH, L. und W. E. TAYLOR: Proc. IRE **40**, 1338 (1952).

[27] ANDRADE, E. N. da C.: Phil. Mag. **27**, 869 (1914).

[28] SCHELL, O.: Ann. Physik **6**, 932 (1930).

[29] REDEMANN, H.: Ann. Physik **14**, 139 (1932).

[30] ANDRADE, E. N. DA C. und P. J. HUTCHINGS: Proc. Roy. Soc. (London) **A145**, 120 (1935).

[31] ANDRADE, E. N. DA und L. C. TSEIN: Proc. Soc. Roy. (London) **A163**, 1 (1937).

[32] SCHIEBOLD, E. und G. Siebel: Z. Physik **69**, 458 (1931).

[33] SCHMIDT, E. und G. SIEBEL: Z. Elektrochem. **37**, 447 (1931).

[34] QUIMBY, S. L.: Phys. Rev. **39**, 345 (1932).

[35] KAYA, S.: Sci. Reports Tohoku Univ., Sendai, Japan **17**, 639 u. 1147 (1928).

[36] PEARSON, R. F.: Brit. J. Appl. Phys. **4**, 342 (1953).

[37] BETTY, B. B.: Proc. Am. Soc. Testing Materials **35**, 193 (1935).

[38] SWIFT, I. H. und E. P. T. TYNDALL: Phys. Rev. **61**, 359 (1942).

[39] PLESSNER, K. W.: Proc. Phys. Soc. (London) **64B**, 671 (1951).

[40] HENKELS, H. W.: Phys. Rev. **76**, 1737 (1949).

[41] KOZYREV, P. T.: Zhur. Tech. Fiz. **28**, 500 (1958).

[42] CHALMERS, B.: Proc. Roy. Soc. (London) **A156**, 427 (1936).

[43] BECKER, J. H.: J. Appl. Phys. **23**, 1110 (1958).

[44] SCHMIDT, E. und G. WASSERMANN: Z. Phys. **46**, 653 (1928).

[45] GOUGH, H. J. und H. L. COX: Proc. Roy. Soc. **A123**, 143 (1929); **A127**, 453 (1930).

[46] MILLER, R. F.: Trans. Am. Inst. Mining Met. Engrs. **111**, 135 (1934).

[47] JILLSON, D. C.: Trans. Am. Inst. Min. Met. Engrs. **188**, 1005 (1950).

[48] GILMAN, J. I. und V. J. DE CARLO: Rev. Sci. Instr. **26**, 1079 (1955).

[49] BUSCHMANOV, B. N.: Fiz. Metall. i Metalloved. **4**, 310 (1957).

reiche Keime entstehen können, was vermieden werden soll. Demnach können kleine Vibrationen zumindest am Beginn der Kristallisation eventuell von Vorteil sein. Wie weit Vibrationen, z. B. durch Ultraschall, das Kristallwachstum allgemein beeinflussen, steht mit Sicherheit nicht fest.

Die Orientierung der Kristalle, die nach dem Gradientverfahren hergestellt werden, variiert von Kristall zu Kristall. Man kann aber auch orientierte Kristalle herstellen, wenn man Keime mit entsprechender Orientierung auf dem Boden des Tiegels einsetzt. Es ist aber dann nötig, die Temperatur so einzuhalten, daß die obere Fläche des Keimes abschmilzt, was nicht leicht zu erreichen ist. Es werden deshalb nach diesem Verfahren nur selten orientierte Kristalle hergestellt.

Der Durchmesser, der nach dem vertikalen Gradientverfahren hergestellten Kristalle, lag in den meisten Fällen zwischen 0,2 und 1 cm,

b) *Legierungen*

	Literatur		Literatur
Al-Legierung	1	Cu–Sn	5
Ag–Zn	2	Cu–Zn	6
Au–Ag	3, 4	α-Messing	2, 7, 8–16
Au–Sn	2	β-Messing	2, 17
Cu–Al	5	Ni–Fe	18
Cu–Mg	5	Zn-Legierung	19
Cu–Si	5		

[1] Elam, C. F.: Proc. Roy. Soc. (London) **A115**, 133 (1927); **A116**, 694 (1927).
[2] Rossi, C.: Z. Phys. **74**, 707 (1932).
[3] Graf, L.: Z. Physik **67**, 388 (1931).
[4] Sachs, G. und J. Weerts: Z. Phys. **62**, 473 (1930).
[5] Ramsperger, H. C. und E. H. Melvin: J. Opt. Soc. Am. **15**, 359 (1947).
[6] Elam, C. F.: Proc. Roy. Soc. (London) **A 115**, 148 (1927).
[7] Found, G. H.: Trans. Am. Min. Met. Engrs. **161**, 120 (1945).
[8] Sachs, G. und H. Shoji: Z. Phys. **45**, 776 (1927).
[9] Goler, V. und G. Sachs: Naturw. **16**, 412 (1928); Z. Phys. **55**, 581 (1929).
[10] Burghoff, H. L: M. S. Thesis, Yale University, 1930.
[11] Samans, C. H.: Trans. Am. Inst. Mining Met. Eng. **111**, 119 (1934).
[12] Pickus, M. R. und C. H. Mathewson: Trans. Am. Inst. Mining Met. Eng. **133**, 161, (1939).
[13] Burghoff, H. L.: Trans. Am. Inst. Mining Met. Engrs. **137**, 214 (1940).
[14] Burghoff, H. L. und C. H. Mathewson: Trans. Am. Inst. Mining Met. Engrs. **143**, 45 (1941).
[15] Maddin, R., C. H. Mathewson und W. R. Hibbard, jr.: Trans. Am. Inst. Mining Met. Engrs., T. P. 2331, 1948.
[16] Maddin, R.: Trans. Am. Inst. Mining Met. Engrs., T. P. 2332, 1948.
[17] Rinehart, J. S.: Phys. Rev. **58**, 365 (1940).
[18] Sizoo, C. I. und C. Zwicker: Z. Met. **21**, 125 (1929).
[19] Way, H. E.: Phys. Rev. **50**, 1181 (1936).

c) *anorganische Verbindungen*

Verbindung	Schmelzpunkt °C	Literatur	Verbindung	Schmelzpunkt °C	Literatur
LiF	870	1–6, 7	$NaNO_2$	284	10
NaF	992	5, 7	AsJ_3	141,8	10
NaCl	800	1, 4, 8, 9	MgF_2	1255	26
NaBr	746,8	10	MnF_2	929,5	27
NaJ	661,8	11	Fe_3O_4	1530	28
KCl	770	8	$BaTiO_3$	1630	29
KBr	741,8	4, 6, 8, 12, 13	Glimmer	1380	30–36, 37
KJ	681,8	8	Eis	0	38, 39
CsF	682	14	PbS	1114	40
CsCl	646	15	PbSe	1065	40, 41
CsBr	636	16	PbTe	904	40, 41
CsJ	621	17	CdS	1750	42, 48
CaF_2	1392	18, 19, 20	CdTe	1105	43, 44
SrF_2	1190	19	SnSe	960	45
BaF_2	1287	19	ZnF_2	870	46
AgCl	455	10, 21–23	ZnS	1830	47
AgBr	430	22	ZnSe	1500	42
TlCl	427	10, 22	In_2Te	667	44
TlBr	462	10, 22	As_2Te_3	360	49
PbF_2	822	24	Sb_2Te_3	620	49
$PbCl_2$	498	10, 25	Bi_2Te_3	580	50–52
$PbBr_2$	488	10	Cu_3Au	925	52–53
PbJ_2	412	10	Mg_2Sn	778	54
CdI_2	387	10	$HgBr_2$	236	1
$NaNO_3$	312	1, 6, 9	$CaWO_4$	1535	55

[1] Ramsperger, H. C. und E. H. Melvin: J. Opt. Soc. Am. **15**, 359 (1927).
[2] Schneider, E. G.: Phys. Rev. **49**, 341 (1936).
[3] Stockbarger, D. C.: Discussions Faraday Soc. No. 5, 299 (1949); Rev. Sci. Instr. **7**, 133 (1936); **10**, 205 (1939); J. Opt. Soc. Amer. **2**, 416 (1937).
[4] Bridgman, P. W.: Proc. Am. Acad. Sci. **60**, 306 (1925).
[5] Melvin, E. H.: Phys. Rev. **37**, 1230 (1931).
[6] Kremers, H. C.: Ind. Eng. Chem. **32**, 1478 (1940).
[7] Vasileva, M. A.: Rost Kristallov **1**, 191 (1957).
[8] Strong, J.: Phys. Rev. **36**, 1663 (1930).
[9] Stöber, F.: Z. Krist. **61**, 299 (1925).
[10] Zerfoss, S., L. R. Johnson and P. H. Egli: Discussions Faraday Soc. No. 5, 166 (1949).
[11] Hofstadter, R.: Phys. Rev. **74**, 100 (1948).
[12] Stockbarger, D. C.: J. Opt. Soc. Am. **2**, 416 (1937).
[13] Chamberlain, K.: Rev. Sci. Instr. **9**, 322 (1938).
[14] van Sciver, W. J.: Scintillation Phenomena in NaI and CsF. Stanford University: Ph. D. Thesis 1955.
[15] Avakian, P. und A. Smakula: H. Appl. Phys. **31**, 1720 (1960).
[16] Plyler, E. K. und F. P. Phelps: J. Opt. Soc. Amer. **41**, 209 (1951).
[17] Plyler, E. K. und F. P. Phelps: J. Opt. Soc. Amer. **42**, 432 (1952).
[18] Stockbarger, D. C.: Discussions Faraday Soc. No. 5, 294 (1949).
[19] Stockbarger, D. C.: O.S.R.D. Report No. 4690, Dec. 31, 1944.
[20] Stepanov, I. V. und P. P. Feofilov: Rost Kristallov **1**, 181 (1957).

nur bei Cu wurden Kristalle bis zu 6 cm Durchmesser, bei Blei[1] solche bis 5 cm Durchmesser hergestellt. Die Senkgeschwindigkeit variierte zwischen 1 und 10 cm pro Stunde. Der Temperaturgradient wurde nur in 3 Fällen[2–4] angegeben: er betrug 3,5—18° C/cm.

---

[21] KREMERS, H. C.: J. Opt. Soc. Amer. **37**, 337 (1947).
[22] KOOPS, R.: Optik **3**, 298 (1948).
[23] NAIL, N. R., F. MOSER, P. E. GODDARD und F. URBACH: Rev. Sci. Instr. **28**, 275 (1957).
[24] JONES, D. A.: Proc. Phys. Soc. (London) **B68**, 165 (1955).
[25] ASHCROFT, J. M. und A. SMAKULA: Science **108**, 642 (1948).
[26] DUNCANSON, A. und R. W. STEVENSON: Proc. Phys. Soc. **72**, 1001 (1958).
[27] GRIFFEL, M. und J. W. STOUT: J. Am. Chem. Soc. **72**, 4351 (1950).
[28] SMILTENS, J.: J. Chem. Phys. **20**, 990 (1952).
[29] SMILTENS, J.: J. Am. Chem. Soc. **79**, 4877 (1957); **79**, 4881 (1957).
[30] DRP 367 537; 1919.
[31] REICHMAN, R. und V. MIDDEL: Herstellung von synthetischem Glimmer, Siemens-Schuckert Berichte: 649, 652, 653, 1942 und T-780, 1943.
[32] FIAT, Rev. Ger. Sci., Final Report No. 746, 1945.
[33] EITEL, W. und A. DIETZEL: Chemie u. Industrie **56**, 20 (1946); FIAT, Rev. Ger. Sci., Report No. 749, 1946.
[34] NODA, TOKITI: Bull. Chem. Soc. (Japan) **23**, 40 (1950) (Zusammenfassung).
[35] VALKENBURG, A. und H. INSLEY: Ceramic Age **56**, 20 (1950).
[36] VALKENBURG, A. und R. G. PIKE: J. Research Natl. Bur. Standards (USA) **48**, 360 (1952).
[37] KAPRALOV, K. V., Yu. V. KORITZKI und N. N. SCHEFTAL: Rost Kristallov **1**, 215 (1957).
[38] JONA, F. und P. SCHERRER: Helv. Phys. Acta **25**, 35 (1952).
[39] HUMBEL, F., F. JONA und P. SCHERRER: J. chim. phys. **50**, 40 (1953).
[40] LAWSON, W. D.: J. Appl. Phys. **23**, 495 (1952).
[41] LAWSON, W. D.: J. Appl. Phys. **22**, 1444 (1951).
[42] FISCHER, A. G.: J. Elektrochem. Soc. **106**, 838 (1959).
[43] JENNY, D. A. und R. H. BUBE: Phys. Rev. **96**, 1190 (1954).
[44] MIYASAWA, H. und S. SUGAIKE: J. Phys. Soc. (Japan) **9**, 648 (1954).
[45] MATUKURA, Y. T., YAMAMOTO und A. OKAZAKI: Mem. Fac. Sci. Kyusyn Univ. (Japan) **1**, 98 (1953).
[46] MATARRESE, L. M. und F. L. HUGHES: J. Appl. Phys. **31**, 2063 (1960).
[47] ADDAMIANO, A. und M. AVEN: J. Appl. Phys. **31**, 36 (1960).
[49] MEDCALF, W. E. und R. H. FAHRIG: J. Electrochem. Soc. **105**, 219 (1958).
[48] HARMAN, T. C., B. PARIS, S. E. MILLER und H. L. GOERING: J. Phys. Chem. Solids **2**, 181 (1957).
[50] AINSWORTH, L.: Proc. Phys. Soc. (London) **B69**, 606 (1956).
[51] SATTERTHWAITE, C. B. und R. W. URE, JR.: Phys. Rev. **108**, 1164 (1957).
[52] NIX, F. C.: Rev. Sci. Instr. **9**, 426 (1938).
[53] SIEGEL, S.: Phys. Rev. **57**, 537 (1940).
[54] LAWSON, W. D., S. NIELSEN, E. H. PUTLEY und V. ROBERTS: J. Electronics **1**, 203 (1955).
[55] ZERFOSS, S., L. R. JOHNSON und O. IMBER: Phys. Rev. **75**, 320 (1949).

[1] NÄBAUER, M.: Zeitschrift für Physik **141**, 416 (1955).
[2] CHATELAIN, P.: Bull. soc. franc. mineral. et cristallogr. **77**, 323 (1954).
[3] BOAS, W. und E. SCHMID: Z. Physik **54**, 16 (1929).
[4] PALIBIN, P. A. und A. I. FROIMAN: Z. Krist. **85**, 322 (1933).

d) *organische Verbindungen*

Verbindung	Chemische Formel	Schmelzpunkt °C	Literatur
Anthracen		217	1-7, 8, 9
Acenaphten	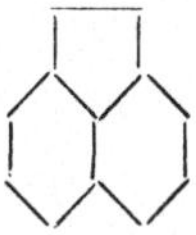	95	7
Acridin	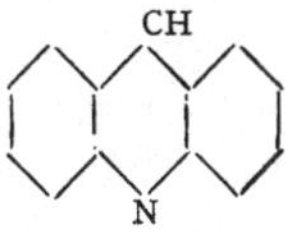 CH … N	108	7
Benzoesäure	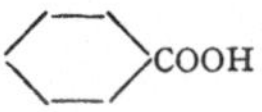 C_6H_5–COOH	121	10
Brenzkatechin	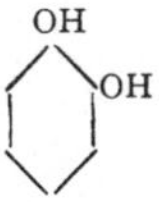 OH, OH	104	10
Dibenzothiophen	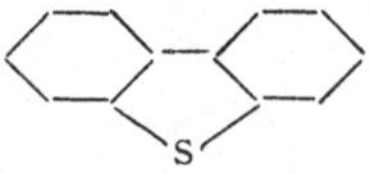 S	99	7
Dibenzyl	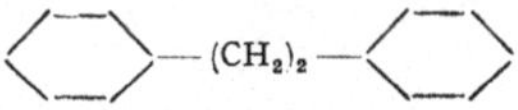 C_6H_5–$(CH_2)_2$–C_6H_5	52,5	7-11 12, 8
p-Dibrombenzol	 Br–C_6H_4–Br	87	10
Diphenyl	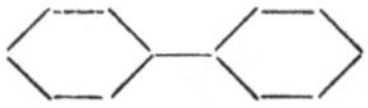 C_6H_5–C_6H_5	69	7, 10, 13
Diphenylacetylen	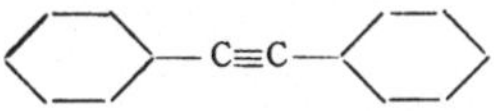 C_6H_5–C≡C–C_6H_5	61	7
Diphenylbutan	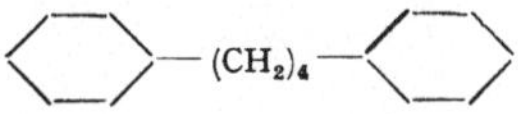 C_6H_5–$(CH_2)_4$–C_6H_5	52	7
Diphenylbutadien	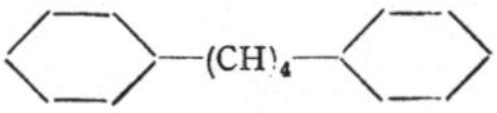 C_6H_5–$(CH)_4$–C_6H_5	152	7
Diphenylenoxyd	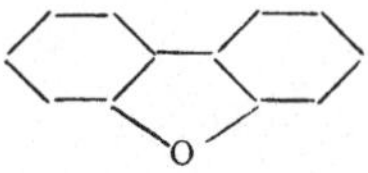 O	87	7
Fluoren	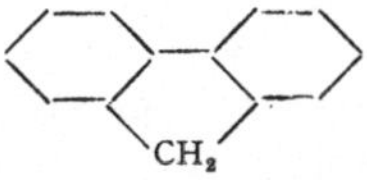 CH_2	115	7
Fluoranthen	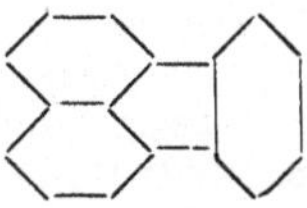	110	7

d) *organische Verbindungen* (Fortsetzung)

Verbindung	Chemische Formel	Schmelzpunkt °C	Literatur
Hexamethylbenzol	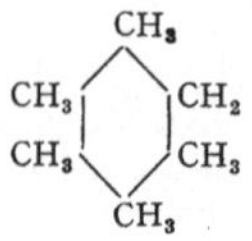 CH_3, CH_3, CH_2, CH_3, CH_3, CH_3	165	10
Naphthalin		80	1, 6, 8, 12, 13
Pentamethylbenzol	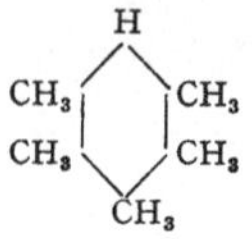 H, CH_3, CH_3, CH_3, CH_3, CH_3	53	10
Phenazin	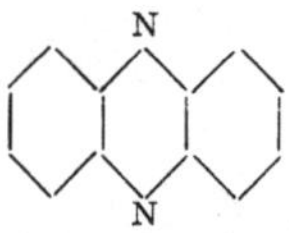 N, N	175	7
Phenanthren	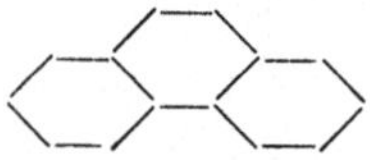	100	7, 13
Pyren	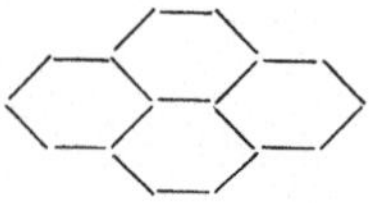	155	3
Quaterphenyl	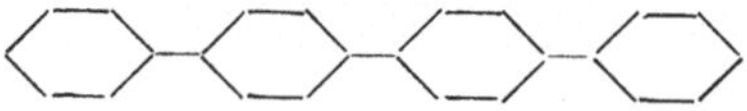	318	7
Resorcin	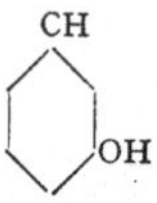 CH, OH	110,5	10
Stilben	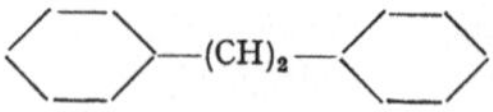 $—(CH)_2—$	124	3, 8, 14
Terphenyl		213	7, 11
Tetraphenyläthylen	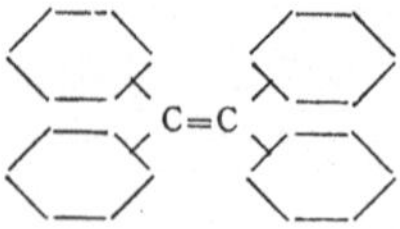 C=C	224	7

[1] Feazel, Ch. E. und C. D. Smith: Rev. Sci. Instr. **19**, 817 (1948).
[2] McGuire, A. D.: Technical Report No. 4, Rochester University, 1949.
[3] Prinle, R. W.: Nature **166**, 11 (1950).
[4] Hluchan, S. A.: Instruments **24**, 585 (1951).
[5] Mette, H. und H. Pick: Z. Phys. **1234**, 566 (1953).
[6] Little, W. A.: J. Sci. Instr. **30**, 253 (1953).

Die günstigen Bedingungen zum Wachstum eines Einkristalls wurden nur in einem Fall[1] studiert, wobei der Einfluß das Verhältnis vom Temperaturgradienten zur Senkgeschwindigkeit auf die Güte der Einkristalle untersucht wurde. Es wurde an Zn-Kristallen (Querschnitt 1,2 cm²) gefunden, daß dieses Verhältnis einen bestimmten Wert, der sich mit der Kristallorientierung ändert, nicht unterschreiten darf. Allerdings wurde der Temperaturgradient nur zwischen 3,4 und 7,0° C/cm und die Senkgeschwindigkeit zwischen 3,3 und 10 cm/Stunde variiert. Dieses Problem harrt noch einer ausgiebigen Untersuchung, wobei verschiedene Kristalltypen verwendet werden sollten. Die Reinheit muß angegeben und die Beurteilung der Kristallgüte festgelegt werden.

Nach der allgemeinen Besprechung der Kristallherstellung der Elemente sollen hier einige Kristalle gesondert besprochen werden.

11.42 Spezialkristalle

Argon ist wohl das Element mit dem niedrigsten Schmelzpunkt (—189,4° C), aus dem Kristalle von beträchtlicher Größe (4 mm) hergestellt wurden,[2] durch Senken des Glasgefäßes in den flüssigen Sauerstoff mit einer Geschwindigkeit von 6 cm/Stunde bei einem Temperaturgradienten von 50° C/cm.

Silber-, *Gold-*. und *Kupfer*-Einkristalle mit einem Durchmesser von 2,5 cm und etwa 9 cm lang wurden in Graphittiegeln im Pt-Ofen unter N_2-Atmosphäre hergestellt.[3]

Einwandfreie *Al*-Kristalle können nach NOGGLE[4] in „weichen" Tiegeln, die durch Zusammenpressen von Al_2O_3-Pulver erhalten werden, hergestellt werden (Abb. 170). Dasselbe Prinzip läßt sich auch auf andere Metalle übertragen, indem die Tiegel an das Kristallmaterial angepaßt werden.

*Kupfer*einkristalle von hoher Reinheit, 0,3×1×9 cm, wurden in einem Spalttiegel aus Graphit im Vakuum mit einer Geschwindigkeit

---

7 SANGSTER, R. C. und Ph. D. THESIS: Massachusetts Institute of Technology, 1951.

8 BELAEV, L. M., B. V. VITOVSKY and G. F. DOBRZANSKII: Rost Kristallov **1**, 197 (1957).

9 SPENDIAROV, N. N. und B. S. ALEKSANDROV: Rost Kristallov **2**, 61 (1959).

10 HENDRICKS, S. B. und M. E. JEFFERSON: J. Opt. Soc. Amer. **23**, 299 (1933).

11 HOFSTADTER, R., S. H. LIEBSON und J. O. ELLIOT: Phys. Rev. **78**, 81 (1950).

12 BELAEV, L. M., G. S. BELIKOV und G. F. DOBRZANSKII: Rost Kristallov **2**, 77 (1959).

13 KALLMANN, H.: Research (London) **2**, 62 (1949).

14 LEININGER, R. F.: Rev. Sci. Instr. **23**, 127 (1952).

1 PALIBIN, P. A. und A. I. FROIMAN: Z. Krist. **85**, 322 (1933).

2 STANFIELD, D.: Phil. Mag. [8] **1**, 934 (1956).

3 ELAM, C. F.: Proc. Roy. soc. (London) **112**, 289 (1926).

4 NOGGLE, T. S.: Rev. Sci. Instr. **24**, 184 (1953).

von 5 cm/Stunde und einem Temperaturgradienten von 12° C/cm hergestellt[1] (Abb. 171). Im Gegensatz zur allgemeinen Erfahrung finden die Autoren, daß der Teil des Kristalls am besten ist, der am Schluß kristallisierte. Dieser Befund kann dadurch erklärt werden, daß die Bedingungen am Anfang der Kristallisation nicht konstant waren oder aber der Temperaturgradient am Ende der Kristallisation höher war als am Anfang.

Ge-Einkristalle haben eine kleinere Dichte als die Schmelze, deshalb können sie nicht von unten nach oben kristallisiert werden. Man muß

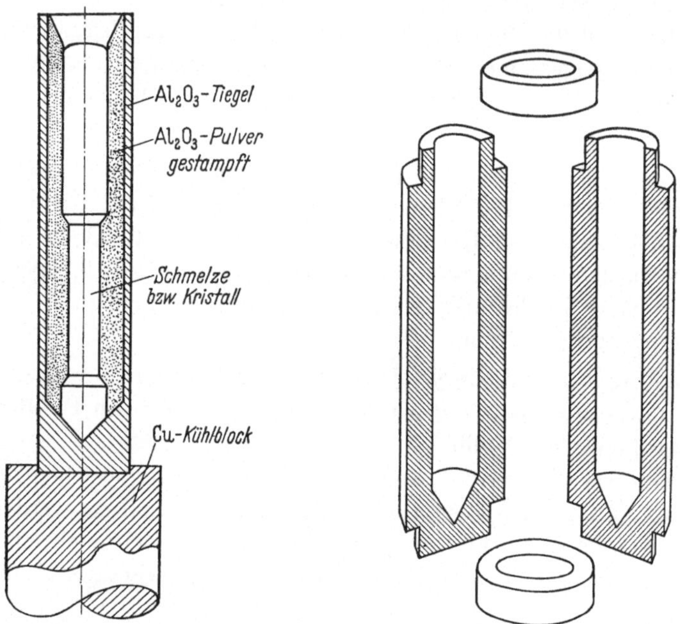

Abb. 170. Weichtiegel zur Vermeidung der Kristalldeformation (nach NOGGLE[1])

Abb. 171. Graphitspalttiegel zum leichten Herausnehmen der Kristalle (nach WERNICK und DAVIS[2])

vielmehr die Kristallisation von oben anfangen. Durch Verschieben der Induktionsspule und dadurch des Temperaturgradienten von oben nach unten mit einer Geschwindigkeit von 4,5 cm_6Stunde wurden Ge-Einkristalle bis zu 100 g Gewicht hergestellt.[3] Dieses Verfahren wird aber kaum benutzt.

Nickel-Einkristalle mit 1,6 cm Durchmesser und 12,5 cm lang, wurden in Al_2O_3-Tiegeln im Vakuum hergestellt.[4] An Stelle des Tiegels wurde der Temperaturgradient durch Änderung der Temperatur (5° C/Stunde) entlang des Tiegels bewegt (Abb. 172).

---

[1] Siehe Anm. 4 auf S. 245.
[2] WERNICK, J. H. und H. M. DAVIS: J. Appl. Phys. **26**, 149 (1956).
[3] ROTH, L. und W. E. TAYLOR: Proc. IRE **40**, 1338 (1952).
[4] PEARSON, R. F.: Brit. J. Appl. Phys. **4**, 342 (1953).

Selen-Einkristalle wurden in einem Glasgefäß (Abb. 173) hergestellt, in dem die Außentemperatur durch das siedende Methylsalicylat (293° C) und die Innentemperatur durch das siedende Naphthalin (218° C) konstant gehalten wurde. Das bei 220° C schmelzende Selen kristallisierte im Zwischenraum nach einer gewissen (nicht näher angegebener) Zeit.[1] Selen-Einkristalle von 2—5 mm Größe wurden auch unter einem Druck von 3000 Atmosphären bei 320° C hergestellt.[2]

Kleine *Silizium*kristalle mit ausgebildeten Kristallflächen lassen sich von der Oberfläche bei schnellem Abkühlen der Schmelze vor der Erstarrung der ganzen Oberfläche abheben.[3]

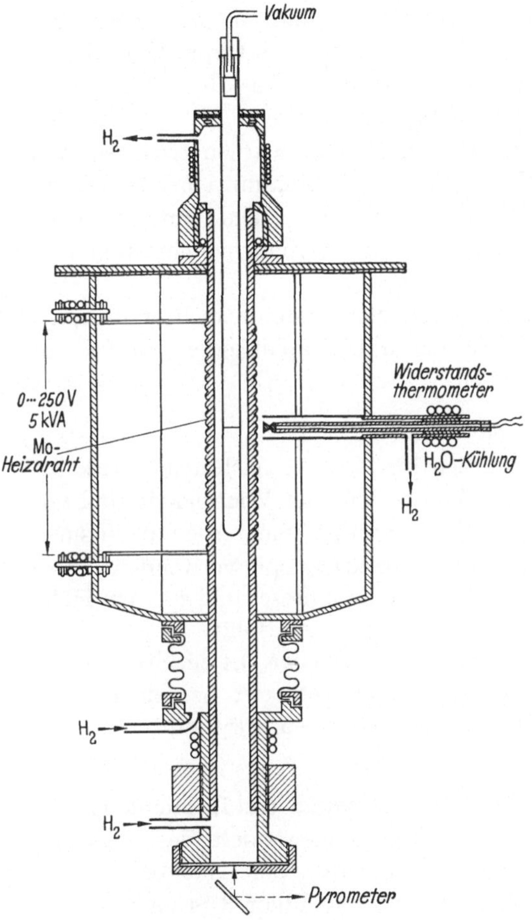

Abb. 172. Vakuumofen mit veränderlichem Temperaturgradienten (nach PEARSON[4])

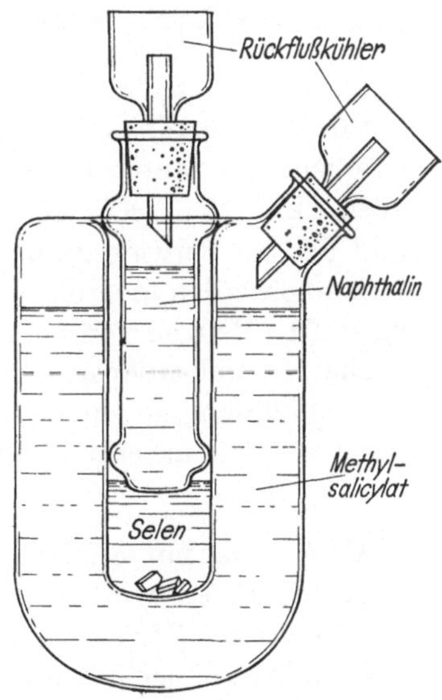

Abb. 173. Kristallisationsgefäß für Selen mit zwei siedenden Schmelzen als Thermostaten (nach HENKELS[1])

*Zink*einkristalle wachsen in Tiegeln mit konischem Boden vorzugsweise mit der *c*-Achse eher senkrecht als parallel zur Ziehrichtung.[5, 6]

[1] HENKELS, H. W.: Phys. Rev. **76**, 1737 (1949).
[2] NASLEDOV, D. N. und P. T. KOZYREV: Zhur. Tech. Fiz. **24**, 2124 (1954).
[3] KANAI, Y.: J. Phys. Soc. (Japan) **7**, 534 (1952).
[4] Siehe Anm. 4 auf S. 246.
[5] BRIDGMAN, P. W.: Proc. Am. Acad. Sci. **58**, 165 (1923); **60**, 305 (1925).
[6] SLIFKIN, L. M.: J. Appl. Phys. **22**, 1216 (1951).

Dagegen ist die Orientierung statistisch verteilt, wenn Kristalle in Tiegeln mit flachem Boden hergestellt werden und der Temperaturgradient sowohl vertikal als auch horizontal verläuft.[1]

Orientierte *Zn-Kristalle* mit quadratischem Querschnitt (0,6×0,6 cm) wurden in Pyrex-Röhren mit quadratischem Querschnitt hergestellt. Die Senkgeschwindigkeit war 2,5 cm/Stunde.[2]

Zn-Einkristalle von 1,25 cm Durchmesser und bis zu 30 cm lang wurden von JILLSON[1] hergestellt. Wenn der Temperaturgradient kleiner als 2,2° C/cm oder die Temperatursenkung größer als 40° C/Stunde waren, wurden keine Einkristalle erhalten.

Kristalle aus *grauem Zinn* bis zu 2 mm Größe wurden zwischen zwei Glasplatten erhalten, die im Temperaturgradienten mit einer Geschwindigkeit von 5 cm/Stunde verschoben wurden.[3] Die Umwandlungsgeschwindigkeit vom grauen zum metallischen Zinn hat ein Maximum (0,1 cm/Stunde) bei —30° C.

Zur Untersuchung der Kristalloberflächen kann man Metalltropfen auf fremden Unterlagen, z. B. Silber auf Graphit oder Kupfer auf Quarz, im Vakuum erstarren lassen.[4, 5]

Alkalihalogenide

Von 20 Alkalihalogeniden wurden bis jetzt 12 nach dem vertikalen Gradientenverfahren hergestellt. Von technischer Wichtigkeit sind vor allem: LiF, NaCl, KCl, KBr, KJ, CsBr und CsJ. Sie werden für Prismen und Fenster vorwiegend in der Ultrarotspektroskopie verwendet. Diese Kristalle werden in Größen bis zu 25 cm Durchmesser und 12,5 cm Höhe in großen Mengen von verschiedenen Firmen hergestellt.

Die Kristallisationsgeschwindigkeit beträgt etwa 0,1 cm/Stunde und die Abkühlungsgeschwindigkeit nach dem Tempern bei einer Temperatur 20° C unterhalb der Schmelzpunkte 5—6° C/Stunde.

Lithiumfluorid

Als Ausgangsmaterial dient nach STOCKBARGER[6] das Lithiumkarbonat (Li_2CO_3). Dieses wird mit CO_2 in $LiHCO_3$ umgewandelt, das wiederum mit Flußsäure (HF) zu LiF umgewandelt wird. Eine Nachbehandlung des feinkristallinen Materials mit elementarem Fluor 8 Stunden bis zu einer Woche lang bei etwa 450° C wird zur Beseitigung von Verunreinigungen empfohlen, die flüchtige Fluoride bilden.[7] Tiegel mit

[1] JILLSON, D. C.: Trans. Am. Inst. Min. Met. Engrs. **188**, 1005 (1950).

[2] GILMAN, J. und V. J. DE CARLO: Rev. Sci. Intrs. **26**, 1079 (1955).

[3] BECKER, J. H.: J. Appl. Phys. **23**, 1110 (1958).

[4] MENZEL, E., W. STÖSSEL und M. OTTER: Z. Phys. **142**, 241 (1955).

[5] MENZEL-KOPP, CHR. und E. MENZEL: Z. Phys. **142**, 245 (1955).

[6] STOCKBARGER, D. C.: Rev. Sc. Instr. **7**, 133 (1936); J. Opt. Soc. Am. **2**, 416 (1937).

[7] SWINEHART, C. F. und M. EARLY: USA-Patent No. 2550173 vom 24. April 1951 (Harshaw Chemical Company).

konischem Boden können aus Platin (etwa 0,1 mm dick) oder aus Graphit (etwa 1 bis 2 mm dick) sein. Graphittiegel haben den Vorteil, daß die Kristalle nicht an der Wand haften, weshalb kein Herausschmelzen notwendig ist. Die Kristallisationsgeschwindigkeit beträgt bei großen Kristallen etwa 0,1 cm/Stunde. Wenn Lithiumfluoridkristalle in der Luft hergestellt werden, sind sie gelblich gefärbt. Solche Kristalle zeigen sowohl im kurzwelligen Ultraviolett als auch im Ultrarot[1] eine Absorption. Diese Absorption ist wahrscheinlich durch die Hydrolyse

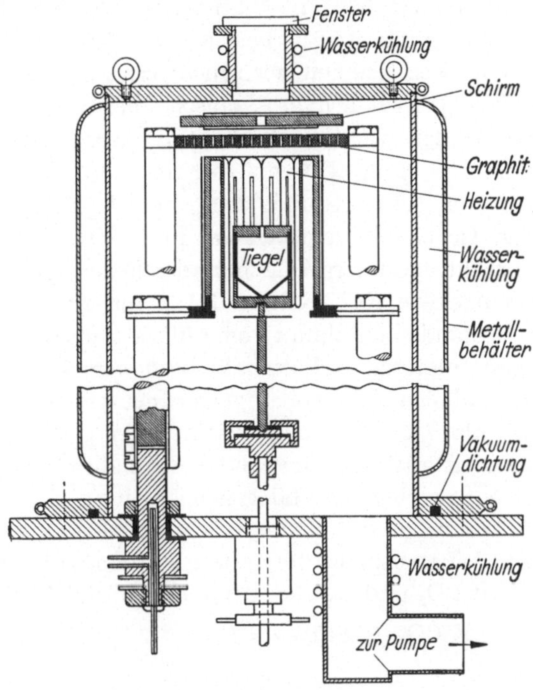

Abb. 174. Vakuumofen (nach STOCKBARGER[2])

des Lithiumfluorids mit Wasserdampf verursacht, wobei im Kristall ein Teil der Fluorionen durch OH-Ionen ersetzt wird. Zur Vermeidung der Hydrolyse empfiehlt HAVEN[3] einen Zusatz von Ammoniumfluorid (NH_4F). In diesem Fall soll es möglich sein, farblose Kristalle unter normaler Atmosphäre zu erhalten. Vollkommen farblose Kristalle erhält man, wenn die Kristallisation unter Vakuum durchgeführt wird (Abb. 174). Im Vakuum gergestellte Kristalle zeigen keine Ultrarot-absorption und sind im ultravioletten Gebiet bis 1100 A durchlässig.

LiF -Kristalle, die durch Neutronen (10^{17}—10^{18} Neutronen pro cm^2) bestrahlt und nachträglich einige Stunden bei Temperaturen von

[1] WRIGHT, N.: Rev. Sci. Instr. **15**, 22 (1944).
[2] Siehe Anm. 6 auf S. 248.
[3] HAVEN, Y.: Discussions Faraday Soc. No. 5, 358 (1949).

660 bis 730° C getempert wurden, zeigen quadratische Löcher, die durch den Zerfall des Isotops $_3Li^6$ gemäß: $_3Li^6 + {}_0N^1 \rightarrow {}_2He^4 + {}^1H^3$ und Bildung von He und H^3 gedeutet werden.[1]

Natriumfluorid-Kristalle (NaF) können genau so hergestellt werden wie Lithiumfluorid. NaF zeichnet sich durch besonders niedrige Brechzahl und niedrige Dispersion aus. Die Wasserlöslichkeit ist zwar größer als die von LiF aber immerhin noch so klein, daß Kristalle in der Luft unter normalen Laborverhältnissen beständig sind.

Natriumchlorid (NaCl) wird in Platintiegeln hergestellt. Es sollte bis 1850 Å durchlässig sein wie die besten natürlichen Steinsalzkristelle. Bis jetzt hat man diese Reinheit noch nicht erreicht.

Natriumjodid (NaJ) ist sehr hygroskopisch, aber trotzdem als Material für Szintillationszähler wichtig. Einkristalle wurden in evakuierten Quarzglasgefäßen mit 1 cm Durchmesser und 10 cm lang bei einer Geschwindigkeit von 0,1 cm/Stunde hergestellt.[2] Nach der Kristallisation wird der Tiegel mit dem Kristall in 24 Stunden auf Zimmertemperatur gebracht und unter Ausschluß der Feuchtigkeit geöffnet.

Kaliumhalogenide wie KCl, KBr und KJ verhalten sich wie NaCl. Die chemische Beständigkeit nimmt vom Chlorid zum Bromid und Jodid ab. Das Ausgangsmaterial soll deshalb besonders beim Bromid und Jodid bei nicht zu hoher Temperatur getrocknet werden, um Hydrolyse zu vermeiden. Als Tiegel können Platin- oder Quarzgefäße dienen. Das Haften der Kristalle an Quarzwänden wird durch Behandlung der Schmelzen mit entsprechenden Halogenen beseitigt.

Bei KCl-Kristallen, die mit einem Zusatz von K_2CO_3 hergestellt und nachträglich in Cl_2-Atmosphäre tetempert wurden, entstehen kubische Löcher gefüllt mit CO_2 und O_2, die entsprechend der Reaktion

$$2\,K_2CO_3 + 2\,Cl_2 \rightarrow 4\,KCl + 2\,CO_2 + O_2$$

gebildet werden.[3]

Von Caesiumhalogeniden muß CsF im Platintiegel, dagegen das Bromid und Jodid können in hochschmelzenden Glas- bzw. Quarzgefäßen kristallisiert werden. Das Caesiumchlorid hat eine Umwandlung von NaCl-Struktur, die aus der Schmelze entsteht zu CsCl-Struktur bei 469° C. Man kann deshalb nur kleinere Kristalle durch langsame Abkühlung durch die Umwandlungstemperatur erhalten.

Orientierte Kristalle von Natriumjodid, Kaliumbromid, Kaliumjodid und Rubidiumjodid wurden erhalten, wenn die Kristallisation auf der Spaltfläche von Glimmer anfängt.[4] Die Orientierung der Kristalle ist derart, daß die (111)-Ebene parallel zur (001)-Ebene des Glimmers ist und die [110]-Orientierung parallel zu [100].

---

[1] Senio, P.: Science **126**, 208 (1957).
[2] van Sciver, W. J.: Ph. D. Theris, Stanford Univ. 1955.
[3] Mollwo, E. und R. W. Pohl: Ann. Phys. **39**, 321 (1941).
[4] West, C. D.: J. Opt. Soc. Amer. **35**, 26 (1945).

Silberhalogenide

Von den Silberhalogeniden haben nur AgCl-Kristalle eine gewisse Bedeutung. Das käufliche Silberchlorid in Pulverform ist zur Herstellung der Einkristalle ungeeignet, weil es reduziertes Silber enthält. Man muß vielmehr das AgCl aus $AgNO_3$ bei Rotlicht frisch fällen. Die kleinsten Reste von reduziertem Silber werden durch Durchperlen von Stickstoff beseitigt, der mit Chlor gesättigt ist. Man schickt das Gas durch die Schmelze etwa $^1/_2$ Liter pro Minute eine Stunde lang. Nachträgliches Durchblasen von reinem Stickstoff beseitigt den Überschuß von Chlor.[1] Einkristalle mit 10 cm Durchmesser und bis zu einer Länge von 15 cm

Abb. 175. Silberchlorid-Einkristalle (nach Harshaw Chemical Co.)

wurden in Pyrex-Tiegeln hergestellt[2] (Abb. 175). Auch Platintiegel können dazu benutzt werden; allerdings müssen dann die fertigen Kristalle herausgeschmolzen werden.[3] AgCl-Kristalle lassen sich zwischen vernickelten oder verchromten Stahlwalzen zu dünnen Platten auswalzen. Schutzschichten gegen die photochemische Wirkung des Lichtes lassen sich durch Eintauchen in verdünnte Ammoniumsulfid-$[(NH_4)_2S]$-Lösung erzeugen, wobei auf der Oberfläche eine Ag_2S-Schicht gebildet wird oder durch Bedampfen mit Selen.[4]

[1] Nail, N. R., F. Moser, P. E. Goddard und F. Urbach: Rev. Sci. Instr. **28**, 275 (1957).

[2] Kremers, H. C.: J. Opt. Soc. Am. **37**, 337 (1947).

[3] Brown, F. C.: Phys. Rev. **97**, 355 (1955).

[4] Pfund, H.: J. Opt. Soc. Amer. **23**, 375 (1933).

Bei Verwendung von AgCl, besonders bei höheren Temperaturen, muß auf Korrosion geachtet werden. Besonders stark werden angegriffen: Al, Cd, Cu, Fe, Zn und Messing. Beständiger sind Monel, Nichrom und nichtrostende Stähle. Vollkommen inert sind Ag, Au und Pt.

AgCl findet als Fenster- und Polarisationsmaterial in der Ultrarotspektroskopie bis 25 μ Anwendung.

Ähnlich lassen sich Einkristalle aus Silberbromid herstellen, das aber wegen seiner höheren Lichtempfindlichkeit noch mehr als AgCl von Licht geschützt werden muß.

AgJ kann nur bis herab zu 146° C in Einkristallform (kubisch) erhalten werden, wo es in die hexagonale Mofifikation übergeht. AgJ ist besonders charakteristisch wegen seiner sehr hohen Ionenleitfähigkeit bei höheren Temperaturen.

Thalliumhalogenide

TlCl und TlBr lassen sich am besten nach dem Senkverfahren in abgeschmolzenen Glastiegeln herstellen. Temperaturgradient beträgt etwa 20° C/cm, Senkgeschwindigkeit 1 mm/Stunde. TlJ läßt sich wegen der Umwandlung von der kubischen in die rhombische Modifikation bei 170° C nicht herstellen. Dagegen Mischkristalle aus TlJ und TlBr, die mehr als 15% TlBr enthalten, zeigen keine Umwandlung und sind kubisch auch bei niedrigen Temperaturen. Insbesondere sind Kristalle von der Zusammensetzung, die dem Minimum des Schmelzpunktes entsprechen, wegen ihrer Anwendung in der Ultrarotoptik wichtig geworden.[1] Die Zusammensetzung muß sehr genau eingehalten werden, sonst werden die Kristalle inhomogen[2] (Abb. 176). Ähnlich wie TlBr–TlJ lassen sich Mischkristalle aus TlCl–TlBr herstellen. Die Stabilisierung der kubischen Modifikation von TlJ bei tiefen Temperaturen läßt sich auch durch einen Zusatz von RbJ oder CsJ erreichen.[3]

Abb. 176. Mischkristall aus TlBr/TlJ mit dem Schmelzpunktminimum (nach SMAKULA, KALNAJS und SILS[2])

Kristalle aus Tl-Halogeniden werden bis zu einem Durchmesser von 20 cm hergestellt. Gewisse Vorsicht wegen der Giftigkeit der Thallium salze ist geboten.

---

[1] KOOPS, R.: Optik 3, 298 (1948).

[2] SMAKULA, A., J. KALNAJS und V. SILS: J. Opt. Soc. Amer. 43, 698 (1953).

[3] SMAKULA, A., J. KALNAJS und V. SILS: J. Opt. Soc. Amer. 43, 822 (1953).

Calciumfluorid (Flußspat)

Die künstliche Herstellung großer Flußspatkristalle muß als einer der wichtigsten Erfolge in der Kristallzüchtung betrachtet werden, die wir STOCKBARGER verdanken.[1] Das beste Ausgangsmaterial sind sorgfältig ausgesuchte natürliche Kristalle, die farblos und frei von sichtbaren Verunreinigungen sind. Diese Kristalle wurden in kleine Stücke zerschlagen, mit kaltem Wasser und anschließend mit Alkohol gewaschen und getrocknet. Heißes Wasser muß vermieden werden, da CaF_2 leicht hydrolysiert, wodurch die Kristalle trübe werden. Um die Spuren von Oxyden zu beseitigen wurden etwa 1—2% PbF_2 dem Ausgangsmaterial zugesetzt. Das Material wurde im Vakuumofen im Graphittiegel auf ~1000° C gebracht, wobei $CaO + PbF_2$ sich in $CaF_2 + PbO$ umsetzte und PbO wegen seines hohen Dampfdruckes verdampfte und sich an einem Kühler niederschlug. Das so gereinigte Material wurde geschmolzen, und langsam durch den Temperaturgradienten mit einer Geschwindigkeit von etwa 1 mm/Stunde gesenkt. Der fertige Kristall wird langsam abgekühlt und später bei 800° C etwa 10 Stunden getempert, wobei die Aufheizung etwa 4 Stunden und die Abkühlung 24 Stunden dauert. Zur Zeit werden CaF_2-Kristalle bis 15 cm Durchmesser von verschiedenen Firmen hergestellt.

Nach demselben Verfahren wurden von STOCKBARGER[2] auch BaF_2 und SrF_2-Kristalle bis zu 2,5 cm Durchmesser gezüchtet, aber keine näheren Angaben darüber veröffentlicht.

Bleihalogenide

Bleifluorid (PbF_2) ist das wichtigste Kristallmaterial in dieser Gruppe. Es ähnelt in seinen Eigenschaften stark dem Lithiumfluorid. Die Durchlässigkeit erstreckt sich von 0,26 bis 11 μ.[3] Außerdem ist PbF_2 wichtig als Cerenkov Szintillator. Bleifluoridkristalle werden ähnlich wie andere Fluoride hergestellt.[4] Das Ausgangsmaterial muß besonders rein sein, da sich sonst in der Schmelze Oxyde bilden, die durch den Kontakt mit dem Graphittiegel zu Blei reduziert werden, wodurch die Kristalle schwarz werden. Versuche, dies durch Zusatz von Ammoniumfluorid (NH_4F) und HgF_2 zu verhindern, waren nicht erfolgreich. Das sorgfältig getrocknete Material wird unter sauerstofffreiem Stickstoff (einige mm Hg-Druck) in Graphittiegeln geschmolzen. Wegen des hohen Dampfdrucks werden PbF_2-Kristalle nicht unter Vakuum hergestellt. Es ist wichtig, den Stickstoff dauernd strömen zu lassen, da sonst die Kristalle

---

[1] STOCKBARGER, D. C.: J. Opt. Soc. Am. **39**, 731 (1949); Disc. Faraday Soc. No. 5, 294 (1949).

[2] STOCKBARGER, D. C.: O.S.R.D. Report No. 77, 1944.

[3] JONES, D. A., R. V. JONES und R. W. H. STEVENSON: Proc. Phys. Soc. (London) **B65**, 906 (1952).

[4] JONES, D. A.: Proc. Phys. Soc. (London) **B68**, 165 (1955).

schwarz werden. JONES stellte Kristalle bis zu 10 cm Durchmesser unter folgenden Bedingungen her. Die Temperatur der oberen Kammer war 870° C, der unteren 770° C (der Schmelzpunkt von PbF_2 ist 822 ±2° C). Die Schwankungen der Temperatur lagen innerhalb 5° C. Der Temperaturgradient war 20° C/cm. Die Senkgeschwindigkeit des Tiegels betrug 0,1 cm/Stunde. Die Abkühlung des Kristalls auf Zimmertemperatur im Ofen dauerte 3 Tage. PbF_2-Kristalle sind kubisch, springen leicht, zeigen aber keine Spaltflächen.

Bleichlorid, -Bromid und *-Jodid* lassen sich leicht als Einkristalle nach dem vertikalen Gradientverfahren in abgeschmolzenen Glastiegeln herstellen. Sie haften nicht am Glas. Im Ultrarot ist $PbCl_2$ durchlässig wie AgCl. Das Bromid und noch mehr das Jodid sind sehr weich.

Bleichalkogenide

Zu dieser Gruppe gehören Bleisulfid (PbS), Bleiselenid (PbSe) und Bleitellurid (PbTe). Alle drei Verbindungen sind Halbleiter, deren elektrische Leitfähigkeit außerordentlich empfindlich gegen Verunreinigungen ist, die als Donoren oder Akzeptoren wirken können. Die Herstellung der Einkristalle, die für Halbleiterzwecke benutzt werden, erfordert deshalb extrem reines Ausgangsmaterial. Nach LAWSON[1] wird reinstes PbSe bzw. PbTe wie folgt hergestellt: Das Material wird in einem dreiarmigen Glas-Quarzgefäß hergestellt (Abb. 199). Im linken Arm des dreiarmigen Glasgefäßes wird Blei in strömender Wasserstoffatmosphäre geschmolzen und in den Quarztiegel eingegossen. Hierauf wird Selen bzw. Tellur ähnlich wie Blei im rechten Arm geschmolzen und auf das Blei gegossen und abgeschmolzen. Wichtig ist es, eine einwandfrei homogene Durchmischung der beiden Komponenten zu erhalten. Dazu wird der Tiegel mit Pb + Se in horizontaler Lage bei einer Temperatur von 350—400° C und für Pb + Te bei 950° C zwei Tage lang geschüttelt. Bei Bleiselenid muß darauf geachtet werden, daß kein unreagiertes Selen übrig bleibt, was zur Explosion des Tiegels führt, da der Siedepunkt des Selens unterhalb des Schmelzpunkts des PbSe liegt. Beim Bleitellurid besteht keine Explosionsgefahr, da der Siedepunkt von Te oberhalb des Schmelzpunkts von PbTe liegt.

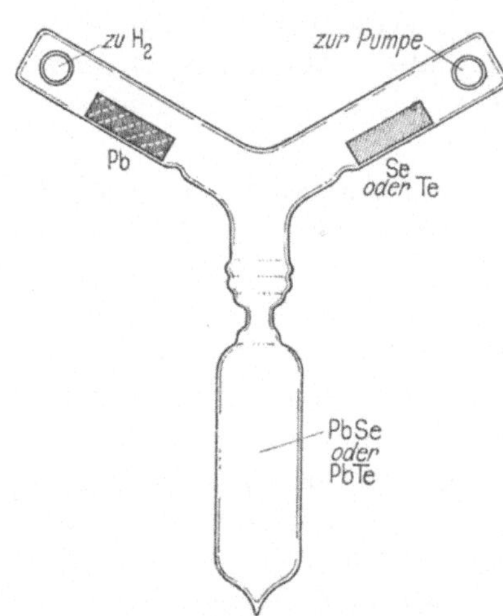

Abb. 177. Kristallherstellung von PbSe und PbTe (nach LAWSON[1])

[1] LAWSON, W. D.: J. Appl. Phys. 22, 1444 (1951); 23, 495 (1952).

Einkristalle von PbSe und PbTe mit einem Durchmesser von 1,25 cm und 6 cm Länge wurden mit einer Senkgeschwindigkeit des Tiegels von 1 cm pro Stunde hergestellt. Temperaturverteilung im Doppelofen ist in der Tab. 70 angegeben.

Tabelle 70. *Ofentemperaturen für PbSe und PbTe*

	PbSe	PbTe
obere Kammer	1110° C	950° C
untere Kammer	1010° C	850° C
Schmelzpunkt	1065° C	904° C

Bleisulfidkristalle können auch auf demselben Wege hergestellt werden, vorausgesetzt, daß das Material vollkommen sauerstofffrei ist, da sonst der Quarztiegel wahrscheinlich durch die Bildung von SO_2 explodiert.

Telluride der Gruppe V des periodischen Systems[1]

Die Verbindungen Arsentellurid As_2Te_3, Antimontellurid Sb_2Te_3 und Wismuttellurid Bi_2Te_3 sind zur Zeit wegen ihrer thermoelektrischen Eigenschaften wichtig. Reines Tellur wird durch Destillation im H_2-Strom erhalten. Durch fünfmaliges Umdestillieren bei 700° C wird die Konzentration der ionisierten Verunreinigungen, durch Hall-Effekt bestimmt, von 5×10^{17} auf $4 \times 10^{15}/cm^3$ herabgesetzt. Antimon wird durch Zonenschmelzverfahren gereinigt und Arsen durch Sublimation in Vakuum. Bi_2Te_3 wurde unter $^1/_4$ Atmosphäre Wasserstoffdruck in abgeschmolzenen Vycor-Tiegeln durch Senken von 625° C auf 580° C mit einer Geschwindigkeit von 1 cm/Stunde hergestellt. Aus der Änderung der Leitfähigkeit entlang der Senkrichtung wird geschlossen, daß der maximale Schmelzpunkt nicht der stöchiometrischen Zusammensetzung entspricht. Antimontellurid wurde auch nach dem Gradientverfahren hergestellt. Dagegen für Arsentellurid war das vertikale Zonenschmelzverfahren erfolgreicher. Die Kristalle scheinen starke Verunreinigungen bzw. Defekte aufzuweisen.

Cadmiumselenid (CdSe) läßt sich nicht im Vakuum schmelzen (Schmelzpunkt 1350° C), da es bereits bei 900° C stark sublimiert. Es läßt sich aber in einer Druckbombe unter 15,5 Atmosphären Argon bei 1240° C in Graphittiegeln schmelzen. Durch langsame Abkühlung der Schmelze wurden Kristalle von 1,6 cm Durchmesser und 2,5 cm Länge erhalten.[2]

Von anderen Telluriden, die als Einkristalle hergestellt wurden, ist Cadmiumtellurid, CdTe, zu nennen.[3]

---

[1] Harman, T. C., B. Paris, S. E. Miller und H. L. Goering: J. Phys. Chem. Solids **2**, 181 (1951).

[2] Heinz, D. M. und E. Banks: J. Chem. Phys. **24**, 391 (1956).

[3] Kröger, F. A. und D. de Nobel: Journ. Electronics **1**, 190 (1955).

Bariumtitanat ($BaTiO_3$)

Bariumtitanat gehört zu der Gruppe der ferroelektrischen Kristalle und nimmt wegen seiner einfachen Struktur eine wichtige Stellung ein. Sein Schmelzpunkt liegt bei etwa 1630° C. Das reinste Material kristallisiert hexagonal aus der Schmelze und ist nicht ferroelektrisch. Bei einem kleinen Über- oder Unterschuß von Ba erhält man die kubische Modifikation, die bei 120° C in die tetragonale Modifikation übergeht. Die kubische Modifikation wird auch durch einen Zusatz von wenigen Prozent CaO erreicht. Kristalle von 6 mm Durchmesser und einigen cm Länge wurden nach dem Gradientverfahren im Platintiegel unter CO_2-Atmosphäre gezogen[1]. Diese Kristalle sind aber bei Zimmertemperatur stark verspannt und gestört wegen der Umwandlung.

Scheelit ($CaWO_4$)

Scheelit bis zu 30 mm Durchmesser wurde nach der Gradientmethode im Platintiegel im Temperaturgradienten 59° C/cm mit einer Senkgeschwindigkeit von 3 mm/Stunde gezogen. Die Kristalle springen leicht und erfordern sorgfältiges Tempern. Der Schmelzpunkt von Scheelit liegt bei 1576 ± 5° C. Scheelitkristalle wurden auch nach dem VERNEUIL-Verfahren gezogen.[2]

Mischkristalle (Cu_3Au)

Der Mischkristall Cu_3Au ist deshalb von besonderem Interesse, weil er eine Überstruktur aufweist, die bei Temperaturen von ~390° C verschwindet. Einkristalle, 0,2 cm dick und 17 cm lang, wurden im Graphittiegel im Vakuum mit einer Geschwindigkeit von 7,5 cm/Stunde hergestellt.[3, 4] Diese Kristalle waren wahrscheinlich nicht homogen, da die Zusammensetzung nicht dem Minimum der Schmelztemperatur entspricht.

Magnetit (Fe_3O_4)

Magnetit ist der Hauptvertreter der ferromagnetischen Halbleiter, die in den letzten Jahren von großem wissenschaftlichem Interesse und praktischer Wichtigkeit geworden sind. Die Schmelzpunkte dieser Verbindungen liegen oberhalb 1600° C und lassen sich nur schwer durch das Schmelzverfahren herstellen. Nur Magnetit wurde im Platintiegel und einer CO_2-Atmosphäre von 1 cm Durchmesser und 4 cm Länge nach dem Senkverfahren hergestellt.[5]

---

1 SMILTENS, J.: J. Am. Chem. Soc. **79**, 4877 und 4881 (1957).

2 ZERFOSS, S., L. R. JOHNSON und O. IMBER: Phys. Rev. **75**, 320 (1949).

3 NIX, F. C.: Rev. Sci. Instr. **9**, 426 (1938).

4 SIEGEL, S.: Phys. Rev. **57**, 537 (1940).

5 SMILTENS, J.: J. Chem. Phys. **20**, 990 (1952).

Glimmer[1]

Unter Glimmer wird eine Gruppe von Hydroxyl-Aluminiumsilikatkristallen verstanden, die sich durch Spaltbarkeit bis zu feinsten Lamellen auszeichnen. Drei Arten sind besonders wichtig: Muskovit (Kalium-Glimmer: $K{-}Al_2{-}AlSi_3{-}O_{10}{-}(OH)_2$); Phlogopit (Magnesiumglimmer: $K{-}Mg_3{-}AlSi_3{-}O_{10}{-}(OH)_2$); und Biotit (Magnesium-Eisen-Glimmer: $K{-}(MgFe)_3{-}AlSi_3{-}O_{10}{-}(OH)_2$). Wegen der guten elektrischen und elastischen Eigenschaften ist Glimmer in der Elektrotechnik von besonderer Wichtigkeit.

Künstliche Herstellung von Hydroxyl-Glimmer wurde nach dem hydrothermalen Verfahren versucht, jedoch nur mit mäßigem Erfolg[2].

Dagegen wurden Kristalle aus Fluor-Glimmer, in dem die Hydroxylionen durch Fluorionen ersetzt wurden, mit großem Erfolg hergestellt.

Eine Methode zur Herstellung von Fluor-Glimmer wurde bei Siemens und Halske während des ersten Weltkrieges entwickelt.[3] Die Versuche wurden 1938 wieder aufgenommen (V. MIDDEL) aber erst während des zweiten Weltkrieges wurde Glimmer im beschränkten Maße technisch hergestellt.[4] Als Ausgangsmaterial wird genommen: Al_2O_3, MgO, SiO_2 und K_2SiF_6. MgO muß wasser- und CO_2-frei sein, bevor die Bestandteile vermischt werden, da sonst K_2SiF_6 zersetzt wird. Folgende Mischung wurde von MIDDEL genommen: Al_2O_3 11,6%, MgO 32,6%, SiO_2 30,7% und K_2SiF_6 25,1%. Die Tiegel für 10 und 100 kg Inhalt wurden aus einer Spezialmasse ($SiO_2 + Al_2O_3$) hergestellt. Die Mischung wurde in einem elektrischen Ofen auf 900° C vorgeheizt und dann in einen Gasofen eingesetzt derart, daß der Boden des Tiegels eine tiefere Temperatur hatte als der Oberteil. Die Schmelze wurde 6 Stunden bei 1450° C gehalten und dann mit einer Temperatursenkung von 1° C/Stunde auf 1320° C abgekühlt, bei der die Kristallisation stattfindet. Weitere Abkühlung wird in einem elektrischen Ofen vorgenommen. Etwa 40% der Versuche waren erfolgreich. Glimmerplatten bis zu einer Größe von 5×5 cm wurden auf diese Weise erhalten. Die Platten sind vertikal orientiert, aber in der horizontalen Richtung statistisch verteilt, d. h. sie stoßen aufeinander, wodurch die Größe beschränkt wird.

Mit der systematischen Untersuchung der Glimmerherstellung haben sich EITEL und DIETZEL[5] und NODA und Mitarbeiter[6] beschäftigt.

---

[1] ROY, RUSTUM: Synthetic Mica — A Critical Examination of the Literature, Pennsylvania State College, School of Mineral Industries, Prepared under subcontract from the Owens Corning Fiberglas Corp., ONR Contract N7onr-475; Oct. 15, 1952.

[2] GRUNNER, J. W.: Am. Mineral. **24**, 624 (1939); **24**, 428 (1939).

[3] DRP 367, 537, 1919.

[4] FIAT, Rev. German Sci., Final Report 746 (1945).

[5] EITEL, W. und A. DIETZEL: Chemie und Industrie **56**, 20 (1946).

[6] NODA, T.: Bull. Chem. Soc. (Japan) **23**, 40 (1950).

Nach dem Kriege wurden Versuche in dem National Bureau of Standards unternommen.[1, 2] Dabei wurden Platintiegel und Pt- und Silit-Öfen benutzt. Der Schmelzpunkt von Phlogopit wurde zu 1345° C bestimmt. Ein Minimumgradient von 50° C und eine maximale Kühlgeschwindigkeit von 1° C/Stunde wurde ermittelt.

Die Zusammensetzung des Ausgangsmaterials soll soweit wie möglich der idealen Zusammensetzung des Glimmers entsprechen. Ein kleiner Überschuß von Fluor ist, wahrscheinlich wegen der Verdampfung, erwünscht. An Stelle des K_2SiF_6 kann auch K_3AlF_6 genommen werden. Unerwünscht sind dagegen Mineralien mit Hydroxylgruppen oder solche Oxyde, die zur Bildung von Fluoriden neigen.

Als Tiegelmaterial kann Platin, Siliciumkarbid und Graphit benutzt werden. Trotz zahlreicher Bemühungen konnte die Größe der in den Siemens-Schuckert Laboratorien hergestellten Kristalle nicht überschritten werden. Die Größe der Kristalle hängt von folgenden Faktoren ab: Anzahl der Keime, Orientierung der Kristalle und die Kontinuität des Wachstums. Der wichtigste Faktor ist die Orientierung. Die vertikale Orientierung ist durch das eindimensionale Wachstum entlang des vertikalen Temperaturgradienten gegeben. Die Bemühungen, eine horizontale Parallel-Ausrichtung der Kristalle entweder durch einen horizontalen Temperaturgradienten oder durch eine ovale Formgebung des Tiegels führten zu keinem Erfolg. Erschütterungen des Tiegels haben angeblich einen negativen Einfluß auf die Kristallisation.

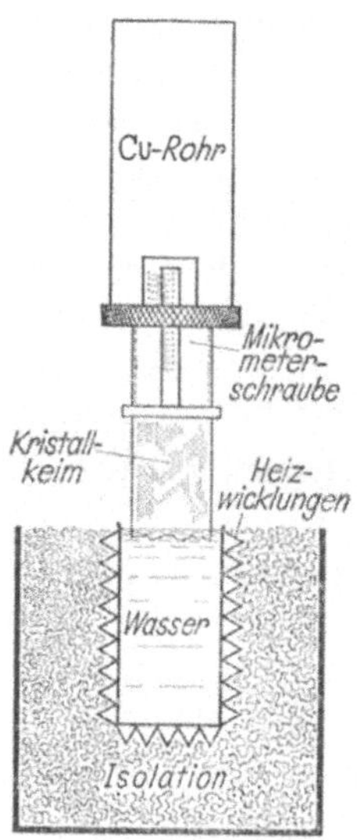

Abb. 178. Herstellung der Eiskristalle (nach JONA und SCHERRER[3])

Bor-Glimmer von der Zusammensetzung $F_2KMg_3BSi_3O_{10}$ wurde aus einer Mischung von SiO_2, H_3BO_3, K_2CO_3, MgO und MgF_2 hergestellt. ($d_4^{25} = 2{,}734$ und $n_D = 1{,}517$.)[4]

Eiskristalle

Das natürliche Eis, das beim Gefrieren des Wassers auf ruhigen Gewässern entsteht, besteht aus hexagonalen Kristallen, deren *c*-Achse senkrecht zur Abkühlungsoberfläche steht. Manchmal trifft man größere Einkristalle in der Natur an.

---

[1] VALKENBURG, A. und H. INSLEY: Cer. Age. **56**, 20 (1950).
[2] VALKENBURG, A. und R. G. PIKE: J. Res. N. B. S. **48**, 360 (1952).
[3] JONA, F. und P. SCHERRER: Helv. Phys. Acta **25**, 35 (1952).
[4] NODA, T., N. DAIMON und H. TOYODA: J. Soc. Chem. Ind. (Japan) **47**, 499 (1944).

Die ersten künstlichen Einkristalle bis zu 10 cm Durchmesser wurden von ADAMS und LEWIS[1] nach der Methode von NACKEN gezüchtet. Es fehlen aber bei diesen Autoren nähere Bedingungen. Eine genaue Beschreibung der Züchtung von Eiseinkristallen geben JONA und SCHERRER[2] an.

Als Ausgangsmaterial ist Brunnenwasser geeigneter als destilliertes Wasser, das nur wenig zur Kristallisation neigt. Die Kristallisationsfähigkeit wird verbessert durch längeres Stehen im verzinnten Metallgefäß. Einkristalle wurden nach der Methode STÖBER und nach KYROPOULOS in einem Kühlhaus (Brauerei!) bei —20° C gezüchtet. Wasserbehälter von 9 cm Durchmesser und 12 cm Höhe wurden von 3 getrennten Heizwicklungen umgeben, die mit Glaswolle von 6 cm Dicke isoliert waren (Abb. 178). Die Wassertemperatur wurde zuerst auf 1° C bis 2° C 10 Stunden lang gehalten, um das Temperaturgleichgewicht herzustellen. Durch kontinuierliche Stromsenkung wurde das Wasser von oben nach unten gekühlt, bis der ganze Inhalt zu einem Kristall wurde. Die c-Achse war immer vertikal gerichtet.

Intermetallische Verbindungen

Als Beispiel intermetallischer Verbindungen kann z. B. Magnesium-Zinn Mg_2Sn dienen. Einkristalle von dieser Verbindung wurden in geschlossenem Graphittiegel, der in einem Eisentiegel und dieser wieder in einen Quarztiegel eingesetzt wurde, hergestellt.[3] Die Verbindung hat einen Schmelzpunk von 778° C und ist Photoleiter mit der Absorptionskante bei 5 μ.

Manganfluorid (MnF_2)

Manganfluorid gehört zu antiferromagnetischen Kristallen. Es hat einen Schmelzpunkt von 929 $\pm$ 0,5° C. Einkristalle mit einem Durchmesser von 2 cm und einer Länge von 6 cm wurden in Graphittiegeln mit einer Senkgeschwindigkeit von 2,5 mm/Stunde hergestellt. Das Material wird in einem Platinbehälter bei 700° C in HF Atmosphäre getrocknet und anschließend unter HF kristallisiert. Die Kristalle sind rosa gefärbt.[4]

Natriumnitrat ($NaNO_3$)

Natriumnitratkristalle sind wegen ihrer sehr hohen Doppelbrechung von Interesse ($n_0 = 1{,}587$, $n_e = 1{,}336$). Einkristalle bis zu 20 cm Durchmesser und 10 cm Höhe in Halbkugelform wurden von STÖBER[5], in

---

[1] ADAMS, J. M. und W. LEWIS: Rev. Sci. Instr. 5, 400 (1934).

[2] Siehe Anm. 3 auf S. 258.

[3] LAWSON, W. D., S. NIELSON, E. H. PUTLEY und V. ROBERTS: J. Electronics **1**, 203 (1955).

[4] GRIFFEL, M. und J. W. STOUT: J. Am. Chem. Soc. **72**, 4351 (1950).

[5] STÖBER, F.: Z. Krist **61**, 299 (1925) Neu. Jahrb. Mineral. A57, 139 (1928); Chem. Erde **6**, 357 u. 453 (1930).

4 Tagen hergestellt. Kristalle sind vorwiegend mit der trigonalen Achse vertikal orientiert, d. h. in der Richtung des Temperaturgradienten. Orientierte Natriumnitratkristalle von beträchtlicher Größe (38 × 19 × 2 cm) wurden von WEST[1] erhalten. Er benutzte als „Impfkristall" Glimmer, der mit seiner Spaltfläche entweder auf den Boden des Tiegels oder auf die Schmelzoberfläche gelegt wurde. Die (111)-Ebene des Natriumnitrats ist parallel zur (001)-Ebene des Glimmers und die [110]-Richtung des $NaNO_3$ parallel zur [100]-Richtung des Glimmers.

Orientierte Mischkristalle von $NaNO_3$ + 8,5% $AgNO_3$ und Kristalle von $CsNO_3$ und $CdCl_2$ wurden nach derselben Methode hergestellt. Dieselbe Methode wurde von YAMAGUTI[2] ohne Kenntnis der Arbeit von WEST veröffentlicht.

Organische Kristalle

Wegen ihrer Wichtigkeit als Szintillationszähler (siehe Anwendungen) werden Einkristalle aus verschiedenen organischen Verbindungen gezüchtet. Meistens wird dazu das Gradientenverfahren benutzt. Da die Schmelzpunkte unter 300° C liegen, werden als Tiegel Glasgefäße mit konischem Boden verwendet, die abgeschmolzen werden. Eine Zusammenstellung der organischen Einkristalle, die meist in einer Größe bis zu 7 cm gezüchtet werden, findet sich in der Tab. 69d. Senkgeschwindigkeiten werden wie bei Ionenkristallen von einigen Millimetern pro Stunde verwendet. Von den angeführten Verbindungen sollen nur Anthracen und Phenathren schwierig zu züchten sein,[3] andere wachsen sehr leicht. Die Angaben sind aber spärlich und sollen deshalb nur mit Vorsicht benutzt werden. Eine Reinigungsmethode für Anthracen durch Vakuumdestillation, verbunden mit gleichzeitigem Durchziehen der Schmelze (1 cm/Stunde) durch einen Temperaturgradienten (18° C/cm) ist von METTE und PICK angegeben[4] worden. Anthracen wird in einem evakuierten Glasrohr in einem elektrischen Vertikalofen geschmolzen und das Glasgefäß langsam aus dem Ofen herausgezogen. Das verdampfte Material schlägt sich an der Glaswand in einer dicken festen Schicht nieder. Die Farbe des Niederschlages ist im oberen Teil weiß, im unteren schwarz und dazwischen grün. Nur das weiße Material wird zur Kristallzüchtung genommen.

Anthracenkristalle $C_6H_4(CH)_2C_6H_4$, 2 cm Durchmesser und 5 cm lang, wurden in evakuierten Glasgefäßen mit konischem Boden mit einer Senkgeschwindigkeit von 2 mm/Stunde erhalten.[5] Zur Beschränkung der Anzahl der Impfkristalle ist es vorteilhaft, einen Ansatz mit Kapillarein-

---

[1] WEST, C. D.: J. Opt. Soc. Am. **35**, 26 (1945).

[2] YAMAGUTI, T.: J. Phys. Soc. (Japan) **7**, 113 (1952).

[3] FÜNFER, E. und H. NEUERT: Zählrohre und Szintillationszähler, S. 103. Karlsruhe: Verlag G. Braun 1954.

[4] METTE, H. und H. PICK: Z. Physik **134**, 566 (1953).

[5] FEAZEL, CH. E. und C. D. SMITH: Rev. Sci. Instr. **19**, 817 (1948).

schnürung zu verwenden.[1] Der Temperaturgradient wurde zu 14° C/cm bestimmt.

Dibenzylkristalle (Diphenylaethan), C_6H_5–CH_2–CH_2–C_6H_5, von 1,5 cm Durchmesser wurden durch langsames, nicht näher bekanntes Senken der abgeschmolzenen Glasgefäße erhalten.[2] Benzylkristalle sind farblos und springen leicht[3].

Diphenylkristalle, $C_6H_5C_6H_5$, wurden ähnlich wie Dibenzyl gezüchtet.[4]

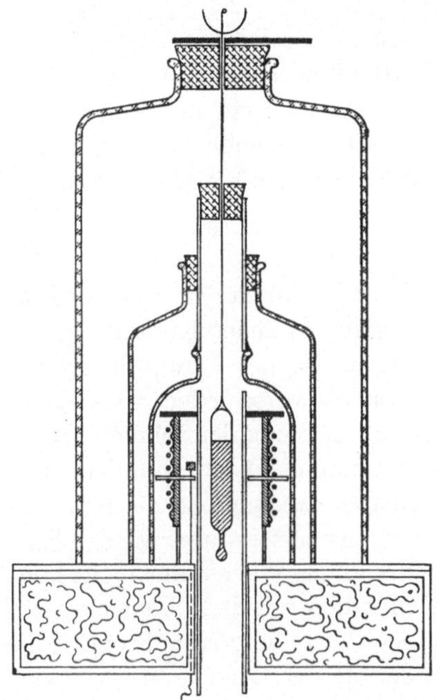

Abb. 179. Einfachste Methode zur Herstellung niedrigschmelzender Kristalle (Naphthalin) (nach SANGSTER[5])

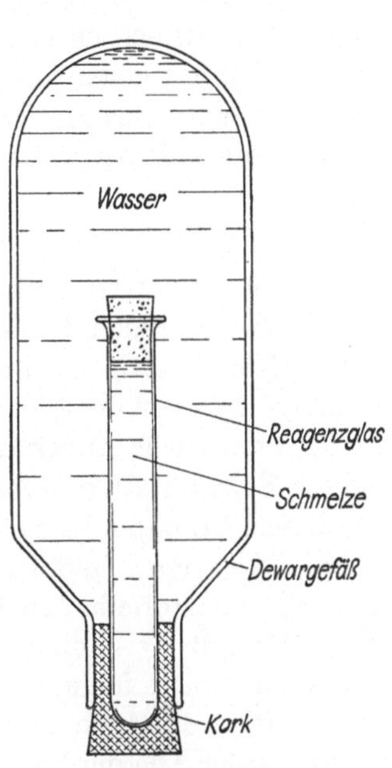

Abb. 180. Kristallherstellung aus organischen Verbindungen (nach LITTLE[6])

Naphthalin ($C_5H_4C_5H_4$) wurde mit einer Senkgeschwindigkeit von 2 mm/Stunde in evakuierten Glasgefäßen kristallisiert. Farblose Kristalle von 2 cm Durchmesser und 5 cm Länge wurden erhalten.[4] Eine sehr einfache Methode, die nur eine Thermosflasche, ein Reagenzglas und zwei Gummipfropfen erfordert, wurde von LITTLE[5] angegeben (Abb. 179). Nach diesem äußerst einfachen Verfahren wurden sowohl Naphthalin als auch Naphthalin–Anthracen-Mischkristalle von $8 \times 0,5 \times 0,8$ cm hergestellt.

---

[1] Siehe Anm. 4 auf S. 260.
[2] HENDRICKS, S. B. und M. E. JEFFERSON: J. Opt. Soc. Am. **23**, 299 (1933).
[3] HOFSTADTER, A., S. H. LIEBSON und J. P. OLLIOT: Phys. Rev. **18**, 81 (9950).
[4] FEAZEL, CH. E. und C. D. SMITH: Rev. Sci. Instr. **19**, 817 (1948).
[5] SANGSTER, R. C., Ph. D. Thesis, M. I. T. 1951.
[6] LITTLE, W. A.: J. Sci. Instr. **30**, 253 (1953).

Trans-Stilben (C_6H_5–CH=CH–C_6H_5)[1] wird in Argonatmosphäre (3 mm Hg) zwecks Reinigung destilliert. Kristalle werden in abgeschmolzenen Gefäßen mit einer Senkgeschwindigkeit von 1,6 mm/Stunde hergestellt. Die Schmelze neigt zu einer starken Unterkühlung (bis zu 18° C). Normalerweise wurden Polykristalle erhalten. Der Grund liegt wahrscheinlich darin, daß ein sehr kleiner Temperaturgradient von nur 0,4° C/cm benutzt wurde. Die Kristalle waren bis $8 \times 4 \times 2$ cm groß. Sie sind sehr brüchig und temperaturempfindlich.

Terphenyl (C_6H_5–C_6H_4–C_6H_5) wird ähnlich wie Dibenzyl hergestellt.[2] Von 27 untersuchten organischen Verbindungen wurden von einigen Einkristallen mit einem Durchmesser von etwa 1,5 cm und einigen cm Länge mit einer Ziehgeschwindigkeit von 1 cm/Stunde hergestellt und auf ihre Verwendbarkeit als Szintillationszähler geprüft[3] (Abb. 180).

Einkristalle mit Fremdzusätzen

Die Verwendung der Einkristalle für Szintillationszähler erfordert Einkristalle mit Fremdzusätzen. Eine Herstellung solcher Kristalle bringt gewisse Komplikationen mit sich. Einmal ist der Dampfdruck des Fremdzusatzes von dem der Hauptkomponente verschieden. Das bringt eine kontinuierliche Änderung der Zusammensetzung der Schmelze während der Kristallisation, wenn die Verdampfung nicht unterbunden wird. Von diesem Standpunkt aus betrachtet ist es zweckmäßig, die Kristalle in abgeschmolzenen Gefäßen herzustellen. Anderseits aber ist der Einbau der Fremdstoffe in den Kristall während des Wachstums nicht konstant. Normalerweise nimmt die Konzentration mit dem Wachstum zu. Man kann eine annähernd gleichmäßige Verteilung der Fremdstoffkonzentration durch entsprechende Änderung der Wachstumsgeschwindigkeit erzielen,[4] da der Verteilungskoeffizient des Fremdstoffes zwischen der festen und flüssigen Phase eine Funktion der Wachstumsgeschwindigkeit ist. Wenn der Fremdzusatz einen höheren Dampfdruck hat als die Hauptsubstanz, kann die Zunahme der Fremdzusatzkonzentration durch Temperaturregulierung der Schmelze beeinflußt werden. Eine andere Möglichkeit, Einkristalle mit homogener Fremdzusatzverteilung herzustellen, besteht darin, daß aus einer großen Schmelze nur ein kleiner Bruchteil kristallisiert wird.

Die oben angeführten Möglichkeiten werden aber nur selten ausgenutzt, da sie eine erhebliche Komplikation in der Kristallzüchtung erfordern. Man nimmt vielmehr eine inhomogene Konzentrationsverteilung des Fremdzusatzes in Kauf. Das kann man um so mehr tun, als

---

[1] Leininger, R. F.: Rev. Sci. Instr. **23**, 127 (1952).

[2] Siehe Anm. 3 auf S. 261.

[3] Siehe Anm. 6 auf S. 261.

[4] Harshaw, J. A., H. C. Kremers, E. C. Stewart, E. K. Warburton und J. O. Hay: Atomic Energy Commission Report NYO-1577, 1952.

die Szintillationsausbeute in gewissen Grenzen praktisch von der Konzentration des Aktivators unabhängig ist.

In der Tab. 71 sind die wichtigsten Einkristalle mit Fremdzusätzen, die für Szintillatoren hergestellt wurden, zusammengestellt.

Es soll hier noch erwähnt werden, daß aus organischen Verbindungen praktisch beliebig große (1 m und mehr) Szintillationszähler hergestellt werden, die zwar vollkommen durchsichtig, aber nicht kristallin, sondern amorph sind. Besonders geeignet sind dazu Verbindungen mit drei aromatischen Ringen (z. B. Terphenyl). Zur Verbesserung der Emission

Tabelle 71. *Einkristalle mit Aktivatoren*

Kristall	Aktivator	Konzentration des Aktivators	Verwendung für	Literatur
LiCl	AgCl		α	[1]
LiBr	AgBr		α	[1]
LiBr	$SnBr_2$	0,1%	n	[2, 3]
LiJ	SnJ_2		n	[2, 3]
LiJ	TlJ		α, n	[2, 4]
LiJ	$EuCl_2$	0,05 mol.-%	n	[5]
NaCl	AgCl		α, β, γ	[1]
NaBr	AgBr		α, β	[1]
NaBr	TlBr		α	[1]
NaJ	TlJ	1%	α, β, γ	[6, 7, 8]
NaJ	Tl_2O	0,5%	α, β, γ	[9]
KBr	TlBr		α, β, γ	[10]
KJ	TlJ	1%	α, β, γ	[7]
RbI	TlJ	1%	α, β, γ	[7]
CsJ	TlJ	1%	α, β, γ	[7, 11]
CsF	Tl		α, β, γ	[12]
LiJ	In		n	[13]
LiJ	AgJ	0,3%	n	[13]
LiJ	$SnCl_2 \cdot 2\,H_2O$	0,15%	n	[13]
$(NH_4)I$	TlJ			[14]

[1] MANDEVILLE, C. E. und H. O. ALBRECHT: Phys. Rev. **80**, 299 (1950).

[2] SCHENCK, J. C.: Nucleonics **10**, No. 3, 35 (1952).

[3] BELAEV, L. M., B. V. VITOVSKI und G. F. DOBRZANSKI: Rost Kristallov **1**, 197 (1957).

[4] DRAPER, J. E.: Rev. Sci. Instr. **22**, 543 (1951).

[5] SCHENCK, J. C.: Nature **171**, 518 (1953).

[6] HOFSTADTER, R.: Phys. Rev. **75**, 796 (1949).

[7] FRANKS, J.: Brit. J. Appl. Phys. **4**, 377 (1953).

[8] CHLECK, D. J.: Rev. Sci. Instr. **28**, 288 (1957).

[9] SCHAMOVSKIJ, L. M., L. M. RODIONOVA und A. S. GLUSCHKOVA: Izv. Akad. Nauk **22**, 3 (1958).

[10] REIFFEL, L. und H. V. WATTS: Phys. Rev. **97**, 1714 (1955).

[11] KNÖPFEL, H., E. LOEPFE und P. STOLL: Helv. Phys. Acta **29**, 241 (1956); Z. Naturforsch. **12a**, 348 (1957).

[12] VAN SCIVER, W. J.: Ph. D. Thesis, Stanford Univ. 1955.

[13] BERNSTEIN, W. und A. W. SCHARDT: Nucleonics **10**, No. 3, 36 (1952).

[14] GUGELOT, P.: Nucleonics **10**, No. 3, 38 (1952).

werden kleine Mengen (~ 1%) von Aktivatoren zugesetzt. Die Herstellung der Szintillatoren aus organischen Kunststoffen erfolgt durch Erwärmung und langsame Abkühlung der Mischung mit nachträglichem Tempern.[1, 2, 3]

Mischkristalle

Einkristalle, bestehend aus zwei und mehr chemischen Komponenten, können hergestellt werden, vorausgesetzt, daß sie feste Lösungen bilden. Die Mischkristalle können unter Umständen nur in einem bestimmten Temperaturbereich stabil sein. Sie zerfallen bei niedrigeren Temperaturen in ihre Komponenten (z. B. NaCl + KCl). Aber auch dann, wenn die Mischkristalle bei allen Temperaturen und Zusammensetzungen stabil sind, sind sie nur in seltenen Fällen homogen. Das liegt daran, daß wegen der Verschiedenheit zwischen der liquidus- und solidus-Temperatur, die Zusammensetzung in der Schmelze und im Kristall verschieden sein wird. Nur in dem Fall, wenn die Zusammensetzung einem Maximum oder Minimum der Schmelztemperatur entspricht, ist es möglich, einen homogenen Kristall herzustellen. In allen anderen Fällen wird immer eine Änderung der Zusammensetzung entlang der Kristallisationsrichtung stattfinden. Dieser Punkt muß bei der Herstellung großer Mischkristalle besonders beachtet werden.

Von homogenen Mischkristallen, die nach dem Gradientenverfahren hergestellt wurden, sind nur wenige bekannt. Zwei sollen hier ihrer Wichtigkeit wegen für die Ultrarotspektroskopie erwähnt werden. Es sind das die Mischkristalle der Thalliumhalogenide. In der Tab. 72 sind die Zusammensetzungen und die Minima der Schmelztemperaturen angegeben.[4]

Diese Mischkristalle, die in der Literatur unter dem Namen KRS6 und KRS5 bekannt sind, werden in abgeschmolzenen Glasgefäßen (z. B. Pyrex) bis zu einer Größe von 10 cm Durchmesser hergestellt. Der Temperaturgradient beträgt 20° C/cm und die Senkgeschwindigkeit 0,1 cm/Stunde. Das Ausgangsmaterial muß besonders rein sein (besonders TlJ) sonst werden die Kristalle schwarz.

Tabelle 72. *Zusammensetzungen der binären Systeme der Thalliumhalogenide, die dem Minimum der Schmelztemperaturen entsprechen*

TlCl Mol %	TlBr Mol %	Schmelzpunkt ° C	TlBr Mol %	TlJ Mol %	Schmelzpunkt ° C
70,2	29,8	423° C	45,7	54,3	414° C

[1] BUCK, W. L. und R. K. SWANK: Nucleonics **11**, No. 11, 48 (1953).
[2] WOUTERS, L.: Nucleonics **12**, No. 3, 26 (1954).
[3] CLARK, G. W., F. SHERB und W. B. SMITH: Rev. Sci. Instr. **28**, 433 (1957).
[4] SMAKULA, A., J. KALNAJS und V. SILS: J. Opt. Soc. Am. **43**, 698 (1953).

Eine Besonderheit der TlBr–TlI-Mischkristalle muß erwähnt werden. Thalliumjodid ist polymorph, oberhalb 170° C kubisch raumzentriert und unterhalb 170° C orthorhombisch. Beim Übergang von der oberen zur unteren Modifikation nimmt die Dielektrizitätskonstante sprunghaft ab und gleichzeitig tritt ein Farbwechsel von rot zu graugelb ein. Bei den Mischkristallen TlBr–TlJ wird die kubische Modifikation, die sonst nur oberhalb 170° C auftritt, bei niedrigen Temperaturen stabilisiert. Bei Konzentrationen des TlBr, die kleiner sind als 10%, ist die kubische Stabilisierung des Mischkristalls nur vorübergehend, und der Kristall zerfällt in kubische TlBr und orthorhombische TlJ-Kristalle. Je nach der Konzentration des TlBr kann man die Lebensdauer des Mischkristalls beliebig festsetzen. Man kann anstatt mit TlBr auch mit CsI die kubische Modifikation des TlI stabilisieren.[1] Allerdings ist hier die Mischbarkeit beschränkt.

11.43 Horizontalverfahren

Bei diesem Verfahren wird, wie schon der Name sagt, die Schmelze in horizontaler Richtung kristallisiert. Das Prinzip dieses Verfahrens geht

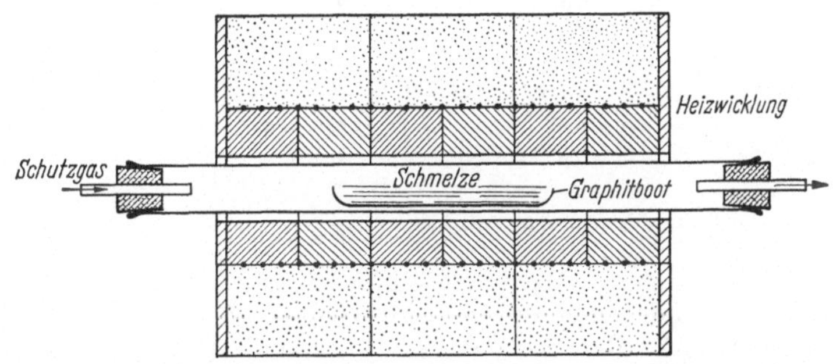

Abb. 181. Kristallherstellung nach dem Horizontalverfahren (nach GÖTZ[2])

auf KAPITZA[3] zurück, der Wismuteinkristalle mit einem Durchmesser von 0,1 cm und bis zu 10 cm lang dadurch herstellte, daß er einen polykristallinen Draht aus Wismut auf eine Kupferplatte legte, die an einem Ende elektrisch geheizt wurde. Die Temperatur wurde soweit erhöht, daß der Draht schmolz. Da der Draht sich mit einer Oxydschicht bedeckte, bleib die zylindrische Form erhalten. Durch langsame Kühlung kristallisierte der Draht vom kälteren Ende aus als Einkristall, wenn die Geschwindigkeit der Kristallisation nicht größer als 14—20 cm/Stunde war. Beim Anbringen eines Impfkristalls konnte jede gewünschte Kristallorientierung erhalten werden. Der Vorteil dieses Verfahrens liegt darin, daß besonders bei solchen Stoffen, die sich wie Wismut beim Festwerden ausdehnen, der Kristall nicht durch den Tiegel deformiert wird.

[1] SMAKULA, A., J. KALNAJS und V. SILS: J. Opt. Soc. Am. **43**, 822 (1953).
[2] GOETZ, A.: Phys. Rev. **35**, 193 (1929).
[3] KAPITZA, P.: Proc. Roy. Soc. (London) **A119**, 358 (1928).

Eine Verbesserung der Anordnung von Kapitza wurde durch Anwendung eines Rohrofens mit einem Graphitboot erreicht, in dem Wismutkristalle (0,4 cm dick und bis 30 cm lang) mit verschiedenen Orientierungen mit und ohne Magnetfeld (20000 Gauß) hergestellt wurden[1] (Abb. 181). Dabei ergab sich, daß das Magnetfeld keinen Einfluß auf die Orientierung des Kristalls hat.

Zinkeinkristalle mit einem Querschnitt von 1 cm² und 35 cm lang wurden in einer Asbestwanne hergestellt.[2] Der Temperaturgradient wurde zwischen 3,4 und 7,0° C/cm und die Wachstumsgeschwindigkeit zwischen 3,3 und 11 cm/Stunde variiert. Mosaikstruktur am Anfang der

Tabelle 73. *Kristalle hergestellt nach dem horizontalen Gradientverfahren*

Metall	Literatur
Bi	6–11
Cd	9, 12
CdTe	13
GaAs	14
In	5
InAs	5
Pb	6, 12, 15
PbTe	16
Sn	6, 9, 17–19
Zn	2, 3, 6
Zn-Legierung (von Cd, Cu. Ag, Au, Fe, Ni)	20

[1] Siehe Anm. 2 auf S. 265.

[2] Cinnamon, C. A.: Rev. Sci. Instr. **5**, 187 (1934).

[3] Cinnamon, C. A. und A. B. Martin: J. Appl. Phys. **11**, 487 (1940).

[4] Goss, A. J. und E. V. Vernon: Proc. Phys. Soc. (London) **B65**, 905 (1952).

[5] Harada, R. H. und A. J. Strauss: J. Appl. Phys. 30, **121** (1951).

[6] Goss, A. J. und S. Weintroub: Nature **167**, 349 (1951); Proc. Phys. Soc. (London) **B65**, 561 (1952).

[7] Kapitza, P.: Proc. Roy. Soc. (London) **A119**, 358 (1928).

[8] Goetz, A.: Phys. Rev. **35**, 193 (1929).

[9] Hassler, M. F.: Rev. Sci. Instr. **4**, 656 (1933).

[10] Goetz, A. und M. F. Hassler: Phys. Rev. **36**, 1752 (1930).

[11] Goetz, A. und M. F. Hassler: Proc. Natl. Acad. Sci. (USA) **15**, 646 (1929).

[12] da C. Andrade, E. N. und R. Roscoe: Proc. Phys. Soc. (London) **49**, 152 (1937).

[13] de Nobel, D.: Philips Res. Rep. **14**, 361 (1959).

[14] Richards, J. L.: J. Appl. Phys. **31**, 600 (1960).

[15] Atwater, H. A. und B. Chalmers: J. Appl. Phys. **26**, 918 (1955).

[16] Kröger, F. A. und D. Nobel: J. Electronics **1**, 190 (1955).

[17] Chalmers, B.: Proc. Roy. Soc. (London) **A175**, 100 (1940).

[18] Chalmers, B.: Proc. Roy. Soc. (London) **A162**, 120 (1937).

[19] Puttick, K. E.: Proc. Phys. Soc. (London) **65B**, 571 (1952).

[20] Way, H. E.: Phys. Rev. **50**, 1181 (1936).

Kristallisation konnte durch einen steilen Temperaturgradienten eliminiert werden. Einwandfreie Einkristalle wurden nur erhalten, wenn das Verhältnis des Gradienten zur Kristallisationsgeschwindigkeit größer als 0,7° C/cm/cm/Stunde war. Dieses Verhältnis wurde in einer späteren Arbeit auch nach oben beschränkt.[1] Für Temperaturgradienten zwischen 3,4 und 12° C/cm und Kristallisationsgeschwindigkeiten zwischen 4,2 und 22 cm/Stunde liegt das günstige Verhältnis von Temperaturgradient/Kristallisationsgeschwindigkeit bei der Orientierung 0° der c-Achse bei 1° C/cm/cm/Stunde und nimmt linear zu bis 90°-Orientierung, wobei $G/R = 2°$ C/cm/cm/Stunde erreicht wird.

Beim Schmelzen von In in horizontalen Wannen konnte die zylindrische Form des Stabes dadurch erhalten werden, daß das Metall bei einem Luftdruck von 10 mm Hg geschmolzen wurde. Das Metall überzieht sich mit einer Oxydschicht, die die Schmelze in zylindrischer Form aufrechterhält. Das Vorschmelzen von In kann nur in Graphittiegeln oder graphitierten Glastiegeln gemacht werden, da In das Glas angreift. Kristalle von 3 mm Durchmesser und einer Länge von 15 cm wurden mit einer Geschwindigkeit von 3 cm/Stunde gezüchtet.[2]

In der Tab. 73 sind die Kristalle zusammengestellt, die nach dem horizontalen Gradientverfahren hergestellt wurden.

Nähere Angaben über Schutzgase und die Ziehgeschwindigkeit für einige Metalle finden sich in der Tab. 74.

Tabelle 74. *Ziehgeschwindigkeit einiger Einkristalle hergestellt nach dem Horizontalziehverfahren*[3]

	Metall	Schutzgas	Ziehgeschwindigkeit
1	In	Luft	60 cm/Stunde
2	Sn	Luft	6—150 cm/Stunde
3	Pb	Luft	6—120 cm/Stunde
4	Zn	Luft oder N_2	30 cm/Stunde
5	Al	N_2 oder A	60 cm/Stunde
6	Ag	Luft oder N_2	6—60 cm/Stunde
7	Au	Luft oder N_2	6—60 cm/Stunde
8	Cu	N_2 oder A	30 cm/Stunde
9	Ni	A	12 cm/Stunde

a) für 1—8 Graphittiegel, für 9 Aluminiumoxyd;
b) für 1—7 Röhrenwiderstandsofen, für 8 Hochfrequenzofen, für 9 Graphitwiderstandsofen;
c) Größe der Kristalle: Dicke 0,3—1 cm, Breite 1—3 cm, Länge 15—30 cm.

Herstellung von Doppelkristallen

Im polykristallinen Material werden physikalische Eigenschaften zu einem erheblichen Teil durch die Grenzflächen zwischen den einzelnen Kristalliten beeinflußt. Da sowohl die Dimensionen als auch die Orien-

[1] Siehe Anm. 3 auf S. 266.
[2] Siehe Anm. 4 auf S. 266.
[3] CHALMERS, B.: Canadian J. Phys. **31**., 132 (1953).

tierungen der Kristallite variieren, ist die Untersuchung sehr kompliziert. Um die Verhältnisse zu vereinfachen, wurde von CHALMERS eine Methode entwickelt, nach der Grenzflächen von beliebiger Orientierung zwischen zwei oder drei Kristallen hergestellt werden können. Dazu werden Horizontalschmelzwannen verwendet, wobei an einem Ende zwei Kristallkeime von gewünschter Orientierung eingesetzt werden. Nach dieser Methode wurden zuerst Doppelkristalle von niedrigschmelzenden Metallen wie Sn und Pb hergestellt[1], aber neuerdings auch von Cu und Ni[2] (Abb. 182).

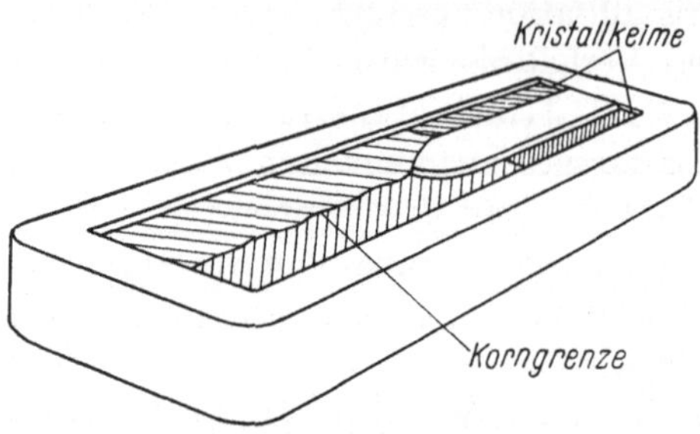

Abb. 182. Herstellung der Doppelkristalle mit orientierter Korngrenze (nach CHALMERS[1])

11.431 Zonenschmelzverfahren

Dieses Verfahren ist eine Abart des Horizontalverfahrens, bei welchem nicht der ganze Inhalt, sondern nur ein Teil, d. h. die Zone geschmolzen

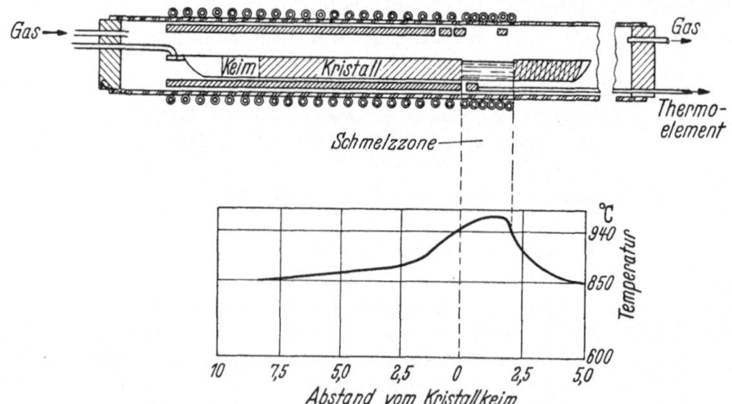

Abb. 183. Herstellung der Einkristalle nach dem Zonenschmelzverfahren mit Nachheizung (nach PFANN[3])

wird, die kontinuierlich horizontal verschoben wird. Die Herstellung der Einkristalle nach dem Zonenschmelzverfahren hat den Vorteil der Einfachheit und, was viel wichtiger ist, sie ermöglicht bei geeigneter Durchführung eine homogene Verteilung von Zusätzen im Kristall. Eine geeignete Apparatur nach PFANN[3] ist in Abb. 183 schematisch dar-

[1] CHALMERS, B.: Proc. Roy. Soc. **A162**, 120 (1937); **A175**, 100 (1940); **A196**, 64 (1949).

[2] GOW, K. V. und B. CHALMERS: Brit. J. Appl. Phys. **2**, 300 (1951).

[3] PFANN, W. G. und K. M. OLSEN: Phys. Rev. **89**, 322 (1953); Bell. Lab. Record **33**, 201 (1955).

gestellt. Die Zone kann entweder durch eine Widerstandsspule oder besser Induktionsspule geheizt werden. Das Außenrohr mit einem Durchmesser von etwa 5 cm und 1 m Länge ist aus durchsichtigem Quarz. Als Heizelement dient ein Graphitzylinder mit einer 6 mm dicken Wand und einer Länge zwischen 2 und 7 cm. Ein breiter Schlitz, etwa $^1/_4$—$^1/_2$ des Umfanges im Graphitzylinder ermöglicht eine direkte (teilweise) Induktionsheizung der Zone zwecks Homogenisierung der Schmelze. Das Gut befindet sich in einem halbzylindrischen Boot (etwa 1 cm Durchmesser), dessen Innenfläche gesandet und berußt wurde, um das Haften des Kristalls zu verhindern. An einem Ende des Bootes kann ein Impfkristall mit gewünschter Orientierung eingesetzt werden. Mit dieser Anordnung wurden Germaniumkristalle mit einer Geschwindigkeit von 0,7 bis 18 cm/Stunde bis zu einer Länge von 30 cm gezogen.

Nach diesem Verfahren wurden Einkristalle von Indiumantimonid[1], Indiumphosphid und Galliumarsenid hergestellt.[2] Da beide Verbindungen beim Schmelzpunkt zersetzlich sind, wurde das Schmelzgefäß von einem abgeschmolzenen Quarzrohr umgeben und außerdem an beiden Seiten der Zone die Temperatur durch Vorheizung oberhalb der Kondensationstemperatur der flüchtigen Komponente gehalten.

Von organischen Verbindungen wurden Einkristalle von Naphthalin nach dem Zonenschmelzverfahren hergestellt.[3]

An Stelle eines geraden Schmelzrohres kann man ein geschlossenes, kreisförmiges Rohr benutzen.[4] Mit solcher Anordnung wurden Nickeleinkristalle hergestellt.[5]

Weitere experimentelle und theoretische Untersuchungen über das Schmelzen von flüchtigen Verbindungen finden sich bei Boomgard, Kröger und Vink[6] und bei Boomgard[7].

Zur Eliminierung der thermischen Spannung im Kristall, die eine plastische Deformation hervorrufen kann, wird eine Nachheizung des Kristalls benutzt.[8] Dadurch wird der Temperaturgradient erniedrigt, was zu einer Herabsetzung der zulässigen Kristallisationsgeschwindigkeit führt. Bei einem Temperaturgradienten von 10° C/cm anstatt 150° C/cm war eine Kristallisationsgeschwindigkeit von 0,9 cm/Stunde

---

[1] Vinogradova, K. I., V. V. Galavanov, D. N. Nasledov und L. I. Soloveva Fiz. Tverd. Tel. **1**, 364 (1959).

[2] Folberth, O. G. und H. Weiss: Z. Naturforsch. **10a**, 615 (1955).

[3] Wolf, H. C. u. H. P. Deutsch: Naturw. **41**, 425 (1954).

[4] Ppann, W. G.: Trans. AIMME **194**, 747 (1952).

[5] Butusov, V. P. und V. V. Dobrovenski: Rost Kristallov **1**, 252 (1957).

[6] van den Boomgard, J., F. A. Kröger und H. J. Vink: J. Electronics **1**, 212 (1955).

[7] van den Boomgard, J.: Philips Res. Repts. **10**, 319 (1955); **11**, 27 (1956); **11**, 91 (1956).

[8] Bennett, D. C. und B. Sawyer: Bell System Tech. J. **35**, 637 (1956).

erforderlich, um eine gleichmäßige elektrische Leitfähigkeit entlang des Kristalls zu erreichen.

Zwei andere Faktoren beeinflussen die Güte der Einkristalle wesentlich: der radiale Temperaturgradient und die Kristallorientierung. Der radiale Temperaturgradient im Kristall entsteht dadurch, daß die Wärme nicht nur in der axialen, sondern auch in radialer Richtung abgeleitet wird. Die Folge davon ist eine Kontraktion des Kristalls an der Oberfläche, was eine Kompression im Innern zur Folge hat. Da die meisten Kristalle dicht am Schmelzpunkt plastisch sind, so werden sie deformiert. Solche Deformationen wurden tatsächlich an Einkristallen festgestellt. Der Grad der Deformation hängt nicht nur von dem Temperaturgradienten, sondern auch von der Orientierung des Kristalls, d. h. von der Neigung der Gleitebenen und der Gleitrichtung in bezug der Kompression ab. So ist es z. B. vorteilhaft, Germaniumeinkristalle senkrecht zur kubischen Diagonale [111] wachsen zu lassen, da die (111)-Ebene die Gleitebene und [110] die Gleitrichtung ist.[1] Man sieht daraus, daß der hohe Temperaturgradient zwar für Wachstum günstig ist, nicht aber für den gerade fertig gewachsenen Kristall bei der Temperatur dicht am Schmelzpunkt.

11.432 Das Nivellierverfahren[2]

Bei der Herstellung der Einkristalle für Halbleiterzwecke ist es wichtig, Kristalle mit kleinen Mengen von Zusätzen (Donatoren oder Akzeptoren) herzustellen. Bei normaler Kristallisation wird der Zusatz inhomogen verteilt. Eine homogene Verteilung wird bei dem Zonenschmelzverfahren dadurch erreicht, daß in die Schmelzzone der gewünschte Fremdzusatz von der Konzentration c/k zugesetzt wird. Die Konzentration des Fremdzusatzes c ist dann gegeben durch folgende Gleichung

$$c = k\, c_i \exp(-k\, x/l)\,, \tag{147}$$

wobei k der Verteilungskoeffizient, c_i die Fremdzusatzkonzentration in der ersten Zone, x der kristallisierte Teil und l die Zonenlänge ist. Bei kleinem k ist die Abnahme von c entlang der Kristallisationsrichtung nur sehr klein. Aber auch diese Abnahme läßt sich noch vermindern, wenn die Zonenlänge l linear mit x, also gemäß

$$l = l_0 - k\, x \tag{148}$$

vermindert wird, wobei l_0 die Zonenlänge zu Beginn der Kristallisation ist. An Stelle der Reduktion der Zonenlänge kann der Querschnitt der Zone geändert werden. In diesem Fall muß der Querschnitt

$$a = a_0 \exp(x/D) \tag{149}$$

sein, wobei

$$D = \frac{l}{\ln(1-k)}\,. \tag{150}$$

[1] Treuting, R. G.: J. Metals **7**, 1027 (1955).

[2] Pfann, W. G.: Trans. Am. Inst. Met. Engrs. **194**, 747 (1952).

Dieses Verfahren wurde mit großem Erfolg an Germanium[1] und Silicium[2] ausprobiert.

11.44 Flotationsverfahren

Die Herstellung reinster Silizium-Einkristalle aus der Schmelze stößt auf große Schwierigkeiten, da es kein einwandfreies Tiegelmaterial gibt, mit dem Silizium nicht reagiert. Auf der Suche nach einem tiegellosen

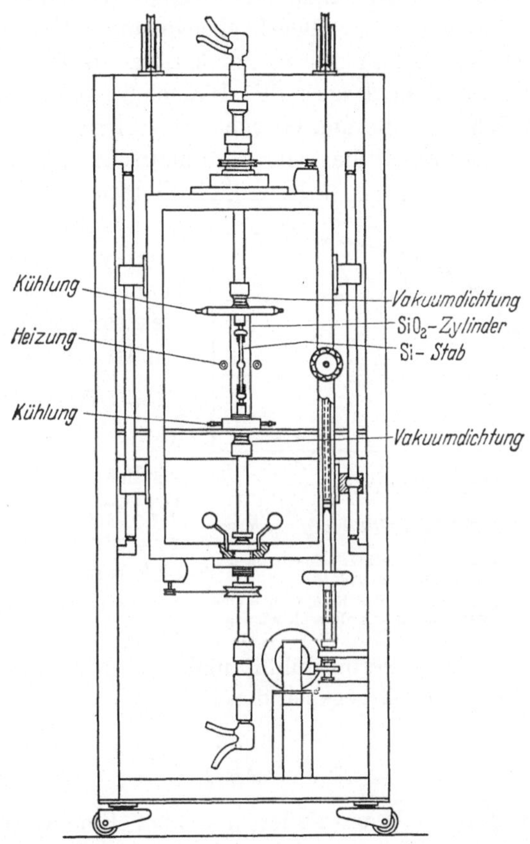

Abb. 184. Flotationsverfahren (nach KECK, HORN, SOLED und MACDONALD[3])

Verfahren wurde unabhängig voneinander an drei Stellen das Flotationsverfahren entwickelt.[4, 5, 6] Das Prinzip dieses Verfahrens ist in der Abb. 184 dargestellt.[3] Ein gesinterter vertikal stehender Stab aus

---

[1] PFANN, W. G. und K. M. OLSEN: Phys. Rev. **89**, 322 (1953).

[2] THEUERER, H. C.: Trans. Am. Inst. Met. Engrs. **206**, 1316 (1956).

[3] KECK, P. H., W. VAN HORN, J. SOLED und A. MACDONALD: Rev. Sci. Instr. **25**, 331 (1954).

[4] KECK, P. H. und M. J. E. GOLAY: Phys. Rev. **89**, 1297 (1953).

[5] THEUERER, H. C.: J. Metals **8**, 1316 (1956).

[6] EMEIS, R.: Z. Naturforsch. **9a**, 67 (1954).

Silizium wird im Vakuum oder in einer Schutzgasatmosphäre durch eine Induktionsspule mit Hilfe eines Tantal- oder Wolframringes[1] oder durch Elektronenbeschuß[2] in einer Zone geschmolzen. An Stelle eines Metallringes kann auch ein Graphitring zum Anheizen verwendet werden.[3] Durch die Bewegung des Tantalringes den gesinterten Stab entlang wird das Material kontinuierlich in einer Zone geschmolzen und hinter der Zone kristallisiert. Der maximale Durchmesser des Kristalls hängt von der Länge der Zone und der Oberflächenspannung der Schmelze ab.[4] In Abb. 185 ist der Verlauf des maximalen Radius R in Abhängigkeit von der Länge L der Zone dargestellt[5]. Danach wächst für kleine Radien die Länge der Schmelzzone und erreicht für größere Radien einen konstanten Wert. BUEHLER[6] hat eine automatische Apparatur für das Flotationsreinigen von Silizium entwickelt. Die durch eine zylindrische Form aufgenommene Heizleistung in elektromagnetischen Einheiten ist

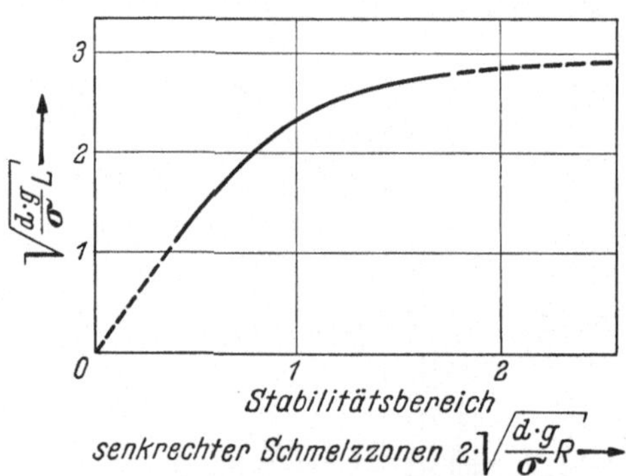

Abb. 185. Stabilitätsbereich senkrechter Schmelzzonen (nach HEYWANG und ZIEGLER[5])
R = Radius, L = Länge der Zone, d = Dichte, σ = Oberflächenspannung des Materials, g = Erdbeschleunigung

$$P = H^2 (\varrho \mu f)^{1/2} / 8\pi, \tag{151}$$

wenn $H = 4\pi n I$ (magnetisches Feld), ϱ = spez. Widerstand des Zylinders, I = Strom in Heizspule in elektromagnetischen Einheiten ($= 10^9 \times$ Ohm cm bzw. 10 A), n = Windungszahl der Heizspule, μ = relative Permeabilität und f = die Frequenz in Hertz. Die optimale Frequenz ist gegeben durch

$$f_{opt} = \frac{6{,}25\,\varrho}{8\pi^2 \mu r_0^2}, \tag{152}$$

wobei r_0 der Radius des Heizzylinders in cm ist. Eine weitere Frequenzerhöhung bringt keine Verbesserung der Heizleistung. Mit 67 Durchgängen der Schmelzzone wurde der spezifische Widerstand des Siliziums auf 16000 Ohm cm und die Lebensdauer der Ladungsträger auf 1,2 Millisekunden erhöht.

Tiegelfreies Schmelzen kann dadurch erreicht werden, daß ein rechteckiger oder allgemein polygonaler Stab induktiv in einer Zone geheizt

[1] Siehe Anm. 6 auf S. 271.
[2] DAVIS, M., A. CALVERLEY und R. F. LEVER: J. appl. Phys. **27**, 195 (1956).
[3] MÜLLER, S.: Z. Naturforsch. **9b**, 504 (1954).
[4] KECK, P. H., M. GREEN und M. L. POLK: J. Appl. Phys. **24**, 1479 (1953).
[5] HEYWANG, W. und G. ZIEGLER: Z. Naturforsch. **9a**, 561 (1954).
[6] BUEHLER, E.: Rev. Sci. Instr. **28**, 453 (1957).

wird. Da die Kanten kühler bleiben, kann die Temperatur so einreguliert werden, daß nur das Innere schmilzt und die Kanten als Käfig wirken.[1] Auf diese Weise wurde ein Titanstab mit einem Querschnitt von 2×2 cm und 30 cm Länge geschmolzen.

Eine andere Methode zum Aufrechterhalten der Schmelze in der Schwebe beruht auf der Anwendung eines Magnetfeldes (Abb. 186)[2] horizontal und senkrecht zum Stab, durch den ein Gleichstrom durchgeht. Das Produkt aus Magnetfeldstärke H und Stromstärke I kann so eingerichtet werden, daß die Gravitationsanziehung kompensiert wird. Das ist für einen zylindrischen Stab der Fall, wenn

$$H\,I = 10\,\varrho\, g\, \pi\, r^2 \tag{153}$$

ist, wobei ϱ und r die Dichte und der Radius des Stabes sind und g die Erdbeschleunigung sind. Die Schmelzzone bleibt aber nur stabil, wenn das Verhältnis der Länge zum Durchmesser des Magnetfeldes im Stab

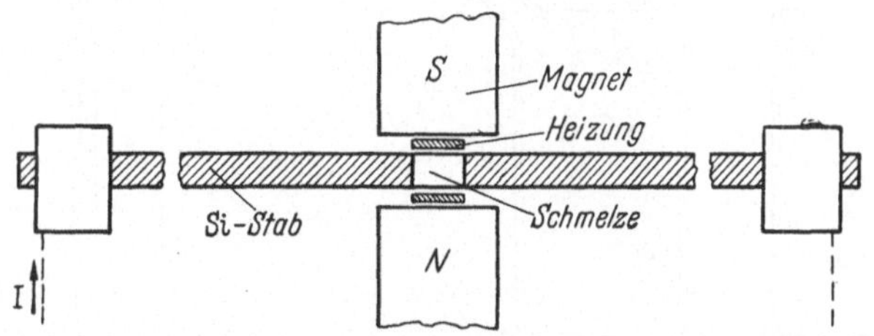

Abb. 186. Schweben der Si-Schmelze im Magnetfeld (nach PFANN und HAGELBERGER[2])

kleiner als π ist und außerdem wenn die Länge des Magnetfeldes im Stab kleiner als $0{,}17\,(\gamma/\varrho)^{1/2}$ ist, wobei γ und ϱ die Oberflächenspannung und die Dichte der Schmelze in cgs-Einheiten bedeuten.

Anstatt der induktiven Heizung kann das Material durch Elektronenbeschuß zum Schmelzen gebracht werden. Nach dieser Methode wurden Einkristalle aus Wolfram hergestellt.[3]

11.5 Ziehverfahren

Das Charakteristikum dieses Verfahrens ist das vertikale Herausziehen des Kristalls aus der Schmelze während des Wachstums. Drei Namen sind mit der Entwicklung dieses Verfahrens verbunden: NACKEN, CZOCHRALSKI und KYROPOULOS. Es wird deshalb das Ziehverfahren unter diesen drei Namen in der Literatur zitiert und zwar wird NACKEN von Mineralogen, CZOCHRALSKI von Metallographen und KYROPOULOS von Physikern bevorzugt. Um allen Dreien gerecht zu werden, werden hier die Namen vermieden und die Bezeichnung „Ziehverfahren“ benutzt.

---

1 BRACE, P. H., A. W. COCHARDT und G. COMENEZ: Rev. Sci. Instr. **26**, 303 (1955).

2 PFANN, W. G. und D. W. HAGELBARGER: J. Appl. Phys. **27**, 12 (1956).

3 CARLSON, R. G.: J. Electrochem. Soc. **106**, 49 (1959).

NACKEN hat wohl als erster eine Apparatur zur Züchtung von Salol- ($C_6H_4OHCOOC_6H_5$) und Benzophenonkristallen [$(C_6H_5)_2CO$] aus der Schmelze entwickelt (Abb. 187).[1] Ein Impfkristall *Kr*, angeschmolzen an einen Kupferkühler *D*, taucht in die Schmelze im Gefäß G_1, das mit einem Vorratsgefäß G_2 verbunden ist. Der untere Teil der Apparatur wird in einen Thermostaten eingetaucht, dessen Temperatur auf 0,01° C konstant gehalten wird. Der Kühler *D* wird an einen zweiten Thermostaten angeschlossen. Durch passende Temperaturregulierung der beiden Thermostaten konnte NACKEN 2 cm große Einkristalle aus Salol mit gut ausgebildeten Kristallflächen in drei Stunden erhalten. Wie man sieht,

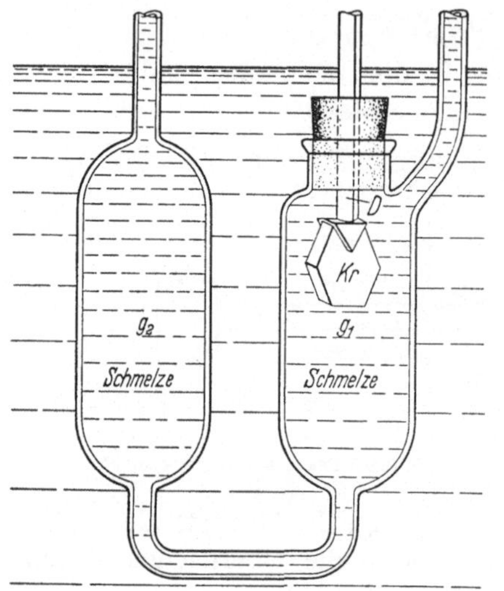

Abb. 187. Kristallisator von NACKEN[1]

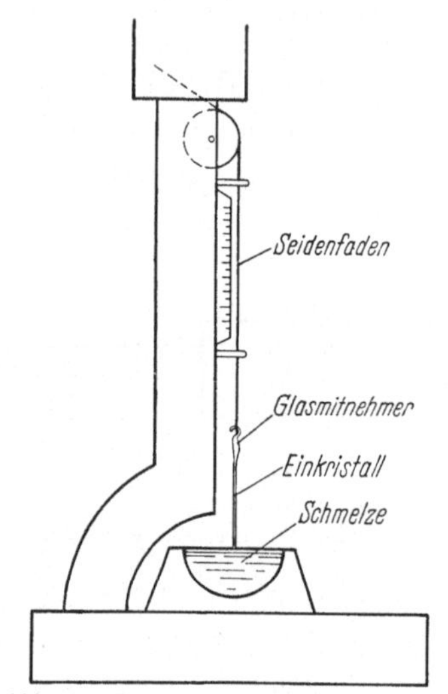

Abb. 188. Ziehanordnung von CZOCHRALSKI[2]

benutzte NACKEN bereits einen Impfkristall und die eindimensionale Wärmeabfuhr durch den Kristall. Das eigentliche Ziehen wurde von NACKEN noch nicht benutzt.

Das Ziehen wurde von CZOCHRALSKI eingeführt[2] (Abb. 188). Ein Glasstück mit metallisierter Spitze wird in die Metallschmelze eingetaucht und nach Erreichen des Temperaturgleichgewichts an einem Seidenfaden mit Hilfe eines Uhrwerks hochgezogen. CZOCHRALSKI hat Kristalldrähte von 0,2 bis 1 mm Durchmesser und bis zu einer Länge von 19 cm aus Blei, Zink und Zinn mit einer Ziehgeschwindigkeit von 5 bis 22 Meter/Stunde hergestellt. Einkristalldrähte aus Al, Bi, Cd, Rb, Sn und Zn wurden von GOMPERZ unter N_2-Atmosphäre hergestellt.[3] N_2 diente gleichzeitig zur Kühlung des Drahtes. Zur Vermeidung der Keimbildung wurde die Schmelzoberfläche mit einem Glimmerblättchen bedeckt.

[1] NACKEN, R.: Neues Jahrb. Min. Geol. Paläont. II, 133 (1915).
[2] CZOCHRALSKI, J.: Z. phys. Chem. **92**, 219 (1918).
[3] GOMPERZ, E. v.: Z. Phys. **8**, 184 (1922).

Durch die Einführung einer seitlichen Kühlung des Kristalldrahtes wurde das Ziehverfahren weiter verbessert.[1]

Bei der Herstellung der Einkristalle von Alkalihalogeniden entwickelte KYROPOULOS ohne Kenntnis der Arbeiten von NACKEN und CZOCHRALSKI, das oft nach ihm benannte Verfahren, in dem die Vorteile der beiden Vorgängen kombiniert wurden[2] (Abb. 189). Ein am unteren Ende geschlossener Platinkühler (Durchmesser 0,7 cm, Länge 16 cm) wird etwa 0,7 cm tief in die Schmelze, deren Temperatur etwa 70° C über dem Schmelzpunkt ist, eingetaucht und der Druck der Preßluft, durch die der Kühler gekühlt wird, kontinuierlich erhöht. Um die Kühlerspitze bildet sich dann eine Kalotte von radial verlaufenden Kristalliten. Nachdem die Kalotte etwa den 4fachen Radius des Kühlers erreicht hat (festgestellt durch visuelle Beobachtung von oben), wird der Kühler mit Hilfe eines Getriebes langsam soweit gehoben, daß nur das untere Ende der Kalotte die Schmelze gerade noch berührt. Der Kontakt der Kalotte mit der Schmelze wird durch sanftes Anschlagen des Kühlers mit dem Finger und durch die Beobachtung der Oberflächenwellen auf der Schmelze festgestellt. Durch weitere Erhöhung des Preßluftdrucks wächst die zweite Kalotte, die meist aus nur einem Einkristall besteht. Wenn die zweite Kalotte bis auf wenige mm an die Tiegelwand nach einigen Stunden herangewachsen ist, wird der Kühler gehoben, bis der Kontakt mit der Schmelze unterbrochen wird, und die Preßluft abgestellt. Die Temperatur des Ofens wird daraufhin soweit gesenkt, daß die Restschmelze im Tiegel fest wird. Der Kristall wird dann vom Halter getrennt und im Tiegel bei zugedecktem Ofen langsam (über Nacht) abgekühlt. Nach diesem Verfahren hat KYROPOULOS Einkristalle aus LiF, NaF, NaCl, NaBr, KCl, KBr, KJ, RbCl, RbBr, RbJ, TlCl und TlBr hergestellt.

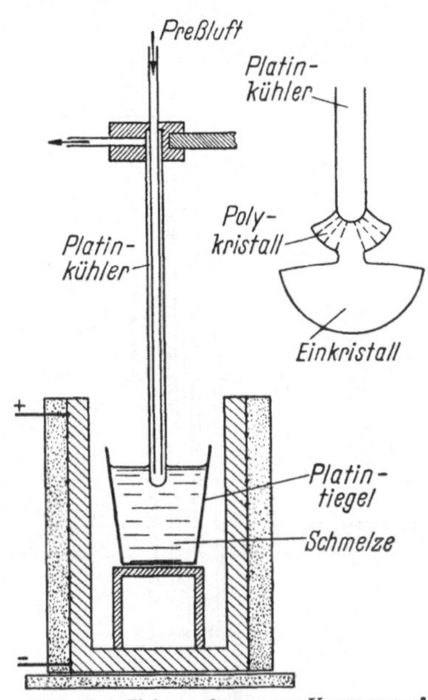

Abb. 189. Ziehanordnung von KYROPOULOS[2]

Das Ziehverfahren in der bisher beschriebenen Form hat einige Nachteile. Das Haften des Kristalls am Kühler ist unzuverlässig. Oft fällt der Kristall, während oder nachdem das Wachstum beendet wurde, in die Schmelze hinein. Als nächster Nachteil ist die schlechte Wärme-

[1] MARK, H., M. POLANYI und E. SCHMID: Z. Phys. **12**, 58 (1922).
[2] KYROPOULOS, S.: Z. anorg. Chem. **154**, 308 (1926); Z. Phys. **63**, 849 (1930).

abfuhr durch den engen Hals zwischen den beiden Kalotten zu nennen. Der dritte Nachteil beruht darauf, daß die Orientierung des Kristalls nicht reproduzierbar ist.

Diese Nachteile wurden von HILSCH und BAUER durch Verwendung eines Impfkristalls beseitigt und zusätzlich das Verfahren durch die Modifikation des Kühlers verbessert[1] (Fig. 190). Ein zylindrisch abgedrehter Einkristall mit einem Durchmesser von 2 bis 3 cm ist in einen Kühler eingespannt, der mit Wasser gekühlt wird. Bei schwacher Kühlung wird das Ansatzstück nach entsprechender Vorwärmung in die Schmelze einige mm tief eingetaucht. Die Kühlung wird langsam erhöht und im Laufe von 2 bis 3 Stunden wächst eine flache Kalotte, die etwa das 4fache des Ansatzdurchmessers erreichen kann. Darauf wird der Zusatzkühler auf die Oberfläche der Kristallkalotte gesenkt und der Kristall etwa 10 Stunden lang in kleinen Stufen gehoben. Der Kristall (etwa 12—14 cm Durchmesser und 12 cm lang) wird mit einer asbestbewickelten Zange abgebrochen, in den Ofen auf den mit Asbest bedeckten Deckel des Tiegels gelegt, der Ofen zugedeckt und 24 Stunden lang gekühlt.

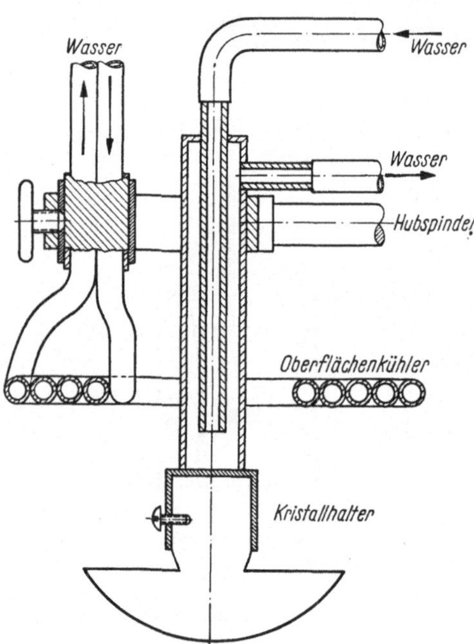

Abb. 190. Kühlhalter nach HILSCH und BAUER[1]

Eine andere Modifikation des Kühlers wurde von BELAEV, VITOVSKI und DOBRZANSKI angegeben.[2]

Eine weitere Verbesserung wurde im Jahre 1935 eingeführt.[3] Zwecks Vermeidung eines asymmetrischen Wachstums des Kristalls, das durch eine nicht vollkommen symmetrische Temperaturverteilung des Ofens verursacht wird, wird der Kristall während des Wachsens automatisch gedreht. Außerdem wurde das Ziehen mit einer kontinuierlich veränderlichen Geschwindigkeit nach einem festgesetzten Programm reguliert. Da die Kühlung normalerweise nur in beschränktem Bereich variiert

[1] KORTH, K.: Z. Phys. 84, 677 (1933).

[2] BELAEV, L. M., B. V. VITOVSKI und G. F. DOBRZANSKI: Rost Kristallov 1, 197 (1957).

[3] SMAKULA, A., unveröffentlicht.

werden kann, wurde kontinuierliche Senkung der Temperatur der Schmelze eingeführt. Diese Verbesserungen reichten aus, um große Kristalle fabrikationsmäßig für optische Zwecke herzustellen.

Wie kompliziert eine solche Apparatur ist, zeigt die für Laborzwecke erprobte, in Abb. 191 dargestellte, Apparatur mit automatischer Temperatur-, Kühl- und Ziehregelung unter Schutzgas. Abb. 191a zeigt einen mit dieser Apparatur erhaltenen Kristall.

Das Ziehverfahren erhielt einen neuen Aufschwung bei der Herstellung von besonders reinen Einkristallen von Halbleitern. Hier war es nötig,

Abb. 191. Ziehapparatur mit automatischer Temperatur-, Kühl- und Ziehregelung unter Schutzgas (in MIT)

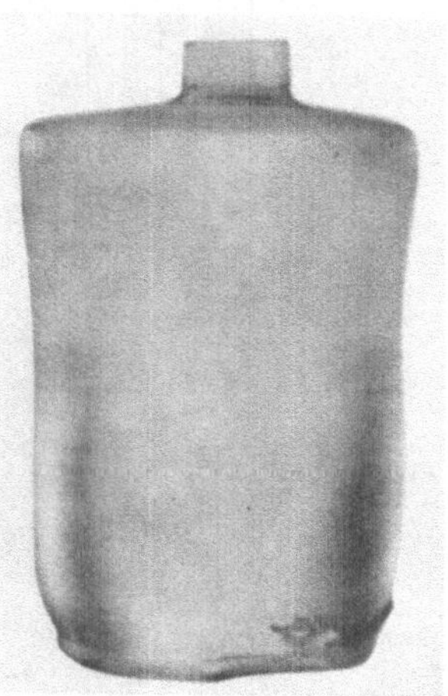

Abb. 191a NaCl-Kristall hergestellt, nach dem Ziehverfahren

Kristalle unter Schutzgas oder im Vakuum herzustellen. Die ersten Veröffentlichungen über die Herstellung von Einkristallen aus Germanium geben keine näheren Angaben.[1, 2] Die erste Angabe über die Apparatur zur Züchtung von Halbleitereinkristallen findet sich bei Roth und Taylor[3] (Abb. 192). Eine wesentliche Abweichung von der bisherigen Ausführung besteht in der Verwendung von Vakuum, von Quarzrohren (Durchmesser ~6,5 cm), die eine Beobachtung im Vakuum

[1] Teal, G. T. und J. B. Little: Phys. Rev. 78, 657 (1950).

[2] Teal, G. T., M. Sparks und E. Buehler: Proc. IRE 40, 906 (1952).

[3] Roth, L. und W. E. Taylor: Proc. IRE 40, 1338 (1952).

ermöglichen und der induktiven Heizung, wodurch nur der Tiegel (Graphit) direkt und nicht durch die Ofenwand geheizt wird. Dadurch ist es möglich, ein Vakuum von 10^{-5} mm Hg zu erreichen. Infolge der zusätzlichen Wärmeabgabe durch Strahlung lassen sich Kristalle von Germanium und noch mehr von Silizium mit einer verhältnismäßig großen Ziehgeschwindigkeit herstellen. Mehrere cm pro Stunde sind hier üblich.

Eine Vakuumapparatur mit Graphit-Widerstandsheizung (5 Volt, 2000 Ampere) wurde mit allen technischen Angaben von LEHOVEC[1] und von PETROV und Mitarbeitern beschrieben[2]. Die Apparatur erlaubt es, ein Vakuum von 10^{-4} mm Hg zu halten, den Tiegel und den Kristall zu drehen, und Germaniumkristalle 5 cm dick und bis zu 45 cm lang aus einem Graphittiegel mit einer Geschwindigkeit von 0 bis 15 cm/Stunde zu ziehen.

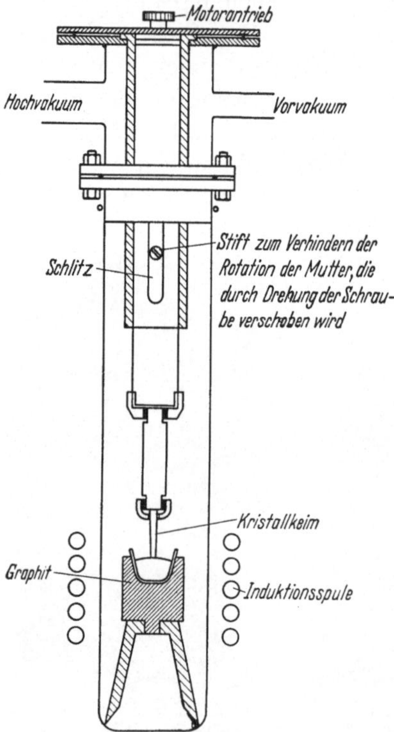

Abb. 192. Vakuuminduktionsofen (nach ROTH und TAYLOR[3])

Abb. 193. Apparatur mit schwimmendem Tiegel (nach LEVERTON[4])

Germaniumeinkristalle mit homogener Verteilung von Zusätzen wurden mittels eines schwimmenden Tiegels hergestellt[4] (Abb. 193). Die Methode zeichnet sich dadurch aus, daß ein Tiegel mit einem Loch im Boden

[1] LEHOVEC, K., J. SOLED, R. KOCH, A. MACDONALD und C. STEARNS: Rev. Sci. Instr. **24**, 652 (1953).
[2] PETROV, D. A. und V. S. ZEMSKOV: Rost Kristallov **1**, 207 (1951).
[3] Siehe Anm. 3 auf S. 277.
[4] LEVERTON, W. F.: J. Appl. Phys. **29**, 1241 (1958).

auf die Schmelze aufgesetzt wird. Das Gewicht des Tiegels ist so abgestimmt, daß er sich nur teilweise mit der Schmelze füllt und schwimmt. Der Fremzusatz wird dem inneren Tiegel zugesetzt. Durch Ziehen des Kristalls fließt die Schmelze aus dem äußeren Tiegel kontinuierlich nach, wodurch eine praktisch gleichmäßige Konzentration des Zusatzes erreicht wird. Ist der Verteilungskoeffizient größer als eins, so kann die homogene Verteilung durch den Fremdzusatz in den äußeren Tiegel erreicht werden.

Zur Herstellung von Einkristallen aus Verbindungen, die sich beim Schmelzen zersetzen wie z. B. InAs, GaAs, InP, GaP, bei denen Phosphor bzw. Arsen wegdampfen, wurde von GREMMELMAIER[1] eine besondere Apparatur entwickelt (Abb. 194). Ein Graphittiegel, der induktiv geheizt wird, befindet sich in einem abgeschmolzenen Quarzrohr. Das Ziehen des Kristalls erfolgt mit Hilfe eines außen angebrachten Magneten, der einen in Quarz eingeschmolzenen Eisenkern mitzieht. Einkristalle aus InAs und GaAs mit einem Durchmesser von 1 cm und einer Länge von 6 cm wurden nach dieser Methode hergestellt und erfolgversprechende Vorversuche mit InP durchgeführt.

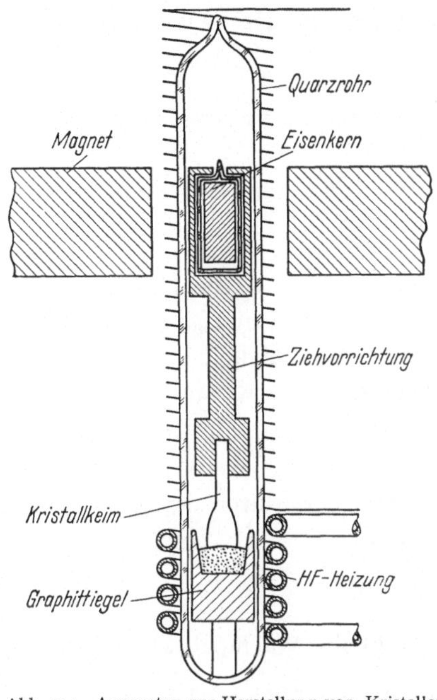

Abb. 194. Apparatur zur Herstellung von Kristallen aus zersetzlichen Schmelzen (nach GREMMELMAIER[1])

Verglichen mit den Gradientverfahren hat das Ziehverfahren verschiedene Vorteile. Da der Kristall von oben nach unten wächst, ist die Schmelze oben kälter als unten, wodurch eine dauernde Durchmischung der Schmelze stattfindet und die unvermeidliche Anhäufung der Verunreinigungen und der Kristallisationszone vermieden wird, was bei dem Gradientverfahren normalerweise nicht der Fall ist. Die Reinigung während der Kristallisation ist demnach bei dem Ziehverfahren besser als bei den Gradientverfahren. Der Temperaturgradient an der Kristallisationszone ist von den thermischen Eigenschaften und Dimensionen des Tiegels unabhängig und seine Größe läßt sich bequem in weiten Grenzen regulieren. Die Herstellung orientierter Kristalle ist sehr einfach. Da der Kristall die Tiegelwand nicht berührt, fällt das Problem des Haftens und des eventuell nötigen Herausschmelzens weg und außerdem

[1] GREMMELMAIER, R.: Z. Naturforsch. **11a**, 511 (1956).

werden die Kristalle nicht verspannt. Der wesentliche Nachteil, der dem Anfänger manche Schwierigkeiten bereitet, ist die richtige Kontrolle und Abstimmung der Temperatur des Impfkristalls und der Schmelze am Anfang der Kristallisation.

Bei der Herstellung der Kristalle nach dem Ziehverfahren ist die Ziehgeschwindigkeit einer der wichtigsten Faktoren. Die Kristallisationsgeschwindigkeit v setzt sich zusammen aus der Ziehgeschwindigkeit v_1 und der Senkgeschwindigkeit des Schmelzniveaus v_2. Wir haben

$$v = v_1 + v_2 . \tag{154}$$

Wenn der Radius des Tiegels R ist und der des Kristalls r, dann wird[1]

$$v_2 = \frac{v_1}{\frac{\varrho_b}{\varrho_s}\frac{R^2 \pi}{r^2 \pi} - 1} , \tag{155}$$

wobei ϱ_b bzw. ϱ_s die Dichte der Schmelze bzw. des Kristalls bedeuten. Die Kristallisationsgeschwindigkeit v kann wesentlich größer als die Ziehgeschwindigkeit v_1 sein, wenn der Radius des Tiegels R annähernd gleich dem des Kristalls ist.

Die maximale Kristallisationsgeschwindigkeit wurde bereits früher angegeben. Sie ergibt sich aus dem Gleichgewicht zwischen der Wärmeerzeugung H durch die Kristallisation und der Wärmeabfuhr durch den Kristall

$$v_{max} = \frac{k}{H \varrho} \frac{dT}{dx} . \tag{156}$$

Erfolgt die Wärmeabfuhr durch die Strahlung, dann ist[2]

$$v_{max} = \frac{1}{H \varrho} \sqrt{\frac{2 \sigma k_m}{3 r} T_m^5} , \tag{157}$$

wobei σ das Emissionsvermögen, k_m der Wärmeleitungskoeffizient, T_m der Schmelzpunkt und r der Radius des Kristalls ist. Aus der obigen Gleichung ersieht man, daß die maximale Kristallisationsgeschwindigkeit bei der Kühlung durch Strahlung proportional $1/\sqrt{r}$ ist.

Die Aufrechterhaltung des Kristallradius beim Ziehen ist von verschiedenen Faktoren abhängig. Aus dem mechanischen und thermischen Gleichgewicht an der Kristallisationsgrenze ergibt sich nach POHL[1] folgende Beziehung

$$k_1 \varrho_1 g (T - T_m) \frac{r}{2 \gamma} + H \varrho_1 v = k_s \frac{dT}{dx} , \tag{158}$$

wobei k_1, k_s Wärmeleitung der Schmelze bzw. des Kristalls, ϱ Dichte der Schmelze, T Schmelztemperatur, r Radius des Kristalls, γ Ober-

[1] POHL, R. G.: J. Appl. Phys. **25**, 668 (1954).

[2] BILLIG, E.: Proc. Roy. Soc. (London) **229**, 346 (1955).

flächenspannung der Schmelze, g Erdbeschleunigung, H Kristallisationswärme, v Kristallisationsgeschwindigkeit, dT/dx Temperaturgradient ist. Man sieht, daß drei Faktoren den Radius beeinflussen: die Temperatur der Schmelze T, die Kristallisationsgeschwindigkeit v und der Temperaturgradient dT/dx. Der Radius nimmt mit dT/dx zu aber mit v und $(T - T_0)$ ab. Um also einen zylindrischen Kristall mit konstanten Radius zu ziehen, muß entweder die Kühlung kontinuierlich erhöht werden, um dT/dx konstant zu halten, oder man muß die Kristallisationsgeschwindigkeit, oder schließlich die Temperatur der Schmelze erniedrigen. Man kann selbstverständlich je zwei dieser Parameter oder sogar alle drei gleichzeitig variieren. Es ist am zweckmäßigsten, die Kühlung zu regulieren. Dieses Problem wurde sowohl theoretisch als auch experimentell von DOBROWENSKII und TEMKIN gelöst.[1]

Der axiale Temperaturgradient soll nach Möglichkeit groß sein. Der radiale Temperaturgradient kann dagegen unter Umständen schädlich sein aber nicht etwa für das Wachstum sondern wegen der plastischen Deformation der dicht an der Kristallisationsebene liegenden Kristallzone.[2, 3, 4]

Die Größenordnung der Deformation ist nach BILLIG gleich der eines dünnen Stabes mit der Schichtdicke Δr, hervorgerufen durch den Temperaturgradienten $\Delta T/\Delta r$

$$\frac{1}{R} = \alpha \frac{\Delta T}{\Delta r}, \tag{159}$$

wobei R der Krümmungsradius senkrecht zum Temperaturgefälle und α der Ausdehnungskoeffizient ist. Diese Deformation verursacht Versetzungen, deren Flächen-Dichte

$$n = \frac{1}{R\,b} = \frac{\alpha}{b} \frac{\Delta T}{\Delta r} \tag{160}$$

ist, wobei b der BURGER-Vektor ist. Unter den üblichen Ziehbedingungen kann $n = 10^4/\mathrm{cm}^2$ werden. Die regelmäßige Verteilung der Versetzungen, die durch den radialen Temperaturgradienten erzeugt und nachträglich auf polierten Ebenen durch Ätzen sichtbar gemacht wurden, zeigt Abb. 195. Plastische Deformation kann besonders leicht dann auftreten, wenn die Gleitebenen und die Gleitrichtungen parallel zu der Wachstumsrichtung liegen. Das ist der Fall, wenn Kristalle mit Diamantgitter wie z. B. Germanium oder Silizium parallel zur [111]-Richtung, Kristalle mit NaCl-Struktur parallel zur [110]- und Kristalle mit CsCl-Struktur parallel zur [100]-Richtung gezogen werden. Um plastische

[1] DOBROWENSKII, W. W. und D. E. TEMKIN: Wachstum der Kristalle, Akad. Nauk Inst. Krist., Erste Tagung über Kristallwachstum, Moskau 5.—10. März, 1956, Moskau 1957, S. 345.

[2] BILLIG, E.: Proc. Roy. Soc. (London) **A235**, 37 (1956).

[3] WAGNER, R. S.: J. Appl. Phys. **29**, 1679 (1958).

[4] KOKORISCH, E. Yu.: Rost Kristallov **2**, 89 (1959).

Deformation zu vermeiden, muß man die Keime so orientieren, daß die Ziehrichtung senkrecht zur Gleitebene steht.

Bei der Herstellung von Zinkkristallen mit verschiedenen Orientierungen wurde gefunden, daß das Wachstum im Gebiet der 0—50°-Orien-

Abb. 195. Versetzungen im Ge-Kristall, hervorgerufen durch den radialen Temperaturgradienten (nach BILLIG[1]) Vergr. 10×

tierung zur *c*-Achse nur in einem verhältnismäßig engen Temperaturgradientenbereich möglich ist, dagegen bei größeren Orientierungswinkeln der Bereich viel größer ist.[2]

In der Tab. 75 sind die wichtigsten Kristalle der Elemente und Verbindungen zusammengestellt, die nach dem Ziehverfahren hergestellt wurden.

Tabelle 75. *Einkristalle, hergestellt nach dem Ziehverfahren*

	Element	Schmelzpunkt °C	Kristallsystem	Literatur
		a) *Elemente*		
1	Al	658	k. fl. z.	1, 2, 3
2	Bi	271,3	rhomboed.	1, 4, 5
3	Cd	320,9	hex. d.	1, 6, 7,
4	Ga	30	pseudotetrag.	8
5	Ge	942	Diamant	9, 10, 11, 12 13, 14, 15, 16 17
6	Na	97,7	k. fl. z.	18
7	P	44,1	orthorhomb.	18
8	Pb	327,4	k. fl. z.	1, 13, 19
9	Rb	38,5	k. k. z.	1
10	S	118	orthorhomb.	18
11	Si	1414	Diamant	16, 26, 21
12	Sn	231,9	tetrag.	1, 2, 5, 19, 22
13	Te	450	hex.	23, 24
14	Zn	419	hex.	1, 2, 25

[1] Siehe Anm. 2 auf S. 281.

[2] HOYEM, A. G. und E. P. T. TYNDALL: Phys. Rev. 33, 81 (1929).

	Element	Schmelzpunkt °C	Kristallsystem	Literatur
		b) *Verbindungen*		
1	InSb	523	ZnS	26, 277 28
2	AlSb	1080	ZnS	26, 29
3	InAs	936	ZnS	80
4	GaAs	1240	ZnS	30, 31, 32
5	GaSb	720	ZnS	27, 35
6	InP	1070	ZnS	31, 33, 34
7	GaP	1340	ZnS	36
8	Bi_2Te_3	580	rhombohedr.	37
9	LiF	870	NaCl	38–43
10	LiCl	614	NaCl	40, 41
11	NaF	992	NaCl	38, 40–43
12	NaCl	800	NaCl	38, 40–42, 44, 45
13	NaBr	747	NaCl	38–40, 45
14	NaJ	662	NaCl	40, 41
15	KF	857	NaCl	40–42
16	KCl	770	NaCl	38, 40–42, 44
17	KBr	742	NaCl	38, 46, 39–42 44, 45, 47
18	KJ	682	NaCl	38, 46, 39–42
19	RbCl	717	NaCl	38, 39, 41, 42, 48
20	RbBr	677	NaCl	38, 41, 42, 45
21	RbJ	641	NaCl	38, 42, 48
22	CsBr	636	CsCl	49
23	CsJ	621	CsCl	50, 51
24	AgCl	455	NaCl	45, 52
25	AgBr	430	NaCl	45, 52
26	TlCl	427	CsCl	38, 52
27	TlBr	462	CsCl	38, 52
28	H_2O	0	hexagond	53, 54, 55, 56
29	Glimmer	1380	monoklin	57
30	$CaWO^4$	1535	tetragonal	58

[1] v. Gomperz, E.: Z. Physik **8**, 184 (1922).

[2] Czochralski, J. und J. Mikolajczyk: Wiadomosci Inst. Metalurgji i. Metaloznawstwa **3**, 106 (1936) (polnisch).

[3] Elbaum, C.: J. Appl. Phys. **31**, 1413 (1960).

[4] Georgieff, M. und E. Schmid: Z. Physik **36**, 759 (1926).

[5] Yamamoto, M. und J. Watanabe: Nippon Kinzoku Gakkai-Shi **B14**, 1 (1950).

[6] Grüneisen, E. und E. Goens: Z. Physik **26**, 235 (1924).

[7] Boas, W. und E. Schmid: Z. Physik **61**, 767 (1930).

[8] Zimmermann, W.: Science **119**, 411 (1954).

[9] Teal, G. T. und J. B. Little: Phys. Rev. **78**, 647 (1950).

[10] Roth, L. und W. E. Taylor: Proc. IRE **40**, 1338 (1952).

[11] Teal, G. T., M. Sparks und E. Buehler: Proc. IRE **40**, 906 (1952).

[12] Lehovec, K., J. Soled, R. Koch, A. MacDonald und C. Stearns: Rev. Sci. Instr. **24**, 652 (1953)

[13] Billig, E.: Proc. Roy. Soc. (London) **229**, 346 (1955).

[14] H. E. Bridgers und E. D. Kolb: J. Appl. Phys. **26**, 1188 (1955).

[15] Z. Trousil: Czech. J. Phys. **6**, 91 (1956).

[16] Marshall, K. H. J. C. und R. Wickham: J. Sci. Instr. **35**, 121 (1958).

[17] Petrov, D. A. und V. S. Zemskov: Rost Kristallov **1**, 207 (1957).

11.51 Spezielle Arten von Kristallen

Halbleiter-Einkristalle

Von allen Elementen sind Einkristalle von Germanium und Sizilium zur Zeit bei weitem die wichtigsten. Die Anforderung an die Güte dieser Kristalle ist viel höher als bei allen anderen Kristallen. Die störenden Verunreinigungen müssen um mehrere Größenordnungen gegenüber an-

---

[18] Czochralski, J. und W. Garlicka: Wiadomosci Inst. Metalurgji i Metaloznawstwa **3**, 39 (1936) (polnisch).

[19] Czochralski, J.: Z. phys. Chem. **92**, 219 (1918).

[20] Teal, G. K. und E. Buehler: Phys. Rev. **87**, 190 (1952).

[21] Kleinknecht, H.: Naturw. **39**, 400 (1952).

[22] Chalmers, B.: Proc. Phys. Soc. **47**, 733 (1935); **61**, 103 (1937).

[23] Weidel, J.: Z. Naturforsch. **9a**, 697 (1954).

[24] Davies, T. J.: J. Appl. Phys. **28**, 1217 (1957).

[25] Hoyem, A. G. und E. P. T. Tyndall: Phys. Rev. **33**, 81 (1929).

[26] Gremmelmaier, R. und O. Madelung: Z. Naturforsch. **8a**, 333 (1953).

[27] Tanenbaum, M., G. L. Pearson und W. L. Feldmann: Phys. Rev. **93**, 912 (1954).

[28] Gatos, H. C., P. L. Moody und M. C. Lavine: J. Appl. Phys. **31**, 212 (1960).

[29] Schell, H. A.: Z. Metallk. **46**, 58 (1955).

[30] Gremmdmaier, R.: Z. Naturforsch. **11a**, 511 (1956).

[31] Folberth, O. G. und H. Weiss: Z. Naturforsch. **10a**, 615 (1955).

[32] Ellis, S. G.: J. Appl. Phys. **30**, 947 (1959).

[33] Oswald, F.: Z. Naturforsch. **9a**, 181 (1954).

[34] Harman, T. C., J. I. Genco, W. P. Alfred und K. L. Goering: J. Electrochem. Soc. **105**, 731 (1958).

[35] Welker, H.: Physica **20**, 893 (1954).

[36] Folberth, O. G. und F. Oswald: Z. Naturforsch. **9a**, 1050 (1954).

[37] Ainsworth, L.: Proc. Phys. Soc. (London) **B69**, 606 (1956).

[38] Kyropoulos, S.: Z. Phys. **63**, 849 (1930); Z. an. Chem.: **154**, 308 (1926).

[39] Gyulai, Z.: Z. Phys. **46**, 80 (1927).

[40] Ottmer, R.: Z. Phys. **46**, 798 (1927).

[41] Lehfeldt, W.: Z. Phys. **85**, 717 (1933).

[42] Kublitzky, A.: Ann. Physik **20**, 794 (1934).

[43] Hohls, H. W.: Ann. Physik **29**, 433 (1937).

[44] Hilsch, R.: Z. Phys. **44**, 421 (1927).

[45] Menzies, A. C. und J. Skinner: Discussions Faraday Soc. No. 5, 306 (1949).

[46] Korth, K.: Z. Physik **84**, 677 (1933).

[47] Gundelach, E.: Z. Phys. **66**, 775 (1930).

[48] Mollwo, E.: Z. Phys. **85**, 56 (1933).

[49] Menzies, A. C. G.: Proc. Phys. Soc. **B65**, 576 (1952).

[50] Smakula, A. und V. Sils: Phys. Rev. **99**, 1744 (1955).

[51] Plyler, E. K. und F. P. Phelps: J. opt. Soc. Am. **42**, 432 (1952).

[52] Schröter, H.: Z. Phys. **67**, 24 (1931).

[53] Jona, F. und P. Scherrer: Helv. Phys. Acta **25**, 35 (1952).

[54] Humbel, F., F. Jona und P. Scherrer: J. chim. phys. **50**, 40 (1953)

[55] Adams, J. M. und W. Lewis: Rev. Sci. Instr. **5**, 400 (1934).

[56] Jona, F.: Helv. Phys. Acta **24**, 329 (1951).

[57] Daimon, N.: J. Ceram. Soc. (Japan) **60**, 179 (1952).

[58] Nassau, K. und L. G. van Uitert: J. Appl. Phys. **31**, 1508 (1960).

deren reinsten Stoffen herabgedrückt werden. Dabei hat sich besonders die Zonenschmelzreinigung bewährt. Außerdem muß die Dichte der Versetzungen, die die Lebensdauer der Ladungsträger stark beeinflussen, so niedrig wie möglich sein. Die Kristalle müssen deshalb besonders sorgfältig gezogen werden. Die übliche Größe der Halbleiter-Kristalle ist im Vergleich zu optischen Kristallen klein. Der Durchmesser beträgt nur wenige Zentimeter, die Länge dagegen bis zu 30 cm. Wegen des kleinen Durchmessers wird der Impfkristall auch klein gewählt. Die Güte des Impfkristalls muß gut sein, da sonst die Defekte in den Kristall hineinwachsen. Die beste Orientierung der Impfkristalle ist senkrecht zur (111)-Ebene. Kristalle, gezogen in dieser Richtung, weisen die wenigsten Versetzungen auf. Der bevorzugte Einfluß der Orientierung hängt mit der (111)-Lage der Gleitebenen im Diamantgitter zusammen. Ist der Temperaturgradient senkrecht zur Gleitebene, so kann keine plastische Deformation stattfinden. Da es aber im Kristall nicht eine sondern acht (111)-Ebenen gibt, die miteinander einen Winkel von 70,5° bzw. 109,5° bilden, so läßt sich die plastische Deformation nicht vollkommen beseitigen. Ein zweiter Faktor, der einen Einfluß auf die Deformation hat, ist der radiale Temperaturgradient, der nach Möglichkeit klein gehalten werden soll, d. h., die Kristallisationsfläche soll eben sein. Der radiale Temperaturgradient läßt sich durch das Nachheizen des Kristalls dicht oberhalb der Kristallisationsebene mit der Induktionsheizung klein halten.

Germanium

Chemisch reines Germanium wird aus vollkommen trockenem, säurefreiem Germaniumdioxyd (GeO_2) durch Reduktion mit Wasserstoff bei Temperaturen unterhalb 700° C hergestellt. Die Nachreinigung erfolgt durch das Zonenschmelzverfahren. Nach etwa 8maligem Durchziehen durch die Schmelzzone wird die Endreinigung erreicht. Die Beseitigung einzelner Verunreinigungen hängt im wesentlichen vom Verteilungskoeffizienten ab. Für einige wichtigere Verunreinigungen in Germanium sind die Verteilungskoeffizienten in der Tab. 76 angegeben.

Tabelle 76. *Verteilungskoeffizienten in Germanium.* (Nach DUNLAP[1])

Akzeptoren				Donatoren		Neutrale	
Element	k	Element	k	Element	k	Element	k
Al	10^{-1}	Ga	10^{-1}	As	4×10^{-2}	C	—
Ag	10^{-4}	In	10^{-3}	Bi	4×10^{-5}	Si	—
Au	3×10^{-5}	Ni	5×10^{-6}	Li	10^{-2}	Sn	2×10^{-2}
B	$2\times10^{+1}$	Tl	4×10^{-5}	N	—		
Co	10^{-6}	Zn	$2{,}9\times10^{-2}$	P	$1{,}2\times10^{-1}$		
Cu	$1{,}5\times10^{-5}$			Sb	3×10^{-3}		

[1] DUNLAP, JR., W. C.: Progress in Semiconductors **2**, 167 (1957).

Von allen hier angeführten Elementen ist nur bei Bor der Verteilungskoeffizient k größer als eins, d. h., Bor kann durch das Zonenschmelzverfahren nicht entfernt werden.

Die Verunreinigungen zerfallen in drei Gruppen: Akzeptoren, Donatoren und Neutrale. Zu den neutralen Verunreinigungen gehören wahrscheinlich auch Edelgase, Wasserstoff und Sauerstoff. Die Konzentration der elektrisch aktiven Verunreinigungen muß kleiner sein als $10^{13}/cm^3$, während die der neutralen Verunreinigungen um mehrere Zehnerpotenzen größer sein kann, ohne sich störend bemerkbar zu machen.

Als Tiegelmaterial wird für Germanium Graphit verwendet. Gelegentlich werden auch Porzellantiegel verwendet. Kristalle werden in neutraler bzw. reduzierender Atmosphäre oder im Vakuum gezogen. Ziehgeschwindigkeit von etwa ein bis zu 50 Zentimetern pro Stunde sind üblich. Zur Erzielung einer besseren Durchmischung der Schmelze und einer gleichmäßigen Form des Kristalls läßt man entweder den Kristall oder den Tiegel rotieren. Der Durchmesser der Kristalle wird normalerweise klein gehalten (1—3 cm). Es wurden aber auch Ge-Kristalle bis zu 15 cm Durchmesser und 3,6 kg Gewicht hergestellt.[1] Dabei wurden Impfkristalle von etwa 2 cm^2 Querschnitt und eine Ziehgeschwindigkeit von 9—50 cm/Stunde benutzt.

Durch Tempern können die Eigenschaften der Ge-Kristalle mehr oder weniger je nach der umgebenden Atmosphäre beeinflußt werden. Helium scheint keinen Einfluß zu haben, dagegen zeigen Sauerstoff und noch mehr Wasserdampf einen starken Einfluß auf die Lebensdauer der Ladungsträger[2].

Von besonderer Bedeutung sind Germaniumkristalle mit Aktivatoren. Als Akzeptoren werden gewöhnlich B, Al, Ga und In und als Donatoren P, As, Sb und Bi genommen. Eine gleichmäßige Verteilung des Aktivators in einem größeren Kristall ist wegen der Segregation nur schwer zu erzielen. Man kann durch Änderung der Ziehgeschwindigkeit die Inhomogenität teilweise verbessern.[3, 4]

Eine andere Methode beruht darauf, daß kontinuierlich während des Ziehens frisches Germanium, entsprechend der Zunahme der Verunreinigungen, der Schmelze zugesetzt wird.[5] Diese Methode ist ziemlich kompliziert, außerdem besteht die Gefahr der unerwünschten Keimbildung in der Schmelze.

---

[1] RANYAN, W. R.: J. Appl. Phys. **27**, 1562 (1956).

[2] WEISER, K.: J. Appl. Phys. **28**, 271 (1957).

[3] BURTON, J. A., R. C. PRIM und W. P. SLICHTER: J. Chem. Phys. **21**, 1987 (1953).

[4] BURTON, J. A., E. D. KOLB, W. P. SCHLICHTER und J. D. `STRUTHERS: J. Chem. Phys. **21**, 1991 (1953).

[5] NELSON, H.: Transistors I, RCA Laboratories, Princeton, New Jersey 1956, S. 66.

Die Herstellung der Übergangsschichten wird dadurch erzielt, daß dem Germanium gleichzeitig Akzeptoren und Donatoren von entsprechender Konzentration zugesetzt werden. Da der Einfluß der Ziehgeschwindigkeit auf den Einbau in den Kristall für Akzeptoren und Donatoren verschieden ist, kann man durch Änderung der Ziehgeschwindigkeit sowohl *p–n-* als auch *n–p*-Übergänge herstellen.[1, 2] So hängt z. B. der Einbau von Sb sehr stark von der Ziehgeschwindigkeit ab, dagegen wird der Einbau von Ga und In viel weniger beeinflußt. Wird ein Kristall aus der Schmelze, die beide Arten von Aktivatoren enthält (z. B. Sb und In) schnell gezogen, so ist er *n*-Typ, wird er langsam gezogen so wird er *p*-Typ. Durch mehrmalige Änderung der Ziehgeschwindigkeit läßt sich eine beliebige Anzahl von Übergängen herstellen.

Siliziumkristalle

Reines Silizium wird aus Siliziumtetrachlorid ($SiCl_4$) durch Reduktion mit Zink bei 950° C [3] oder mit Wasserstoff hergestellt.[4] Silizium tetrajodid SiI_4 wird auch als Ausgangsmaterial für die Reduktion benutzt.

Siliziumkristalle werden ähnlich wie Germanium im Vakuum oder unter Schutzgas gezogen. Die Herstellung der Kristalle ist aber schwieriger, da Silizium einen höheren Schmelzpunkt als Germanium hat und außerdem mit allen bekannten Tiegelmaterialien reagiert. Als bestes Tiegelmaterial ist Quarzglas anzusehen. Aber Silizium in Kontakt mit Quarzglas bildet Siliziummonoxyd ($Si + SiO_2 \rightarrow 2\,SiO$), das in der Schmelze zum Teil gelöst und in die Kristalle eingebaut wird. Die Verunreinigung durch SiO hängt von den Kristallisationsbedingungen ab[5, 6, 7] und kann eine Konzentration von $10^{18}/cm^3$ erreichen.[8, 9, 10]

In der Tab. 77 sind die Verteilungskoeffizienten der wichtigsten Verunreinigungen zusammengestellt.

---

1 Pfann, W. G.: J. Metals **4**, 861 (1952).

2 Hall, R. N.: Phys. Rev. **88**, 139 (1952).

3 Lyon, D. W., O. M. Olson und G. D. Lewis: Trans. Electrochem. Soc. **96**, 359 (1949).

4 Theuerer, H. C.: Bell Lab. Record **33**, 327 (1955).

5 Fuller, C. S., J. A. Ditzenberger, N. B. Hannay und E. Buchler: Phys. Rev. **96**, 833 (1954); Acta Met. **3**, 97 (1956).

6 Dash, W. C.: Bull. Am. Phys. Soc. **30**, No. 2, 13 (1955).

7 Kaiser, W.: Phys. Rev. **105**, 1751 (1957).

8 Kaiser, W., P. H. Keck und C. F. Lange: Phys. Rev. **101**, 1264 (1956).

9 Hrostowski, H. J. und R. H. Kaiser: Bull. Am. Phys. Soc. **1**, 294 (1956).

10 Smakula, A. und J. Kalnajs: J. Phys. Chem. Solids **6**, 46 (1958).

Tabelle 77. *Verteilungskoeffizienten in Silizium.* (Nach BURTON[1])

Akzeptoren		Donatoren	
Element	k	Element	k
Al	4×10^{-3}	As	3×10^{-1}
Au	3×10^{-5}	Bi	—
B	9×10^{-1}	Li	—
Cu	4×10^{-4}	P	$3{,}5 \times 10^{-1}$
Ga	1×10^{-2}	Sb	4×10^{-2}
In	5×10^{-4}		
Tl	—		

Entsprechend den Verteilungskoeffizienten können die Verunreinigungen durch das Zonenschmelzverfahren herabgesetzt werden. Eine andere Methode zur Beseitigung von Verunreinigungen ist die Vakuumdestillation.[2] Die sekundliche Konzentrationsabnahme der Verunreinigung ist durch folgende Beziehung gegeben

$$\frac{dc_l}{dt} = -\frac{A\,c_l}{W_1} \cdot \beta\, M_s\,(2\,\pi\,M\,R\,T)^{-1/2} \exp\left(\frac{\Delta H - \Delta G}{R\,T}\right), \tag{161}$$

wobei A = Verdampfungsoberfläche, c_l = molare Konzentration der Verunreinigung, W_1 = Gewicht der Schmelze, β = konstanter Faktor, M_s = Molekulargewicht des Lösungsmittels, M = Molekulargewicht der Verunreinigung, ΔH = Lösungswärme und ΔG = molare freie Energie der Verdampfung. Je nach der Größe von ΔH und ΔG ist die Verdampfung für die einzelnen Verunreinigungen verschieden. So verdampfen As, Ga, In und Sb schnell; Al, Mn und P langsam und B, Cu und Fe sehr langsam.

Beim Ziehen des Kristalls aus der Schmelze nimmt die Konzentration der Verunreinigungen in der Schmelze im allgemeinen wegen der Verschiedenheit der Verteilung zu, aber wegen der Verdampfung ab. Wenn beide Prozesse gleichzeitig stattfinden, dann ist die Konzentration der Verunreinigungen gegeben durch

$$c = k\,c_0\,(1 - x)^{k + A\,E\,R - 1}\,. \tag{162}$$

k = Verteilungskoeffizient, x = Bruchteil der kristallisierten Schmelze, c_0 = Anfangskonzentration der Verunreinigung, $1/R$ = Kristallisationsgeschwindigkeit in g/sec und

$$E = \beta\,M_s\,(2\,\pi\,M\,R\,T)^{-1/2} \exp\left(\frac{\Delta H - \Delta G}{R\,T}\right). \tag{163}$$

Eine homogene Verteilung der Verunreinigung findet statt, wenn

$$R = \frac{1 - k}{A\,E}\,. \tag{164}$$

[1] BURTON, J. A.: Physica **20**, 845 (1954).

[2] BRADSHAW, S. E. und A. I. MLAVSKY: J. Electr. **2**, 134 (1956/57).

Durch passende Abstimmung der Ziehgeschwindigkeit, der Schmelzoberfläche und der Temperatur der Schmelze läßt sich zumindest theoretisch eine homogene Verteilung der Verunreinigung im Kristall erzielen. Außer durch die Temperatur läßt sich die Verdampfung durch den Druck (z. B. eines inerten Gases) in weiten Grenzen variieren.

Der übliche Durchmesser der Si-Kristalle beträgt 2—3 cm (der größte 10 cm) und die Länge etwa das 10fache davon (Abb. 195a). Die Ziehgeschwindigkeit liegt zwischen etwa 2 und 50 cm pro Stunde. Der spezifische Widerstand der nach dem Ziehverfahren hergestellten Si-Kristalle liegt bei etwa 100 Ohm cm, während ideal reines Silizium 230000 Ohm cm haben soll.

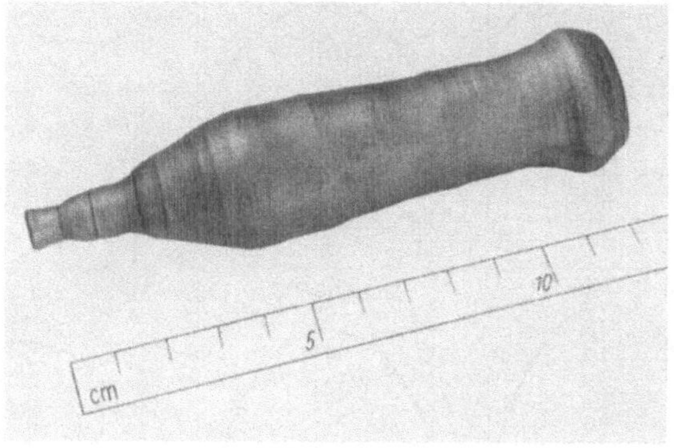

Abb. 195a. Silizium-Einkristall

Halbleiter-Verbindungen

Neun Verbindungen zwischen den drei Elementen Al, Ga, In, der Gruppe IIIb und den drei Elementen P, As, Sb der Gruppe Vb sind wegen ihrer Halbleitereigenschaften in den letzten Jahren von besonderem Interesse geworden.[1] Sie alle werden durch direkte Reaktion zwischen den Elementen im Vakuum oder in neutraler Atmosphäre bei entsprechenden Temperaturen hergestellt. Al, In und Sb werden durch Zonenschmelzverfahren gereinigt. Die Reinigung von As und P erfolgt durch Sublimation, da beide einen hohen Dampfdruck besitzen. Die Verbindungen können auch durch Zonenschmelzverfahren gereinigt werden, wobei bei Arseniden und Phosphiden wegen der Zersetzung geschlossene Gefäße benutzt werden müssen und die Temperatur oberhalb der Sublimationstemperatur des Arsens bzw. Phosphors gehalten werden muß. Die Verteilungskoeffizienten für Donatoren in InSb sind kleiner als eins und die der Akzeptoren größer als eins. Dementsprechend werden die Donatoren am Ende und die Akzeptoren am Anfang der Probe bei der Zonenschmelzreinigung angereichert. In GaSb sind dagegen die

[1] WELKER, H.: Z. Naturforsch. **7a**, 744 (1952).

Verteilungskoeffizienten für Akzeptoren gleich eins, was eine Zonenreinigung ausschließt.

Die bekannten Phasendiagramme für binäre Systeme des Arsens und des Antimons sind in der Abb. 196 wiedergegeben[1]. In allen Fällen entspricht der stöchiometrischen Zusammensetzung ein Schmelzpunktmaximum, das mit der Zunahme der Atomnummer der Elemente sich nach niedrigen Temperaturen verschiebt. Phasendiagramme der Phosphide sind zur Zeit noch nicht bestimmt worden.

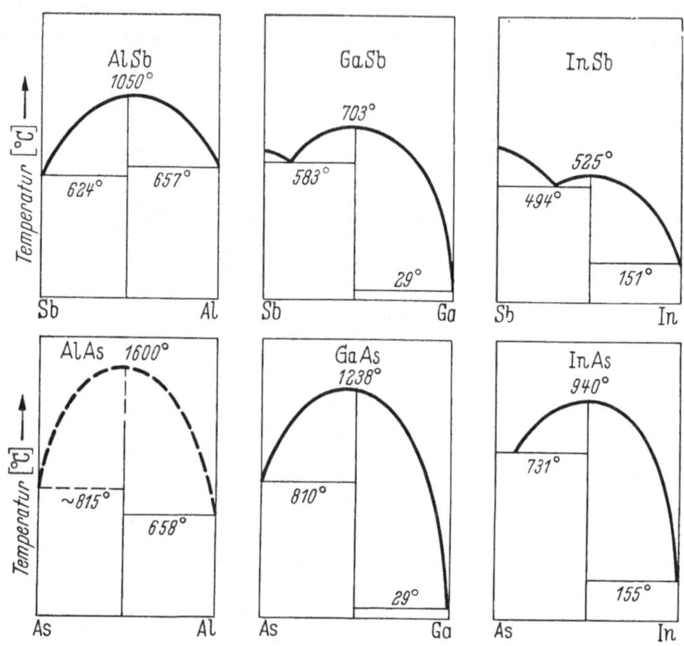

Abb. 196. Phasendiagramme der Halbleiterverbindungen (nach WELKER und WEISS[1])

Einkristalle der Antimonverbindungen werden ähnlich wie Germaniumkristalle durch Ziehen in neutraler Atmosphäre hergestellt. Die Herstellung der Arsenide und Phosphide erfolgt nach dem von GREMMELMAIER[2] angegebenen Verfahren.

Reine III—V-Verbindungen sind gewöhnlich *p*-Leiter. Durch einen Zusatz von S, Se oder Te erhält man *n*-Leiter, durch Zusatz von Cd oder Zn *p*-Leiter.

Alkalihalogenide

Alle Alkalihalogenide, ausgenommen CsCl, das einen Umwandlungspunkt bei 460° C hat, lassen sich nach dem Ziehverfahren herstellen. Bei Fluoriden müssen Platin- oder Graphittiegel verwendet werden; andere

[1] WELKER, H. und H. WEISS: Solid state Physics, vol. 3, p. 1, 1956.

[2] GREMMELMAIER, R.: Z. Naturforsch. **11a**, 511 (1956).

Halogenide können in Glas-, Quarz- oder Porzellantiegeln geschmolzen werden. Allerdings scheinen Chloridkristalle, die aus Platintiegeln gezogen werden, durch Platinchloridverbindung verunreinigt zu werden.[1] Es ist deshalb günstiger, Graphittiegel zu benutzen, deren Verwendung allerdings eine neutrale Atmosphäre bzw. Vakuum erfordert. Zwecks Vermeidung einer Reaktion mit Wasserdampf ist es zweckmäßig, das Ausgangsmaterial bei nicht zu hohen Temperaturen im Vakuum zu trocknen, da sonst leicht, besonders bei Bromiden und Jodiden, eine Verunreinigung der Salze durch Hydrolyse eintritt.[2, 3] Wenn man sehr reine Kristalle herstellen will, ist es am besten, ein neutrales Schutzgas oder Vakuum bei allen Halogeniden zu benutzen. Der Durchmesser der Impfkristalle soll etwa den vierten Teil des Durchmessers des fertigen Kristalls betragen. Die übliche Ziehgeschwindigkeit beträgt 0,2—0,5 cm/Stunde. Kristalle bis zu 30 cm Durchmesser wurden nach dem Ziehverfahren hergestellt.

Kaliumjodid- und Natriumjodid-Kristalle mit 1% Thalliumjodidzusatz wurden nach dem Ziehverfahren mit einem Durchmesser von 7,5 cm und einer Länge von 5 cm hergestellt.[4] Wegen der starken Verdampfung des Thalliums ist das Ziehverfahren dazu nicht besonders geeignet.

Bei der Herstellung der Eiskristalle nach dem Ziehverfahren wurde ein Kristallkeim von 4—6 cm Durchmesser benutzt. Die Ziehgeschwindigkeit war 0,5 mm/Stunde, die Wassertemperatur wurde von 8° C auf 2—3° C innerhalb von 8 Tagen gesenkt.[5]

XII. Das Flammenschmelzverfahren

Dieses Verfahren wurde von Verneuil[6] entwickelt und in einer Reihe von Arbeiten von ihm beschrieben.

Es bildet eine Zwischenstufe zwischen der Kristallzüchtung aus der Schmelze und der aus dem Dampf. Das Wesentliche des Verfahrens besteht darin, daß das Material pulverförmig verteilt in kleinen Tröpfchen geschmolzen wird, die sich auf der Kristalloberfläche bei hoher Temperatur niederschlagen. Ein Impfkristall ist im allgemeinen nicht notwendig. Als Start kann eine kleine Fläche aus feuerfestem Material dienen. Das Verfahren eignet sich zur Kristallherstellung von hochschmelzenden Oxyden, die in großem Umfang für technische Anwendungen und Schmuck hergestellt werden. Das Prinzip des Verfahrens

---

1 Scott, A. B. und W. J. Fredericks: Chem. Ind. News, April 28, 1958.
2 Rolfe, J.: Phys. Rev. Letters **1**, 56 (1958).
3 Etzel, H. W. und D. A. Patterson: Phys. Rev. **112**, 1112 (1958).
4 Owen, R. B.: J. Sci. Instr. **28**, 221 (1951).
5 Jona, F.: Helv. Phys. Acta **24**, 329 (1951).
6 Verneuil, A.: La Nature **32**, 177 (1904); Ann. chim. phys. **8**, 20 (1904); Compt. rend. **135**, 791 (1902); **151**, 1063 (1911).

ist in der Abb. 197 wiedergegeben. Der Apparat besteht aus drei wesentlichen Teilen: 1. Materialverteiler, 2. Brenner und 3. Kristallhalter. Wir schließen uns in der Beschreibung an den Bericht an, der nach dem Kriege aus dem I.G.-Farbenwerk in Bitterfeld erhalten wurde.[1] Die Apparatur ist im wesentlichen dieselbe wie bei VERNEUIL. Der zylindrische Materialverteiler ist etwa 8 cm im Durchmesser und 20 cm lang. Der Boden besteht aus einem Sieb von $\sim 1/3$ mm Maschenweite. Der

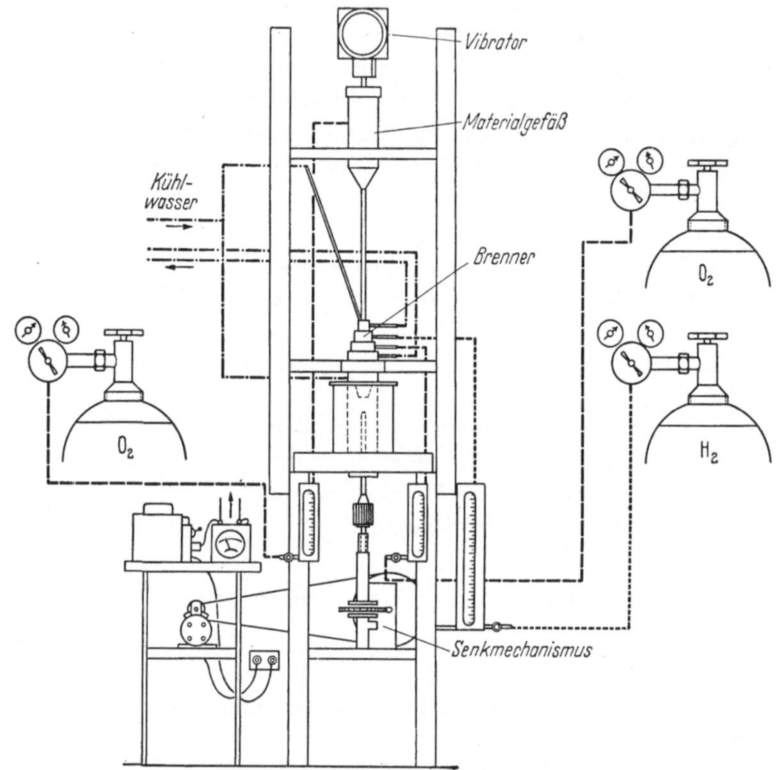

Abb. 197. Apparatur des Flammenschmelzverfahrens. (Die O_2-Leitung rechts wird nur beim 3fachen Brenner benutzt)

Behälter wird periodisch durch einen elektrisch betriebenen Hammer 60—80mal pro Minute angestoßen, wodurch das Materialpulver in feiner gleichmäßiger Verteilung in den Brenner eingeleitet wird.

Der Sauerstoff wird in das innere Rohr (5 mm) und der Wasserstoff in das äußere (30 mm) Rohr unter einem Druck von etwa 10 cm H_2O eingeblasen. Das Verhältnis von $H_2 : O_2$ ist 3 : 2; der H_2-Verbrauch ist 4 m³ pro Stunde. Die Gesamtlänge des Brenners ist 30 cm. Sein unterer Teil ist wassergekühlt.

Der Kristallisationsraum, 4 cm im Durchmesser und 16 cm hoch, ist durch eine keramische Muffel von 14 cm Außendurchmesser umgeben.

[1] BARNES, M. H.: FIAT, Rev. Ger. Sci., Final Report No. 655, 1945.

Ein vertikaler Schlitz 5×1 cm ermöglicht die Beobachtung. Die Lebensdauer der Muffel reicht für 18 Kristalle.

Der Kristallhalter, dessen Lage mit der Hand eingestellt wird, hat 2 cm Durchmesser und ist 10 cm lang. Der Querschnitt des Kontakts mit dem Halter soll möglichst klein sein, um das Springen des Kristalls bei der Abkühlung zu vermeiden.

Die Züchtung von Korundbirnen von etwa 50 g Gewicht dauert 4—5 Stunden und die Abkühlung etwa 1 Stunde. Die Materialausbeute beträgt $\sim$60%.

Bei der Kristallisation muß darauf geachtet werden, daß das Material langsam und gleichmäßig zugeführt wird und daß die Tröpfchen nicht überhitzt werden. Der Schmelzvorgang soll im O_2-armen Teil der Flamme geschehen.

Das Ausgangsmaterial muß sehr rein sein. So wird z. B. zur Korundherstellung und dessen Varietäten das Al_2O_3 aus dem umkristallisierten Aluminium-Alaun genommen, das bei Temperaturen von 1050—1150° C in Muffelöfen 2 Stunden lang kalziniert wird. Das Spinellpulver wird ähnlich aus einer Mischung von Mg- und Al-Alaun hergestellt. Farbbestandteile werden vor dem Kalzinieren zugesetzt.

Schon VERNEUIL hat darauf hingewiesen, daß eine Überhitzung vermieden und die Kristallisationsfläche sich im sauerstoffarmen Teil der Flamme befinden soll. Das Pulvermaterial soll langsam und gleichmäßig zugeführt werden und der Berührungsquerschnitt zwischen dem Kristall und dem Halter soll möglichst klein sein, um das Springen des Kristalls zu vermeiden.

Neben der Reinheit des Ausgangsmaterials spielt die Porosität der Teilchen eine wesentliche Rolle. Es ist vorteilhaft, stark poröses Pulver zu verwenden, weil dadurch die Schmelzgeschwindigkeit erhöht wird.

Drei wesentliche Störungen treten bei der Herstellung der Kristalle nach dem Flammenschmelzverfahren auf: Blasen, Schlieren und Spannungen. Blasen werden durch Überhitzen der herunterfallenden Tröpfchen bzw. der Kristallisationsoberfläche verursacht. Sie lassen sich durch geeignete Temperatureinstellung und Rotation des Kristalls eliminieren. Das Auftreten von Schlieren zeigt eine ungleichmäßige Materialzufuhr bzw. Temperaturschwankung der Flamme. Die Verspannung entsteht durch den hohen Temperaturgradienten und kann bis zu einem gewissen Grad eliminiert werden, indem ein kleiner Temperaturgradient benutzt wird.[1] Wenn der Kristall während des Wachstums stark verspannt wird, so kann er durch nachträgliches Tempern nicht verbessert werden.[2] Mosaikstruktur tritt hier ebenso wie bei anderen Verfahren auf. Sie hängt von den Kristallisationsbedingungen

---

[1] IKORNIKOVA, N. YU. und A. A. POPOVA: Doklady Akad. Nauk **106**, 460 (1956).
[2] Ind. Diamond Rev. **4**, 103 u. 183 (1944); **6**, 80 (1946).

ab und läßt sich bei kleineren Kristallen, aber nicht bei großen, praktisch eliminieren.

Eine sehr ausführliche Beschreibung des Verfahrens und der Apparatur wurde von Popov gegeben.[1]

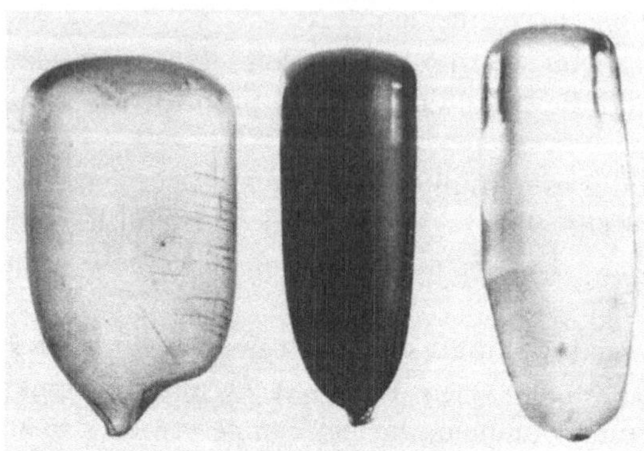

Abb. 198. Kristall-Birnen, hergestellt nach dem Flammenschmelzverfahren; von links nach rechts: Spinell, Rubin, Korund

Es werden zur Zeit Einkristalle nach dem Flammenschmelzverfahren in Form von Birnen bis 2 cm dick und 5 cm lang (Abb. 198), in Form von Stäben bis zu einer Länge von 50 cm aber nur einige mm dick

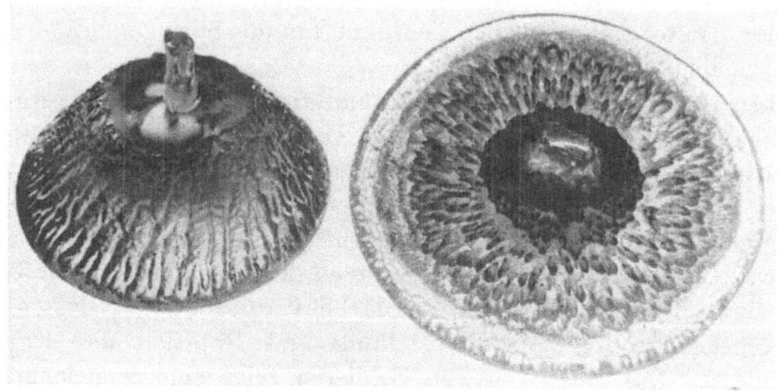

Abb. 199. Scheiben- und glockenförmige Korundkristalle, hergestellt nach dem Flammenschmelzverfahren (Linde Air Product Co.)

oder in Form von Scheiben (Abb. 199) bis zu 12 cm Durchmesser hergestellt. Kristalle mit großen Durchmessern werden hergestellt, indem der Kristall zusätzlich zur Rotation um die vertikale Achse noch um eine horizontale Achse oszilliert. Je nachdem die Amplitude größer oder kleiner ist als der Durchmesser der Flamme, wächst der Kristall in Platten- oder Glockenform.

[1] Popov, S. K.: Rost Kristallov 2, 103 (1959).

Eine moderne Anlage zur Herstellung der Kristalle nach dem Flammenschmelzverfahren ist in Abb. 200 dargestellt, die im Kristallabor des Verfassers benutzt wird.

Da normalerweise das Verhältnis von H_2 zu O_2 im Gebläse 3 : 2 oder sogar 3 : 1 ist, wirkt die Flamme reduzierend. Eine oxydierende Flamme läßt sich durch einen 3teiligen Brenner (tricone) erreichen,[1] wobei H_2 außen und innen von O_2 umgeben ist. In Abb. 201 ist ein tricone-Brenner

Abb. 200. Laboranlage zur Herstellung der Kristalle nach dem Flammenschmelzverfahren in M. I. T.

dargestellt. Dieser Brenner hat außerdem den Vorteil, daß der Querschnitt der heißen Zone vergrößert wird.

Eine Abart des Flammenschmelzverfahrens ist in Abb. 202 angegeben.[2] Die Gasflamme wurde hier durch Induktionsheizung ersetzt, dadurch ist es möglich, Kristalle im Vakuum oder im Schutzgas zu züchten. Soweit bekannt ist, wurden nach diesem Verfahren (tip fusion method) nur Polykristalle hergestellt.

---

1 Moore, Ch. H.: Trans. Am. Inst. Mining Met. Engrs. **184**, 194 (1949).

2 Keck, P. H., S. B. Levin, J. Broder und R. Lieberman: Rev. Sci. Instr. **25**, 298 (1954).

In Tab. 78 sind Kristalle zusammengestellt, die nach dem Flammenschmelzverfahren hergestellt wurden.

Durch einen Zusatz von Chromoxyd bis 3,0% maximal zum Aluminiumoxyd werden Rubine dargestellt, deren Farbe von zart rosa bis zu dunkelrot je nach dem Zusatz des Chromoxyds variiert werden kann. Die natürlichen *Rubine* enthalten nicht Chrom- sondern Eisenoxyd.

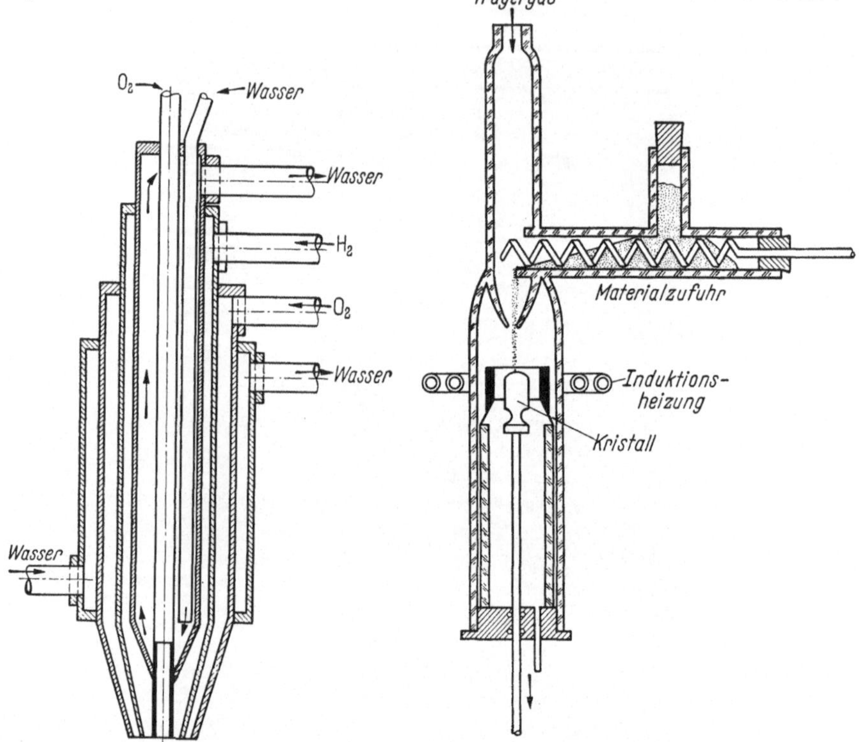

Abb. 201. Dreifachbrenner (nach MOORE[1])

Abb. 202. Ersatz der Gasflamme durch Induktionsheizung (KECK, LEVIN, BRODER und LIEBERMAN[2])

Das System Al_2O_3–Cr_2O_3 bildet Mischkristalle und die rote Farbe bleibt bis zu 8% Cr_2O_3 erhalten. Bei größeren Chromoxydzusätzen geht die Farbe in grün über und gleichzeitig tritt eine Änderung der Gitterkonstanten und der Dichte auf. Der Farbumschlag von rot in grün wird durch Auftreten von Bindungen zwischen den Chromatomen erklärt.[3]

Blaugefärbte Korundkristalle, bekannt als *Saphire*, werden durch einen Zusatz von TiO_2 (0,12%) oder $Fe_2O_3 + TiO_2$ (zusammen 1,5%) gewonnen. Gelbe Saphire enthalten $NiO + V_2O_3$, gelbgrüne $NiO + Fe_2O_3 + TiO_2$ und grüne $CoO + MgO + ZnO$.

[1] Siehe Anm. 1 auf S. 295.

[2] Siehe Anm. 2 auf S. 295.

[3] THILO, E. und J. JANDER: Forsch. u. Fortschr. **26**, 35 (1950).

Als Ausgangsprodukt für die Herstellung der *Spinelle* ($Al_2O_3 \cdot MgO$) wird Magnesiumammoniumsulfat [$Mg(NH_4)_2(SO_4)_2 \cdot 6\,H_2O$] und Aluminiumammoniumsulfat [$AlNH_4(SO_4)_2 \cdot 12\,H_2O$] genommen. Die Mischung der beiden Salze wird (eventuell nach dem Zusatz der Pigmente)

Tabelle 78. *Einkristalle, hergestellt nach dem Flammenschmelzverfahren*

Chem. Formel	Name	Schmelzpunkt °C	Kristallsystem	Literatur
Al_2O_3	Korund	2045	hexagonal	1–6
$Al_2O_3 \cdot MgO$	Spinell	2130	kubisch	3
$3\,Al_2O_3 \cdot 2\,SiO_2$	Mullit	1810	rhombisch	7
$Be_3Al_2(SiO_3)_6$	Emerald*	1410	hexagonal	3, 8
$BeO \cdot Al_2O_3$	Chrysoberyl	—	rhombohedr.	8
$BeO \cdot MgO$	—	—	kubisch	8
$CaTiO_3$	Perowskit	1980	kubisch	9
$CaWO_4$	Scheelit	1535	tetragonal	10, 11
$CdWO_4$	—	1325	monoklin	10
CoO	—	1800	NaCl	12
Cr_2O_3	—	2275	rhombohedr.	12
Fe_3O_4	Magnetit	1590	kubisch	12
$LaAl_3$	—	1870	—	13
Mn_3O_4	Hausmanit	1705	tetragonal	12
NiO	Bunsenit	2090	rhombohedr.	12
Sc_2O_3	—	2300	rhombohedr.	14
$SrTiO_3$	—	2080	kubisch	15, 26
TiO_2	Rutil	1830	tetragonal	17–19

* Emerald wird nach dem hydrothermalen Verfahren hergestellt; erw urde seit 1930 von I.-G.-Farben hergestellt und unter dem Namen „Igmerald“ verkauft.

[1] Ikornikova, N. Ju. und A A. Popova: Doklady Akad. Nauk **106**, 460 (1956).

[2] Verneuil: Ann. chim. phys. **8**, 20 (1904).

[3] I.G. Farben, FIAT, Rev. Ger. Sci., Rep. No. 655 (1945).

[4] Brown, K. W., R. C. Chimside, L. A. Dauncey und H. P. Rooksby: General Electric Co. J. **13**, 53 (1944).

[5] Alexander, A. E.: J. Chem. Educ. **23**, 418 (1946).

[6] Popov, S. K.: Bull. Acad. Sci. U.S.S.R. **10**, 504 (1946).

[7] Bauer, W. H., I. Gordon und C. H. Moore: J. Am. Ceram. Soc. **33**, 140 1950).

[8] Kraus, E. H. und C. B. Slawson: Gems and Gem Materials, New York: McGraw-Hill 1919, S. 137.

[9] Merker, L.: private Mitteilung.

[10] Gilette, R. H.: Rev. Sci. Instr. **21**, 294 (1950).

[11] Zerfoss, S., L. R. Johnson und O. Imber: Phys. Rev. **75**, 370 (1949).

[12] Scott, E. J.: J. Chem. Phys. **23**, 2459 (1955).

[13] Bauer, W. H. und I. Gordon: ONR Project No. N7–ONR–454, Final Report, 1. August 1951, Rutgers University.

[14] Barta, C., F. Petru und B. Hajek: Naturw. **45**, 36 (1958).

[15] Merker, L.: Mining Eng. **7**, 645 (1955).

[16] Levin, S. B. N. J. Field, L. Merker und F. M. Plock: J. Opt. Soc. Amer. **45**, 737 (1955).

[17] Moore, Ch. H.: Trans. Am. Min. Met. Engrs. **184**, 194 (1949).

[18] Zerfoss, S., R. G. Stokes und C. H. Moore, jr.: J. Chem. Phys. **16**, 1166 (1948).

[19] Alexander, A. E.: J. Chem. Educ. **26**, 254 (1949).

noch kalziniert. Spinellherstellung mit der stöchiometrischen Zusammensetzung $Al_2O_3 \cdot MgO$ bereitet Schwierigkeiten, da die Kristalle immer springen. Größere Kristalle werden deshalb mit bis zu 4% Überschuß von Al_2O_3 hergestellt, wodurch das Springen vermieden wird. Beim 2stündigen Tempern der Spinelle mit Aluminiumoxydüberschuß bei ~1000° C fällt das überschüssige Aluminiumoxyd ganz oder teilweise aus, was zu einer Erhöhung der Härte führt. Durch Tempern werden aber die Kristalle trübe. Tempern bei Temperaturen oberhalb 1075° C erniedrigt die Härte. Einen ähnlichen Effekt hat das Fe_2O_3 in Ferrospinellen. Durch einen Zusatz von Co_2O_3 werden blaue und von Ni_2O_3 aquamaringefärbte Spinelle erhalten. Von anderen Verbindungen werden zur Färbung der Spinelle Oxyde von Cr, Fe, Ti und V verwendet. Ein Zusatz von nicht mehr als 1% von Zinkoxyd soll das Wachstum der Spinelle fördern.

Die Kristallherstellung der *Mullits* ($3\,Al_2O_3 \cdot 2\,SiO_2$) ist besonders interessant, da Mullit inkongruent schmilzt. Bei langsamer Abkühlung der Schmelze von der Schmelztemperatur bei 1945° C schneidet sich zuerst Al_2O_3 ab. Erst unterhalb 1830° C bildet sich Mullit. Durch einen hohen Temperaturgradienten kann aber dieses Gebiet so schnell überbrückt werden, daß Mullit entsteht. Auf diese Weise wurden Mulliteinkristalle mit einem Durchmesser von 1 cm und einer Länge von 2 cm erhalten.

Calciumwolframat ($CaWO_4$) und *Cadmiumwolframat* ($CdWO_4$) werden in Stabform von 3 mm Durchmesser und bis zu 12 cm lang für Szintillationszwecke in den Linde Air Product Laboratorien hergestellt.

Scandiumoxyd (Sc_2O_3)-Einkristalle von 4 mm Durchmesser und 4,5 cm Länge wurden mit einer Kristallisationsgeschwindigkeit von 8 mm hergestellt.

Als Ausgangsmaterial zur Herstellung von *Strontiumtitanat*-kristallen ($SrTiO_3$) wird Strontiumchlorid ($SrCl_2$) und Titantetrachlorid ($TiCl_4$) genommen. Durch die Reaktion mit Oxalsäure $(CH)_2(COOH)_2$ werden zuerst Mischkristalle der Oxalate gebildet, die durch Kalzinieren bei 1000° C in Strontiumtitanat umgewandelt werden. Für gutes Wachstum wird eine Teilchengröße von 0,2 bis 0,5 μ genommen. Fertige Kristalle sehen schwarz aus. Durch thermische Behandlung in der Luft bei Temperaturen von 700—1000° C, 12 Stunden lang werden die Kristalle farblos. Wenn das Ausgangsmaterial nicht genügend rein ist, läßt sich der Kristall nicht vollkommen entfärben. Ein Zusatz von 0,005—0,02% Niob- bzw. Tantaloxyd verbessert die Farblosigkeit; ein größerer Zusatz, 0,02—0,05%, macht die Kristalle schwarz bzw. violett. Durch einen Zusatz 0,005—0,05 von Al_2O_3 werden die Kristalle blau-schwarz, bei 0,05—0,1% schwarz und bei 0,1—1,0% rosa gefärbt. $SrTiO_3$-Kristalle von 4 cm Durchmesser und 5 cm Länge werden zur Zeit technisch hergestellt.

*Rutil*kristalle (TiO_2) werden mit dem Dreifachbrenner (tricone) hergestellt, um die starke Reduktion zu vermeiden. Der Wasserstoffanteil in der Flamme wird niedrig gehalten. Trotzdem sind die fertigen Kristalle vollkommen schwarz. Durch Oxydation in Sauerstoffatmosphäre bei 1000° C werden die Kristalle schwach gelb. Diese Farbe läßt sich nicht vollkommen beseitigen; sie ist wahrscheinlich durch den Ausläufer der Ultraviolettabsorption des Rutils bedingt. Rutilkristalle werden zur Zeit mit einem Durchmesser von etwa 1,6 cm und einer Länge von 4 cm technisch hergestellt.

Durch einen Zusatz von 0,1% Cr_2O_3 zum TiO_2-Pulver werden rote Rutilkristalle hergestellt. Auch in diesem Fall sind die fertigen Kristalle zunächst schwarz. Die Rotfärbung erscheint erst nach der thermischen Behandlung bei 1150° C etwa 10 Stunden lang. Derselbe Effekt wird auch durch einen Zusatz von 0,01% V_2O_5 hervorgerufen.[1]

Tabelle 79. *Mischkristalle, hergestellt nach dem Flammenschmelzverfahren*

Mischkristalle	Literatur	Mischkristalle	Literatur
$CdO \cdot Fe_2O_3$	2, 3	$NiO \cdot 2\ Fe_2O_4$	4
$CoO \cdot Fe_2O_3$	2, 3	$NiO \cdot 3\ Fe_2O_3$	2
$CoO \cdot 7\ Fe_2O_3$	4	$(Ni,Zn)O \cdot Fe_2O_3$	2
$CuO \cdot Fe_2O_3$	2	$(Mn,Zn)O \cdot Fe_2O_3$	2
$MgO \cdot Fe_2O_3$	2	$CoO \cdot Al_2O_3$	4
$MnO \cdot Fe_2O_3$	3, 5	$MnO \cdot Al_2O_3$	4
$MnO \cdot 2\ Fe_2O_3$	4	$NiO \cdot Al_2O_3$	4
$NiO \cdot Fe_2O_3$	2, 3		

Zahlreiche Mischkristalle aus Oxyden wurden nach dem Flammenschmelzverfahren hergestellt. Einige davon sind in der Tab. 79 zusammengestellt. Praktisch alle diese Kristalle weichen von der stöchiometrischen Zusammensetzung ab und haben außerdem verschiedene andere Defekte wie Blasen, Sprünge und Inhomogenitäten.

Bei einigen Oxyd-Kristallen wurde die Zusammensetzung variiert, wie z. B. Ni–Co, Co–Mn und Ni–Mn.[4] Das Flammenschmelzverfahren wurde auch zur Herstellung von Silikaten verwendet[6], es wird auch zur Herstellung von amorphem Quarz benutzt.[7] Als Ausgangsmaterial wird

[1] Eversole, W. G. und W. Drost: U. S. Patent No. 2693421, 2. November 1954 (Union Carbide and Carbon Corporation).

[2] Bauer, W. H., K. M. Merz und P. D. Baba: Tech. Rep. No. 1, Ceramic Res. Station, Rutgers Univ., June 1958.

[3] Bauer, W. H.: Caramic Age **63**, No. 4, 41 (1954).

[4] Scott, E. J.: J. Chem. Phys. **23**, 2459 (1955).

[5] Page, J. L., F. W. Harrison und R. F. Pearson: Rep. No. 2096, Mullard Research Labs., 9. April 1956.

[6] Bauer, W. H. und I. Gordon: J. Am. Ceram. Soc. **34**, 250 (1951).

[7] Gardner, I. C.: CiOS, No. 9/389, 1945. (The production of fused Quartz of optical quality by Heraeus.)

kristalliner Quarz genommen, der in Stücke von $^1/_2$ bis 1 mm zerkleinert wird. Das Pulver wird dann eine Stunde in 30%iger Salzsäure gekocht, um Verunreinigungen zu beseitigen. Dieses Material wird dann in die H_2/O_2-Flamme eingeführt. Die in der Flamme geschmolzenen Partikel werden auf einem SiO_2-Stab niedergeschlagen. Der Stab wird mit einer Geschwindigkeit von 7,5 cm/Stunde gesenkt und gleichzeitig um seine Achse gedreht. Mit einem Brenner von 2,5 cm Durchmesser und einem Halter von 4 cm Durchmesser wurden optisch einwandfreie Stücke 3—6 cm im Durchmesser und bis 20 cm lang nach dieser Methode hergestellt.

XIII. Dampfphasenverfahren

Prinzipiell sind die Verhältnisse beim Kristallwachstum aus der Dampfphase einfacher als bei den anderen Verfahren. Eine Störung durch Lösungsmittel oder Schmelze tritt hier nicht auf. Trotzdem hat dieses Verfahren bis jetzt nur einen mäßigen Erfolg gezeigt. Das mag daran liegen, daß die für das Kristallwachstum entscheidenden Faktoren nicht mit genügender Genauigkeit bestimmt und kontrolliert werden.

13.1 Verdampfungsverfahren

Normalerweise werden die Kristalle durch Niederschlagen des Dampfes auf einer Fremdunterlage hergestellt.[1] Die Schwierigkeit ist die Anzahl der Keime möglichst niedrig zu halten. Das wird durch entsprechende Regulierung des Dampfdrucks und der Temperatur der Unterlage erreicht.[2] Die Keimbildung wird aber außerdem durch die Reinheit bzw. Struktur der Unterlage stark beeinflußt, die sich nur schwer kontrollieren lassen. Der günstige Dampfdruck liegt zwischen 10^{-1} und 10 mm Hg. Die Temperaturdifferenz zwischen der Dampfquelle und der Unterlage liegt zwischen 5 und 100° C. Die hohe Temperatur der Unterlage begünstigt die Oberflächenbeweglichkeit der ankommenden Dampfmoleküle, die beim Aufbau des Kristallgitters notwendig ist, damit die Moleküle auf die richtigen Gitterplätze gelangen. Zum Wachstum eines fehlerfreien Gitters ist demnach eine möglichst hohe Temperatur der Unterlage und ein möglichst kleiner Dampfdruck erforderlich. Daraus erklärt sich die kleine Wachstumsgeschwindigkeit, die im Durchschnitt nur einige Zehntel mm pro Stunde beträgt. Die Größe der meisten Kristalle beträgt bis zu einigen mm, nur selten bis zu einigen cm (CdS). Bei einem zu hohen Dampfdruck bzw. zu kalter Unterlage tritt eine polykristalline oder dendridische Struktur auf. Oft wird ein strömendes

---

[1] Greene, L. C., D. C. Reynolds, S. J. Czyzak und W. M. Baker: J. Chem. Phys. **29**, 375 (1958).

[2] Fox, P. D.: J. Appl. Phys. **31**, 1733 (1960).

Trägergas benutzt, das die Dampfmoleküle an die Kristallisationsfläche befördert und die flüchtigen Verunreinigungen wegträgt.

Manchmal bilden sich Kristalle direkt auf der Oberfläche des zu verdampfenden Materials. Dieses Wachstum entsteht durch die Diffusion aus dem darunterliegenden polykristallinen Material.[1]

Eine Apparatur, deren innerer Teil in Abb. 203 dargestellt ist[2], wurde mit Erfolg zur Herstellung von Cadmiumsulfidkristallen bis zu einer Größe von 3 cm benutzt. Zur Erzeugung einer Temperatur bis 1500° C wird ein Silitstabofen mit 6 Silitstäben (1,5 cm, Länge 75 cm) benutzt. Der Heizraum ist etwa 15×15×40 cm und die Leistung des Ofens annähernd 12 kWatt. Die Temperatur wird mit einem Temperaturregler reguliert. Innerhalb des Ofens befindet sich ein an einem Ende verschlossenes Mullitrohr (∅ 7,5 cm, Länge 80 cm), in dem ein halbverschlossenes Reaktionsrohr aus Quarzglas (∅ 5 cm, Länge 45 cm)

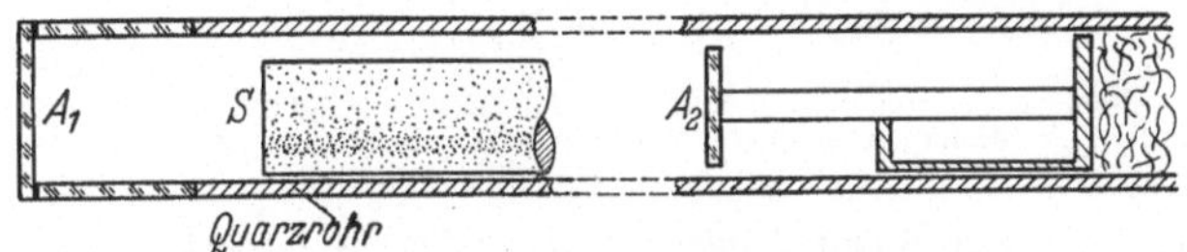

Abb. 203. Kristallherstellung nach dem Verdampfungsverfahren (nach MEDCALF, BEAN und POWDELY[2]) A_1 und A_2 Quarzkeimplatten, S Sinterblock aus CdS

sitzt. Das Material bis zu 900 g wird in gesintertem Zustand etwa 7,5 cm vom verschlossenen Ende entfernt eingelegt. Der polierte Boden des Quarzgefäßes, der die tiefste Temperatur hat, dient als Unterlage für die Kristalle. Die andere Seite des Quarzgefäßes wird entweder mit Quarzwolle verstopft, um die Verdampfung des Materials zu verhindern oder es wird eine zweite Quarzkeimplatte eingesetzt, um die Ausbeute der Kristalle zu verdoppeln.

Das Quarzrohr kann auch aus undurchsichtigem Quarzglas sein; in diesem Fall wird eine Kappe aus durchsichtigem Quarz mit poliertem Boden als Keimplatte angesetzt (Abb. 204). Das Mullitrohr wird am offenen Ende verschlossen und an eine Vakuumpumpe angeschlossen.

Als Trägergas wird Helium (50 mm Hg) benutzt. Die Keimbildung wird bei 1350° C eine Stunde lang eingeleitet, wobei die Temperatur der Quarzunterlage etwa 25° C niedriger liegt. Das eigentliche Kristallwachstum erfolgt bei 1200° C etwa 100 Stunden lang. Die auf der Quarzplatte niedergeschlagene Masse besteht aus einigen wenigen Einkristallen, die bis zu 12 cm³ groß werden (Abb. 205).

Neben dem Germanium und Silizium verspricht Siliziumkarbid als Halbleiter durch seine große verbotene Bandbreite und sehr gute chemische Beständigkeit von großer Wichtigkeit, besonders für höhere

[1] HAMILTON, D. R.: Brit. J. Appl. Phys. **9**, 103 (1958).

[2] MEDCALF, W. E., K. E. BEAN und J. E. POWDELY: Reports Eagle-Picher Res. Labs. 1957 u. 1958.

Temperaturen, zu werden.[1] Siliziumkarbid kristallisiert kubisch oder hexagonal mit einigen Modifikationen von ähnlicher Struktur. Unterhalb von etwa 2500° C überwiegt die kubische darüber die hexagonale Struktur. Beide Strukturen sind Halbleiter. Unter normalem Druck besitzt SiC keinen Schmelzpunkt, es sublimiert merklich oberhalb 2000° C.

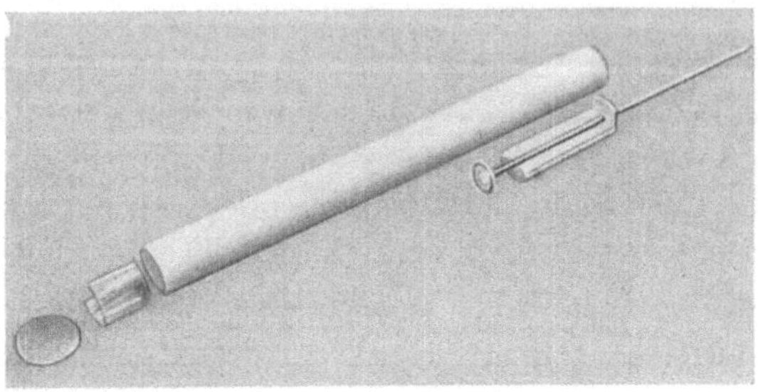

Abb. 204. Verdampfungsrohr aus undurchsichtigem Quarz und zwei Keimplatten (nach MEDCALF, BEAN und POWDELY[2])

Eine Methode zur Kristallherstellung von SiC wurde von LELY[3] entwickelt. Das Wesentliche dieser Methode beruht darauf, daß weder das Ausgangsmaterial noch die Kristalle mit anderen Stoffen in Berührung kommen, wodurch eine Verunreinigung vermieden wird. Das wird durch die Benutzung eines Hohlraumzylinders aus gesintertem SiC erreicht, der in einer neutralen Atmosphäre durch einen Graphitofen auf etwa 2500° C geheizt wird. Nach einigen Stunden erhält man im Innern des Zylinders plättchenförmige Kriställchen von einigen Millimetern.

Abb. 205. Cadmiumsulfidkristall, hergestellt aus dem Dampf (nach MEDCALF, BEAN und POWDELY[2])

Trotz vieler Bemühungen einwandfreie, größere Kristalle aus SiC herzustellen, sind die bisherigen Erfolge mäßig. Andere Methoden (Schmelzlösung, Dampfreaktion) haben auch zu keinem besseren Erfolg geführt.[1]

In der Tab. 80 sind Kristalle angegeben, die aus der Dampfphase hergestellt wurden.

---

[1] O'CONNER, J. R. und J. SMILTENS: Silicon Carbide, A. High Temperature Semiconductor; Proceedings of he Conference on Silicon Carbide, Boston, Mass April 2—3, 1959 Oxford, Pergamon Press, 1960.

[2] Siehe Anm. 2 auf S. 301.

[3] LELY, J. A.: Ber. deutsch. keram. Ges. **32**, 229 (1955).

Tabelle 80. *Kristalle, hergestellt aus der Dampfphase*

Kristall	Temperatur °C		Atmosphäre	Kristallgröße	Zeit	Literatur
	Bodenkörper	Kristall				
Ag	—	—	—	—	—	1
Ag	950	—	Vakuum 10^{-3}	0,1 cm	5 Tage	2
As_4O_6	130—300		Vakuum	3 mm	—	3
BaO	1400	1380	Vakuum	0,1 × 1 × 1 cm	40 St.	4
Cd	310—321	305 ± 3	N_2 1—5 × 10^{-2}	—	—	5
Cd	300	—	Vakuum	—	24 St.	6
Cd	310	—	Vakuum	—	—	7
Cd	—	—	—	—	—	8
CdS	1250	1150	H_2S, Schutzgas	50 g	—	9, 10
CdS	980	910	H_2S 200 mm Hg	20 mm^3	100 St.	11
CdS	—	—	—	—	—	12
CdS	1000	—	H_2S 300 mm Hg	3 × 5 × 10 mm	48—72 St.	13, 14
CdS	930 ± 5	—	A, 700 mm Hg	3 × 4 × 10 mm	80 St.	15
CdS	900—1040	—	N_2 or A	3 × 3 × 28 mm	16—48 St.	16
CdS	1200	—	$H_2S + H_2$ (1 : 3)	—	—	17
CdS	960 ± 1	—	—	5 × 8 × 13 mm	—	18
CdS	1000	—	Argon	1 mm bis cm^2	—	19
CdS	1250	785—1200	H_2S, A	< Gramm	4—7 Tage	20
CdSe	—	—	—	0,8 × 14 × 28 mm	—	21
C_6H_6	20	—80	—	0,1 × 17 × 17 mm	15 St.	22
$(C_6H_5)_2CO$ (Benzophenon)	20, 25, 30	—	Vakuum	—	0,7 mm/St	15
$(CH_2)_6N_4$ (Hexamethylentetramin)	30—100	$\Delta T =$ 0,5—6	Vakuum	3 × 10 × 10 mm	0,4—2 mm/St.	23—25
$C_{10}H_8$	0	$\Delta T =$ 0—0,8	Vakuum	3 mm	0—0,25 mm/St.	26
Fe	—	—	—	—	—	27
GeO_2	—	—	—	—	—	28
HgS	490	440	H_2S 350 mm Hg	20 mm^3	50 St.	11
J_2	0	$\Delta T =$ 0—0,76	—	3 mm	0—0,25 mm/St.	26
Mg	—	—	—	—	—	29
Mg	620	—	A	mm	15 St.	6
Mo	—	—	—	—	—	27
Nb	—	—	—	—	—	27
P	0	$\Delta T =$ 0—0,15	—	—	0—0,03 mm/St.	26
PbS	1100	950	—	—	18 St.	30
PbSe	—	—	—	8—15 mm	40 St.	31
S	55 u. 60	—	Vakuum	—	—	82
Se	270	210	Vakuum	0,2 × 0,3 × 10 mm	—	32—35, 36
SiC	2500	—	H_2, A, CO	2 × 3 × 10 mm	6—8 St.	37
SiC	2000	—	760 mm Hg	0,5 × 1,5 × 4 mm	—	00
SnS	1230	—	$H_2 + H_2S$	50 mm^3	—	29
Ta	—	—	—	—	—	27
Ti	—	—	—	—	—	27

Tabelle 80 (Fortsetzung)

Kristall	Temperatur °C		Atmosphäre	Kristallgröße	Zeit	Literatur
	Bodenkörper	Kristall				
WO_3	1300	—	Vakuum	2 mm³	einige St.	40
Zn	409—419	410 ± 3	(1—3) × 10⁻² mm Hg	—	—	5
Zn	400	—	Vakuum	—	5 St.	6
Zn	375	—	—	—	—	7
ZnS	1150	—	H_2S, 300 mm Hg	2×2×10 mm	48—96 St.	41, 10
ZnS	1170–1200	1070–1120	Vakuum	1×3×5 mm	—	42
ZnS	—	—	H_2	0,05×0,05 mm	—	48, 44
ZnS	1180	1100	H_2S, 100 mm Hg	20 mm³	100 St.	11
Zr	—	—	—	—	—	27

[1] Howey, J. H.: Phys. Rev. **49**, 200 (1936).

[2] Forty, A. J. und F. C. Frank: Proc. Roy. Sec. **A 217**, 262 (1953).

[3] Randall, M. und T. G. Doody: J. Phys. Chem. **43**, 613 (1939).

[4] Sproul, R. L., W. C. Dash, W. W. Tyler und A. R. Moore: Rev. Sci. Instr. **22**, 410 (1951).

[5] Keepin, jr., G. R.: J. Appl. Phys. **21**, 260 (1950).

[6] Forty, A. J.: Phil. Mag. **43**, 949 (1952).

[7] Straumanis, M.: Z. phys. Chem. **B13**, 316 (1931).

[8] Pollock, W. I. und R. F. Mehl: Acta Met. **3**, 213 (1955).

[9] Reynolds, D. C. und L. C. Greene: J. Appl. Phys. **29**, 559 (1958).

[10] Greene, L. C., D. C. Reynolds, S. J. Czyzak und W. M. Baker: J. Chem. Phys. **29**, 1375 (1958).

[11] Hamilton, D. R.: Brit. J. Appl. Phys. **9**, 103 (1958).

[12] Herforth, L. und J. Krumbiegel: Naturw. **40**, 270 (1953).

[13] Czyzak, S. J., D. J. Graig, C. E. McCain und D. C. Reynolds: J. Appl. Phys. **23**, 932 (1952).

[14] Reynolds, D. C., G. Leies, L. L. Antes und R. E. Marburger: Phys. Rev. **96**, 533 (1954).

[15] Hollander, jr., L. E.: Rev. Sci. Instr. **28**, 322 (1957).

[16] Stanley, J. M.: J. Chem. Phys. **24**, 1279 (1956).

[17] Kroeger, F. A. und H. J. Vink: Z. phys. Chem. **203**, 1 (1954).

[18] Reynolds, D. C., S. J. Czyzak, R. C. Allen und C. C. Reynolds: J. Opt. Soc. Amer. **45**, 136 (1955).

[19] Bishop, M. E. und S. H. Liebson: J. Appl. Phys. **24**, 660 (1953).

[20] Boyd, D. R. und Y. T. Sihvonen: J. Appl. Phys. **30**, 176 (1959).

[21] Zwerdling, S. und R. S. Halford: J. Chem. Phys. **23**, 2215 (1955).

[22] Stranski, I. N. und B. Honigmann: Naturw. **35**, 156 (1948); Z. phys. Chem. **194**, 180 (1950).

[23] Honigmann, B., E. W. Müller und I. N. Stranski: Z. phys. Chem. **196**, 6 (1950).

[24] Honigmann, B. und I. N. Stranski: Z. Elektrochem. **56**, 338 (1952).

[25] Honigmann, B.: Z. Elektrochem. **58**, 322 (1954).

[26] Volmer, M. und H. Schulze: Z. phys. Chem. **A156**, 1 (1931).

[27] Maddin, R. und N. K. Chen: Iron Age **170**, 108 (1952).

[28] Papazian, H. A.: J. Appl. Phys. **27**, 1253 (1956).

[29] Sakni, S.: Sci. Papers Inst. Phys. Chem. Res. (Tokyo) **34**, 1131 (1938).

[30] Pizzarello, F.: J. Appl. Phys. **25**, 805 (1954).

Schneekristalle

Zu den Kristallen, die aus der Dampfphase entstehen, gehören auch die Schneekristalle, die in der Natur in zahlreichen wunderbaren Formen vorkommen. Es ist erstaunlich, daß Schneekristalle erst vor etwa 20 Jahren wissenschaftliches Interesse erweckt haben, obwohl sie in der Natur seit Urzeiten bewundert wurden. Wir verdanken die Untersuchung über das künstliche Wachstum der Schneekristalle einer Gruppe japanischer Forscher unter der Führung von NAKAYA, die zahlreiche Mikroaufnahmen von Naturschneekristallen aufgenommen und später alle die Naturformen auch im Laboratorium nachgemacht hat. Über 1550 Mikroaufnahmen von natürlichen und künstlichen Schneekristallen finden sich im Buch über Schneekristalle von NAKAYA.[1] Daselbst sind auch die Methoden beschrieben, wie sie im Labor hergestellt werden können.

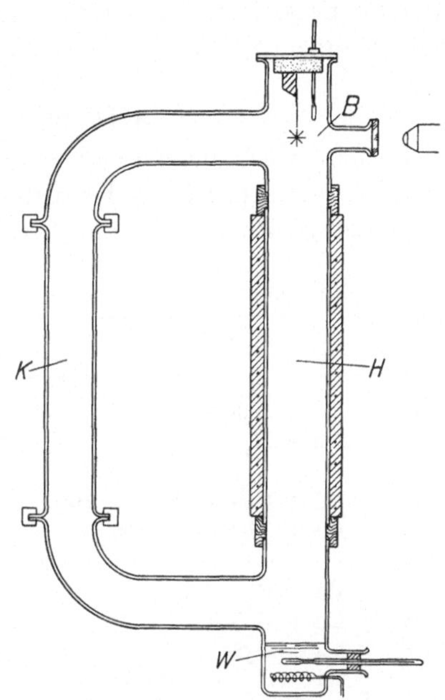

Abb. 206. Apparatur zur Herstellung der Schneekristalle (nach NAKAYA[1]) *W* Wasserreservoir, *H* Heizrohr, *K* Kühlrohr, *B* Beobachtungskammer

Eine Apparatur zur Herstellung der Schneekristalle ist in der Abb. 206 dargestellt. Das Zirkulationsgefäß besteht aus einem Wasserreservoir *W*, einem Heizrohr *H*, einem Kühlrohr *K* und der Beobachtungskammer *B*. Der Wasserdampf steigt im Rohr *H*

[31] PRIER, A. C.: pers. Mitteilung, 1954.
[32] KITCHENER, S. A. und R. F. STRICKLAND-CONSTABLE: Proc. Roy. Soc. (London) **A 245**, 93 (1958).
[33] BROWN, F. C.: Phys. Rev. **4**, 85 (1914).
[34] PLESSNER, K. W.: Proc. Roy. Soc. (London) **64B**, 671 (1951).
[35] GOBRECHT, H., H. HAMISCH und A. TAUSEND: Z. Phys. **148**, 209 (1957).
[36] KOZYREV, P. T.: Zh. Techn. Fiz. **28**, 500 (1958).
[37] LELY, J. A.: I. U. P. A. C., Colloquium Münster/Westf. 2.—6. Sept., S. **21**, 1954; Ber. deut. Keram. Ges. **32**, 229 (1955).
[38] HAMILTON, D. R.: J. Elektrochem. Soc. **105**, 735 (1958).
[39] GOBRECHT, H. und A. BARTSCHAT: Z. Phys. **149**, 511 (1957).
[40] TANISAKI, S.: J. Phys. Soc. (Japan) **11**, 620 (1956).
[41] RERYNOLDS, D. C. und S. J. CZYZAK: Phys. Rev. **79**, 543 (1950).
[42] PIPER, W. W.: J. Chem. Phys. **20**, 1343 (1952).
[43] PIPER, W. W. und L. ROTH: Phys. Rev. **92**, 503 (1953).
[44] KREMHELLER, A.: Sylvania Technologist **8**, **11** (1955).

[1] NAKAYA, UKISHIRO: Snow Crystals: Natural and Artificial, Harvard University Press, Cambridge 1954.

und schlägt sich auf einem Faden nieder. Durch entsprechende Temperaturregelung des Wassers und der beiden Rohre kann sowohl der Dampfdruck als auch die Zirkulationsgeschwindigkeit des Dampfes reguliert werden. Die Wassertemperatur wurde zwischen 5° C und 20° C variiert, die Zimmertemperatur wurde bei —23° C gehalten, während die Temperatur der Schneekristalle um einige °C höher war. Die Form der Schneekristalle hängt in erster Linie von der Übersättigung und der Temperatur der Niederschlagstelle ab.

13.2 Dampfreaktionsverfahren

In manchen Fällen ist es zweckmäßig, den Ausgangsstoff während des Kristallisationsprozesses herzustellen. Dieses kann durch thermische Zersetzung, Reduktion oder Reaktion von geeigneten Verbindungen

Tabelle 81. *Kristalle, hergestellt nach dem Dampfreaktionsverfahren*

Kristall	Ausgangsmaterial	Reaktionstemperatur °C	Größe der Kristalle	Literatur
CdS	$Cd + H_2S + H_2$	800—1000	0,2×3×20 mm	1
CdS	$Cd + H_2S + A$	650	0,1 × einige cm	2
CdS	$Cd + H_2S + (H_2, N_2, He)$	650, 900,* 800	—	3
CdS	$Cd + (H_2S + H_2)$ (1:3)	800, 900*	0,1×0,1× einige cm	4
CdS	$Cd + H_2S + H_2$	800, 900*		5
CdS	$Cd + H_2S + N_2$	950	2×3×15 mm	6
CdSe	$Cd + H_2Se + H_1$	800—1000	0,2×3×20 mm	1
CdTe	$Cd + H_1Te + H_2$	800—100	0,2×3×20 mm	1
Fe	$FeCl_3$	auf W 900	—	7
Fe	$FeCl_3 + H_2$	—	—	8
Ge	GeH_4	740	—	9
HgSe	Hg + Se	255Hg, 560Se, 350*	—	0
HgTe	Hg + Te	255Hg, 840Te, 400*	—	10
Mo	$MoCl_5$	auf W	—	17
Si	$SiCl_4 + Zn$	800—1000	1×1 μ × 1 cm	11
SiC	$SiCl_4$ + Paraffin	—	—	12
SiC	$SiCl_3H$ + Toluol	—	2 mm	13
SiC	$SiCl_4$ + Toluol	—	0,2×0,2×1	14
SiC	$SiCl_3H + C + H_2$	—	—	15
Ta	$TaCl_5$	auf W	—	7
Ti	$TiCl_4$	auf W	—	7
W	WCl_6	1000	∅ 0,1 mm	16
W	WCl_6	1500, 1600—1700*	—	17
W	WBr_5	300, 1800—2000	—	18
ZnO	$Zn + O_2$	600, 1150*	0,2×0,2×40 mm	19
ZnS	$Zn + H_2S + H_2$	—	—	20
ZnS	—	—	—	21
ZnS	$Zn + H_2S$	1500	30 mm^3	22
Zr	$ZrCl_4$	auf W	—	7
Zr	ZrI_4	600, 1800*	—	23

* Kristallbildung

erzielt werden. In allen Fällen kann der Dampfdruck des Produktes, das kristallisiert werden soll, durch die Temperatur der Reaktion reguliert werden. Als Ausgangsverbindungen für thermische Zersetzung sind vor allem solche geeignet, deren Zersetzungstemperatur unterhalb des Schmelzpunktes des Endprodukts liegt. Als solche kommen in Frage Chloride, Bromide, Jodide und Hydride. Zur Reduktion wird Wasserstoff, wie z. B. $FeCl_3 + H_2$, $WCl_6 + H_2$, oder Zink, z. B. $SiCl_4 + Zn$, benutzt. In der Tab. 81 sind Kristalle zusammengestellt, die nach dem Dampfreaktionsverfahren hergestellt wurden. Wie man sieht, wurde nur Cadmiumsulfid ausgiebiger untersucht. Cadmiumsulfidkristalle wurden zuerst von FRERICHS hergestellt.[1] Die Arbeitsweise ist aus der Abb. 207 ersichtlich. In einem Quarzrohr wird Cadmium auf eine Temperatur von 800—1000° C erhitzt. In das Quarzrohr wird Wasserstoff eingeleitet, der als Trägergas für Cadmiumdampf dient. Gleichzeitig wird Schwefelwasserstoff eingeleitet, der mit Cadmiumdampf reagiert. An den Wänden des Quarzrohres scheiden sich Cadmiumsulfidkristalle bis zu einer Größe von $0{,}2 \times 3 \times 20$ mm ab. Wird an Stelle von H_2S Selenwasserstoff (H_2Se) oder Tellurwasserstoff (H_2Te) eingeleitet, so erhält man CdSe- bzw. CdTe-Kristalle.

[1] FRERICHS, R.: Naturw. 33, 281 (1946); Phys. Rev. 72, 594 (1947)

[2] BISHOP, M. E. und S. H. LIEBSON: J. Appl. Phys. 24, 660 (1953).

[3] BUBE, R. H. und S. M. THOMSEN: J. Chem. Phys. 23, 15 (1955).

[4] HOLLANDER, L. E.: Rev. Sci. Instr. 28, 332 (1957).

[5] KROEGER, F. A., H. J. VINK und J. VAN DEN BOOMGAARD: Z. phys. Chem. 203, 1 (1954).

[6] SCHLOSSBERGER, F.: J. Electrochem. Soc. 102, 22 (1955).

[7] KOREF, F. und H. FISCHVOIGT: Z. tech. Phys. 6, 296 (1925).

[8] Bell Telephone Laboratories and Westinghouse Research Laboratories, Nachr. Chem. u. Tech. 2, 113 (1954); 3, 173 (1955); 4, 4 (1956).

[9] DAVIS, M. und R. F. LEVER: J. Appl. Phys. 27, 835 (1956).

[10] HAMILTON, D. R.: Brit. J. Appl. Phys. 9, 103 (1958).

[11] JOHNSON, E. R. und J. A. AMICK: J. Appl. Phys. 25, 1204 (1954).

[12] KENDALL, J. T. und D. YEO: Proc. 11th Internatl. Congress Pure and Appl. Chem. 1, 171 (1947).

[13] STRANGHAN, V. E. und E. F. MAYER: Conference on Silicon Carbide, April 2—3, Air Force Cambridge Research Center, Bedford, Mass.

[14] SUSMAN, S., H. S. WEBER und R. S. SPRIGGS: ibid.

[15] BRENNER, W.: ibid.

[16] KOREF, F.: Z. Elektrochem. 28, 511 (1922).

[17] VAN ARKEL, A. E.: Physica 3, 76 (1923).

[18] MOLIERE, K. und D. WAGNER: Z. Elektrochem. 61, 65 (1957).

[19] SHAROVSKY, E.: Z. Phys. 135, 318 (1953).

[20] BUBE, R. H.: Phys. Rev. 83, 393 (1951).

[21] KREMHELLER, A.: Sylvania Technol. 8, 11 (1955).

[22] KRUMBIEGEL, J.: Naturw. 39, 447 (1952); Z. Naturf. 9a, 903 (1954).

[23] DE BOER, H. J. und J. D. FAST: Z. anorg. Chem. 153, 1 (1926).

[1] FRERICHS, R.: Naturw. 33, 281 (1946); Phys. Rev. 72, 594 (1947).

Die Apparatur von FRERICHS wurde von BUBE und THOMSEN[1] verbessert (Abb. 208), indem der Ofen in drei Zonen geteilt wurde. In der ersten Zone wird Cd bei 650° C verdampft, in der zweiten findet die Reaktion zwischen Cd und H_2S bei 900° C statt und in der dritten bei 800° C schlagen sich die Kristalle nieder.

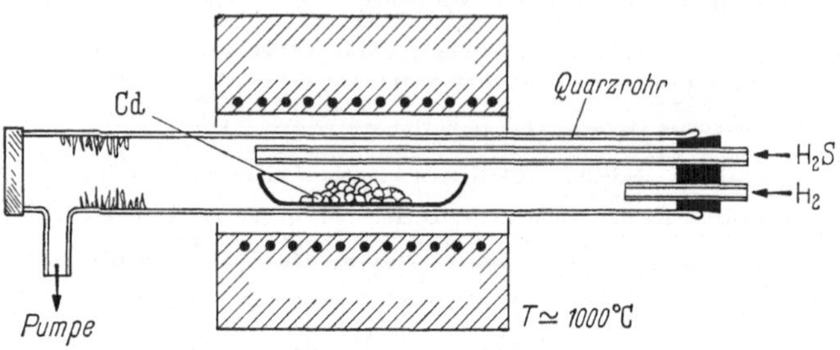

Abb. 207. Kristallherstellung durch Dampfreaktion (nach FRERICHS[2])

Die nach dem Dampfreaktionsverfahren hergestellten Kristalle sind platten- oder nadelförmig und ihre größte Dimension reicht an einige cm heran. Die Kristallisationsgeschwindigkeit ist sehr klein. In manchen Fällen braucht man einige Tage zu ihrer Herstellung. Je größer die Kristalle um so schlechter ist ihre Qualität. Eine reproduzierbare Herstellung der Kristalle nach dem Dampfreaktionsverfahren ist zur Zeit kaum möglich, da der Prozeß nicht einwandfrei beherrscht wird und die Apparaturen zu primitiv sind.

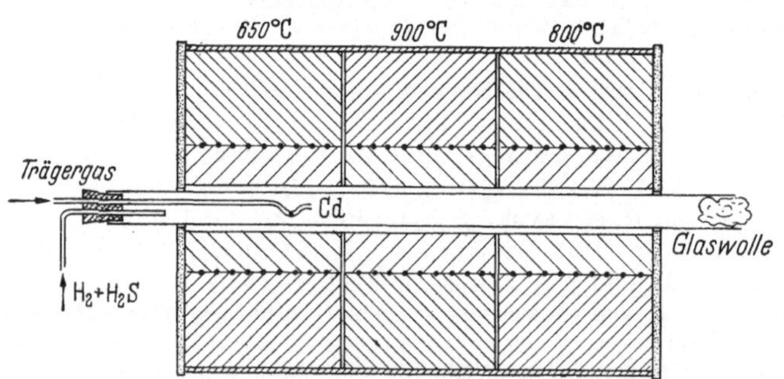

Abb. 208. Herstellung der CdS-Kristalle durch Dampfreaktion (nach BUBE und THOMSEN[1])

In der Tabelle 81 sind Kristalle zusammengestellt, die nach dem Dampfreaktionsverfahren hergestellt wurden. Kleine Kristalle von InAs, InP, GaAs und GaP wurden durch die Dampfreaktion zwischen Chloriden oder Jodiden von In or Ga und dem Dampf von As or P erhalten. Die Dampftemperatur war etwa 50° C über der von Kristallen.[3]

---

[1] BUBE, R. H. und S. M. THOMSEN: J. Chem. Phys. **23**, 15 (1955).

[2] Siehe Anm. 1 auf S. 307.

[3] ANTELL, G. R. und D. EFFER: J. Electrochem. Soc. **106**, 509 (1959).

In der Technologie der Halbleiter sind dünne monokristalline Schichten von großer Wichtigkeit. Ge-[1] und Si-Schichten[2] bis zu einer Dicke von etwa ein Millimeter werden durch thermische Zersetzung von GeI_2 bzw. SiI_2 und Niederschlagen von Ge bzw. Si aus der Dampfform auf heiße Einkristallunterlage hergestellt. Entsprechend der Reaktionsgleichung $2\,XJ_2 \rightleftarrows XJ_4 + X$ (wobei X = Ge oder Si) zerfallen Dijodide in Tetrajodide und Ge bzw. Si. Der Bodenkörper von GeJ_2 wird bei 500—100° C und von SiJ_2 bei 1000 bis 1100° C gehalten. Die Temperatur der Niederschlagsoberflächen beträgt bei Ge etwa 400° C und bei Si etwa 900° C. Die Wachstumsgeschwindigkeit der Schichten liegt bei etwa 0,1 bis 0,2 mm pro Tag. Auch dotierte Schichten lassen sich auf diese Weise herstellen.[3, 4]

XIV. Rekristallisationsverfahren

Metalleinkristalle lassen sich im festen Zustande aus polykristallinem Material, das in Form von Drähten, Blechen oder Stäben vorliegt, herstellen. Dazu soll das Ausgangsmaterial möglichst gleichmäßiges Korn ($\sim 1/_{10}$ mm) haben und nicht verspannt sein. Das Material wird dann wenige Prozente (siehe Tab. 83) plastisch deformiert und langsam über mehrere Tage hin getempert, wobei die Temperatur in einem für jedes Metall charakteristischen Temperaturbereich langsam 20—50° C/Tag gesteigert wird. Anschließend wird manchmal die Temperatur für kurze Zeit bis in die Nähe des Schmelzpunktes erhöht. Die Abkühlung erfolgt langsam, um keine Spannungen in die Probe eimzuführen. Durch diese Behandlung werden aus feinen Körnern meist einige wenige Kristalle oder sogar ein einzelner Kristall bis zu einer Größe von einigen Zentimetern hergestellt. Der Grad der nötigen Verformung variiert von Metall zu Metall, nimmt aber im allgemeinen mit der Korngröße zu und mit der Temperatur ab. Da der Prozeß der Umkristallisation nur sehr langsam vor sich geht, hat diese Methode nur eine beschränkte Anwendung gefunden. Verunreinigungen (z. B. Oxyde) können die Kristallisation hemmen, anderseits war es unmöglich, reinstes Eisen (Puron) zu kristallisieren (siehe Zitat 7) in der Tab. 82.

In der Tab. 82 sind Kristalle zusammengestellt, die durch Rekristallisation im festen Zustande hergestellt wurden.

Während bei der kleinen plastischen Verformung die bereits vorhandenen Kristallite weiter wachsen, werden bei einer starken plastischen

---

[1] Marinace, J. C.: IBM J. Res. Dev. 4, 248 (1960).

[2] Wajda, E. S., B. W. Kippenhan und W. H. White: IBM J. Res. Dev. 4, 288 (1960).

[3] Baker, W. E. und D. M. J. Compton: IBM. J. Res. Dev. 4, 275 (1960); 4, 296 (1960).

[4] Glang, R. und B. W. Kippenhan: IBM J. Res. Dev. 4, 299 (1960).

Tabelle 82. *Kristalle, hergestellt nach dem Rekristallisationsverfahren*

	Kristall	Verformung	Tempertemperatur °C	Temperaturanstieg bzw. Kristallisationsgeschwindigkeit	Literatur
1	Al	1—2%	450—550	15—20° C/Tag	1-11
2	BaO	—	1400	—	12
3	Cu	0,5—1	740—800	24—45 Stunden*	1, 13
4	Fe	2,75—3,5	530—880	88° C/Tag	13-19
5	Mg	0,2	3——600	50° C/Tag	1, 20, 21
6	Pb	—	200	—	1
7	hex. Se	—	130**	5 Min.—14 Stunden*	22
8	Si-Fe	2,3	800—1100	0,6—1,2 cm/St.+	23, 24
9	weiß-Sn				25
10	grau-Sn	keine	—8	0,015 cm/St.++	26
11	$TiO_2 \cdot Al_2O_3$	—	1600	6 Stunden	27
12	α-U	0,8—1,4	630	0,05 cm/St.	28
13	W	—	2400	—	14, 29, 30, 31
14	Zn	—	200—145	24 Stunden	1, 32
15	ZnO §	—	—	—	33

* Temperzeit.
** Unter Druck 250—300 kg/cm².
\+ Keim, Temperaturgradient benutzt.
++ Weißes Sn eingerieben mit grauem Sn.
§ Wachstum im Elektronenmikroskop.

[1] Hanson, D.: J. Inst. Metals **20**, 141 (1918).
[2] Seligman, R. und P. Williams: J. Inst. Metals **20**, 162 (1918).
[3] Carpenter, H. C. H. und C. F. Elam: Proc. Roy. Soc. (London) **A100**, 329 (1921).
[4] Stott, V. H.: Trans. Faraday Soc. **31**, 998 (1935).
[5] Williamson, G. K. und R. E. Smallman: Acta Met. **1**, 487 (1953).
[6] Weik, H.: Z. angew. Phys. **5**, 119 (1953).
[7] Liebman, B.: Naturw. **41**, 447 (1954).
[8] Andrejeva, N. S. und P. A. Bezirganyan: Zhur. Tech. Fiz. **24**, 1876 (1954).
[9] Noggle, T. S. und J. S. Koehler: Acta Met. **3**, 260 (1955).
[10] Elam, C. F.: Proc. Roy. Soc. (London) **A109**, 143 (1925).
[11] Karnop, R. und G. Sachs: Z. Phys. **49**, 480 (1928).
[12] Sproul, R. L., W. C. Dash, W. W. Tyler und A. R. Moore: Rev. Sci. Instr. **22**, 410 (1951).
[13] Carpenter, H. C. H. und S. Tamura: Proc. Roy. Soc. (London) **A113**, 28 (1926).
[14] Jeffries, Z.: J. Inst. Metals **20**, 109 (1918).
[15] Sauveur, A.: Proc. Int. Ass. Test. Mat. **2**, 11 (1912).
[16] Chappel, C.: J. Iron and Steel Inst. **1**, 460 (1915); Ferrum **13**, 6 (1915/16).
[17] Edwards, C. A. und L. B. Pfeil: J. Iron and Steel Inst. **109**, 129 (1924).
[18] Fahrenhorst, W. und E. Schmid: Z. Phys. **78**, 388 (1932).
[19] Stone, F. G.: Am. Inst. Mining Met. Engrs. **175**, 908 (1948).
[20] Schmid, E. und G. Siebel: Z. Elektrochem. **37**, 447 (1931).
[21] Schmid, E. und H. Seliger: Metallwirt. **11**, 409 (1932).
[22] Jaumann, J. und E. Neckenbürger: Z. Phys. **151**, 72 (1958).
[23] Martindale, R. G. und D. A. Langford: Proc. Inst. Elec. Engrs. **100**, 417 (1953).
[24] Dunn, C. G. und G. C. Nonken: Metal Progress **64**, No. 6, 71 (1953).
[25] Czochralski, J.: Inst. Z. Met. **8**, 1 (1916); Z. V. D. I. **61**, 345 (1917).

Verformung neue Keime gebildet, die sich bei entsprechender Temperaturbehandlung auch zu größeren Einkristallen entwickeln können.[1] Dieser Prozeß, so wichtig er bei der Metallherstellung ist, hat in der praktischen Kristallzüchtung keine Bedeutung.

Zu erwähnen ist hier noch die Methode von PINTSCH,[2] die zur Herstellung von einkristallinen Wolframdrähten verwendet wurde. Eine Mischung von feinkristallinem Wo-Pulver, etwa 2% Thoriumoxyd und einem Bindemittel wird durch eine Düse zu dünnen Drähten gepreßt (0,1 mm), die nach dem Trocknen durch eine heiße Zone (2500° C) geleitet werden, mit einer Geschwindigkeit von 0,1 cm/sec.

MgO-Einkristalle von einigen cm Größe werden beim Sintern von Pulver bei hohen Temperaturen erhalten und unter dem Namen „*Magnorite*“ verkauft.*

XV. Das Elektrolytverfahren[3, 4]

Das Wachstum der Kristalle bei der Elektrolyse ist im Grunde dem in der Lösung bzw. Schmelze ähnlich. Man ist aber aus praktischen Gründen mehr daran interessiert, das Wachstum größerer Kristalle in der Elektrolyse zu unterbinden statt zu fördern. In jedem Fall, ob das Wachstum oder dessen Hinderung wichtig ist, ist die Kenntnis der Wachstumsprozesse erforderlich. Deshalb soll hier dieses Problem wenigstens kurz behandelt werden. Wir wollen uns dabei auf das Kristallwachstum bei der kathodischen Abscheidung beschränken, da nur darüber einige, wenn auch spärliche, Resultate vorliegen.

Das Kristallwachstum bei der Elektrolyse wird durch den Elektrolyten und durch die Kathode bestimmt.[5–8] Im Gegensatz zum Wachs-

---

[26] GROEN, L. J. und W. G. BURGERS: Kon. Ned. Akad. Wet. Proc. **57B**, 79 (1954).
[27] HAMELIN, M.: Compt. rend. **238**, 1896 (1954).
[28] CAHN, R. W.: Acta Met. **1**, 176 (1953).
[29] ALTERTHUM, H.: Z. phys. Chem. **110**, 1 (1924).
[30] GOUCHER, F. S.: Phil. Mag. **48**, 229 u. 800 (1924); [7] **2**, 289 (1926).
[31] RIECK, G. D.: Acta Met. **6**, 360 (1958).
[32] MATHEWSON, C. H. und A. J. PHILLIPS: Trans. Am. Inst. Mining Met. Engrs. **78**, 143 (1927).
[33] MENINS, JR., A. C.,: und T. J. TURNER: Phys. Rev. **74**, 125 (1948).

[1] BOWLES, J. S. und W. BOAS: J. Inst. Metals **74**, 501 (1948).
[2] BÖTTGER, W.: Z. Elektrochem. **23**, 121 (1917).
* Norton Company, Worcester, Mass.
[3] VOLMER, M.: Das elektrolytische Kristallwachstum, Paris 1934.
[4] FISCHER, H.: Z. Elektrochem. **59**, 612 (1955).
[5] VOLMER, M.: Z. phys. Chem. **102**, 269 (1922).
[6] KISTIAKOWSKII, V. A., JY. V. BAJMAKOV und I. V. KROTOV: Izv. Akad. Nauk 777 (1929).
[7] ERDEY-GRUZ, T. und M. VOLMER: Z. phys. Chem. **157**, 165 (1931).
[8] KOHLSCHÜTTER, V. und A. TORICELLI: Z. Elektrochem. **38**, 213 (1932).

tum aus dem Dampf oder aus der Schmelze haben wir es hier mit geladenen Teilchen zu tun. Die Wanderung der Ionen hängt von deren Beweglichkeit im Elektrolyten und vom elektrischen Feld ab. Von den an der Kathode ankommenden Kationen wird nur ein kleiner Teil sofort neutralisiert. Die große Mehrheit der Ionen verbleibt geladen und bildet an der Kathode eine Doppelschicht.[1] Das Wachstum kann nur so erfolgen, daß ein Kation durch die Doppelschicht hindurchgeht bzw. sich von der Doppelschicht trennt, sein Elektron abgibt und sich an der Kathode anlagert. Dabei kann eventuell zuerst eine Oberflächenwanderung stattfinden. Die durch die Doppelschicht verursachte Polarisation wird proportional der Stromdichte und umgekehrt proportional der Elektrolytleitfähigkeit und der Größe und Zahl der Wachstumsstellen sein.[2] Zum Übergang des Ions durch die Doppelschicht wird eine Aktivierungsenergie nötig sein. Die Anlagerung kann je nach Umständen in einem geordneten (kristallinen) oder ungeordneten (amorphen) Zustand vor sich gehen.[3] Gleichgültig ob die Kathode polykristallin oder monokristallin ist, erfolgt die Anlagerung doch immer nur an wenigen aktiven Stellen, den sogenannten Wachstumsstellen, die entweder Kristallkeime oder unvollendete Kristallflächen sein können. An diesen Stellen wird die lokale Feldstärke am größten sein. Die Stromdichte bei dem elektrolytischen Kristallwachstum spielt eine ähnliche Rolle wie die Übersättigung in der Lösung oder die Unterkühlung bei der Kristallisation aus der Schmelze. Große Stromdichte führt zu feinkristalliner Abscheidung, bei zu kleiner Stromdichte hört die Kristallisation auf. Die günstigste Stromdichte für das Kristallwachstum liegt zwischen 10^{-5} und 10^{-4} Ampere/cm^2. Bei diesen Stromdichten beträgt die Anlagerungsgeschwindigkeit annähernd eine Atomlage pro Sekunde, was etwa 10^{-4} cm/Stunde entspricht.

Das Rühren der Lösung während der Kristallisation scheint sich ungünstig auszuwirken.[4,5] Dagegen begünstigt ein Hochfrequenzfeld ($\lambda = 30$—40 cm) die Kristallisation.[6] Die Wertigkeit der Kationen scheint auch einen Einfluß auf die Kristallisation zu haben. So erfolgt z. B. aus Cuprisalzlösungen auch mit Zusätzen kein regelmäßiges Kristallwachstum, dagegen erhält man gut ausgebildete Kristalle aus Cuprosalzen.[7]

---

[1] Brandes, H.: Z. phys. Chem. **142**, 97 (1929).

[2] Lorenz, W.: Z. phys. Chem. **202**, 275 (1953).

[3] Blum, W. und H. S. Rawdon: Trans. Am. Electrochem. Soc. **44**, 397 (1923).

[4] Schwarz, M. V.: Intern. Z. Met. **7**, 125 (1915).

[5] Liempt, J. A. M.: Z. Elektrochem. **31**, 249 (1925).

[6] Hirano, K.: Nature **174**, 268 (1954).

[7] Erdey-Gruz, T. und E. Frankl: Z. phys. Chem. **178**, 266 (1936/37).

Bei der elektrolytischen Kristallisation werden vier Wachstumsformen beobachtet:[1]

a) isolierte Kristalle in der Richtung der Stromlinien orientiert,
b) Fortsetzung der Unterlage,
c) Kristallbündel,
d) unorientiertes Mikrogefüge.

Von den Metallionen scheiden sich Bi, Cd, Pb und Sn aus Lösungen einfacher Salze als isolierte Kristalle der Form (a) oder als Einkristalle der Form (b) ab. Cr, Fe, Mn und Pt sind im Wachstum stark gehemmt; sie bilden Kristallbündel der Form (c). Ag und Zn sowie Au, Cu und Sb können je nach Bedingungen in der Form (a) bzw. (b) oder in der Form (c) kristallisieren, wobei das Ag und Zn den beiden ersten Gruppen und der Rest der dritten Gruppe näher stehen. Die Abscheidungsform wird durch die Konzentration der Wachstumsstellen in der Richtung von (a) zu (d) beeinflußt.

Die Abscheidung größerer Kristallite erfolgt oft in Schichten von etwa 10^{-5}—10^{-4} cm Dicke und einer Seitenlänge von 10^{-5}—10^{-2} cm. Das Wachstum erfolgt abwechselnd in der Höhe (radial) und in der Breite (tangential). Das radiale Wachstum dauert kürzere Zeit als das tangentiale. In beiden Richtungen hört das Wachstum einer Schicht auf, sobald die Metallionen in der Nähe der Kathode verbraucht worden sind und die Fremdstoffe die Oberfläche blockieren. In der Ruhepause diffundieren neue Metallionen und die Grenzfläche und das Wachstum beginnt von neuem.

Bei größeren Stromdichten $(0{,}5—2) \times 10^{-2}$ Amp./cm^2 wurden an Ag-Kristallen Spiralstufen beobachtet, wie man sie an Kristallen findet, die nach anderen Methoden gezüchtet werden.[2]

Das Wachstum aus reinen Lösungen wie z. B. AgF, $AgClO_4$, $AgNO_3$ liefert keine gut ausgebildeten Kristallflächen. Durch Zusätze von Salzen, vorwiegend solchen, die Komplexionen bilden, erhält man gut ausgebildete Kristallflächen. In der Tab. 83 sind die Kristallflächen zusammengestellt die an kugelähnlichen Silberkristallen, die aus verschiedenen Lösungen kristallisiert wurden, beobachtet wurden.

Die Häufigkeit des Auftretens der Flächen nimmt von links nach rechts ab. Nach KOSSEL-STRANSKI soll bei Ag-Kristallen die Reihenfolge der Häufigkeit der Fläche (111) → (100) → (110) sein. Wie man aus der Tab. 83 sieht, treten nur bei Kristallen aus AgCl + NH_3-Lösung Kristallflächen in der von der Theorie geforderten Reihenfolge auf. Bei anderen Lösungen ist entweder die Reihenfolge verschieden oder die theoretisch geforderten Flächen fehlen oder andere Flächen erscheinen.

---

[1] FISCHER, H.: Z. Elektrochem. **59**, 612 (1955).

[2] KAISCHEW, R., E. BUDEWSKI und J. MALINOWSKI: Z. phys. Chem. **204**, 348 (1955).

Tabelle 83. *Grenzflächen an Ag-Kristallen aus der Elektrolyse.* (Nach ERDEY-GRUZ)[1]

Electrolyt	Kristallflächen		
$AgCl + NH_3$	(111)	(100)	(110)
$AgCl + MgCl_2$	(111)	(100)	(310)
$AgCl + KCN$	(111)	(110)	(100)
$AgCl + NH_4Cl$	(111)	(510)	—
$Ag_2O + KCN$	(100)	(111)	—
$AgBr + NH^3$	(111)	(720)	(110)
$AgBr + KBr$	(111)	(720)	(211)
$AgBr + KJ$	(1000)	(211)	(571)
$AgBr + NH_4Br$	(111)	(310)	—

In Tab. 84 sind Kristalle zusammengestellt, die aus der Lösung durch Elektrolyse hergestellt wurden.

Tabelle 84. *Kristallisation durch Elektrolyse aus der Lösung*

Kristall	Elektrolyt	Stromdichte A/cm²	Temperatur °C	Literatur
Ag	$AgCl + NH_3$	$(3—6) \times 10^{-5}$	25	2
Ag	$AgCl + NH_4Cl$	$(3—6) \times 10^{-5}$	25	2
Ag	$AgCl + MgCl_2$	$(3—6) \times 10^{-5}$	25	2
Ag	$AgBr + NH_3$	$(3—6) \times 10^{-5}$	25	2
Ag	$AgBr + NH_4Br$	$(3—6) \times 10^{-5}$	25	2
Ag	$AgBr + KBr$	$(3—6) \times 10^{-5}$	25	2
Ag	$AgJ + KJ$	$(3—6) \times 10^{-5}$	25	2
Ag	$AgCN + KCN$	$(3—6) \times 10^{-5}$	25	2
Ag	$AgO_2 + NH_3$	$(3—6) \times 10^{-5}$	25	2
Ag	$AgNO_3 + HNO_3$	$(5—20) \times 10^{-2}$	45	3
Ag	$AgNO_3$	—	—	4
Ag	$AgNO_3$	—	—	5
Ag	$AgNO_3$	—	—	6
Cu	$CuSO_4$	$(0,5—5) \times 10^{-2}$	1—7	7
Cu	$CuCl + KCl$	$(4—12) \times 10^{-5}$	25	8
Cu	$CuBr + KBr$	$(3—7) \times 10^{-5}$	25	8
Cd	$CdCl_2$	—	—	9
Cd	$CdSO_4$	—	—	9
Zn	$ZnSO_4 + (NH_4)_2SO_4 + B_2O_3$	$(0,3—2) \times 10^{-2}$	0—20	10

[1] ERDEY-GRUZ, T.: Z. phys. Chem. **172**, 157 (1935).
[2] ERDEY-GRUZ, T.: Z. phys. Chem. **172**, 157 (1935).
[3] KAISCHEW, R., E. BUDEWSKI und J. MALINOWSKI: Z. phys. Chem. **204**, 348 (1955).
[4] SAMARZEV, A. G.: Doklady Akad. Nauk **2**, 478 (1935).
[5] KOHLSCHÜTTER, V. und A. TORICELLI: Z. Elektrochem. **38**, 213 (1932)
[6] VAGRAMIAN, A. T.: Zhur. Fiz. Chem. **10**, 443 (1937).
[7] SCHWARZ, M. V.: Intern. Z. Met. **7**, 125 (1915).
[8] ERDEY-GRUZ, T. und E. FRANKL: Z. phys. Chem. **178**, 266 (1936/37).
[9] GORBUNOVA, K. M.: Izv. Akad. Nauk No. 5—6, 1175 (1938).
[10] KREUCHEN, K. H.: Z. phys. Chem. **A155**, 161 (1931).

Die elektrolytische Kristallisation in den Schmelzen wurde bis jetzt nur sehr wenig untersucht. Aus reinen Silberhalogenidschmelzen lassen sich dicht über dem Schmelzpunkt keine Kristalle herstellen.[1] Dagegen scheint es möglich zu sein, Ag-Kristalle aus AgCl bei 750° C zu erhalten, die sich in Plättchenform abscheiden.[2] $AgNO_3$ verhält sich in der Lösung und in der Schmelze vollkommen verschieden.[1] Während es nur sehr schwer ist, aus der Lösung Ag-Kristalle zu erhalten, bilden sich aus der Schmelze Kristalle mit gut ausgebildeten Kristallflächen (311), (100) und (111), also wieder nicht in Übereinstimmung mit der Theorie. Von anderen Kristallen wurde nur die Bildung von Wolfram aus Li_2WO_4 bzw. Na_2WO_4 untersucht.[3] Die näheren Angaben über die bisherigen Ergebnisse finden sich in Tab. 85.

Tabelle 85. *Kristallisation durch Elektrolyse aus der Schmelze*

Kristall	Schmelze	Stromdichte A/cm²	Temperatur °C	Literatur
Ag	$AgNO_3$	(4—300) × 10^{-5}	220	4
	$AgNO_3 + KNO_3$	(9—35) × 10^{-5}	210—260	4
	AgCl + KCl	—	—	4
	$AgCl + AgNO_3$	(7—100) × 10^{-5}	200—260	4
	$AgBr + AgNO_3$	(8—20) × 10^{-5}	—	4
	AgBr + KBr	—	—	4
	AgI + KI	—	—	4
	$AgNO_3$	—	300	5
	AgCl	—	750	5
Co	—	—	—	5
Ni	—	—	—	5
W	$Li_2WO_4 + WO_3$	15 × 10^{-2}	900	6
	$Na_2WO_4 + WO_3$	15 × 10^{-2}	900	6

XVI. Haarkristalle (Whiskers)

Haarkristalle wurden bereits vor 375 Jahren beobachtet. Sie haben aber erst jetzt an Bedeutung gewonnen und zwar aus zwei Gründen, einem negativen und einem positiven. Man hat oft einen Durchschlag an Kondensatoren beobachtet, der auf die Bildung von Haarkristallen zurückgeführt werden konnte. Das war der eine Grund zur Untersuchung der Haarkristalle. Bei der näheren Untersuchung dieser Kristalle stellte sich dabei heraus, daß ihre Zerreißfestigkeit wesentlich größer ist als die der besten Einkristalle. Das Problem der Festigkeit war der zweite

[1] ERDEY-GRUZ, T. und R. F. KARDAS: Z. phys. Chem. **A178**, 255 (1936/37).
[2] Siehe Anm. 9 auf S. 314.
[3] LIEMPT, J. A.: Z. Elektrochem. **31**, 249 (1925).
[4] ERDEY-GRUZ, T. und R. F. KARDAS: Z. phys. Chem. **A 178**, 255 (1936/37).
[5] GORBUNOVA, K. M.: Inv. Akad. Nauk No. 5—6, 1175 (1938).
[6] LIEMPT, J. A.: J. Elektrochem. **31**, 249 (1925).

Grund. Seit etwa zehn Jahren ist das Interesse an Haarkristallen rapide gewachsen. Es liegen bereits über dieses Gebiet mehrere hundert Arbeiten und mehrere Zusammenfassungen vor. Da bereits auch einige neuere zusammenfassende Berichte[1-4] über Haarkristalle vorliegen, brauchen wir hier nur kurz darauf einzugehen.

Unter den Haarkristallen versteht man Einkristalle von prismatischem Querschnitt in der Größenordnung von einigen 10^{-4} cm und einer Länge, die etwa 1000mal größer ist. Ähnlich wie normale Kristalle können Haarkristalle aus der Lösung, Schmelze, aus dem Dampf oder im festen Zustande hergestellt werden.

Abb. 209. Eisenkristalle (nach BRENNER[3])

Als Beispiel sind in Abb. 209 Haarkristalle des Eisens gezeigt, die durch Wasserstoffreduktion des Eisenbromids ($FeBr_2$) bei 710° C erhalten wurden. In Abb. 210 sind die Querschnitte der Haarkristalle von Eisen, Kupfer und Silber wiedergegeben.[5]

Am häufigsten wurden wohl Haarkristalle aus der Lösung hergestellt. Es handelt sich dabei vorwiegend um kubische Kristalle der Alkalihalogenide, einige Sulfate und einige wenige organische Verbindungen. Das Wachstum erfolgt durch schnelle Abkühlung der Lösung. Die Nadeln wachsen schnell in ihrer Länge bis zu einigen Zentimetern und dann langsamer in die Breite. Die Keimbildung kann auf frischen Spaltflächen der Einkristalle oder auf porösen Unterlagen erfolgen. Dabei scheinen

[1] ARNOLD, S. M.: Bell. Tel. System Monograph No. 2635, 1956.

[2] HARDY, H. K.: Progr. Metal Phys. **6**, 45 (1956).

[3] BRENNER, S. S.: Science **128**, 569 (1958).

[4] NABARRO, F. R. und P. J. JACKSON: Growth of Crystal Whiskers in Growth and Perfection of Crystals, herausg. von R. H. DOREMUS, B. W. ROBERTS und D. TURNBULL, S. 14. New York: John Wiley and Sons 1958.

[5] BRENNER, S. S. und C. R. MORELOCK: Acta Met. **4**, 89 (1956).

manche Zusätze wie z. B. FeF_3 auf LiF, Pektin auf NH_4Cl, Polyvinylalkohol auf NaCl die Bildung der Haarkristalle günstig zu beeinflussen oder gar erst zu ermöglichen. Die Nadeln können sowohl von der Basis aus als auch auf der Spitze wachsen. Beim Wachstum scheinen Schraubenversetzungen in den meisten Fällen eine wesentliche Rolle zu spielen. So wachsen z. B. Haarkristalle auf den Seiten der Keime der Alkalihalogenidkristalle, die bei ihrer Bildung zuerst im Kontakt mit Paraffin waren, das bekanntlich selbst Spiralversetzungen bildet. Die Nadeln können gerade, gebogen, geknickt, spiralig oder bündelförmig auftreten. Sie haben aber immer dieselbe Struktur wie normal gewachsene Kristalle.

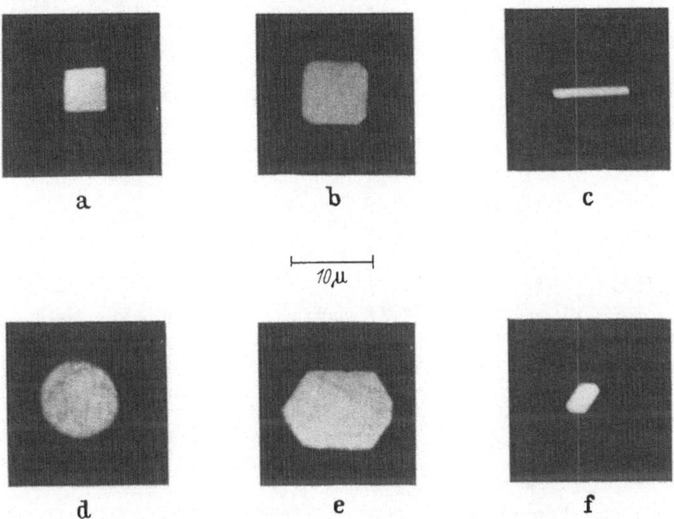

Abb. 210. Querschnitte der Haarkristalle (nach BRENNER und MORELOCK[1])

In der Tab. 86 sind Haarkristalle zusammengestellt, die aus der Lösung erhalten wurden.

Das Wachstum der Haarkristalle aus der Schmelze wurde an Eis[2–4] und Schwefel[5] beobachtet.

Aus dem Dampf wurden Haarkristalle von einigen Metallen und Oxyden bzw. Sulfiden erhalten. Als Unterlage zum Wachstum kann das Eigenmaterial oder ein Fremdstoff wie z. B. Glas dienen. Der Dampfdruck soll nicht zu groß sein. Ein zu großer Zusatz von inerten Fremdgasen vermindert den Durchmesser. Die Temperatur des Dampfes konnte beim Zn bis 80° C unter dem Schmelzpunkt benutzt werden. Verunreinigungen wirken sich sowohl auf das Wachstum als auch auf die

[1] Siehe Anm. 5 auf S. 316.
[2] SCHMIDT, R.: Dissertation, Kiel, 1911.
[3] TABER, S.: Am. J. Sci. **41**, 532 (1916).
[4] SCHULZE, K.: Kolloid-Beihefte **44**, 1 (1936).
[5] TUTTON, A. E. H.: Natural History of Crystals, Kegan Paul, London 1924.

Güte der Haarkristalle negativ aus. Das Wachstum erfolgt an der Spitze und nicht an der Basis. Bei einigen Kristallen wie z. B. S_2O_3, Sb_2O, SiS_2 kann das nadelförmige Wachstum in Beziehung zur kettenförmigen Kristallstruktur gebracht werden.

Tabelle 86. *Haarkristalle aus Lösungen*

Aus der Lösung	Literatur	Durch Verwitterung	Literatur	Auf poröser Unterlage	Literatur	Aus Gel	Literatur
C_6Cl_6	1	—		—		—	
$C_{10}H_{10}O_4$ *	2						
$CO \cdot C_2H_4 \cdot CO$	1	—		—		$C_6H_4 \cdot NH_2 \cdot NO_2$**	18
$C_2H_4(OH)_2$ +	1	—		—		—	
$CaSO_4 \cdot 2\,H_2O$	3	—		—		—	
—		CsCl	10	—		—	
—		—		$CuSO_4 \cdot 5\,H_2O$	13	—	
—		—		$FeSO_4 \cdot 7\,H_2O$	14	—	
—		—		KAl-Alaun	13	—	
KCl	4	KCl	10	—		—	
KBr	5	KBr	10	—		—	
KJ	5	KJ	10	—		—	
LiF	4	—		—		—	
$MgSO_4 \cdot 7\,H_2O$	1, 6	—		—		—	
NaCl	7	NaCl	10, 11	NaCl	15, 16	NaCl	19
—		$NaClO_4$	12	—		—	
NH_4Cl	8	—		NH_4Cl	17	—	
—		—		NH_4NO_3	17	—	
$(NH_4)_2SO_4$	9	—		—		—	
$NiSO_4 \cdot 7\,H_2O$	1	—		—		—	
$ZnSO_4 \cdot 7\,H_2O$	1	—		—		—	

* Hydrochinon und Resorcin.
** Haarbüschel bis zu 26 cm lang.
\+ Meconin = Lacton der Meconinsäure bildet Schraubenspiralen.

---

[1] Gordon, J. E.: Nature **179**, 1270 (1957).
[2] Logan, W. R.: Nature **180**, 1412 (1957).
[3] Tutton, A. E. H.: Natural History of Crystals, Kegan Paul, London 1924.
[4] Sears, G. W.: noch nicht veröffentlicht.
[5] Newkirk, J. B. und G. W. Sears: Acta Met. *3*, 110 (1955).
[6] Shayer, M.: Nature **179**, 1364 (1957).
[7] Evans, C. C.: Tube Investments Res. Lab., Rep. No. 43, 1957.
[8] Ehrlich, F.: Z. an. allgem. Chem. **203**, 26 (1931).
[9] Whetstone, J.: Discussions Faraday Soc. No. 5, 261 (1949).
[10] Matthäi, G. und G. Syrbe: Z. Naturf. **12a**, 174 (1957).
[11] Simchen, A. E.: Z. Naturf. **12a**, 672 (1957).
[12] Kato, N.: J. Phys. Soc. (Japan) **10**, 1024 (1955).
[13] Taber, S.: Proc. Natl. Acad. Sci. (USA) **2**, 659 (1916).
[14] Mügge, O.: Neu. Jahrb. Mineral. **1**, 1 (1913).
[15] Gyulai, Z.: Z. Phys. **125**, 1 (1949); **148**, 317 (1954).
[16] Charsley, P. und P. E. Rush: Phil. Mag. [8] **3**, 508 (1958).
[17] Taber, S.: Trans. Am. Inst. Mining Engrs. **57**, 66 (1918).
[18] Tanner, H. G.: J. Phys. Chem. **36**, 2639 (1932).
[19] Schulze, K.: Kolloid. Z. **51**, 299 (1930).

Bei einigen Stoffen wurden Besonderheiten beobachtet. Z. B. bildet Graphit Bänder, Röhrchen oder Röllchen. Bei Hg und Zn treten entlang der Haarkristalle regelmäßige Plättchen auf, die wie Perlen an einer Schnur sitzen. ZnS kann schraubenartige Haarkristalle bilden. Eine Zusammenstellung der Haarkristalle aus der Dampfphase enthält die Tab. 87.

Tabelle 87. *Haarkristalle aus der Dampfphase*

Kristall	Literatur	Kristall	Literatur
Ag	1, 2	$MgSiO_3$	3
Al_2O_3	3, 4	MoO_3	3, 4
Au	5	Na	14
C (Graphit)	6, 7	Ni	5
$C_6H_4(CO)_2O$ *	8	Pt	5
Cd	2, 8	S_2O_3	15
CdS	2	Sb_2O_3	16
Co	5	Si	17
Cu	5	SiO_2	18
Hg	9, 10	SiS_2	19
K	11–13	Zn	2, 8, 20, 21
		ZnS	22, 23

* Phthalsäureanhydrid.

1 Howey, J. H.: Phys. Rev. **55**, 578 (1939).

2 Sears, G. W.: Acta Met. **3**, 367 (1955).

3 Heinmiller, P. R.: Gen. Elec. Rev., January 10, 1958.

4 Brenner, S. S.: in Growth and Perfection of Crystals 1958, p. 157.

5 General Electric Research Laboratories, 1955.

6 Bacon, R. und J. C. Bowman: J. Appl. Phys. **28**, 826 (1957).

7 Bacon, R.: Cambridge Conference, Strength of Whiskers and Thin Films, 1958.

8 Bradley, R. S.: in Growth and Perfection of Crystals, herausg. von R. H. Doremus, B. W. Roberts und D. Turnbull, S. 133. New York: John Wiley and Sons 1958.

9 Sears, G. W.: Acta Met. **1**, 457 (1953).

10 Gomer, R.: J. Chem. Phys. **26**, 1333 (1957); **28**, 457 (1958).

11 Hock, F. und K. Neumann: Z. phys. Chem. **2**, 241 (1954).

12 Dittmar, W. und K. Neeumann: Z. Elektrochem. **61**, 70 (1957).

13 Friemel, W. und I. N. Stranski: Naturw. **43**, 79 (1956).

14 Green, J.: Thesis, Bristol, 1948.

15 Bragg, W. H.: Concerning the Nature of Things. Lonson: Bell 1929.

16 Tutton, A. E. H.: Crystalline Form and Chemical ConstitutWon, S. 16. London: Macmillan 1926.

17 Eisner, R. S.: Acta Met. **3**, 419 (1955).

18 Brenner, S. S.: in Growth and Perfection of Crystals, S. 157.

19 Zintl, E. und K. Loosen: Z. phys. Chem. **174A**, 301 (1935).

20 Coleman, R. V. und N. Cadrera: J. Appl. Phys. **28**, 1360 (1957).

21 Coleman, R. V. und G. W. Sears: Acta Met. **5**, 31 (1957).

22 Piper, W. W. und W. L. Roth: Phys. Rev. **92**, 503 (1953).

23 Addamiano, A.: Natute **179**, 493 (1957).

Haarkristalle wachsen auch durch chemische Reaktionen, die im gasförmigen, gelösten oder festen Zustande vor sich gehen können. Haarkristalle aus Metallen werden entweder durch thermische Zersetzung oder Reduktion der Halogenide bei höheren Temperaturen (ausgenommen Fluoride) erzeugt. Von Verbindungen wurden Haarkristalle nur an Oxyden und Sulfiden, Seleniden und Telluriden von Kupfer und Silber untersucht.

Tabelle 88. *Haarkristalle durch chemische Reaktion*

Kristall	Chemische Reaktion	Literatur
	a) *Elemente*	
Ag	AgCl reduziert bei 550° C	1
Ag	$AgClO_4 + Fe(ClO_4)_2$	2
Ag	AgBr reduziert bei 450° C	3
Ag	AgBr + Entwickler	4, 5
Ag	AgCl oder AgBr auf Ag 400° C	6
Ag	$AgNO_3$ + CuO	7
Ag	AgS 2 Ag + S	8
Ag	Ag_2S	8, 9
Ag	Ag_2Se	8
Ag	Ag_2Te	8
Au	AuCl bei 550° C	10
Co	$CoBr_2$ bei 650—735° C	10
Cu	CuCl, CuBr, CuI, bei 430—850° C	10
Cu	Cu_2S	8, 9
Cu	Cu_2Se	8
Cu	Cu_2Te	8
Fe	$FeCl_2$, $FeBr_2$, 730 und 760° C	10—13
Ge	GeH_4 bei 900° C	14, 15
β-Mn	$MnCl_2$ bei 940° C	16
Ni	$NiBr_2$ bei 740° C	10
Ni	$Ni + SO_2$	17
Pd	$PdCl_2$ bei 960° C	16
Pt	PtCl bei 800° C	10
Si	$SiCl_4$ + Zn in H_2 oder A	11, 18
Sn	$SnCl_2$ + HCl + Sn	19
	b) *Verbindungen*	
α-Al_2O_3	Al oder $TiAl_3$ in feuchtem H_2 bei 1400° C	20, 21
$Al(OH)_3$		22
CuO	$Cu + O_2$	23
FeO	$Fe + O_2$	24, 25
MoO_3	$Mo + O_2$	26
NiO	$Ni + O_2$	24
TiN	$TiCl_4 + H_2$	27
ZnO	$Zn + O_2$	9, 15, 24

[1] KOHLSCHÜTTER, H. W.: Z. Elektrochem. **38**, 345 (1932).
[2] COURTNEY, W. G.: J. Chem. Phys. **27**, 1349 (1957).
[3] BAKER, G. S. und J. S. KOEHLER: private Mitteilung.

Das Wachstum ist hier ebenso unregelmäßig wie in der Lösung oder im Dampf. Der Querschnitt ist meist polygonal und die Flächen meist niedrig indiziert und sehr regelmäßig ausgebildet. Das Wachstum erfolgt an der Spitze. Die bei der chemischen Reaktion hergestellten Haarkristalle sind in Tab. 88 zusammengestellt.

Bei den elektrolytischen Niederschlägen wurden Haarkristalle nur an Silber, Kupfer und Blei näher untersucht. Man hat dabei festgestellt, daß das Wachstum der Haarkristalle im allgemeinen durch folgende Faktoren begünstigt wird: hohe Konzentration und kleine Viskosität der Lösung, Abwesenheit der Kolloide, hohe Temperatur und Rühren der Lösung und schließlich kleine Stromdichte. Die bisherigen Ergebnisse sind in der Tab. 89 wiedergegeben.

Haarkristalle wurden an Spaltflächen von Lithiumfluorid beobachtet, die anscheinend durch die plastische Deformation während der Spaltung entstanden sind.[1]

Ähnlich wie bei der normalen Kristallisation können Haarkristalle auch im festen Zustande wachsen. Einige Beispiele davon sind in der Tab. 90 zu sehen.

---

[4] Keith, H. D. und J. W. Mitchell: Phil. Mag. [7] **44**, 877 (1953).

[5] Evans, T. und J. W. Mitchell: Defects in Crystalline Solids, 1955, p. 409.

[6] Berry, C. R.: J. Opt. Soc. Amer. **40**, 615 (1950).

[7] Gladstone, J. H.: Chem. News **26**, 109 (1872).

[8] Hardy, H. K.: Prog. Met. Phys. **6**, 45 (1956).

[9] Arnold, S. M.: Bell Tel, System Monograph No. 2635, 1956.

[10] Brenner, S. S.: Acta Met. **4**, 62 (1956).

[11] Wiedersich, H. W.: Westinghouse Res. Labs., Rep. No. 60, 1955.

[12] Gorsuch, P. D.: Gen. Electric Research Labs., Rep. No. 57, 1957.

[13] Sears, G. W., A. Gatti und R. L. Fullman: Acta Met. **2**, 727 (1954).

[14] Maenhout-van der Vorst, W., W. Dekeyser und A. Lagasser: Physica **23**, 657 (1957).

[15] Pearson, G. L., W. T. Read und W. L. Feldman: Acta Met. **5**, 181 (1957).

[16] Riebling, E. F. und W. W. Webb: Science **126**, 309 (1957).

[17] Raub, E.: Dissertation, Münster 1928.

[18] Johnson, E. R. und J. A. Amick: J. Appl. Phys. **25**, 1204 (1954).

[19] Kiplinger, C. C.: J. Chem. Educ. **5**, 964 (1928).

[20] Webb, W. W., R. D. Dragsdorf und W. D. Forgeng: Phys. Rev. **108**, 498 (1957).

[21] Webb, W. W. und W. D. Foregeng: J. Appl. Phys. **28**, 1449 (1957).

[22] Wislicenus, H.: Kolloid-Z. **100**, 66 (1942).

[23] Tylecote, R. F.: J. Inst. Metals **79**, 498 (1951).

[24] Pfefferkorn, G.: Naturw. **40**, 551 (1953); Tech. Mit. **47**, 452 (1954); Umschau **21**, 654 (1954); Arch. Hyg. Bakt. **138**, 599 (1954); Jahrb. Oberflächentechnik **12**, 421 (1956).

[25] Richardson, F. D.: J. Inst. Metals **79**, 496 (1951).

[26] Liebhafsky, H. A.: J. Appl. Phys. **17**, 901 (1946).

[27] Pollard, F. H. und P. Woodward: Discussions Faraday Soc. **5**, 284 (1949).

[1] Gilman, J. J. und W. G. Johnston: private Mitteilung, 1958.

Tabelle 89. *Haarkristalle, durch Elektrolyse gewonnen*

Kristall	Elektrolyt	Literatur
Ag	$AgNO_3$	1–3
Cu	$CuSO_4 \cdot 5\,H_2O$	4–9
Pb	$Pb(NO_3)_2$, Pb-Acetat, $PbClO_4$	10–12

„*Ideale*“ *Haarkristalle*

Wir haben bis jetzt Haarkristalle besprochen, deren Entstehung mit einer Phasenumwandlung (Dampf → fest, Lösung → fest, thermische Zersetzung, Oxydation, Reduktion) verbunden ist. Es werden aber auch Haarkristalle beobachtet, die spontan ohne jegliche Phasenänderung entstehen. Diese Haarkristalle werden hier *ideal* genannt. Im Englischen hat man ihnen den Namen *whiskers proper* gegeben.

Tabelle 90. *Haarkristalle aus dem festen Zustand*

Kristall	Literatur
$5\,CaO \cdot 3\,Al_2O_3$	13
Cr	14
Cr_2N	14
Cr_3O_4	14
β-CrSi	15
Fe_3C	14
$MnAl_4$	16
$MnAl_6$	16
Mn_2ZnAl_9	16
$NiAl_3$	15

Das Wachsen erfolgt sehr leicht auf dünnen (einige Mikron) Schichten schwieriger auf einer dicken polykristallinen Unterlage und überhaupt nicht auf Einkristallen. Die Wachstumsgeschwindigkeit ist ungleichmäßig. Nach einer anfänglichen Induktionsperiode wachsen die Haarkristalle mit einer Geschwindigkeit 4—240 Å/sec bis ihre Dicke einige μ erreicht hat, dann hört das Wachstum auf. Die Art der Unterlage hat gewöhnlich einen Einfluß auf die Bildung der Haarkristalle. Sie entstehen leichter auf Eisen als auf Kupfer, Messing oder Gold. Auf manchen Metallen wie z. B. Cd, Sb, Sn, Zn und ihren Legierungen erfolgt das Wachstum bereits bei Zimmertemperatur, auf Blei erst bei 200° C und

[1] Aten, A. H. W. und L. M. Boerlage: Rec. trav. chim. Pays-Bas **39**, 720 (1920).

[2] Blum, W. und H. S. Rawdon: Trans. Am. Electrochem. Soc. **44**, 397 (1923).

[3] Graf, L. und W. Morgenstern: Z. Naturf. **10a**, 345 (1955).

[4] Turnbull, J. G. M.: Bull. Inst. Metals **3**, 19 (1953).

[5] Gollop, H.: Bull. Inst. Metals **2**, 7 (1953).

[6] van der Meulen, P. A. und H. V. Lindstrom: J. Electrochem. Soc. **103**, 390 (1956).

[7] Gorbunova, K. M.: Wachstum der Kristalle, Moskau 1956.

[8] Ovenston, T. C. J., C. A. Parker und A. E. Robinson: J. Electrochem. Soc. **104**, 607 (1957).

[9] Charsley, P.: A. E. I. Lab. Rep. No. A687, 1957.

[10] Günther-Schulze, A.: Z. Elektrochem. **28**, 119 (1922).

[11] Kohlschütter, V. und F. Übersachs: Z. Elektrochem. **30**, 72 (1924).

[12] Kohlschütter, V. und A. Good: Z. Elektrochem. **33**, 277 (1927).

[13] Lea, F. M. und R. W. Nurse: Discussions Faraday Soc. No. 5, 345 (1949).

[14] Webb, W. W. und W. D. Forgeng: Union Carbide Corp. Report, 1957.

[15] Raynor, G. V.: private Mitteilung.

[16] Raynor, G. V. und D. W. Wakeman: Proc. Roy. Soc. (London) **A 190**, 82 (1947).

auf Ag, Au, Cu, Fe, Mg, Mo, Messing, Ni, Pd, Pt, Ta, Ti, W und Zn erst bei 400° C. Eine Bedeckung der Unterlage mit einer dünnen Schicht von Öl oder Lack hat keinen Einfluß auf die Bildung der Haarkristalle. Das Wachstum wird gefördert durch Erwärmung, Luft, Feuchtigkeit und Bestrahlung der Unterlage mit Neutronen. Einen sehr starken Einfluß hat der Druck. Bei einem Druck von 520 kg/cm^2 wurde die Wachstumsgeschwindigkeit der Haarkristalle von Zinn auf das 10^4fache erhöht.[1] Eine Erklärung dieses großen Einflusses wurde von HASIGUTI[2] gegeben. Ideale Haarkristalle sind in der Tab. 91 zusammengestellt.

Tabelle 91. *„Ideale" Haarkristalle*

Kristall	Temperatur °C	Literatur	Kristall	Temperatur °C	Literatur
Ag	400	3	Pb	200	3
Au	300—700	3	Pd	400	3
AlSn	20	3	Pt	400	3
Cd	20—120	4, 5	Sb	20	8
Cu	400	3	Sn	—40—52	9–13
Fe	400	3	Ta	400	3
Mg	400	3	Ti	400	3
NaCl	20	7	W	400	3
Ni	400	3	Zn	400	3

Theorien der Haarkristalle

Das Gebiet der Haarkristalle ist trotz zahlreicher Arbeiten noch nicht genügend experimentell erforscht. Es gibt deshalb vorläufig keine abgeschlossene Theorie über ihr Wachstum. Das Auffallende bei den Haarkristallen ist das praktisch eindimensionale Wachstum und zwar auch bei kubischen Kristallen, bei denen alle drei Richtungen gleichbedeutend sind. Die Hauptfrage ist: Wodurch ist die bevorzugte Richtung des Wachstums verursacht? Praktisch alle Haarkristalle wachsen annähernd senkrecht auf ihrer Unterlage. Dabei kann das Wachstum entweder durch die Anlagerung der Atome an der Spitze oder durch Aufsaugen in der Berührungsstelle mit der Unterlage erfolgen. Der erste Fall tritt auf beim Wachstum der Haarkristalle aus dem Dampf, aus der Lösung, bei der chemischen Reaktion und in der Elektrolyse. Der zweite Fall liegt

[1] FISCHER, R. M., L. S. DARKEN und K. G. CARROLL: Acta Met. **2**, 368 (1954).
[2] HASIGUTI, R. R.: Acta Met. **3**, 200 (1955).
[3] ARNOLD, S. M. und S. E. KOONCE: J. Appl. Phys. **27**, 964 (1956).
[4] HUNSICKER, H. Y. und L. W. KEMPF: Quarterly Trans. Soc. Ant. Eng. **1**, **6** (1947).
[5] COBB, H. L.: Monthley Rev. Am. Electroplat. Soc. [1] **33**, 28 (1946).
[6] NEWKIRK, J. B.: Metal Progr. [5] **68**, 88 (1955).
[7] GYULAI, Z.: Z. Phys. **125**, 1 (1949); **138**, 317 (1954).
[8] ARNOLD, S. M.: Bell Tel. System, Monograph No. 2635 (1956).
[9] HARDY, H. K.: Prog. Met. Phys. **6**, 45 (1956).
[10] FISCHER, R. M., L. S. DARKEN und K. G. CAROLL: Acta Met. **2**, 368 (1954).
[11] FRANKS, J.: Nature **177**, 984 (1956).
[12] LEVY, P. W. i. O. F. KAMMERER: J. Appl. Phys. **26**, 1182 (1955).
[13] THOMAS, E. E.: Acta Met. **4**, 94 (1956).

vor bei der spontanen Bildung der idealen Haarkristalle. Das Gemeinsame in beiden Fällen ist die Keimbildung und die Blockierung des seitlichen Wachstums in die Breite. Es wird angenommen, daß in beiden Fällen das Wachstum mit Hilfe der Schraubenversetzungen vor sich geht. Beim Wachstum auf der Spitze genügt eine einzige Schraubenversetzung. Das Breitenwachstum wird entweder durch Blockierung mit Verunreinigungen oder durch mangelnde Diffusion der ankommenden Atome verhindert. Mit der theoretischen Behandlung des Problems haben sich AMELINCKX,[1] BRENNER,[2] COURTNEY,[3] NEWKIRK,[4] PRICE,[5] SEARS,[6] VERMILYEA[7] und WEBB[8] beschäftigt.

Für den Fall der Bildung von Ag- bzw. Cu-Haarkristallen durch Reduktion der entsprechenden Sulfide geben KOHLSCHÜTTER[9] und WAGNER[10] eine sehr einfache Erklärung. Durch die chemische Reaktion zwischen Wasserstoff und Schwefel wird ein Überschuß an Silberionen und Elektronen entstehen, die solange herumwandern, bis sie an einem Keim eingefangen werden. Wenn der Keim an der Oberfläche liegt wird er durch fortgesetzte Anlagerung hinausgeschoben, wodurch ein Haarkristall entsteht. Allgemein wird aber das Problem des Wachstums von der Basis aus komplizierter sein und demnach auch schwieriger zu interpretieren. Nach ESHELBY[11] und FRANK[12] wird angenommen, daß die Keime sich an kleinen Hügeln auf der Unterlage bilden. Weiterhin wird angenommen, daß die Oxydation eine wesentliche Rolle spielt. Die Oxydschicht an der Basis soll eine negative Oberflächenenergie haben, wodurch ein Sog der Atome aus der Unterlage in den Haarkristall entsteht. Der Transport der Atome kann aber nicht in einem idealen Gitter vor sich gehen. Es wird deshalb angenommen, daß sich unter dem Hügel eine Quelle von Schraubenversetzungen nach FRANK-READ befindet, die kontinuierlich Versetzungen liefert, entlang deren die Atome aus der Unterlage in den Kristall wandern können. Näheres darüber ist in den Arbeiten von AMELINCKX,[13] ESHELBY,[11] FRANK,[12] FRANKS[14] und PAECK[15] zu finden.

---

[1] AMELINCKX, S.: Phil. Mag. [8] **3**, 425 (1958).
[2] BRENNER, S. S.: Acta Met. **4**, 62 (1956).
[3] COURTNEY, W. G.: J. Chem. Phys. **27**, 1349 (1957).
[4] HEWKIRK, J. B. und G. W. SEARS: Acta Met. **3**, 110 (1955).
[5] PRICE, P. B., D. A. VERMILYEA und M. B. WEBB: private Mitteilung, 1958.
[6] SEARS, G. W.: J. Chem. Phys. **25**, 154 (1956); **26**, 1549 (1957).
[7] VERMILYEA, D. A.: J. Chem. Phys. **25**, 1254 (1956).
[8] WEBB, W. W., R. D. DRAGSDORF und W. D. FORGENG: Phys. Rev. **108**, 498 (1957).
[9] KOHLSCHÜTTER, H. W.: Z. Elektrochem. **38**, 345 (1932).
[10] WAGNER, C.: Trans. Am. Inst. Mining Met. Engrs. **194**, 214 (1952).
[11] ESHELBY, J. D.: Phys. Rev. **91**, 755 (1953).
[12] FRANK, F. C.: Phil. Mag. **44**, 854 (1953).
[13] AMELINCKX, S., W. BONTINCK, W. DEKEYSER und F. SEITZ: Phil. Mag. [8] **2**, 355 (1957).
[14] FRANKS, J.: Acta Met. **6**, 103 (1958).
[15] PEACH, M. O.: J. Appl. Phys. **23**, 1401 (1952).

Dritter Teil

Anwendungen der Einkristalle

XVII. Bearbeitung der Kristalle

17.1 Makroskopische Kristalldefekte

Ähnlich wie natürliche haben synthetische Kristalle praktisch immer verschiedene Defekte. Submikroskopische Defekte haben wir bereits in der Einleitung erwähnt. Hier sollen die markantesten makroskopischen Defekte behandelt werden, die bei der Herstellung der Kristalle stets auftreten.

Ein fertiger Kristall wird vor allem darauf geprüft, ob er ein Einkristall oder Polykristall ist. Diese Frage läßt sich oft bereits durch die visuelle Musterung der Oberfläche beantworten. Bei einem Polykristall sind Verwachsungen zwischen den einzelnen Einkristallen sichtbar. Noch deutlicher sind die Verwachsungen an Spaltflächen zu sehen. Das Anschleifen oder Anätzen des Kristalls ist ein anderes und dabei sehr empfindliches Mittel zum Nachweis der Kristall-Multiplizität. Man muß aber beachten, daß sehr kleine Verschiedenheit in der Orientierung der einzelnen Kristallbereiche oft die Verwendung nicht stört. Es besteht vielmehr ein kontinuierlicher Übergang zwischen dem idealen Einkristall und einem Polykristall. Wann ein Kristall als ein Mono- oder Polykristall angesehen wird, richtet sich nach dem Verwendungszweck. So ist z. B. ein kubischer Kristall mit starken Netzebenenverwerfungen für ein optisches Prisma durchaus brauchbar, aber nicht für einen Röntgenstrahlmonochromator.

Eine Trübung tritt in Kristallen auf, die aus unreinem Material hergestellt oder während der Züchtung durch chemische Reaktion verunreinigt wurden. Die Intensität der Trübung nimmt normalerweise in der Richtung der Kristallisation zu. Doch tritt manchmal eine zonenförmige Trübung auf, die auf Störungen während des Wachstums hindeuten. Eine Trübung ist besonders störend bei Kristallen, die im ultravioletten Gebiet verwendet werden.

Manche Verunreinigungen können in die Kristalle eingebaut werden, wobei sie Mischkristalle bilden. Der Kristall kann dann, unter Umständen, starke Absorptionsbanden aufweisen und damit die Durchlässigkeit ganz oder teilweise begrenzen. Zusätzlich führen die Verunreinigungen zur Inhomogenität der Kristalle, da deren Konzentration im Kristall entlang der Wachstumsrichtung nicht konstant ist.

Sichtbare mechanische Einschlüsse in den Kristallen sollen beim sauberen Arbeiten nicht vorkommen. Das Auftreten von Blasen deutet darauf, daß das Material adsorbierte Gase enthielt oder daß sich Gase während des Wachstums gebildet haben, die in hochviskosen Schmelzen nicht entweichen konnten.

17.2 Tempern der Kristalle

Kristalle, die bei hoher Temperatur hergestellt werden, enthalten gewöhnlich große Spannungen, insbesondere wenn es sich um große Kristalle handelt. Die Spannungen entstehen dadurch, daß sich die Kristalle während des Wachstums in einem hohen Temperaturgradienten befinden. In manchen Fällen wird es möglich sein, den fertigen Kristall in dem Kristallofen selbst zu tempern. Zu diesem Zweck wird der Kristall vom Halter getrennt bzw. aus dem Tiegel herausgeschmolzen und frei in den Ofen gelegt. Die Temperatur des Ofens soll etwa 50° C unter dem Schmelzpunkt des Kristalls sein. Jedoch läßt sich Calziumfluorid bereits bei 800° C tempern. Bei dieser Temperatur wird der Kristall 5—20 Stunden je nach Größe und Verspannung getempert, um die Spannungen zu beseitigen. Anschließend soll die Abkühlung so langsam vor sich gehen, daß keine neuen Spannungen entstehen. Die Geschwindigkeit der Abkühlung hängt von der Größe, der Wärmeleitfähigkeit, der thermischen Ausdehnung und der Festigkeit des Kristalls ab. Optimale Temperdaten liegen zur Zeit nicht vor. Normalerweise wird bei großen Kristallen die Temperatur mit einer Geschwindigkeit von einigen Grad pro Stunde gesenkt. Bei Kristallen, die von der Luft angegriffen werden, muß das Tempern in neutraler Umgebung oder im Vakuum ausgeführt werden. In manchen Fällen wird zum Tempern geeignete Atmosphäre bei entsprechendem Druck nötig sein, um eine Zersetzung zu verhindern. Mosaikstruktur oder Gitterverwerfungen werden durchs Tempern nicht beseitigt. Wie weit die Spannung beseitigt werden soll, richtet sich nach dem Verwendungszweck des Kristalls. Bei plastischen Kristallen ist manchmal ein Nachtempern der bereits geschliffenen Kristalle nötig, um die plastische Deformation in den Oberflächen zu beseitigen (z. B. bei Ag- und Tl-Salzen). In allen Fällen ist es ratsam, lieber die Entstehung der Spannungen vorzubeugen, als sie später zu entfernen.

17.3 Orientierungsbestimmung

In vielen Fällen ist es nötig, die Orientierung eines fertigen Kristalls wegen der Anisotropie der physikalischen Eigenschaften zu kennen. Nur bei Kristallen, die aus dem Dampf oder aus der Lösung gezüchtet wurden, liegen ausgebildete Kristallebenen vor, aus denen die Orientierung sich ohne weiteres ergibt. Bei Kristallen, die aus der Schmelze ohne Kristallkeim hergestellt werden, ist die Orientierung unbekannt. Bei manchen Kristallen ist die einfachste Methode zur Bestimmung der Orientierung die Spaltung. In der Tab. 92 sind die Spaltebenen verschiedener Kristalle zusammengestellt.

Tabelle 92. *Hauptspaltebenen der Einkristalle**

Kristall	Spaltebene	Gitter
	a) *Kubische Kristalle*	
Alkalihalogenide	001	flächenzentriert
AlSb [1]	110	Diamant
C (Diamant)	111	Diamant
CaF_2	111	CaF_2
α-Fe	001	raumzentriert
InSb [1]	110	Diamant
MgO	001	flächenzentriert
$MgO \cdot Al_2O_3$ (Spinell)	111	Spinell
NH_4Cl	100	raumzentriert
NH_4Br	100	raumzentriert
	b) *Nichtkubische Kristalle*	
α-Al_2O_3	1011	hexagonal
AgI	0001	hexagonal
As	0001	hexagonal
Bi	0001	rhombohedrisch
C (Graphit)	0001	hexagonal
$CaCO_3$ (Kalkspat)	1011	hexagonal
$CaSO_4 \cdot 2\,H_2O$ (Gips)	010	monoklin
Cd	0001	hexagonal
CdS	1010	hexagonal
Glimmer	001	monoklin
Mg	0001	hexagonal
$NaNO_3$	1011	hexagonal
SiO_4 (Quarz)	1011	hexagonal
SnO_4	100	tetragonal
Sb	0001	hexagonal
Sb_4S_3	100	rhombohedrisch
TiO_2 (Rutil)	110	tetragonal
TiO_2 (Anatas)	001	tetragonal
Zn	0001	hexagonal
ZnS (Wurzit)	1010	hexagonal

* Die Daten wurden entnommen aus: LANDOLT-BÖRNSTEIN, 5. Auflage, 1. Erg. 1927; J. D'ANS u. E. LAX, Taschenbuch für Chemiker und Physiker, Berlin: Springer 1943.

17.31 Orientierungsbestimmung durch Spaltung

Ein Zusammenhang zwischen der Kristallstruktur und den Spaltebenen muß unzweifelhaft existieren, aber eine allgemein gültige Begründung fehlt noch. So z. B. erwartet man, daß die Spaltung entlang der Ebenen erfolgen sollte, deren Bindungsfestigkeit am kleinsten, d. h.

[1] PFISTER, H.: Z. Naturf. **10a**, 78 (1955).

deren Abstand am größen ist. Das ist zwar bei Kristallen mit Schichtstrukturen wie Antimon, Arsen, Cadmium, Cadmiumchlorid, Cadmiumjodid, Gips, Glimmer, Graphit, Molybdänsulfid, Naphthalin, Wismut, Zink und einigen anderen der Fall, aber anderseits gilt das nicht für CsCl-Gitter, dessen größter Abstand zwischen (110)-Ebenen und die Spaltung in (100)-Ebene liegt. Diamant spaltet entlang Oktaederebenen, die den größten Abstand voneinander haben, aber Zinkblende, die ähnliche Struktur wie Diamant hat, spaltet entlang der (110)-Ebene. In Kristallen mit Radialgruppen wie z. B. SiO_4, SO_4, JO_4 liegen die Spaltebenen so, daß die Radikale nicht gespalten werden. Wie man sieht, ist die Spaltung ein kompliziertes Problem. Näheres darüber findet sich bei WINKLER.[1]

Manche Kristalle sind so weich, daß sie nicht gespalten werden können oder beim Spalten stark deformiert werden (z. B. Ag- und Tl-Salze, einige Pb-Verbindungen, Zn u. a.). In diesem Fall hilft manchmal eine Abkühlung auf die Temperatur der flüssigen Luft (z. B. Zn). In anderen Fällen, wenn die Temperaturerniedrigung nicht hilft wie z. B. bei Thalliumhalogeniden, können zur Bestimmung der Orientierung die sogenannten Druckfiguren benutzt werden.

17.32 Druckfiguren

Darunter versteht man die charakteristische Oberflächendeformation, wenn eine harte Spitze auf eine Kristallfläche aufgedrückt wird. Es entsteht dabei plastische Deformation, die von der Struktur und der Orientierung des Kristalls abhängt. Plastische Deformation in Kristallen ist

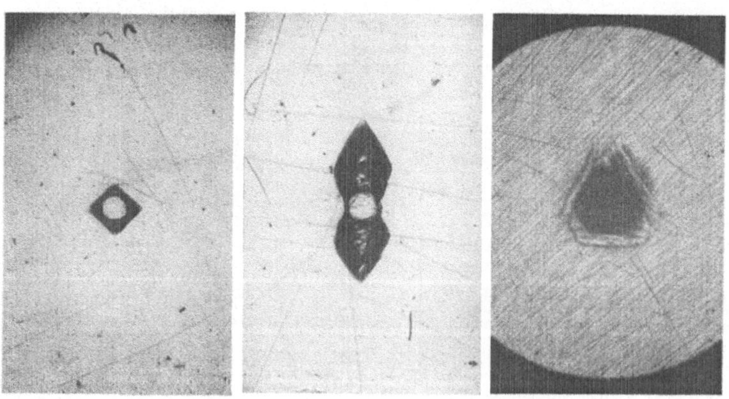

a b c

Abb. 211. Druckfiguren an kubisch raumzentrierten Gittern; (a) (100), (b) (110), (c) (111)-Fläche (nach SMAKULA und KLEIN[2])

[1] WINKLER, H. C. F.: Struktur und Eigenschaften der Kristalle, Springer 1950.

[2] SMAKULA, A. und M. W. KLEIN: J. Opt. Soc. Amer. **39**. 445 (1949); Phys. Rev. **84**, 1043 (1951).

durch zwei Parameter charakterisiert: Gleitebenen T und Gleitrichtung t, die jedem Kristall eigen sind. In Ionenkristallen mit CsCl-Gitter liegt die Translation in den (110)-Ebenen und die Translationsrichtung steht senkrecht zur (100)-Ebene. In diesem Fall hat die Translation die höchste Symmetrie: vier Translationsebenen verlaufen parallel zur Translationsrichtung. Als Beispiel sind in Abb. 211a bis c Druckfiguren auf (100)-, (110)- und (111)-Ebenen von TlBr dargestellt.[1] Man sieht deutlich die vierfache, zweifache und dreifache Symmetrie.

Druckfiguren in anderen Richtungen haben eine kompliziertere Form. Sie bestehen aus zwei Flügeln, aus deren relativer Länge und Form, auf die Kristallorientierung geschlossen werden kann.

In Kristallen mit anders orientiertem Translationssystem liegen die Verhältnisse nicht so günstig wie bei raumzentrierten kubischen Gittern, aber in manchen Fällen kann auch hier die Methode der Druckfiguren von Nutzen sein.[2] In der Tab. 93 sind die Translationsebenen T und Translationsrichtungen t für einige Kristalle angegeben.

Tabelle 93. *Translationsebenen T und Translationsrichtungen t einiger Kristalle*

Gittertyp	T	t
Kubisch NaCl-Gitter	(110)	110
Kubisch CsCl-Gitter	(110)	100
Kubisch CaF_2-Gitter	(100)	110
Triklin $NaNO_3$	(111)	110
Tetragonal Rutil TiO_2	(110)	100
Monoklin Naphthalin	(100)	100

17.33 Orientierungsbestimmung durch Ätzen

Diese Methode wird zur Zeit vielfach benutzt, da damit nicht nur die Orientierung, sondern auch verschiedene Defekte nachgewiesen werden. Man kann dabei das Ätzen durch Verdampfung (thermisches Ätzen) oder durch chemische Reaktion (chemisches Ätzen) hervorrufen. In beiden Fällen werden bestimmte Gitterebenen bloßgelegt, die von der Natur des Kristalls und vom Ätzmittel abhängen. Thermische Ätzung wird bei möglichst niedrigen Temperaturen ausgeführt. Die Temperatur richtet sich nach dem Dampfdruck des Kristalls. Normalerweise beträgt die günstige Ätztemperatur etwa die Hälfte der absoluten Schmelztemperatur. Als Beispiel sind in der Abb. 212 die thermischen Ätzfiguren gezeigt, die in 20 Stunden bei 200° C an den (100)-, (110)- und (111)-Ebenen des Thalliumbromids erreicht wurden.[3] In allen drei Fällen ist die der entsprechenden Ebene eigene Symmetrie zu sehen. Ist die Tem-

[1] Siehe Anm. 2 auf S. 328.
[2] Tertsch, H.: Die Festigkeitserscheinungen der Kristalle, Springer 1949.
[3] Smakula, A. und M. W. Klein: J. Chem. Phys. **21**, 100 (1953).

peratur zu hoch oder die Oberfläche des Kristalls stark zerstört, so werden keine regelmäßigen Figuren gebildet.

Chemische Ätzung wird besonders bei Metallen benutzt. Die Reaktionsdauer liegt zwischen einigen Sekunden und Stunden. Um gute Ätzfiguren zu erhalten, muß das Ätzmittel und dessen Konzentration dem Kristall angepaßt werden und die günstigste Temperatur und Zeitdauer bekannt sein.

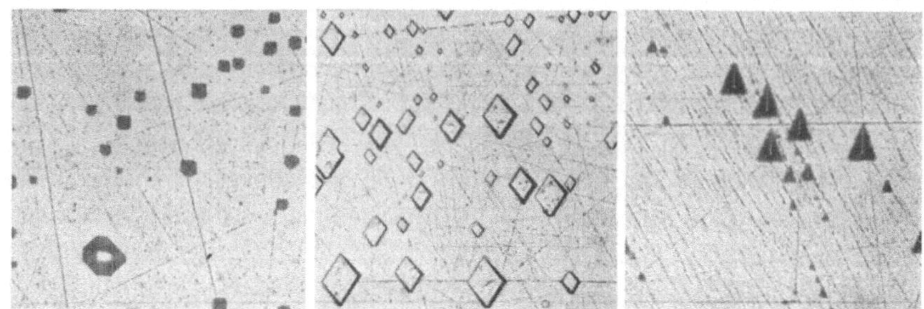

Abb. 212. Thermische Ätzfiguren an kubisch raumzentrierten Gittern; (a) (100), (b) (110), (c) (111)-Fläche (nach SMAKULA und KLEIN[1])

17.34 Orientierungsbestimmung mit Röntgenstrahlen

Zur Bestimmung der Kristallorientierung ist die LAUE-Methode besonders geeignet. Für praktische Zwecke kommt nur die Rückstrahlmethode in Frage. Zur Bestimmung der Kristallorientierung werden die Koordinaten der Beugungspunkte auf dem Film bestimmt. Im Prinzip läßt sich daraus der Beugungswinkel für jeden Punkt berechnen. Das reicht aber noch nicht zur Identifizierung der Netzebenen aus, weil die betreffenden Wellenlängen der Röntgenstrahlen unbekannt sind. Es gibt verschiedene Methoden zur Indizierung der LAUE-Punkte. Ein Prinzip der Indizierung ist in Abb. 213 dargestellt. Die Richtung des primären Strahles OZ zeigt in die z-Richtung des Koordinatensystems. Die Richtung der

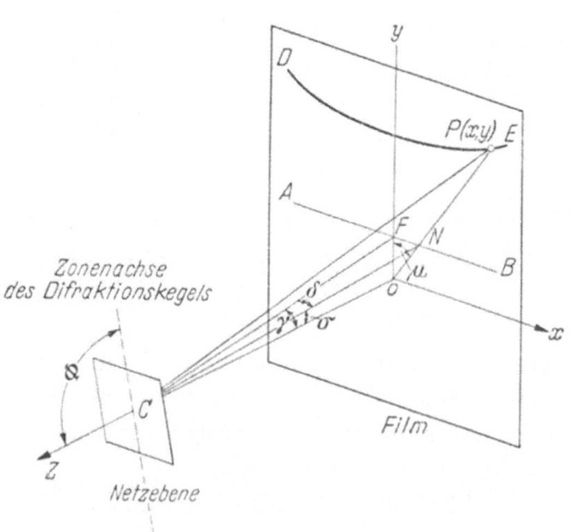

Abb. 213. Auswertediagramm der Laue-Beugung. Φ der Winkel zwischen der Zonenachse und dem primären Röntgenstrahl, OZ die Richtung des Primärstrahles, CN die Richtung der Normalen in bezug auf die Netzebene C, x und y die Koordinaten auf dem Film, DE die Lage der Beugungspunkte auf einer Hyperbel, AB die Lage der Beugungspunkte auf einer Geraden, γ und δ die Winkel der Normalen CN, μ und 2σ die Winkel des gebeugten Strahles CP

[1] Siehe Anm. 3 auf S. 328.

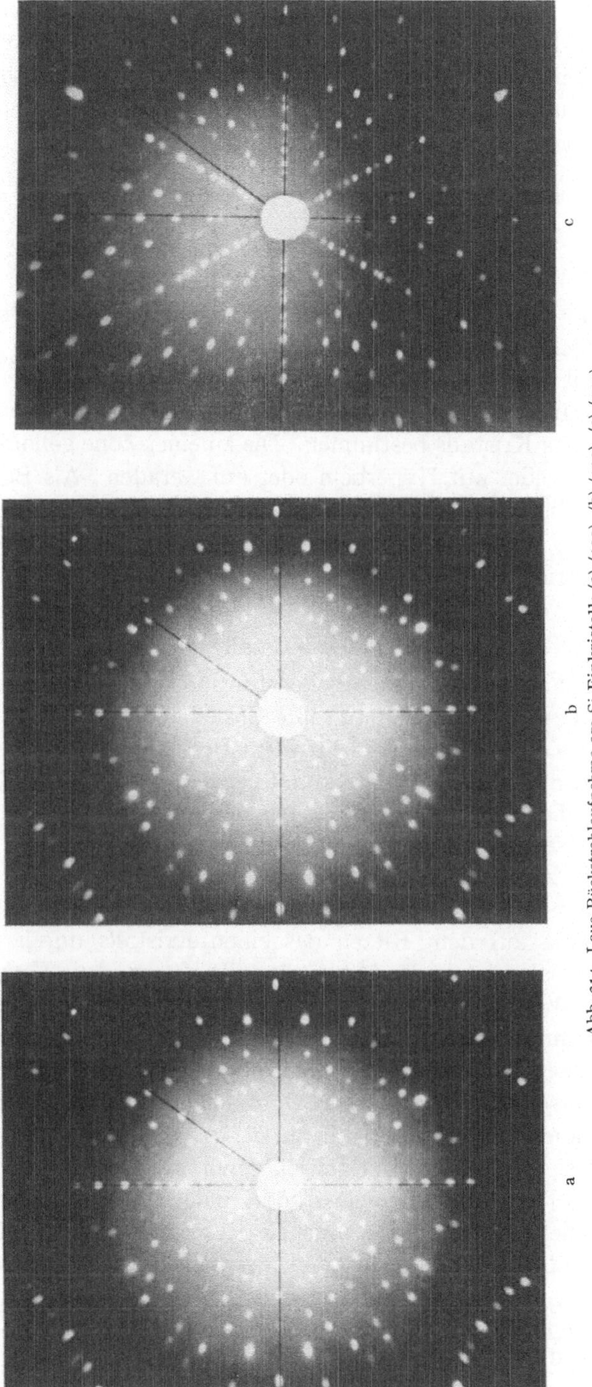

Abb. 214. Laue-Rückstrahlaufnahme am Si Einkristall; (a) (100), (b) (110), (c) (111)

Normalen CN ist durch die Winkel γ und δ und die von CP durch μ und $2\,\sigma$ gegeben. Die Winkel μ und σ werden aus den Koordinaten x und y auf dem Film und aus dem Abstand zwischen dem Kristall und dem Film bestimmt. Die Winkel γ und δ der Normalen werden aus folgenden geometrischen Beziehungen ermittelt

$$\operatorname{tg} \mu = \frac{F N}{F O} = \frac{\operatorname{tg} \delta}{\sin \gamma} \tag{165}$$

$$\operatorname{tg} \sigma = \frac{O N}{O C} = \frac{\operatorname{tg} \delta}{\sin \mu \cos \gamma}\,. \tag{166}$$

Aus den Winkeln der Normalen γ und δ werden mit Hilfe der stereographischen Projektion die Orientierungen der entsprechenden Netzebenen und damit die Kristallorientierung bestimmt.[1]

Praktisch kann man oft bereits aus der Symmetrie der Beugungspunkte die Orientierung des Kristalls bestimmen. Die zu einer Zone gehörenden Punkte liegen entweder auf Hyperbeln oder auf Geraden. Als Beispiel sind in Abb. 214 die LAUE-Aufnahmen des Siliziums für Rückstrahlung in Richtung [100], [110] und [111] wiedergegeben. Die vier-, zwei- und dreifache Symmetrie in der Anordnung der Beugungspunkte ist deutlich zu sehen.

17.4 Härte der Kristalle

Zwei Faktoren haben einen wesentlichen Einfluß auf die Bearbeitung der Kristalle und zwar ihre Härte und ihre Löslichkeit.

Eine einwandfreie Definition der Härte existiert zur Zeit nicht. Am treffendsten wird die Härte als Widerstand gegen Verletzung der Oberfläche definiert. Da es verschiedene Arten der Oberflächenverletzung gibt, so haben wir eine ganze Reihe von Härten.

Die Verfahren zur Härtebestimmung werden in dynamische und statische eingeteilt. Zu den dynamischen Härten gehört die MOHSsche Härte, deren Skala auf dem Ritzen des einen Kristalls durch einen anderen beruht. Dabei ist in der MOHSschen Skala weder die Form der Ritzspitze, noch die Belastung noch die Breite des Ritzes festgelegt. Außerdem wird durch Ritzen ein spröder Kristall entlang der Furche zerstört, ein weicher dagegen nur plastisch deformiert. Es handelt sich also um zwei verschiedene Vorgänge. Trotz dieser Mängel wird die MOHSsche Skala auch heute noch viel benutzt.[2]

Zur Gruppe der dynamischen Verfahren gehören außerdem: Hobel-, Bohr-, Schneide-, Dreh- und Pendelmethode. Die Beschreibung dieser Methoden und die mit ihnen gewonnenen Resultate finden sich bei TERTSCH[3] und WEINGRABEN[4] und werden hier nicht weiter besprochen.

[1] Eine sehr gute Darstellung der Orientierungsbestimmung findet sich bei B. D. Cullity, Elements of X-ray Diffraction, Addison-Wesley Co. 1956.

[2] GRENINGER, A. B.: Trans. Am. Inst. Mining Met. Engrs. 117, 61 (1935).

[3] TERTSCH, H.: Die Festigkeitserscheinungen der Kristalle, Springer 1949.

[4] WEINGRABER, H. VON: Technische Härtemessung. München: Hansen 1952.

Nach der statischen Methode wird die BRINELL-[1], die VICKERS-[2] und die KNOOP-[3]Härte bestimmt. Zur Bestimmung der BRINELL-Härte wird eine Stahl- oder Diamant-Kugel vom Durchmesser D durch den Druck P in die Oberfläche gepreßt und der Durchmesser der Kalotte d bestimmt. Die BRINELL-Härte H_B ist dann

$$H_B = \frac{2\,P}{\pi\,D\,(D - \sqrt{D^2 - d^2})}\ \mathrm{kg/mm^2}\,. \tag{167}$$

Bei der VICKERS-Härte wird an Stelle einer Kugel eine vierseitige Diamantpyramide mit dem Scheitelwinkel 136° genommen. Als VICKERS-Härte wird das Verhältnis von Druck P zur erzeugten Eindruckoberfläche definiert. Für H_V ergibt sich

$$H_V = \frac{2\sin 68^\circ\,P}{d^2}\ \mathrm{kg/mm^2}\,. \tag{169}$$

Beide Methoden verlangen geometrisch regelmäßige Eindruckfiguren, was bei Einkristallen meist nicht der Fall ist.

Um diesen Nachteil zu vermeiden, benutzt KNOOP eine rhombische Druckpyramide mit dem Diagonalverhältnis $D:d = 7{,}11:1$ und einen mikroskopisch kleinen Eindruck. Die KNOOP-Härte H_K ist dann

$$H_K = \frac{2\,P}{D\,d}\ \mathrm{kg/mm^2}\,. \tag{170}$$

Für sehr kleine Kristalle bzw. kleine Belastung wurde von Zeiß ein Mikrohärteprüfer entwickelt, in dem die Diamantpyramide in die Frontlinse des Mikroskopobjektivs eingebaut ist. Diese Anordnung ermöglicht die Erzeugung und die Ausmessung der Druckfigur mit derselben Mikroskopeinstellung.

Zum Vergleich sind die Härten, die nach verschiedenen Verfahren bestimmt wurden, in der Tab. 94 zusammengestellt. Eine Umrechnung von einer Skala in eine andere ist nicht ohne weiteres möglich. Für einige Alkalihalogenide sind die Werte in der Tab. 95 wiedergegeben.

Da bei Einkristallen die KNOOP-Härte die zuverlässigsten Werte liefert, sind die bekannten Daten für verschiedene Kristalle in der Tab. 96 und 98 angegeben.

Die Härte hängt bei allen Kristallen von der Orientierung ab. So ist z. B. die Härte des Natriumchloridkristalls auf der Oktaederfläche (111) um 17% größer als auf der Würfelfläche. Beim Calziumfluorid ist es umgekehrt, die Härte auf (100)-Fläche ist um sechs Prozent größer als die auf der (111)-Fläche. Eine besonders starke Härteanisotropie zeigt

---

[1] BRINELL, J. A.: Congr. intern. des méthodes d'essai de matériaux de construction, Paris 1900.

[2] SMITH, R. L. und G. E. SANDLAND: J. Iron Steel Inst. **111**, 285 (1925).

[3] KNOOP, F., C. G. PETERS und W. B. EMERSON: J. Research Natl. Bur. Standards USA **23**, 39 (1939).

Tabelle 94. *Härten von Kristallen nach verschiedenen Härteskalen*

Kristall	Chemische Formel	Kristall-system	MOHS[1]-Härte	Mechanische Korrosions-härte (nach EPPLER[1])	Schleifhärte (nach ROSIVAL[2])	VICKERS Härte	KNOOP-Härte
Talk	$3MgO \cdot 4Si_2O \cdot H_2O$	monoklin	1	6,2	0,03	47	—
Gips	$CaSO_4 \cdot 2H_2O$	monoklin	2	6,2	1,04	60	32
Kalkspat	$CaCO_3$	hexagonal	3	10,1	3,75	136	135
Flußspat	CaF_2	kubisch	4	9,9	4,15	200	163
Apatit	$CaF_2 \cdot 3Ca_3(PO_4)_2$	hexagonal	5	5,0	5,42	659	395
Orthoklas	$K_2O.Al_2O_3.6SiO_2$	monoklin	6	46	31	714	560
Quarz	SiO_2	hexagonal	7	100	100	1181	750
Topas	$Al(F_3OH)_2SiO_4$	rhombisch	8	81	146	1648	1635
Korund	Al_2O_3	hexagonal	9	594	833	2085	2000
Diamant	C	kubisch	10	109000	117000	6500	8500

Tabelle 95. *Härten der Alkalihalogenide*

Kristall	Ritzhärte[3] in g für 10 μ	Schleifhärte[3] rez. Gewichtverlust	BRINELL-Härte[4] kg/mm²	VICKERS-Härte[3] kg/mm²	KNOOP-Härte[5] kg/mm²
LiF	8,35	12,5	—	136	100
NaF	4,55	8,4	—	84	60
NaCl	1,9	3,1	12,4	26	17
NaBr	—	—	9,2	—	—
NaJ	—	—	8,4	—	—
KCl	0,77	7,7*	5,8	14	8
KBr	0,9	2,7	5,4	13	6
KJ	0,55	1,4*	3,2	8	5

* Die Schleifhärte von KCl ist wahrscheinlich etwas zu hoch und die von KJ zu niedrig wegen des Dichteeinflusses.

der Diamant. Die Härten auf den Flächen (110), (100) und (111) verhalten sich wie 1:2:13 [6]. Die Kenntnis der Härteunterschiede auf verschiedenen Flächen war lange Zeit das gehütete Geheimnis der Diamantschleifer.

Bei der Ritzhärte hängt die Härte außerdem von der Ritzrichtung ab. Auf (100)-Flächen haben Steinsalz und Diamant die größte Ritzhärte in der Richtung der Flächendiagonale, während Flußspat in derselben Rich-

[1] EPPLER, W. F., Zbl. Mineral. Geol. Paläont. At. A, 1 und 73 (1941) (bezogen auf $H_{Quarz} = 100$).

[2] ROSIVAL, A., Verh. geol. Reichsanst. Wien 1896, 474 (bezogen auf $H_{Quarz} = 100$).

[3] Ritzhärten, Schleifhärten und Vickershärten wurden bestimmt in C. Zeiß-Laboratorien, Jena, durch die Herren SPORKERT und BERNHARD im Jahre 1940.

[4] PRZIBRAM, K.: Wiener Ber. IIa, **141**, 63 (1932) und **142**, 259 (1933).

[5] BALLARD, S. S., L. S. COMBES, W. L. HYDE, G. E. GRIFFITH und K. A. MCCARTHY: The Optical and other Physical Properties of Infrared Optical Materials, Baird Associates, Inc. Final Report on Contract No. W–44–009–eng–473, June 1949.

[6] DRANE, H. D. H.: Research **4**, 150 (1950).

tung die kleinste hat. Auf der (10$\bar{1}$1)-Fläche des Kalkspats ist außerdem die Ritzhärte entlang der kleinen Diagonale in der Vorwärts- und Rückwärtsrichtung um den Faktor zwei verschieden, dagegen nicht in der Richtung der großen Diagonale.

Der Einfluß der Temperatur auf die Härte ist von Kristall zu Kristall verschieden. Allgemein nimmt die Härte mit steigender Temperatur ab. Beim Eis ist die Abnahme linear, bei einigen Metallen wie Bi, Cd, Pb, Sb und Zn exponentiell und bei Al und Cu zuerst langsam, dann stärker und schließlich wieder langsam.

Bei Mischkristallen kann die Härte auf das Mehrfache der Komponenten erhöht werden, sogar dann, wenn der Schmelzpunkt erniedrigt wird. Bei polymorphen Modifikationen ist die Härte um so größer, je dichter die Bausteine gepackt sind. So z. B. ist die Härte von Quarz größer als von Tridymit, von Aragonit größer als von Kalkspat und entsprechend nimmt sie in der Richtung von Rutil über Brookit zu Anatas ab.

Abb. 215. Schneidenmaschine mit rotierender Scheibe

17.5 Schneiden der Kristalle

Zum Schneiden der härtesten Kristalle wird eine Diamant- oder Karborundsäge benutzt. Eine brauchbare Schneidemaschine ist in der Abb. 215 dargestellt. Der Kristall wird auf dem Tisch montiert, der um seine vertikale Achse drehbar und außerdem horizontal in zwei zueinander senkrechten Richtungen verschiebbar ist. Die Schneidgeschwindigkeit wird durch ein hydraulisches Ventil reguliert. Als Kühlmittel kann Wasser oder eine andere geeignete Flüssigkeit genommen werden.

Weiche Kristalle wie Thallium- und Silberhalogenide können mit einer feingezahnten Kreissäge geschnitten werden. Beim Schneiden und Kühlen der Flußspatkristalle muß man besonders vorsichtig sein, da sie sehr leicht springen.

Wasserlösliche Kristalle werden mit einem Faden geschnitten, der kontinuierlich angefeuchtet wird. Die Schnittfläche ist dabei nicht glatt aber man läuft dabei keine Sprunggefahr und außerdem kann man leicht auch zylindrische oder andere Formen herausschneiden (Abb. 216).

Hydroskopische Kristalle wie z. B. Natriumjodid hinterlassen nach dem Schneiden mit feuchtem Faden eine bis zu einem Millimeter tiefe Schicht, die Wasser enthält. Diese Schicht kann durch Schleifen auf dem Sandpapier in trockener Luft beseitigt werden. Als Prüfmethode wird die Bildung einer milchigen Schicht auf der nachgeschliffenen Oberfläche benutzt. Wenn nach 10—20 Minuten in der trockenen Luft keine Milchschicht entsteht, ist die Oberfläche wasserfrei.

Abb. 216. Fadenschneidemaschine für lösliche Kristalle (Harshaw Chem. Co.)

Weiche Kristalle lassen sich auch an der Drehbank wie Metalle bearbeiten. Allerdings kommen bei der Bearbeitung Ungleichmäßigkeiten vor, die durch plastische Deformation in bestimmten Richtungen verursacht werden.

In manchen Fällen ist es zweckmäßig, den Kristall entweder in Gips oder in einen organischen Kunststoff vor dem Schneiden einzubetten, wodurch die Sprunggefahr herabgesetzt wird. Anthracen läßt sich mit scharfem Dreheisen bearbeiten; zum Schneiden kann Diamantsäge oder ein Faden, benetzt mit Toluol oder Xylol, verwendet werden.

Eiskristalle lassen sich mit einer Metallsaite schneiden, die elektrisch geheizt wird.[1]

[1] JONA, F. und P. SCHERRER: Helv. Phys. Acta **25**, 35 (1952).

17.6 Schleifen und Polieren

Der nächste Schritt in der Oberflächenbearbeitung ist das Schleifen. In manchen Fällen wird es bereits genügen, die Fläche auf dem eben gespannten Schmirgelpapier abzuschleifen. Je nach Härte des Kristalls muß man eventuell grob-, mittel- und feinkörniges Schmirgelpapier der Reihe nach benutzen, um die Schleifzeit abzukürzen, die von Druck und Schubgeschwindigkeit abhängt. Wenn man aber eine einwandfrei ebene oder sphärische Fläche erzielen will, muß das Schleifen auf einer Schleifscheibe von entsprechender Form erfolgen. In Laboratorien kommen meist nur Planflächen in Frage, die mit der Hand auf Glasscheiben geschliffen werden. Da die Härte der Kristalle in weiten Grenzen variiert, muß das Schleifpulver dementsprechend gewählt werden. Als Schleifmittel können Quarz-, Corund-, Carborund- und Diamantpulver benutzt werden. Die Korngröße der Schleifmittel beträgt etwa einige Zehntel mm für Rohschleifen, einige Hundertstel für Mittel- und mehrere Tausendstel für Feinschleifen. Es wird empfohlen, beim Schleifen den Kristall nach einer „*8-Figur*" zu bewegen, da dadurch die ganze Fläche gleichmäßig geschliffen wird. Bei weichen Kristallen ist es zweckmäßig, dem Wasser etwas Seife zuzusetzen. Für wasserlösliche Kristalle wird wasserfreies Petroleum oder Alkohol benutzt. Je feiner eine Fläche geschliffen ist, um so rascher läßt sie sich polieren.

Das Polieren ist der letzte Schritt in der Oberflächenbearbeitung. Im Prinzip ist das Polieren dem Schleifen ähnlich. Der wesentliche Unterschied besteht darin, daß das Schleifen auf einer harten, dagegen das Polieren auf einer weichen Unterlage erfolgt, die aus Pech, Bienenwachs oder Stoff besteht. Das Polieren auf Stoff ist schneller als auf Pech, aber die Fläche ist nicht so genau. Als Poliermittel werden benutzt: Pariser Rot, Fe_2O_3; Chromoxyd, Cr_2O_3 und Aluminiumoxyd, Al_2O_3.

Besonders brauchbar ist das Aluminiumoxyd, das in zwei Qualitäten von der Firma Linde Air Products erhältlich ist. Typ A besteht aus Korund (hexagonalem α-Al_2O_3) und hat eine Teilchengröße von 0,3 μ. Typ B ist kubisch (γ-Al_2O_3) und hat eine Teilchengröße von kleiner als 0,1 μ. Beide können sowohl für harte als auch für weiche Kristalle verwendet werden. Die Poliertechnik ist ausführlich von STRONG[1] beschrieben. Bei Kristallen, deren Härte etwa gleich der des Glases ist, werden etwa 2 μ pro Stunde unter normalen Bedingungen abgetragen. Die Dicke der Schicht, die bei der Politur abgetragen wird, hängt von der Feinheit des Schliffes und von der Härte des Kristalls ab. Normalerweise beträgt sie etwa einige Hundertstel Millimeter. Bei sehr weichen Kristallen können beim Schleifen oder sogar Polieren Oberflächenschlieren entstehen (Abb. 217a und b), die durch Nachtempern beseitigt

[1] STRONG, J.: Procedures in Experimental Physics, Prentice-Hall, Inc., New York 1938.

werden müssen. Allerdings ist in diesem Fall sorgfältiges Nachpolieren erforderlich.

An fertig polierten Oberflächen der Einkristalle wird die Struktur zum Teil beschädigt.[1, 2] Nur bei ganz harten Kristallen wie Diamant bleibt die Struktur des Einkristalls erhalten. Bei weicheren Kristallen ist das Kristallgefüge zerstört, wobei die Korngröße der Kristallite bei Metallen viel kleiner ist als bei Isolatoren. In keinem Fall wurde aber eine amorphe Struktur nachgewiesen.

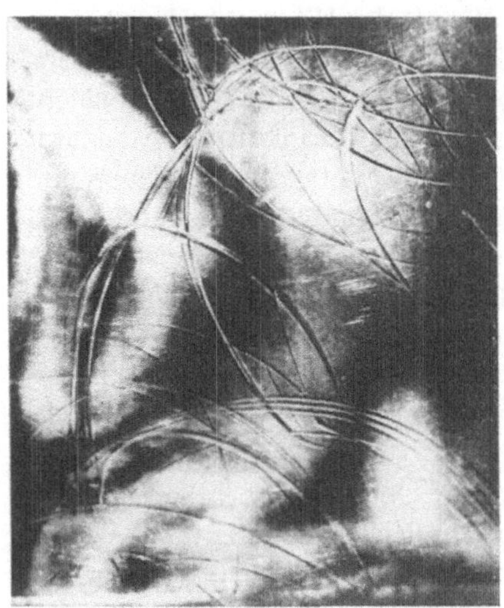

a

b

Abb. 217. Oberflächenschlieren auf TlBr/TlJ Kristall, die durch Schleifen hervorgerufen werden a) vor dem Tempern im polarisierten Licht, b) nach dem Tempern auf der optischen Testplatte

Manchmal werden Kristalle von besonders kleinen Dicken benötigt. Nur in seltenen Fällen kann man durch Spalten wie z. B. beim Glimmer die gewünschte Dicke erreichen. Von Mineralogen werden Dünnschliffe durch Schleifen und Polieren hergestellt[3]. Das chemische Ätzen ist nur selten brauchbar, weil die Flächen nicht gleichmäßig abgetragen werden. Bei kleinen Dicken muß außerdem beachtet werden, daß durch die Bearbeitung die Oberfläche des Kristalls bis zu einer bestimmten Dicke, die von der Härte abhängt, zerstört wird.

In der Infrarotspektroskopie der festen Körper werden Preßlinge, die allerdings polykristallin sind, von gewissen Salzen benutzt, denen die zu untersuchende Substanz beigemischt ist[4]. Nach SCHIEDT[5] kann man

[1] LEISE, K. H.: Z. Phys. **124**, 258 (1948).
[2] RAETHER, H.: Z. Phys. **124**, 286 (1948).
[3] EHRINGHAUS, A.: Das Mikroskop. Leipzig: Teubner 1943.
[4] STIMSON, M. M.: Anal. Chem. **23**, 1050 (1951).
[5] SCHIEDT, U.: Z. Naturf. **7b**, 270 (1952).

1 bis 2 mm dicke Preßscheiben von etwa 2 cm Durchmesser mit guter Ultrarotdurchlässigkeit nach Beimengen der zu untersuchenden Substanz durch Pressen mit etwa 10000 kg/cm² unter Vakuum bei Zimmertemperatur aus NaCl, KCl, KBr, KJ und AgCl herstellen. Zum Pressen muß das Material vollkommen wasserfrei sein und ein sehr feines Korn haben. Andere Materialien, die zum Pressen geeignet sind, sind Thalliumhalogenide.

Bei hohen Temperaturen lassen sich durchsichtige polykristalline Scheiben aus BaF_2 und MgF_2 herstellen.[1]

Kleine Kugeln aus Kristallen lassen sich aus beliebig geformten Stücken herstellen, die in zylindrischen Gefäßen durch Preßluft zu rotierender Bewegung angetrieben werden.[2, 3, 4] Feine Nadeln lassen sich aus Alkalihalogenidkristallen herstellen, indem kleine Prismen (etwa $0{,}3 \times 0{,}3 \times 1$ cm), die an einem Ende mit Glyptol bestrichen wurden, im Wasser bis zur gewünschten Dicke gelöst werden. Nadeln, etwa 1 cm lang und 10 μ dick wurden auf diese Weise hergestellt.[5]

XVIII. Anwendungen

18.1 Einkristalle in der Grundlagenforschung

Der Aufschwung der Festkörperphysik in den letzten Jahren war zum großen Teil durch die Herstellung einwandfreier Einkristalle und durch Untersuchung ihrer Eigenschaften ermöglicht. Physikalische Konstanten der Festkörper können nur an Einkristallen einwandfrei bestimmt werden. Insbesondere gilt das für die Ermittelung von anisotropen Eigenschaften. Auch zur Bestimmung physikalischer Grundkonstanten sind in vielen Fällen Einkristalle unentbehrlich. Die Aufklärung der mechanischen Festigkeit der Festkörper war nur durch Untersuchung der Gleit- und Versetzungserscheinungen an Einkristallen möglich.[6] Die Wärmeleitfähigkeit bei tiefen Temperaturen ist ein anderes Gebiet, in welchem Einkristalle eine wesentliche Rolle gespielt haben und immer noch spielen.[7] Das Wesen der Halbleiter konnte erst aufgeklärt werden, nachdem Einkristalle von Germanium mit der höchsten Reinheit hergestellt werden konnten.[8] Einkristalle der ferroelektrischen[9] und ferrimagne-

---

[1] Siehe Anm. 5 auf S. 338.

[2] BOND, W. L.: Rev. Sci. Instr. **22**, 344 (1951).

[3] SENIO, P. und C. W. TUCKER, jr.: Rev. Sci. Instr. **24**, 549 (1953).

[4] BOND, W. L.: Rev. Sci. Instr. **25**, 401 (1954).

[5] MC NULTY, J., M. SILVER und R. S. WITTE: Rev. Sci. Instr. **31**, 904 (1960).

[6] Siehe z. B. SCHMID, E. und W. BOAS: Kristallplastizität. Berlin: Springer-Verlag 1935.

[7] KLEMENS, P. G.: Solid State Physics, Vol. 7. New York: Academic Press 1958, S. 1.

[8] FAN, H. Y.: Solid State Physics, Vol. 1, S. 284. New York: Academic Press 1955.

[9] KÄNZIG, W.: Solid State Physics, Vol. 4, S. 5, 1957.

tischen[1] Verbindungen brachten die Domänenstruktur zu Tage. Eng verwandt mit den Halbleiterproblemen sind die Farbzentren[2], deren Untersuchung nur an Einkristallen möglich war. Auch bei metallischer Leitfähigkeit und Supraleitung ist die Verwendung von Einkristallen bei vielen Problemen notwendig.

Nicht weniger wichtig sind Einkristalle in technischen Anwendungen. Es sollen hier fünf wichtige Gebiete behandelt werden:

1. Optische Elemente
2. Szintillatoren
3. Piezoelektrische Kristalle
4. Halbleiter
5. Edelsteine.

18.2 Optische Eigenschaften

Trotz der großen Mannigfaltigkeit der optischen Gläser ist deren Durchlässigkeit vorwiegend auf das Spektralgebiet zwischen 0,35 und 2,5 μ beschränkt. Die Durchlässigkeit einiger Spezialgläser im ultravioletten

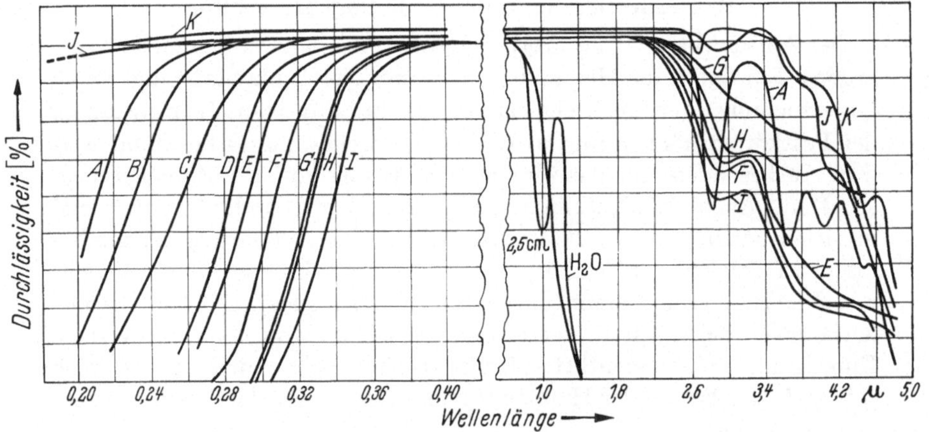

Abb. 218. Ultraviolett und Ultrarotdurchlässigkeit einiger Gläser. Schichtdicke 0,1 cm; Wasser auch 2,5 cm. A: 7910; B: 9741; C: 9720; D: 9700; E: Corex D; F: Pyrex; G: Bleiglas; H: Kalkglas; I: Nonex; J: Quarz; K: SiO_2 amorph

und ultraroten Gebiet ist in der Abb. 218 gegeben. Eine Zusammenstellung der Durchlässigkeiten im Spektralgebiet von 0,3 bis 4,8 μ von 31 deutschen Gläsern mit Angabe der chemischen Zusammensetzung findet sich bei Stair, Glaze und Ball.[3] Wie man sieht, gibt es Gläser die im Ultraviolett bis 0,2 und im Ultrarot bis 4,6 μ bei einer Dicke von

---

[1] Kittel, C. und J. K. Galt: Solid State Physics, Vol. 3, S. 439, 1956.

[2] Seitz, F.: Revs. Mod. Phys. **18**, 384 (1946); **26**, 7 (1954).

[3] Stair, R., F. W. Glaze und J. J. Ball: Glass Ind. **30**, 331 und 354 (1949).

1 mm durchlässig sind. Homosil (amorphes SiO_2) ist bis 0,17 μ durchlässig[1], Tellurgläser[2] sind bis 5,5 μ, Arsentrisulfidgläser zwischen 1 und 13 μ und Selenglas sogar bis 21 μ durchlässig.[3] Erst durch die Anwendung von Kristallen konnte man nach dem kurzwelligen Gebiet bis 0,1 μ und nach dem langwelligen bis 50 μ und zum Teil darüber hinaus vordringen.

18.21 Absorption

Die kurzwellige Absorptionskante in Kristallen ist durch die Elektronenanregung gegeben. In Ionenkristallen der Alkalihalogenide liegen die langwelligsten Absorptionsmaxima zwischen 0,115 und 0,25 μ. Bei der Verwendung der Kristalle sind aber nicht die Lagen der maximalen Absorption, sondern die Absorptionskanten maßgebend. Die Wellenlängendifferenz zwischen den langwelligsten Absorptionsmaxima und den Absorptionskanten beträgt bei Alkalihalogeniden etwa 400 Å. In dem Gebiet zwischen der Absorptionskante und dem Absorptionsmaximum steigt der Absorptionskoeffizient auf etwa das 10^5fache. Viel flacher laufen die Absorptionskanten bei Silber- und Thalliumhalogeniden aus. Hier beträgt die Differenz zwischen dem ersten Absorptionsmaximum und der Absorptionskante etwa 1500 Å.

Durch die Temperatur werden sowohl die Absorptionsmaxima als auch die Absorptionskanten verschoben. Normalerweise verschieben sich die Absorptionsmaxima und Kanten bei tiefer Temperatur nach kurzen Wellen hin,[4] jedoch ist die Verschiebung der Kanten größer als die der Maxima.

Auf der langwelligen Seite ist die Durchlässigkeit der Ionenkristalle durch die Ultrarotabsorption beschränkt, die durch Grundschwingungen, Obertöne oder Kombinationstöne verursacht wird. Die Intensitäten der Grundschwingen sind sehr stark, die der Obertöne bzw. Kombinationsschwingungen viel schwächer. Die Lage der Ultrarotabsorption kann aus Durchlässigkeitsmessungen und bei Grundschwingungen auch aus der Reflexion bestimmt werden. Die Lage der Reflexionsmaxima (Reststrahlen) ist um etwa 15% kurzwelliger als die der Absorptionsmaxima. Außerdem sind die Reflexionsbanden etwa 5mal breiter als die Absorptionsbanden. Der Grund für dieses verschiedenartige Verhalten liegt darin, daß die Reflexion nicht nur vom Absorptionskoeffizienten sondern auch stark von der Brechzahl abhängt. Auf der langwelligen Seite fällt der Anstieg der Reflexion mit der der Absorption zusammen. Dagegen

---

[1] BAUPLE, R., A. GILLES, J. ROMAND und B. VODAR: J. Opt. Soc. Amer. **40**, 788 (1950).

[2] STANWORTH, J. E.: Nature **169**, 581 (1952).

[3] FRERICHS, R.: J. Opt. Soc. Amer. **43**, 1153 (1953).

[4] MARTIENSEN, W.: Göttinger Nachrichten No. 11, 257, 1955.

Tabelle 96. *Eigenschaften der kubischen Kristalle*

Kristall	Wasserlöslichkeit g/100 cm³	Härte nach KNOOP kg/mm²	Literatur	Spektrales Durchlässigkeitsgebiet μ	Literatur
LiF	0,26	102	1	0,11—7	10—16, 17
NaF	4,30	60	2	0,13—12	10, 13
NaCl	36	18	1	0,185—17	11, 18 17
KCl	34	9	1	0,185—25	17, 19 17
KBr	66	7	1	0,21—37	10, 18—20
KJ	145	5	2	0,27—42	20
CsBr	124	19,5	3	0,23—45	21—23
CsJ	85	—	—	0,25—60	22, 24, 25
AgCl	$1,5 \times 10^{-5}$	9,5	1	0,42—30	19, 26, 27
AgBr	$1,2 \times 10^{-5}$	7	4	0,50—35	4
AgCl/AgBr	6×10^{-4}	12	4	0,45—30	4
TlCl	0,17	13	1	0,4—30	4
TlBr	0,05	12	1	0,5—40	4, 19
TlCl/TlBr	0,1	39	1	0,4—32	4
TlBr/TlJ	0,01	40	1	0,6—42	4
CaF_2	$1,5 \times 10^{-3}$	158	1, 5, 6	0,12—10	28—32, 17, 33
SrF_2	$1,2 \times 10^{-2}$	—	—	0,13—11	34
BaF_2	$1,6 \times 10^{-1}$	—	—	0,15—13	332, 34, 35
CdF_2	4,5	—	—	0,25—10	34, 36
PbF_2	0,07	—	—	0,28—12	34
MgO	6×10^{-4}	692	1	0,22—6	37—40
$Al_2O_3 \cdot MgO$	—	1140	1	0,18—5,3*	11
$SrTiO_3$	—	595	7	0,4—5	41—43
ZnS	$6,5 \times 10^{-5}$	178	8	0,35—8	44—46
C	unl.	8820	8	0,225**	47—51
Si	unl.	1150	8	1,2—15	52—53
Ge	unl.	780	8	1,8—22	54—56
AlSb	—	—	—	0,78	57
GaAs	—	750	8	0,92—10	57
GaP	—	945	8	0,6—4,5	57
GaSb	—	448	8	1,8—2,7	57
InAs	—	381	8	3,8—7	57
InP	—	535	8	1,0—15	57
InSb	—	223	8	7,4—16	57
CdS	—	55	8	0,6—15	58
CdTe	—	44	9	0,9—15	9
PbS	$8,6 \times 10^{-5}$			3,5—7	59
PbSe	—	—	—	5,5—7	59
PbTe	—	—	—	4,5—7	59

* Absorptionsbande bei 3 μ.
** Schwache Absorptionsbanden bei 4,1, 4,65 und 5,0 μ.

[1] COMBES, L. S., S. S. BALLARD und K. A. MCCARTHY: J. Opt. Soc. Amer. **41**, 215 (1951).
[2] SMAKULA, A. und M. W. KLEIN: unveröffentlicht (1949).
[3] BALLARD, S. S., L. C. COMBES und R. A. MCCARTHY: Journ. Opt. Soc. Am. **42**, 65 (1952).
[4] KOOPS, R.: Optik 3, 298 (1948).
[5] WINCHELL, H.: Am. Mineral. **30**, 563 (1949).

ist auf der kurzwelligen Seite die Reflexionskante ν_R durch folgende Beziehung gegeben:[1]

$$\nu_R = \frac{\nu_0 \sqrt{\varepsilon}}{n_0}, \tag{171}$$

wobei ν_0 die Resonanzfrequenz, ε die Dielektrizitätskonstante für $\nu = 0$ und n_0 der Brechungsindex ist.

---

[6] KNOOP, F., C. G. PETERS und W. B. EMERSON: J. Research Natl. Bur. Standards (U.S.A.) **23**, 39 (1939).
[7] LEVIN, S. B., N. J. FIELD, F. W. PLOCK und L. MERKER: Journ. Opt. Soc. Am. **45**, 737 (1955).
[8] WOLFF, G. A., L. TOMAN JR., N. J. FIELD i. J. C. CLARK: in Semiconductors and Phosphors, Proc. Intern. Coll. 1956, S. 463. New York: Interscience Publishers, Inc. 1958.
[9] SHILLIDLAY, T. S.: Battelle Memorial Institute.
[10] MELVIN, E. H.: Phys. Rev. **37**, 1230 (1931).
[11] CALLINGERT, G., S. D. HERON und R. Stair: J. Soc. Automot. Engrs. **39**, 448 (1936).
[12] SCHNEIDER, E. G.: Phys. Rev. **49**, 341 (1936).
[13] HOHLS, H. W.: Ann. Physik **29**, 433 (1937).
[14] KREMERS, H. C.: Ind. Eng. Chem. **32**, 1478 (1940).
[15] GORE, R. C., R. S. MACDONALD, V. Z. WILLIAMS und J. U. WHITE: J. Opt. Soc. Amer. **37**, 23 (1947).
[16] BALLARD, S. S., L. S. COMBES und K. A. MCCARTHY: J. Opt. Soc. Amer. **41** 772 (1951).
[17] CHUBB, T. A. und H. FRIEDMAN: Rev. Sci. Instr. **26**, 493 (1955).
[18] MENTZEL, A.: Z. Phys. **88**, 178 (1934).
[19] PLYLER, E. K.: J. Research Natl. Bur. Standards (USA) **41**, 125 (1948).
[20] STRONG, J.: Phys. Rev. **38**, 1818 (1931).
[21] PLYLER, E. K. und F. P. PHELPS: J. Opt. Soc. Amer. **41**, 209 (1951).
[22] ACQUISTA, N. und E. K. PLYLER: J. Opt. Soc. Amer. **43**, 977 (1953).
[23] RODNEY, W. S. und R. J. SPINDLER: J. Research Natl. Bur. Standards (USA) **51**, 123 (1953).
[24] PLYLER, E. K. und F. P. PHELPS: J. Opt. Soc. Amer. **42**, 432 (1952).
[25] BALLARD, S. S., L. S. COMBES und K. A. MCCARTHY: J. Opt. Soc. Amer. **43**, 977 (1953).
[26] HILSCH, R. und R. W. POHL: Z. Physik **64**, 606 (1930).
[27] KREMERS, H. C.: J. Opt. Soc. Amer. **37**, 337 (1947).
[28] RUBENS, H. und A. TROWBRIDGE: Wied. Ann. **60**, 724 (1897).
[29] SCHNEIDER, E. G.: Phys. Rev. **45**, 152 (1934).
[30] POWELL, W. M.: Phys. Rev. **45**, 154 (1934).
[31] STOCKBARGER, D. C.: J. Opt. Soc. Amer. **39**, 731 (1949).
[32] BALLARD, S. S., L. S. COMBES und K. A. MCCARTHY: J. Opt. Soc. Amer. **42**, 684 (1952).
[33] KNUDSEN, A. R. und J. E. KUPPERIAN: J. Opt. Soc. Am. **47**, 440 (1957).
[34] JONES, D. A., R. V. JONES und R. W. H. STEVENSON: Proc. Phys. Soc. (London) **B85**, 906 (1952).
[35] CHUBB, T. A.: J. Opt. Soc. Am. **46**, 362 (1956).
[36] HAENDLER, H. M., C. M. WHEELER und W. J. BERNARD: J. Opt. Soc. Amer. **43**, 215 (1953).
[37] STRONG, J. und R. T. BRICE: J. Opt. Soc. Amer. **25**, 207 (1935).

[1] HAAS, G. und J. A. A. KETELAAR: Phys. Rev. **103**, 564 (1956).

Die Absorptionskanten der Ionenkristalle im ultraroten Gebiet liegen bei etwa einem Drittel der Wellenlänge der Absorptionsmaxima der Reststrahlen. Hinter den Reststrahlenbanden werden die Kristalle wieder durchsichtig, z. B., Diamant bei Wellenlängen größer als 11 μ und Quarz oberhalb 60 μ.

Verunreinigungen können die Durchlässigkeit stark einschränken. Bei Halbleitern können die freien Elektronen die Absorption wesentlich erhöhen (z. B. Si, Ge). Das beste Material in bezug auf Durchlässigkeit für das ultraviolette Gebiet ist Lithiumfluorid und fürs Ultrarot das Caesiumjodid. Eine Besonderheit weist Diamant auf, dessen Ultrarotabsorption wegen der unpolaren Struktur so schwach ist, daß er für Empfänger im Ultrarot uneingeschränkt für alle Wellenlängen verwendet werden kann.

Bei der Verwendung der Einkristalle in der Optik sind folgende Eigenschaften besonders wichtig:

1. Wellenlängenbereich der Durchlässigkeit
2. Lichtbrechung
3. Temperatureinfluß auf die Lichtbrechung
4. Dispersion
5. Thermische Ausdehnung
6. Wasserlöslichkeit
7. Härte

---

[38] Willmott, J. C.: Nature **162**, 996 (1948).

[39] Burstein, E., J. J. Oberly und E. K. Plyler: Proc. Ind. Acad. Sci. **38**, 388 (1948).

[40] Willmott, J. C.: Proc. Phys. Soc. (London) **63A**, 389 (1950).

[41] Noland, J. A.: Phys. Rev. **94**, 724 (1954).

[42] Levin, S. B., N. J. Field, F. M. Plock und L. Merker: J. Opt. Soc. Amer. **45**, 737 (1955).

[43] Gandy, H. W.: Phys. Rev. **113**, 795 (1959).

[44] Piper, W. W.: Phys. Rev. **92**, 23 (1953).

[45] Czyzak, S. J., D. C. Reynolds, R. C. Allen u. C. C. Reynolds: J. Opt. Soc. Amer. **44**, 864 (1954).

[46] Coogan, C. K.: Proc. Phys. Soc. (London) **70**, 845 (1957).

[47] Robertson, R., J. J. Fox und A. E. Martin: Phil. Trans. **232**, 465 (1934).

[48] Sutherland, G. B. B. M. und H. A. Willis: Trans. Faraday Soc. **41**, 289 (1945).

[49] Ramanathan, K. G.: Proc. Ind. Acad. Sci. **A24**, 130 (1946).

[50] Clark, C. D., R. W. Ditchburn und H. B. Dyer: Proc. Roy. Soc. **A234**, 363 (1956).

[51] Champion, F. C. und D. L. O. Humphreys: Proc. Phys. Soc. (London) **B70**, 320 (1957).

[52] Fan, H. Y., M. L. Shepherd und W. Spitzer: Photoconductivity Conference, New York: Wiley and Sons 1954/56.

[53] Newman, R.: Phys. Rev. **99**, 465 (1955).

[54] Lax, M. und E. Burstein: Phys. Rev. **97**, 39 (1955).

[55] Dash, W. C. und R. Newman: Phys. Rev. **99**, 1151 (1955).

[56] Collins, R. J. und H. Y. Fan: Phys. Rev. **93**, 674 (1954).

[57] Oswald, F. und R. Schade: Z. Naturf. **9a**, 611 (1954).

[58] Francis, A. B. und A. I. Carlson: J. Opt. Soc. Am. **50**, 118 (1960).

[59] Gibson, A. F.: Proc. Phys. Soc. (London) **B65**, 378 (1952).

Tabelle 97. *Linearer Ausdehnungskoeffizient der kubischen Kristalle*

Kristall	Temperatur °C	Ausdehnungskoeffizient in 10^{-6}/°C	Literatur
LiF	—223 bis —10	2,03 bis 31,4	1
	+42,6 bis +379,4	34,72 bis 48,58	2
	+50 bis +400	34,8 bis 49,3	3
		34,17	4
NaF	—184 bis 0	22,6 bis 32,7	5
	0	36,0	6
NaCl	—184 bis 0	31,0 bis 36,7	5
	+ 15 bis +70	40,5	7
	40	40,39	8
$NaClO_3$	34,2 bis 225,9	44,92 bis 59,69	9
$NaBrO_3$	36,5 bis 285,1	39,20 bis 47,24	9
KCl	—184 bis 0	29,6 bis 33,7	5
		36,5	10
KBr	—184 bis 0	33,7 bis 36,7	5
		40,5	11
KJ	—184 bis 0	38,7 bis 41,7	5
CsBr	30 bis 75	69*	12
CsJ	30 bis 75	55*	12
		48,6	13
NH_4Cl	31,6 bis 128,2	57,22 bis 98,72	14
NH_4Br	33,4 bis 121,5	61,66 bis 96,52	14
AgCl	—167 bis 11,5	10,5 bis 29,5	15
	40	39,938	8
	42,5 bis 325	31,05 bis 47,74	2
	350 bis 474	605 bis 70,6	16
AgBr	40	34, 687	8
AgCl/AgBr	20	39	17
TlCl	20 bis 150	56	18
	15 bis 60	54,57	7
TlBr	20 bis 150	57	18
	15 bis 60	51,20	7
TlCl/Br	20 bis 35	51	19
TlBr/J	20 bis 35	49	19
CaF_2	—178 bis +5,5	7,17 bis 18,53	20
	20 bis 260	20,81 bis 23,80	21
	43 bis 637,3	19,36 bis 36,75	22
	50 bis 400	19,3 bis 27,9	3
MgO	50,3 bis 646,2	11,28 bis 15,14	2
		14,45	23
	50,3 bis 400	11,2 bis 14,1	3
$MgO \cdot Al_2O_3$	40	5,9	24
C (Diamant)		1,38	25
	—130 bis +35	0,18 bis 1,0	26
	550	3,9	27
Si		4,15	28
	—172	—0,4	20
	— 87	+0,9	29
	+100 bis +1000	1,95 bis 3,27	30

* Gepreßte Pastillen.

Tabelle 97 (Fortsetzung)

Kristall	Temperatur °C	Ausdehnungskoeffizient in 10^{-6}/°C	Literatur
Ge	—175 bis 275	2,4 bis 7,5	21
	+340 bis 645	7,3 bis 7,5	32
PbS	+45,3 bis 374,6	18,73 bis 22,36	33
ZnS	—223 bis —10	—0,13 bis 6,14	1

Manche Daten der angeführten Eigenschaften sind in den bekannten physikalisch-chemischen Tabellen zu finden. Sie sind aber meist entweder unvollständig oder veraltet. Es werden deshalb hier, soweit wie möglich, alle Daten der wichtigsten Kristalle in Form von Tabellen und Kurven wiedergegeben. Einer besseren Übersicht halber sind die Brechzahlen und deren Temperaturkoeffizienten im Anhang zusammengefaßt. In der Tab. 96 sind zunächst für eine allgemeine Orientierung Wasser-

---

1 ADENSTEDT, H.: Ann. Physik **26**, 69 (1936).
2 SHARMA, S. S.: Proc. Ind. Acad. Sci. **A32**, 268 (1950).
3 RADHAKRISHNAN, T.: Proc. Ind. Acad. Sci. **33**, 22 (1951).
4 STRAUMANIS, M., A. IEVINS und K. KARLSONS: Z. phys. Chem. **B42**, 143 (1939).
5 HENGLEIN, F. A.: Z. phys. Chem. **117**, 285 (1925).
6 KLEMM, W.: Z. Elektrochem. **34**, 523 (1928).
7 STRAUMANIS, M. und A. IEVINS: Z. Phys. **102**, 353 (1936).
8 FIZEAU, H.: Compt. rend. **64**, 313 (1867).
9 SHARMA, S. S.: Proc. Ind. Acad. Sci. **A31**, 83 (1950).
10 TU, Y.: Phys. Rev. **40**, 662 (1932).
11 CONNELL, L. F. und H. C. MARTIN: Acta Cryst. **4**, 75 (1951).
12 BRIDGMAN, P. W.: Proc. Am. Acad. Sci. **67**, 345 (1932).
13 RYMER, T. B. und P. G. HAMBLING: Acta Cryst. **4**, 565 (1951).
14 SHARMA, S. S.: Proc. Ind. Acad. Sci. **A31**, 339 (1950).
15 SREEDHAR, A. K.: J. Indian Inst. Sci. **A36**, 182 (1954).
16 U. S. Naval Ordnance Laboratories, Report No. 23, Dezember 1947.
17 KOOPS, R.: Optik **3**, 298 (1948).
18 KLEMM, W., TILK, W. und S. MÜLLENHEIM: Z. Elektrochem. **34**, 523 (1928).
19 SMAKULA, A., KALNAJS, J. und V. SILS: Tech. Rep. 67, Laboratory for Insulation Research, Massachusetts Institute of Technology, March 1953.
20 VALENTINER, S. und J. WALLOT: Ann. Physik **46**, 847 (1915).
21 PRESS, D. C.: Proc. Ind. Acad. Sci. **A30**, 284 (1949).
22 SHARMA, S. S.: Proc. Ind. Acad. Sci. **A31**, 261 (1950).
23 BÜSSEM, W., M. BLUTH und G. GROCHTMANN: Ber. deut. Ker. Ges. **16**, 381 (1935).
24 The Linde Air Products Co., Research Laboratory, Pamphlet, 1946.
25 STRAUMANIS, M. und E. Z. AKA: J. Amer. Chem. Soc. **73**, 5643 (1951).
26 RÖNTGEN, W. C.: Sitzber. Akad. München, S. 381, 1912.
27 KRISHNAN, R. S.: Proc. Ind. Acad. Sci. **24**, 33 (1946).
28 STRAUMANIS, M. und E. Z. AKA: J. Appl. Phys. **23**, 330 (1952).
29 ERFLING, H. D.: Ann. Physik [5] **41**, 467 (1942).
30 SCHULTZE, A.: Z. tech. Phys. **11**, 443 (1930).
31 FINE, M. E.: J. Appl. Phys. **24**, 338 (1953).
32 NITKA, H.: Phys. Z. **38**, 896 (1937).
33 SHARMA, S. S.: Proc. Ind. Acad. Sci. **A34**, 72 (1951).

Tabelle 98. *Eigenschaften der nichtkubischen Kristalle*

Kristall	Name	Wasserlöslichkeit g/100 cm³	Härte nach Knoop kg/mm²	Literatur	Spektraler Durchlässigkeitsbereich μ	Literatur
Al_2O_3	Korund	$9{,}8\times10^{-5}$	$\perp c$ 1660, $\parallel c$ 2000	1	0,17— 7*	6–10, 11
$CaCO_3$	Kalkspat	$1{,}3\times10^{-3}$	$\perp(10\bar{1}1)$ 75—135	2	0,3 — 5,5	12, 13
CdS	Cadmiumsulfid	$1{,}3\times10^{-4}$			0,6 —15	14, 15
$NaNO_3$	Na-Nitrat	88			0,35—	16
$PbCl_2$	Bleichlorid	0,97			—30	17
SiO_2	Quarz	unl.	$\perp c$ 790	3	0,16— 4,5	7, 18
TiO_2	Rutil	unl.	$\perp c$ 790—880	4	0,43— 7	19
			$\perp c$ $\parallel c$ 900—910	5		

* Ein schwaches Absorptionsmaximum bei 0,184 μ (siehe Ref. 7) aber nicht immer.

löslichkeit, Härte und spektraler Durchlässigkeitsbereich und in Tab. 97 lineare Ausdehnungskoeffizienten der wichtigsten kubischen Kristalle zusammengestellt. Für nichtkubische Kristalle sind die entsprechenden Daten in den Tab. 98 und 99 zu finden. Die Ultraviolettabsorptionskonstanten einiger Kristalle sind in Abb. 219 wiedergegeben. Der Anstieg der Absorption unterhalb 0,25 μ bei NaF, LiF und NaCl ist wahrscheinlich durch Verunreinigungen verursacht. Die besten im Vakuum

[1] Peters, C. G.: J. Research Natl. Bur. Standards, USA, 1949.
[2] Winchell, H.: Am. Mineral. 30, 563 (1949).
[3] Knoop, F., C. G. Peters und W. B. Emerson: J. Res. N. B. S. 23, 39 (1939).
[4] Combes, L. S., S. S. Ballard und K. A. McCarthy: J. Opt. Soc. Am. 41, 215 (1951).
[5] Linde Company, New York, Industrial Crystal Bulletin, 22. April 1958.
[6] Bauple, R., A. Gilles, J. Romand und B. Vodar: J. Am. Opt. Soc. 40, 588 (1950).
[7] Callingert, G., S. D. Heron und R. Stair: J. Soc. Antomot. Engrs. 39, 448 (1936).
[8] Kebler, W.: Optical Properties of Synthetic Sapphire, Linde Co., 1952.
[9] Freed, S., M. L. MacMurray und E. J. Osenbaum: J. Chem. Phys. 7, 853 (1939).
[10] Vodar, B., R. Freymann und T. Yeou: J. Chem. Phys. 8, 349 (1940).
[11] Chubb, T. A. und H. Friedman: Rev. Sci. Instr. 26, 493 (1955).
[12] Nyswander, R. E.: Phys. Rev. 28, 291 (1909).
[13] Silverman, S.: Phys. Rev. 39, 72 (1932).
[14] Frerichs, R.: Phys. Rev. 72, 594 (1947).
[15] Klick, C. C.: Phys. Rev. 89, 274 (1953).
[16] Smakula, A.: nicht veröffentlicht.
[17] Plyler, E. K.: J. Res. N. B. S. 41, 125 (1948).
[18] Drummond, D. G.: Proc. Roy. Soc. A153, 378 (1935).
[19] Cronemeyer, D. C.: Phys. Rev. 87, 786 (1952).

Tabelle 99. *Linearer Ausdehnungskoeffizient der nichtkubischen Kristalle*

Kristall	Temperaturbereich °C	Ausdehnungskoeffizient in 10^{-6}/°C		Literatur
		‖ zur *c*-Achse	⊥ zur *c*-Achse	
Al_2O_3	50—1000	6,7—9,0	5,0 — 8,3	1
(Korund)	51,7—676,9	6,85—11,5	—	2
	53,6—684,4	—	5,72—10,65	2
$CaCO_3$	40	26,21	—5,40	3
(Kalkspat)	20—300	21.20	—3,80	4
$NaNO_3$	50—295	120—660	11—10	5
SiO_2	—193—16	3,22— 5,16	7,30—10,43	6
(Quarz)	0—500	9,6 —12,2	16,0—20,8	7
	0—730	8,7 —13,5	14,2—24,0	8
TiO_2	40	9,19	7,14	9
(Rutil)	20—70	12	7,6	10

hergestellten Lithiumfluoridkristalle haben eine bessere Durchlässigkeit als die Calziumfluoridkristalle (Abb. 220). In der Luft hergestellte LiF-Kristalle zeigen einen allmählichen Anstieg der Absorption bereits von 0,3 μ an abwärts. CaF_2-Kristalle weisen bei Dicken über 5 cm ein schwaches Absorptionsmaximum bei 0,305 und ein zweites bei 0,180 μ

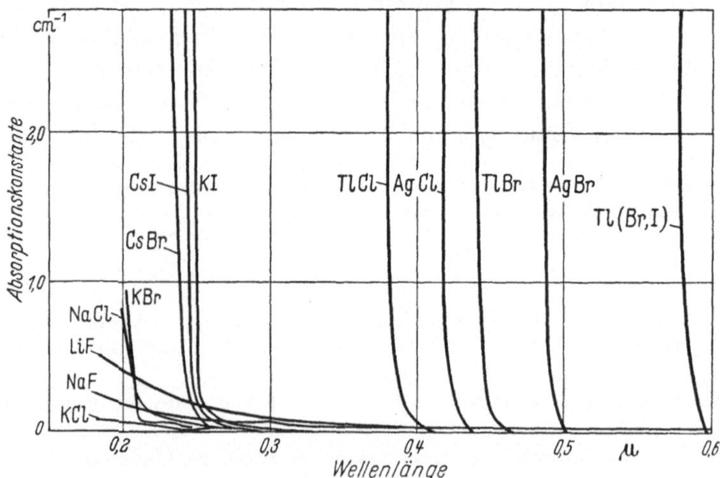

Abb. 219. Ultraviolettabsorptionskanten der Ionenkristalle im nahen Ultraviolett

[1] Austin, J. B.: J. Am. Ceram. Soc. **14**, 795 (1931).
[2] Sharma, S. S.: Proc. Ind. Acad. Sci. **A33**, 245 (1951).
[3] Fizeau, H.: Compt. rend. **66**, 1005 u. 1072 (1868).
[4] Weigle, F. und H. Saini: Helv. Phys. Acta **7**, 257 (1934).
[5] Austin, J. B. und R. H. H. Pierce, jr.: J. Am. Chem. Soc. **55**, 661 (1933).
[6] Lindemann, Ch. L.: Phys. Z. **13**, 737 (1912).
[7] Kozu, S.: Jap. J. Astro. u. Geophys. **2**, 107 (1924).
[8] Jay, A. H.: Proc. Roy. Soc. **A142**, 237 (1933).
[9] Fizeau, H.: Compt. rend. **62**, 1101 u. 1113 (1866).
[10] Pulfrich, C.: Wied. Ann. **45**, 609 (1892).

auf. Die Absorptionskanten von Diamant und Cadmiumfluorid ist in Abb. 221 dargestellt.

Die Absorptionskanten auf der Ultrarotseite sind in der Abb. 222 dargestellt. Am weitesten ist hier das Caesiumjodid durchlässig, das in

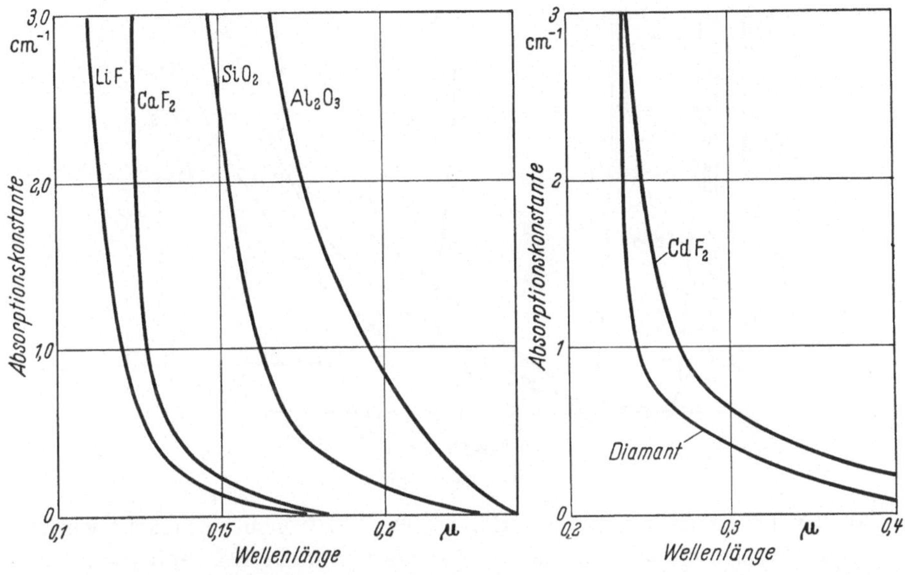

Abb. 220. Ultraviolettabsorptionskanten im Vakuumultraviolett

Abb. 221. Ultraviolettabsorptionskanten von Cadmiumfluorid und Diamant

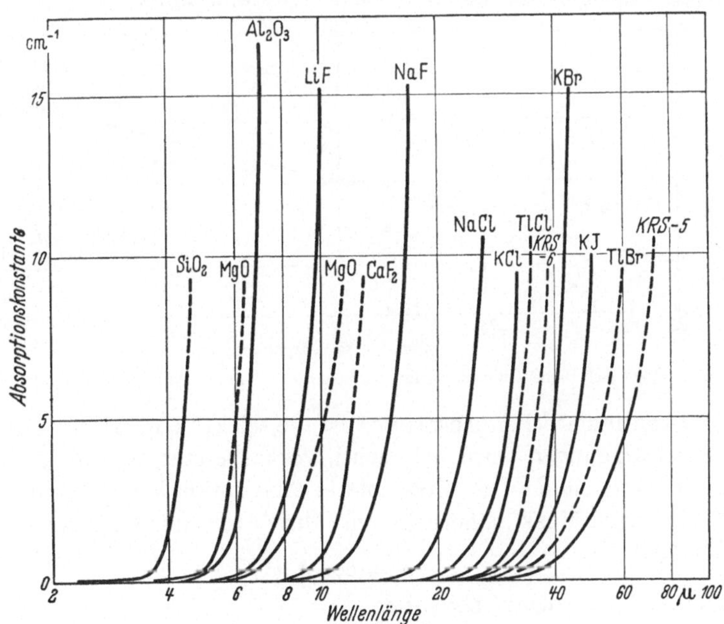

Abb. 222. Ultrarotabsorptionskanten

Prismendicke bis 50 μ benutzt wird. Eine quantitative Bestimmung der Absorption von Caesiumjodid liegt vorläufig nicht vor.

Die Absorption einiger Halbleiter ist in der Abb. 223 dargestellt. Wie man sieht, nimmt in den meisten Fällen die Absorption nach langen

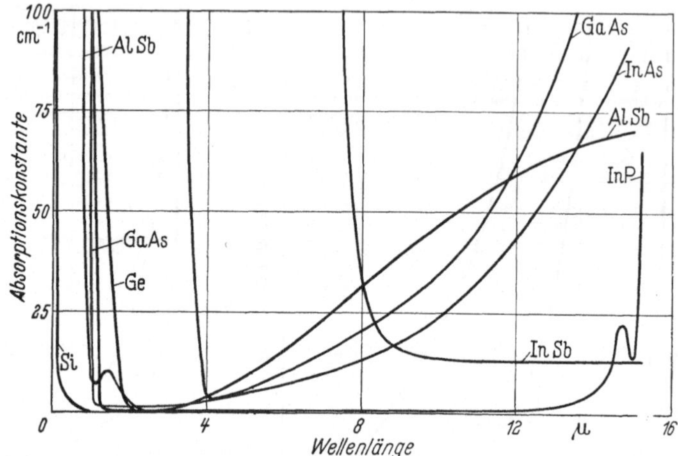

Abb. 223. Absorption einiger Halbleiter

Wellen kontinuierlich zu, was durch freie Elektronen verursacht wird. Diese Absorption ist nicht konstant sondern von der Konzentration der freien Elektronen abhängig, die durch einen Zusatz von Donatoren bzw. Akzeptoren in weiten Grenzen variiert werden kann.

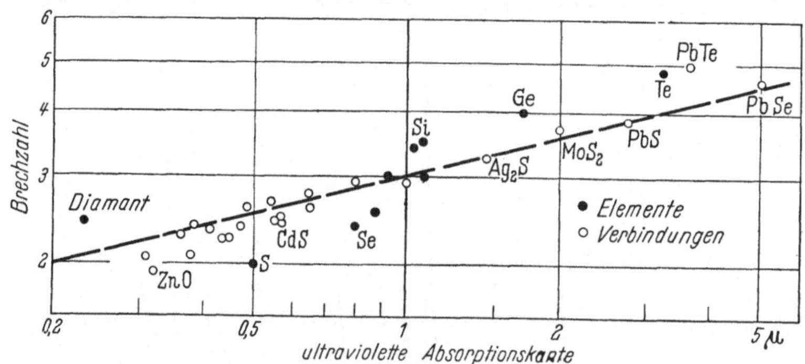

Abb. 224. Photoelektrische Absorptionskante als Funktion der Brechzahl bei Halbleitern (nach Moss[1])

Der kontinuierlichen Absorption ist die selektive überlagert, die durch Atomschwingungen verursacht wird, vorausgesetzt, daß die Bindungen optisch aktiv sind. Die ultraviolette Absorptionskante der Halbleiter läßt sich nach Moss[1] näherungsweise durch folgende Gleichung angeben (Abb. 224):

$$k = \text{const}\ n^4\,, \tag{112}$$

wobei n die Brechzahl bedeutet.

[1] Moss, T.: Proc. Phys. Soc. **B63**, 167 (1950); **A64**, 590 (1951).

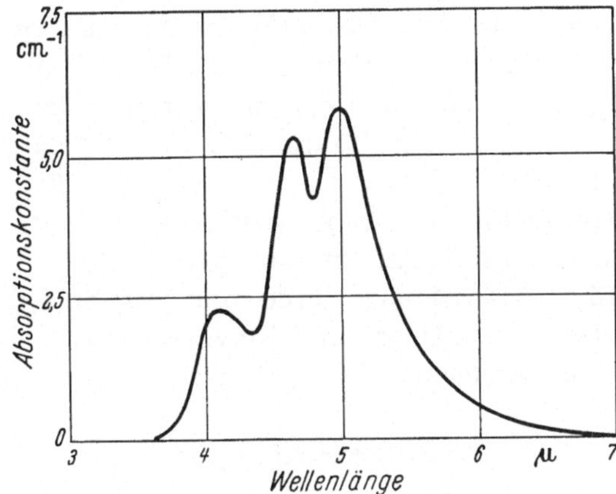

Abb. 225. Ultrarotabsorption des Diamanten

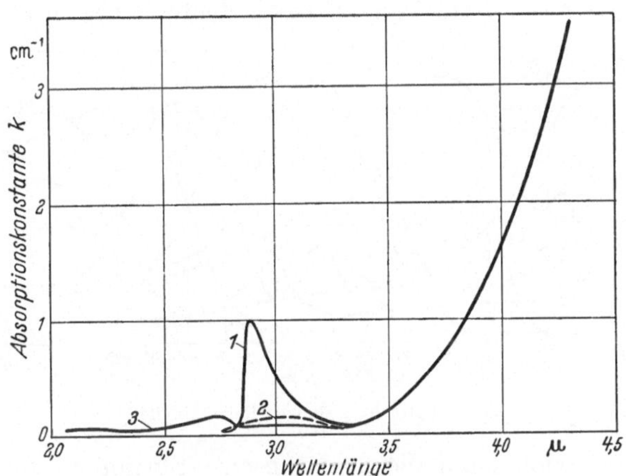

Abb. 226. Anisotropie der Ultrarotabsorption von Quarz. 1. ordentlicher Strahl, 2. außerordentlicher Strahl, 3. Quarzglas

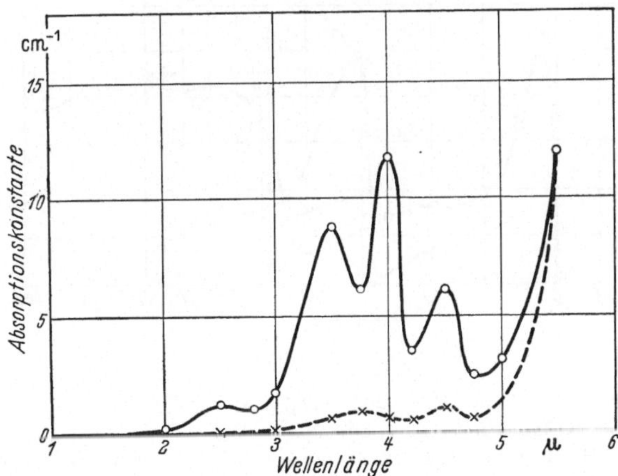

Abb. 227. Anisotropie der Ultrarotabsorption von Kalkspat. 1. ordentlicher Strahl, 2. außerordentlicher Strahl

Diamant zeigt eine konstante Absorptionsbande zwischen 4 und 5 μ, deren k_{max} 3 cm^{-1} ist und eine von Probe zu Probe variable Absorption bei 8 μ, deren k_{max} zwischen 0 und 6,5 cm^{-1} variieren kann. Der Absorptionsverlauf von Diamant im Ultrarot ist in Abb. 225 dargestellt.

Bei doppelbrechenden Kristallen ist die Absorption für den ordentlichen und außerordentlichen Strahl verschieden, wie man aus der Abb. 226 für Quarz[1] und Abb. 227 für Kalkspat[2] ersieht.

Eine merkwürdige Erscheinung wurde von zwei Stellen berichtet, wonach der rechtsdrehende Quarz im Ultraviolett etwa halb so stark absorbiert als der linksdrehende.[3, 4]

18.22 Reststrahlen

Die starke Reflexion der Kristalle im Gebiet der Reststrahlen wird zur Aussonderung bestimmter Wellenlängengebiete ausgenutzt. Durch

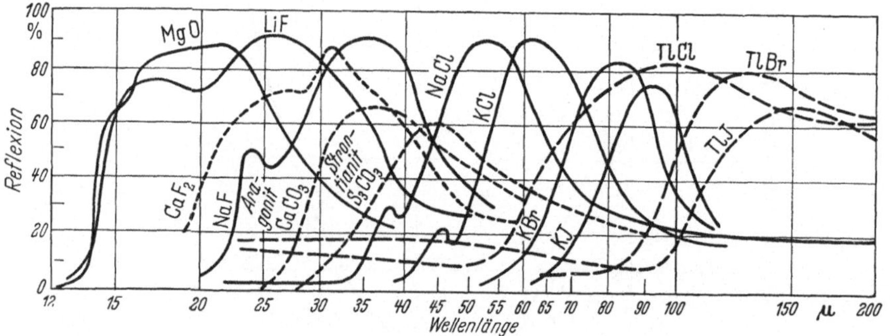

Abb. 228. Reststrahlreflexion der Ionenkristalle

mehrmalige Reflexion kann die unerwünschte Strahlung stark herabgedrückt werden. In der Abb. 228 und 229 und Tab. 100 und 101 sind

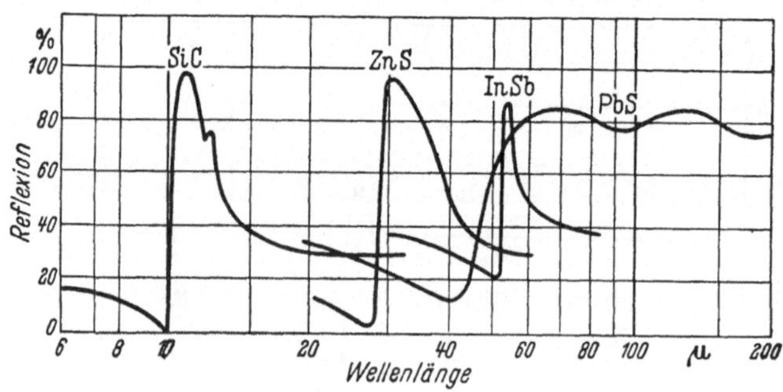

Abb. 229. Reststrahlreflexion der Halbleiter

---

[1] Drummond, D. G.: Proc. Roy. Soc. **A 153**, 378 (1935).

[2] Nyswander, R. E.: Phys. Rev. **28**, 291 (1909).

[3] Gilles, A., R. Bauple, J. Romand und B. Vodar: Compt. rend. **229**, 876 (1949).

[4] Tsukamoto, K.: Dissertation, Paris 1927.

die Reststrahlenmaxima der wichtigsten Kristalle zusammengestellt. Wie man sieht, sind die Reflexionsbanden ziemlich breit, manche davon weisen eine Struktur auf. Die Reflexionsbanden von Siliziumkarbid, Zinksulfid und besonders von Indiumantimonid scheinen viel schmäler zu sein als die der reinen Ionenkristalle.

Tabelle 100

Reflexions- und Absorptionsmaxima kubischer Kristalle im Reststrahlengebiet (in μ)

Kristall	Reflexion		Literatur	Absorption		Literatur
	Haupt- Maxima	Neben- Maxima		Haupt- Maxima	Neben- Maxima	
AgBr	112,7	—	1	—	—	
AgCl	81,5	—	2	—	—	
CaF_2	22,9	—	3	—	—	
CsBr	125	—	4	134	127	15
KBr	82,6	—	5	88,3	82	15
KCl	63,4	42	5–7	70,7	60	15
KJ	94,1	—	3	102,0	96	15
LiF	26,0	13	8	32,6	26	15
MgO	22,0	14	9–11	—17,5	—	10
		23,8				
NaCl	52,0	35	5, 7	61,1	50	15
					40	
NaF	35,8	18	8	40,6	33	15
TlBr	117,0	—	3	—	—	—
TlCl	91,5	—	12	117	110	15
TlJ	151,8	—	12	—	—	—
AlSb	31		13			
GaAs	36		13			
GaSb	40,5		13			
InAs	41		13			
InSb	54,6		14			
ZnS	31		14			

[1] SCHAEFER, C. und F. MATOSSI: Das ultrarote Spektrum. Berlin: Springer 1930.

[2] RUBENS, H. und E. F. NICHOLS: Wied. Ann. **60**, 418 (1897).

[3] RUBENS, H.: Ber. Berliner Akad. Wiss. **1915**, S. 4.

[4] SINTON, W. M. und W. C. DAVIS: J. Opt. Soc. Amer. **44**, 503 (1954).

[5] RUBENS, H.: Ber. Berliner Akad. Wiss. **1913**, S. 513.

[6] CZERNY, M.: Z. Phys. **65**, 600 (1930).

[7] MENTZEL, A.: Z. Phys. **88**, 178 (1934).

[8] HOHLS, W. H.: Ann. Phys., **29**, 433 (1937).

[9] BURSTEIN, E., J. J. OBERLY und E. K. PLYLER: Proc. Ind. Acad. Sci. **38**, 388 (1948).

[10] NOLAND, J. A.: Phys. Rev. **94**, 724 (1954).

[11] KORTH, K.: Gött. Nachr. Math.-Phys. Kl. **1**, 187 (1935).

[12] RUBENS, H. und H. VON WARTENBERG: Ber. Berliner Akad. Wiss. **1914**, S. 69.

[13] PICUS, G. S., E. BURSTEIN und B. W. HENVIS: Bull. Am. Phys. Soc. [2] **2**, 66 (1957).

[14] YOSHINAGA, H.: Phys. Rev. **100**, 753 (1955).

[15] BARNES, R. B.: Z. Phys. **75**, 723 (1932).

Tabelle 101. *Reflexionsmaxima nichtkubischer Kristalle im Reststrahlengebiet (in μ)*

Kristall	Reflexionsmaxima in μ	Literatur
Al_2O_3 (Korund)	11,8, 13,5	1
$CaCO_3$ (Calcit)	or. 6,68, 6,98, 14,16, 30,3, 94 ex. 11,38, 28, 94	2–6
$NaNO_3$ (Natronsalpeter)	7,5, 12,0, 14,4, 456, 135	7, 8
SiO_2 (Quarz)	or. 8,5, 9,1, 12,5, 14,6, 21, 26 ex. 8,5, 8,7, 9,1, 12,9, 19,7, 27,5, 8,9, 12,5, 21, 26, 27	7, 9
TiO_2 (Rutil)	or. 14,5, 16, 18,5, 39 ex. 16, 19,3, 22,2, 30	7

18.23 Brechung und Dispersion

Zur Kennzeichnung der Gläser wird normalerweise die Brechzahl n_D für die gelbe Natriumlinie ($\lambda = 0{,}589\,\mu$) und die von ABBE eingeführte Zahl

$$\nu = \frac{n_D - 1}{n_F - n_C}, \tag{173}$$

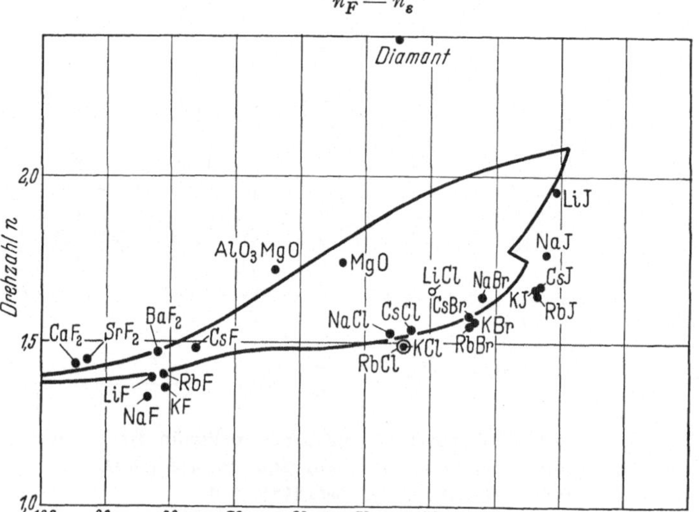

Abb. 230. Brechzahlen als Funktion der ABBEschen Zahl

[1] COBLENZ, W. W.: Investigations of Infrared Spectra, Bd. 5, 1906.
[2] MORSE, L. B.: Astrophys. J. **26**, 225 (1907).
[3] RUSCH, M.: Ann. Phys. **85**, 581 (1928).
[4] SCHAEFER, C. und M. SCHUBERT: Ann. Phys. **50**, 283 (1916).
[5] SCHAEFER, C., C. BORMUTH und F. MATOSSI: Z. Phys. **39**, 648 (1926).
[6] PLYLR, E. K.: Phys. Rev. **33**, 948 (1929).
[7] LIEBISCH, TH. und H. RUBENS: Ber. Berliner Akad. Wiss. 1919, Seiten 198 u. 876; 1921, S. 211.
[8] SCHAEFER, C. und M. SCHUBERT: Ann. Phys. **55**, 577 (1918).
[9] REINKOBER, O.: Ann. Phys. **34**, 343 (1911).

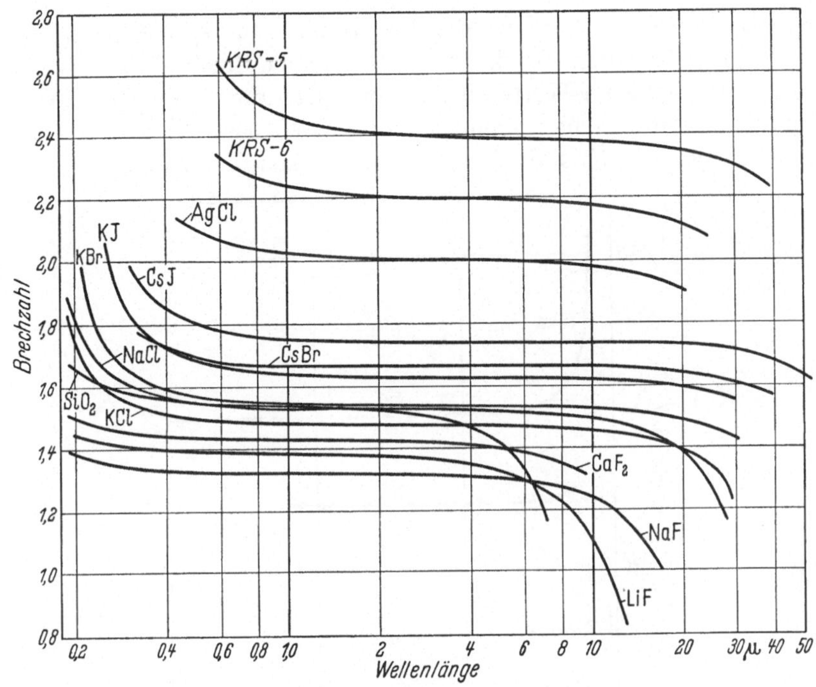

Abb. 231. Brechungsverlauf der Kristalle

KRS 5 ist eine Kurzbezeichnung für den Mischkristall aus TlBr und TlJ, dessen Zusammensetzung dem Minimum des Schmelzpunktes entspricht. KRS-6 ist der Mischkristall aus TlCl und TlBr, dessen Zusammensetzung dem Minimum des Schmelzpunktes entspricht

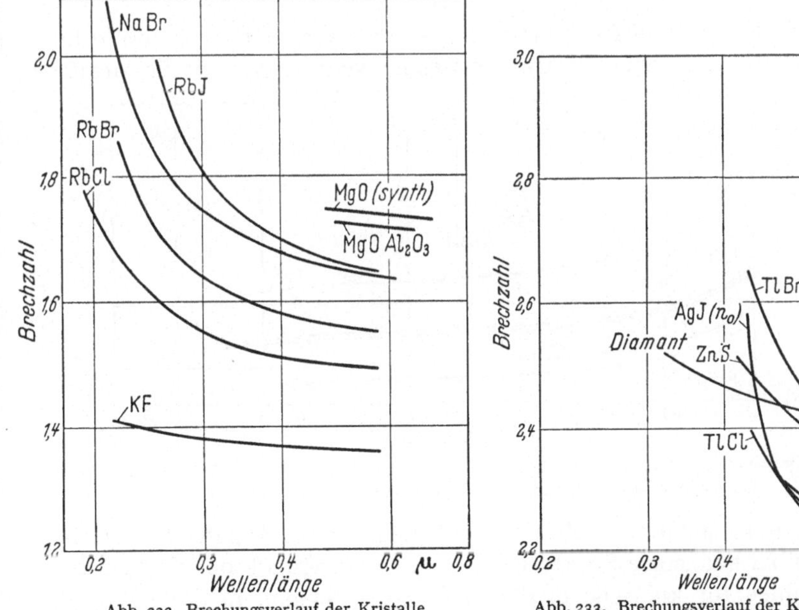

Abb. 232. Brechungsverlauf der Kristalle

Abb. 233. Brechungsverlauf der Kristalle (AgJ (n_0) bezieht sich auf den ordentlichen Strahl)

benutzt wobei n_F bzw. n_C die Brechzahlen für $\lambda_F = 0{,}486\,\mu$ und $\lambda_\varepsilon = 0{,}656\,\mu$ bedeuten. In der Abb. 230 sind die Brechzahlen n_D gegen die entsprechenden ν-Werte eingetragen. Das durch die ausgezogene Kurve umrahmte Gebiet umfaßt die optischen Gläser. Wie man sieht, schließen sich alle Kristalle bis auf Diamant den Gläsern an.

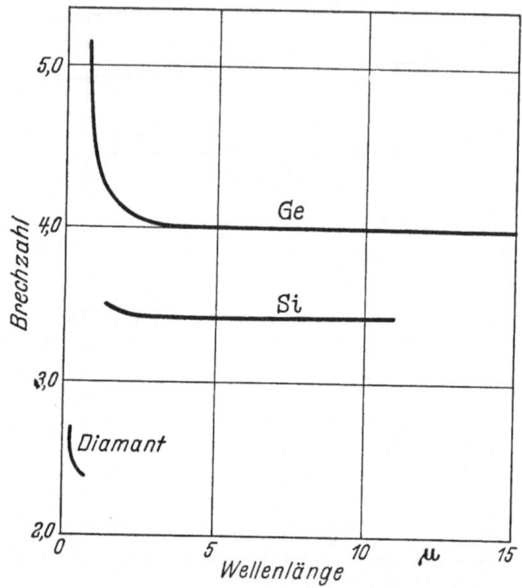

Abb. 234. Brechungsverlauf von Diamant, Silizium und Germanium

Da die Kristalle meist außerhalb des sichtbaren Gebietes, sowohl im Ultraviolett als auch im Ultrarot, verwendet werden, so reicht die Angabe

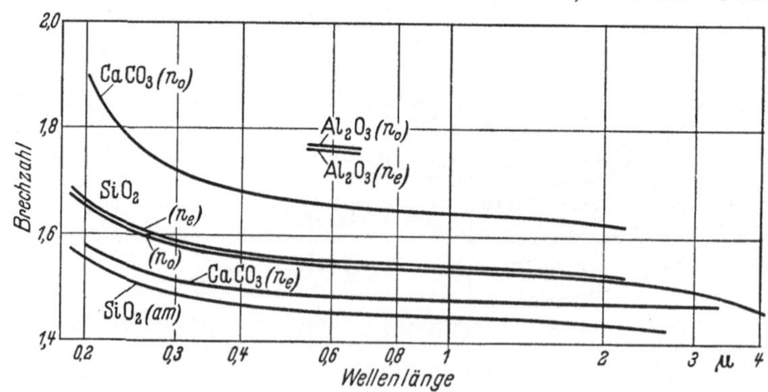

Abb. 235. Brechungsverlauf der doppelbrechenden Kristalle. u_0 und u_e beziehen sich auf den ordentlichen und außerordentlichen Strahl. SiO_2 (am) bezieht sich auf amorphes Material

von n_D und ν nicht aus. Man braucht vielmehr die Angabe der Brechzahlen über das ganze Spektralgebiet. Es wird deshalb der Verlauf der Brechzahlen für kubische in den Abb. 231—234 und in der Abb. 235 für doppelbrechende Kristalle dargestellt. Um das ganze Spektralgebiet von 0,2 bis 40 μ zu fassen, war es nötig, den logarithmischen Maßstab der Wellenlängen zu benutzen, was für eine Interpolation unbequem ist. Die Benutzung dieser Figuren ist deshalb nur für eine

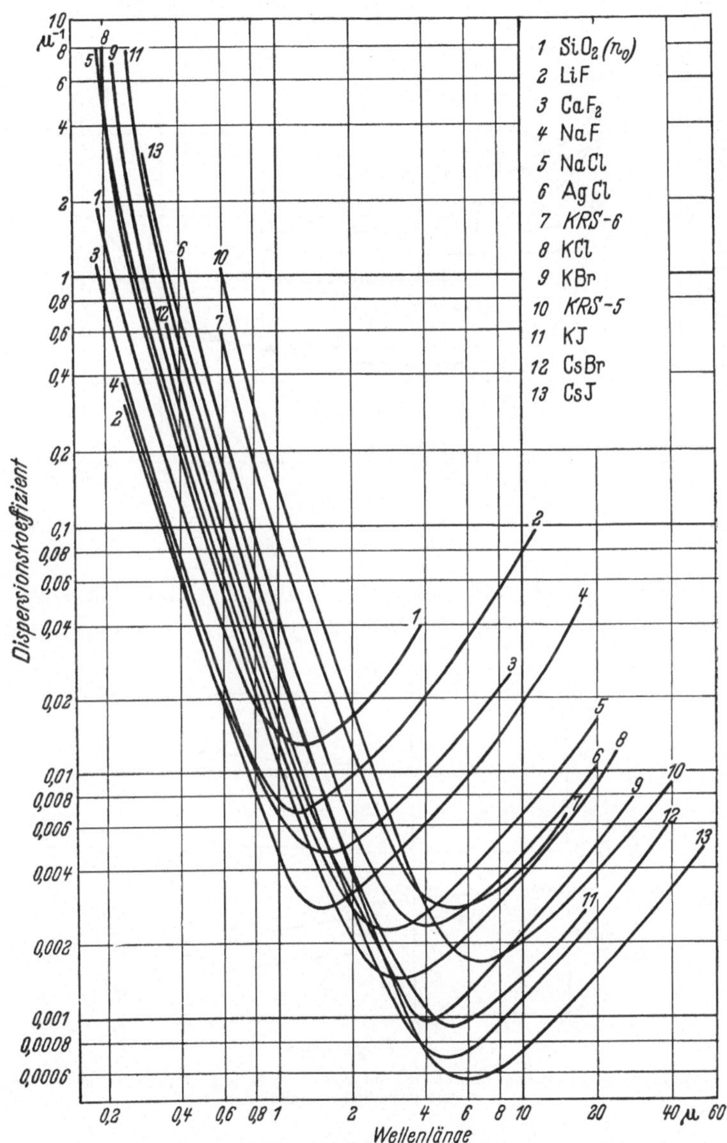

Abb. 236. Dispersion in Abhängigkeit von der Wellenlänge

allgemeine Orientierung gedacht. Die numerischen Werte mit Literaturangaben sind im Anhang zu finden.

Wie man sieht, steigt die Brechzahl bei allen Kristallen im Ultraviolett stark an und nimmt im Ultrarot stark ab. Der An- bzw. Abstieg ist um so steiler, je mehr man sich der ultravioletten bzw. ultraroten Eigenabsorption nähert.

Der Verlauf der Dispersion, definiert als $dn/d\lambda$, als Funktion der Wellenlänge ist in Abb. 236 dargestellt. Aus dieser Figur kann leicht

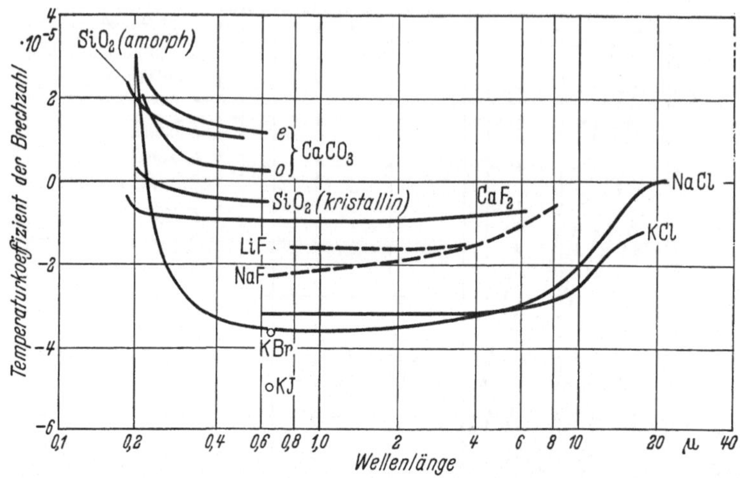

Abb. 237. Temperaturkoeffizient der Brechzahl als Funktion der Wellenlänge. (*o* ordentlicher Strahl; *e* außerordentlicher Strahl)

jedes Wellenlängengebiet für das Kristallmaterial mit höchster Dispersion ausgesucht werden, was bei der Auswahl der Prismen besonders wichtig ist.

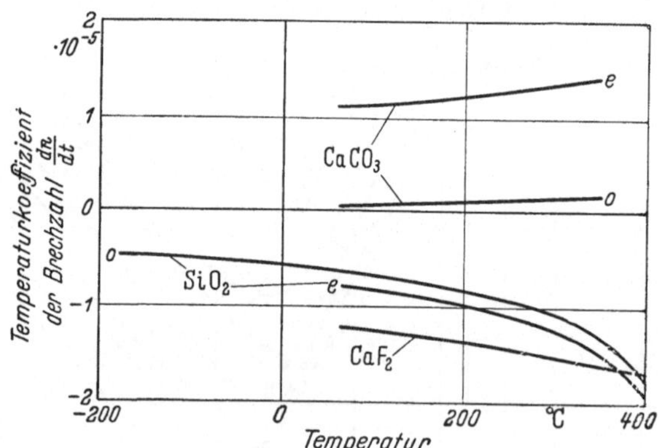

Abb. 238. Temperaturkoeffizient in Abhängigkeit von der Temperatur. (*o* ordentlicher Strahl; *e* außerordentlicher Strahl)

Manchmal werden Kristalle bei verschiedenen Temperaturen verwendet. Bei der Umrechnung der Brechzahl von einer auf eine andere Temperatur muß beachtet werden, daß der Temperaturkoeffizient der Brechung dn/dT wellenlängenabhängig ist. Besonders stark macht sich der Unterschied bei kurzen und bei langen Wellen bemerkbar, wie man aus der Abb. 237 ersieht, in der die bekannten Temperaturkoeffizienten zusammengestellt sind. Die numerischen Daten finden sich im Anhang. Bei größeren Temperaturintervallen muß außerdem noch die Abhängigkeit der Temperaturkoeffizienten von der Temperatur berücksichtigt werden. Für Calziumfluorid, Kalkspat und Thalliumbromojodid ist diese Abhängigkeit in der Abb. 238 dargestellt. Im mittleren Spektralgebiet variiert der Temperaturkoeffizient nur wenig, dagegen ziemlich stark bei kurzen und bei langen Wellen.

18.3 Optische Elemente

In der Optik werden Kristalle für folgende Zwecke verwendet: Prismen, Polarisatoren, Filter, Fenster und Linsen (Abb. 239).

Abb. 239. Prisma und Fenster aus Natriumchloridkristall

18.31 Prismen

Als Prismenmaterial wird im Vakuumultraviolett Calziumfluorid verwendet. Lithiumfluorid ist an sich in diesem Gebiet auch brauchbar. Es wird aber kaum verwendet, wahrscheinlich deshalb, weil es schwieriger ist, Einkristalle von hoher Durchlässigkeit aus LiF als aus CaF_2 herzustellen.

Im Luftultraviolett bis 0,185 μ wird durchweg natürlicher Quarz benutzt. Synthetische Quarzkristalle wurden bis jetzt noch nicht von genügend großen Dimensionen hergestellt, wie sie für Prismen notwendig sind. Quarz hat zwei Nachteile, die durch die Doppelbrechung und Rotation der Polarisationsebene verursacht werden. Durch amorphes Siliziumdioxyd (z. B. Homosil) können diese Nachteile beseitigt werden. Man muß aber dann eine etwas kleinere Dispersion in Kauf nehmen. Die Brechzahlen von amorphem Siliziumdioxyd, das von verschiedenen Firmen hergestellt wird, unterscheiden sich um einige Einheiten in der vierten Dezimale.[1] Blasenfreiheit und Homogenität ist bei großen Stücken nur schwer zu erreichen.

Im nahen Ultrarot bis 2,8 μ ist Quarz das beste Prismenmaterial. Mit amorphem Siliziumdioxyd kommt man bis 3,5 μ.[2] Für das langwelligere Gebiet wird bis 16 μ Natriumchlorid, bis 25 μ Kaliumbromid, bis 40 μ Thalliumbromojodid und bis 50 μ Caesiumjodid verwendet.

Will man in einem bestimmten Gebiet die höchste Dispersion haben, so stehen verschiedene weniger gebrauchte Kristalle zur Verfügung. In der Tab. 102 ist eine Auswahl der Kristalle mit höchster Dispersion von 0,13 bis 40 μ zusammengestellt. Bei der Verwendung der Kristalle für Prismen müssen selbstverständlich noch andere Faktoren berücksichtigt werden, wie z. B. Wasserlöslichkeit, Härte, thermische Ausdehnung, Reflexion und Absorption.

Tabelle 102.
Spektralgebiete der Kristalle mit höchster Dispersion

Kristall	Spektralgebiet (in μ)		Dispersion $dn/d\lambda$ (in μ^{-1})	
	von	bis	von	bis
CaF_2	0,13	0,18	9	1,5
NaCl	0,18	0,22	8	3,0
KBr	0,22	0,25	7	2,5
KJ	0,25	0,30	8	2,5
CsI	0,30	0,40	2	0,6
AgCl	0,40	0,6	1,4	0,25
TlBr/J	0,60	2,0	1,0	0,018
SiO_1	2,0	3,0	0,018	0,027
LiF	3,0	8,0	0,014	0,055
NaF	8,0	12,0	0,014	0,025
NaCl	12,0	16,0	0,008	0,012
KCl	16,0	20,0	0,007	0,009
KBr	20,0	25,0	0,005	0,007
TlBr/J	20,0	40,0	0,004	0,009
CsJ	40,0	50,0	0,0035	0,0045

18.32 Polarisatoren

Für Polarisatoren im ultravioletten und sichtbaren Gebiet kommen hauptsächlich Kalkspat und Quarz in Frage. Kalkspat kann zwischen 0,20 und 3,0 μ und Quarz zwischen 0,18 und 2,0 μ für den ordentlichen und 3,5 μ für den außerordentlichen Strahl verwendet werden. Die großflächigen Polarisationsfilme, die aus ausgerichteten Herapathitkriställchen bestehen, können nur zwischen 0,4 und 0,8 μ benutzt werden. Die leicht herstellbaren großen Natriumnitratkristalle werden trotz großer

[1] RODNEY, W. S. und R. J. SPINDLER: J. Research Natl. Bur. Standards (USA) 53, 185 (1954).

[2] DAVIES, M.: J. Chem. Phys. 18, 398 (1950).

Doppelbrechung ihrer Wasserlöslichkeit wegen für Polarisatoren nicht benutzt. Außerdem sind Natriumnitratkristalle nur von 0,3 bis 2,0 μ durchlässig.

Im ultraroten Gebiet kann ein Satz von planparallelen dünnen Platten aus hochbrechendem Material als Polarisator benutzt werden. Wenn der Einfallswinkel des Lichtes dem BREWSTERschen Winkel ($\operatorname{tg} \alpha = n$) entspricht, dann ist die Reflexion der parallel polarisierten Komponente R_p gleich Null, d. h. es tritt keine Schwächung beim Durchgang auf. Geht das Licht durch mehrere hintereinander geschaltete Platten durch, so wird der Anteil der senkrechten Komponente immer kleiner. Der Grad der Polarisation P ist gegeben durch folgenden Ausdruck

$$P = \frac{I_p - I_s}{I_p + I_s}, \tag{174}$$

wobei I_p bzw. I_s die Intensität der parallelen bzw. senkrechten Komponente bedeuten. Bei einem Plattenpolarisator wird also angestrebt, I_s möglichst klein zu machen. Die Durchlässigkeit der senkrechten Komponente an einer Platte ist

$$T_s = \frac{1 - r_s^2}{1 + r_s^2} = \frac{2\,n^2}{n^4 + 1}, \tag{175}$$

wobei r_s den Reflexionskoeffizient und n die Brechzahl bedeuten. T wird klein sein, wenn n möglichst groß ist, jedoch nicht viel über 2,5, da dann der Einfallswinkel groß wird. Stehen m-Platten hintereinander, so ist die Gesamtdurchlässigkeit[1]

$$T = T_s^m \tag{176}$$

und der Polarisationsgrad

$$P = \frac{1 - T^m}{1 + T^m}. \tag{177}$$

Vielfache Reflexion zwischen den einzelnen Platten wie sie früher angenommen wurde,[2] hat keinen Einfluß und braucht nicht berücksichtigt zu werden.

Mit 6 AgCl-Platten (etwa $6 \times 6 \times 0{,}005$ cm) wurde eine Durchlässigkeit von 52% im Gebiet von 5 bis 20 μ und eine Polarisation von 78% bei einem Winkel von 60° erreicht, die auf 94% bei 75° noch erhöht werden konnte.[3] Bei Verwendung von 10—12 Platten soll die Polarisation praktisch vollkommen sein.

Anstatt Silberchlorid können auch andere Materialien verwendet werden, die keine Absorption, hohe Reflexion und kleine Dispersion in einem weiten Wellenlängenbereich haben. Man hat dazu auch Selen benutzt.[4, 5]

---

[1] CONN, G. K. und G. K. EATON: J. Opt. Soc. Amer. **44**, 553 (1954).

[2] DE LA PROVOSTAYE, M. F. und P. DESAINS: Ann. chim. phys. **30**, 159 (1850).

[3] NEUMAN, R. und R. S. HALFORD: Rev. Sci. Instr. **19**, 270 (1948).

[4] PFUND, A. H.: J. Opt. Soc. Amer. **37**, 558 (1947).

[5] ELLIOT, A., E. J. AMBROSE und R. TEMPLE: J. Opt. Soc. Amer. **38**, 212 (1948).

18.33 Fenster

Zum Durchlaß der Strahlung in bestimmten Spektralgebieten werden oft Fenster aus Kristallen verwendet. Je nach dem Verwendungszweck müssen neben den optischen auch mechanische und thermische Eigenschaften berücksichtigt werden.

Im Vakuumultraviolett liegt die Durchlässigkeitsgrenze für 0,1 cm Dicke für Lithiumfluorid[1] bei 0,11 μ, bei Calziumfluorid[2] bei 0,12 μ und bei Natriumfluorid[1] bei 0,13 μ. Es kommt aber sehr stark auf die Reinheit der Kristalle an. Eine Oberflächenverunreinigung durch Poliermittel kann die Durchlässigkeit herabsetzen.[3] Quarz von 0,2 mm Dicke ist bis 0,145 μ durchlässig.[4] Werden die Fenster einer intensiven kurzwelligen Strahlung ausgesetzt, so kann die Durchlässigkeit wesentlich herabgesetzt werden.[5] Die Durchlässigkeit läßt sich durch Temperaturbehandlung regenerieren. Fenster aus Korund (Al_2O_3) sind bis 0,15 μ durchlässig.[6, 7] Fenster aus Korund lassen sich sowohl mit Glas[8] von annähernd derselben thermischen Ausdehnung als auch mit verschiedenen Metallen[9] durch Metallisieren z. B. mit Mo und Löten mit Ag oder Legierung vakuumdicht verschmelzen.

Synthetischer Glimmer (Phlogopit = $KMg_3AlSi_3O_{10}F_2$) ist besser durchlässig als natürlicher Glimmer. Ein 10 μ dickes Blättchen ist bis unterhalb 0,2 μ durchlässig.[10]

Im Ultrarot werden in Dicken von 1—2 mm folgende Kristalle für Fenster verwendet: Quarz bis 4 μ, Korund bis 6 μ, Magnesiumoxyd bis 10 μ, Thalliumbromojodid bis 60 μ und Diamant über 11 μ unbeschränkt. Selbstverständlich können auch alle anderen Kristalle bei entsprechenden Vorsichtsmaßnahmen benutzt werden.

Vakuumdichte Einschmelzungen von CaF_2-Fenstern lassen sich mit AgCl als Kitt herstellen.[11, 12, 13] Dieselbe Methode läßt sich auch für Al_2O_3[13] und Quarz[14] anwenden. Glimmerfenster können entweder mit

---

[1] MELVIN, E. H.: Phys. Rev. **37**, 1230 (1931).

[2] LYMAN, TH.: The Spectroscopy of the Extreme Ultraviolett. London and New York: Longmans, Green and Co. 1928.

[3] SCHNEIDER, E. G.: Phys. Rev. **49**, 341 (1936).

[4] LYMAN, TH.: Astrophys. J. **25**, 45 (1907).

[5] SCHNEIDER, E. G.: J. Opt. Soc. Amer. **27**, 72 (1937).

[6] FREED, S., M. L. MAC MURRAY und E. J. OSENBAUM: J. Chem. Phys. **7**, 853 (1939).

[7] DACEY, J. R. und J. W. HOTGINS: Can. J. Research **B28**, 90 (1950).

[8] BENZ, E.: WADC Tech. Rep. 54—18, Wright-Patterson Air Force Base, Dayton, Ohio, January 1954.

[9] Linde Company, Industrial Crystal Bulletin, 13. Nov. 1956.

[10] PAPPER, P.: Nature **168**, 1119 (1951).

[11] PALMER, F. W. jr.: Phys. Rev. **45**, 556 (1934).

[12] WEBER, A. H. und C. B. BAZZONI: Rev. Sci. Instr. **8**, 170 (1937).

[13] GREENBLATT, M. H.: Rev. Sci. Instr. **29**, 738 (1958).

[14] BENSON, S. W.: Rev. Sci. Instr. **13**, 267 (1942).

niedrigschmelzendem Bleiborosilikatglas[1, 2] oder mit einem Kupferring unter Druck[3] vakuumdicht angebracht werden.

18.34 Filter

Zur Absonderung eines normalerweise breiten Spektralgebietes sind Filter ihrer großen Lichtdurchlässigkeit wegen sehr nützlich. Man kann Filter in vier Gruppen einteilen, die auf folgenden Effekten beruhen:

Absorption, Reflexion Interferenz, Streuung.

Die ultravioletten und ultraroten Absorptionskanten der Kristalle geben die Möglichkeit, das kurzwellige bzw. das langwellige Spektralgebiet durch Absorption zu eliminieren. Die durchgelassene Strahlung umfaßt dann ein ziemlich breites Spektralgebiet. Man kann auf diese Weise im ultravioletten Gebiet nur die kurzen und im ultraroten nur die langen Wellenlängen ausschalten. Viel öfters ist die Beseitigung der langen Wellen im Ultraviolett und der kurzen im Ultrarot erwünscht. Das läßt sich aber nur selten erreichen.

In manchen Fällen läßt sich die Absorptionskante der Kristalle durch Einbau fremder Komponenten in geringer Konzentration in weiten Grenzen verändern, so z. B. durch den Einbau von Tl, Pb,[4] Ag, Cu[5] u. a. in Alkalihalogenidkristalle. Im ultraroten Gebiet werden zur Ausschaltung der kurzwelligen Gebiete schwarze Schichten aus Kohlenstoff, Wismut, Zink und Gold benutzt, die auf durchlässigen Kristallplatten bei schlechtem Vakuum niedergeschlagen sind.[6] Zu demselben Zweck können additivverfärbte Alkalihalogenidkristalle mit Farbzentren benutzt werden.[7]

Reflexion kann auf zwei Weisen zur Filterung ausgenutzt werden. Geschliffene (aber nicht polierte[8]) Flächen zeigen eine Abnahme der Durchlässigkeit nach kurzen Wellen. Je nach dem Grad der Rauheit der Oberfläche kann die Durchlässigkeit für verschiedene Wellenlängen in gewissen Grenzen verändert werden.[8, 9] Eine bessere Methode beruht auf der Ausnutzung der spiegelnden Reflexion im Gebiet der Reststrahlen.

Viel engere Spektralgebiete erhält man durch Interferenz-Polarisationsfilter. Doppelbrechende Kristalle können zur Erzeugung von praktisch beliebig engen Spektralbereichen benutzt werden. Ein derartiges Filter besteht aus einem Satz von doppelbrechenden Platten mit dazwischen-

---

1 Donal, J. S. Jr.: Rev. Sci. Instr. **13**, 266 (1942).
2 Anderson, J. M.: Rev. Sci. Instr. **31**, 898 (1960).
3 Sterzer, F.: Rev. Sci. Instr. **28**, 208 (1957).
4 Hilsch, R.: Z. Phys **44**, 860 (1927).
5 Smakula, A.: Z. Phys. **45**, 1 (1927).
6 Plyer, E. K. und J. J. Ball: J. Opt. Soc. Amer. **38**, 988 (1948).
7 Jarrel-Ash Co., News Letter **1**, No. 10, S. 5, 1955.
8 McGover, J. J. und R. A. Friedel: J. Opt. Soc. Amer. **37**, 660 (1947).
9 Smakula, A. und M. W. Klein: J. Opt. Soc. Amer. **40**, 748 (1950).

liegenden Polarisationsfiltern.[1, 2, 3] Die Platten sind so orientiert, daß ihre optische Achse senkrecht zur Strahlenrichtung steht. Die Durchlässigkeit einer einzigen doppelbrechenden Platte zwischen zwei Polarisationsfiltern ist durch folgenden Ausdruck gegeben:

$$I = \cos^2 \frac{\pi\, d\, \Delta n}{\lambda}, \tag{178}$$

wobei d die Plattendicke und Δn die Doppelbrechung bedeuten. Die Intensität variiert zwischen 0 und 1 bei kontinuierlicher Änderung von λ. Ein enges Wellenlängengebiet erhält man durch Hintereinanderschaltung einer Reihe von Platten, deren Dicke eine geometrische Reihe bildet. Die Halbwertsbreite des gefilterten Bereichs ist

$$H = \frac{0{,}5\, \lambda^2}{d \Delta n}, \tag{179}$$

wobei d die Dicke der dicksten Platte bedeutet. Die Durchlässigkeit des Gesamtsatzes ist gegeben durch folgende Gleichung

$$I = \cos^2 \frac{\pi\, d\, \Delta n}{\lambda} \cdot \cos^2 \frac{\pi\, 2\, d\, \Delta n}{\lambda} \cdot \cos^2 \frac{\pi\, 4\, d\, \Delta n}{\lambda} \cdot \ldots \tag{180}$$

Kristalle, die für Polarisationsinterferenzfilter geeignet sind, müssen folgende Eigenschaften haben: große Doppelbrechung, große Härte und kleine Wärmeausdehnung. Die erforderlichen Dimensionen der Kristalle hängen von der gewünschten spektralen Halbwertsbreite des Filters und von der Doppelbrechung ab. Für ein Filter aus Quarz mit der Halbwertsbreite von 1 Angström im Gebiet der Wasserstofflinie H_α muß die dickste Platte 24 cm dick sein. Dabei müssen die Platten einwandfrei homogen sein. Die in Frage kommenden Kristalle sind in der Tab. 104 zusammengestellt. In der Spalte Doppelbrechung ist die Differenz des Brechungsindizes n_0 und n_e für den ordentlichen und den außerordentlichen Strahl angegeben.

Tabelle 103. *Kristalle für Polarisations-Interferenzfilter*

Kristall	Doppelbrechung $n_0 - n_e$	Härte nach Knoop	Wasserlöslichkeit g/100 g Wasser
$NaNO_3$	0,25	19	88
$CaCO_3$	0,17	75—135	$1{,}4 \times 10^{-3}$
Aethylendiamintartrat	0,084	weich	—
Ammoniumdihydrogenphosphat	0,045	weich	22,7*
Quarz	0,009	740	unlöslich

* Bei 0° C

[1] Lyot, B.: Compt. rend. **197**, 1953 (1933).
[2] Öhman, Y.: Nature **141**, 291 (1938).
[3] Evans, J. W.: J. Opt. Soc. Amer. **39**, 229 (1949).

Von allen angeführten Kristallen ist Quarz trotz seiner kleinen Doppelbrechung noch das beste Material, wenn man sich auf Halbwertsbreiten über 3 Angström beschränkt. Ein Filter aus Ammoniumdihydrogenphosphat-Kristallen mit einer Halbwertsbreite von 1 Angström wurde von BILLINGS, SAGE und DRAISIN hergestellt.[1]

Es soll noch erwähnt werden, daß doppelbrechende Kristalle eventuell für extrem hohe Auflösung von Hundertstel oder sogar Tausendstel Angström von Wichtigkeit werden können.[2]

18.35 Linsen

Die Verwendung von Kristallen für Linsensysteme kommt vor allem in den Spektralgebieten in Frage, in denen die optischen Gläser undurchlässig sind. Das ist vor allem im ultravioletten Gebiet der Fall. Hier kann eine Kombination von Calziumfluorid oder Lithiumfluorid mit Quarz zwischen 0,185 und 1,4 μ als Achromat dienen.[3] Lithiumfluorid und Quarzglas wurde auch zum Bau eines Mikroapochromaten benutzt.[4] Eine Kombination von Magnesiumoxyd und Quarz kann zum Bau eines Achromataten für das Ultraviolett dienen.[5] Die MgO-Flächen müssen allerdings geschützt werden, da sie von der Kohlensäure der Luft angegriffen werden. Zur Beseitigung des sekundären Spektrums in MikroApochromaten findet Calziumfluorid und Kaliumaluminiumalaun $KAl(SO_4)_2 \cdot 12\,H_2O$ Anwendung. Im Ultrarotgebiet können Ge- und Si-Kristalle verwendet werden, vor allem in Fällen in denen es auf eine hohe Brechzahl und Beständigkeit ankommt.[6, 7]

Eine besondere Anwendung findet Korund in Form von zylindrischen Stäben (Durchmesser 0,3 cm, Länge 45 cm), als Strahlungsleiter in der Kontrolle der Hochtemperaturöfen. Die Strahlung wird von der Heizzone durch den blankpolierten Korundstab zum Pyrometer geleitet.[8]

18.4 Röntgenmonochromatoren

Monochromatische Röntgenstrahlung wird durch die Beugung der heterogenen Röntgenstrahlung an Kristallen erhalten. Das Auflösungsvermögen hängt von dem Netzebenenabstand und der Güte des Kristalls ab. Außerdem ist das Streuvermögen der Kristalle maßgebend. Die Größe der Kristalle ist $30 \times 20 \times 0{,}5$ mm. In der Tab. 104 sind die für Röntgenmonochromatoren gebräuchlichsten Kristalle mit Angabe der

[1] BILLINGS, H., S. SAGE und W. DRAISIN: Rev. Sci. Instr. **22**, 1009 (1951).
[2] EVANS, J. W.: J. Opt. Soc. Am. **39**, 229 (1949).
[3] STOCKBARGER, D. C. und C. H. CARTWRIGHT: J. Opt. Soc. Amer. **29**, 29 (1939).
[4] JOHNSON, B. K.: Nature **143**, 376 (1939).
[5] STRONG, J. und R. T. BRICE: J. Opt. Soc. Amer. **25**, 207 (1935).
[6] TREUTING, R. G.: J. Opt. Soc. Am. **51**, 454 (1951).
[7] SCOTT, R. M.: Proc. I. R. E. **47**, 1530 (1959).
[8] SUTCLIFFE, C. H. und T. J. CARROLL: Rev. Sci. Instr. **27**, 656 (1956).

benutzten Netzebenenabstände und in der Tab. 105 das relative Streuvermögen angegeben.

Tabelle 104. *Kristalle für Röntgenmonochromatoren*[1, 2]

Kristall	Eigenschaften	Benutzte Netzebene	d Abstand A	Linien	
				Intensität	Schärfe
LiF	gut, plastisch	111	2,01	sehr stark	mittel
Diamant	sehr hart	111	2,05	schwach	sehr scharf
NaCl	H_2O-löslich	200	2,81	mittel	breit
Kalkspat	gut, mittel-hart	200	3,03	mittel	mittel
Harnsäurenitrat	sehr weich	002	3,13	stark	sehr breit
CaF_2	gut, mittel-hart	111	3,15	mittel	mittel
Quarz	sehr gut	1011	3,34	schwach	sehr scharf
Pentaerythrit	sehr weich	002	4,39	sehr stark	mittel
Al	brüchig	0004	5,61	schwach	mittel
Gips	weich	010	7,58	stark	scharf
Beryll	gut, hart	1010	7,96	schwach	—
Glimmer	sehr eleastisch	001	9,94	schwach	—
Zucker	weich	100	10,57	sehr schwach	—

Tabelle 105. *Das relative Streuvermögen*[3]

Kristall	Kalkspat	Glimmer	Gips	Quarz	CaF_2	NaCl	ZnS
Netzebene	200	001	020	10,0	111	200	220
Streuvermögen für FeKα	1,0	0,2	0,5	0,3	0,9	1,7	0,9
Streuvermögen für AgKα	1,0	—	0,5	0,3	—	3,4	0,8

Das Streuvermögen hängt stark von der Güte des Kristalls und von der Wellenlänge ab. Bei kurzen Wellen ($\lambda = 0{,}5$ Å) ist das Streuvermögen von NaCl 3,5mal größer als das von $CaCO_3$. ZnS und CaF_2 sind zwischen 0,5 und 2,0 dem $CaCO_3$ gleich. Bei langen Wellen $\lambda > 3$ A ist Gips dem $CaCO_3$ überlegen.

Nach RENNINGER[3] ist das absolute Streuvermögen S in grober Näherung proportional zu

$$S \sim d\varrho_e^2/\mu \,, \tag{181}$$

wobei d den Netzebenenabstand, ϱ_e die mittlere Elektronendichte und μ den Absorptionskoeffizient bedeuten. In der Tab. 106 ist das absolute Streuvermögen für CuKα-Strahlung in 10^{-5} Einheiten gegeben.

Der Unterschied gegenüber der Tab. 107 ist wahrscheinlich durch die Verschiedenheit der Kristallgüte und der Strahlung verursacht.

[1] LIPSON, H., J. B. NELSON und D. P. RILEY: J. Sci. Instr. **22**, 184 (1945).
[2] FAESLER, A. und G. KÜPPERLE: Z. Phys. **93**, 237 (1934).
[3] RENNINGER, M.: Phys. Abh. **3**, No. 8, 184 (1952).

Tabelle 106. *Absolutes Streuvermögen für CuKα* (nach RENNINGER)

Kristall	Al	NaCl	Quarz	Cu	LiF	Pentaerythrit	Diamant	Graphit
Netzebene	200	200	101	200	200	002	111	—
Streuvermögen	29	31	43	71	110	115	120	620

Da das Streuvermögen weniger als 10^{-3} der primären Intensität beträgt,[1] so hat man fokussierende Methoden entwickelt, um die Intensität der gebeugten Strahlung zu erhöhen. Man verwendet dazu einfach bzw. doppelt gekrümmte zylindrische Platten. Als geeignetes Kristallmaterial wird Quarz, Glimmer, Lithiumfluorid oder Natriumchlorid genommen.[2] Die Herstellung solcher Platten aus NaCl wurde von WARREN[3] und aus Quarz von BERREMAN, DUMOND und MARMIER[4] beschrieben.

18.5 Einkristalle als Energiezähler[5–16]

18.51 Szintillationszähler

Beim Durchgang energiereicher Quanten (γ-Strahlen, Röntgenstrahlen) oder geladener Teilchen (Elektronen, Protonen, α-Teilchen) durch Materie tritt Anregung der Elektronen bzw. Ionisation auf. Der Energieverlust eines geladenen Teilchens per cm Weg ist proportional dem Quadrat der Ladung und umgekehrt proportional seiner Geschwindigkeit. Es werden etwa 30 eV pro Elektron bei Röntgenstrahlen und etwa 600 eV bei α-Teilchen gebraucht. Bei der Rückkehr der Elektronen in den Grundzustand wird Licht emittiert, das mit Hilfe der Photoverstärker (Photoelektronenvervielfacher) in elektrische Impulse umgewandelt wird. Um die Lichtemission möglichst voll auszunutzen, muß das Material klar und durchlässig sein, d. h. man braucht dazu Einkristalle.

[1] BRAGG, W. L., R. W. JAMES und C. H. BOSANQUET: Phil. Mag. 6 **41**, 309 (1921).

[2] WILSDORF, H.: Naturw. **38**, 250 (1951); zusammenfassender Bericht.

[3] WARREN, B. E.: Rev. Sci. Instr. **21**, 102 (1950).

[4] BERREMAN, W., J. W. M. DUMOND und P. E. MARMIER: Rev. Sci. Instr. **25**, 1219 (1954).

[5] HANLE, W.: Naturw. **238**, 176 (1951).

[6] JORDAN, W. H.: Ann. Rev. Nucl. Sci. **1**, 207 (1952).

[7] GARLICK, G. F. J.: Prog. Nucl. Phys. **2**, 51 (1952).

[8] MORTON, G. A.: Advances in Electronics 4, 69 (1952).

[9] BIRKS, J. B.: Scintillation Counters. New York: McGraw-Hill Book Co. 1953.

[10] CURRAN, S. C.: Luminescence and the Scintillation Counter. New York: Academic Press 1943.

[11] KREBS, A.: Erg. exakt. Naturw. **27**, 361 (1953).

[12] SWANK, R. K.: Ann. Rev. Nucl. Sci. **4**, 111 (1954).

[13] KORFF, S. A.: Electron and Nuclear Counters. New York: D. Van Nostrand Co. 1955.

[14] RENNE, H. S.: Atomic Radiation, Detection and Measurement. Indianapolis: H. W. Sams 1955.

[15] SIEGBAHN, K.: β-and γ-Ray Spectroscopy. New York: Interscience 1955.

[16] FÜNFER, E. und H. NEUERT: Zählrohre und Szintillationszähler. Karlsruhe: G. Braun 1954.

Die absolute Energieausbeute bei der Szintillation ist nur 4—10%: Sie hängt von der Art der Strahlung und von der Temperatur des Szintillators ab. Die Güte eines Szintillators wird beurteilt nach Lichtausbeute, Spektralverteilung der Emission, Zeitkonstante der Emission. Die Pulshöhe nimmt mit der Energie der Teilchen zu und mit deren Größe ab.

Als Szintillationszähler werden anorganische und organische Kristalle verwendet. Anorganische Kristalle haben größere Lichtimpulse und bessere Ausbeute als organische Kristalle. Die Abklingzeitkonstante ist dagegen bei organischen Kristallen kleiner als bei anorganischen. Deshalb ist das Auflösungsvermögen bei organischen Kristallen bis zu 100mal größer als bei anorganischen.

Anorganische Szintillationszähler

Die wichtigsten anorganischen Szintillationskristalle sind in der Tab. 107 zusammengestellt.

Tabelle 107. *Anorganische Szintillationskristalle*

Kristall	Schmelzpunkt °C	Dichte g/cm³	Emissionsmaximum μ	Ausbeute für Elektronen	Zeitkonstante in 10^{-8} sec	Literatur
$CaWO_4$	1535	6,06	s0,43	1	400	1, 2
$CdWO_4$	1325	7,90	0,52	2	600	1,
CsF	684	3,59	0,39	klein	0,6	3, 4
CsF(Tl)	684	3,59	0,39	—	15	4
CsJ	621	4,51	blau	2,0	50	5—7
CsJ(Tl)	621	4,51	weiß	1,5	110	8, 9
KJ(Tl)	582	3,13	0,410	0,5	100	5, 10, 11
NaJ *	651	4,06	0,30	2,0	2,5	2, 4
NaJ(Tl)	651	3,67	0,41	2,0	25	4, 12, 13, 14
ZnS(Ag)	1850	4,10	0,45	2,0	~1000	15
ZnS(Cu)	1850	4,10	0,52	2,0	~1000	15

* bei —190° C.

[1] GILETTE, R. H.: Rev. Sci. Instr. **21**, 294 (1950).

[2] BELAEV, L. M., B. V. VITOVSKI und G. F. DOBRZANSKI: Rost Kristallov, **1**, 197 (1957).

[3] VAN SCIVER, W. und R. HOFSTADTER: Phys. Rev. **87**, 522 (1952).

[4] VAN SCIVER, W.: Rep. No. HEPL-38, Stanford University, 1958.

[5] BONANOMI, J. und J. ROSSEL: Helv. Phys. Acta **25**, 725 (1952).

[6] HALM, B.: Rev. **91**, 772 (1953).

[7] HAHN, B. und J. ROSSEL: Helv. Phys. Acta **26**, 271 und 803 (1953).

[8] VAN SCIVER, W. und R. HOFSTADTER: Phys. Rev. **84**, 1062 (1952).

[9] KNOEPFEL, H., E. LOEPFE und P. STOLL: Helv. Phys. Acta **29**, 241 (1956).

[10] MILTON, J. C. D. und R. HOFSTADTER: Phys. Rev. **75**, 1289 (1949).

[11] BONANOMI, J. und J. ROSSEL: Helv. Phys. Acta **24**, 310 (1951).

[12] HOFSTADTER, R.: Phys. Rev. **74**, 100 (1948).

[13] EBY, F. und W. JENTSCHKE: Phys. Rev. **96**, 911 (1954).

[14] ELMORE, W. C. und R. HOFSTADTER: Phys. Rev. **75**, 203 (1949).

[15] KALLMANN, H.: Phys. Rev. **75**, 623 (1949).

Hinter der Substanzformel ist das aktivierende Element angegeben. Von allen anorganischen Szintillatorkristallen ist NaJ mit Tl aktiviert am besten (Abb. 240). Er hat neben der hohen Ausbeute die kleinste Zeitkonstante. Auf die praktische Brauchbarkeit des NaJ(Tl) als Szintillator wurde zuerst von HOFSTADTER[1] hingewiesen. Der Einfluß der Tl-Konzentration wurde von EBY und JENTSCHKE[2] im Gebiet von 6×10^{-13} bis 8×10^{-1} Mol-% untersucht. Die maximale Ausbeute wird bei 0,1 Mol-% erreicht. NaJ kann anstatt mit TlJ mit Tl_2O aktiviert werden. Die notwendige Konzentration von TlO_2 ist nur ein Zehntel

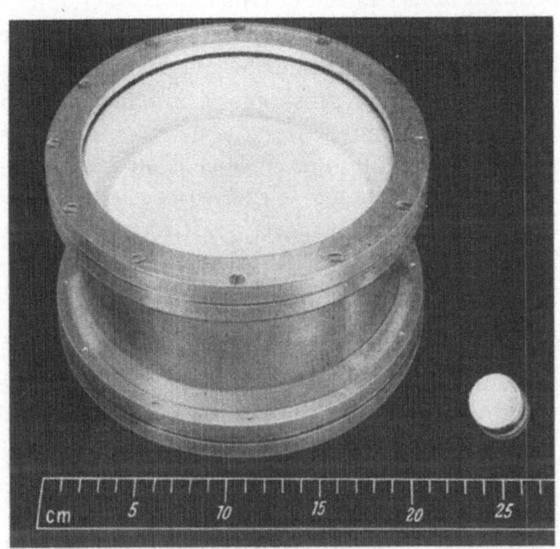

Abb. 240. Szintillationszähler aus Tl-aktiviertem Natriumjodidkristal (Harshaw Chem. Co.)

der TlJ-Konzentration.[3] Die Zeitkonstante wird durch die Konzentration von Tl nicht beeinflußt, dagegen nimmt sie ab mit der Erhöhung der Temperatur.[4] Der Einfluß der Temperatur auf die Szintillationsausbeute läßt sich durch folgende Gleichung wiedergeben

$$N = \frac{N_0}{1 + \exp(-\varepsilon/k\,T)}, \tag{182}$$

wobei N und N_0 die Lichtimpulse bedeuten und ε die Aktivierungsenergie. Dieser Zusammenhang wird dadurch erklärt, daß bei höheren Temperaturen der Energieunterschied zwischen dem angeregten und dem normalen Zustand so klein ist, daß der Übergang strahlungslos erfolgt. Die Spektrallage der Emission verschiebt sich mit zunehmender

[1] HOFSTADTER, R.: Phys. Rev. **74**, 100 (1948).

[2] EBY, F. und W. JENTSCHKE: Phys. Rev. **96**, 911 (1954).

[3] SCHUMOVSKII, L. M., L. M. RODIONOVA und A. S. GLUSCHKOVA: Izv. Akad. Nauk **22**, 3 (1958).

[4] ELMORE, W. C. und R. HOFSTADTER: Phys. Rev. **75**, 203 (1949).

Temperatur nach kurzen Wellen hin.[1] So liegt z. B. das Emissionsmaximum von NaJ(Tl) bei —172° C bei 0,435 μ und bei 20° C bei 0,420 μ. Reines NaJ (ohne Zusatz) hat nur eine sehr schwache Emission im Sichtbaren, dagegen eine viel stärkere bei 0,310 μ. Beim Übergang zu tieferen Temperaturen erscheint die Emission bei 0,4 μ und außerdem tritt eine sehr starke Zunahme bei 0,3 μ auf.[1] Reines NaJ eignet sich für Szintillationszwecke nur bei tiefen Temperaturen.

Der wesentliche Nachteil des NaJ ist der, daß es stark hygroskopisch ist. Es kann deshalb nur in luftdicht abgeschlossenen Behältern benutzt werden. Wesentlich besser in dieser Hinsicht ist CsJ(Tl).[2] Wie man aus der Tab. 107 (S. 368) ersieht, ist CsJ(Tl) dem NaJ(Tl) in Zähleigenschaften unterlegen. Reines CsJ kann bei tiefen Temperaturen benutzt werden.[3–5] CsF (rein) ist wie NaJ stark hygroskopisch, zeichnet sich aber aus durch seine sehr kleine Zeitkonstante von $0{,}6 \times 10^{-8}$ sec, die kleinste aller anorganischen Szintillatoren, und durch seine Temperatur-Unabhängigkeit der Ausbeute (von +125° C bis —188° C)[1, 6]. CsF kann auch mit Tl aktiviert werden.[1] In diesem Fall wird die Zeitkonstante erheblich erhöht.

Organische Szintillationszähler

Eine Anzahl organischer Kristalle besitzen gute Szintillationseigenschaften. Alle enthalten einen oder mehrere aromatische Ringe. Je größer die Anzahl der Ringe und je symmetrischer der Molekülbau ist, um so höher ist die Szintillationsausbeute. Der Hauptvorteil der organischen Kristalle liegt in der kurzen Zerfallszeit. Verunreinigungen haben einen viel stärkeren Einfluß auf die Ausbeute als bei den anorganischen Szintillatoren. Für α-Teilchen sind sie wegen der kleinen Ausbeute ungeeignet. In der Tab. 108 sind die wichtigsten organischen Szintillatoren angegeben.

Tabelle 108. *Organische Szintillationskristalle*

Kristall	Schmelzpunkt °C	Dichte g/cm³	Emissionsmaximum μ	Ausbeute	Zerfallszeit in 10^{-8} sec	Literatur
Anthracen ($C_{14}H_{10}$)	217	1,25	0,445	1,0	2,3—3,8	1–7
Dibenzyl ($C_{14}H_{14}$)	52,5	1,00	0,371	0,6	1,6	1, 8
Diphenylacetylen ($C_{14}H_{10}$)	62,3	1,18	0,400	0,4	0,35—0,54	1, 9

[1] VAN SCIVER, W.: Report No. HEPL-38, Stanford Univ., 1958.
[2] VAN SCIVER, W. und R. HOFSTADTER: Phys. Rev. **84**, 1062 (1951).
[3] BONANOMI, J. und J. ROSSEL: Helv. Phys. Acta **25**, 725 (1952).
[4] HALM, B.: Phys. Rev. **91**, 772 (1953).
[5] HAHN, B. und J. ROSSEL: Helv. Phys. Acta **26**, 271 u. 803 (1953).
[6] VAN SCIVER, W. und R. HOFSTADTER: Phys. Rev. **87**, 522 (1952).

Tabelle 108. *(Fortsetzung)*

Kristall	Schmelzpunkt °C	Dichte g/cm³	Emmissionsmaximum μ	Ausbeute	Zerfallszeit in 10^{-8} sec	Literatur
Naphthalin ($C_{10}H_8$)	80	1,15	0,345	0,25	6,0	1, 8
Phenanthren ($C_{14}H_{10}$	100	1,03	0,410 0,430	0,3	0,8	1, 8
Quaterphenyl ($C_{24}H_{18}$)	318	—	0,435	0,9	0,4	1, 8, 9
Stilben ($C_{14}H_{10}$)	124	1,16	0,385	0,6	1,0	1, 8, 9
Terphenyl	213	1,23	0,400	0,65	1,2	1, 3, 9

Von allen organischen Kristallen gibt Anthracen die größte Ausbeute, aber Terphenyl ist das stabilste Material. Zahlreiche andere organische Kristalle wurden von SANGSTER untersucht[10].

18.52 Szintillationszähler für Neutronen

Zur Zählung der Neutronen eignen sich nur solche Kristalle, bei denen durch den Beschuß mit Neutronen eine Kernreaktion stattfindet. Von anorganischen Kristallen wird Lithiumjodid mit verschiedenen Aktiva-

Tabelle 109. *Lithiumjodidszintillatoren*

Aktivator	Konzentration Mol-%	Emissionsmaximum μ	Ausbeute	Zerfallskonstante in 10^{-8} sec	Literatur
TlJ	0,01	0,45	10	1,2	1, 2
SnJ_2	0,1	0,53	4	0,7	3, 4
$EuCl_2$	0,05	0,44	36	2,0	3, 5
SmJ_3	0,02	0,45	3,3	0,25	6
InJ	—	orange	2	—	2
AgJ	0,2	grün-gelb	4	—	2

1 SANGSTER, R. C. und J. W. IRVINE: J. Chem. Phys. **24**, 670 (1956).
2 HARRISON, F.: Nucleonics **10**, 40 (1952).
3 BIRKS, J. B. und M. E. SZENDREI: Phys. Rev. **91**, 197 (1953).
4 BUTT, D. K.: Proc. Phys. Soc. (London) **A 66**, 940 (1953).
5 HOPKINS, J. I.: Rev. Sci. Instr. **22**, 29 (1951).
6 FURST, M., H. KALLMANN und B. KRAMER: Phys. Rev. **89**, 416 (1953).
7 WRIGHT, G. T.: Proc. Phys. Soc. (London) **B 68**, 929 (1955).
8 HOFSTADTER, R.: Nucleonics **6**, No. 5, 70 (1950).
9 SWANK, R. K.: Annual Rev. Nucl. Sci. **4**, 111 (1954).
10 SANGSTER, R. C.: Dissertation, Massachusetts Institute of Technology, 1951.

1 HOFSTADTER, R., J. A. MCINTYRE, H. RODERICK und H. J. WEST, JR.: Phys. Rev. **82**, 749 (1951).
2 BERNSTEIN, W. und A. W. SCHARDT: Phys. Rev. **85**, 919 (1952).
3 SWANK, R. K.: Annual Rev. Nucl. Sci. **4**, 111 (1954).
4 SCHENK, J. und R. L. HEATH: Phys. Rev. **85**, 923 (1954).
5 SCHENK, J.: Nature **171**, 518 (1953).
6 NICHOLSON, K. P. und G. F. SNELLING: Brit. J. Appl. Phys. **6**, 104 (1955).

toren für Neutronenenergien kleiner als 50 keV benutzt (Tab. 109). Für Neutronen mit Energien größer als 100 keV kann Anthracen benutzt werden, das aber nur sehr kleine Impulse liefert.

18.53 Stromstoßzähler (Kristallzähler)[1–4]

Bei den Stromstoßzählern werden die Stromimpulse gemessen, die durch die Beweglichkeit der ausgelösten Elektronen im Kristall unter

Tabelle 110. *Stromstoßzähler*

Kristall	Literatur	Kristall	Literatur
AgCl	5, 6, 7, 8	HgS	9
AgBr	8	MgO	9
As_2S_3	9	NaCl	28
CdS	8, 9, 10, 11, 12, 13	S	29
CdSe	13	Sb_2S_3	9
CdTe	13	SiC	9
Diamant	8, 9, 14, 15, 16, 17,	TlCl	8
	18, 19 20, 21, 22, 23	TlBr/TlJ	36
	24, 25, 26	ZnS	8, 9, 31
Ge	27		

[1] Corson, D. R. und R. R. Wilson: Rev. Sci. Instr. **19**, 207 (1948).
[2] Stöckmann, F.: Naturw. **36**, 82 (1949).
[3] Hofstadter, R.: Nucleonics **4**, No. 4, 2 (1949); **4**, No. 5, 29 (1949).
[4] Hofstadter, R.: Proc. I.R.E. **38**, 726 (1950).
[5] van Heerden, P. J.: Dissertation, Amsterdam 1943.
[6] Hofstadter, R.: Phys. Rev. **72**, 747 (1947).
[7] Whittemore, W. L. und J. C. Street: Phys. Rev. **73**, 543 (1948).
[8] Frerichs, R.: J. Opt. Soc. Amer. **40**, 219 (1950).
[9] Ahearn, A. J.: Phys. Rev. **75**, 1966 (1949).
[10] Kallman, H. und R. Warminsky: Ann. Phys. **4**, 69 (1948).
[11] Goldsmith, G. J. und K. Lark-Horovitz: Phys. Rev. **75**, 526 (1949).
[12] Frerichs, R.: Phys. Rev. **76**, 1869 (1949).
[13] Frerichs, R.: Phys. Rev. **72**, 594 (1947).
[14] Stetter, G.: Verh. phys. Ges. **22**, 13 (1941).
[15] Jentschke, W.: Phys. Rev. **73**, 77 (1948).
[16] Wooldrige, E. D., A. J. Ahearn und J. A. Burton: Phys. Rev. **71**, 913 (1947).
[17] Curtis, L. F. und B. W. Brown: Phys. Rev. **72**, 643 (1947).
[18] Friedman, H., L. S. Birks und H. P. Gauvin: Phys. Rev. **73**, 186 (1948).
[19] Ahearn, A. J.: Phys. Rev. **73**, 1113 (1948).
[20] Chynoweth, A.: Phys. Rev. **76**, 310 (1949).
[21] Willardson, R. K. und G. C. Danielson: Phys. Rev. **77**, 300 (1950).
[22] McKay, K. G.: Phys. Rev. **77**, 816 (1950).
[23] Champion, F. C.: Proc. Phys. Soc. **B65**, 465 (1952).
[24] Stratton, K. und F. C. Champion: Proc. Phys. Soc. **B65**, 473 (1952).
[25] Champion, F. C.: Proc. Roy. Soc. **A220**, 485 (1953).
[26] Trott, N. G.: Proc. Roy. Soc. **A220**, 498 (1953).
[27] McKay, K. G.: Phys. Rev. **76**, 1537 (1949).
[28] Witt, H.: Z. Phys. **128**, 442 (1950).
[29] Georgesco, M.: Compt. rend. **228**, 383 (1949).
[30] Hofstadter, R.: Phys. Rev. **72**, 1120 (1947).
[31] Ahearn, A. J.: Phys. Rev. **73**, 524 (1948).

Anlegen einer Spannung entstehen. Die Empfindlichkeit eines Kristallzählers hängt ab von der Beweglichkeit und der Lebensdauer der Elektronen im Kristall, die beide ihrerseits von der Natur des Kristalls, von Defekten, Verunreinigungen und von der Temperatur abhängen. In der Tab. 110 sind die bisher bekannten Kristalle zusammengestellt, die auf Stromstoßerzeugung durch Teilchen hoher Energie hin untersucht wurden.

Der erste Nachweis der Stromstöße unter Beschuß mit α-Teilchen wurde am Diamanten beobachtet.[1, 2] Später stellte sich heraus, daß nicht alle Diamanten sich als Zähler eignen. Vorwiegend sind nur die Diamanten, die im Ultraviolett bis unterhalb von 0,25 μ durchlässig sind, als Stromstoßzähler brauchbar.[3, 4] Eine Empfindlichkeit gegen α-Teilchen ist oft bei Diamanten vorhanden, die gegen γ-Strahlung unempfindlich sind[5]. Manche Diamanten zeigen eine stark inhomogene Verteilung der Empfindlichkeit.[6] Silber- und Thalliumhalogenide müssen vollkommen spannungsfrei sein, auße dem sind sie nur bei tiefen Temperaturen (—190° C) brauchbar.[7–10] Die notwendigen Feldstärken betragen einige Tausend Volt pro cm. Während des Gebrauchs der Kristalle entstehen Raumladungen, die die Ausbeute verringern. Die Raumladung kann durch Umkehr des elektrischen Feldes,[11–13] durch Erwärmen[14] oder Bestrahlen mit sichtbarem[11, 15] oder ultravioletten Licht[16] beseitigt werden. Von Alkalihalogeniden wurde nur am NaCl ein positiver Effekt festgestellt.[17] AHEARN[18] gibt eine Anzahl von Kristallen an, die keinen Zähleffekt zeigen. Da aber die Zähleigenschaften von vielen z. T. unbekannten Faktoren abhängt, so ist es nicht sicher, ob nicht manche der Versager doch in Zukunft sich als brauchbar erweisen werden.

---

1 STETTER, G.: Verh. phys. Ges. **22**, 13 (1941).

2 JENTSCHKE, W.: Phys. Rev. **73**, 77 (1948).

3 FRIEDMAN, H., L. S. BIRKS und H. P. GAUVIN: Phys. Rev. **73**, 186 (1948).

4 CHAMPION, F. C.: Proc. Phys. Soc. **B 65**, 465 (1952).

5 AHEARN, A. J.: Phys. Rev. **73**, 1113 (1948).

6 AHEARN, A. J. und K. G. MCKAY: 11th Annual Conference Phys. Electronics, March 1951, S. 39.

7 VAN HEERDEN: Dissertation, Amsterdam 1943.

8 HOFSTADTER, R.: Phys. Rev. **72**, 747 (1947).

9 WHITTEMORE, W. L. und J. C. STREET: Phys. Rev. **73**, 543 (1948).

10 HOFSTADTER, R.: Phys. Rev. **72**, 1120 (1947).

11 CHYNOWETH, A.: Phys. Rev. **76**, 310 (1949).

12 MCKAY, K. G.: Phys. Rev. **77**, 816 (1950).

13 WOUTERS, L. F. und R. S. CHRISTIAN: Phys. Rev. **72**, 1127 (1947).

14 TROTT, N. G.: Proc. Roy. Soc. **A 220**, 498 (1953).

15 WILLARDSON, R. K. und G. C. DANIELSON: Phys. Rev. **77**, 300 (1950).

16 STRATTON, K. und F. C. CHAMPION: Proc. Phys. Soc. **B 65**, 473 (1952).

17 WITT, H.: Z. Phys. **128**, 442 (1950).

18 AHEARN, A. J.: Phys. Rev. **75**, 1966 (1949).

Tabelle 111 *Piezoelektrische Konstanten d_{ij} bei*

	d_{ij}	11	12	13	14	15	16
monoklin	$C_6H_{14}N_2O_6$				—27		—25
	(Aethylendiamintartrat)				—31		—36
	$K_2C_4H_4O_6 \cdot \frac{1}{2} H_2O$				—25		6,5
	(Kaliumtartrat)						
	$N_2C_4H_{12}O_6$				9,3		—8,5
	(Ammoniumtartrat)				—14,6		
	$C_4H_6O_6$				24		15,8
	(d-Weinsäure)						
	$Li_2SO_4 \cdot H_2O$				14		—12,5
	(Lithiumsulphat)						
	$KNaC_4H_4O_6 \cdot 4\ H_2O$				26000		
	(Seignette-Salz)						
	$C_{12}H_{22}O_{11}$				—3,7		—7,2
	(Rohrzucker)						
	$MgSO_4 \cdot 7\ H_2O$				—6,2		—8
	(Epsonit)						
	$(NH_4)_2(COO)_2$				50		
	(Ammoniumoxalat)						
orthorhombisch	$LiNH_4 \cdot C_4H_4O_6 \cdot H_2O$				13,2		
	(Lithiumammoniumtartrat)						
	$LiK \cdot C_4H_4O_6 \cdot H_2O$						
	(Lithiumkaliumtartrat)				9,6		
	$NaNH_4 \cdot C_4H_4O_6 \cdot 4\ H_2O$				56		
	(Natriumammoniumtartrat)				57,0		
	$Sr(HCOO)_2 \cdot 2\ H_2O$				—25,6		
	(Strontiumformiat)						
	$Ba(HCOO)_2 \cdot 2\ H_2O$				±12		
	(Bariumformiat)						
	HJO_3				57		
	(Jodsäure)						
tetragonal	$BaTiO_3$					750	
	(Bariumtitanat)						
	KH_2PO_4				4,2		
	(Kaliumdihydrogenphosphat)				1,3		
	$NH_4H_2PO_4$				5,0		
	(Ammoniumdihydrogenphosphat)				—1,5		
	$NH_4H_2AsO_4$				41		
	(Ammoniumdihydrogenarsenat)						
	KH_2AsO_4				23,5		
	(Kaliumdihydrogenarsenat)						
	$NiSO_4 \cdot 6\ H_2O$				±18		
	(Nickelsulfat)						

* Mittelwert aus Messungen von verschiedenen Autoren nach CADY: $d_{11} = 6{,}9 \times 10^{-8}$ und $d_{14} = -2{,}0$ No. 12, Dez. 1949).

** Elektrische Ladung in elektrischen Einheiten/Kraft in cgs Einheiten.

Zimmertemperatur in 10^{-8} cgs Einheiten Tabelle 111

21	22	23	24	25	26	31	32	33	34	35	36	Literatur
34	20	—33		—40					—42		—50	1, 2
31	6,6	—34		—54					—51		—57	
—2,2	8,5	—10,4		—22,5					29,4		—66	3
17,6	—26	1,8		—5,9					—14		5,6	4, 5
2,0	26	17,5		—3,0							—8,8	
—2,3	—6,5	—6,3		1,1					—32,4		35	4–7
11,6	—45	—5,5		16,5					—26,4		10	5, 6, 8
				—160							35	9, 10
4,4	—10	2,2		—2,6					—1,3		1,3	11
				—8,2							—11,5	6
				11							25	12
				19,6							14,8	4
				33,6							22,8	
				—150							28	4, 13
				—95,0							31,0	
				—34,6							±7,0	
				±8							±14	4
				46							70	8
						—235		570				12
											69,6	4, 12
											21	
											148	4, 12
											48	
											31	12
												12
											22	

$\times 10^{-8}$. Vorzeichen nach der neuen Vereinbarung (Standards on Piezoelectric Crystalls 1949, Proc. IRE *37*,

Tabelle 111 (Fortsetzung)

	d_{ij}	11	12	13	14	15	16
trigonal	$C_6H_{12}O_6 \cdot NaCl$ (Dextrosenatriumchlorid)	—20,9			1,0		
	$C_6H_{12}O_6 \cdot NaBr$ (Dextrosenatriumbromid)	—11,0			—5,4		
	$C_6H_{12}O_6 \cdot NaI$ (Dextrosenatriumjodid)	—11,4			2,2		
	Turmalin					10,9	
	$LiK_3(CrO_4)_2 \cdot 6\,H_2O$ (Lithiumkaliumchromat)						
	$LiK_3(MoO_4) \cdot 6\,H_2O$ Lithiumkaliumchromat						
	SiO_2 (α-Quarz)	6,76			—2,56		
kubisch	$NaClO_3$				6,2		
	(Natriumchlorat)				5,2		
	$NaBrO_3$				8,1		
	(Natriumbromat)				7,3		
	NH_4Cl				0,34		
	(Ammoniumchlorid)						
	ZnS				—9,8		
	(Zinkblende)				—8,2		

18.6 Piezokristalle[1–5]

Von den 32 Kristallklassen sind 20 piezoelektrisch. In diesen Kristallen wird durch mechanische Deformation (Druck, Zug oder Scherung) elektrische Polarisation induziert, d. h. mechanische Energie in elektrische umgewandelt. Der Effekt ist reversibel: elektrische Energie kann in diesen Kristallen in mechanische umgewandelt werden. Die Wechselwirkung hängt von den elastischen, dielektrischen und piezoelektrischen Konstanten ab. Je nach der Kristallklasse variiert die Anzahl der piezoelektrischen Konstanten zwischen zwei beim kubischen System bis zu 18 beim triklinen System. In der Tab. 111 sind die piezoelektrischen Konstanten d_{ij} der zur Zeit wichtigsten Kristalle zusammengestellt.

Von den angeführten Kristallen sind folgende ferroelektrisch: KNa-Tartrat, $LiNH_4$-Tartrat, KH_2PO_4 und $BaTiO_3$. Bei diesen Kristallen tritt in bestimmten Temperaturgebieten spontane Polarisation auf,

[1] Voigt, W.: Lehrbuch der Kristallphysik. Leipzig: B. Teubner 1910.

[2] Cady, W. G.: Piezoelectricity. New York: McGraw-Hill Book Co. 1948.

[3] Mason, W. P.: Piezoelectric Crystals and their Application to Ultrasonics. New York: D. Van Nostrand Co. 1950.

[4] Bergmann, L.: Der Ultraschall und seine Anwendung in Wissenschaft und Technik, 5. Aufl. Zürich: S. Hirzel 1949.

[5] Scheibe, A.: Piezoelektrizität des Quarzes: Dresden: Steinkopf 1938.

Tabelle 111 (Fortsetzung)

21	22	23	24	25	26	31	32	33	34	35	36	Literatur
												4, 6
												4
												4
	—1,0					1,03		5,5				4
	±8,6											4
	±7,45					±4,0		±5,8				4
												4
												4, 6
												4, 6
												13, 14
												8, 9
												15, 16

wodurch sowohl die Dielektrizitätskonstante als auch die piezoelektrische Konstante sich stark ändern. Bei den nichtferroelektrischen Kristallen ist dagegen der Temperatureinfluß klein.

Zur Erzielung der günstigsten elektrischen bzw. mechanischen Effekte müssen die Kristalle in bestimmten Richtungen geschnitten werden. Die Schnitte werden durch Angabe der Normalrichtungen zu den größten Flächen charakterisiert.

[1] Mason, W. P.: Proc. I.R.E. 35, 1005 (1947).
[2] Bechmann, R. und A. C. Lynch: Nature 163, 915 (1949).
[3] Mason, W. P.: Phys. Rev. 80, 705 (1946).
[4] Mason, W. P.: Piezoelectric Crystals and their Application to Ultrasonics, van Nostrand Co., New York 1950.
[5] Jaffe, H.: Rep. No. W-28-003 U.S. Signal Corps.
[6] Spitzer, F.: Dissertation, Göttingen 1938.
'Tamarn, T.: Phys. Z. 6, 379 (1905).
[8] Burstein, E.: Rev. Sci. Instr. 18, 317 (1947).
[9] Cady, W. G.,: Piezolectricity, Mc Graw-Hill Co. New York 1948.
[10] Schulwas-Sorokina, R. D.: Z. Phys. 73, 700 (1932).
[11] Holman, W. F.: Ann. Phys. 29, 160 (1909).
[12] Jaffe, H.: Smithonian Physical Tables, S. 431, 1951.
[13] Mandell, W.: Proc. Roy. Soc. (London) 121, 130 (1928).
[14] Bahrs, S. und J. Engl: Z. Phys. 105, 470 (1937).
[15] Knol, K. S.: Kon. Akad. Amsterdam 35, 99 (1932).
[16] van der Veen, A. L. W. E.: Z. Krist. 51, 545 (1913).

Piezoelektrische Kristalle werden als Schallsender bzw. Empfänger, Frequenzstabilisatoren und elektrische Filter sowie als Druckindikatoren benutzt.

Von allen piezoelektrischen Kristallen ist Quarz mechanisch und elektrisch das stabilste Material. Er wird deshalb für Frequenzstabilisierung und Filterung benutzt. Der Nachteil des Quarzes liegt in der Kleinheit der piezoelektrischen Konstanten. Das Seignette-Salz eignet sich gut als Schallgeber bzw. Empfänger, hat aber den Nachteil, daß das Kristallwasser leicht verdampft. Es wurde deshalb durch $NH_4H_2PO_4$ ersetzt, das kein Wasser enthält und mechanisch stabiler ist. Da die Größe der einwandfreien Piezoquarzkristalle beschränkt ist, wird für große Filter anstatt Quarz Aethylendiamintartrat verwendet. Tourmalin wird für Druckmessungen benutzt.

18.7 Halbleiterkristalle

Von allen Kristallen sind zur Zeit die Halbleiter von größtem Interesse. Der elektrische Widerstand in dieser Gruppe liegt zwischen 10^{-3} und 10^6 Ohm. Der wesentliche Unterschied zwischen den Metallen einerseits und den Halbleitern anderseits liegt darin, daß die Zahl der Ladungsträger in den Halbleitern durch die Temperatur oder Zusätze von bestimmten Stoffen in weiten Grenzen variiert werden kann. Die Halbleiter werden durch Aktivierungsenergie, Beweglichkeit und Lebensdauer der Elektronen und Löcher charakterisiert. Diese Eigenschaften hängen von der Natur des Materials, von Zusätzen bzw. Verunreinigungen und von den Kristalldefekten ab. Die typischen und gleichzeitig die wichtigsten Vertreter der Halbleiter sind Silicium und Germanium. Beide werden hauptsächlich zur Herstellung von Transistoren verwendet. Daneben ist die Gruppe der III—V- und II—VI-Verbindungen von großem Interesse, da sie dem Si bzw. Ge sehr ähnlich sind.

Für Gleichrichter sind vor allem neben Si auch Se und CuO wichtig. Für Thermistoren (temperaturempfindliche Widerstände) eignen sich Ge, B und U_3O_8 und für Varistoren (nichtlinearer Widerstand) SiC. Geeignete Elemente bzw. Verbindungen für Photozellen sind PbS, PbSe, PbTe, Se, CdS und Ge und für Luminiszenz CdS, ZnO und ZnS. Neuerdings wurde die Halbleitung auch an mehreren organischen Kristallen beobachtet.

Als Ulltrarotdetektoren können sowohl reine als auch dotierte Halbleitereinkristalle verwendet werden. Reine Halbleiter können als Photoleiter[1, 2, 3] oder Photomagnetoleiter benutzt werden.[4] In beiden Fällen ist die spektrale Empfindlichkeitsgrenze durch die Eigenabsorption des Materials begrenzt. Bei Ge ist sie bereits bei 2 μ und bei InSb bei 7 μ. Durch die Erniedrigung der Temperatur auf —190° C kann

[1] Shive, J. N.: Bell Lab. Records 28, 337 (1950).

[2] Schultz, M. L. und G. A. Morton: Proc. IRE 43, 1819 (1955).

[3] Mitchel, G. R., A. E. Goldberg und S. W. Kurnick: Phys. Rev. 97, 239 (1955).

[4] Hilsum, C. and J. M. Ross: Nature 179, 146 (1956).

sowohl die Größe als auch die Grenze der Empfindlichkeit wesentlich verändert werden.[1, 2]

Bei dotierten Kristallen kann die Photoleitung der p-n-Kontakte [2, 3] oder die Ionisierung der Zusätze[3, 4, 5] ausgenutzt werden. Mit

Tabelle 112. *Halbleiterkristalle*

Kristall	Schmelzpunkt °C	Dielektrizitätskonstante	Aktivierungsenergie eV	Beweglichkeit cm/sec pro Volt/cm μ_n	Beweglichkeit cm/sec pro Volt/cm μ_p	Literatur
C (Diamant)	3800	5,67	5,2	1800	1200	6
Si	1420	11,8	1,09	1200	250	6, 7
Ge	936	16,0	0,66	3600	1700	6, 7
α-Sn	Umw. 13	—	0,08	2500	800	6, 7
AlAs		—	2,16	—	—	8
AlSb	1080	10,1	1,52	—	200	6, 7
AlP	>1500	—	3,0	—	—	8
GaAs	1240	11,1	1,43	1200	—	6, 7
GaSb	720	14,0	0,70	4000	650	6, 7
GaP			2,25	—	—	6
InAs	936	11,7	0,33	23000	100	6, 7
InP	1070	10,8	1,27	3400	650	6, 7
InSb	523	15,9	0,17	65000	~700	6, 7
Bi_2Se_3	850	—	0,35	600	—	8
Bi_2Te_3	580	—	0,16—0,21	180—540	280—430	8
PbS	1110	17,6	0,42	—	—	9
PbSe	1065	20,5	0,29	—	—	10
PbTe	904	30,0	0,32	—	—	11
Anthracen	217	—	0,83	—	—	12
Naphthalin	80	—	1,85	—	—	12
Phtalocyanin		—	0,84	—	—	13
Pyren	150	—	1,20	—	—	14
Terphenyl	213	—	0,60	—	—	15
Stilben	124		0,90	—	—	16

[1] GOODWIN, D. W.: J. Sci. Instr. **34**, 367 (1957).

[2] AVERY, D. G., D. W. GOODWIN und A. RENNIE: J. Sci. Instr. **34**, 394 (1957).

[3] LASSER, M. E., P. CHOLET und E. C. WURST: J. Opt. Soc. Am. **48**, 468 (1958).

[4] BURSTEIN, E. S., JACOBS und G. S. PICUS: Vortrag auf der S. I. C. O. Stockholm 1959.

[5] FRAY, S. J. und J. F. C. OLIVER: J. Sci. Instr. **36**, 195 (1959).

[6] PINCHERLE, L. und J. M. RADCLIFFE: Advances in Physics **5**, 271 (1956).

[7] WELKER, H.: Scientia Electrica **1**, 2 (1954).

[8] WHELAN, J. M.: in Semiconductors, herausgegeben von N. B. HANNAY, Reinhold Publishing Corp., S. 389. New York 1959.

[9] SCANLON, W. W.: Phys. Rev. **109**, 47 (1958).

[10] SCANLON, W. W.: J. Phys. Chem. Solids 8, 423 (1959).

[11] METTE, H. und H. PICK: Z. Phys. **134**, 566 (1953).

[12] PICK, H. und W. WISSMANN: Z. Phys. **138**, 436 (1954).

[13] KLEITMAN, D.: U.S. Technical Services Report PS 111419.

[14] INOKUCHI, H.: Bull. Chem. Soc. Japan **29**, 131 (1956).

[15] HILL, E. D. und G. J. GOLDSMITH: Phys. Rev. **98**, 238 (1955).

[16] DREHFAHL, G. und H. J. HENKEL: Z. phys. Chem. **206**, 93 (1956).

Au-dotiertem Ge wurden beim n-Typ 7 μ und beim p-Typ 9 μ erreicht. Das Zn-dotierte Ge ist für 0,09 ev Niveau bei 15 μ und für 0,03 ev Niveau bis 40 μ empfindlich und das Sb-dotierte Ge sogar bis 120 μ. Die Detektoren müssen allerdings auf —190° C bzw. auf die Temperatur des flüssigen He gekühlt wercden.

In der Tab. 112 sind die meist bekannten Halbleiter zusammengestellt.

18.8 Kristalle für Maser[1, 2]

Eine neue Methode zur Erzeugung und Verstärkung der Mikrowellen wurde in den letzten Jahren entwickelt, die unter dem Namen Maser[3] (= **M**icrowave **A**mplification by the **S**timulated **E**mission of **R**adiation) bekannt ist. Diese Verstärker zeichnen sich durch besonders kleines Rauschen und eine sehr hohe Empfindlichkeit aus. Die Wirkungsweise der Maser beruht auf der Verwendung von Mischkristallen[4] mit einer kleinen Konzentration von paramagnetischen Ionen der Übergangsmetalle oder der seltenen Erden in einem Magnetfeld. Durch Einstrahlung von geeigneten Frequenzen kann die Besetzungsdichte der höheren Elektronenniveaus über die der niederen erhöht werden, deren Emission zur Verstärkung ausgenutzt werden kann.

Die für MASER geeigneten Kristalle müssen folgende Eigenschaften haben:

a) Wenige aber scharfe Elektronenspinniveaus
b) Hohe Elektronenspinkonzentration
c) Lange Relaxationszeit.

Folgende Kristalle haben sich als geeignet für MASERzwecke erwiesen: Lanthanaethylsulphat mit 1% Gadoliniumaethylsulfat[4] oder mit 0,5% Gd^{3+} und 0,2% Ce^{3+},[5] Cobalticyanid mit 0,5% Chromicyanid,[6] Kaliumchromcyanid,[7, 8] und Rubin (Korund mit Chromoxyd).[3]

Neuerdings wurden die Masers auf das ultrarote bzw. sichtbare Gebiet ausgedehnt.[9] Die besondere Wichtigkeit der optischen Masers beruht darauf, daß es damit möglich ist, monochromatisches Licht

---

[1] SINGER, J. R.: Masers, New York, John Wiley and Sons, 1959.

[2] TROUP, G.: Masers, London, Methnen, 1959.

[3] GORDON, J. P., H. J. ZEIGER und C. H. TOWNES: Phys. Rev. **95**, 282 (1954); **99**, 1264 (1955).

[4] BLOEMBERGEN, N.: Phys. Rev. **104**, 324 (1956).

[5] FEHER, G. und H. E. SCOVIL: Phys. Rev. **105**, 760 (1957).

[6] MCWHORTER, A. L. und J. W. MEYER: Phys. Rev. **109**, 312 (1958).

[7] MAKHOV, G., C. KIKUCHI, J. LAMBE und R. W. TERHUNE: Phys. Rev. **109**, 1399 (1958).

[8] ARTMAN J. O.: N. BLOEMBERGEN und S. SHAPIRO: Phys. Rev. **109**, 1342 (1958).

[9] SCHAWLOW, A. L. und C. H. TOWNES: Phys. Rev. **112**, 1940 (1958).

von sehr kleinen Halbwertsbreiten zu erzeugen. Als geeignetes Material baben sich Rubine[1, 2] erwiesen, die mit einer möglichst starken Lichtquelle im Gebiet von 5500 A angesetzt werden. Die emittierte Spektrallinie von 6943 A kann eine Halbwertsbreite von nur 0,2 cm^{-1} haben.[3]

18.9 Synthetische Edelsteine[4–7]

Unter den Edelsteinen versteht man Kristalle, die große Härte, hohe Brechzahl und eine schwache oder gar keine Absorption besitzen. Von zahlreichen synthetischen Kristallen haben nur wenige diese Eigenschaften. Als solche sind zu nennen: Korund (Al_2O_3), Rubin ($Al_2O_3 + Cr_2O_3$), Saphir ($Al_2O_3 + Fe_3O_4 + TiO_2$), Spinell ($Al_2O_3 \cdot MgO$) und Rutil ($TiO_2$). Obwohl diese Kristalle in ihren Eigenschaften vollkommen gleich den natürlichen sind, werden sie als Schmucksteine nur als „*Ersatz*" betrachtet und wenig geschätzt. Dementsprechend betragen die Preise nur Bruchteile der Preise für natürliche Edelsteine. Dagegen finden vor allem Korund, Rubin und Saphir als Achsen- und Zapfenlager in der Uhren- und Feinmechanikindustrie eine breite Verwendung.[8–10] Künstliche Diamanten sind vorläufig nur für Schneidewerkzeuge und zum Polieren brauchbar, da ihre Größe und Qualität noch bei weitem nicht an die natürlichen heranreicht.

Anhang

In den nachfolgenden Tabellen A 1 bis A 48 sind die Brechzahlen n und die Temperaturkoeffizienten dn/dT für wichtige Kristalle zusammengestellt. Aus der Fülle der Messungen sind die zuverlässigsten Daten herausgesucht. Die Literatur, aus der die Werte entnommen wurden, ist in jeder Tabelle angegeben. Die Umrechnung der Brechzahlen von einer Temperatur auf eine andere ist nur selten möglich, da die Temperaturkoeffizienten dn/dT sich mit der Wellenlänge ändern und nur in wenigen Fällen für breite Spektralbereiche bekannt sind.

---

1 Schawlow, A. L.: in Quantum Electronics Symposium, herg. von C. H. Townes, New York, Columbia Univ. Press, 1960.

2 Mainman, T. H.: Nature **187**, 493 (1960).

3 Collins, R. J., D. F. Nelson, A. L. Schawlow, W. Bond, C. G. B. Garrett und W. Kaiser: Phys. Rev. Letters **5**, 303 (1960).

4 Michel, H.: Die künstlichen Edelsteine, 2. Aufl. Leipzig: W. Diebener 1926.

5 Krauss, F.: Synthetische Edelsteine, Berlin 1929.

6 Grodzinski, P.: Diamond and Gem Stone Industrial Produktion. London: N. A. G. Press, Ltd. 1942.

7 Kraus, E. H. und C. B. Slawson: Gems and Gem Materials, 5. Aufl. New York und London 1948.

8 Kaspar, J.: Ind. Diamond Rev. **13**, 57 (1953).

9 Cameron, jr., R. P.: Product Eng. **24**, 186 (1953).

10 Weart, S. A.: Ind. Diamond Rev. **13**, 53 (1953); **13**, 199 (1953).

Tabelle A 1. *Brechzahlen des Lithiumfluorids (von 0,193 bis 1,083 μ bei 20° C; von 0,5 bis 6,0 μ bei 23,6° C; und von 6,7 bis 12,8 μ bei 18° C)*[1–6]

λ μ	n	λ μ	n	λ μ	n	λ μ	n	λ μ	n
0,125	1,60	0,313	1,40669	1,90	1,37971	4,00	1,34942	6,70	1,264
0,150	1,50	0,334	1,40423	2,00	1,37875	4,10	1,34740	6,91	1,260
0,175	1,46	0,368	1,40121	2,10	1,37774	4,20	1,34533	7,13	1,255
0,193	1,4450	0,391	1,39937	2,20	1,37669	4,30	1,34319	7,35	1,248
0,199	1,4413	0,405	1,39851	2,30	1,37560	4,40	1,34100	7,53	1,239
0,203	1,4390	0,436	1,39684	2,40	1,37446	4,50	1,33875	7,81	1,228
0,206	1,4367	0,486	1,39480	2,50	1,27327	4,60	1,33645	8,05	1,215
0,210	1,4346	0,50	1,39430	2,60	1,37203	4,70	1,33408	8,32	1,203
0,214	1,4319	0,60	1,39181	2,70	1,37075	4,80	1,33165	8,60	1,190
0,219	1,4300	0,70	1,39017	2,80	1,36942	4,90	1,32916	8,88	1,173
0,226	1,4268	0,80	1,38896	2,90	1,36804	5,00	1,32661	9,18	1,155
0,231	1,4244	0,90	1,38797	3,00	1,36660	5,10	1,32399	9,48	1,135
0,240	1,42195	1,00	1,38711	3,10	1,36512	5,20	1,32131	9,79	1,109
0,248	1,41942	1,10	1,38631	3,20	1,36359	5,30	1,31856	10,12	1,083
0,254	1,41792	1,20	1,38554	3,30	1,36201	5,40	1,31575	10,46	1,051
0,265	1,41504	1,30	1,38477	3,40	1,36037	5,50	1,31287	10,82	1,022
0,270	1,41402	1,40	1,38400	3,50	1,35868	5,60	1,30993	11,21	0,990
0,280	1.41188	1,50	1,38320	3,60	1,35693	5,70	1,30692	11,62	0,952
0,289	1,41025	1,60	1,38238	3,70	1,35514	5,80	1,30384	12,0	0,919
0,297	1,40903	1,70	1,38153	3,80	1,35329	5,90	1,30068	12,5	0,873
0,302	1,40818	1,80	1,38064	3,90	1,35138	6,00	1,29745	12,8	0,827

Tabelle A 2. *Temperaturkoeffizienten der Brechung, $10^5 \cdot dn/dT$, von Lithiumfluorid*[7]

Temperatur °C	Linearer Ausdehnungskoeffizient $\times 10^5$	0,254 μ	0,365 μ	0,436 μ	0,546 μ	0,589 μ
50	3,48	—1,10	—1,20	—1,25	—1,27	—1,27
100	3,65	—1,31	—1,37	—1,42	—1,44	—1,44
150	3,83	—1,45	—1,54	—1,60	—1,61	—1,60
200	4,03	—1,67	—1,75	—1,81	—1,81	—1,82
250	4,24	—2,00	—1,95	—2,01	—2,03	—2,03
300	4,46	—2,23	—2,20	—2,25	—2,26	—2,27
350	4,69	—2,44	—2,51	—2,56	—2,56	—2,58
400	4,93	—2,65	—2,78	—2,80	—2,82	—2,85

Bemerkungen: Demgegenüber ist nach H. W. Hohls: Ann. Physik **29**, 433 (1937) $dn/dT = - 2{,}3 \times 10^{-5}$ bzw. $- 1{,}6 \times 10^{-5}$ für $\lambda = 0{,}546\,\mu$ bzw. $3{,}5\,\mu$ und $T = 18$ bis 80° C. Anderseits finden L. W. Tilton u. E. K. Plyler: J. Opt. Soc. Amer. **40**, 798 (1950) für sichtbares Gebiet $- 1{,}6 \times 10^{-5}$.

[1] von 0,125 bis 0,175 μ, E. G. Schneider: Phys. Rev. **49**, 341 (1936).

[2] von 0,193 bis 0,231 μ, Z. Gyulai: Z. Phys. **46**, 80 (1927).

[3] von 0,240 bis 0,488 μ, H. Harting: Sitzber. deutsch. Akad. Wiss., No. 4, Berlin 1948.

[4] von 0,50 bis 6,00, L. W. Tilton and E. K. Plyler: J. Opt. Soc. Amer. **40**, 798 (1950).

[5] von 6,70 bis 12,8, H. W. Hohls: Ann. Physik **29**, 433 (1937).

[6] Außerdem liegen Messungen vor: für n_F, n_C, n_D und von 1 bis 3 μ, H. Littmann: Phys. Z. **41**, 468 (1940).

[7] Radhakrishnan, T.: Proc. Ind. Acad. Sci. **A33**, 22 (1951).

Tabelle A 3. *Brechzahlen des Natriumfluorids (von 0,186 bis 1,083 μ bei 20° C; und von 1,27 bis 24,0 μ bei 18° C)*[1-3]

λμ	n	λμ	n	λμ	n	λμ	n	λμ	n
0,186	1,3930	0,334	1,33795	1,83	1,318	6,3	1,290	12,5	1,180
0,193	1,3854	0,366	1,33482	2,0	1,317	6,5	1,288	13,2	1,163
0,199	1,3805	0,391	1,33290	2,2	1,317	6,7	1,286	13,8	1,142
0,203	1,3772	0,405	1,33194	2,4	1,316	6,9	1,284	14,3	1,118
0,206	1,3745	0,436	1,33025	2,6	1,315	7,1	1,281	15,1	1,093
0,210	1,3718	0,486	1,32818	2,8	1,314	7,3	1,279	15,9	1,065
0,214	1,3691	0,546	1,32640	3,1	1,313	7,5	1,277	16,7	1,034
0,219	1,3665	0,588	1,32552	3,3	1,312	7,7	1,274	17,3	1,000
0,227	1,3630	0,589	1,32549	3,5	1,311	7,9	1,272	18,1	0,963
0,231	1,3606	0,656	1,32436	3,7	1,309	8,1	1,269	18,6	0,924
0,237	1,3586	0,707	1,32372	3,9	1,309	8,3	1,266	19,3	0,881
0,240	1,35793	0,720	1,32349	4,1	1,308	8,5	1,263	19,7	0,838
0,248	1,35500	0,768	1,32307	4,5	1,305	8,7	1,261	20,0	0,82
0,254	1,35325	0,811	1,32272	4,7	1,303	8,9	1,258	20,5	0,75
0,265	1,34999	0,842	1,32247	4,9	1,302	9,1	1,252	21,0	0,70
0,270	1,34881	0,912	1,32198	5,1	1,301	9,4	1,251	21,5	0,65
0,280	1,34645	1,014	1,32150	5,3	1,299	9,8	1,241	22,0	0,55
0,289	1,34462	1,083	1,32125	5,5	1,297	10,3	1,233	22,5	0,45
0,297	1,34328	1,27	1,320	5,7	1,295	10,8	1,222	23,0	0,33
0,302	1,34232	1,48	1,319	5,9	1,294	11,3	1,209	23,5	0,25
0,313	1,34062	1,67	1,318	6,1	1,292	11,7	1,193	24,0	0,24

Tabelle A 4. *Temperaturkoeffizienten der Brechung, $10^5 \cdot dn/dT$, von Natriumfluorid für $T = 18$ bis 80° C*[3]

λμ	dn/dT
0,546	—1,6
3,5	—1,6
8,5	—0,7

[1] Von 0,186 bis 0,257 μ, Kublitzky, A.: Ann. Physik **20**, 793 (1934).
[2] Von 0,240 bis 1,083, Harting, H.: Sitzber. deutsch. Akad. Wiss. No. 4, 1948.
[3] Von 1,27 bis 24,0 μ, Hohls, H. W.: Ann. Physik **29**, 433 (1937).

Tabelle A 5. *Brechzahlen des Natriumchlorids von $\lambda = 0{,}199$ bis $22{,}3\,\mu$ bei 20° C; von $22{,}8$ bis $27{,}3\,\mu$ bei 18° C* [1–3]

λ_μ	n	λ_μ	n	λ_μ	n
0,199	1,7963	0,587	1,54428	7,072	1,51109
0,214	1,7355	0,589	1,54416	7,661	1,508268
0,225	1,7038	0,656	1,54052	7,956	1,516765
0,240	1,6721	0,707	1,53851	8,840	1,512006
0,248	1,65878	0,728	1,53777	10,02	1,494701
0,254	1,65112	0,768	1,53654	11,79	1,481823
0,265	1,63680	0,811	1,53547	12,97	1,471743
0,270	1,63202	0,843	1,53476	14,14	1,460572
0,280	1,62214	0,912	1,53346	14,73	1,454459
0,289	1,61470	1,014	1,53191	15,32	1,447499
0,297	1,60943	1,083	1,53116	15,91	1,441108
0,302	1,60578	1,179	1,530305	17,93	1,4149
0,313	1,59915	1,768	1,527374	20,57	1,3735
0,334	1,58874	2,357	1,525799	22,30	1,3403
0,366	1,57684	2,947	1,524471	22,8	1,318
0,390	1,56996	3,536	1,523109	23,6	1,299
0,405	1,56660	4,125	1,521584	24,2	1,278
0,436	1,56050	5,009	1,518919	25,0	1,254
0,486	1,55327	5,893	1,515952	25,8	1,229
0,546	1,54730	6,483	1,513663	26,6	1,203
				27,3	1,175

[1] Von 0,199 bis 1,083 μ, HARTING: Sitzber. deutsch. Akad. Wiss., No. 4, 1948.

[2] Von 1,179 bis 22,3 μ, SCHAEFER, C. und F. MATOSSI: Das Ultrarote Spektrum, Springer 1930.

[3] Von 22,8 bis 27,3 μ, HOHLS, H. W.: Ann. Physik **29**, 433 (1937).

Werte (1) und (3) wurden an synthetischen Kristallen, Werte (2) an natürlichen Kristallen gemessen. Nach HARTING sind Brechzahlen an natürlichen Kristallen um etwa 6×10^{-5} größer als die an synthetischen.

Tabelle A 6.

Temperaturkoeffizienten der Brechung $10^5 \cdot dn/dT$ von Natriumchlorid[1-4]

λ_μ	dn/dT	Mittlere Temperatur T_m * °C	λ_μ	dn/dT	Mittlere Temperatur T_m * °C
0,202	+3,134	61,8	0,589	—3,622	61,8
0,206	2,229	61,8	0,643	—3,636	61,8
0,210	1,570	61,8	0,656	—3,652	58,5
0,214	0,851	61,8	1,1	—3,642	61,9
0,219	0,235	61,8	1,6	—3,557	64,1
0,224	—0,187	61,8	2,7	—3,427	62,3
0,226	—0,382	61,8	3,96	—3,286	64,1
0,228	—0,598	61,8	4,96	—3,172	61,3
0,231	—0,757	61,8	6,4	—3,149	62,5
0,257	—1,979	61,8	8,85	—2,405	58,0
0,274	—2,396	61,8	10,02	—2,2	—
0,288	—2,602	61,8	11,79	—1,6	—
0,298	—2,727	61,8	12,97	—1,4	—
0,313	—2,862	61,8	14,14	—1,2	—
0,325	—2,987	61,8	14,73	—1,0	—
0,340	—3,068	61,8	15,32	—0,8	—
0,361	—3,194	61,8	15,91	—0,7	—
0,441	—3,425	61,8	17,93	—0,5	—
0,467	—3,454	61,8	20,57	0	—
0,480	—3,468	61,8	22,3	0	—
0,508	—3,517	61,8			

* $T_m = \frac{T_1 + T_2}{2}$, T_1 = Zimmertemperatur und T_2 = 100° C.

[1] Von 0,202 bis 0,643 μ, MICHELI, F. J.: Ann. Physik [4] **7**, 772 (1902).

[2] Von 0,656 bis 15,91 μ, LIEBREICH, E.: Verh. deutsch. physik. Ges. **13**, 709 (1911).

[3] Für 17,93 μ, RUBENS, H. und A. TROWBRIDGE: Wied. Ann. **60**, 733 (1897).

[4] Von 20,57 bis 22,3, RUBENS, H. und E. F. NICHOLS: Wied. Ann. **60**, 454 (1897).

Tabelle A 7. *Brechzahlen des Kaliumchlorids bei 20° C*[1–4]

λ_μ	n	λ_μ	n	λ_μ	n
0,190	1,78373	0,436	1,50454	3,536	1,472881
0,200	1,71904	0,486	1,49818	4,715	1,470956
0,214	1,6645	0,546	1,49293	5,304	1,469850
0,225	1,6345	0,586	1,49028	5,894	1,468642
0,240	1,60500	0,589	1,49020	8,250	1,462568
0,248	1,59265	0,656	1,48700	8,840	1,460701
0,254	1,58569	0,707	1,48519	10,108	1,45658
0,265	1,57270	0,728	1,48454	11,786	1,44908
0,270	1,56833	0,768	1,48349	12,965	1,44334
0,280	1,55939	0,811	1,48257	14,144	1,43711
0,289	1,55272	0,843	1,48196	15,912	1,42608
0,297	1,54796	0,912	1,48085	17,680	1,41392
0,302	1,54468	1,014	1,47950	18,0	1,41075
0,313	1,53875	1,083	1,47878	19,0	1,4026
0,334	1,52949	1,179	1,478142	20,0	1,3938
0,366	1,51889	1,768	1,475721	21,0	1,3844
0,391	1,51286	2,357	1,474582	22,0	1,3742
0,405	1,50993	2,945	1,473665	23,0	1,3632

Tabelle A 8. *Temperaturkoeffizienten der Brechung* $10^5 \cdot dn/dT$ *von Kaliumchlorid*[5, 6]

λ_μ	dn/dT	λ_μ	dn/dT
0,589	—3,25	5,893	—3,10
0,786	—3,26	8,250	—2,92
0,884	—3,27	8,840	—2,87
0,982	—3,28	10,018	—2,75
1,179	—3,29	11,786	—2,48
1,768	—3,30	12,965	—2,30
2,357	—3,32	14,144	—2,06
2,945	—3,31	15,912	—1,70
3,563	—3,28	17,680	—1,26
4,715	—3,20	20,60	—0,5
5,304	—3,15	22,50	—0

[1] Von 0,190 bis 0,200 μ, KOHLRAUSCH, F.: Praktische Physik, Teubner, Leipzig-Berlin 1943.

[2] Von 0,214 bis 1,083 μ, HARTING, H.: Sitzber. deutsch. Akad. Wiss., No. 4, 1948.

[3] Von 1,179 bis 17,68 μ, JURJEW, M. A. und A. E. FOMIN: J. Phys. **4**, 461 (1941).

[4] Von 18,0 bis 23,0 μ, KOHLRAUSCH, F.: Praktische Physik, Teubner, Leipzig-Berlin 1943.

Die Werte (2) sind an synthetischen, die anderen an natürlichen Kristallen erhalten.

[5] Von 0,589 bis 17,680 μ, LIEBREICH, E.: Verh. deutsch. physik. Ges. **13**, 1 und 700 (1911).

[6] Von 20,60 bis 22,50 μ, RUBENS, H. und E. F. NICHOLS: Wied. Ann. **60**, 454 (1897).

Tabelle A 9. *Brechzahlen des Kaliumbromids (von 0,206 bis 0,210 μ bei 48° C; von 0,214 bis 1,083 μ bei 20° C; von 1,014 bis 25,14 μ bei 22° C; von 26,3 bis 28,5 μ bei 25° C)* [1-5]

λ_μ	n	λ_μ	n	λ_μ	n	λ_μ	n
0,206	1,9860	0,391	1,59444	1,083	1,54335	14,29	1,51495
0,219	1,9374	0,405	1,58989	1,014	1,54408	14,98	1,51286
0,214	1,9003	0,436	1,58159	1,129	1,54264	17,40	1,50400
0,225	1,8223	0,486	1,57191	1,367	1,54060	18,16	1,50070
0,240	1,7576	0,546	1,56405	1,701	1,53905	19,01	1,49704
0,249	1,7330	0,588	1,56010	2,44	1,53738	19,91	1,49293
0,254	1,7198	0,589	1,55995	2,73	1,53695	21,18	1,48664
0,265	1,6950	0,656	1,55519	3,419	1,53616	21,83	1,48307
0,270	1,6871	0,707	1,55256	4,258	1,53523	23,86	1,47138
0,280	1,67125	0,728	1,55160	6,238	1,53284	25,14	1,46322
0,289	1,65976	0,768	1,55007	6,692	1,53219		
0,297	1,65149	0,811	1,54860	8,662	1,52901		
0,302	1,64603	0,842	1,54775	9,724	1,52689		
0,334	1,62093	0,912	1,54604	11,035	1,52403		
0,366	1,60391	1,014	1,54425	11,862	1,52199		

Tabelle A 10. *Temperaturkoeffizienten der Brechung $10^5\, dn/dT$ von Kaliumbromid* [6, 7]

λ_μ	dn/dT	λ_μ	dn/dT
0,405	—3,675	0,588	—4,003
0,436	—3,710	0,644	—3,967
0,486	—3,837	0,668	—4,158
0,492	—3,729	0,691	—4,041
0,509	—3,943	0,707	—4,083
0,546	—3,920		

[1] Von 0,206 bis 0,210 μ, GYULAI, Z.: Z. Phys. **46**, 90 (1927).

[2] Von 0,214 bis 1,083 μ, HARTING, H.: Sitzber. deutsch. Akad. Wiss., No. 4, 1948.

[3] Von 1,014 bis 25,14 μ, STEPHENS, R. E., E. K. PLYLER, W. S. RODNEY und R. J. SPINDLER: J. Opt. Soc. Amer. **43**, 110 (1953).

[4] Von 26,30 bis 28,50 μ, GUDNELACH, E.: Z. Phys. **66**, 778 (1930).

[5] Sehr genaue Werte (6 Dezimalstellen) von 0,400 bis 0,710 μ und Temperaturen von 16 bis 28° C von Grad zu Grad bei: SPINDLER, R. J. und W. S. RODNEY: J. Research Natl. Bur. Standards (USA) **49**, 253 (1952).

[6] SPINDLER, R. J. und W. S. RODNEY: J. Research, Natl. Bur. Standards **49**, 253 (1952).

[7] Nach KORTH, K.: Z. Phys. **84**, 268 (1933) ist $dn/dT = -3{,}6$ für $\lambda = 0{,}546\,\mu$ und $T = 38$—$90°$ C.

Tabelle A 11. *Brechzahlen des Kaliumjodids (von 0,258 bis 1,083 μ bei 20° C; von 1,18 bis 29,0 μ bei 38° C)* [1–3]

λ_μ	n	λ_μ	n	λ_μ	n
0,248	2,0548	0,656	1,65809	10,02	1,6201
0,254	2,0105	0,707	1,6537	11,79	1,6172
0,265	1,9424	0,728	1,6520	12,97	1,6150
0,270	1,9221	0,768	1,6494	14,14	1,6127
0,280	1,8837	0,811	1,6471	15,91	1,6085
0,289	1,85746	0,842	1,6456	18,10	1,6030
0,297	1,83967	0,912	1,6427	19	1,5997
0,302	1,82769	1,014	1,6396	20	1,5964
0,313	1,80707	1,083	1,6381	21	1,5930
0,334	1,77664	1,18	1,6366	22	1,5895
0,366	1,74416	1,77	1,6313	23	1,5858
0,391	1,72671	2,36	1,6295	24	1,5819
0,405	1,71843	3,54	1,6275	25	1,5775
0,436	1,70350	4,13	1,6268	26	1,5729
0,486	1,68664	5,89	1,6252	27	1,5681
0,546	1,67310	7,66	1,6235	28	1,5629
0,588	1,66654	8,84	1,6218	29	1,5571
0,589	1,66643				

Tabelle A 12. *Brechzahlen des Caesiumbromids bei 27° C* [4]

λ_μ	n	λ_μ	n
0.3650	1,75118	18,16	1,64795
0.3660	1,75050	20,57	1,64184
0.4047	1,73344	21,79	1,63846
0.4358	1,72333	22,76	1,63565
0.5461	1,70189	23,86	1,63234
0.6438	1,69202	25,16	1,62817
1.0142	1,67766	25,97	1,62521
1,1289	1,67584	26,63	1,62284
1,5298	1,67237	29,81	1,61034
1,7011	1,67158	30,54	1,60749
3,3610	1,66866	30,91	1,60591
4,258	1,66794	31,70	1,60198
6,465	1,66587	33,00	1,59584
9,724	1,66283	34,48	1,58835
11,035	1,66118	35,45	1,58284
14,29	1,65594	35,90	1,58089
14,98	1,65474	37,52	1,57183
15,48	1,65375	39,22	1,55990
17,40	1,64967		

Bemerkung: Nur ein durchschnittlicher Temperaturkoeffizient gegeben: $dn/dT = 7{,}9 \times 10^{-5}/°$ C $T = 24$ bis 31° C.

[1] Von 0,248 bis 1,083 μ, HARTING, H.: Sitzber. deutsch. Akad. Wiss., No. 4, 1948.

[2] Von 1,18 bis 29 μ, KORTH, K.: Z. Phys. **84**, 677 (1933).

[3] dn/dT für 0,546 μ ist nach KORTH -5×10^{-5} von 38 bis 90° C.

[4] RODNEY, W. S. und R. J. SPINDLER: J. Res. Natl. Bur. Standards (USA) **51**, 123 (1953).

Tabelle A 13. *Brechzahlen des Caesiumjodids bei 24° C*[1]

λ_μ	n	λ_μ	n	λ_μ	n
0,297	1,98704	1,129	1,75401	23,82	1,72116
0,302	1,97347	1,367	1,75037	25,16	1,71865
0,312	1,95095	1,529	1,74877	26,63	1,71532
0,314	1,94978	1,701	1,74755	28,38	1,71194
0,334	1,91457	2,67	1,74442	30,70	1,70639
0,347	1,89815	3,419	1,74353	33,00	1,70018
0,361	1,88212	4,258	1,74278	34,48	1,69571
0,365	1,87822	9,724	1,73937	35,67	1,69224
0,405	1,84725	11,035	1,73844	37,56	1,68649
0,435	1,83013	13,25	1,73632	39,38	1,68046
0,508	1,80395	14,29	1,73516	40,43	1,67650
0,546	1,79495	14,98	1,73429	44,05	1,66297
0,577	1,78902	17,40	1,73122	44,97	1,65954
0,579	1,78864	18,16	1,73030	47,045	1,65069
0,644	1,77920	18,47	1,72982	47,98	1,64614
0,852	1,76290	19,50	1,72820	49,40	1,63941
0,894	1,76098	20,57	1,72662	51,48	1,62923
1,014	1,75681	22,76	1,72305	53,12	1,61925

Tabelle A 14. *Temperaturkoeffizienten der Brechung* $10^5 \cdot dn/dT$ *von Caesiumjodid*[1]

λ_μ	dn/dT	λ_μ	dn/dT
0,30	—7,90	3,0	—9,54
0,35	—8,75	5,0	—9,38
0,40	—9,42	10,0	—9,17
0,45	—9,76	20,0	—8,93
0,50	—9,88	30,0	—8,80
0,60	—9,93	35,0	—8,72
0,70	—9,92	40,0	—8,62
0,80	—9,90	45,0	—8,48
0,90	—9,89	50,0	—7,85
1,0	—9,86		

[1] Rodney, W. S.: Dissertation, Catholic University of America, Washington, D. C., 1955.

Tabelle A 15. *Brechzahlen von AgCl bei 23,9° C* [1-4]

λ_μ	n	λ_μ	n	λ_μ	n
0,434	2,134	2,7	2,00318	9,5	1,98255
0,486	2,0965	2,8	2,00287	10,0	1,98034
0,5	2,09648	2,9	2,00258	10,5	1,97801
0,6	2,063885	3,0	2,00230	11,0	1,97556
0,7	2,04590	3,1	2,00203	11,5	1,97297
0,8	2,03485	3,2	2,00177	12,0	1,97026
0,9	2,02752	3,3	2,00151	12,5	1,96742
1,0	2,02239	3,4	2,00128	13,0	1,96444
1,1	2,01865	3,5	2,00102	13,5	1,96133
1,2	2,01582	3,6	2,00078	14,0	1,95807
1,3	2,01363	3,7	2,00054	14,5	1,95467
1,4	2,01189	3,8	2,00030	15,0	1,95113
1,5	2,01047	3,9	2,00007	15,5	1,94743
1,6	2,00931	4,0	1,99983	16,0	1,94358
1,7	2,00833	4,5	1,99866	16,5	1,93958
1,8	2,00750	5,0	1,99745	17,0	1,93542
1,9	2,00678	5,5	1,99618	17,5	1,93109
2,0	2,00615	6,0	1,99483	18,0	1,92660
2,1	2,00559	6,5	1,99339	18,5	1,92194
2,2	2,00510	7,0	1,99185	19,0	1,91710
2,3	2,00465	7,5	1,99021	19,5	1,91208
2,4	2,00424	8,0	1,98847	20,0	1,90688
2,5	2,00386	8,5	1,98661	20,5	1,90149
2,6	2,00351	9,0	1,98464		

[1] Von 0,434 bis 0,486 μ, WERNICKE, F. A.: Pogg. Ann. **142**, 560 (1871).

[2] Von 0,5 bis 20,5 μ, TILTON, L. W., E. K. PLYLER und R. E. STEPHENS: J. Opt. Soc. Amer. **40**, 540 (1950).

[3] SCHRÖTER, H.: Z. Phys. **67**, 24 (1931), gibt folgende Dispersionsformel: AgCl: $\frac{n^2-1}{n^2+2} = -0{,}152990 + \frac{0{,}648\,927\,\lambda^2}{\lambda^2 - 0{,}012\,517} + 0{,}003\,606\,\lambda^2$ gültig von 0,435 bis 0,692 μ.

[4] Temperaturkoeffizient ist nur für $\lambda = 0{,}610\,\mu$ unter [2] angegeben zu $-6{,}1 \times 10^{-5}$/°C.

Tabelle A 16.
Brechzahlen für Silberbromid bei Zimmertemperatur ~ 26° C[1]

λ_μ	n	λ_μ	n
0,496	2,3130	0,598	2,2540
0,500	2,3089	0,603	2,2519
0,515	2,2982	0,607	2,2504
0,523	2,2921	0,610	2,2496
0,535	2,2843	0,614	2,2480
0,541	2,2805	0,622	2,2456
0,546	2,2776	0,627	2,2443
0,577	2,2624	0,633	2,2418
0,579	2,2616	0,640	2,2398
0,585	2,2589	0,660	2,2349
0,588	2,2578	0,668	2,2327
0,595	2,2552	0,671	2,2318

Tabelle A 17. *Brechzahlen des Thalliumchlorids (TlCl), Thalliumbromids (TlBr) und Thalliumjodids (TlJ) bei Zimmertemperatur*[2, 3]

λ_μ	n		
	TlCl	TlBr	TlJ
0,436	2,400	2,652	—
0,546	2,270	2,452	2,85
0,578	2,253	2,424	—
0,589	2,247	2,418	2,78
0,650	2,223	2,384	2,72
0,750	2,198	2,350	—

[1] SCHRÖTER, H.: Z. Physik **67**, 24 (1931); AgBr: $\frac{n^2-1}{n^2+2} = 0{,}452\,505 + \frac{0{,}09\,939\,\lambda^2}{\lambda^2 - 0{,}07\,053} - 0{,}000\,150\,\lambda^2$.

[2] BARTH, F. W.: Am. Mineral. **14**, 358 (1929); Am. J. Science **19**, 135 (1930).

[3] SCHRÖTER, H.: Z. Phys. **67**, 24 (1931) gibt folgende Dispersionsformeln an: TlCl: $\frac{n^2-1}{n^2+2} = 0{,}47\,856 + \frac{0{,}07\,858\,\lambda^2}{\lambda^2 - 0{,}08\,277} - 0{,}000\,881\,\lambda^2$ gültig von 0,435 bis 0,660 μ; TlBr: $\frac{n^2-1}{n^2+2} = 0{,}48\,484 + \frac{0{,}10\,279\,\lambda^2}{\lambda^2 - 0{,}090\,000} - 0{,}004\,7896\,\lambda^2$ gültig von 0,540 bis 0,650 μ.

Tabelle A 18. *Brechzahlen von Thalliumchlorid bei Zimmertemperatur [Mischkristall mit 44,4% TlBr und 55,6% TlCl (Gewichtsprozent)]*[1, 2]

λ_μ	n	λ_μ	n	λ_μ	n
0,589	2,3367	2,0	2,2059	11	2,1723
0,6	2,3294	2,2	2,2039	12	2,1674
0,7	2,2892	2,4	2.2024	13	2,1620
0,8	2,2660	2,6	2,2011	14	2,1563
0,9	2,2510	2,8	2,2001	15	2,1504
1,0	2,2404	3,0	2,1990	16	2,1442
1,1	2,2321	3,5	2,1972	17	2,1377
1,2	2,2255	4,0	2,1956	18	2,1309
1,3	2,2212	4,5	2,1942	19	2,1236
1,4	2,2176	5	2,1928	20	2,1154
1,5	2,2148	6	2,1900	21	2,1067
1,6	2,2124	7	2,1870	22	2,0976
1,7	2,2103	8	2,1839	23	2,0869
1,8	2,2086	9	2,1805	24	2,0752
1,9	2,2071	10	2,1767		

Tabelle A 19. *Brechzahlen von Thalliumbromojodid (Mischkristall mit der Zusammensetzung 45,7 Mol-% TlBr und 54,3 Mol-% TlJ, die dem Minimum des Schmelzpunktes entspricht)*[3]

λ_μ	n	λ_μ	n	λ_μ	n
0,577	2,62758	1,833	2,39851	20,57	2,33816
0,579	2,62505	1,970	2,39553	21,79	2,33290
0,644	2,56454	2,325	2,39076	22,76	2,32851
0,691	2,53470	3,419	2,38386	23,82	2,32338
0,852	2,47448	4,258	2,38142	25,16	2,31696
0,894	2,46470	6,238	2,37680	25,97	2,31260
1,014	2,44416	9,724	2,37132	26,63	2,30902
1,129	2,43090	11,035	2,36857	29,81	2,28988
1,367	2,41385	14,29	2,36023	31,70	2,27730
1,395	2,41242	14,98	2,35824	33,00	2,26821
1,529	2,40658	15,48	2,35667	34,48	2,25740
1,692	2,40143	17,40	2,35022	37,56	2,23243
1,709	2,40105	18,16	2,34755	39,38	2,21621

---

[1] Hettner, G. und G. Leisegang: Optik **3**, 305 (1948).

[2] Da die Zusammensetzung nicht genau dem Minimum des Schmelzpunktes entsprach, war der Kristall nicht homogen; siehe Smakula, A., J. Kalnajs und V. Sils: J. Opt. Soc. Amer. **43**, 698 (1953).

[3] Rodney, W. S. und I. H. Malitson: Journ. Opt. Soc. Am. **46**, 956 (1956).

Tabelle A 20. *Temperaturkoeffizienten der Brechung $10^5 \cdot dn/dT$ von Thalliumbromojodid*[1]

λ_μ	dn/dT	λ_μ	dn/dT
0,577	—25,4	11,035	—23,3
0,579	—25,3	14,29	—22,8
0,644	—24,9	14,98	—22,7
0,691	—24,7	15,48	—22,6
0,852	—24,2	17,40	—22,3
0,894	—24,1	18,16	—22,0
1,014	—24,0	20,57	—21,6
1,129	—24,0	21,79	—21,4
1,367	—23,8	22,76	—21,2
1,395	—23,8	23,82	—21,0
1,529	—23,8	25,16	—20,7
1,693	—23,8	25,97	—20,6
1,709	—23,8	26,63	—20,2
1,813	—23,8	29,81	—19,5
1,970	—23,8	31,70	—18,8
2,325	—23,8	33,00	—18,3
3,419	—23,7	34,48	—17,7
4,258	—23,7	37,56	—16,5
6,692	—23,7	39,38	—15,4
9,724	—23,5		

Tabelle A 21. *Einfluß der Temperatur auf die Brechung von Thalliumbromojodid*[1]

Temperatur	n			
°C	$\lambda = 0{,}6907\ \mu$	$\lambda = 0{,}6438\ \mu$	$\lambda = 0{,}5791\ \mu$	$\lambda = 0{,}5770\ \mu$
— 5	2,54213	2,57202	2,63264	2,63520
+ 5	2,53965	2,56953	2,63012	2,63267
+15	2,53718	2,56704	2,62760	2,63013
+25	2,53470	2,56454	2,62505	2,62758
+35	2,53222	2,56204	2,62250	2,62504
+45	2,52976	2,55955	2,61997	2,62250

[1] RODNEY, W. S. und I. H. MALITSON: Journ. Opt. Soc. Am. **46**, 956 (1956).

Tabelle A 22. *Brechzahlen des Calziumfluorids von 0,131 bis 0,182 μ bei 18° C von 0,185 bis 1,083 μ bei 20° C* [1-4]

λ_μ	n	λ_μ	n	λ_μ	n
0,13111	1,6921	0,302	1,45357	1,083	1,42839
0,13536	1,6565	0,313	1,45163	1,2	1,427760
0,14028	1,6257	0,334	1,44849	1,4	1,426772
0,14551	1,6003	0,366	1,44477	1,6	1,425833
0,14998	1,5830	0,390	1,44258	1,8	1,424885
0 15447	1,5684	0,404	1,44151	2,0	1,423895
0,15962	1,5547	0,435	1,43949	2,3	1,422294
0,16445	1,5438	0,486	1,43704	2,6	1,420525
0,17253	1,5289	0,546	1,43496	3,0	1,41793
0,18190	1,5152	0,587	1,43387	3,5	1,41412
0,186	1,50849	0,589	1,43383	4,0	1,40971
0,193	1,50089	0,656	1,43248	4,5	1,40469
0,199	1,49608	0,728	1,43141	5,0	1,39901
0,203	1,49225	0,768	1,43092	6,0	1,38562
0,253	1,46597	0,810	1,43047	7,0	1,36932
0,263	1,46269	0,842	1,43016	8,0	1,34988
0,289	1,45617	0,912	1,42953	9,0	1,32685
0,296	1,45463	1,013	1,42889		

[1] Von 0,131 bis 0,182 μ, HANDKE: Dissertation, Berlin, 1898.

[2] Von 0,185 bis 1,083 μ, HARTING, H.: Sitzber. deutsch. Akad. Wiss., No. 4, 1948.

[3] PASCHEN, F.: Wied. Ann. **53**, 325 (1894); **56**, 762 (1895).

[4] CaF_2 ist das einzige Material, bei dem die Brechzahlen der natürlichen und synthetischen Kristalle vollkommen übereinstimmen. Die Brechzahlen von SCHNEIDER, E. G.: Phys. Rev. **45**, 154 (1934) im Schumanngebiet liegen um 0,08 tiefer als die von HANDKE.

Tabelle A 23. *Temperaturkoeffizient der Brechzahlen* $10^{-5} \cdot dn/dT$ *von natürlichem* CaF_2[1,2]

λ_μ	dn/dT	Mittlere Temperatur T_m* °C	λ_μ	dn/dT	Mittlere Temperatur T_m* °C
0,185	—0,296	61,25	0,325	—0,948	61,25
0,186	—0,313	61,25	0,340	—0,964	61,25
0,193	—0,402	61,25	0,361	—0,979	61,25
0,197	—0,451	61,25	0,441	—1,028	61,25
0,198	—0,464	61,25	0,480	—1,035	61,25
0,200	—0,493	61,25	0,508	—1,056	61,25
0,204	—0,538	61,25	0,589	—1,111	60,5
0,208	—0,582	61,25	0,64	—1,113	59,2
0,211	—0,601	61,25	0,90	—1,031	59,9
0,214	—0,637	61,25	1,2	—1,040	59,9
0,219	—0,655	61,25	1,25	—1,029	60,0
0,224	—0,696	61,25	1,30	—1,018	60,2
0,231	—0,732	61,25	2,0	—0,932	60,2
0,257	—0,811	61,25	3,16	—0,881	59,4
0,274	—0,855	61,25	4,2	—0,831	59,6
0,288	—0,884	61,25	5,3	—0,821	50,0
0,298	—0,904	61,25	6,5	—0,737	56,8

* $T_m = \frac{T_1 + T_2}{2}$, T_1 = Zimmertemperatur und T_2 = 100° C.

Tabelle A 24. *Temperaturkoeffizienten der Brechung* $10^5 \cdot dn/dT$ *von Calziumfluorid*[3]

Temperatur °C	Linearer Ausdehnungskoeffizient $\times 10^5$	0,254 μ	0,365 μ	0,436 μ	0,546 μ	0,589 μ
50	1,93	—0,88	—1,08	—1,10	—1,14	—1,18
100	2,02	—0,95	—1,10	—	—1,19	—1,24
150	2,12	—1,02	—1,18	—	—1,25	—1,31
200	2,24	—1,13	—1,29	—	—1,34	—1,39
250	2,36	—1,15	—1,46	—	—1,44	—1,48
300	2,49	—1,36	—1,54	—	—1,55	—1,59
350	2,63	—1,44	—1,56	—	—1,68	—1,71
400	2,79	—1,54	—1,73	—	—1,83	—1,88

1 Von 0,185 bis 0,508 μ aus MICHELI, F. J.: Ann. Physik [4] **7**, 772 (1902).
2 Von 0,589 bis 6,5 μ aus LIEBREICH, E.: Verh. deut. phys. Ges. **13**, 709 (1911).
3 RADHAKRISHNAN, T.: Proc. Ind. Acad. Sci. **A33**, 22 (1951).

Tabelle A 25. *Brechzahlen des synthetischen CaF_2 bei 15°, 35° und 55° C* [1]

$\lambda\mu$	n_{15}	n_{35}	n_{55}
0,7678	1,430984	1,430768	1,430546
0,7065	1,431763	1,431553	1,431331
0,6678	1,432156	1,432142	1,431922
0,6562	1,432345	1,432335	1,432114
0,5892	1,433893	1,433683	1,433465
0,5460	1,435023	1,434813	1,434593
0,4861	1,437106	1,436894	1,436680
0,4358	1,439555	1,439354	1,439143
0,4046	1,441573	1,441378	1,441168

Tabelle A 26. *Brechzahlen von Strontiumfluorid und Bariumfluorid* [2]

Temperatur °C / $\lambda\mu$	SrF_2			BaF_2		
	15° C	35° C	55° C	15° C	35° C	55° C
0,7678	1,435136	1,434898	1,434652	1,470533	1,470233	1,469925
0,7065	1,435916	1,435672	1,435431	1,471469	1,471671	1,470869
0,6678	1,436508	1,436268	1,436031	1,472199	1,471892	1,471591
0,6562	1,436703	1,436470	1,436226	1,472444	1,472130	1,471835
0,5862	1,438082	1,437848	1,437606	1,474127	1,473815	1,473520
0,5460	1,439245	1,439008	1,438771	1,475561	1,475255	1,474951
0,4861	1,441402	1,441172	1,440932	1,478237	1,477926	1,477634
0,4358	1,443964	1,443742	1,443505	1,481421	1,481112	1,480819
0,4046	1,446085	1,445857	1,445632	1,484054	1,483753	1,483468

Tabelle A 27. *Brechzahlen des Bleifluorids bei 18,5° C* [3]

$\lambda\mu$	n	$\lambda\mu$	n
0,406	1,81554	0,588	1,76653
0,434	1,80232	0,589	1,76635
0,447	1,79744	0,590	1,76626
0,468	1,79067	0,644	1,75995
0,480	1,78724	0,656	1,75873
0,486	1,78562	0,668	1,75770
0,492	1,78406	0,691	1,75577
0,509	1,78026	0,707	1,75450
0,546	1,77290		

[1] STOCKBARGER, D. C.: J. Opt. Soc. Amer. **39**, 731 (1949).
[2] STOCKBARGER, D. C.: O.S.R.D. Report No. 4690, Dez. 31, 1944.
[3] JONES, D. A.: Proc. Phys. Soc. (London) **B68**, 165 (1955).

Tabelle A 28. *Brechzahlen von Magnesiumoxyd bei 23° C*[1]

$\lambda\mu$	n	$\lambda\mu$	n
0,254	1,8450	0,546	1,74119
0,265	1,8315	0,579	1,73853
0,280	1,8171	0,588	1,73787
0,297	1,8046	0,589	1,73790
0,313	1,7945	0,656	1,73364
0,366	1,7720	0,668	1,73310
0,405	1,76132	0,671	1,73304
0,434	1,75531	0,707	1,73127
0,436	1,75506	1,014	1,72260
0,447	1,75325	1,970	1,70885
0,471	1,74955	3,303	1,68526
0,486	1,74742	4,258	1,66039
0,492	1,74676	5,350	1,62404
0,502	1,74560		

Tabelle A 29. *Temperaturkoeffizienten der Brechung* $10^5 \cdot dn/dT$ *von Magnesiumoxyd*[2, 3]

Temperatur °C	Linearer Ausdehnungs-koeffizient $\times 10^5$	0,365 μ	0,405 μ	0,436 μ	0,546 μ	0,589 μ
50	1,12	1,95	1,85	1,79	1,65	1,60
100	1,16	1,96	—	1,78	1,64	1,61
150	1,20	1,99	—	1,80	1,65	1,59
200	1,24	1,99	—	1,77	1,65	1,61
250	1,29	1,97	—	1,77	1,64	1,60
300	1,35	1,94	—	1,78	1,64	1,61
350	1,39	1,95	—	1,80	1,65	1,60
400	1,41	1,99	—	1,79	1,65	1,61

Tabelle A 30. *Brechzahlen von Spinell* ($MgO \cdot Al_2O_3$)[4]

$\lambda\mu$	n
0,486	1,7261
0,589	1,7182
0,656	1,7143

[1] STRONG, J. und R. T. BRICE: J. Opt. Soc. Amer. **25**, 207 (1935). Die Koeffizienten sind *positiv*.

[2] RADHAKRISHNAN, T.: Proc. Ind. Acad. Sci. **A33**, 22 (1951).

[3] STRONG, J. und R. T. BRICE: J. Opt. Soc. Amer. **25**, 207 (1935) geben folgende Werte an:

$\lambda\mu$	$10^5 \cdot dn/dT$	°C
0,486	+1,47	2 bis 23
0,656	+1,14	2 bis 23

[4] RINNE, F.: Neu. Jahrb. Mineral. Beil. **58**, 43 (1928).

Tabelle A 31. *Brechzahlen des Siliziums*[1, 2]

λ_μ	n_1	n_2	λ_μ	n_1	n_2
1,05	3,565	—	2,40	3,447	—
1,10	3,553	—	2,50	—	—
1,20	3,531	—	2,60	3,443	—
1,357	—	3,4975	2,714	—	3,4358
1,367	—	3,4962	3,000	—	3,4320
1,395	—	3,4929	3,303	—	3,4297
1,40	3,499	—	3,419	—	3,4286
1,529	—	3,4795	3,50	—	3,4284
1,60	3,480	—	4,00	—	3,4255
1,661	—	3,4696	4,26	—	3,4242
1,709	—	3,4664	4,50	—	3,4236
1,80	3,466	—	5,00	—	3,4223
1,813	—	3,4608	5,50	—	3,4213
1,85	—	—	6,00	—	3,4202
1,90	—	—	6,50	—	3,4195
1,970	—	3,4537	7,00	—	3,4189
2,00	3,458	—	7,50	—	3,4186
2,10	—	—	8,00	—	3,4184
2,153	—	3.4476	8,50	—	3,4182
2,20	3,451	—	10,00	—	3,4179
2,30	—	—	10,5	—	3,4178
2,325	—	3,4430	11,0	—	3,4176
2,40	3,447	—			
2,437	—	3,4408			

Bemerkung: Der Temperaturkoeffizient ist positiv aber nicht bestimmt.

Tabelle A 32. *Brechzahlen des Germaniums*[3, 4]

λ_μ	n_1	n_2	λ_μ	n_1	n_2
1,80	4,143	—	2,714	—	4,0554
1,85	4,135	—	2,998	—	4,0453
1,90	4,129	—	3,303	—	4,0370
2,00	4,116	—	3,419	—	4,0336
2,058	—	4,1016	4,258	—	4,0217
2,10	4,104	—	4,866	—	4,0170
2,153	—	4,0917	6,238	—	4,0092
2,20	4,092	—	8,66	—	4,0036
2,30	4,085	—	9,72	—	4,0026
2,313	—	4,0788	11,04	—	4,0020
2,40	4,078	—	12,20	—	4,0018
2,437	—	4,0706	13,02	—	4,0016
2,50	4,072	—	14,21	—	4,0015
2,577	—	4,0610	15,08	—	4,0014
2,60	4,068	—	16,00	—	4,0012

[1] n_1 nach BRIGGS, H. G.: Phys. Rev. **77**, 287 (1950) keine Temperaturangabe.

[2] n_2 nach SALZBERG, C. D. und J. J. VILLA: J. Opt. Soc. Am. **47**, 244 (1957), Temperatur 26° C.

[3] n_1 nach BRIGGS, H. G.: Phys. Rev. **77**, 287 (1950) keine Temperaturangabe.

[4] n_2 nach SALZBERG, C. D. und J. J. VILLA: J. Opt. Soc. Amer. **47**, 244 (1957) Temperatur 27° C.

Tabelle A 33. *Brechzahlen des Korunds (Al_2O_3) ordentlicher Strahl bei 24° C* [1]

λ_μ	n_0	λ_μ	n_0
0,265	1,8336	1,395	1,7489
0,280	1,8243	1,530	1,7466
0,289	1,8195	1,693	1,7437
0,297	1,8159	1,709	1,7434
0,302	1,8135	1,813	1,7414
0,313	1,8091	1,970	1,7383
0,334	1,8018	2,153	1,7344
0,347	1,7981	2,249	1,7323
0,361	1,7945	2,325	1,7306
0,365	1,7936	2,437	1,7278
0,391	1,7883	3,243	1,7044
0,405	1,7858	3,267	1,7036
0,436	1,7812	3,303	1,7023
0,546	1,7708	3,329	1,7015
0,577	1,7688	3,419	1,6982
0,579	1,7687	3,508	1,6950
0,644	1,7655	3,700	1,6875
0,707	1,7630	4,258	1,6637
0,852	1,7588	4,954	1,6266
0,894	1,7579	5,146	1,6151
1,014	1,7555	5,349	1,6020
1,129	1,7534	5,419	1,5973
1,367	1,7494	5,577	1,5864

Tabelle A 34. *Temperaturkoeffizienten der Brechzahl $10^5 \cdot dn/dT$ von Korund für den ordentlichen Strahl für Temperatur 17° bis 31° C* [2]

λ_μ	dn_0/dT	λ_μ	dn_0/dT
0,405	+1,41	0,579	1,31
0,436	1,39	0,644	1,28
0,546	1,31	0,707	1,26
0,577	1,31	4,0	1,0

Tabelle A 35. *Brechzahlen des Korunds n_0 für ordentlichen und n_e für außerordentlichen Strahl bei Zimmertemperatur* [3]

λ_μ	n_0	n_e
0,535	1,7717	1,7634
0,589	1,7681	1,7599
0,671	1,7643	1,7563

[1] MALITSON, I. H., F. V. MURPHY, JR., und W. S. RODNEY: J. Opt. Soc. Amer. 48, 72 (1958).

[2] Nach MALITSON, I. H., F. V. MURPHY, JR., und W. S. RODNEY: J. Opt. Soc. Amer. 48, 72 (1958), nach kurzen Wellen steigt dn/dT weiter an. Koeffizienten sind positiv.

[3] BRAUNS, R.: Centralbl. Mineral. 1909, S. 673.

Tabelle A 36. *Brechzahlen des Kalkspats (von 0,198 bis 0,795 μ bei 18° C, von 0,8007 bis 3,324 μ bei 20° C)*[1-3]

$\lambda\mu$	n_0	n_e	$\lambda\mu$	n_0	n_e
0,198	—	1,57796	0,768	1,64974	1,48259
0,200	1,90284	1,57649	0,795	1,64886	1,48216
0,204	1,88242	1,57081	0,801	1,64869	1,48216
0,208	1,86733	1,56640	0,833	1,64772	1,48176
0,211	1,85692	1,56327	0,867	1,64676	1,48137
0,214	1,84558	1,55976	0,905	1,64578	1,48098
0,219	1,83075	1,55496	0,946	1,64480	1,48060
0,226	1,81309	1,54921	0,991	1,64380	1,48022
0,231	1,80233	1,54541	1,042	1,64276	1,47985
0,242	1,78111	1,53782	1,097	1,64167	1,47948
0,257	1,76038	1,53005	1,159	1,64051	1,47910
0,263	1,75343	1,52736	1,229	1,63926	1,47870
0,267	1,74864	1,52547	1,273	1,63849	—
0,274	1,74139	1,52261	1,307	1,63789	1,47831
0,291	1,72774	1,51705	1,320	1,63767	—
0,303	1,71959	1,51365	1,369	1,63681	—
0,312	1,71425	1,51140	1,396	1,63637	1,47789
0,330	1,70515	1,50746	1,422	1,63590	—
0,340	1,70078	1,50562	1,479	1,63490	—
0,346	1,69833	1,50450	1,497	1,63457	1,47744
0,361	1,69317	1,50228	1,541	1,63381	—
0,394	1,68374	1,49810	1,609	1,63261	—
0,410	1,68014	1,49640	1,615	—	1,47695
0,434	1,67552	1,49430	1,682	1,63127	—
0,441	1,67423	1,49373	1,749	—	1,47638
0,508	1,66527	1,48956	1,761	1,62974	—
0,533	1,66277	1,48841	1,849	1,62800	—
0,560	1,66046	1,48736	1,909	—	1,47573
0,589	1,65835	1,48640	1,946	1,62602	—
0,643	1,65504	1,48490	2,053	1,62372	—
0,656	1,65437	1,48459	2,100	—	1,4792
0,670	1,65367	1,48426	2,172	1,62099	—
0,706	1,65207	1,48353	3,324	—	1,47392

[1] MARTENS, F. F.: Ann. Physik **6**, 603 (1901).
[2] GIFFORD, J. W.: Proc. Roy. Soc. (London) **70**, 329 (1902).
[3] CARVALLO, A.: Compt. rend. **126**, 950 (1898); J. phys. **9**, 465 (1900).

Tabelle A 37. *Temperaturkoeffizienten der Brechzahlen* $10^5 \cdot dn/dT$ *von Kalkspat*[1]

λ_μ	dn_0/dT	dn_e/dT
0,211	+2,150	—
0,214	2,025	+2,599
0,219	1,814	2,474
0,224	1,643	—
0,226	—	2,290
0,231	1,397	2,198
0,257	0,950	1,876
0,274	0,772	1,748
0,288	0,670	1,688
0,298	0,604	1,641
0,313	0,510	—
0,325	0,469	1,548
0,340	0,397	1,475
0,361	0,360	1,449
0,441	0,325	1,318
0,467	0,319	—
0,480	0,305	1,287
0,508	0,287	1,234
0,589	0,240	1,213
0,643	0,208	1,185

Tabelle A 38. *Einfluß der Temperatur auf die Brechzahlen* n_0 *für ordentlichen und* n_e *für außerordentlichen Strahl des Kalkspats bei* $\lambda = 0,547\ \mu$ [2]

Temperatur °C	n_0	n_e
—200	1,66167	1,48596
—150	1,66180	1,48646
—100	1,66187	1,48700
— 50	1,66180	1,48758
0	1,66192	1,48818
+ 18	1,66193	1,48840

Bemerkung: dn_0/dT nimmt ab von $0{,}9 \times 10^{-5}$ bei —200° C auf $0{,}05 \times 10^{-5}$ bei 0° C.
dn_e/dT nimmt zu von $1{,}0 \times 10^{-5}$ bei —200° C auf $1{,}2 \times 10^{-5}$ bei 0° C.

[1] Micheli, F. J.: Ann. Physik [4] **7**, 772 (1902).
[2] Barbaron, M.: Compt. rend. **229**, 875 (1949).

Tabelle A 39. *Brechzahlen n_0 für ordentlichen und n_e für außerordentlichen Strahl von Quarz (von 0,185 bis 0,795 μ bei 18° C; von 0,8007 bis 4,20 μ bei 20° C)* [1-8]

λμ	n_0	n_e	λμ	n_0	n_e	λμ	n_0	n_e
0,185	1,67571	1,68988	0,8007	1,53834	1,54725	1,6087	1,52687	1,53529
0,186	1,67398	1,68808	0,8325	1,53773	1,54661	1,6146	1,52679	1,53524
0,193	1,65990	1,67337	0,8671	1,53712	1,54598	1,6815	1,52583	1,53422
0,198	1,65087	1,66394	0,886	—	—	1,722	—	—
0,214	1,63035	1,64258	0,9047	1,53649	1,54532	1,7487	1,52485	1,53319
0,219	1,62490	1,63695	0,9460	1,53583	1,54464	1,7614	1,52468	1,53301
0,231	1,61395	1,62555	0,9914	1,53514	1,54392	1,8487	1,52335	1,53163
0,257	1,59620	1,60710	1,028	—	—	1,870	—	—
0,274	1,58751	1,59810	1,0417	1,53442	1,54317	1,9457	1,52184	1,53004
0,340	1,56747	1,57737	1,0973	1,53366	1,54238	2,010	—	—
0,358	1,56390	1,57369	1,1592	1,53283	1,54152	2,0531	1,52005	1,52823
0,361	1,56346	1,57322	1,196	—	—	2,145	—	—
0,394	1,55846	1,56805	1,2288	1,53192	1,54057	2,1719	1,51799	1,52609
0,410	1,55649	1,56602	1,3070	1,53090	1,53951	2,270	—	—
0,434	1,55396	1,56339	1,3195	1,53076	—	2,30	1,51561	—
0,486	1,54967	1,55897	1,3685	1,53011	1,53869	2,390	—	—
0,508	1,54822	1,55746	1,370	—	—	2,50	—	—
0,533	1,54680	1,55599	1,3958	1,52977	1,53832	2,595	—	—
0,589	1,54424	1,55335	1,4219	1,52942	1,53796	2,60	1,50986	—
0,643	1,54227	1,55131	1,4792	1,52865	1,53716	3,00	1,49952	—
0,656	1,54189	1,55091	1,4972	1,52842	1,53692	3,50	1,48451	—
0,768	1,53903	1,54794	1,5414	1,52781	1,53630	4,00	1,46617	—
0,795	1,53851	1,54742	1,560	—	—	4,20	1,4569	—

[1] MARTENS, F. F.: Ann. Physik [4] **6**, 603 (1901).
[2] GIFFORD, J. W.: Proc. Roy. Soc. (London) **70**, 329 (1902).
[3] TROMMSDORFF, H.: Phys. Z. **2**, 576 (1901).
[4] MACE DE LEPINAY, J.: Ann. chim. phys. **5**, 210 (1895).
[5] CARVALLO, A.: Compt. rend. **126**, 728 (1898).
[6] MULLER, C. und A. WETTHAUER: Z. Physik **85**, 559 (1933).
[7] KOHLRAUSCH, F.: Praktische Physik, Bd. II, 18. Aufl., S. 528. Leipzig: Teubner 1943.
[8] RUBENS, H.: Wied. Ann. **54**, 488 (1895).

Tabelle A 40. *Temperaturkoeffizienten der Brechung von Quarz (mittlere Temperatur, $T_m = 61,4°$ C)* [1]

$\lambda\mu$	dn_o/dT	dn_e/dT
0,202	+0,321	+0,267
0,206	0,253	0,198
0,210	0,193	0,143
0,214	0,124	0,083
0,219	0,074	0,027
0,224	0,017	—0,048
0,226	—0,008	—0,075
0,228	—0,027	—0,093
0,231	—0,052	—0,112
0,257	—0,186	—0,265
0,274	—0,235	—0,323
0,288	—0,279	—0,385
0,298	—0,311	—0,415
0,313	—0,348	—0,450
0,325	—0,352	—0,469
0,340	—0,393	—0,501
0,361	—0,418	—0,521
0,441	—0,475	—0,593
0,467	—0,485	—0,601
0,480	—0,499	—0,610
0,508	—0,514	—0,616
0,589	—0,539	—0,642
0,643	—0,549	—0,653

Tabelle A 41. *Temperaturkoeffizienten der Brechung $10^5 \cdot dn/dT$ von Quarz.*[2] *Spalte o für ordentlichen, Spalte e für außerordentlichen Strahl*

Temperatur °C	0,254 μ		0,365 μ		0,436 μ		0,546 μ		0,589 μ	
	o	e	o	e	o	e	o	e	o	e
50	0,29	0,40	0,54	0,62	0,59	0,66	0,62	0,70	0,63	0,71
100	0,32	0,43	0,57	0,68	0,65	0,74	0,68	0,77	0,69	0,80
150	0,39	0,52	0,65	0,77	0,70	0,84	0,74	0,89	0,75	0,91
200	0,43	0,55	0,71	0,80	0,77	0,92	0,82	1,00	0,84	1,10
250	0,50	0,62	0,80	0,93	0,85	1,01	0,92	1,10	0,94	1,12
300	0,64	0,75	0,95	1,12	1,00	1,09	1,05	1,20	1,08	1,23
350	0,78	0,89	1,10	1,27	1,10	1,25	1,20	1,35	1,23	1,38
400	1,00	1,20	1,32	1,47	1,24	1,58	1,44	1,65	1,46	1,67

[1] MICHELI, F. J.: Ann. Physik [4] 7, 772 (1902).
[2] RADHAKRISHNAN, T.: Proc. Ind. Acad. Sci. A33, 22 (1951).

Tabelle A 42. *Änderung der Brechzahl n_0 für ordentlichen, n_e für außerordentlichen Strahl von Quarz mit der Temperatur bei $\lambda = 0{,}546\ \mu$*[1]

Temperatur °C	n_0	n_e
—200	1,54785	1,55724
—150	1,54759	1,55694
—100	1,54732	1,55662
— 50	1,54702	1,55627
0	1,54669	1,55589
+ 50	1,54637	1,55552

Bemerkung: $dn_0/dT = -0{,}585 \times 10^{-5}$, $dn_e/dT = -0{,}68 \times 10^{-5}$.

Tabelle A 43. *Temperatureinfluß auf die Brechzahl $10^5 \cdot dn_0/dT$ von Quarz für $\lambda = 0{,}546\ \mu$*[2]

Temperatur °C	n_0	dn_0/dT
—188	1,54769	—
—180	—	—0,41
—150	—	—0,44
—100	1,54731	—0,48
— 50	—	—0,52
0	1,54679	—0,565
50	1,54650	—0,615
100	1,54618	—0,675
150	1,54583	—0,740
200	1,54544	—0,820
250	1,54500	—0,920
300	1,54451	—1,050
350	1,54394	—1,295
380	—	—1,536

[1] Barbaron, M.: Compt. rend. **226**, 1443 (1948).
[2] Radhakrishnan, T.: Proc. Ind. Acad. Sci. **A 27**, 44 (1948).

Tabelle A 44. *Brechzahlen des amorphen Siliziumdioxyds (SiO_2) bei 24° C*[1]

λ_μ	n	λ_μ	n	λ_μ	n
0,34	1,47877	0,56	1,459561	1,50	1,444687
0,35	1,47701	0,57	1,459168	1,60	1,443492
0,36	1,47540	0,58	1,458794	1,70	1,442250
0,37	1,47393	0,59	1,458437	1,80	1,440954
0,38	1,47258	0,60	1,458096	1,90	1,439597
0,39	1,47135	0,61	1,457769	2,00	1,438174
0,40	1,470208	0,62	1,457456	2,10	1,436680
0,41	1,469155	0,63	1,457156	2,20	1,435111
0,42	1,468179	0,64	1,456868	2,30	1,433462
0,43	1,467273	0,65	1,456591	2,40	1,431730
0,44	1,466429	0,66	1,456324	2,50	1,429911
0,45	1,465642	0,67	1,456066	2,60	1,428001
0,46	1,464908	0,68	1,455818	2,70	1,425995
0,47	1,464220	0,69	1,455579	2,80	1,423891
0,48	1,463573	0,70	1,455347	2,90	1,421684
0,49	1,462965	0,80	1,453371	3,00	1,41937
0,50	1,462394	0,90	1,451808	3,10	1,41694
0,51	1,461856	1,00	1,450473	3,20	1,41440
0,52	1,461346	1,10	1,449261	3,30	1,41173
0,53	1,460863	1,20	1,448110	3,40	1,40893
0,54	1,460406	1,30	1,446980	3,50	1,40601
0,55	1,459973	1,40	1,445845		

Dispersionsformel: $n^2 = 2{,}979864 + \frac{0{,}008777808}{\lambda^2 - 0{,}010609} - \frac{84{,}06224}{96{,}00000 - \lambda^2}$ zwischen 2,4 und 3,2 μ liegt eine Absorptionsbande. (a) G.E. liegt $(2 - 3) \times 10^{-4}$ höher; (b) Corning liegt 1×10^{-4} tiefer; (c) Nieder Fused Quarz Co. stimmt mit Heraeus überein.

Tabelle A 45. *Temperaturkoeffizienten der Brechung von amorphen Siziliumdioxyd; $10^5 \cdot dn/dT$, Temperatur 15 bis 35° C*[1]

λ_μ	dn/dT	λ_μ	dn/dT
0,40	+0,95	0,60	1,00
0,45	0,96	0,65	1,02
0,50	0,97	0,70	1,03
0,55	0,98		

[1] Rodney, W. S. und R. J. Spindler: J. Research Natl. Bur. Standards (USA) **53**, 185 (1954).

Tabelle A 46. *Brechzahlen des Natriumnitrats ($NaNO_3$) bei Zimmertemperatur*[1]

λ_μ	n_0	n_e
0,434	1,6126	1,3404
0,436	1,6121	1,3403
0,486	1,5998	1,3384
0,501	1,5968	1,3379
0,546	1,5899	1,3365
0,578	1,5860	1,3363
9,589	1,5848	1,3360
0,656	1,5791	1,3347
0,668	1,5783	1,3345

Tabelle A 47. *Brechzahlen n_0 für ordentlichen und n_e für außerordentlichen Strahl der drei Titandioxydmodifikationen bei Zimmertemperatur*[2]

λ_μ	Rutil		Anatas		Brookit		
	n_0	n_e	n_0	n_e	n_α	n_β	n_γ
0,436	—	—	2,7688	2,6576	2,7695	2,7837	2,9416
0,492	—	—	2,6579	2,5679	2,6717	2.6769	—
0,546	2,6505	2,9467	2,5951	2,5166	2,6154	2,6160	2,7402
0,579	2,6214	2,9100	2,5683	2,4939	2,5904	2,5900	2,7091
0,607	2,6003	2,8842	2,5498	2,4793	2,5739	2,5718	2,6882
0,672	2,5648	2,8397	2,5179	2,5443	2,5443	2,5403	2,6519
0,691	2,5555	2,8294	—	—	2,5375	2,5328	2,6429
0,708	2,5495	—	2,5039	—	2,5317	2,5265	—

Tabelle A 48.
Temperaturkoeffizienten der Brechung $10^5\, dn/dT$ von Rutil, Anatas und Brookit[3]

λ_μ	Rutil		Anatas		Brookit		
	n_0	n_0	n_e	n_e	n_α	n_β	n_γ
0,436	—4,36	—8,6	—1,8	+0,4	5,1	5,3	—
0,492	—	—	—2,4	—0,6	3,7	3,0	—8,4
0,546	—	—	—2,5	—0,8	2,4	2,1	—9,1
0,607	—	—	—2,4	—1,3	2,4	1,9	—8,9
0,691	—	—	—2,6	—1,8	2,0	1,4	—8,9
0,708	—	—	—	—	1,7	1,3	—

[1] MERVIN, H. E.: Interna tional Critical Tables, Vol. VII, 26 and 27, New York, 1930.

[2] SCHROEDER, Z.: Z. Krist. 67, 509 (1928).

[3] RADHAKRISHNAN, T.: Proc. Ind. Acad. Sci. 35, 117 (1952).

Literatur

Bücher und zusammenfassende Berichte

Ballard, S. S. McCarthy, K. A., and Wolfe, W. L.: Optical Materials for Infrared Instrumentation, University of Michigan, Willow Run Laboratories, Ann Arbor, Michigan 1959.

Bentley, W. A. and Humphreys, W. J., Snow Crystals: New York and London: McGraw-Hill Book Co., 1931.

Buckley, H. E.: Crystal Growth. New York: Wiley and Sons, London: Chapman and Hall 1951.

Burstein, E., and Egli, P. H.: The Physics of Semiconductor Materials, Advances in Electronics and Electron Physics **8**, 1 (1955).

Dekeyser, W. et Amelinckx, S.: Les dislocations et la croissance des cristaux, Paris: Mason, 1955.

Doremus, R. H., Roberts, B. W., and Turnbull, D.: Growth and Perfection of Crystals, International Conference on Crystal Growth, New York: Wiley and Sons, London: Chapman and Hall, 1958.

Dunning, W. J.: Theory of Crystal Nucleation from Vapour, Liquid and Solid Systems, Chemistry of the Solid State, p. 1159, ed. W. E. Garner, Butterworth Scientific Publications, London 1955.

Eitel, W.: Kristallzüchtung, Handbuch der Arbeitsmethoden in der anorg. Chemie, Bd. **4**, p. 448, Berlin-Leipzig: W. de Gruyter, 1926.

Faraday Society Discussions No. 5, Crystal Growth, 1949.

Fisher, J. C., Johnston, W. G., Thomson, R., and Vreeland, Jr., T.: Dislocations and Mechanical Properties of Crystals, International Conferece, New York: Wiley and Sons, London: Chapman and Hall, 1957.

Frenkel, J.: Kinetic Theory of Liquids, Oxford: Clarendon, 1946.

Gatos, H. C.: Properties of Elemental and Compound Semiconductors, Metallurgical Society Conferences, Vol. 5, New York and London: Interscience, 1960.

Holden, A. N.: Preparation of Metal Single Crystals, Trans. Am. Soc. Metals **42**, 319 (1950).

Holden, A. N. and Singer, P.: Crystals and Crystal Growing, Anchor Books, New York: Doublday and Co., 1960.

Honigmann, B.: Gleichgewichts- und Wachstumsformen von Kristallen, Darmstadt: Steinkopff, 1958.

Knacke, O. und Stranski, I. N.: Die Theorie des Kristallwachstums, Ergeb. exakt. Naturw. **26**, 383 (1952).

Kossel, D.: Kristalle und Kristallwachstum, Naturforschung und Medizin in Deutschland 1939—1946, Bd. 8, Tl. 1, S. 15, Wiesbaden: Dietrichsche Verlagsbuchhandlung, 1947.

Kossel, W.: Atom, Molekül, Kristall, Braunschweig: Vieweg, 1949.

Krischnan, R. S.: Progress in Crystal Physics, Vol. 1, Thermal, Elastic and Optical Properties, New York and London: Interscience, 1958.

Kuznetzov, V. D.: Kristalle und Kristallisation (russisch), Moskau 1954.

LAWSON, W. D., and NIELSEN, S.: Preparation of Single Crystals, New York: Akad. Press, 1958.

NAKAYA, U.: Snow Crystals, Cambridge, Mass: Harvard University Press, 1954.

NEUHAUS, A.: Synthese des Diamanten, Angew. Chemie **66**, 525 (1954); **69**, 551 (1957).

NEUHAUS, A.: Methoden und Ergebnisse der Einkristallzüchtung, Chemie-Ingenieur-Technik **28**, 155 und 350 (1956).

MARTIUS, U.: Solidification of Metals, Progress in Met. Phys. **5**, 279 (1954).

O'CONNOR, J. R., and SMILTENS, J.: Silicon Carbide, Conference on Silicon Carbide, Oxford, London, New York, and Paris: Pergamon Press.

PFANN, W. G.: Zone Melting, New York: Wiley and Sons, London: Chapman and Hall, 1958.

SARATOVKIN, D. D.: Dendritic Crystallization, 2. Aufl., Englische Übersetzung aus dem Russischen, New York: Consultants Bureau, 1959.

SCHMID, E., und BOAS, W.: Kristallplastizität, Berlin: Springer, 1935.

SCHUBNIKOV, A. V., und SCHEFTAL, N. N.: Kristallwachstum, Moskau: Akad. Nauk, Bd. 1, 1957; Bd. 2, 1959.

SMAKULA, A.: Physical Properties of Optical Crystals, Office of Technical Services, U.S. Department of Commerce, Document No. 111052, 1952.

SMAKULA, A.: Growth and Perfection of Single Crystals, Molecular Science and Molecular Engineering, A. von Hippel, Ed., The Technology Press of. M.I.T. New York: Wiley and Sons, 1959, p. 182.

SMIT, J., and WIJN, H. P. J.: Ferrites, New York: Wiley and Sons, 1959.

SMOLUCHOWSKI, R., MAYER, J. E., and WEYL, W. A.: Phase Transformations, New York: John Wiley and Sons, 1951.

SPANGENBERG, K.: Wachstum und Auflösung der Kristalle, Handw. der Naturw., 2. Aufl., Bd. 10, S. 362, Jena: Gustav Fischer, 1935.

STRAUMANIS, M.: Kristallwachstum, Handbuch der Katalyse, Herausg. G. M. Schwab., Bd. 4, Teil 1, S. 1, Wien: Springer, 1943.

TAMMANN, G.: Aggregatzustände, Leipzig: L. Voss, 1922.

TAMMANN, G.: Kristallisieren und Schmelzen, Leipzig: L. Voss, 1903.

TAMMANN, G.: Der Glaszustand, Leipzig: L. Voss, 1933.

TANENBAUM, M.: Single Crystal Growing, Methods of Experimental Physics, Vol. 6, Part A, p. 86, Lark-Horovitz and V. A. Johnson, New York and London: Eds., Acad. Press, 1959.

TANENBAUM, M.: Semiconductor Crystal Growing, Semiconductors, p. 87, Hannay, N. B., New York: Ed., Reinhold Publishing Corp., 1959.

VERMA, A. R.: Crystal Growth and Dislocations, New York: Acad. Press, 1953.

VOLMER, M.: Kinetik der Phasenbildung, Dresden-Leipzig: Steinkopff, 1939.

VOLMER, M.: Das elektrolytische Kristallwachstum, Paris: Herman et Cie, 1934.

WELLS, A. F.: Crystal Growth and Chemical Structure, Structure and Properties of Solid Surfaces, R. Gomer and C. S. Smith, Eds., Chicago University Press, Chicago 1954.

WILKE, K.-TH.: Die Entwicklung der Kritallzüchtung seit 1945, Fortschritte der Mineralogie **34**, 85 (1956).

Namenverzeichnis

Sachverzeichnis